# Auslaufmodell Fernsehen?

## *Vorwort der Herausgeber*

Welche Perspektiven hat das Fernsehen in einer digitalen Medienwelt? Ist das traditionelle Fernsehen ein Auslaufmodell im Wettbewerb mit Online-Angeboten? Diese Fragen beschäftigen die Medienindustrie bereits seit beinahe zwei Jahrzehnten. Sie sind das durchgängige Grundthema vieler Konferenzen, Fachzeitschriften und Fachbücher. Eine abschließende Antwort auf diese Fragen konnte bisher von niemandem gegeben werden. Zu dynamisch und zu wenig vorhersagbar sind die Veränderungsprozesse und ihre Entwicklungsrichtungen. Die einen sehen das unausweichliche Ende der traditionellen Medienangebote und Medienunternehmen gekommen. Die anderen halten die Entwicklungen in der Medientechnologie, bei den medialen Angeboten und den Wandel in der Mediennutzung für weniger bedrohlich – auch und gerade für das Fernsehsegment.

## Vom analogen Fernsehen in die digitale Medienwelt

Wie kaum eine andere Medienteilbranche hat sich das Fernsehen in den letzten fünfundzwanzig Jahren verändert. Nach dem Aufbau des öffentlich-rechtlichen Rundfunks in den 50er und Anfang der 60er Jahre war ein wesentlicher Meilenstein der Entwicklung die Öffnung des Fernsehmarktes für kommerzielle Anbieter Anfang der 80er Jahre. Seither ist die Anzahl der öffentlich-rechtlichen und privaten Vollprogramme in Deutschland auf rund 200 und die Anzahl der empfangbaren Programme – beispielsweise im Kabel-Bouquet oder über Satellit – auf mehrere Hundert gestiegen. Ein Ende des Angebotswachstums und der daraus entstehenden Angebotsfragmentierung ist noch lange nicht abzusehen.

Die fortschreitende Digitalisierung auf allen Wertschöpfungsstufen – von der Produktion, über die Distribution bis zum Empfang – hat in den letzten Jahren zu vielgestaltigen Veränderungen geführt. Auf der Grundlage von Internet-Technologien wachsen die verschiedenen medialen Distributionswege immer enger zusammen. In der Folge kommt es im konvergenten digitalen Medienmarkt zu einer Ausdifferenzierung der audiovisuellen Angebote und einer fortschreitenden Fragmentierung des Medienkonsums. Schlagworte wie Digital-TV, Web-TV, IPTV, Mobile-TV, Video-on-Demand oder Videoportale kennzeichnen die Diskussion rund um neue Geschäftsmodelle, Chancen und Herausforderungen im digitalen Medienmarkt. Nach der Liberalisierung des Fernsehmarktes tritt dieser, angetrieben durch die

Möglichkeiten des Internets und der Breitbandnetze, in seine nächste Entwicklungsphase. Dabei verändern sich im Zuge der Konvergenz von Fernsehen und Internet Marktstrukturen, Strategien und Geschäftsmodelle signifikant und nachhaltig.

Die digitale Medienwelt funktioniert dabei zum Teil nach neuen und eigenen Regeln, die sich grundlegend von den herkömmlichen Marktmechanismen des traditionellen Rundfunks und der Fernsehindustrie mit ihrem One-to-Many-Ansatzes unterscheiden.

## Einfluss des Internets auf das Fernsehen ist unübersehbar

Eine wichtige Einflussgröße der Entwicklung des Fernsehmarktes ist das Internet. Es hat einen gravierenden Wandel im Mediennutzungsverhalten ausgelöst. So kann man heute beobachten, dass das Primärmedium einiger Nutzergruppen nicht mehr das Fernsehen ist, sondern dass sich ein Großteil der medialen Aufmerksamkeit auf den PC und neue Formen der medialen Unterhaltung wie Computerspiele oder virtuelle Welten konzentriert. Die ‚Digital Natives' zeigen dabei nicht nur ein grundlegend anderes Medienkonsumverhalten, sie treiben auch die Veränderungen der digitalen Medien durch neue Nutzungsarten und Ausdrucksformen weiter voran.

Auf der Produzentenseite ist eine wesentliche Auswirkung des Erfolgs digitaler Technologien ein dramatisches Sinken der Kosten für Medienproduktion und -distribution. Chris Anderson bezeichnet dies in seinem Buch *The Long Tail* als die Demokratisierung der Produktions- und Distributionsmittel. Heute sind die finanziellen Hürden für einen Nutzer, auch als Medienproduzent aufzutreten, praktisch nicht existent. Für die Medienunternehmen erwachsen aus dieser Nutzerpartizipation neue Herausforderungen.

Betroffen sind dabei nicht nur die klassischen Printmedien, wo das sogenannte Wiki-Phänomen mit der gedruckten Ausgabe der Brockhaus-Enzyklopädie eine Ikone des Bildungsbürgertums nach über 200 Jahren in die finanziellen Knie gezwungen hat, sondern auch und gerade die audiovisuellen Inhalte. Dabei resultiert der Druck auf die etablierten Medienanbieter nicht nur aus den Aktivitäten der vielen Amateure, sondern auch aus den Engagements der vielen kleinen Start-up-Unternehmen im Segment der digitalen Medien. Auch wenn die meisten über kurz oder lang scheitern, gibt es doch einige wenige Erfolgreiche, die in der Lage sind, die bekannten Regeln und Marktmechanismen der Industrie nachhaltig mit innovativen Konzepten zu verändern.

## Zwischen inhaltlicher Selektivität und zeitlicher Souveränität

Welche Perspektiven hat das Fernsehen in einer digitalen Medienwelt? Für das Fernsehen lassen sich zwei grundlegende Entwicklungsstränge identifizieren, an denen entlang sich die Veränderungen vollziehen: erstens die inhaltliche Selektivität und zweitens die zeitliche Souveränität. Im Hinblick auf diese Dimensionen waren die Möglichkeiten des aktiven Zuschauers im analogen Fernsehzeitalter deutlich eingeschränkt. Was die zeitliche Souveränität angeht, wurde die Nutzung determiniert durch den Zeitpunkt des Angebots. Um bestimmte Inhalte anzuschauen, musste der Rezipient seine zeitliche Planung dem Fernsehprogramm anpassen. Eine erste Emanzipation stellte hier der Videorekorder dar. Er ermöglichte in einem begrenzten Umfang, sich von Sendeplänen unabhängig zu machen, allerdings nur bei vorausschauender Planung der aufzuzeichnenden Sendungen. Heute bieten die technologischen Möglichkeiten der digitalen Medienwelt dem Medienkonsumenten weitaus größere individuelle Gestaltungsfreiheiten. Inhaltliche Selektivität wird möglich. Zu den Einflussmöglichkeiten gehören elektronische Programmführer für das gezielte Navigieren auf der Basis persönlicher Präferenzen und Wünsche, digitale Videorekorder für das zeitversetzte Fernsehen und das Überspringen von Werbung und die Nutzung von audiovisuellen Inhalten in einem Abruf-Modus.

Diese neue Fernsehwelt und ihre Auswirkungen auf die traditionelle Fernsehwelt besser zu verstehen, war für uns die Motivation, dieses Herausgeberbuch zu initiieren. In seinem Mittelpunkt steht der Überblick zu den Trends und Entwicklungsperspektiven im Fernsehmarkt. Renommierte Fachvertreter erläutern ihre Blickwinkel und Positionen zur Zukunft des Fernsehens in der digitalen Medienwelt. Wissenschaftler und Medienforscher beschäftigen sich mit Fragen neuer Markt- und Wettbewerbsstrukturen und der sich verändernden Mediennutzung. Den Ausgangspunkt des Buches bildet zunächst ein schlaglichtartiger Überblick zu den Entwicklungen des Fernsehens von den Anfängen des öffentlich-rechtlichen Rundfunks bis in die Zeit der digitalen Medien von **Helmut Thoma**, dem Grandseigneur des deutschen Privatfernsehens.

## Der Weg in den konvergenten Medienmarkt

Die Medienlandschaft befindet sich im Umbruch und zeigt eine ungeahnte Dynamik. Die bisher getrennten Teilbranchen von Telekommunikation, Rundfunk und Internet verschmelzen immer mehr. Die Beiträge im ersten Teil beschäftigen sich dann auch schwerpunktmäßig mit Marktstrukturen und Marktentwicklungen. Zunächst identifiziert und beschreibt **Norbert Schneider** die Faktoren und Treiber des Wandels der Mediengesellschaft. **Norbert Walter** und **Stefan Heng** liefern einen grundlegenden Überblick zu den Entwicklungen in der Medienindustrie und **Harald Eichsteller** befasst sich mit der Entwicklung des konvergenten Medien- und Telekommunikationsmarktes und nimmt dabei eine Standortbestimmung der Marktteilnehmer im Kampf um den Kunden vor. **Marc Adam** beleuchtet die Perspektiven des Fernsehens über das Internet und zeichnet ein mögliches Bild vom Fernsehen der Zukunft.

## Vom passiven Zuschauer zum aktiven Fernsehkonsumenten

Der Wandel in Mediennutzungsverhalten ist der Schwerpunkt des zweiten Teils. Gestützt auf aktuelle Daten der Fernseh- und Medienforschung zeigt **Bernhard Engel** den Wandel im Nutzungsverhalten in den vergangenen Jahren auf und skizziert, wie die Digitalisierung das Fernsehnutzungsverhalten beeinflusst hat und dieses weiter beeinflussen wird. **Christoph Kuhlmann** beschäftigt sich mit dem Phänomen der Nebenbeinutzung des Fernsehens. Er analysiert, ob es sich um ein vorübergehendes Phänomen handelt oder eine strukturelle Veränderung des Nutzungsverhaltens auf lange Sicht darstellt. **Stefan Barchfeld** wendet sich in seinem Beitrag dem ‚Untersuchungsgegenstand Mensch' zu, der nicht immer so agiert und reagiert, wie es sich die Medienindustrie wünscht und erhofft. Er fragt, wann Fernsehen erfolgreich sein kann und welche Rolle dabei der Digitalisierung zukommt. **Borris Brandt** untersucht, ob intelligente Programmführer künftig die Programmnavigation in Form eines persönlichen Programmdirektors übernehmen werden.

## Fernsehveranstalter – heute und morgen

Die Veränderungen im Medienmarkt und im Nutzungsverhalten bleiben nicht ohne Folgen für die Fernsehveranstalter. Öffentlich-rechtliche wie auch private Anbieter sehen sich neuen Chancen und Risiken in der digitalen Medienwelt gegenüber. Dieser Themenkomplex bildet den Schwerpunkt des dritten Teils. Die Entwicklungen und Perspektiven des öffentlich-rechtlichen Rundfunks in der digitalen Medienwelt beleuchten **Peter Boudgoust** und **Markus Schächter**. Peter Boudgoust diskutiert die Frage, welche Bedeutung der öffentlich-rechtliche Rundfunk in der Informations- und Wissensgesellschaft der Zukunft haben sollte. Markus Schächter geht hingegen der Frage der Rolle des öffentlich-rechtlichen Rundfunks in einer digitalen Medienwelt nach. **Guillaume de Posch** und **Marcus Englert** beschreiben, wie die ProSiebenSat.1-Gruppe auf die Herausforderungen der Digitalisierung für lineare und nicht-lineare Angebote reagiert und sich für eine erfolgreiche Zukunft aufstellt. **Michael Börnicke** beschreibt, wie heute und auch in Zukunft Pay-TV im deutschen Markt erfolgreich funktionieren kann. Die Potenziale digitaler Spartenkanäle zum Auffangen von Fragmentierungsverlusten und als Marketinginstrument für Fernsehveranstalter thematisiert **Klaus Holtmann** in seinem Beitrag. Für **Andre Zalbertus** sind Emotion und Nutzerpartizipation wesentliche Vehikel zur Erreichung der Konsumenten in der digitalen Medienwelt. Am Beispiel des Lokalfernsehens beschreibt er die Anwendung dieser Elemente. **Wolf Bauer** und **Susanne Stürmer** demonstrieren, wie Medienunternehmen mit einer Stärkung ihrer Innovationskraft auf die Veränderungen der digitalen Medienwelt reagieren können. **Hagen Bossert** beschreibt in seinem Beitrag die Bedeutung der Nutzungsrechte und Lizenzen an medialen Inhalten als Treibstoff der digitalen Medienwelt. Ob das Geschäftsmodell Teleshopping in Zeiten des E-Commerce ein Auslaufmodell im Fernsehbouquet ist, diskutieren **Konrad Hilbers**, **Thomas Hess** und **Thomas Wilde** unter dem Schwerpunkt der Herausforderungen für das Geschäftsmodell, während **Ulrich Flatten** die Entwicklung des deutschen Teleshopping-Marktes skizziert und einen Blick in die Zukunft wagt.

## Von der Fernsehwerbung zur digitalen Markenführung

Trotz Einbrüchen in den letzten Jahren ist Werbung nach wie vor und auf absehbare Zeit die Hauptumsatzquelle für private Fernsehveranstalter. Veränderungen in der Mediennutzung und im Medienangebot bleiben dabei nicht ohne Folgen für die Werbeerlöse. Der vierte Teil greift dieses Thema auf und beleuchtet es aus verschiedenen Perspektiven. **Andrea Malgara** geht in seinem Beitrag auf die Markenführung im digitalen Zeitalter und die Rolle der Fernsehveranstalter bei einer umfassenden Bildschirm-Vermarktung ein. Ob und inwieweit TV-Marken eine ideale Plattform für moderne Markenführung darstellen, untersucht **Carsten Baumgarth** in seinem Beitrag. **Philipp Welte** betrachtet aus der Sicht eines klassischen Verlagshauses den konvergenten Medienmarkt und beschreibt, wie Medienunternehmen auch in der Vermarktung ihrer Angebote innovative Wege gehen müssen. **Uli Veigel** blickt aus der Perspektive der Werbetreibenden auf das Thema. Was bedeutet Markenführung im Zeitalter der medialen Schallgeschwindigkeit? Was macht erfolgreiche Marken in Zukunft aus? Auf diese und weitere Fragen geht er in seinem Beitrag näher ein.

## Von der analogen Verbreitung zu digitalen Distributionsplattformen

Im Mittelpunkt des fünften Teils stehen Distributionswege und Endgeräte. Hier hat sich die Rolle der Kabelnetzbetreiber in den letzten Jahren maßgeblich gewandelt. **Parm Sandhu** beschreibt den Wandel vom Transporteur zum Vermarkter und vom Fernseh- zum Multimediaprovider und analysiert die Herausforderungen der Zukunft. **Adrian von Hammerstein** zeigt, wie das herkömmliche Geschäftsmodell eines Kabelnetzbetreibers durch die digitalen Medien auf die Probe gestellt wird, und **Ferdinand Kayser** erläutert die Rolle des Satelliten im Zuge des weitreichenden technologischen Wandels und geht auf den Wettbewerb zwischen dem Satelliten, Kabelanschluss und DSL-Anschluss ein. **Wolfram Winter** stellt die digitale Vermarktungsplattform in den Mittelpunkt seiner Ausführungen. Ihn interessiert, ob hier eine neue aussichtsreiche Distributionsform für bezahlte Inhalte im deutschen Markt entsteht. Mit dem Themenfeld der Endgeräte und der Set-Top-Boxen befassen sich Robert Hoffmann und Hans-Joachim Kamp. Für **Robert Hoffmann** stellt sich die Frage, ob der PC oder der Fernseher den Kampf ums Wohnzimmer gewinnt, und **Hans-Joachim Kamp** beschreibt die Perspektiven des Fernsehgerätes als Mittelpunkt des Medienkonsums und als Basis für das Zusammenwachsen verschiedener Technologien.

## Die digitale Medienwelt als Herausforderung für die Regulierung

Mit den Veränderungen durch Digitalisierung, den komplexeren Finanzierungsanforderungen für Unternehmen und durch die Privatisierung der Telekommunikationswege ändern sich auch die Rahmenbedingungen für die Medienpolitik. Im sechsten und letzten Teil beschäftigen sich die Autoren mit den Herausforderungen einer konvergenten Medienwelt für die Regulierung. **Wolfgang Schulz** geht auf den Wandel des Rundfunkbegriffs ein und zeigt auf der Basis rechtlicher Grundlagen mögliche Entwicklungslinien für die Regulierung auf. **Tobias Schmid** beschreibt die Rollenzuweisung im dualen System und formuliert die zukünftige Rolle des privaten Rundfunks. **Hans Hege** geht auf die Herausforderungen für die Medienpolitik und die Regulierung ein, die sich aus den schnellen und ständigen Veränderungen durch die Digitalisierung ergeben. **Jürgen Doetz** erläutert die bestehenden Widersprüche und die Anforderungen an eine neue Medienordnung, die den dynamischen Veränderungen der digitalen Medienwelt gerecht wird.

## Vielen Dank!

An dieser Stelle möchten wir uns neben den Autoren und Beitragenden für dieses Buch bei allen Mitwirkenden bedanken, ohne die die Erstellung eines solch umfangreichen Werkes sicherlich nicht möglich gewesen wäre. Dies gilt vor allem für die vielen Personen in den einzelnen Unternehmen und Institutionen, die bei der Konzeption und Durchführung unterstützt haben.

Insbesondere gilt unser Dank und Andenken **Katja Pichler** (Konzernsprecherin, ProSieben-Sat.1 Media AG), die während der Arbeiten an diesem Buch tödlich verunglückte. Wir haben Katja Pichler als freundliche, offene und konstruktive Gesprächspartnerin kennen und schätzen gelernt.

Innerhalb von Accenture haben wir viel Unterstützung erfahren. Wir danken allen, die dieses Werk mit vielen Ideen und Anregungen, mit Rat und Tat ermöglicht und begleitet haben. Stefanie Schroeder hat viel zur Realisierung des Buches beigetragen. Laura Weinert hat mit viel Elan und Fleiß die Veröffentlichung unterstützt. Birgit Sevecke von der Hamburg Media School hat vielfältige Zuarbeit geleistet. Nicht zuletzt dem Team des Gabler Verlags rund um Maria Akhavan gilt unser Dank. Es hat das Werk von der Idee über die Produktion bis zum Vertrieb begleitet.

Wir wünschen Ihnen eine interessante und informative Lektüre!

Düsseldorf & Hamburg, August 2008

Ralf Kaumanns, Veit Siegenheim & Insa Sjurts

# Inhaltsverzeichnis

## Teil III
## Fernsehveranstalter – heute und morgen

## Teil IV
## Von der Fernsehwerbung zur digitalen Markenführung

## Teil V
## Von der analogen Verbreitung zu digitalen Distributionsplattformen

## Teil VI
## Die digitale Medienwelt als Herausforderung für die Regulierung

# Fernsehen im Wandel: Woher und wohin?

*Prof. Dr. Helmut Thoma [Medienberater]*

Stehen wir vor einer neuen Phase der Rundfunkentwicklung in Deutschland? Es sieht ganz danach aus. Digitalisierung und mobiles Fernsehen scheinen die Bedeutung des herkömmlichen Fernsehens zu verändern. Betrachten wir die Geschichte des Rundfunks (Hörfunk und Fernsehen) in der Bundesrepublik, so wären wir damit in der 6. Entwicklungsphase angekommen: Während die 1. Phase durch die Gründung der Landesrundfunkanstalten unter dem Einfluss der US-Amerikaner, Briten und Franzosen in den Jahren nach dem Zweiten Weltkrieg gekennzeichnet ist, werden die nächsten beiden Perioden in den fünfziger und sechziger Jahren durch den Aufbau der Arbeitsgemeinschaft der öffentlich-rechtlichen Rundfunkanstalten der Bundesrepublik Deutschland (ARD) sowie Gründung des Zweiten Deutschen Fernsehens (ZDF) bestimmt. Die 4. Phase ist durch die Einführung des Privat-Rundfunks charakterisiert. Anfang 1984 gingen die Pioniere Sat.1 und RTL plus an den Start – eine einschneidende Strukturveränderung auf dem elektronischen Medienmarkt der Bundesrepublik. Mit der Gründung von Pro Sieben, kabel eins, RTL II, VOX, n-tv und N24 folgte die nächste Generation der Privatsender. Es war die 5. Phase. Die Digitalisierung, also die Möglichkeit, auf Grund von Signalkomprimierung beziehungsweise Reduzierung der Übertragungsbandbreiten eine Fülle weiterer Fernsehkanäle einzurichten, sowie die TV-Mobilität bestimmen den gegenwärtigen Stand der Entwicklung. Was bedeutet das, und wohin könnte es gehen?

## Wie kam es zum Privat-Rundfunk?

Radio und Fernsehen in Deutschland waren auf Grund begrenzter technischer Möglichkeiten nahezu vierzig Jahre auf die öffentlich-rechtliche Organisationsstruktur beschränkt. Auf diese Rechtsform hatten sich die westlichen Alliierten als Besatzungsmächte nach 1945 geeinigt. Der Rundfunk sollte staatsfern sein und von allen gesellschaftlichen Kräften genutzt werden können. Ursprüngliche Pläne der US-Amerikaner, den Rundfunk in Deutschland privat zu organisieren, ließen sich damals schon allein aus ökonomischen Gründen nicht realisieren. In den folgenden Jahren bemühten sich vor allem die deutschen Zeitungsverleger immer wieder um die Einführung privater Rundfunkunternehmen, verstärkt vor allem, nachdem der öffentlich-rechtliche Bayerische Rundfunk Mitte der fünfziger Jahre Werbung eingeführt hatte. All

diese Bemühungen scheiterten aber daran, dass es keine Frequenzen für zusätzliche Rundfunkprogramme gab. Zu einem grundlegenden Fernseh-Urteil des Karlsruher Bundesverfassungsgerichtes kam es im Jahr 1961, nachdem die damalige Bundesregierung unter Bundes-
kanzler Konrad Adenauer versucht hatte, ein weitgehend staatlich kontrolliertes Fernsehen in
GmbH-Form zu gründen. Die Klage mehrerer sozialdemokratisch regierter Bundesländer
brachte dieses Vorhaben zu Fall, indem das Verfassungsgericht die öffentlich-rechtliche
Rundfunkstruktur und die gebotene Staatsferne bestätigte.

Gleichzeitig verwies das Gericht aber darauf, dass privater Rundfunk in Deutschland nicht
grundsätzlich ausgeschlossen sei, sofern er ‚öffentlich-rechtliche Konstitutionsprinzipien' wie
allgemeine Zugänglichkeit und Informationsvielfalt garantiere. Als sich Ende der siebziger
Jahre durch die Einführung der Kabel- und Satellitentechnik die technischen Voraussetzungen
änderten, verstärkte sich die Debatte um die Einführung privaten Fernsehens in Deutschland
erneut, politischer Druck kam hinzu. Vor allem von Seiten der Unionsparteien und ihres
medienpolitischen Sprechers Christian Schwarz-Schilling, der dann als Bundespostminister
die Verkabelung der Republik vorantrieb. SPD und Gewerkschaften waren lange Zeit Gegner
des privaten Rundfunks. Erst auf ihrem Essener Parteitag 1984 änderte die SPD ihre medienpolitische Position – maßgeblich beeinflusst durch ihren damaligen Generalsekretär und
Medienpolitiker Peter Glotz sowie den Filmemacher Alexander Kluge. Kluge hatte seinerzeit
mit der SPD-Landesregierung in Nordrhein-Westfalen vereinbart, dass er bei einer Einführung des Privatfernsehens für ein Kulturprogramm sorgen werde. So kam es dann auch. Kluge erhielt eine Lizenz, und seitdem sind sowohl RTL wie Sat.1 verpflichtet, das Kulturprogramm (Beispiel: Ten To Eleven) der Kluge-Firma Development Company for Television
Programmes (DCTP) auszustrahlen.

Mitentscheidend für die medienpolitische Wandlung der SPD war natürlich auch die Befürchtung, dass es zu einem Abfluss von Werbeeinnahmen aus Deutschland nach Luxemburg
kommen würde. Der Verwaltungsrat der Compagnie Luxembourgoise de Télédiffusion
(CLT), der Muttergesellschaft von RTL, hatte inzwischen nämlich beschlossen, ein deutsches
Programm auszustrahlen. Für die Einführung eines deutschen RTL-Programms, gemeinsam
mit dem Gütersloher Bertelsmann-Konzern, hatte ich mich damals sehr eingesetzt, da auf der
anderen Seite die Programmgesellschaft für Satellitenkommunikation (PKS), der Vorläufer
von Sat.1, unter Beteiligung der deutschen Zeitungsverleger sowie des Filmhändlers Leo
Kirch ein eigenes Programm vorbereitete.

Die PKS startete dann am 1. Januar 1984 im Verbreitungsgebiet des Kabelpilotprojektes
Ludwigshafen, während RTL plus ab dem 2. Januar von Luxemburg aus seine Zuschauer vor
allem im Saarland, Rheinland- Pfalz und Teilen von Nordrhein-Westfalen ganz ‚normal durch
die Luft' erreichte. Um allerdings auf dem deutschen TV-Markt dauerhaft konkurrenzfähig
sein zu können und auch medienpolitisch wie technisch nicht benachteiligt zu werden, musste
bei RTL auf der Gesellschafter-Ebene eine deutsche Mehrheit hergestellt werden. Dies emp-
fahl sich insofern, als deutsche Medienpolitiker dazu neigten, uns als ‚Auslandssender' (so
vor allem die Titulierung durch die Sat.1-Konkurrenz) zu benachteiligen. Daher kamen bei
RTL als Gesellschafter hinzu:

▓ die Westdeutsche Allgemeine Zeitung (WAZ) mit einem Anteil von zehn Prozent,

▓ der Burda-Verlag mit zwei Prozent,

▓ die Frankfurter Allgemeine Zeitung (FAZ) mit einem Prozent sowie

▓ die Deutsche Bank, die treuhändisch einen Anteil von zwei Prozent übernahm.

Mit dem Anteil von Ufa/Bertelsmann (38,9 Prozent) verfügten die deutschen Partner der CLT (46,1 Prozent) damit über eine Gesellschaftsmehrheit von 53,9 Prozent. Gleichzeitig erfolgte der Umzug von Luxemburg nach Köln, was dazu führte, dass RTL innerhalb des größten deutschen Bundeslandes zusätzliche Frequenzen bekam. Obwohl RTL plus nach Nordrhein-Westfalen ging, erhielt es seine Zulassungsfrequenz in Niedersachsen, da die rechtlichen Voraussetzungen in NRW noch ungeklärt waren. Gleichzeitig verfolgte man im Norden eine relativ liberale Medienpolitik. Wesentlich liberaler jedenfalls als in Rheinland-Pfalz, wo Sat.1 seine Zulassung erhielt, und vor allem in Bayern, dem Land, in dem wenig später weitere Tochterfirmen von Sat.1 auf den Markt kamen und wo Leo Kirch maßgebliche Unterstützung durch die Landesregierung erhielt. Im Grunde genommen fand damals im Privatfernsehen eine wirtschaftliche ,Duopolisierung' statt, die sich in Teilen bis heute erhalten hat: Die zusätzlichen Sender auf dem deutschen Markt gehören entweder zum einen oder zum anderen Lager.

## Die neue Situation

Mit dem Übergang von der analogen zur digitalen Technik vollzieht sich nun ein weiterer Wandel: Weitere Rundfunkprogramme werden möglich, und dadurch wird zugleich eine Fülle von Fragen aufgeworfen: Gibt es neue Veranstalter außerhalb des bestehenden Duopols? Was verändert sich in den Nutzungsgewohnheiten, vor allem durch das mobile Fernsehen? Erstmals seit zwei Dekaden sinkt der tägliche Konsum des ,normalen' Fernsehens. Die Nutzung des Internets steigt dagegen an, vor allem bei den jungen Zuschauern. Aber nicht nur das. Die Werbung im Internet scheint sich erheblich zu vermehren, weil damit sehr zielgruppengenau geworben werden kann. Inwieweit bedroht das die bisherigen Werbe-Erträge der TV-Sender? Wie sollen sie darauf reagieren? Können und müssen sich die Fernsehsender neuen Geschäftsfeldern gegenüber öffnen? Sind Lokal-TV (→), Pay-TV-Programme (→) und die verstärkte Produktion eigener Programminhalte die Lösung?

Die Situation ist unübersichtlich. Die Digitalisierung steht zwar vor der Tür, noch aber wird sie von vielen Seiten behindert. Die privaten TV-Sender haben kein Interesse daran, sich im digitalen Bereich Konkurrenz heranzuziehen. Auch die Kabelgesellschaften, die sich eigentlich um zusätzliche Einnahmequellen bemühen müssten, kümmern sich wenig um das digitale Fernsehen. Und die Politik versagt bislang, da sie offenbar zu wenig davon versteht.

# Faktoren des Wandels
## Massen- und Individualmedien auf dem Weg in eine digitale Gesellschaft[1]

*Prof. Dr. Norbert Schneider*
*[Direktor, Landesanstalt für Medien NRW]*

## Von den Schwierigkeiten des Prophezeiens

Die Entwicklung der Medien geschieht immer schon eingebettet in die Entwicklung der ganzen Gesellschaft – heute, wenn der Begriff *Medien*gesellschaft zutrifft, als vielleicht deren wichtigster Teil. Angetrieben wird die Entwicklung dieser Gesellschaft durch Faktoren, die einerseits allgemein die Entwicklung der Gesellschaft steuern und prägen, andererseits auf die Medien im Besonderen einwirken. Diese Faktoren wirken ebenfalls aufeinander ein. Sie stützen und verschärfen sich, sie können sich aber auch gegenseitig schwächen oder neutralisieren.

Auf Faktoren dieser Art – und das dabei entstehende Faktorengemisch – wirken auch die Medien ein. Sie sind deren Subjekte und deren Objekte. Diese Ausgangslage macht, wie immer in *Feedback*-Systemen, eine monokausale Betrachtung, verbunden mit der Frage nach Ursache und Wirkung, für die Erklärung von Erscheinungen und Entwicklungen (zum Beispiel mit Blick auf Gewalttaten: „Die Medien sind schuld!", oder mit Blick auf Geschäftsmodelle der *Fernsehanstalten:* „Alles ist eine Folge der Globalisierung!") wenig sinnvoll. Damit wird aber auch jede Art von Prognose noch spekulativer als sonst, weil und solange sich ein sich gegenseitig bedingendes Faktorenbündel und der auf diese Mischung ausgeübte mediale Druck, ebenso aber auch der Druck einzelner Medien oder eines Mediengemischs auf diese Faktoren nicht einfach entbündeln lassen. Es sei denn zu Zwecken der Darstellung und Einzelanalyse, was allerdings deren Wert einschränkt.

Eine zweite, ebenfalls für Prognosen folgenreiche Problematik ergibt sich aus dem Umstand, dass kein Faktor unilateral und unidirektional ungehemmt wirkt. Zu den Seitenwinden durch die Wirkung anderer Faktoren, der Medien inklusive, kommt der *Gegenwind.* Jeder dieser Faktoren und ihre Mischungen erzeugen nämlich immer beides, Bewegung und Gegenbewegung. Es ist fast überflüssig zu sagen, dass auch eine solche Gegenbewegung auf das gesamte System steuernd oder auch nur modifizierend einwirken und zu Ergebnissen führen kann, die oft unerwartet, manchmal sogar unerwünscht sind.

## Beschleunigung

Der erste Faktor, auf den ich hinweisen möchte, ist ein oft beschriebenes Merkmal der um 1800 einsetzenden Moderne, die *Beschleunigung*. Sie berührt und bewegt nahezu alle gesellschaftlichen Prozesse, die sozialen, die technischen, die ökonomischen und auch die kulturellen.

Für Beschleunigung ist der *Verkehr* augenfällig beides: Metapher und Realität. Auch die *Militärtechnik* liefert beeindruckende und bedrückende Beispiele. Die Geschichte der *medizinischen Diagnostik* kann als eine Geschichte der Beschleunigungen erzählt werden. Hätte Werner Heisenberg 1941 schon so schnell rechnen können, wie dies heute auch mit dem billigsten PC schon möglich ist, hätte er seine Experimente mit Uran ein paar Monate später erfolgreich, wenn man das so ausdrücken darf, abschließen können.

Die Beschleunigung folgt der olympischen Logik des *Komparativ* („schneller, weiter, höher"). Sie verfolgt die Idee eines permanenten *Wachstums*. Beschleunigung realisiert sich auch im Ideal der *Verkleinerung*, der Miniaturisierung. *Ein* riesiges Archiv passt auf *einen* winzigen Chip. Auch die *Verbilligung* gehört in diesen Zusammenhang, ein Wachstum gegen null. Man fliegt zum Taxipreis von London nach Berlin, koste es, was es wolle. Bekannte Analytiker dieses Prozesses der Beschleunigung sind etwa der französische Philosoph und Dromologe (so nennt er sich selbst) Paul Virilio[2]. Amerikanische Soziologen wie David Harvey[3] und Richard Sennett[4] haben sich ein Berufsleben lang mit den Folgen der Beschleunigung (Flexibilisierung!) befasst. Auch Soziologen und Analytiker der Moderne, wie der Brite Anthony Giddens[5], haben sich mit diesem Thema ausdauernd beschäftigt.

Es bedarf, beim Blick auf die Massen- und Individualmedien, kaum spezieller Beispiele, um den Prozess der Beschleunigung zu belegen. An nahezu allem, was sich derzeit medial entwickelt, ist der Faktor der Beschleunigung beteiligt. Die Leistung von Kommunikationsinfrastrukturen wird danach bemessen, wie schnell sie möglichst viele Daten übertragen können. Die Pointe von Geräten ist die *kleine* Größe. Die sich abzeichnende Ablösung des Briefes in der Geschäftswelt durch die *E-Mail* hat dazu geführt, dass sich die ‚Deadline' für den Eingang von Dokumenten und natürlich auch ihre Zugänglichkeit (ein nahezu ubiquitärer Zugriff, jederzeit und überall) dramatisch verändert haben.

Man muss sich nur die Zeit vor Augen führen, die das Übertragen von Tönen oder Bildern – Daten also – zunächst in Anspruch nahm – und heute nimmt. Ein interessantes Moment der Beschleunigung dokumentiert die Zeit, die ein Medium braucht, um ein Massenmedium zu werden. 30 Jahre hat es in den USA gedauert, bis 60 Millionen Menschen das Radio nutzten. Das Fernsehen hat das in 15 Jahren geschafft. Nur drei Jahre nach der Entwicklung eines World Wide Web (→) hat das Internet diese Verbreitung erreicht.[6]

Aus dem Grundgefühl, in einer sich immer mehr beschleunigenden Welt zu leben, entsteht, gegenläufig, immer wieder ein Bedürfnis nach dem *Langsamen,* ein schon in der Antike populäres Lob der Langsamkeit, die Entdeckung der Langsamkeit[7], die Sehnsucht nach einem Schritt für Schritt. ‚Slow Food' zum Beispiel ist die Antwort der Verlangsamung auf ‚Fast Food'.

## Komplexität

Ein zweites Merkmal der Moderne ist *Komplexität,* die ebenfalls in allen Bereichen des Lebens anzutreffen ist. Es ist das Entstehen von undurchschaubaren Welten hinter der sichtbaren Oberfläche, die abwesend gleichwohl anwesend sind. Komplexität konfrontiert mit dem Unsichtbaren und schafft schon seit langer Zeit Vermutungsrealitäten („Siehst du den Mond dort stehen, er ist nur halb zu sehen ...").

Die *statisch* gewordene Komplexität zeigt sich oft als *Kompliziertheit.* Sie hat in den letzten 200 Jahren vor allem auch in den alltäglichen Lebensvollzügen stark zugenommen. Der Erwerb einer Fahrkarte, seit dem Anfang der Eisenbahn leicht und rasch an einem Fahrkartenschalter zu erledigen, erfordert heute genaue Kenntnisse über das Funktionieren von Automaten, die man sich zwar erwerben kann, sich aber nur bei häufigem Gebrauch merken wird. Das Armaturenbrett von Hochleistungsautos ist mittlerweile so komplex und kompliziert wie das Cockpit eines Großraumflugzeuges, sodass im Zweifel nur Fachleute angemessen damit umgehen können. Vererbte Kenntnisse im Herstellen von einfachen Mahlzeiten werden mehr und mehr durch Kochkurse, online wie offline, ersetzt, deren Resultat in der Regel hochkomplexe Speisen sind. Die Multifunktionalität eines häuslichen Maschinenparks (Garten, Küche, Kommunikationsgeräte) wird nur deshalb nicht als komplex empfunden – obwohl sie dies in hohem Maße ist –, weil der Mensch das Aufwachsen der Komplexität der Maschine Schritt für Schritt erlebt hat.

Auch soziale Institutionen sind von wachsender Komplexität betroffen, etwa die Familie, wenn sie zur Patchwork-Familie wird. Eine ganz selbstverständliche Veranstaltung wie eine Anhörung des Gesetzgebers zu bestimmten Normen ist (jenseits von Lobbyismus) ein Ausdruck für die Komplexität der Sachen selbst.

In Deutschland haben sich damit Soziologen wie Max Weber[8], Niklas Luhmann[9] oder Jürgen Habermas[10] auseinandergesetzt. Weber hat in den 20er Jahren die Bürokratie – die er ein stählernes Gehäuse nennt – als komplexitätsmindernd ausgemacht. Sie ist inzwischen freilich selbst zu einer wesentlichen Quelle der Komplexität geworden, vor allem mit Blick auf das Unsichtbare, Undurchdringliche, auf Intransparenz. Habermas beschäftigte sich immer wieder mit dem, was er im Titel einer Textsammlung die *Neue Unübersichtlichkeit* nennt. Luhmann traktiert mittels seiner Systemtheorie Komplexität prominent in seinem ganzen Werk. Er übernimmt in der zweiten Hälfte seines Buchtitels *Vertrauen. Reduktion von Komplexität*[11] eine vielfach benutzte Anleitung für Denken und Handeln seit Beginn der Moderne.

Diese wuchernde Komplexität – ,*Downshifting*' ist der letzte Aufschrei dagegen – führt in eine ,Expertokratie'. Mehr und mehr muss fortgesetzt, hart aber fair, erklärt werden, das Klima, die Familie, die Seele, die Maschinen, die Seele eines Politikers, der Gipfel an Komplexität für alle Nicht-Politiker. Der Experte wird zum Erben der Ältesten, der Priester, der Professoren, bald auch der Journalisten, die sich in einigen Spezialdisziplinen[12] kaum noch ohne Experten zu einer Bewertung verstehen. Der Experte hat eine große Zukunft. Wenn sich auf Information Worte wie Überflutung, Überschwemmung oder Tsunami reimen, liegen Programme mit Experten, mit Navigatoren, um im Bild zu bleiben, im Trend. Sie reduzieren

Komplexität. Sie geben Sicherheit. Der Experte, der *Herr des Überblicks*[13], erzeugt freilich einen sehr menschlichen Makel. Man muss ihm glauben. Man muss ihm vertrauen. Damit liefert man sich nicht nur einem Dritten aus. Das berührt ganz nebenbei zwei zentrale Ideen der europäischen Aufklärung: Autonomie und Mündigkeit.

Was die Komplexität angeht, so spielen die Medien hier eine Doppelrolle. Auf der einen Seite sind sie die Quelle von anschwellender Komplexität. Sie generieren ein gewaltiges Wachstum an medialer Kommunikation und an möglichem Wissen. Auf der andern Seite machen sie, etwa mit TV-Vollprogrammen der herkömmlichen Art, aber auch mit Suchmaschinen, dieses neue Wissen übersichtlich und damit partiell nutzbar. *Google* ist der Präsentator eines völlig unübersichtlichen Wissens und versucht, diese Unübersichtlichkeit durch Suchworte zu reduzieren.

Mit der Komplexität kämpfen weniger die Techniker, Manager oder Juristen. Komplexität ist, gerade im Kontext von Medien, primär die Last der Nutzer. Wofür er früher viele verschiedene Geräte gebraucht hat, braucht er jetzt nur noch eines. Das ist kleiner als jedes einzelne Gerät zuvor, aber leistungsstärker und allemal komplizierter. Manches Feature wird nie benutzt, weil es nicht bekannt ist. Ein *Menü* muss die Übersicht sichern. Mit einem mobilen Telefon kann man rechnen, spielen, speichern, Nachrichten abrufen, Radio hören, fernsehen, mailen, wecken. Man kann damit auch telefonieren. Speziell das Medienleben nimmt an Komplexität schier täglich zu. *Normale* Menschen sind heute kaum noch in der Lage, eine Wohnung medial einzurichten.

Auch Komplexität erzeugt ihr Gegenteil. Werden die Dinge komplexer, wächst die Sehnsucht nach dem Einfachen. Damit schlägt die Stunde der Populisten. Komplexe Inhalte werden dadurch ,*downgeshiftet*', dass man sie an einschätzbare Personen bindet. Ein Finanzminister ist zuerst als Person von Interesse, erst dann (vielleicht) sein Budget. So treibt Komplexität die Personalisierung in der Information voran, die Prominenz in der Show, die Wiedererkennbarkeit in der Serie. Komplexität erzeugt immer mit dem Gefühl der Überwältigung das Bedürfnis nach Transparenz. Politisch heißt ihr Gegenpol: Fundamentalismus.

## Individualisierung

Auch die *Individualisierung* ist, ein wenig paradox gesagt, ein gesellschaftlicher Prozess, der in der Mitte des 19. Jahrhunderts voll eingesetzt hat. Sie erscheint überall dort, wo es um Fortschritte in der Identifizierbarkeit, um die Einzigartigkeit des Einzelnen geht, um personale Autonomie – ein Prozess, der nicht zuletzt durch die reformatorische Theologie in Gang gesetzt worden ist und sich im politischen Prinzip der Gleichheit prominent wiederholt.

Im Kontext von Massenmedien, die ja gerade das Individuum nicht adressieren (können), zeigt sich die Individualisierung gleichwohl, etwa in der Zunahme von speziellen Spartenprogrammen. Für Distribution und Rezeption begünstigt sie naturgemäß Modelle, die nicht ein anonymes (disperses) Publikum, sondern zunächst Gruppen, später den einzelnen Nutzer adressieren. Das Publikum wird segmentiert in Milieus.

‚Pay per View' und ‚Pay per Channel' sind, was immer sie sonst noch bedeuten, auch Effekte der Individualisierung. Die damit eingeschlagene Richtung für mediale Kommunikation wird, wie noch zu zeigen sein wird, mit der Digitalisierung auf eine völlig neue Grundlage gesetzt. *Individualisierung* konkretisiert sich, wenn man auf einzelne Programme achtet, etwa in Casting Shows. Für einen einzigen Augenblick von Prominenz opfert der anonyme Proband alles Private. Man stellt nicht mehr nur Dokumente, man stellt *sich selbst* ins Netz. Was man sich vorgestern noch verbeten hätte, dass man beispielsweise beim Telefonieren belauscht wird, findet man heute so wenig anstößig, dass man Kindern kaum noch erklären kann, weshalb in einer ‚*Es-war-einmal*'-*Zeit* akustisch autonome Telefonzellen gebaut wurden.[14]

Von der Individualisierung leben die meisten Offerten in Web 2.0 (→). Sie meldet sich in dem sich gelegentlich als Robin Hood des Netzes aufspielenden Blogger, als *User Generated Content* (→ UGC). Diese literarische ‚levèe en masse' wird neuerdings auch zur Basis ganzer TV-Programme wie etwa bei *Current TV*. Individualisierung ist ein Treiber für das Zurücktreten des Privaten zu Gunsten einer Lust an der Selbstveröffentlichung[15], in einem Maß, das den Bundesverfassungsrichter Winfried Hassemer mit Blick auf den einst so populären Datenschutz resigniert resümieren lässt: „Privatheit, informationelle Selbstbestimmung, Datenschutz – das sind ehemals kostbare Geschenke, die heute niemand mehr haben will. Der Datenschutz hat eine glorreiche Vergangenheit, eine bedrohte Gegenwart und eine offene Zukunft."[16] Gegen die Individualisierung stehen Konzepte für eine neue Gemeinschaft, steht die Sehnsucht, die Medien möchten wieder das von McLuhan so genannte elektronische Lagerfeuer *für alle* sein.[17] Neuerdings gewinnt auch die eigentlich schon abgelegte Kategorie der Integration wieder an Bedeutung, vor allem in der Legitimationsrhetorik des öffentlichrechtlichen Rundfunks in Deutschland im Zusammenhang mit der Debatte um ‚*Public Value*'.

# Globalisierung

Der vierte Faktor, der hier genannt werden muss, ist die *Globalisierung*, die *wirtschaftliche Integration durch grenzüberschreitende Märkte*, getrieben von dem Ziel einer *Senkung der Transport- und Kommunikationskosten und der Liberalisierung von Wirtschaft*[18]. Ich füge dieser Definition von Martin Wolf hinzu: „Der Held der Globalisierung ist der Dealer, ihr Schreckgespenst ist der Zöllner. Der Zöllner von heute ist der *Regulierer*."

Die Globalisierung beginnt unter dem Namen *Kolonialisierung* bereits mit der Neuzeit, mit den großen Seeimperien Spanien, Holland, England. Heute hat sie ein Niveau erreicht, das es zumindest großen Teilen der Welt (Europa, USA, Südostasien, Australien) erlaubt, jederzeit Produkte aller Art, nicht zuletzt Waffen, an jeden Ort der Welt zu expedieren.

Globalisierung und Medienentwicklung laufen von Anfang an nahezu synchron. Dabei sind Medien immer beides: *Subjekt und Motor* und *Objekt und Inhalt* der Globalisierung. Medien sind Schwanz und Hund.

Der *Telegraph* (1790) zum Beispiel ist ein substanzieller Beitrag des europäischen Kolonialismus zu den globalen Informationstechnologien. Kevin O´Rourke nennt das erste transatlantische Kabel (1866) den wichtigsten *Durchbruch in den letzten zweihundert Jahren für die Kapitalmärkte*. Das *Telefon* (1866) entwickelt sich, kaum erfunden, alsbald global und entwickelt zugleich die Globalisierung. Das *Radio* (1920) überbrückt für den Massenempfang erstmals große Räume. Der *Satellit* (1962) erlaubt – und zeigt darin seine militärische Herkunft – weltweites Beobachten und weltweit simultanen Empfang von Signalen. Die *Digitalisierung* des Signals vervielfacht die Kapazitäten für ortsübergreifende Kommunikation. Aus dem *Arpanet* von 1969 – ebenfalls ein militärgetriebenes Medium – entsteht nach 1980 das weltweite Netz, das Internet. Auch das, *was* die Technologien transportieren, findet im Prozess der Globalisierung früh seine Form. Die heute noch gültige *Agenda der Inhalte* verdanken wir überwiegend kolonialen Vizekönigen und Gouverneuren, die in ihren Berichten aus Übersee in die Londoner Fleet Street ein ganz bestimmtes *Ranking für Informationen* entwickelt haben: Erstens *Krieg und Frieden*, zweitens *Katastrophen*, drittens *Vermischtes*. Noch heute bestimmt diese Hierarchie das ,*Breaking the News'*.

Inzwischen hat die Globalisierung eine Bedeutung erreicht, die nicht daran zweifeln lässt, dass eine Welt ohne *die global funktionierende medientechnologische Grundversorgung* mit Blick auf Ökonomie und Kommunikation in blankes Chaos stürzen würde. Weltweit operierende Medienveranstalter wie CNN, BBC World oder MTV verkaufen und schenken inzwischen der Welt Bilder, die sich im Auge des Betrachters zu einer globalen Ikonografie zusammensetzen, zu einem Weltbild. Sie tun dies durch Omnipräsenz und Ubiquität. Sie sind Herren eines weltweiten *Agenda Setting* durch Bilder. Der Programmbedarf der großen Anbieter wäre ohne die *global agierenden Unternehmen*, an der Spitze die großen amerikanischen Produzenten, ohne deren Output, vom Spielfilm über den Fernsehfilm bis zur Daily Soap, nicht mehr zu decken. Auch die regionale Medienökonomie hängt an den jeweils aktuell praktizierten Leitmodellen der Wirtschaft, nun auch am Investorenmodell.

Die noch immer wichtigste Geldquelle für Rundfunk weltweit, die *Werbung*, bezieht nicht nur ihre inhaltlichen und ästhetischen Vorgaben von den international agierenden Waren- und Dienstleistungskonzernen, sondern auch ihre Budgets.

Netzgestützte oder netzgeleitete Kommunikation ist anders als global weder denkbar noch machbar. Manche Länder versuchen dies zu verhindern.

Die Globalisierung hat für Medienprodukte, zum Beispiel für TV-Programme, völlig neue Märkte geschaffen, auf denen Produkte mit speziellen Profilen gehandelt werden, beispielsweise Musik, Filme mit Gewalt, Sex oder mit beidem, große Ereignisse, Kriege, Katastrophen. Die globale Mediendistribution hat nach und nach eine globale Zuhörerschaft geschaffen. Sie besteht in Einzelfällen aus über einer Milliarde Menschen.

Gegen eine forcierte Globalisierung formiert sich seit einiger Zeit Widerstand unter ökonomisch-politischen wie kulturellen Vorzeichen. Populär ist die Position eines antiamerikanischen Kulturprotektionismus. Speziell mit Blick auf TV-Programme fördert die Globalisierung den *Mythos des Lokalen*.[19] Ein Effekt dieser Annahme ist die *Quotierung* von Produkten.

# Digitalisierung

Der jüngste Prozess, auf den mit Blick auf die Medienentwicklung verwiesen werden muss, ist aktuell gesehen der wichtigste. Die *Digitalisierung* ist die kongeniale Technologie für alle Erscheinungsformen der Individualisierung und zugleich ein starker Motor der Globalisierung. Sie erlaubt erstmals in der Mediengeschichte die weltweite simultane Präsenz einzelner TV-Produkte und weltweit vermarktbare Produkte für den Einzelnen. Die Zirkulation der Ware wird abgelöst durch die Möglichkeit ihrer simultanen Verfügbarkeit.

Die Digitalisierung revolutioniert Formen und Verfahren der Kommunikation. Vermutlich auf längere Sicht auch Inhalte. Mit ihr verschmelzen Produktions-, Distributions- und Rezeptionsformen, die in der analogen Welt getrennt waren. Ein Leitbegriff heißt Konvergenz. Andere Begriffe erodieren, ein Problem, das vor allem die Juristen beschäftigt und mit dem die Regulierung kämpft. Was ist in digitalen Zeiten Rundfunk? Gibt es noch eine Grenze zwischen Massen- und Individualkommunikation?

Die Digitalisierung ist eine *leise Revolution* und so langsam wie eine Schnecke. Man sieht nichts. Denn was geschieht, geschieht – und bringt sie eng zusammen mit der Komplexität – unsichtbar. Man ahnt, dass sie die gesamte Kommunikation, ihre Formen, ihre Medien dekonstruieren wird – eine Vermutung, die sie für Finanzinvestoren attraktiv macht. Sie ist eine der selten gewordenen Technologien, die dem Komparativ huldigt und massives Wachstum verspricht. Zwar wird der Transport des Signals dramatisch billiger, die Zeit der Übermittlung geht gegen null und die Menge der Daten wächst ins Unermessliche; und damit verfallen die Preise. Doch auf der andern Seite steigen sie. Denn die Zahl der Endkunden, die über Geld verfügen, wird durch das digital verschlüsselt verbreitete Signal immer größer. Und allein darauf kommt es an. Über sie allein wird frisches Geld in das System gepumpt.

Die Digitalisierung ist längst ein weltumspannendes neues Alphabet für Bilder und Töne, für mediale Kommunikation. Sie beherrscht die Systeme der Wirtschaft, des Verkehrs, der Banken, der Energieversorgung. Ihre Zerstörung würde ins Chaos führen.

Einerseits empfinden viele Menschen die Digitalisierung als unangenehme Überflutung. Andererseits begreifen sie auch, dass sie einen gigantischen Überfluss bringen wird. Mehr Nahrung, als man essen kann, neue Speisen, die man bisher nicht kannte. Alles ist im Überfluss da, und man zahlt mit einer *Flatrate*. Der Umgang mit diesem Überfluss muss erst gelernt werden, so, wie die Menschen den Umgang mit dem Mangel über Jahrhunderte lernen mussten. Auch der Umgang mit Mischungen verlangt spezielle Kompetenz des Nutzers. Was er nicht versteht, kauft er nicht. Daher ist nicht nur für die kulturelle, sondern auch für die ökonomische Entwicklung ‚*Digital Literacy*' ein entscheidender Faktor.

Die Digitalisierung stellt bisher Disparates auf eine einheitliche Grundlage. So erzeugt sie völlig neue Geschäftsmodelle. Ihr Potenzial berechtigt zu der Erwartung, dass die Medienwirtschaft, wenn die Digitalisierung ihre Reiseflughöhe erst einmal erreicht haben wird, das Automobil ablösen und die neue globale Leitwirtschaft werden kann.

## Konsequenzen

Vor dem Hintergrund dieser Faktoren, die die Entwicklung der Gesellschaft im Allgemeinen und die der Medien im Besonderen auch weiterhin bestimmen werden – allen Gegenbewegungen trotzend oder durch sie auch modifiziert, geschwächt, eingeschränkt – wird man vor allem auf drei Gebieten mit weiteren, einschneidenden Veränderungen rechnen müssen.

Als Erstes ist anzunehmen, dass die *Ausdifferenzierung des Medienangebots und der Mediennutzung* noch erheblich zunehmen werden, ausgerichtet an der Beobachtung, dass die persönlich zugeschnittene Offerte den meisten Geschäftsmodellen zu Grunde zu legen ist. Dabei werden Bezahlangebote wohl eine wachsende Bedeutung bekommen und werbegestützte Angebote vor allem in Vollprogrammen mit den massenhaften synchronen Reichweiten überleben. Diese Differenzierung braucht Erkennbarkeit, was den Nutzen, den Mehrwert des Angebots betrifft. Sie braucht das Profil.

Die *Phase der Profilierung* innerhalb konvergenter Entwicklungen hat begonnen. Der *Wert*-Gedanke ist aus den Börsen ins Inhaltegeschäft eingedrungen und wird eine wichtige Rolle bei der Profilierung spielen. So eigentümlich das in einer auf Auflage und Quote starrenden Medienwelt auch klingen mag: Qualität wird am Ende den Unterschied ausmachen. Qualität muss also auch testierbar sein, in einer bestimmten Weise messbar. Zugleich werden und müssen die Konkretionen in unmittelbarer Abhängigkeit von solchen möglichen beziehungsweise rentablen Geschäftsmodellen entwickelt werden, die weder den Faktor der Beschleunigung, noch den der Komplexität *pur* bedienen, sondern die *gefühlte Besorgnis* des Publikums mit Blick auf diese Faktoren beachten. Vor allem die Komplexität kann zur Modellbremse werden und wird insoweit die besondere Aufmerksamkeit der Entwickler auf sich ziehen. Dabei zeichnet sich jetzt schon ein Ende der Einfälle von Technologen für Technologen ab.

Im Gebot der Komplexitätsminderung meldet sich zugleich die wirklich neue Figur, der (individualisierte) Nutzer, der gewissermaßen digital auf- und angebohrt werden kann, teils mit voller Zustimmung, teils wohl auch gegen seinen Willen, wenn er wüsste, was wirklich mit ihm gemacht wird. Dabei wird das Angebot mit seiner Struktur profitabel sein, das die Kategorie des Nutzerschutzes in das Angebot integriert. Die erschlichene Datenbeute wird zum Kennzeichen für Pyrrhussiege.

Eine dritte zentrale Entwicklung wird sich auf dem *Feld der Infrastrukturen* vollziehen. Die Plattform, die man aus inhaltlicher Perspektive auch Medienhaus nennen könnte, wird bisher getrennt verlaufende Kommunikationswege ablösen – auf der Seite der Anbieter und Transporteure der wesentliche Effekt der Digitalisierung und all ihrer Konvergenzen, die durch die Vereinheitlichung des Signals ausgelöst worden sind, und auf der Ebene der Inhalte durch spezielle Portfolios. Ich will zu diesen Entwicklungen, die zum Teil bereits sehr deutlich erkennbar sind, einige vorsichtige Bemerkungen machen, was mögliche Entwicklungen im Detail betrifft.

## Vom Navigator bis zum Fernsehveranstalter

Die *Komplexität* wird noch zunehmen. Sie wird im Alltag primär als eine quälende Unüber-sichtlichkeit, als ein Durcheinander, als Ungleichzeitigkeit der Lebensstile und Wertsysteme erfahren. Leben wird immer komplizierter. Auch das Leben in und mit Medien. Auch deshalb hat der Beruf des Experten eine große Zukunft. Die Funktion Bürokratie als *stählernes Ge-häuse* (Max Weber) wird aufgegriffen in einer Expertokratie (*Anthony Giddens*). Komplexität fördert das Bedürfnis nach Transparenz. Daraus ist der Schluss zu ziehen: Auch *Business* wird zu einem Fall für Transparenz. Je mehr Transparenz, desto mehr Profit. Das Geschäfts-geheimnis, die Formel von *Coca-Cola*, muss gelüftet werden.

Das Projekt der *Individualisierung* wird noch differenziertere Milieus als bisher schaffen. Sie definieren sich nicht länger nur geografisch, sondern auf Grund ihrer Vorlieben.[20] Sie sind so volatil und flüchtig, wie ihre Vorlieben vergänglich sind. Das wirkt sich auf die Fruchtfolge von TV-Programmen aus. Da Programme nicht jeden Tag neu erfunden werden können, werden die Abstände zwischen Sehen und *Wieder*sehen, die Phasen für ein Programm-Recycling, kürzer. Alle werden sich um die Wiederbelebung von Programmideen kümmern. Doch Erfolg wird nur haben, wer bekannte Formate *zum richtigen Zeitpunkt* reanimiert. Je spezieller das Angebot wird, desto stärker wird auch der Wunsch nach allgemeiner Orientie-rung. Die in einer weithin globalisierten Welt Lebenden brauchen, etwa als global agierende Händler, als globale Touristen, die basalen Informationen über den Stand und den Gang der Dinge. Wie vor 500 Jahren möchte der Kaufmann auch heute wissen, was ihm auf Reisen passieren kann.

Das gibt Anlass zu einer Vermutung: *Die gegenwärtige Rolle der Fernsehveranstalter* wird sich verändern, und zwar an zwei Punkten, die sich ergänzen: sowohl allgemein mit Blick auf die klassische Funktion des Senders – alles für alle – als auch speziell mit Bezug darauf, dass es zu einer funktionalen Differenzierung zwischen linearen und nicht-linearen Angeboten und insoweit auch zu Veränderungen bei Einnahmen und Ausgaben kommen wird.

*Ein* Szenario könnte so aussehen: Auf der einen Seite könnten gerade teure Programme vom Typ der TV-Movies, Serien oder auch Spielfilme mehr und mehr *on-demand* (→) konsumiert werden; als Angebot verschiedener Plattformen und einzeln bezahlt. Dies könnte als eine Veränderung in der Produktions- und Verwertungskette die Fernsehveranstalter mittelfristig finanziell erheblich entlasten. Auf der anderen Seite könnten die Fernsehveranstalter für das, was sie unschlagbar macht, für Programme, die überwiegend nur sie anbieten können, live und im HDTV-Format (→), eine Art von Monopol entwickeln und sich auf Informationen von Gipfeln und Katastrophen, auf Sport, auf Musik, auf Ereignisse spezialisieren. Sie müss-ten dann zwar immer größere Summen für Rechte an solchen Events aufbringen. Aber sie hätten dafür die im fiktionalen Bereich eingesparten Mittel zur Verfügung. Die Spezialange-bote würden dagegen immer weniger aus Werbung finanziert. Meine Vermutung ist: Die Entwicklung wird sich spreizen in Vollprogramme, die von Werbung leben, und Bezahlpro-gramme, die gegen Einzelbezahlung zu haben sind.[21]

## Medienmacht und Nutzermacht

Die *Globalisierung* wird nicht nur als eine Bewegung gesehen, die weltweit eine mediale Grundversorgung schafft, über nationale Vollprogramme so gut wie über explizit global agierende Anbieter wie CNN oder MTV. Man verbindet mit ihr auch den Vorwurf, dass sie dazu führe, dass man die Menschen in mediale Gewinner und Verlierer, in Teilhabende und Ausgeschlossene aufteilen könne. Die ideologische Polarisierung von global und lokal wird gelesen wie der Unterschied von Reich und Arm. Vom *‚Digital Divide'* wird auf internationalen Konferenzen gesprochen. Man wird wieder die Forderung nach einer Weltinformationsordnung hören, nach einem neuen McBride Report.

Befreit man diese Position von ihrer ideologischen Rhetorik, dann bringt sie in Erinnerung, dass die Frage des *Zugangs* zu den Kommunikationssystemen zu den wesentlichen Fragen und damit *auf die Agenda der Politik* gehört. Die Politik hat dafür zu sorgen – weil dies den Markt nicht interessiert – dass medientechnologisch Vorsorge getroffen wird, damit es nicht zu Exklusionen kommt, zu Habenden und Habenichtsen, zu einer digitalen Kluft.[22] Es muss dann aber mehr global gültige Regeln geben, wenn sich die Medien nicht nur zum Wohl ihres Unternehmens, sondern auch zum Wohl der Gesellschaften entwickeln sollen. Die Globalisierung macht Regulierung notwendiger denn je.

Die Funktionen und die Rollen der bisher auf dem Feld der Medien agierenden Akteure geraten gerade auch durch die *Digitalisierung* unter massiven Druck. In der analogen Welt gab es ein unbestrittenes Paradigma für Massenkommunikation, das Modell von Sender und Empfänger. Vom Sender ging alle Macht aus. Der Übermittler des Signals nahm keinerlei Einfluss. Er wirkte wie ein Spediteur. Und der Empfänger war vom Sender abhängig, als Individuum bedeutungslos, abstrakter Durchschnitt. Er musste zahlen. Diese Rollenverteilung wird sich ändern. Die Sender werden ihre Macht in der digitalen Welt mit denen teilen müssen, vielleicht sogar an sie verlieren, die Inhalte *vermitteln und vermarkten*.[23] Denn sie allein sind es, die den Endkunden mit dem nun verschlüsselten Signal erreichen, weshalb Verschlüsselung ein großes Thema werden wird. Sie allein wissen, wer der Endkunde ist, wo er ist, was er will. Jetzt ist der Empfänger ein Individuum, das dank der Verschlüsselung des Signals, die erst durch die Digitalisierung möglich wird, speziell adressiert werden kann. Er wählt jetzt das Produkt, das er haben will. Für das Spezielle bezahlt der Endkunde auch einen speziellen Preis. Damit wird endlich auch der Endkunde, wenn auch zunächst eher theoretisch als faktisch, zu einem Machtfaktor. Wäre er sich dessen bewusst, könnte er zusammen mit andern Endkunden das System zum Blühen oder zum Verdorren bringen.

Die Markt- und Medienmacht wandert zunächst zum Betreiber der Plattform, zum *Kabelnetzbetreiber*, zum Satellitenbetreiber. Das sind aber nicht länger nur Spediteure. Sie werden ihre Position dadurch ausbauen, dass sie sich exklusive Inhalte beschaffen.

Eine neue Plattform werden die Telekommunikationsunternehmen (Telcos) in den Wettbewerb der Plattformen einbringen. Das ist vorerst ihre Telefonleitung, verbunden mit DSL, demnächst das VDSL-System (→), mit dem alle Kapazitätsengpässe beseitigt werden können. Daraus entwickelt sich, schleppend, weil das Besondere sich dem Nutzer noch nicht erschließt und das Angebot insgesamt noch zu komplex erscheint, IPTV (→). Da die Telcos, anders als die meisten Fernsehveranstalter, über eine gewaltige wirtschaftliche Macht verfügen, können sie sich an Programmen, an Rechten kaufen, was sie wollen. Genau das werden sie tun. Sie werden sich die attraktivsten Rechte kaufen. Die vertikale Integration wird daher weiter wachsen. Aus dem Wettbewerb der Sender wird damit demnächst der Wettbewerb der Plattformen. Sie werden die Leitgröße. Und die größte unter ihnen wird die, die den besten Zugang zum Kunden hat. Das bringt das Internet in eine ‚*Pole Position*'. Deshalb wird IPTV, sobald die Kapazitätsfrage gelöst ist und die Vermarktung voll einsetzt, das Fernsehen der Zukunft sein.[24]

Auch Sender könnten sich zu Plattformbetreibern entwickeln, theoretisch jedenfalls. Praktisch fehlt ihnen für diese Funktion das Kapital. Sie kaufen nicht mehr, sie werden gekauft. Die Fernsehveranstalter könnten die Verlierer der Digitalisierung sein. Überleben werden sie in einer neuen Rolle als Produzenten und Anbieter von Inhalten. Aber sie bieten immer weniger direkt an, über ein eigenes Netz. Denn sie haben keinen Endkunden. Sie produzieren und verkaufen sich als komplette Sender oder sie verkaufen die Rechte einzelner Produkte, exklusiv oder an alle. Tendenziell wird der Sender von heute zum Service Provider des Plattformbetreibers von morgen, der seinerseits zum Service Provider des Endkunden wird, weil der die Show bezahlt.

Die alte Macht wird sich in einer ersten Phase auf zwei verteilen: auf den, der Inhalte und Rechte, und auf den, der Reichweite hat, der Endkunden adressieren kann. Das bedeutet: *Geistiges Eigentum* wird die eine Schlüsselressource sein. Die zweite Schlüsselgröße definiert sich über den Zugang zum Endkunden. Da liegt es auf der Hand, dass es Versuche geben wird, Inhalte und Reichweite, also Zugang zu bündeln. Die damit mögliche Machtballung ist die größte denkbare Herausforderung an die politischen Verantwortlichen. Wenn sie dieses Machtamalgam erlauben, erlauben sie Dritten, die nicht gewählt sind, über die Politik zu entscheiden. Damit stünde nicht weniger als das demokratische Prinzip zur Disposition. Eine Konzentration ganz anderer Art ist für die Benutzeroberflächen zu erwarten. Da das digitale Signal für jede Art von Botschaft dasselbe ist, kann künftig auf einer einzigen Oberfläche alles ankommen: E-Mails, Geschäftliches, Unterhaltung. So konvergieren TV-Set, Mobiltelefon und Laptop. Damit dies funktioniert, brauchen die Geräte zugangsoffene Schnittstellen. *Ein* Gerät muss in Zukunft *alles* können. Erst mit Smartcards (→) wird der Endkunde individuell entscheiden, was er tatsächlich will.

Im Zuge solcher Konvergenzen müssen Plattformbetreiber alle Arten von Inhalten, massenmediale wie individuelle, vertreiben oder weiterleiten können. *Triple Play* (→) halte ich nur für den Einstieg. Vor allem auf dem individuellen Sektor sind noch zahllose Ausweitungen denkbar, bis weit in die wichtigen Lebensbereiche wie Gesundheit oder Finanzen hinein.

Da das digitale Signal nicht nur oberflächenneutral ist, sondern alte Systemgrenzen mühelos überspringt, wird es neue Mischungen, Bastarde, Hybride von klassischen Medien geben – neue Verbindungen von Film und Fernsehen, von Radio und Telefon. Hier sollte man auf jede Überraschung eingerichtet sein. Allerdings vermute ich, dass sich von einhundert Experimenten nur eines am Markt durchsetzen wird. Aber solange jeder glaubt, er sei der Schöpfer des einen, haben wir eine kreative Zeit vor uns.

Als honorarfreien Ratschlag biete ich an: Durchsetzen wird sich, wer Angebote macht, die ihren Nutzen unmittelbar erkennen lassen. Die Zeit des Ankündigens und Schönredens geht, was dies betrifft, endgültig zu Ende.

## Verweise und Quellen

1   Der folgende Text verbindet und aktualisiert Überlegungen aus zwei Vorträgen, die ich am 30. August 2006 zur Eröffnung der Broadcast Worldwide Conference (BWWC) in der Jongbogo Hall COEX in Seoul unter dem Titel *The 5-Year Vision – Major Trends in the Media Industry in the next 5 years,* und anlässlich eines Besuchs von chinesischen Medienexperten bei der Bertelsmann AG am 20. April 2007 unter dem Titel *Faktoren des Wandels. Die Medien auf dem Wege in eine digitale Gesellschaft* in Berlin gehalten habe.

2   Vgl. z. B. Virilio, Paul, Revolution der Geschwindigkeit, 1993. Die paradoxe Schlussmetapher der Beschleunigung ist *Rasender Stillstand* – so der Titel eines Buches von Paul Virilio, 1992

3   Harvey, David, The Conditions of Postmodernity. Space-Time Compression,1990

4   Senett, Richard, Der flexible Mensch, 1998.

5   Giddens, Anthony, The Consequence of Modernity, 1990; ders. Sociology, 2001.

6   Vgl. Castells, Manuell, Das Informationszeitalter I, 2001, S. 22.

7   So der Titel des Buches von Sten Nadolny, 1983.

8   Weber, Max, Gesamtausgabe, Tübingen 1984 ff.

9   Vgl. z. B. Luhmann, Niklas, Einführung in die Theorie der Gesellschaft, 2005

10  Habermas, Jürgen, Die Neue Unübersichtlichkeit, 1985, 2.Aufl.2006

11  Luhmann, Niklas, Vertrauen. Reduktion von Komplexität, Stuttgart 4. Aufl., 2000. Wenn man große Schriftsteller des 20. Jahrhunderts in dieser Hinsicht liest, erweist sich Komplexität in ihrer Variante des Rätselhaften, Undurchschaubaren als eine wichtige Figur, die erzählt werden kann (z. B. bei Franz Kafka oder James Joyce)

12  Z. B. in der Wirtschaftsberichterstattung.

13  So bezeichnet Thomas Mann den Helden seiner Tetralogie Joseph in Ägypten.

14  „Egal, wohin man schaut in der Mode oder im Internet, ein wenig Exhibitionismus gehört zum guten Ton" (Götz Hamann, Meine Daten sind frei, in: Die Zeit, 45/31.10.2007, S. 1)

15  Hamann, Götz, a.a.O.: „Was ist künftig noch privat? Es wird neu verhandelt werden, was den Kern persönlicher und damit bürgerlicher Freiheit ausmacht. Welche Kontrolle man über seinen Ruf hat."

16  Zit. nach epd medien

17  Zwei Buchtitel verweisen auf diese Spannung: Pierre Levy, Die Kollektive Intelligenz. Eine Anthropologie des Cyberspace, Paris 1994, Mannheim 1997, und: Howard Rheingold, Virtuelle Welten. Reisen im Cyberspace, New York 1991, Reinbek 1995.

18  So der frühere Herausgeber der Financial Times, Martin Wolf (in: M. W., Wird die Globalisierung von Dauer sein? Merkur, 59. Jahrgang Heft 11, November 2005, S. 1061).

19  Echt, authentisch ist nur, so die Behauptung, was aus der eigenen Nähe kommt. Dabei kommt es jedoch zu einem gravierenden Missverständnis. Auch in einer globalisierten Medienwelt gibt es am Ende nur lokale Produkte.

20  Dies geschieht nicht in hierarchisch gebildeten Gesellschaften, sondern im Kontext einer Netz-werkgesellschaft, in der es um den bipolaren Gegensatz zwischen dem Netz und dem Ich (Manuel Castells) geht.

21  Anna Hunt, Research Director for the Connected Home Division at IMS, nach der Zukunft der broadcaster befragt, prophezeit einerseits „a continuing role of TV", aber mit zugespitztem Angebot: „Some of the most popular events are live, wether it is sports or news. But movies and traditional television shows are going to be very much on demand." Und sie fügt hinzu: "Television will continue to bond people", ist „a big part of our communities". Integrationsfunktion heißt das in bestem Richterdeutsch.

22  Wie immer im Kontext der Ideologien wird die Propaganda wiederbelebt. Ihr bevorzugtes Feld und ihr Mittel waren und sind die Medien. So wird es zu so etwas wie einem Krieg der Medien kommen. Davon werden religiös und politisch missionierende Sender vom Typ der US-amerikanischen electronic church profitieren.

23  In Deutschland gab es ein Beispiel für diese Verdrängung. Der Kabelnetzbetreiber Unity hat sich über eine Tochter, Arena, die Rechte an der Fußballbundesliga gesichert, ein besonders attraktives Programm. Der Pay-TV-Anbieter Premiere, der dieses Recht zuvor hatte, ein reiner Fernsehveranstalter, hat daraufhin über 10 % seines Aktienwertes verloren. Für Unity war der Preis nicht wichtig. Hinter Unity stehen Banken, die den Kabelnetzbetreiber gekauft haben, weil sie so an die Endkunden kommen.

24  Vorbereitet wird die Allianz von PC und TV-Set in den USA durch Verbindungen, wie sie etwa CBS mit Comcast oder NBC mit Direct-TV eingegangen sind. AOL bietet derzeit über In2TV 300 TV-Serien an, ebenso 18.000 Filme von Warner Brs. – kostenlos. Für 2005 gibt es keine Zahlen. Für 2100 schätzt ABI Research, dass weltweit 12 % aller TV-Zuschauer IP-TV nutzen. Analysten von Informa Telecoms & Media prognostizieren, dass der weltweite Umsatz mit IP-TV bis 2100 auf mindestens 10 Milliarden US-Dollar wachsen wird. Eine Studie des Marktforschungsunternehmens iSuppli rechnet für 2100 weltweit mit 60 Millionen IP-TV-Nutzern und einem Umsatz von 27 Milliarden US-Dollar. Die Medienberater von Screen Digest und Goldmedia sagen für 2009 europaweit 8,7 Millionen Abonnenten für IP-TV voraus und im Pay-Geschäft einen IP-TV-Marktanteil von 9,4 %. Für Deutschland lauten die Zahlen von Goldmedia: 1,3 Millionen IP-TV-Kunden im Jahr 2100, ein Turnover von 1 Milliarde US-Dollar. Dabei ist zu beachten, dass in kaum einem andern Land die Versorgung heute schon so groß und vor allem so billig ist wie in Deutschland, was jede Neuerung erschwert.

# Medienbranche im fundamentalen Umbruch

## Innovative Medienformen verlangen Unternehmergeist

*Prof. Dr. Norbert Walter [Chefvolkswirt, Deutsche Bank Gruppe]*
*Dr. Stefan Heng [Senior Economist, Deutsche Bank Research]*

Seit der Erfindung der Druckerpresse haben sich die grundsätzlichen Mechanismen in der Medienbranche kaum verändert. Bis heute ist die Medienlandschaft durch eine sehr kleine Zahl professioneller Medienhäuser und eine sehr große Zahl passiver Medienrezipienten (Leser, Hörer, Zuschauer) gekennzeichnet. Doch nun stößt der Fortschritt bei den Informations- und Kommunikationstechnologien einen fundamentalen Umbruch in der gesellschaftspolitisch zentralen Medienbranche an. Dieser Umbruch zeigt sich bei den Angeboten der althergebrachten (Massen-)Medien selbst, aber noch deutlicher bei den neuen Angeboten im Web.

Diese Analyse beschreibt den durch innovative Informations- und Kommunikationstechnologien angestoßenen fundamentalen Umbruch der Medienbranche. Dazu skizzieren wir zunächst das ökonomische Umfeld der Branche. Anschließend analysieren wir den Wandel in den althergebrachten Mediengattungen. Dabei liegt unser spezielles Augenmerk auf den Neuerungen im Rundfunk, insbesondere Digitalfernsehen, IPTV (→) und Web-TV. Abschließend beschreiben wir die für die Medienbranche wichtigen aktuellen und innovativen Trends im Web.

## Wissenschaft rechtfertigt staatliche Eingriffe

Bei der Skizze des ökonomischen Umfelds der Medienbranche fällt zunächst auf, dass es weltweit bei einem Drittel der Zeitungshäuser und bei zwei Dritteln der Fernsehveranstalter unmittelbare staatliche Unternehmensbeteiligungen gibt.[1] Angesichts dieses hohen Anteils ist es wichtig, die gesellschaftliche Wirkung staatlicher Interventionen in der Medienbranche zu diskutieren. Dabei liefert die Wirtschaftswissenschaft mit ihren Aussagen zur Struktur des Medienmarktes und zur Eigenschaft der Medienprodukte durchaus gewichtige Argumente für das Engagement des Staates in der Medienbranche. Die ökonomische Analyse der Marktstruktur ergibt zum einen, dass insbesondere das Rundfunk-Segment durch hohe Fixkosten, fallende Durchschnittskosten und Skaleneffekte geprägt ist. Mit diesem Merkmal ist dieser Teil der Medienbranche nach ökonomischer Theorie ein natürliches Monopol. Bei natürlichen Monopolen ergibt sich die hohe Marktkonzentration zwangsläufig aus den Marktgegebenheiten. Zum Zweiten zeigt die Analyse der Gütereigenschaften, dass die Medieninhalte nach volkswirtschaftlichem Lehrbuch als meritorisches Gut und speziell die Inhalte im Rundfunk auch als öffentliches Gut zu begreifen sind.[2] Öffentliches Gut sind die Inhalte im Rundfunk deshalb, weil ihr Konsum weder (ökonomisch sinnvoll) ausschließbar, noch rivalisierend ist. Meritorisches Gut sind die Medieninhalte deshalb, weil sie hinsichtlich der fundierten Information der Bevölkerung aus paternalistischer Sicht zu wenig nachgefragt werden.[3] Das volkswirtschaftliche Lehrbuch sieht in diesem Fall den Eingriff eines wohlmeinenden zentralen Entscheiders vor.

Auf Basis dieser wissenschaftlichen Erkenntnisse äußern einige Politiker ihre Zweifel daran, dass im freien Spiel des Marktes ohne staatliche Intervention überhaupt ein qualitativ hochwertiges Medienangebot möglich ist. Sie sorgen sich um journalistische Vielfalt, Jugendschutz, aber auch um die Förderung von Talenten. Einige Politiker nutzen demnach die Argumente unvollkommene Konkurrenz im Medienmarkt und Notwendigkeit einer journalistisch hochwertigen Versorgung der Medienrezipienten, um unmittelbare staatliche Eingriffe in die Medienbranche zu rechtfertigen. Allerdings ist die unmittelbare staatliche Intervention (zum Beispiel über die direkte Beteiligung an Medienhäusern) gesellschaftspolitisch sehr bedenklich. Weniger bedenklich ist eine Medienpolitik, die sich auf regulatorische Intervention beschränkt. Diese Politik der Intervention kann verschiedene Instrumente nutzen, wie die erweiterte kartellrechtliche Prüfung von Fusionen und die Lizenzierung der Fernsehveranstalter. Speziell in Deutschland werden die öffentlich-rechtlichen Rundfunkanstalten vor allem über das Genehmigungsverfahren zur Festsetzung von Rundfunkgebühren und die Mitsprache bei der Programmgestaltung über den Rundfunkrat beziehungsweise den Fernsehrat[4] von staatlicher Seite beeinflusst.

## Medienbranche facettenreich

Weltweit setzte die gesamte Medienbranche (Fernsehen, Radio, Zeitungen, Zeitschriften, Nachrichten-Websites) 2005 1,3 Billionen Euro um; bis 2010 werden es 1,8 Billion sein (ein Plus von sieben Prozent p.a.). Der größte Medienmarkt ist Nordamerika mit 41,8 Prozent, mit deutlichem Abstand gefolgt von Europa, dem Nahen Osten und Afrika (EMEA) mit 32,1 Prozent, Asien (22,8 Prozent) und Lateinamerika (3,3 Prozent).[5]

Deutschland hält einen Anteil von einem Fünfzehntel am Weltmarkt. Im Vergleich zu den althergebrachten Mediengattungen sind die Nachrichten-Websites (von der Online-Zeitung bis hin zum interaktiven Online-Tagebuch) ein sehr kleines Segment der deutschen Medienbranche. Noch im Jahr 2004 trugen sie in Deutschland lediglich ein Hundertfünfzigstel zum gesamten Umsatz der Branche bei. Mit einem Anteil von gut zwei Fünfteln am Gesamtumsatz der deutschen Medienbranche war das Fernsehen zu dieser Zeit die umsatzstärkste Mediengattung (siehe Abbildung 1). Mit deutlichem Abstand folgten die Zeitungen, die Zeitschriften und das Radio.

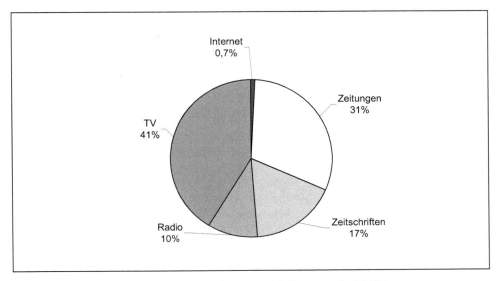

*Abbildung 1:*    *Anteile am Umsatz der deutschen Medienwirtschaft 2004*
*Quelle: Nielsen Media Research (2005)*

Heute generieren die privatwirtschaftlichen Fernsehveranstalter in Deutschland jährlich vier Milliarden Euro mit Werbung; die öffentlich-rechtlichen Rundfunkanstalten dagegen lediglich ein Zehntel dieses Betrags. Knapp drei Viertel der Werbeeinnahmen aller öffentlich-rechtlichen Rundfunkanstalten entfällt allein auf die ARD. Somit ist die Rundfunkgebühr auch heute noch die mit Abstand wichtigste Finanzquelle der öffentlich-rechtlichen Rundfunkanstalten (siehe Tabelle 1).

| Angaben in Mrd. Euro | ARD | ZDF |
|---|---|---|
| Rundfunkgebühr | 5,14 | 1,71 |
| Werbung | 0,35 | 0,12 |
| Sonstige Einnahmen | 0,03 | 0,02 |

*Tabelle 1: Erträge der öffentlich-rechtlichen Sender. Prognose 2009*
*Quelle: 16. KEF-Bericht (2007)*

## Strukturelle Faktoren beschleunigen den Wandel

Um die finanzielle Basis zu sichern, zielen die Medienhäuser bei der Gestaltung ihrer Formate sowohl auf den Markt der Rezipienten als auch auf den Markt der Werbetreibenden. Dabei bezieht sich der Wettbewerb um die Werbetreibenden vorwiegend auf die Wirkungsintensität (zumeist gemessen in →Tausendkontaktpreis), der Wettbewerb um den Rezipienten dagegen vorwiegend auf die Inhalte. Beim Wettbewerb um die Werbetreibenden kommen Faktoren aus vier Kategorien zum Tragen. Diese Faktoren sind struktureller Art (politische Interventionen durch nationale Regulierer), gesellschaftlicher Art (Veränderungen beim Lebensstil, demografischer Wandel) oder auch technischer Art (der Fortschritt bei den Informations- und Kommunikationstechnologien). Darüber hinaus gibt es aber auch Sondereffekte (intensiv beworbene Sportgroßveranstaltungen wie Olympische Spiele oder Fußballmeisterschaften), die den Wettbewerb um die Werbetreibenden nachhaltig beeinflussen.

Der sich derzeit vollziehende fundamentale Wandel der Medienbranche geht insbesondere auf den Fortschritt bei den Informations- und Kommunikationstechnologien und die damit einhergehenden gesellschaftlichen Veränderungen (Mitteilungs- und Geltungsbedürfnis der Rezipienten in ‚Web-Communities') einher. Die Veränderungen des Marktes treiben auf technologischer Seite vor allem die zunehmende Akzeptanz breitbandiger Übertragungstechnologien im Festnetz (→ xDSL, TV-Kabelmodem und Internet über Stromkabel)[6] und breitbandige Übertragungstechnologien über Funk (→ UMTS, → WLAN, WiMax) sowie die damit verbundene stärkere Verbreitung des Web an.

Dabei wird der breitbandige Zugang zu multimedialen Diensten durch die Triple-Play-Angebote (→) der Telekommunikations- oder TV-Kabelunternehmen für den Endkunden nochmals attraktiver. Somit ist Triple Play zugleich sichtbare Folge als auch Katalysator des Umbruchs der Medienbranche.

## Zeitungshäuser gehen neue Wege

In der umbrechenden Medienlandschaft ziehen immer mehr Leser die ständig aktualisierte, unterhaltsam aufgemachte Information durch Nachrichten-Websites der nüchtern sachlichen Information durch Zeitungen vor. Je überregionaler die Ausrichtung beziehungsweise je aktualitätsbezogener die Nachricht (Sportgroßereignisse, Katastrophen), desto eher entscheidet sich der Leser für Nachrichten-Websites – und somit also gegen Zeitungen. Folglich sinkt die Nutzungszeit deutscher Zeitungen, während gleichzeitig das Internet allein rund 70 Prozent zum kräftigen Anstieg des gesamten Medienzeitbudgets (siehe Abbildung 2) beisteuert (zwischen 1999 und 2006: plus 15 Prozent). Bei sinkenden Verkaufszahlen, fallenden Anzeigenpreisen (Preiseffekt) sowie bei der Abwanderung von Werbung, Kleinanzeigen und Stellenmärkten in andere Mediengattungen (Substitutionseffekt) gerät die Einnahmeseite der Zeitungshäuser unter Druck.

Während vereinzelte Zeitungshäuser auf diesen Druck damit reagieren, dass sie vor allem über die Kannibalisierung ihres althergebrachten Geschäfts durch die innovativen Angebote klagen, haben andere Zeitungshäuser das Web längst als Möglichkeit ausgemacht, um auf die gewandelten Bedürfnisse ihrer Leser einzugehen.[7] Dabei sind ständig aktualisierte Textbeiträge auf einer ergänzenden Website ebenso weitverbreitet wie Audiobeiträge als Podcast (→), die per ‚Push-Dienst' auf digitale Endgeräte übertragen werden.

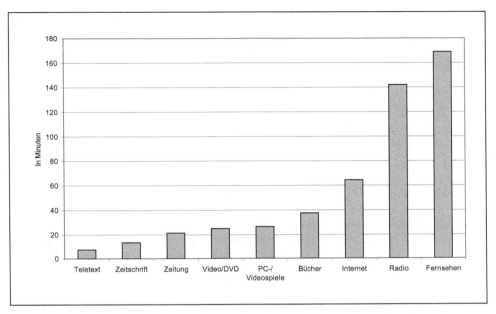

***Abbildung 2:*** *Medienkonsum pro Person und Tag (in Minuten), Deutschland*
*Quellen: SevenOne Media (2008), DB Research*

Doch wie die folgenden fünf Beispiele zeigen, gehen die Veränderungen bei den alteingesessenen Zeitungshäusern deutlich über diese beiden ergänzenden Angebote hinaus:

▩ Die WAZ-Gruppe (unter anderem Westdeutsche Allgemeine Zeitung, Westfälische Rundschau, Neue Ruhr Zeitung) betreibt mit einer Redaktion von gut 20 Journalisten das Web-Portal derwesten.de. Das interaktive Portal stellt für 140 Städte im Rheinland, Ruhrgebiet, Sauerland, Siegerland und am Niederrhein lokale Nachrichten bereit. Über das Portal erhält der Leser die Meldungen aus allen Lokalredaktionen der angeschlossenen Zeitungshäuser, aber auch Podcasts und Videos. Neben dieser Versorgung mit Meldungen der Medienhäuser ruft das Portal seine Rezipienten auf, sich selbst mittels Weblog (→) an der Verbreitung und Kommentierung von Informationen zu beteiligen.

▩ Der Axel-Springer-Verlag interpretiert mit seinem AvaStar den Begriff der Lokalmeldung in einer innovativen Weise. Der AvaStar ist eine Boulevardzeitung aus der virtuellen Welt für die virtuelle Welt. In etwa 30 farbigen Zeitungsseiten berichtet der AvaStar über Ereignisse, anstehende Termine und Trends in der virtuellen Welt. Der AvaStar erscheint wöchentlich in englischer und deutscher Sprache.

▩ Der Guardian, die Londoner Times und die Financial Times haben Print- und Online-Redaktionen zusammengelegt. Sie verfolgen nun das ‚Online-First'-Prinzip. Die Redaktionen wollen mit brandaktuellen Meldungen nicht mehr auf die Druckausgabe warten, sondern diese Meldung unmittelbar im Web publizieren.

▓ El País verfolgt mit der ‚Häppchen-Zeitung' eine leicht abgewandelte Strategie. Die Häppchen-Zeitung zielt auf Leser, die auch unterwegs über die aktuelle Nachrichtenlage informiert sein wollen. Dabei erhält der Leser mehrfach täglich die aktuellen Meldungen in
speziell aufbereiteter Form per Push-Dienst auf sein mobiles Endgerät.

▓ Die Los Angeles Times ging in ihrer Web-Strategie noch weiter und stellte bereits 2005
ihre gedruckte nationale Ausgabe zu Gunsten einer Online-Version ein.

Mit solchen multimedialen Angeboten und dem Gütesiegel ihrer alteingesessenen Marke
wollen sich die Zeitungshäuser ihren Platz in der sich wandelnden Medienlandschaft sichern.

## Radiosender lassen sich auf Versuche ein

Heute noch steht Rundfunk für das althergebrachte Geschäftsmodell mit einem zentralen
Sender und vielen passiven Empfängern, die untereinander nicht in Kontakt stehen. Das
Radio will nun die modernen Informations- und Kommunikationstechnologien nutzen, um
mit den Hörern in einen intensiven Dialog zu treten. Hierbei sollen ständig aktualisierte Websites, Web-Radio und Podcasts eingesetzt werden. Allerdings nutzt der Hörer das Radio typischerweise gewollt passiv, das heißt im Hintergrund als Stimmungsmodulator bei anderen
Tätigkeiten (aufräumen, bügeln, Auto fahren). In dieser nicht auf Interaktion zwischen Medienkonsument und Medienmacher ausgelegten Nutzungssituation können die ergänzenden
Angebote das althergebrachte Geschäftsmodell des Radios zwar bereichern, es aber keinesfalls auf eine völlig neue Basis stellen.

## Ansätze im Rundfunk wandeln sich

Über die beschriebenen Möglichkeiten bei den Radiosendern hinaus gewinnen interaktive
und personalisierte Angebote auch beim Fernsehen an Bedeutung. Die Fernsehveranstalter
müssen auf die sich wandelnden Bedürfnisse ihrer Zuschauer reagieren. Allein auf die Wahl
zwischen unzähligen Programmen beschränkt zu sein, ist einigen Zuschauern heute zu wenig.
Diese aktiven Zuschauer wollen ihr Fernsehprogramm ohne Werbeunterbrechung selbst aus
dem großen Fundus der digitalen Inhalte zusammenstellen.

Während die Vorteile hervorgehoben werden, sind die Nachteile der Personalisierung bislang
zumeist nur wenigen Zuschauern bewusst. Diese Nachteile betreffen insbesondere mögliche
Eingriffe in die informationelle Selbstbestimmung, also das Recht jedes Einzelnen, selbst
über die Preisgabe und Verwendung der eigenen personenbezogenen Daten zu bestimmen.
Prinzipiell können die Fernsehveranstalter mit der Personalisierung detaillierte Profile zum
Radio- und Fernsehkonsum jedes einzelnen Rezipienten erstellen. Angesichts dieser prinzipiellen Möglichkeit fordern Datenschützer, das verfassungsrechtlich geschützte Telekommu-
nikationsgeheimnis künftig auch auf die Mediennutzung auszudehnen.

## Fernsehveranstalter gestalten ihren Auftritt neu

Doch neben der prinzipiellen Möglichkeit des Eingriffs in die informationelle Selbstbestimmung bringt die Idee des personalisierten Fernsehprogramms, das keine allgemeine Primetime kennt und bei dem der Zuschauer die Werbeblöcke überspringt, ebenfalls das althergebrachte Geschäftsmodell der alteingesessenen Fernsehveranstalter ins Wanken. Mit dem technischen Fortschritt wird die Medienbranche daher mittelfristig vom Modell der Werbeblöcke abrücken müssen. Alternative verfeinerte Werbeformen müssen gefunden werden. Schon heute sehen wir solche neuen Formen wie ‚Splitscreen' (Sendung und Werbung laufen gleichzeitig auf geteiltem Bildschirm), ‚Crawl' (am Rand des Bildschirms werden Werbebotschaften eingeblendet), ‚Branded Entertainment' (Werbung im Vorspann der Sendung eingebunden) oder Verweise zu Websites mit kontextsensitiver Werbung. Die Personalisierung verdrängt also nicht die Fernsehwerbung per se. Gleichwohl sorgt sie dafür, dass sich die Werbung fundamental wandelt. Bei dem sich fundamental wandelnden Werbemarkt suchen die Rundfunkveranstalter nach neuen Vertriebswegen. Bei dieser Suche setzen sie auf intensiv beworbene Websites, Podcasts aber insbesondere auf das Digitalfernsehen.

## Digitalfernsehen und IPTV legen los

In Deutschland startete das Digitalfernsehen im August 2003. Zu diesem Zeitpunkt wurde in Berlin das terrestrische Analogfernsehen abgeschaltet. Derzeit empfangen 8,2 Millionen deutsche Haushalte das Digitalfernsehen mit seinen über 100 Programmen über Satellit; 2,8 Millionen Haushalte über TV-Kabel; 1,7 Millionen (ausschließlich) über terrestrische Standards. Nach den Plänen der Fernsehveranstalter soll bis 2010 die Hälfte der deutschen Haushalte Digitalfernsehen empfangen. Bis 2012 soll dann im gesamten Deutschland das analoge Fernsehen über TV-Kabel abgeschaltet werden.

Doch neben dem Digitalfernsehen verbreiten sich noch weitere für die Entwicklung des Rundfunks relevante neue Technologien. So greifen heute bereits rund 15 Millionen Haushalte in Deutschland über das Telekommunikationskabelnetz auf die breitbandigen Dienste zu. Der Breitbandzugang ist derzeit in gut 700 deutschen Städten über ADSL (→) und in mehr als 50 Städten über VDSL (→) möglich.

Diese Breitbandhaushalte erfüllen die technische Voraussetzung für Triple-Play-Angebote und sind damit potenzielle Kunden des Fernsehens über das Internet Protokoll (IPTV). Demnach eröffnet der Fortschritt der breitbandigen Telekommunikation dem IPTV großes Potenzial. Doch ungeachtet dieses Potenzials für IPTV ist das TV-Kabel noch immer der dominierende Empfangskanal für Fernsehen in Deutschland. Ende 2006 waren 20 Millionen Haushalte (Marktanteil: 54 Prozent) an das TV-Kabel angeschlossen. Demgegenüber empfingen knapp 15 Millionen Haushalte (40 Prozent) das Fernsehprogramm über Satellit, 2,2 Millionen Haushalte über terrestrische Standards (sechs Prozent).

## IPTV ist noch lange nicht am Ziel

Trotz des Ausbaus des schnellen Next Generation Network (NGN) in der Telekommunikation entwickelte sich der Markt für IPTV bislang recht langsam (siehe Abbildung 3). Ende 2006 gab es weltweit rund vier Millionen IPTV-Haushalte, davon 2,2 Millionen in Westeuropa. Zur gleichen Zeit waren es in Deutschland knapp 50.000 IPTV-Haushalte, in Frankreich 1,3 Millionen. Die vergleichsweise hohe Verbreitung des IPTV in Frankreich resultiert aus dem für private Verbraucher preisgünstigen Bündelangebot – zum Beispiel ist der Preis eines vergleichbaren IPTV-Angebots in Frankreich etwa halb so hoch wie in Deutschland.

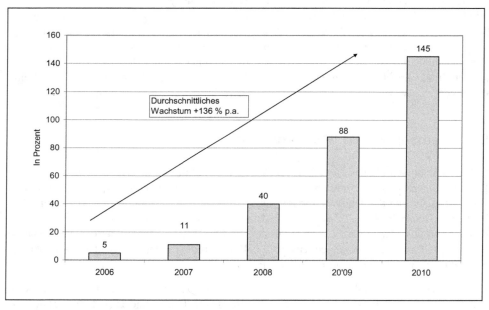

***Abbildung 3:***    *Entwicklung IPTV-Haushalte in Deutschland*
*Quelle: DB Research (2007)*

Befördert von einem besonders starken Wachstum in Nordamerika und im asiatisch-pazifischen Raum wird es bis 2010 weltweit rund 50 Millionen IPTV-Haushalte geben, davon in Westeuropa rund 12 Millionen; beziehungsweise in Deutschland allein knapp 1,5 Millionen; in Frankreich gut drei Millionen. Die Fernsehveranstalter hoffen, mit dem digitalen Fernsehen einen Teil ihrer passiven Fernsehzuschauer für interaktive Dienste begeistern und so mittelfristig neue bedeutende Einnahmequellen erschließen zu können.[8] Darüber hinaus planen sie, Teile ihres Programmangebots zu verschlüsseln, um diese als Bezahlfernsehen anzubieten. Allerdings sind die deutschen Zuschauer von jeher an kostenlose Fernsehprogramme gewöhnt. Daher werden die Veranstalter nicht nur in der Einführungsphase mit erheblichen Akzeptanzproblemen zu kämpfen haben.

# Fernsehtechnologien zwischen intensiver Konkurrenz und fruchtbarer Ergänzung

Die technologischen Entwicklungen zwingen nicht nur die alteingesessenen Fernsehveranstalter, sondern auch die Telekommunikationsunternehmen zum Umdenken. Mit IPTV wollen sie mit den alteingesessenen Medienhäusern in deren Heimatmarkt konkurrieren.

Grundsätzlich wird IPTV sowohl über das breitbandige Telekommunikationsfestnetz als auch über breitbandige Funktechnologien (UMTS, WLAN, WiMax) oder terrestrische Standards (→ DVB-H, DXB) übertragen. IPTV ist zunächst als Substitut zum althergebrachten linearen Rundfunk (das heißt, der Zuschauer kann die Sendeabfolge nicht beeinflussen) konzipiert. Allerdings unterscheidet sich IPTV systembedingt durch seinen Rückkanal vom althergebrachten unidirektionalen Rundfunk. Dieser Rückkanal macht beim IPTV vielfältige Zusatzdienste wie den elektronischen Programmführer (→ EPG), T-Commerce oder integrierte Glücksspiele möglich.

Während die IPTV-Anbieter stetig weiter in das Kerngeschäft der althergebrachten Fernsehveranstalter vorstoßen, gewinnt auch das nichtlineare Web-TV (das heißt, der Zuschauer kann die Sendeabfolge selbst festlegen) mit seinen interaktiven Wurzeln bei den Zuschauern vehement an Attraktivität. So kommen derzeit beim Web-TV viele neue Angebote in unterschiedlicher Ausgestaltung auf den Markt. Diese nichtlinearen Angebote mit fantasievollen Namen (Joost, Babelgum, Zattoo) und oft sehr innovativen Geschäftsmodellen (Vertrieb von Inhalten über 'Peer-to-Peer'-Netze im Web) lassen das althergebrachte Geschäft des Rundfunks heute durchaus altbacken erscheinen – trotz der immer noch üblichen Abstriche bei der technischen Servicequalität (hinsichtlich Verfügbarkeit und Bildqualität) des Web-TV.

Doch der Wettbewerb zwischen den Systemen entscheidet sich nicht allein an der technischen Servicequalität. Stattdessen geben die gebotenen Inhalte (hinsichtlich inhaltlicher Qualität und journalistischer Vielfalt) und die Endkundenpreise für die Angebotsbündel den Ausschlag. Beim Inhalt kann Sport – in Deutschland insbesondere Fußball – dem Veranstalter die Tür zu innovativen Geschäften mit dem Kunden öffnen. Gleichwohl darf die konzeptionelle Entwicklung des Rundfunk-Geschäfts nicht bei der Sportübertragung enden. Stattdessen sollten die Veranstalter auf die richtige Mischung zwischen den linearen Angeboten für die sicherlich weiterhin breite Masse der passiven Zuschauer und den nichtlinearen Angeboten für die bisher noch sehr kleine Gruppe der interaktiven Zuschauer achten. Besonders aussichtsreich sind dabei Angebote, bei denen der Zuschauer persönliche digitale Inhalte (Fotos, Musik, Kalender) integrieren oder sogar andere Zuschauer mit eigenen Inhalten erfreuen kann.

## Technischer Fortschritt macht nicht alle gleich

Die verschiedenen Angebote treten im Rundfunk miteinander in Wettbewerb. Mit der technologischen Konvergenz[9] bei den Übertragungsnetzen und Endgeräten werden sich die Angebote der alteingesessenen Rundfunkveranstalter, der Telekommunikationsunternehmen und der Webanbieter über die Zeit hinweg angleichen. Allerdings bleiben auch bei fortschreitendem technischem Fortschritt die Qualitätsunterschiede zwischen Web-TV, IPTV und Digitalfernsehen mittelfristig bestehen.

Heute ist noch offen, wie weit die großen Telekommunikationsunternehmen mit IPTV und ihrem erweiterten Kommunikationsnetz sowie die kleinen Web-TV-Anbieter mit ihrer dynamischen Organisation in das Fernsehgeschäft der alteingesessenen Fernsehveranstalter mit dem Digitalfernsehen vordringen werden. Dabei ist im Verhältnis zwischen IPTV und Web-TV weniger die substitutive Beziehung mit intensivem Wettbewerb als die komplementäre Beziehung mit fruchtbaren Ergänzungsmöglichkeiten gegeben. Die Kombination aus Web-TV und IPTV ist für viele Länder grundsätzlich eine ernst zu nehmende Alternative zum Digitalfernsehen. Insbesondere in Deutschland sind die Aussichten einer solchen Kombination aus Web-TV und IPTV im Wettbewerb mit dem Digitalfernsehen sehr günstig. Dieser länderspezifische Vorteil bei der Kombination aus Web-TV und IPTV basiert auf der zersplitterten Eigentumsstruktur bei den vier Netzebenen des deutschen TV-Kabelnetzes. Diese zersplitterte Eigentumsstruktur schränkt die Entwicklung des Digitalfernsehens in Deutschland stark ein.[10]

## Exkurs: Deutsches Kabelwirrwarr – schweres Erbe

Die Zersplitterung des deutschen Marktes für Kabelfernsehen geht auf politische Vorgaben aus den 80er Jahren zurück. Damals sah die Politik den Wettbewerb im von öffentlich-rechtlichen Rundfunkanstalten dominierten Rundfunk in Gefahr. Der Wettbewerb sollte gefördert werden, indem privatwirtschaftliche Rundfunkveranstalter einen Zugang zu der neu errichteten Kabelinfrastruktur erhalten. So wurden in Deutschland in den 80er Jahren knapp 20 Milliarden Euro in die Infrastruktur investiert und 400.000 Kilometer TV-Kabel verlegt.

Bei der Gestaltung des Marktes wurde das deutsche TV-Kabelnetz in vier hierarchische Ebenen untergliedert (siehe Abbildung 4). Die Netzebene 1 beschreibt das TV-Kabelnetz vom Rundfunkstudio bis zur überregionalen Schaltstelle der Netzebene 2. Auf der Netzebene 2 werden die Signale über weite geografische Distanzen befördert und in das regionale Netz der Ebene 3 eingespeist. Zur Netzebene 3 gehört das TV-Kabelnetz vom überregionalen Übergabepunkt bis zur Grundstücksgrenze des Endkunden. Der eigentliche Anschluss, der den Endkunden letztlich mit dem Rundfunk-Signal versorgt, zählt zur Netzebene 4. Im Rundfunk gilt das Geschäft auf der Netzebene 3, insbesondere aber das Geschäft auf der Netzebene 4, als besonders lukrativ. Neben den großen alteingesessenen Unternehmen der Informations- und Kommunikationsbranche, die auf der Netzebene 3 agieren, wirtschaften auf der Netzebene 4 zusätzlich mehrere Tausend Anbieter (wie kommunale Wohnungsbaugesellschaften). Diese fragmentierte Struktur steht der notwendigen fundamentalen Restrukturierung des deutschen Netzes bislang entgegen.

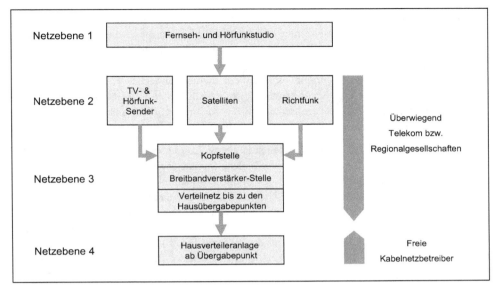

**Abbildung 4:** *Fortschritt verirrt sich im Wirrwarr der Netzebenen.*
*Struktur des TV-Kabelnetzes in Deutschland*
Quellen: ANGA (2000), DB Research

## Öffentlich-rechtliche Rundfunkanstalten setzten sich dem Wettbewerb aus

Der Umbruch des Rundfunks macht vor den öffentlich-rechtlichen Rundfunkanstalten nicht Halt. In der multimedialen Welt, in der die Rezipienten jederzeit und überall Informationen erhalten, erklären die öffentlich-rechtlichen Rundfunkanstalten heute ihre Existenzberechtigung nicht mehr über die Grundversorgung mit Information, sondern über die gesellschaftliche Notwendigkeit eines journalistisch hochwertigen, vielfältigen Programmangebots.[11] Bei dieser Definition des eigenen Auftrags sehen sich die öffentlich-rechtlichen Sendeanstalten durch das deutsche Bundesverfassungsgericht unterstützt. So stellte das Bundesverfassungsgericht in seinem Urteil vom 11. September 2007 zum Programmangebot der privatwirtschaftlichen Fernsehveranstalter fest: „Der wirtschaftliche Wettbewerbsdruck und das publizistische Bemühen um die immer schwerer zu gewinnende Aufmerksamkeit der Zuschauer führen beispielsweise oft zu verzerrender Darstellung, etwa zu der Bevorzugung des Sensationellen und zu dem Bemühen, dem Berichtsgegenstand nur das Besondere, etwa Skandalöses, zu entnehmen. Auch dies bewirkt Vielfaltsdefizite."

Zudem spielt bei der Definition des eigenen Sendeauftrags auch die öffentliche Meinung eine große Rolle. So entbrennt mit der anstehenden EU-Fernsehrichtlinie, die eine kostenintensive Speicherung von Verbindungsdaten vorsieht, in Deutschland eine lebhafte Diskussion um die

Medienpolitik. Diese Diskussion wurde durch das Urteil des Bundesverfassungsgerichts vom 11. September 2007, das die Festsetzung der Rundfunkgebühren durch die Kommission zur Ermittlung des Finanzbedarfs beschreibt, weiter angeheizt. Das deutsche Bundesverfassungs-gericht verlangt, dass die Rundfunkgebühr „frei von medienpolitischen Zwecksetzungen erfolgen solle und dabei die Trennung zwischen der medienpolitischen Konkretisierung des Rundfunkauftrags und der Gebührenfestsetzung" zu gewährleisten ist. Ziel dieser richterlich angemahnten Trennung ist es, die „mittelbare Einflussnahme auf die Wahrnehmung des Pro-grammauftrags zu verhindern und die Programmfreiheit der Rundfunkanstalten" zu sichern.

Seit das Bundesverfassungsgericht die Bedeutung des Programmauftrages bei der Festset-zung der Gebühren unterstrich, nehmen verschiedene Institutionen diesen Ball immer wieder auf, um über eine grundsätzliche Reform des öffentlich-rechtlichen Rundfunks zu diskutie-ren. Beispielsweise griff Peter Müller, Ministerpräsident des Saarlandes, in die Diskussion um die Zukunft des öffentlich-rechtlichen Rundfunks ein und formulierte: „Das gefällige Zuckergussfernsehen dominiert auch im öffentlich-rechtlichen System in einer Weise, die mit dem Programmauftrag der Information und der Bildung der Zuschauer schwer in Überein-stimmung zu bringen ist. [… Allerdings setzt die] Aufrechterhaltung der Gebührenfinanzie-rung für den öffentlich-rechtlichen Rundfunk voraus, dass dieser über sein Programmangebot Unverwechselbarkeit und Unverzichtbarkeit dokumentiert."[12]

Bislang einigten sich die Diskussionsparteien in Deutschland auf die Einführung des ‚Public-Value-Tests' im Rundfunk. Dieser Test soll bis April 2009 im neuen deutschen Rundfunkän-derungsstaatsvertrag (RÄStV) verankert werden. Der als dreistufiges Verfahren konzipierte Test geht auf Mark Moores Modell[13] aus dem Jahr 1995 zurück. Bei diesem Verfahren legt der Intendant der öffentlich-rechtlichen Rundfunkanstalt zunächst eine detaillierte Projektbe-schreibung vor. Diese Beschreibung soll über die veranschlagten Kosten hinaus auch die zu erwartenden Auswirkungen für den Markt aufführen. Nach der Veröffentlichung der Be-schreibung werden dann die Meinungen anderer Marktteilnehmer zu diesem Projekt gehört. Als Instrument der Qualitätssicherung soll dieser Public-Value-Test schließlich klären, ob der öffentlich-rechtliche Rundfunk seinen gesellschaftspolitischen Auftrag erfüllt und inwieweit das öffentlich-rechtliche Angebot über ein mehrwertiges Alleinstellungsmerkmal verfügt.[14] Neben den Überlegungen zum Public-Value-Test wird in Deutschland wie in Österreich auch darüber nachgedacht, sogar privatwirtschaftliche Veranstalter, die dem öffentlichen Auftrag nachkommen (privatwirtschaftliche Nachrichtensender), an den Rundfunkgebühren zu betei-ligen.

Der Disput im Jahre 2006 um die Einführung der Rundfunkgebühr für Computer mit Web-Zugang und die juristischen Gefechte 2007 um die korrekte journalistische Berichterstattung über die Gebühreneinzugszentrale (GEZ) sind weitere Belege für das aktuell intensive gesell-schaftspolitische Interesse am Thema Rundfunk.[15]

## Privatwirtschaftliche Fernsehveranstalter sorgen sich um den Wettbewerb

Wegen der starken finanziellen Unterstützung des öffentlich-rechtlichen Rundfunks in Deutschland beklagen die privatwirtschaftlichen Medienhäuser aus dem Verlags- und Rundfunk-Segment die eklatante Wettbewerbsverzerrung. Die privatwirtschaftlichen Medienhäuser bemängeln aber insbesondere, dass bereits heute die Web-Angebote der öffentlich-rechtlichen Rundfunkanstalten in Art und Umfang weit über den eigentlichen Sendeauftrag hinausgingen. Die privatwirtschaftlichen Medienhäuser befürchten, dass die öffentlich-rechtlichen Rundfunkanstalten ihre Web-Aktivitäten mit den öffentlich-rechtlichen Gebühreneinnahmen weiter ausbauen und somit lange getätigte privatwirtschaftliche Investitionen ökonomisch obsolet machen. Ihre Befürchtung untermauern die privatwirtschaftlichen Medienhäuser beispielsweise mit dem Hinweis auf die Worte des ZDF-Intendanten Markus Schächter, der anlässlich der Verabschiedung des Haushaltsplans 2008 im ZDF-Fernsehrat ankündigte: „Die mit großen Schritten voranschreitende Digitalisierung erfordert eine deutliche Erhöhung der Investitionen in den nächsten Jahren."[16] Darüber hinaus verweisen die privatwirtschaftlichen Medienhäuser auch darauf, dass die öffentlich-rechtlichen Rundfunkanstalten sogar die selbst auferlegte Beschränkung ihrer Online-Aktivität von maximal 0,75 Prozent ihres Gesamthaushalts in der Gebührenperiode 2005 bis 2008 nicht eingehalten haben.[17] Im Fahrwasser der Diskussion um Sendeauftrag und Wirtschaftlichkeit blicken die öffentlich-rechtlichen Rundfunkanstalten verstärkt auf ihre Quoten und Werbeeinnahmen. Im Wettbewerb mit privatwirtschaftlichen Fernsehveranstaltern verfolgen die öffentlich-rechtlichen Rundfunkanstalten eine Markenstrategie, die auf Zusatzfunktionen (das kostenlose ‚Abruf-Fernsehen' per → Mediathek), vor allem aber auf die Vertrauenswürdigkeit der Information setzt.

## Bei der Mediennutzung bricht neue Ära an

Mit den innovativen Informations- und Kommunikationstechnologien halten interaktive und personalisierte Anwendungen ihren Einzug in die Medien. Doch Interaktion und Personalisierung enden nicht beim Massenmedium Rundfunk, sondern finden im Kontext des Web ihr optimales Feld. Wissenschaftler sehen demnach eine neue Ära der Mediengeschichte nahen. Beispielsweise spricht der Medienwissenschaftler Norbert Bolz davon, dass nach dem Übergang von mündlicher zu schriftlicher Kommunikation als der ersten Ära, der Verbreitung des Rundfunks als der zweiten Ära, nun mit dem Web 2.0 (→) die dritte Ära der Mediengeschichte bevorstünde.[18]

Tatsächlich wohnt dem Web 2.0-Modell ein völlig neuer Medienansatz inne. Erstmals sind es nämlich nicht mehr nur Journalisten eines professionellen Medienhauses, die ihre Informationen massenhaft über kapitalintensive Infrastruktur an die passiven Leser, Hörer oder Zuschauer verteilen. Stattdessen materialisiert sich im Web 2.0 der von Bert Brecht 1927 geforderte Kommunikationsapparat, der es versteht, „nicht nur auszusenden, sondern auch zu empfangen, also den Zuhörer nicht nur hören, sondern auch sprechen zu machen und ihn nicht zu isolieren, sondern ihn in Beziehung zu setzen."[19]

## Web bereitet die Bühne für Max Mustermann

Das Web 2.0 bietet verschiedene Möglichkeiten der Interaktion an und ermöglicht damit den Rezipienten eine Plattform zum Mitreden, Mitteilen und Mitgestalten.[20] Heute tauschen viele Rezipienten in Web-Plattformen, zum Beispiel Web-Tagebüchern (Weblog oder kurz Blog),[21] virtuellen Welten oder Online-Enzyklopädien (‚Wikis'), Wissen und Meinungen aus – oft ohne Rücksicht auf das Urheberrecht. Dabei untergliedert sich der beim Wettbewerb um die Rezipienten wichtige Qualitätsaspekt der Inhalte in die drei folgenden Teilaspekte:

▓ Richtigkeit: Information soll der Realität entsprechen;

▓ Vollständigkeit: Information soll alle wichtigen Aspekte aufführen;

▓ Aktualität: Information soll den Rezipienten schnell erreichen.

Die Bewertung dieser drei Qualitätsaspekte fällt unterschiedlich schwer. Während der Rezipient die Richtigkeit und Vollständigkeit der Meldung üblicherweise nur aus der persönlichen Erfahrung mit diesem Medium ableiten kann, ist der Teilaspekt der Aktualität für ihn einfacher zu bewerten. Für diese Bewertung muss der Rezipient lediglich den Zeitstempel der Meldungen bei den verschiedenen Medien vergleichen. Dies führt tendenziell dazu, dass sich der Wettbewerb um den Rezipienten verstärkt auf den einfach zu vergleichenden Teilaspekt der Aktualität bezieht und dabei die anderen beiden Teilaspekte, nämlich Richtigkeit und Vollständigkeit, in den Hintergrund rücken. Damit gewinnt im Web 2.0 die Meinung der Massen erheblich an Gewicht gegenüber der im qualitativ hochwertigen Journalismus bislang üblichen Fundierung des Wissens.

Ein beeindruckendes Beispiel für die Beteiligung der Massen bei der Informationsverbreitung über das Web liefern Online-Enzyklopädien. Hier verfassen Web-Nutzer freiwillig täglich mehr als 8.000 Artikel; allein die deutsche Version von Wikipedia umfasst rund 700.000 Beiträge (siehe Abbildung 5). Ein anderes Beispiel für die Beteiligung sind die weltweit mehr als 70 Millionen Weblogs. Diese Web 2.0-Anwendungen machen es dem Nutzer einfach, die Einschätzungen anderer Nutzer bei den eigenen Entscheidungen zu berücksichtigen.

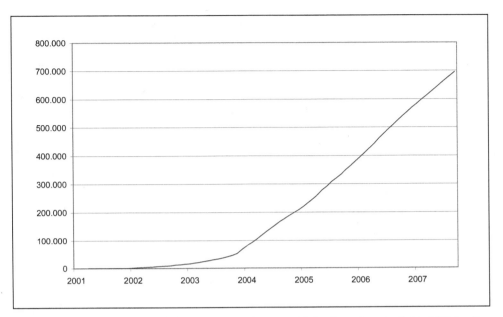

***Abbildung 5:*** *Es wächst und wächst und wächst: Anzahl der deutschen Artikel bei Wikipedia*
*Quelle: wikipedia (2008)*

## Alteingesessene Medienhäuser experimentieren in neuer Umgebung

Trotz der fortwährenden Herausforderung hinsichtlich der Sicherung der inhaltlichen Qualität erkennen etliche Medienhäuser das Web 2.0 als große Chance. Sie nutzen das Web, um Informationen zu sammeln, um Trends aufzuspüren und um Rezipienten emotional an das eigene Haus zu binden.

In dezentralen Peer-to-Peer-Netzen verschwimmt die Trennlinie zwischen Medienkonsument und Medienmacher. Dies weckt das Interesse der alteingesessenen Medienhäuser an Web 2.0-Projekten. Die Vorboten zeigen sich bereits:

- Die Mitarbeiter der alteingesessenen Medienhäuser greifen in ihrem Alltag verstärkt auf Informationen aus dem Web zurück (siehe Abbildung 6). Journalisten recherchieren und diskutieren in Weblogs. Auch Bilder-Plattformen, wie Flickr, unterstützen schon lange die Arbeit der althergebrachten Massenmedien. Die Flickr-Gründer preisen ihre Plattform als „Augen der Welt" und versprechen, weltweit bei Großveranstaltungen und Katastrophen aktuellere Bilder zu liefern, als dies Nachrichtenagenturen leisten können. Im Zusammenhang mit dem Tsunami in Südostasien, dem Hurrikan Katrina an der amerikanischen Golfküste, den Terroranschlägen in der Londoner U-Bahn und den Studentenunruhen in Paris konnte Flickr seine ambitionierten Versprechungen bereits unter Beweis stellen.

▓ US-amerikanische Medien-Magnaten sorgen mit milliardenschweren Zukäufen von Plattformen im Web 2.0 für Schlagzeilen.

▓ Neben den US-Medienhäusern engagieren sich auch deutsche Medienhäuser – inklusive
der öffentlich-rechtlichen Rundfunkanstalten – in Web 2.0-Projekten. Diese Projekte sind
breit gefächert von Portalen zur Partner- beziehungsweise Job-Vermittlung über soziale
Netzwerke, bis hin zu Portalen zur Versteigerung von Handwerkerleistungen.

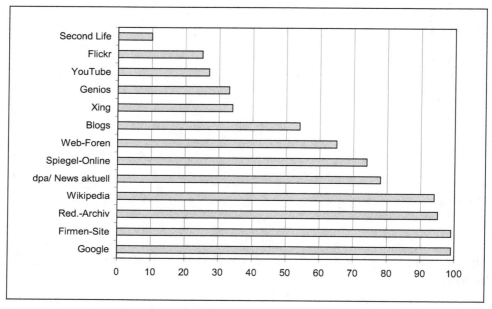

**Abbildung 6:**    *Ohne Web 2.0 geht's nicht. Tool, das Journalisten in ihrem Arbeitsfeld als*
*relevant erachten. (In Prozent. N = 924)*
*Quelle: Smart Research (2007)*

Mit ihrem Web 2.0-Engagement wollen die Medienhäuser nun auch Rezipienten aus sozio-
demografischen Gruppen gewinnen, die ihnen bislang weitgehend verschlossen sind (zum
Beispiel junge Erwachsene). Darüber hinaus wollen sich die Medienhäuser ihren Platz im
schnell wachsenden Web-Geschäft sichern. Da sich die Web-Portale des ‚Bürgerjournalismus'
überwiegend über kontextsensitive Werbung finanzieren, spiegeln die oft respektablen Kauf-
preise der Web-Portale heute weniger die tatsächlichen Erträge wider, sondern vielmehr die
Bedeutung, die die alteingesessenen Medienhäuser einer auf das Web 2.0 gestützten Geschäftsstrategie in der umbrechenden Medienlandschaft zuschreiben.

## Eherne Wahrheiten auch heute aktuell

Zu den sich immer wieder vollziehenden Neuerungen in der Medienlandschaft stellte Wolfgang Riepl bereits 1913 in seiner Promotionsschrift fest: „Die einfachsten Mittel, Formen und Methoden, wenn sie nur einmal eingebürgert und für brauchbar befunden worden sind, werden auch von den vollkommensten und höchst entwickelten niemals wieder gänzlich und dauerhaft verdrängt und außer Gebrauch gesetzt, sondern sich neben diesen erhalten, nur dass sie genötigt werden, andere Aufgaben und Verwertungsgebiete aufzusuchen."[22] Diese als Riepl'sches Gesetz in die Medienwissenschaft eingegangene Feststellung hat auch heute Bestand. Denn bei der anwachsenden Flut an Informationen können die Medienrezipienten die Glaubwürdigkeit und die Zuverlässigkeit oft nur grob über die Anzahl der Treffer in der Ergebnisliste einer Suchmaschine abschätzen – analog zum Publikumsjoker in einer Quizsendung.

Die Flut an Informationen in der heutigen Zeit ist damit eine Chance für anerkannte Marken, die Größe und Glaubwürdigkeit vermitteln: Diese Marken können Rezipienten anziehen und im Netzwerk des Bürgerjournalismus als Kondensationskern für die schnell wachsenden Portale des Web 2.0 fungieren. Nicht minder als in der althergebrachten Medienbranche führt dieser selbstverstärkende Netzwerkeffekt im Web 2.0 ebenfalls zu Marktkonzentration. Bei dem anstehenden fundamentalen Wandel werden also auch die althergebrachten Mediengattungen ihren Platz behalten.

## Fazit: Innovative Medienformen verlangen Unternehmergeist

Die Medienbranche hängt von strukturellen Faktoren (gesellschaftliche Veränderungen, politische Interventionen), von Sondereffekten (intensiv beworbene Großveranstaltungen) und vom Fortschritt der Informations- und Kommunikationstechnologien ab. Wegen dieser Faktoren fließt die Information heute nicht mehr allein unidirektional mittels kapitalintensiver Infrastruktur vom professionellen Medienmacher hin zum passiven Medienrezipienten. Somit finden etliche mehr oder minder professionelle Informationsquellen ihre Bühne in der neuen Medienwelt. Mit diesem bidirektionalen Informationsaustausch verschwimmen die im althergebrachten Mediengeschäft klar festgelegten Grenzen zwischen Medienmacher und Medienrezipient.

Heute bereits setzen die verschiedenen Mediengattungen die Informations- und Kommunikationstechnologien ein, um den Kontakt mit ihren Lesern, Hörern oder Zuschauern zu intensivieren. Die alteingesessenen Medienhäuser des Verlags- und Rundfunk-Segments haben das breit gestreute Mitmachnetz Web 2.0 längst als strategisches Feld erkannt. Sie reagieren auf die fortschreitenden Neuerungen, indem sie ihr Geschäftsmodell neu ausrichten. Darüber hinaus engagieren sie sich auch selbst in einer breiten Spanne von Web-Projekten. Mit der um das Web erweiterten Angebotspalette wollen die Medienhäuser den Bedürfnissen ihrer Stammkunden entgegenkommen und gleichzeitig neue Kunden anwerben. Daneben dokumentieren und demonstrieren die Medienhäuser mit ihrem Engagement ihre Innovationsfreudigkeit. Nicht zuletzt sichern sich die alteingesessenen Medienhäuser mit ihrem Engagement so aber auch ein Stück vom Kuchen des schnell wachsenden Web 2.0-Geschäfts.

Die Frage nach den Veränderungen bei der Werbung ist entscheidend für die Entwicklung des Geschäftsmodells in der Medienbranche. Wegen dieser zentralen Stellung hat die teilweise vertretene These, wonach die interaktiven und personalisierten Elemente grundsätzlich die Werbung aus den Medien verbannen, die Medienbranche in Aufruhr versetzt. Interaktion und Personalisierung verlangen nach neuen Ansätzen in der Werbung. Dies fordert alteingesessene Medienhäuser und ihre Designer heraus.

Nicht jede Mediengattung eignet sich im gleichen Maße für den Einsatz innovativer Informations- und Kommunikationstechnologien. Die Einschränkungen ergeben sich unter anderem daraus, dass nicht jede Mediengattung eine typische Nutzungssituation vorzuweisen hat, in der Interaktion und Personalisierung vom Medienkonsumenten gewünscht oder überhaupt möglich ist.

Die Anbieter von IPTV und die Anbieter von Web-TV konkurrieren mit alteingesessenen Fernsehveranstaltern auf deren ureigenem Geschäftsfeld. Der Wettbewerb zwischen diesen drei Angeboten entscheidet sich vor allem an den Inhalten und den Preisen für die Angebotsbündel. Unabhängig von der zu Grunde liegenden Technologie müssen alle Inhalte-Anbieter auf eine gute Mischung zwischen den linearen Angeboten für die breite Masse der passiven Zuschauer und den nichtlinearen Angeboten für die kleine Gruppe der interaktiven Zuschauer achten.

Marken, die für glaubwürdige Inhalte stehen, kommt angesichts der Flut an Informationen heute eine noch größere Bedeutung zu als zu den Zeiten des althergebrachten Mediengeschäfts. Diese Bedeutung der Marke zusammen mit dem Netzwerkeffekt bei Medien-Portalen führt dazu, dass wir trotz des fundamentalen Umbruchs der Medienbranche auch künftig mächtige Medienhäuser mit Meinungsführerschaft sehen werden.

Letztlich fordert der sich derzeit vollziehende fundamentale Umbruch den Unternehmergeist der Entscheider der Medienbranche heraus. Weitblickende Entscheider erkennen die großen Chancen, ohne sich blind der Faszination der Innovationen in der digitalisierten Welt zu ergeben.

## Verweise & Quellen

[1]   Vgl. Djankov, Simeon, et al. (2003). Who owns the media?, in: Journal of Law and Economics, Vol. 46, S. 341-382.

[2]   Vgl. Lang, Günter (2006). Grundzüge der Medienökonomie. WISU 04/06, S. 553-560.

[3]   Beispiele für meritorische Güter sind neben dem Rundfunk auch die für abhängig Beschäftigte obligatorische Sozialversicherung, die obligatorische Haftpflichtversicherung für Kraftfahrzeuge und die Schulbildung.

4 In Deutschland entscheidet der Rundfunkrat bei den Sendeanstalten der ARD bzw. der Fernsehrat beim ZDF mit über die Programmgestaltung der öffentlich-rechtlichen Rundfunkanstalten.

5 Vgl. PricewaterhouseCoopers (2007). German Entertainment and Media Outlook: 2007-2011. Frankfurt a. M.

6 Vgl. Heng, Stefan (2005). Breitband: Europa braucht mehr als DSL. Deutsche Bank Research, E-conomics Nr. 54. Frankfurt a. M.

7 Beispielsweise liefern Kaiser und Kongsted (Kaiser, Ulrich und Kongsted, Hans Christian (2005). Do Magazines' ‚Companion Websites' Cannibalize the demand for the Print Version? ZEW-Discussion Paper 05-49. Mannheim.) aus der empirischen Beobachtung abgeleitete Argumente, die für die komplementäre Beziehung zwischen Druck- und Online-Ausgabe sprechen.

8 Medienwissenschaftler bezeichnen die passive Nutzung durch den Zuschauer als Lean-Backward-Situation, die aktive Nutzung dagegen als Lean-Forward-Situation. Die Begriffe leiten sich aus der üblichen Körperhaltung des Zuschauers in den verschiedenen Nutzungssituationen ab.

9 Vgl. Stobbe, Antje und Just, Tobias (2006). IT, Telekom & Neue Medien: Am Beginn der technologischen Konvergenz. Deutsche Bank Research, E-conomics Nr. 56, Frankfurt a. M.

10 Vgl. Heng, Stefan (2003). Breitbandiges Festnetz: Innovation im Wartestand. Deutsche Bank Research, E-conomics Nr. 35, Frankfurt a. M.

11 Beispielsweise zeigt Hutter (Hutter, Michael (2006). Staatliche Regulierung in der Medienwirtschaft. WISU 01/06, S. 112-118.) in einem ökonomischen Modell, dass bei vollkommener Konkurrenz im Medienmarkt die Medienhäuser lediglich minimal differenzierte Inhalte anbieten würden.

12 Zitiert nach Festenberg, Nikolaus von (2006). Sehsucht und Sehnsucht. Der Spiegel 49/2006. Hamburg. S.115.

13 Moore, Mark (1995). Creating Public Value: Strategic Management in Government. Harvard.

14 Zum Public-Value-Test siehe beispielsweise o. V. (2007). Auf der Suche nach der Mehrwert-Formel. In: medienforum.magazin 2/2007. Düsseldorf, S. 4-6.

15 Vgl. Briegleb, Volker (22.10.07). SWR geht gegen GEZ-Artikel der Süddeutschen Zeitung vor. Heise online.

16 Zitiert nach o. V. (07.12.07). ZDF will Investitionen in Digitalisierung deutlich erhöhen. Heise online.

17 Vgl. o. V. (21.11.2007) Öffentlich-Rechtliche geben Online zu viel Geld aus. Spiegel Online.

18 Vgl. Bolz, Norbert (2002). Das konsumistische Manifest. München.

19 Bertolt Brecht entwickelte seine Medientheorie ab 1927 u. a. in seinen Aufsätzen „Radio – Eine vorsintflutliche Erfindung?", „Vorschläge für den Intendanten des Rundfunks" oder „Der Rundfunk als Kommunikationsapparat".

20 Vgl. Heng, Stefan (2006). Medienwirtschaft vor größtem Umbruch seit Gutenberg: Der Medienkonsum auf dem Weg zum Medienmacher. Deutsche Bank Research, E-conomics Nr. 59, Frankfurt a. M.

21 Vgl. Stobbe, Antje und Jüch, Claudia (2005). Blogs: Kein neues Zaubermittel der Unternehmenskommunikation. Deutsche Bank Research, E-conomics Nr. 53. Frankfurt a. M.

22 Riepl, Wolfgang (1913): Das Nachrichtenwesen des Altertums mit besonderer Rücksicht auf die Römer. Leipzig u. a.: S. 5.

# Der konvergente Medien- und Telekommunikationsmarkt

## Standortbestimmung der Akteure in den TIME-Märkten

*Prof. Harald Eichsteller [Hochschule der Medien (HdM) Stuttgart]*

Klassische Medien erschließen zukünftige Wachstumsfelder in den neuen Medien, Telekommunikationsunternehmen sehen sich nicht mehr nur als technischen Infrastruktur-Dienstleister bis zur Telefondose, Kabelnetz- und Satellitenbetreiber betrachten die Antennendose ebenso nicht mehr lediglich aus trägertechnologischer Sicht. Möglich wurden diese Entwicklungen erst durch die Digitalisierung von Diensten und Inhalten.

Diese digitale Konvergenz ist definiert als die fortlaufende Annäherung der ursprünglich weitgehend unabhängig voneinander operierenden Industrien Telekommunikation, Informationstechnologie und Medien- beziehungsweise Unterhaltungsindustrie (TIME).[1] Die seit der Veröffentlichung des Grünbuchs der Europäischen Union in den 90er Jahren entstandene Diskussion über Konvergenz differenziert die Bereiche Technologie, Angebote, Branchen und Nutzung.

Im Rahmen eines Studienprojekts[2] an der Hochschule der Medien (HdM) wurde ein kundenzentriertes Marktmodell unter dem Namen „Konvergenz-Radar" entwickelt, welches auf der Grundlage der zu beobachtenden Entwicklungstrends das Zusammenwachsen der verschiedenen, bislang getrennten Segmente der TIME-Märkte erklären soll. Das Konvergenz-Radar versucht, wesentliche Eigenschaften, Beziehungen und Zusammenhänge der digitalen Konvergenz erfassbar und beherrschbar zu machen. Es sollen sowohl historische Entwicklungen als auch Zukunftspotenziale wesentlicher Marktakteure und Treiber aufgezeigt werden. Das Modell ist im Kern auf den Konsumenten als Kunden ausgerichtet und ermöglicht damit Fragestellungen, die die Beziehung des Kunden zu den oben skizzierten Diskussionsbereichen mehr in den Mittelpunkt stellen als die Bereiche selbst. Nach der Vorstellung des Konvergenz-Radar-Modells werden die Standorte der Akteure mit ihren traditionellen und neuen Aktivitäten im Wettbewerb um den Konsumenten lokalisiert.

## Dimensionen des Konvergenz-Radars

Horizontal wird das Radarfeld unterteilt in die Industriesektoren Medien/Rundfunk und Telekommunikation, vertikal in die Trägertechnologien, die an Leitungen gebunden (drahtgebun-
den) beziehungsweise leitungslos (drahtlos) sind. Die treibenden Entwicklungskräfte sind auf
der Ebene der Industriesektoren die fortschreitende Digitalisierung und auf der Ebene der
Trägertechnologien die Konvergenz der Netztechnologien. Als vier Basis-Quadranten auf
dem Radarschirm ergeben sich somit Kabel, Rundfunk, Festnetz und Mobilfunk.

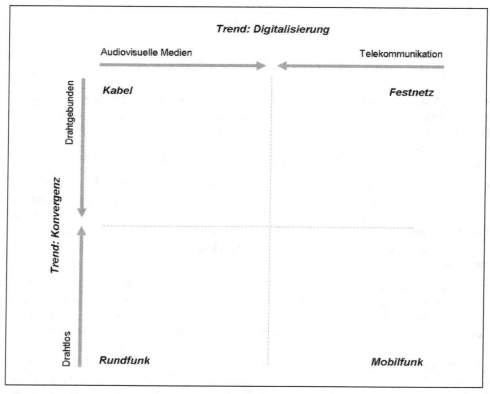

**Abbildung 1:**   *Dimensionen*
*Quelle: Hochschule der Medien & Accenture (2006-2008)*

Historisch war bis Anfang der 80er Jahre eine klare Zuordnung der Aufgaben staatlich gere-
gelt – ‚links' öffentlich-rechtlicher Rundfunk, ‚rechts' Bundespost, später Deutsche Telekom.
Mit der Einführung des Kabels und der Zulassung von privaten TV-Anbietern ab 1984 und
der Verbreitung des Mobilfunks begann die Deregulierung, es erhöhte sich die Zahl der Wettbewerber in den Märkten. Doch Grenzüberschreitungen mit substitutiven oder gebündelten
Angeboten wurden erst mit der Digitalisierung von Diensten und Inhalten möglich.

## Konzentrische Sektoren des Konvergenz-Radars

Die Marktteilnehmer der TIME-Märkte sind als Sektoren im Radar-Modell positioniert. Um den Kunden im Mittelpunkt des Radarschirms sind technologische sowie inhaltliche Aspekte konzentrisch angeordnet. Die technologische Dimension, mit der sich der Kunde am direktesten auseinandersetzt, sind die Endgeräte zu Kommunikation, Information und Unterhaltung. Die zweite technologische Dimension, mit der sich Kunden beschäftigen müssen, die sie aber vielfach überfordert, ist die der Zugangswege.

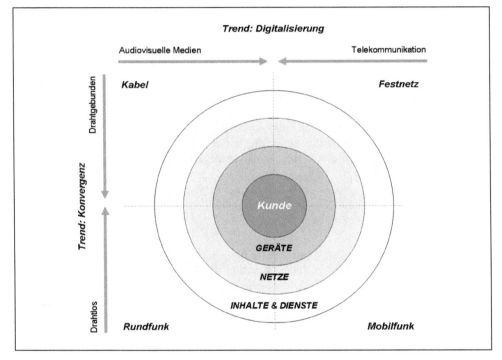

***Abbildung 2:*** *Konzentrische Sektoren*
*Quelle: Hochschule der Medien & Accenture (2006-2008)*

Erst wenn der Kunde sich für ein Gerät mit einer zugangstechnischen Basis entschieden hat, kann er Dienste wahrnehmen. Der Charme dieses Modells besteht unter anderem darin, dass visualisiert wird, wie sich dem Kunden zwischen gewünschten Inhalten und Diensten lästige, aber unabdingbare technologische Entscheidungen in den Weg gestellt haben.

Zudem sind mit der Entscheidung meist Kosten verbunden, deren Struktur für den Kunden oftmals nicht offensichtlich und transparent ist. Bevor systematisch auf die Inhalte der Sektoren eingegangen wird, soll ein Beispiel verdeutlichen, wie im Konvergenz-Radar-Modell alle relevanten Aspekte aus der Realität abgebildet sind.

---

**Praxistest Konvergenz-Radar 2008 (Stand März):**

Ein fußballbegeisterter Kunde möchte gerne im Sommer die deutschen Fußballer bei ihrem Wirken in Österreich und der Schweiz auf einem neuen Handy verfolgen. Im Februar hat er bei einem TV-Bericht über den Mobile World Congress in Barcelona gesehen, dass Mobile-TV für die EM 2008 angekündigt wurde und wie überzeugend die Displays der aktuellen Endgeräte faszinierend brillante Bewegtbilder transportieren. In einem Nebensatz hat er aufgeschnappt, dass die Technologie DVB-H (→) dabei zum Einsatz kommt – oder war es DVB-T (→)? Gleichzeitig kann er sich nicht so richtig zwischen dem Apple iPhone und den neuen Modellen von Nokia, Samsung, LG, SonyEricsson und Motorola entscheiden. Mit Tarifanbietern und Kosten für Streams, Downloads oder Abonnements hat er sich noch gar nicht auseinandergesetzt. Wer wird ihn am Ende überzeugen und die Kaufentscheidung herbeiführen? Ein Gerätehersteller? Ein Mobile-Live-Portal? Ein Mobilfunktarif?

---

Die Komplexität innerhalb des gesamten Radarfelds ist offensichtlich. So sollen im Folgenden sukzessive die verschiedenen Marktteilnehmer jeweils in Bezug auf TV-bezogene Aspekte beleuchtet werden, beginnend mit den technologischen Sektoren Geräte und Netze. Mit den Anbietern von Diensten sowie den interessantesten Kundenaspekten beschäftigen wir uns anschließend. Die deutschen Wettbewerber, die fast vollzählig ihre jeweilige Sicht zur TV-Zukunft in den Folgekapiteln dieses Buches darstellen, werden in die Felder und Sektoren des Radarschirms eingeordnet.

## Geräte

In den letzten 15 Jahren wurden elektronische Endgeräte für Kommunikation, Information und Unterhaltung immer leistungsfähiger, schneller, flacher und ‚schicker'. Heutige Speicherchips, Displays, Batterien und Übertragungsgeschwindigkeiten machen auf digitaler Basis möglich, ehemals stationären Rechnern vorbehaltene Inhalte und Dienste beinahe in jedes andere Gerät einzubauen.

Bereits im Fußball-Weltmeisterschaftsjahr 2006 waren über 70 Prozent der in Deutschland verkauften Fernsehgeräte mit LCD- oder Plasmatechnologie in flacher Bauweise ausgeführt.[3] Das Rundfunksignal kommt zumeist über die Antennendose ins Wohnzimmer und wird über einen separaten Receiver (→ DVB-C/DVB-S/DVB-T) mit dem TV-Gerät verbunden, das einen zentralen Platz vor oder an der Wand einnimmt.

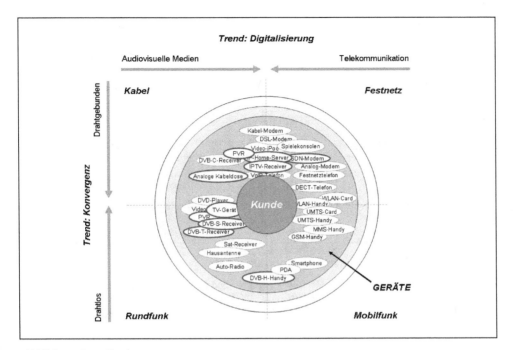

***Abbildung 3:*** *Geräte*
*Quelle: Hochschule der Medien & Accenture (2006-2008)*

In einigen Fernsehgeräten sind Digital-Receiver bereits eingebaut. Pay-TV-Anbieter (→) stellen ihren Kunden Digital-Receiver zur Verfügung, mit denen über Smartcards (→) verschlüsselte Signale freigeschaltet werden. Die neuesten Modelle verfügen daneben oft über große Festplatten und machen das Fernsehgerät so zum ‚Live-Recorder'. Man kann laufende Sendungen anhalten, zurückspulen und nach einer Pause bis zum linearen Fernsehen vorspulen. Die Sendungen können auch auf die Festplatte aufgenommen werden (→ PVR Personal Video Recorder).

Die marktführenden Spielkonsolen von Nintendo, Sony und Microsoft haben einen einzigartigen Siegeszug auf dem Weg ins Wohnzimmer hinter sich gebracht. Xbox 360 und PlayStation 3 bieten Optionen für die Wiedergabe von hoch auflösenden Inhalten und ersetzen so mit der eingebauten leistungsfähigeren Blu-ray-Technologie (→) die in mittlerweile fast jedem Haushalt vorhandenen DVD-Player. Internet- und WLAN-Anschluss ermöglichen es darüber hinaus, die Spielkonsolen untereinander zu vernetzen.

Stationäre Rechner haben den Weg ins Wohnzimmer meist noch nicht gefunden. Neben technischen Funktionalitäten wird hierbei Voraussetzung sein, dass die IP-Home Server oder Mediacenter PC (→) völlig geräuschfrei funktionieren und optisch ansprechend gestaltet sind. Eine IPTV Set-Top-Box (→) stellt die Verbindung zum TV-Gerät her und schafft den Zugang zu den sich entwickelnden IPTV-Angeboten.

Mobile Endgeräte, die Bewegtbilder darstellen können, unterscheiden sich in der Art der Connectivity, das heißt, ob die Inhalte per Schnittstelle von anderen elektronischen Geräten oder über das Mobilfunknetz übertragen werden. Die digitalen Nachfolger des Walkman können heute größtenteils Videos abspielen und verfügen über beeindruckende Festplattenkapazitäten. Viele Mobiltelefone, PDAs (→) oder Smartphones (→) können eine mobile Internetverbindung herstellen und somit Zugang zu audiovisuellem Inhalt schaffen. DVB-H Mobiltelefone ermöglichen den Empfang von digitalem Fernsehen über Rundfunk.

Stellvertretend für Endgeräte-Anbieter ist in diesem Buch ein führender europäischer TV-Gerätehersteller vertreten, der in Deutschland neben meist asiatischen Wettbewerbern einen hohen Marktanteil verzeichnen kann. Die etablierten TV-Gerätehersteller halten sich im Gerätesegment Receiver auffällig zurück, hier konnte sich die koreanische Firma Humax in allen Weltmärkten stark positionieren. Ebenso ist dies im Bereich der Satellitenanlagen zu beobachten, wo mit TechniSat ein deutscher Produzent einen interessanten Marktanteil hält.

---

**Zwischenfazit für den Konsumenten:**

Technik und Funktionalität von TV-Geräten, Receivern und Recodern sind ausgereift und werden immer kostengünstiger. Der Rückzug von Toshiba aus der HDDVD-Technologie zu Gunsten von Sonys Blu-ray wird die Verbreitung von Geräten mit High-Definition-Qualität beschleunigen. Spielkonsolen sind ,salonfähig' geworden; mit dem Angebot eines Multimedia PCs des marktführenden Discounters im März 2008 mit einen ,3-in-1-TV' Tuner und 500 Gigabyte Festplattenkapazität ist die Verbreitung von Mediacenter PCs ins Wohnzimmer auf dem Vormarsch. Das Jahr 2008 wird bei TV-Handys viele Innovationen bringen – die Frage des mobilen TV-Standards ist noch eine Weile ungeklärt.

---

# Netze

Der Weg eines ,forcierten Umstiegs' auf digitale Übertragung in allen Netzen des Rundfunks ist vorgezeichnet.[4] Wie lange nach 2010 noch analoge Signale parallel gesendet werden (→ Simulcast) kann noch nicht eingeschätzt werden. Die Kunden nehmen das entsprechende Angebot an digitalen stationären Endgeräten beim Kauf neuer TV-Geräte an. Damit wäre die Entwicklung der ,linken' Seite des Radarsektors relativ verlässlich vorherzusagen, auch wenn 2010 nicht das finale Enddatum ist.

An der Schnittstelle zum Mobilfunk bleibt die Frage, welche Empfangsart von Rundfunk sich auf mobilen Endgeräten durchsetzen wird beziehungsweise ob und wie lange es eine Koexistenz geben wird. DVB-H kann ein mobiles TV-Gerät mit Bewegtbildern speisen, wenn es in einem Gebiet positioniert ist, wo auch die entsprechenden Signale gesendet und empfangen werden können. Diese technische Reichweite ist Stand März 2008 noch nicht überzeugend.

Hinter der technischen Konkurrenz, nämlich Bewegtbilder über ein Mobilfunksignal auf das Handy-Display zu bringen, steht der Druck der Mobilfunkbetreiber, die gigantischen Investitionen von acht Milliarden Euro in die UMTS-Lizenzen (→) ,zurückzuverdienen'. Die paketorientierte Übertragungstechnik GPRS (→) oder HSDPA (→) soll mit hohen Übertragungsraten auch genügend Performanz bieten, wenn sich viele Nutzer in einer Empfangszelle befinden.

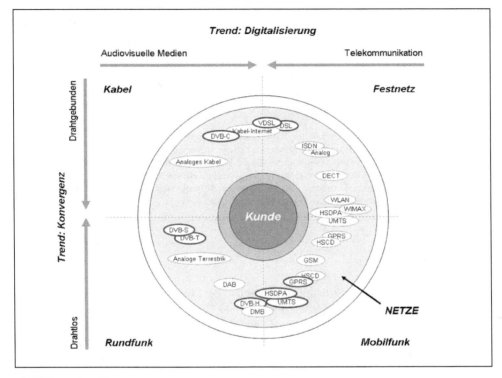

***Abbildung 4:*** *Netze*
*Quelle: Hochschule der Medien & Accenture (2006-2008)*

Das Thema Übertragungsraten, Bandbreite und zuverlässige Verfügbarkeit beherrscht auch die technische Diskussion an der Schnittstelle des Rundfunks zum Festnetz. Die Zahl der DSL-Anschlüsse (→) in Deutschland ist auch im Jahr 2007 weiterhin enorm gewachsen. Nach 14,4 Millionen im Jahr 2006 geht die Bundesnetzagentur 2007 von knapp 19 Millionen Breitbandanschlüssen in Deutschland via DSL aus. Die asymmetrische Datenübertragungstechnologie ADSL (→) verwendet die Kupferdoppeladern des Telefonnetzes und ermöglicht eine Übertragung von bis zu acht Mbit pro Sekunde zum Kunden, die schnellste DSL-Technik VDSL (→) wird über Glasfaser verbreitet und ermöglicht in den Stufen VDSL25 und VDSL50 entsprechende Datenraten bis zu 50 Mbit Downstream pro Sekunde. Für den Rückkanal (Upstream) sind jeweils bis zum Faktor fünf bis acht geringere Bandbreiten eingerichtet.

Historisch waren die Zugangswege für Rundfunk und Telekommunikation klar abgegrenzt und durch jeweilige Instanzen wie die Bundesnetzagentur und Landesmedienanstalten (LMA) reguliert. Mit dem Einzug von Bewegtbildern, die über das Internet ihren Weg auf PC- oder TV-Bildschirm finden, werden diese ehemals klaren Grenzen verschwimmen.

Stellvertretend für die Kräfte, die in diesem regulierten Raum wirken und sich mit den regulativen Konsequenzen der Konvergenz beschäftigen, wird Hans Hege, der Vorsitzende der Gemeinsamen Stelle Digitaler Zugang der Arbeitsgemeinschaft der Landesmedienanstalten, wichtige Aspekte dazu in diesem Buch erörtern.

---

**Zwischenfazit für den Konsumenten:**

Der Kunde will sich nicht wirklich mit der Technologie der Zugangswege beschäftigen. Flachbildschirme sind durch ihre Bauweise optisch attraktiver; nebenbei funktionieren sie ausschließlich digital und sind damit Wegbereiter für die Massenverbreitung digitaler Zugangswege. Bei der Entscheidung für einen mobilen Zugangsweg zu Bewegtbildern werden die Qualität und das Preis-Leistungs-Verhältnis, die der Kunde in Abhängigkeit vom jeweiligen Inhalt auf dem entsprechenden Endgerät erwartet, ausschlaggebend sein.

---

## Inhalte und Dienste

Bei der Einführung des dualen Rundfunksystems und der Deregulierung von Kabel und Telekommunikation waren die Anbieter von Inhalten und Diensten klar zu lokalisieren. Öffentlich-rechtliche Rundfunkanstalten sowie private Rundfunkunternehmen boten Radio- und Fernsehprogramme an, das Kabelnetz wurde privatisiert, in neun Regionen aufgeteilt und die Telekom bekam in den Bereichen Festnetztelefonie, Mobilfunk und Online nationale und internationale Wettbewerber. Zum klassischen Angebot der TV-Sender kamen in den letzten Jahren immer mehr Sender hinzu, die unter dem Sammelbegriff T-Commerce[5] transaktionsbasierte Dienste im deutschen Markt anbieten (Teleshopping, Reisen, Glücksspiele).

Waren ursprünglich alleine die Sender mit der Vermarktung der Inhalte in Richtung Konsumenten und werbetreibende Wirtschaft aktiv, sind heute auch die Produzenten vermehrt über von ihnen selbst betriebene Internetplattformen mit den Endkunden verbunden. Sie vermarkten diese auch äußerst erfolgreich selbst.

Kabelnetzbetreiber, die sich im analogen Zeitalter ausschließlich auf die Bereitstellung des Zugangsweges beschränkt hatten, schnüren heute digitale TV-Mehrwertpakete, die sie direkt an den Kunden vertreiben. Darüber hinaus haben Kabel Deutschland und Unity Media in den neun Regionen intensiv mit der Vermarktung von TV, Internet und Telefonie aus einer Hand begonnen (→ Triple Play). Satellitenbetreiber hatten traditionell eine eindimensionale Dienstleistungsbeziehung zu den Rundfunkanbietern; für den Endkunden war der Zugang bisher immer kostenfrei. Auf der anderen Seite bieten Telekom/T-Online und 1&1/United Internet Media sowie weitere nationale und internationale Wettbewerber Endkunden einen Internetzugang sowie E-Mail-/Freemail-Funktionalitäten (→ ISP) an.

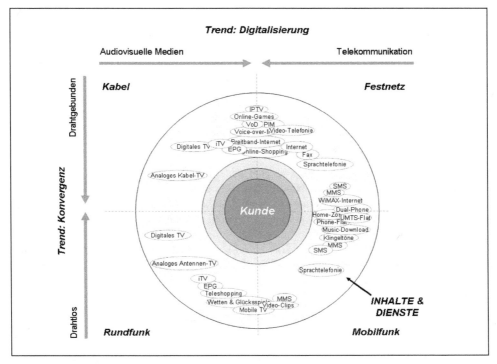

***Abbildung 5:*** *Inhalte und Dienste*
*Quelle: Hochschule der Medien & Accenture (2006-2008)*

Relevante Substitutionsangebote für den TV-Markt sind Web-Portale mit Videoangeboten. Einige Plattformen bieten hauptsächlich nutzergenerierte Inhalte (→ UGC), andere zeigen im Video-on-Demand/Near-Video-on-Demand-Modus (→) bereits ausgestrahlte Sendungen. Die erfolgreichsten Mitspieler sind Rundfunkanbieter oder Inhalte-Produzenten (zum Beispiel myspace.com der News Corporation, myvideo.de der ProSiebenSat.1, clipfish.de und rtl-now.de der RTL Group, ARD und ZDF Mediathek). Das Portal youtube.com wurde von Google übernommen. Musiksender (MTV/VIVA) und das digitale Angebot entsprechender Musik-Videos haben eine Sonderstellung, werden aber hier nicht speziell untersucht.

Die Positionierung von Internetprotokoll-basierendem Fernsehen (→ IPTV) ist offensichtlich an der Grenze zwischen Rundfunk und Festnetz. Eine griffige Definition für IPTV liefert Lauff in einer Publikation der Bayerischen Landesmedienanstalt Anfang 2007: „Von IPTV kann man immer dann sprechen, wenn lineare Programme und On-Demand-Bewegtbild-inhalte auf individuelle Anforderung mittels des IP-Protokolls von einer Plattform unter Nutzung eines Servers oder eines als Server dienenden Clients (Peer-to-Peer) über ein Punkt-zu-Punkt-Breitbandnetz (gegebenenfalls auch hybrid unter Nutzung eines Rundfunknetzes) auf Fernsehgeräte oder PCs aus dem kontrollierten Bereich eines Netzbetreibers (‚walled garden') oder aus dem Internet in Echtzeit übertragen werden."[6] Wir halten dies für einen pragmatischen Ansatz, da Web-TV und Internet-TV nach dieser Definition ebenso zu IPTV zählen wie per Kabel übertragene Angebote. Die oben bereits erwähnte Plattform RTLnow sowie die Mediatheken von ARD und ZDF sind ohne walled garden und somit als offene IPTV-Angebote einzuordnen.

Als erste IPTV Angebote in Deutschland können T-HOME Entertain der Deutschen Telekom, Alice TV, Arcor TV und Maxdome von 1&1 (in Kooperation mit ProSiebenSat.1) als geschlossene Serverplattformen gelten, deren Nutzerzahlen allerdings, gemessen an der Zahl der TV-Haushalte in Deutschland, noch im Promillebereich liegen. PC-basierte Peer-to-Peer Plattformen sind beispielsweise Zattoo und Joost.

Mobile-TV benötigt immer noch eine längere Anlaufzeit als erwartet. Es war bereits zur Fußballweltmeisterschaft 2006 angekündigt gewesen und soll durch die Lizenzvergabe für den Versuchsbetrieb an das Bewerberkonsortium Mobile 3.0 Anfang 2008 rechtzeitig zur Europameisterschaft startklar sein. Was auch im zweiten Versuch misslang. Über den Übertragungsweg DVB-T sind allerdings Einzelgenehmigungen durch jede Medienanstalt in den Ländern notwendig. In einer Presseerklärung der LMA sagte der Vorsitzende der Direktorenkonferenz, Thomas Langheinrich: „Wir haben an einem Strang gezogen, um in kürzester Zeit DVB-Handy Fernsehen in Deutschland möglich zu machen. Jetzt muss der Markt über den Erfolg entscheiden".

---

**Zwischenfazit für den Konsumenten:**

Der Kunde möchte Bewegtbilder nicht mehr nur als TV-Programm im linearen Vorgaberaster auf seinen stationären Bildschirm bekommen. Audiovisuelle Dienste sollen ihn am Ort seiner Wahl und auf dem Endgerät seiner Wahl zum Zeitpunkt seiner Wahl erreichen. Als Anbieter von Live-Informationen und -Unterhaltung haben sich TV-Sender etabliert, beim Angebot von nutzergenerierten und professionellen nicht-echzeitaktuellen Inhalten haben Internetplattformen eher die Nase vorn. Für welchen Inhalt und Dienst sich der Konsument entscheiden wird, hängt davon ab, wie groß das individuelle Bedürfnis des einzelnen Kunden danach am jeweiligen Ort/Endgerät/Zeitpunkt ist und was er bereit ist, heute und in Zukunft dafür zu zahlen.

---

# Konsument

Für die Strategien der Marktakteure ist deren Einschätzung über den TV-Konsument, Internet-Nutzer und Mobilfunk-Nutzer entscheidend. Dieser ist heute vielfältig beleuchtet – er schaut täglich im Durchschnitt 208 Minuten fern[7], ist 118 Minuten online[8] und hat im Durchschnitt mehr als eine SIM-Karte. Auch ist klar, in welchen Altersklassen der Konsum vom Durchschnitt variiert, welche Interessenschwerpunkte vorliegen und wer in Communities aktiv ist.

Anstelle eines Endfazits für den Konsumenten werden die Schlüsselfragen gestellt, die für die Entscheider in den Unternehmen der TIME-Märkte reichlich Raum für unterschiedlichste Interpretationen und Spekulationen lassen:

## Schlüsselfrage 1: Konsum-Modus ‚Lean-Back' versus ‚Lean-Forward'

▨ Sind alle attraktiven Werbezielgruppen in Zukunft aktiv vor dem Fernseher?

▨ Welche Kunden sind ‚Couch Potatoe' und nicht aktivierbar, sich vorzulehnen?

▨ Wie viele Sendungen schaffen mehr Publikum am PC als am TV-Gerät (‚Kerner-Herman-Effekt')?

▨ Welche Formate sind eher für den Modus Lean-Back geeignet, welche für Lean-Forward?

## Schlüsselfrage 2:
## Dominanz oder Zusammenspiel von Telefondose versus Antennendose

▨ Verstehen alle Kunden, dass zuverlässig Fernsehen aus der Telefondose kommt?

▨ Vertrauen Kunden, dass man mit der Antennendose jederzeit telefonieren kann?

▨ Wie viele Kunden können sich vorstellen, dass man heute bereits seinen Fernsehsender anrufen kann, dieser dann über Satellit einen Film freischaltet, der bereits über Nacht auf die interne Festplatte des Digital-Receivers gestreamt worden war?

## Schlüsselfrage 3: Angebotsvielfalt versus Angebotsüberfluss

▨ Welche Wettbewerber schaffen es langfristig in die ‚Top 5' des jeweiligen Konsumenten?

▨ Ist der ‚Long Tail' (→) im Bewegtbild-Bereich bei den geringen Zielgruppengrößen kommerzialisierbar?

▨ Wie schafft es ein Nischenanbieter ins ‚Relevant Set' (→) der ca. fünfzehn in Betracht kommenden Angebote?

## Schlüsselfrage 4: Technische Machbarkeit versus tatsächliche Nutzung

▨ Wie schnell verbreitet sich die Nutzung der Funktionalität, laufendes Fernsehprogramm anzuhalten, wenn es eine Stopp-Taste gibt, um später weiterzuschauen (→ Timeshift)?

▨ Wie schnell verbreitet sich die Nutzung der Funktionalität, nachfolgende Sendungen aufzunehmen und diese dann beliebig später zu konsumieren?

▨ Wie schnell verbreitet sich die Nutzung der Funktionalität, Sendungen zu programmieren, aufzunehmen und ausschließlich sein eigenes Free-TV Programm (→) zu gestalten?

## Schlüsselfrage 5: Akzeptanz von Werbung versus ‚Ad-Skipping'

▨ Wie verhält sich der Zuschauer beim Konsum gestoppter oder aufgenommener Inhalte?

▨ Lässt der Konsument die Werbung weiterlaufen? Spult er vor und betrachtet die Einzelbilder der Werbespots im Schnelllaufmodus sogar intensiver?

▨ Wird sich dadurch eine neue Art der Kreation von TV-Werbespots entwickeln?

**Schlüsselfrage 6: HDTV versus ‚User Generated Low Quality Content'**

▓ Wie viel High Definition wollen Kunden sehen?

▓ Wie schlecht darf (bezüglich der Bildqualität) eigentlich User Generated Content sein?

▓ Was möchte der Konsument zukünftig auf dem Full-HD-Fernsehbildschirm ansehen?

**Schlüsselfrage 7: Zahlungsbereitschaft versus Kostenloskultur**

▓ Bei welchen Inhalten würden Konsumenten für Premium/HD-Qualität Geld bezahlen?

▓ Welche Werbeformen haben in kostenfreien Diensten eine Zukunft?

▓ Welche monetären Medienbudgets sind in welchen Zielgruppensegmenten realistisch?


# Verweise & Quellen

1   Vgl. Zerdick, Axel et al.: Die Internet-Ökonomie, 3., erweiterte Auflage, Heidelberg 2001

2   Die Grundlage des Modells wurde im Rahmen eines Studienprojekts an der Hochschule der Medien (HdM) von Marco Reuß, Dr. Ralf Kaumanns und Veit Siegenheim entwickelt. Das dabei entstandene Konvergenz-Radar-Modell bildet die Basis für diesen Artikel und für eine ganze Reihe von weiteren Hochschulprojekten, die mit den treibenden Marktkräften wie Kabel Deutschland, T-Home, Maxdome und MRM Worldwide deren Potenziale und mögliche Strategien untersucht haben. (Ackermann, Christian; Lageveen, Björn, Fischer, Florian; Reimann, Sebastian bei Kabel Deutschland; Struck, Julia bei T-Home/RTL Television; Lewandowski, Alexandra bei Maxdome/1&1/Pro7Sat.1 & Hesse, Lena-Marie bei MRM Worldwide)

3   Vgl. ALM/GSDZ Digitalisierungsberichte 2006 und 2007

4   Vgl. BMWI Fraunhofer Institut; Hans-Bredow Institut: Szenario für den Übergang der analogen zur digitalen Signalübertragung in den Breitbandkabelnetzen, Stuttgart, 2005

5   Vgl. Goldmedia: T-Commerce 2008, Marktpotenziale für transaktionsbasierte Dienste im deutschen Markt, Berlin 2003

6   Lauff, Werner: Auf der Suche nach dem richtigen Weg in: BLM-Magazin Tendenz 1/2007

7   Vgl. AGF/GfK pc#tv Fernsehpanel

8   Vgl. AGOF e.V./internet facts 2007-II

# Internet-TV –
# das Fernsehen der Zukunft

*Marc A. Adam*
*[Executive Director MSN, Microsoft Deutschland GmbH]*

Das Fernsehen wird sich verändern – das Internet auch! Die beiden Medien werden sich zunehmend annähern und dennoch werden beide ihre Daseinsberechtigung haben – auch in Zukunft. Der Profiteur ist der Kunde. Er kann selbst entscheiden, in welchem Nutzungsmuster er sich gerade bewegen möchte: Er kann die berieselnde, passive Rolle spielen und sich fremd gesteuerten, höchstprofessionell aufbereiteten, breitenwirksamen Inhalten widmen, über die am kommenden Tag die Massen sprechen. Oder er kann selbst aktiv werden, sich den Inhalt, den er gerade schauen möchte, bis in die letzten Themenspitzen zu jeder Tages- oder Nachtzeit auswählen und konsumieren. Das wissen wir – vieles davon passiert bereits heute.

Besonders spannend wird erst die Ergänzung von Community-Funktionen in dieser Form des Medienkonsums. In Zukunft werde ich sehen können, welche meiner Freunde gerade welche Sendung schauen. Ich werde Inhalte nicht nur von der Masse bewertet bekommen, sondern sehen, wie sie von meinen Freunden oder Gleichgesinnten bewertet wurden. Ich werde lineare ‚Fernsehsender' – unabhängig vom verfügbaren Endgerät – auf meine persönlichen Interessensgebiete abgestimmt empfangen. Und mir wird Werbung gezeigt, die ich als wertvolle Information wahrnehme, weil sie meinen Vorlieben entspricht. Es wird ein Abenteuer, diese Entwicklung zu beobachten – die Zukunft ist schon ganz nah.

## Die Abgrenzung: Was Web-TV von IPTV unterscheidet

Die Begriffe IPTV (→) und Web-TV (→) werden oft noch durcheinandergeworfen. Beide beherrschen die Diskussion um die Entwicklung der Fernsehlandschaft der Zukunft. Web-TV meint meist kostenlose TV-Sendungen und Videos im Internet, die in der Regel auf dem PC angesehen werden. Mit IPTV ist dagegen – meist kostenpflichtiges, Abonnement-basiertes – Fernsehen über das Internet gemeint, das über eine Set-Top-Box (→) auf dem Fernseher gesehen werden kann. Das traditionelle Fernsehen, bei dem die Ausstrahlung eines linearen Programms und der ‚Lean-Back'-Konsum (→) des Zuschauers im Vordergrund stehen, wird beim IPTV um Interaktionsmöglichkeiten ergänzt. IPTV ermöglicht eine zweigleisige Kom-

munikation mit dem ‚Lean-Forward'-Zuschauer (→), der mit Inhalten interagiert, zeitunabhängig On-Demand-Dienste (→) nutzt oder sein Programm selbst gestaltet. IPTV bietet dabei
mehr als die klassische Fernsehübertragung per Kabel, Antenne oder Satellit. Neben einer
unbegrenzten Anzahl neuer Programme entstehen hier Möglichkeiten, Fernsehinhalte unabhängig vom starren Programmschema zu sehen. Neben Möglichkeiten zur Interaktion, wie
zum Beispiel durch Bewertungen oder Shopping, bietet es dem TV-Zuschauer praktische
Dienste wie einen elektronischen Programmführer (→) und die Möglichkeit der digitalen
Aufzeichung per Knopfdruck. Aber es gibt noch mehr Vorteile gegenüber dem herkömmlichen Fernsehen. Anders als beim Kabel- oder Satelliten-TV lässt sich beim Internet-
Fernsehen die Anzahl der Sender unbeschränkt erhöhen. Neue TV-Angebote, wie Büchersen-
der, Wetterkanäle, Gourmet- oder Gesundheits-Sender, die immer kleiner werdende Zielgruppen bedienen, können hier auf Sendung gehen und hoch fokussiert ihr Publikum finden. Das
bietet nicht nur eine Vielzahl von Inhalten in Nischenumfeldern, von denen der Kunde profitiert, sondern auch erhebliche Vorteile für die Werbetreibenden bezüglich der Zielgruppenansprache. Beide Begriffe werden zukünftig sicherlich miteinander verschmelzen, da es eigentlich schon heute keine Rolle mehr spielt, über welches Endgerät der digitale Inhalt – sei er
Abo-finanziert oder kostenfrei – konsumiert wird. Ich verwende daher auch gerne den Begriff
Internet-TV, wenn der Unterschied bei der Erläuterung von einzelnen Szenarien keine Rolle
spielt.

## Wer braucht Fernsehen über die Telefonbuchse?

Auch hochauflösende Inhalte lassen sich schon heute über schnelle Internetleitungen zum
Zuschauer transportieren, der dafür meist ein kostenpflichtiges Abonnement abschließt und
sich an einen Telekommunikationsanbieter bindet. Bislang ist der Markt für IPTV in Deutschland noch klein, der Erfolgt hängt entscheidend von der schnellen Verbreitung von Breitbandzugängen in deutschen Haushalten ab, die nur zustande kommen werden, wenn dem
Kunden der Mehrwert dieser Übertragungsform deutlich gemacht wird. Programme aufzeichnen kann man heute schon mit dem meist vorhandenen Videorekorder, Programme dann
anschauen, wenn ich es möchte, funktioniert damit auch schon. Und wenn es dann noch ein
Telekommunikationsunternehmen ist, das mir nun Fernsehen aus der Telefonbuchse verkaufen möchte, ist die Verunsicherung beim Kunden perfekt. Sind die vielen vorhandenen Vorteile dann doch durchgedrungen, scheitert es im letzten Schritt oft noch daran, dass die Telefonbuchse sich nicht dort befindet, wo der Fernseher steht.

Im Gegensatz zu den über den Internetbrowser empfangbaren Web-TV-Inhalten, setzten
Telekommunikationsfirmen IPTV in erster Linie zur Erweitung ihres Produktportfolios, als
Mittel zur Kundenbindung und Absatzsteigerung Ihrer DSL-Anschlüsse (→) ein. Neben
Hansenet (Alice), der Telekom (T-Home) bietet auch Arcor und United Internet (Maxdome)
seinen Kunden Fernsehen über das Internet im so genannten Triple-Play (→), also in Kombi-
nation mit einem Telefon- und Internet-Anschluss plus den entsprechenden Flatrates an. Bei
einigen Anbietern wird dieses Angebot sogar um einen Mobilfunkvertrag ergänzt. Das TV-
Programm über die schnelle DSL- oder ADSL-Leitung (→) bietet Komfort-Features wie

einen elektronischen Programmführer oder eine Online-Videothek mit Kinofilmen zum kostenpflichtigen Abruf an. Hier finden sich oft auch schon Filme in hochauflösender Bildqualität im Angebot. Auch Pay-TV-Inhalte (→) können im Abo dazugebucht werden, eine Art Vermittlungsgeschäft für die Anbieter. Zeitversetztes Fernsehen, eine Pause-Funktion im Live-TV und das Überspringen von Werbeblöcken sind bei den meisten IPTV-Anbietern bereits Standard. Zukünftig können auch zusätzliche Inhalte zum laufenden TV-Programm, wie Hintergrundinfos oder Statistiken, abgerufen werden. Doch im Gegensatz zu den rasant fortschreitenden Übertragungstechniken stecken neue TV-Inhalte, die Möglichkeiten des IPTV sinnvoll nutzen, derzeit noch in den Kinderschuhen. Wirklich interaktives Fernsehen, das mit der Verbreitung über das Internet zumindest technisch möglich ist, gibt es nur in wenigen Ausnahmen. Bis auf Teleshopping (T-Commerce) und Bewertungen fällt den Inhalte-Produzenten derzeit nur wenig ein, was sie mit dem Internet-Fernsehen plus Rückkanal anfangen können.

Die Anbieter mussten 2007 ihre hohen Erwartungen nach unten korrigieren. Doch spürbares Wachstum von IPTV ist dennoch zu verzeichnen: Ende September 2007 hatte T-Home rund 50.000 Kunden, Ende Dezember 2007 waren es bereits 150.000 Kunden – ein Bruchteil der technisch möglichen Reichweite von IPTV. Entsprechend groß sind das Potenzial und die Zukunftserwartungen der Telekommunikationsanbieter. Nach aktuellen Studien soll sich IPTV innerhalb von zwei Jahren zu einem Massenmarkt entwickeln. Dabei geht man von zwei möglichen Fällen aus: Im konservativen Szenario von 6,1 Millionen IPTV-Haushalten im Jahr 2010, im optimistischen Szenario rechnen die Experten sogar mit einem Anstieg der IPTV-Haushalte auf 10,8 Millionen.

## Spielkonsolen statt Set-Top-Box

Ein weiterer Faktor, der diese Entwicklung vorantreiben könnte, sind die Spielkonsolen, wie zum Beispiel die Microsoft Xbox 360, die sich um IPTV und Video-on-Demand-Inhalte erweitern lassen. Mit Microsoft Mediaroom ist es möglich, TV-Programme und Kinofilme zu sehen, aber auch Fotos zu betrachten und Musik zu hören. Der Xbox 360-Dienst zielt auf ein deutlich jüngeres Publikum und gleicht technisch dem T-Home Entertain-System, bei dem Microsoft das Betriebssystem für die Set-Top-Box liefert. Wie das T-Home-Mediacenter verfügt auch die Xbox über eine Aufnahme-Funktion, einen elektronischen Programmführer und eine ‚Timeshift'-Taste (→) für zeitversetztes Fernsehen. Mit dieser Technik ist es auch möglich, hochauflösende Filme in HDTV-Qualität aus dem Internet zu empfangen – ganz ohne DVD-Laufwerk. Benötigt werden für IPTV und Video-on-Demand-Dienste auf der Xbox ein DSL-Anschluss und der Zugang zu dem Onlinedienst Xbox Live.

Wichtig sind auch hier die sozialen Community-Funktionen, wie sie auch im Internet verfügbar sind: Über sie könnten Kunden zum Beispiel Hinweise auf TV-Sendungen an Freunde verschicken oder sich während eines Films mit anderen Teilnehmern in einem Chat austauschen. Die schnelle Kommunikation über den Windows Live Messenger ist auch auf der Xbox möglich. Hier kann man zum Beispiel sehen, welches Programm oder welche Sendung ein Freund gerade sieht. Xbox-Nutzer können zum Beispiel eine TV-Sendung verfolgen, während sie gleichzeitig an einem Spiel teilnehmen, sich mit Freunden unterhalten und eine Sendung aufzeichnen. Aus dem ‚Einzelerlebnis IPTV' wird so über das Internet wieder ein gemeinsames TV-Erlebnis, bei dem man mehrere Aktivitäten parallel laufen lässt und ständig mit seinen Freunden in Kontakt bleibt. Diese ‚Connected-TV' genannten Services sind für die junge Zielgruppe der Xbox fast schon selbstverständlich, da sie besonders Internet-affin und mehr an Medien, Filmen, Musik und Spielen interessiert ist wie kaum ein anderes Kundensegment.

## Das Fernsehen der Zukunft, sein Marktpotenzial und die Geschwindigkeit der Entwicklung

Videoinhalte sind heute über drei Plattformen zugänglich: TV, PC und mobile Endgeräte, drei Bildschirme für unterschiedliche Nutzungsgewohnheiten. Die Studie „3 Screens" von Microsoft zeigt, wie sehr die neue Technik die Art und Weise beeinflusst, wie Video-Inhalte konsumiert und weiter verwendet werden.

Das klassische TV wird eher gemeinsam gesehen, während andere Aktivitäten parallel stattfinden. Am PC oder auf dem Handy werden TV-Inhalte eher allein konsumiert, aber bedingt durch die Vernetzungsmöglichkeiten des Internets mit seinen sozialen Communities in das soziale Netzwerk des Nutzers eingebunden, kommentiert und weitergeleitet. Statt sich wie früher am nächsten Tag über das TV-Programm zu unterhalten, findet diese Unterhaltung auch live, parallel zur Sendung statt. In Zukunft wird es immer häufiger der Fall sein, sich Hinweise zu laufenden Live-Sendungen über das Netz zu schicken oder Verweise auf die on-demand abrufbare Sendung. Diese Art der Verbreitung wächst rasant: Derzeit sehen mehr als sechs Millionen Menschen in Europa hier regelmäßig Videos. Der Online-Video-Markt ist 2007 explosionsartig gewachsen und allein in Europa um über 80 Prozent gestiegen. Die Zahl der über MSN gesehenen und verbreiteten Videos steigt um 50 Prozent – pro Monat. Es ist davon auszugehen, dass diese Art der Nutzung weiterhin wächst, solange auch die Verbreitung von Breitbandanschlüssen weiter zunimmt. Ende 2007 lag die Internet-Durchdringung bei 59 Prozent, das heißt, rund 38,5 Millionen Deutsche sind regelmäßig im Internet unterwegs. Zwei Drittel von ihnen nutzen dazu bereits eine Daten-Flatrate mit Breitband-Anschluss.

## Immer mehr ‚Internet' als ‚TV'

Betrachtet man die Nutzung nach Altersgruppen, dann gilt das Prinzip: „Je jünger der Nutzer, desto stärker fällt auch die Nutzung von Internet und Videos aus." Konkret heißt das: 25 Prozent der Nutzer ab 14 Jahren schauen heute zumindest gelegentlich Videos im Internet, 14 Prozent mindestens einmal die Woche. Ich gehe davon aus, dass in fünf Jahren circa 50 Prozent des Inhalte-Konsums im Internet über Bewegtbildinhalte konsumiert wird.

Auch die Mediennutzung insgesamt verlagert sich weiter zu Gunsten des Internets, sie verzeichnete europaweit die mit Abstand größten Wachstumsraten von 28 Prozent (siehe Abbildung 1). Das Radio legte im gleichen Zeitraum nur um 14 Prozent zu, das traditionelle Fernsehen wuchs nur um sechs Prozent im gleichen Zeitraum. Die Zeitungen verloren zwischenzeitlich zwei Prozent, Zeitschriften sogar elf Prozent. Dabei bleibt für die Nutzung elektronischer Medien immer mehr Zeit, denn sie begleiten uns – werden ortsungebunden. Die Premiere Champions League kann nicht nur am heimischen Fernseher geschaut werden. Sie steht den Nutzern auch per Internet Livestream (→) zur Verfügung, wenn ich mich auf Reisen befinde und ist sogar live über das Mobiltelefon erreichbar, sollte ich während des Spiels an der Haltestelle auf den Bus warten. Eine Kannibalisierung findet an dieser Stelle kaum statt. Der Kunde wird dabei immer auf die für ihn angenehmste Nutzungsweise zurückgreifen. Kaum ein Premiere-Abonnent wird aus dem Wohnzimmer mit dem Handy die Champions League anschauen.

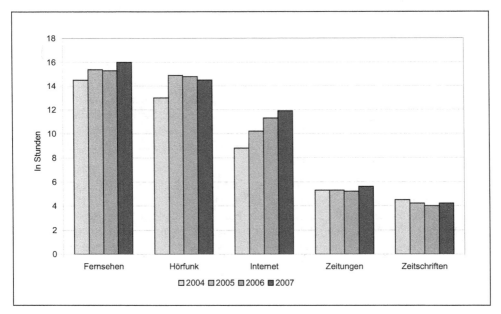

***Abbildung 1:*** *Nutzung verschiedener Medien pro Woche (Europa)*
*Quelle: Eigenanalyse auf Basis von Marktstudien*

Die neuen Möglichkeiten, direkt über Video-Inhalte zu kommunizieren, zum Beispiel in Chats, und die Quelle dieser Inhalte mitzuversenden, führen zu einer neuen Art des Fernsehens, bei der soziale Netzwerke und Empfehlungen einen großen Einfluss haben werden. Dabei spielt die Technik eine entscheidende Rolle. Sie muss auf allen Plattformen funktionieren, qualitativ hochwertige Signale bieten und die nötigen sozialen Funktionen wie das Weiterleiten, Kommentieren, Bewerten oder das Einbinden in Blogs ermöglichen. Hier treffen zwei Entwicklungen aufeinander, die sich gegenseitig ergänzen. Zum einen werden die

Bandbreiten – das heißt die Leitungsgeschwindigkeiten – immer höher, zum anderen werden aber auch die Komprimierungstechnologien immer besser. Ich erinnere mich noch an MP3-Lieder (→), die ca. sechs MBit groß waren. Heutige Komprimierungsprogramme können die gleiche Tonqualität schon auf nur drei MBit komprimieren – ich bekomme also doppelt so viele Lieder auf meinen iPod wie noch vor ein paar Jahren. Das neue Format Silverlight von Microsoft benötigt bei gleich bleibender Bildqualität nur noch die Hälfte der Bandbreite heutiger Standards und dazu noch deutlich weniger Rechnerkapazität des Computers. Dadurch werden entweder weitere, parallele Funktionen ermöglicht, wie beispielsweise die Einblendung von Live-Grafiken, Texten, Animationen und parallelen Video-Signalen, oder aber die zusätzliche Bandbreite wird dazu genutzt, die Bildqualität deutlich zu verbessern. Über Bandbreiten von unter sechs MBit können so hoch auflösende Videos in HD-Qualität gezeigt werden.

## Podcast als Massenmedium

Eine stark wachsende Bedeutung hat an dieser Stelle auch der Podcast (→), die Verbreitung von Video-Inhalten, die einzeln oder als Serie auf einen mobilen Videoplayer oder den PC gespielt und angesehen werden können. Hier entsteht ein neuer, spannender Absatzkanal, sowohl für professionelle Anbieter, wie die Tagesschau oder RTL Aktuell, als auch für Amateur-Produzenten, mit dem bei geringem technischem und finanziellem Aufwand eine große Zahl von messbaren Downloads erreichen kann. Besonders monothematische Sendungen eignen sich gut für die Platzierung von Video-Werbung, die am Start oder Ende eines Beitrags eingebunden wird. Auch Markenfirmen nutzen das neue Medium für ihre Zwecke, so stellten zum Beispiel Mercedes und BMW Video-Podcasts ins Netz, bei denen ihre Imagewerbung in Unterhaltung verpackt wurde.

Neben diesen ‚Corporate Podcasts' gibt es die ‚Educational Podcasts', die eher der Fortbildung oder der internen Unternehmenskommunikation dienen. Den überwiegenden Teil der On-Demand-Sendungen bilden aber ‚Private Podcasts', die in erster Linie zunächst einmal keine kommerziellen Interessen verfolgen. Das könnte sich schon bald ändern, wenn sich der Trend fortsetzt, Image-Kampagnen auch als Podcast-Spots zu konzipieren oder als Unternehmen Podcast-Sendungen zu sponsern, die thematisch zum Unternehmen passen. Langfristig werden Video-Podcasts mit steigenden Nutzerzahlen und fest umrissener Zielgruppe auch als Werbemedium immer attraktiver.

Die Podcast-Zielgruppe in Deutschland ist für Werbetreibende durchaus interessant. Sie ist über 30, eher männlich, gebildet, Technik-affin und verdient überdurchschnittlich gut. Mit der steigenden Verbreitung des Mediums wird diese Zielgruppe zwar zunehmend breiter, dennoch bleibt Podcasting hierzulande immer noch ein Spartenmedium. Die Streuverluste sind dementsprechend gering. Der Hörer muss sich jedoch aktiv für den Download entscheiden – online können die Inhalte kommentiert und weitergeleitet werden. Neue Statistik-Funktionen können diese für die Werbewirtschaft wichtigen Nutzungsdaten detailliert messen, zum Beispiel wie oft ein Video-Podcast tatsächlich gesehen wird – auch im Offline-Status des jeweiligen Video-Players. Bisher kann nur gemessen werden, wie oft ein Podcast heruntergeladen wird. In den USA ist Podcasting bereits zum Massenmedium geworden. Podcaster und Blogger mit hohen Zugriffszahlen werden von Unternehmen als wichtige Multiplikatoren zunehmend ernst genommen. Die Anzahl der Podcast-Sendungen im Internet hat die Zehn-Millionen-Grenze bereits weit hinter sich gelassen.

# Werbung im Web-TV:
# Welche Werbe-Erlösmodelle Erfolg versprechend sind

Die zu Anfang erwähnte ‚3 Screens'-Studie von Microsoft zeigt auch einen Trend zur ‚neuen Freiheit': Der Nutzer möchte selbst bestimmen, welche Inhalte er über welches Endgerät sieht beziehungsweise wann er welches Endgerät für den jeweiligen Inhalt nutzt. Dabei sollte darauf geachtet werden, dass die Inhalte nicht eins-zu-eins zur Ausspielung auf einem weiteren Endgerät übernommen werden, sondern den Nutzungsgewohnheiten des jeweiligen Endgerätes angepasst sind. Die meisten Web-TV-Sendungen sind zwei bis sieben Minuten lang. Die Nachrichten der Heute-Redaktion gibt es online in einer 100-Sekunden-Version. Dabei sollte auch die zugespielte Werbung den neuen Nutzungsgewohnheiten angepasst werden. Die Schallgrenze für Webespots im Web liegt bei etwa sieben bis 15 Sekunden, dann klickt der Nutzer weg. Für die werbetreibende Industrie ergeben sich jedoch enorme Vorteile bei der Nutzung.

### Die gläserne IP-Adresse

Kein Medium ist genauer und umfangreicher in der Messbarkeit und Erfolgskontrolle als das Internet (die IP Übertragung) und die darüber transportierten Informationen. Grundsätzlich ist alles messbar – bis ins kleinste Detail, wenn man sich die Mühe machen möchte, den entsprechenden Report zu erstellen. Panels mit teilweise nur einer Hand voll Mitwirkenden, nach denen viele Fernsehsender ihre Werbeumfelder bewerten, gibt es nicht. Im Internet werden die Fakten gezählt. Wie oft wurde ein Clip gesehen, von wie vielen Einzelpersonen, wie lange genau und aus welchem Bundesland? Gezählt werden kann alles – reale Daten ohne Hochrechnungen. Bis zur tatsächlichen Bestellung des Produktes oder der Anmeldung zur Probefahrt kann überprüft werden, wie erfolgreich die Werbeplatzierung im Internet war.

Jeder Empfänger hat eine eigene Adresse – eine anonyme IP-Adresse – über die ein Computer oder eine Set-Top-Box identifiziert werden kann. Damit lassen sich Rückschlüsse auf die Interessengebiete des Nutzers schließen, die für Werbekunden einen entscheidenden Informationsgewinn bedeuten. Kombiniert man die Vorlieben (Psychografie) mit den soziografischen Daten, kann man ein deutlich präziseres Bild des Zuschauers erhalten, als es den klassischen Reichweiten- und Zielgruppenanalysen der TV-Sender jemals möglich wäre. Natürlich unter der Voraussetzung, dass der Nutzer der Auswertung dieser Daten explizit zugestimmt hat.

### Das Ende des Streuverlustes

Die jeweilige Werbebotschaft kann entweder ganz breit auf den reichweitenstarken Homepages großer Internetportale oder zielgruppenspezifisch in definierten Umfeldern positioniert werden, sodass kaum noch Streuverluste entstehen. Auf einmal kann es sogar für den lokalen

Angler-Shop in München lukrativ sein, Werbung für seinen Laden zu schalten – vielleicht auch nur an diejenigen ausgespielt, die sich ein Angel-Clip mindestens drei Mal angeschaut haben und aus München kommen. Dabei können diese User auch noch erreicht werden, wenn sie sich gar nicht mehr im direkten Umfeld des Angel-Clips befinden. Allein die Tatsache, dass sie sich einmal einen solchen Angel-Clip im Ganzen angeschaut haben, reicht aus, sie als potenzielle Kunden zu berücksichtigen. Die Möglichkeiten, die sich aus der Internetübertragung ergeben, sind enorm und der Bedarf und das Interesse daran immer deutlicher zu spüren.

Die werbetreibende Industrie, die wie alle Wirtschaftsunternehmen immer höhere Anforderungen an geschäftliche Prozessoptimierung stellt, setzt die Online-Werbemittel zunehmend als selbstverständlichen Teil ihres Gesamtwerbebudgets ein. Die Messbarkeit ist dabei ein ganz entscheidender Teil des Optimierungspotenzials, denn ohne einen ganz genauen Überblick aller wesentlichen Faktoren kann die letzte Optimierung gar nicht stattfinden. Auch wenn eine nicht ganz so genaue Darstellung ab und zu ganz angenehm sein kann und nicht jeder Dienstleister sofort nach hundertprozentiger Transparenz seines Zutuns strebt.

Einige Agenturen, die für die werbetreibende Industrie Werbung auf allen Medien schalten, sind mit den neuen Formaten und Möglichkeiten der neuen Medien noch immer nicht vertraut und befinden sich nach wie vor in einem Lernprozess, wie sie diese am besten in ihre übergreifende Kommunikationsplanung einbinden. Auch viele der Online-Formate selbst müssen sich zum Teil noch etablieren und durchsetzen. Online-Video ist ein relativ neuer Markt, ein junges Medium – die Einführung von Videonachrichten auf Nachrichten-Webseiten begann in Deutschland erst Mitte 2006. Gleichzeitig kommen neue, innovationsaffine Marktteilnehmer hinzu. Marken wie Audi oder BMW werden durch Corporate-TV ($\rightarrow$) im Internet bereits selbst zu Produzenten und verbreiten ihre Inhalte, um mit spezifischen TV-Sendungen ihre Zielgruppen online zu erreichen.

Darüber hinaus hat Online-Werbung noch oft mit einem Akzeptanzproblem zu kämpfen: „Der Verbraucher wehrt sich nicht nur gegen störende Werbebanner, sondern vor allem auch gegen die Abfrage seiner Nutzungsgewohnheiten", ergab die Studie TMT Predictions. Entsprechende Vorbehalte, so die Studie, müssen von den Marktteilnehmern berücksichtigt werden. Neueste Studien haben bereits ergeben, dass Online-Werbung, auch ohne das sie angeklickt wird, zu einen großen Teil der Produktpositionierung beiträgt und daraus auch ein positiver Einfluss auf das Offline-Geschäft entsteht.

## Aus dem Wohnzimmer in die Arztpraxis

Neben dem klassischen Fernsehen im Haushalt bringt die IPTV-Technik aber auch neue Möglichkeiten außerhalb der Haushalte oder dem Arbeitsplatz. Über Instore-TV ($\rightarrow$) können Kunden im Einzelhandel, in Tankstellen und Restaurants mit einem eigenen TV-Programm versorgt werden, das sich individuell an deren Bedürfnisse anpassen lässt. Die Kosten für die Verbreitung von Fernsehen per DSL-Leitung betragen dabei nur einen Bruchteil der Kosten, die ein herkömmlicher TV-Senderweg kosten würde. Das eröffnet neue, wirtschaftliche Perspektiven auch für kleine und mittelständische Anbieter und lockt neue Wettbewerber ins

Fernsehgeschäft. Für den Shop-Betreiber ist das TV-Programm über das Internet attraktiv, da es oftmals die Verweildauer im Geschäft selbst erhöht, was wiederum messbar den Abverkauf steigert. Aber auch Arztpraxen oder Behörden sind ein denkbarer Einsatzort für werbegetriebenes IPTV. Durchschnittlich 58 Minuten verbringt jeder Patient beim Arztbesuch im Wartezimmer – wieder ein bisschen mehr Zeit für den Konsum elektronischer Medien.

## Internet-TV ist kein neuer „Kanal", sondern ein neues Medium

Internet-TV im eigentlichen Sinn steht nicht nur für die ‚Verlängerung' von TV-Inhalten ins Internet. Es bietet neue Funktionen und Möglichkeiten wie Live-Stream, Chat und den individuellen Zugriff auf Hintergrundinfos aus dem Archiv. Der große Vorteil im Netz bleibt die facettenreiche Interaktionsmöglichkeit mit dem Zuschauer. Dabei wird Internet-TV nicht als linearer Kanal wahrgenommen, sondern besteht darüber hinaus aus einzelnen Clips oder Videos zu unterschiedlichen Tiefen-Themengebieten.

Konzerte, Sportübertragungen oder auch einfach Vorstellungen von Auto-Tests, die per Stream für den Nutzer kostenlos, aber werbefrei über das Netz gesendet werden – der Vielseitigkeit sind keine Grenzen gesetzt. Der Zuschauer kann sich während der Sendung mit anderen Internet-Zuschauern austauschen, die CD oder DVD des Künstlers online bestellen oder Zusatzinformationen abrufen. Er kann eine Wette abgeben, für den kommenden Event eine Eintrittskarte kaufen oder sich zur Probefahrt anmelden. Auch hier sind keine Grenzen gesetzt. Es entsteht eine andere Art des Fernsehens: individuell, zeitunabhängig, hoch selektiv und – wenn gewollt – interaktiv.

Web-TV und Web-Videos werden das klassische TV sicherlich nicht ablösen, sondern eine Ergänzung und Erweiterung des herkömmlichen Angebotes sein. Das Internet hat sich von einem Informationsmedium zu einem Unterhaltungsmedium entwickelt, das die Inhalte anderer Medien (Print, Radio und Fernsehen) aufnimmt und neu aufbereitet präsentiert. Es ist das Medium mit den meisten Möglichkeiten, technisch wie inhaltlich. Erfolgreiche, eigenständige Web-TV-Formate wie zum Beispiel Ehrensenf gibt es derzeit nur wenige. Und sie haben es schwer, sich gegen die Web-TV-Ableger der etablierten Nachrichtenmarken durchzusetzen, denn sie müssen sich als Marke mit eigenem Profil erst etablieren. Gesucht sind für Zielgruppen relevante Formate, in denen sich Werbung treffsicher platzieren lässt.

### Die Verlängerung bestehender Marken

Viele Webseiten aus Verlagshäusern haben ihr Angebot in letzter Zeit um Web-TV-Inhalte erweitert. Sie bewegen sich damit auf Neuland, denn es gibt keine Garantie, dass die Verlängerung von TV-Inhalten ins Web funktioniert, zumal sich die Sehgewohnheiten der Online-Zuschauer von denen der TV-Zuschauer stark unterscheiden. Im Vorteil ist heute der Verlag, der auf seine TV-Redaktion, die unter der gleichen Dachmarke bereitsteht – zum Beispiel Spiegel Online und *Spiegel TV* oder *Welt der Wunder* und weltderwunder.de – zurückgreifen kann, damit diese mediengerechte Web-TV-Inhalte produziert. Die meisten Nachrichten-Webseiten haben ihr Angebot um abrufbare Web-TV-Sendungen erweitert. So liefern Computerzeitschriften ihren Nutzern multimediale Inhalte, also Videos als Zusatzinformation zu Tests und Artikeln. Die Inhalte werden hier zum Teil selbst produziert, teilweise auch einge-kauft.

Neben den öffentlich-rechtlichen Sendern haben auch die privaten TV-Sender das Potenzial der Verbreitung ihrer Sendungen über das Internet erkannt, sie investieren Millionen in den Ausbau von eigenen Mediatheken und in den Kauf von Videoportalen und sozialen Netzwer-ken. Mit neuen Web-TV- und IPTV-Angeboten folgen die TV-Sender mit ihren qualitativ hochwertigen Inhalten ihrer vorzugsweise jüngeren Zielgruppe ins Internet und treten so in Konkurrenz zu Anbietern wie YouTube, die in erster Linie authentisch wirkende Amateur-Inhalte anbieten und die sich als eine Art Online-Archiv für Videoclips aller Art etabliert haben. Aber hier entsteht noch ein Vorteil zum herkömmlichen Fernsehen, dessen Inhalt oft von nur einem Programmverantwortlichen gestaltet wird. Die breite Anzahl von Themen auf den Web-TV-Plattformen erlaubt erstmals eine klare Rückmeldung der Zuschauer zu deren Interessensgebieten. Diese können dann im linearen Fernsehprogamm mit aufgenommen werden. Die technische Qualität von Web-TV wird dabei zunehmend besser. Zum einen gibt es eine immer schnellere Netzwerkinfrastruktur, zum anderen werden aber auch die Kompri-mierungsmechanismen immer besser – ein sich potenzierender Trend. So ist es bereits heute möglich, über eine zwei MBit DSL-Verbindung ein Bild in nahezu HD-Qualität zu liefern. Setzt sich diese Entwicklung weiter fort, kann man leicht voraussagen, dass das Breitbandin-ternet auch für hoch auflösende Filme zu einem wichtigen Transportkanal heranwächst. Je nachdem, wie schnell sich diese Entwicklung fortsetzt, wird es auch zur Konkurrenz von HD-Inhalten, die bisher nur auf Scheiben oder per Satellit ins Wohnzimmer gelangen. Ähnlich wie bei der Musikindustrie könnte damit in naher Zukunft der Wegfall der physikalisch vor-handenen Filmformate eingeleitet werden, wenn der Online-Vertrieb zum Beispiel einen Preisvorteil und/oder einen Mehrwert bieten kann. Die Folge wäre zum Beispiel ein Rück-gang bei den ‚Stand-Alone-Playern' und anderen Abspielgeräten, die ein funktionierender HD-Vertrieb über den schnellen Online-Kanal überflüssig machen würde.

## Wie Internet-TV von Werbung finanziert werden kann

Der Online-Werbung selbst öffnen sich mit Video-Werbespots im Internet neue Möglichkei-ten, um ihre Zielgruppen zu erreichen. Zum Beispiel durch die Einbindung von automatisch ablaufenden Werbeclips. Diese genießen auf Webseiten als Bewegtbild eine sehr hohe Auf-merksamkeit. Über einen Klick auf das Video gelangt der Zuschauer direkt auf die Internet-seite des werbenden Unternehmens. Diese Art der Online-Video Ads (→), die mit entspre-chenden TV-Kampagnen flankiert wird, wird in den kommenden Jahren immer häufiger zu sehen sein. Ein zunehmender Teil der Online-Webebudgets könnte zukünftig in Online-Video Ads investiert werden.

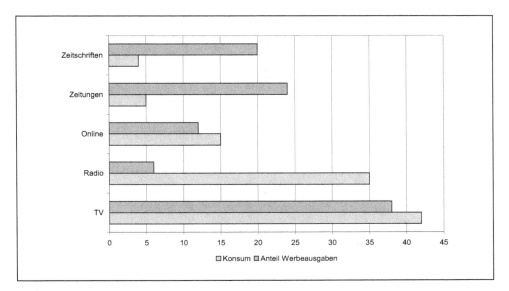

*Abbildung 2:*     *Vergleich Medienkonsum versus Werbeausgaben in Prozent*
*Quelle: Eigenanalyse auf Basis von Marktstudien*

Die Verschiebung der Werbebudgets hin zu den neuen Medien steht erst am Anfang. Erst wenn diese sich spürbar verschieben, werden die heutigen Medienhäuser sich noch stärker auf die Online-Medien konzentrieren. Insbesondere wenn man die Verweildauer mit den tatsächlichen Investitionen vergleicht, zeigen sich die Potenziale, die sich durch die Investition in dieses Medium ergeben (siehe Abbildung 2). Es ist nachvollziehbar, dass die Medienkonzerne das Thema derzeit nicht allzu stark vorantreiben, schließlich kannibalisiert es in Teilen beeits das derzeitige Geschäftsmodell. Ein Trend, der sich in der Zukunft weiter fortsetzen wird.

Die Medienbudgets der werbetreibenden Industrie werden in den nächsten Jahren nicht überdurchschnittlich wachsen. Es findet aber eine immer größere Verlagerung der Werbebudgets hin zu den digitalen Medien statt. Über die Hälfte aller Werbetreibenden sehen vor, bis 2010 mindestens 20 Prozent ihres Werbebudgets in den Bereich Online-Video zu investieren. Ein gewaltiger Schub. Der Online-Werbemarkt in Deutschland hatte im abgelaufenen Jahr ein Volumen von 2,88 Milliarden Euro – 2008 sollen es noch einmal ein knappes Drittel mehr werden. In Großbritannien ist im Jahr 2007 bereits mehr Geld in Internetwerbung als in Zeitungswerbung geflossen. Die Tausendkontaktpreise (→ TKP) für Video-Spots im Web liegen derzeit zwischen 40 und 100 Euro – deutlich höher als im Fernsehen. Allerdings wird in den USA die Mehrheit der Online-Werbeausgaben nicht in TKP-Kampagnen investiert, sondern in sogenannte ‚Performance Based Pricings', also die Abrechnungsmodelle auf Basis von Klicks, Bestellungen oder Kundenkontakten. Für das erste Halbjahr 2007 ist diese Abrechnungsform mit über 50 Prozent bereits die dominierende im US-amerikanischen Online-Marketing. Eine ähnliche Entwicklung ist auch in Deutschland zu erwarten.

Echte Innovationen im Web-TV wurden von Anbietern wie Joost oder Zattoo vorgestellt. Joost zeigt dabei neue Möglichkeiten auf, das Nutzerverhalten zu messen und darauf basierende Videoclip-Werbung auszuspielen. Damit kann man im Internet Werbung viel genauer steuern als bisher. Durch das protokollierbare Klickverhalten des Zuschauers sind bestimmte Vorlieben und Interessen genau messbar. Somit können nur die Werbeinhalte ausgespielt werden, die den Zuschauer mit hoher Wahrscheinlichkeit interessieren. Hohe Streuverluste wie bei bisherigen TV-Spots wird es im Web-TV nicht geben. Außerdem wird der Zuschauer nicht länger durch Werbung verschreckt, die er nicht sehen will und die weder ihn noch seine Interessen und Kaufentscheidungen betrifft.

Die werbetreibende Industrie, die letztendlich die Weichenstellung vorantreibt, weil sie in frei empfangbaren Medienangeboten Erlösströme steuert, strebt nach immer besserer Messbarkeit ihrer Investments. Kein Medium ist dafür besser aufgestellt als das Internet.

Die Fernsehindustrie wird durch das Internet ähnliche Veränderungen erfahren wie die Musikindustrie vor einigen Jahren durch die Digitalisierung ihrer Inhalte. Der TV-Konsum der Zuschauer wird sich nicht mehr ausschließlich an den großen Sendermarken orientieren, sondern vielmehr an einzelnen Formaten. Auch hier gibt es die Parallelen zur Musik: Wer Robbie Williams hören möchte, für den spielt das Label, bei dem er unter Vertrag ist, keine Rolle. Und wenn ich *Wetten dass ...?* Fan bin, spielt es für mich keine Rolle, ob die Sendung auf ZDF, ProSieben oder – wenn als Empfängermedium akzeptiert – über das Internet auf einem Web-TV-Portal läuft.

## Wie sieht er aus, der TV-Sender der Zukunft?

Der Fernsehsender wird sich den persönlichen Interessen des einzelnen Zuschauers anpassen können. Dabei spielt die Verbindung von Community und Bewegtbildinhalten eine wesentliche Rolle bei der Auswahl der individuellen Programmelemente.

Über eine aufeinanderfolgende Reihe von On-Demand-Inhalten wird ein linearer Kanal suggeriert, der sich an den Interessen des jeweiligen Zuschauers und dessen Umfeld – seinem Freundeskreis im Netz – orientiert. Über Community-Funktionalitäten werden schon bei der ersten ‚Ausstrahlung' die Interessen des Freundeskreises erste Schlüsse auf das Interessengebiet dieses Zuschauers zulassen. Jemand mit vielen Community-Freunden, die großes Interesse an Sport haben, wird sich sehr wahrscheinlich auch für Sportinhalte interessieren, die ihm in dem für ihn persönlich zusammengestellten Kanal angezeigt werden.

Die individuelle Bewertung der einzelnen Programmbausteine, ähnlich wie wir es heute schon bei Amazon kennen („Wer dieses Buch gekauft hat, hat auch diese Bücher gekauft") wird sehr zum Medienerlebnis des Nutzers beitragen. Bewertet ein Zuschauer also einen Programmteil positiv, können sofort ähnliche Programminhalte angeboten werden.

Am Ende entsteht so ein TV-Kanal – ähnlich wie die persönliche, aufeinanderfolgende Musikauswahl bei einer Jukebox – der auf die Interessen des einzelnen Zuschauers zugeschnitten ist. Für die werbetreibende Industrie bedeutet dies eine deutlich bessere Platzierung ihrer Werbebotschaften – für die Portalbetreiber einen höheren Tausenderkontaktpreis.

# Ein Fazit – sechs Thesen zur Zukunft von Web-TV

1. Fernsehen im Internet ist nicht nur ein weiterer Verbreitungskanal, es ist das neue Medium. Ein Medium mit neuen technischen und inhaltlichen Möglichkeiten, das von einer jungen, für Werbung attraktiven Zielgruppe genutzt wird und dabei offenlegt, für welche Bereiche des Lebens mehr oder weniger Interesse besteht.

2. Fernsehen über das Internet ermöglicht Echtzeit-Interaktion mit dem Zuschauer, im Medium selbst, ohne Medienbruch. Es ermöglicht neue Erlösquellen, neue Allianzen und neue Geschäftsmodelle und setzt dabei auf vorhandenen und bekannten Techniken auf.

3. Die Kosten für einen Web-TV-Sender betragen nur ein Bruchteil eines herkömmlichen TV-Senders. Erst ab durchschnittlich etwa 200.000 Zuschauern ist aus wirtschaftlicher Sicht eine Übertragung via Rundfunk überhaupt lohnenswert. Die geringeren Kosten bringen neue Anbieter ins Spiel der Bewegtbildübertragung via Internet-Protokoll. Das neue Medium wird auf drei Bildschirmen, am PC, auf dem Fernseher und auf mobilen Geräten, zu sehen sein.

4. Fernsehen über das Internet kann Werbespots sehr viel genauer als bisher platzieren. Durch das protokollierbare Klickverhalten des Zuschauers sind bestimmte Vorlieben und Interessen messbar. Somit können nur die Werbeinhalte gezeigt werden, die den Zuschauer mit hoher Wahrscheinlichkeit interessieren. Hohe Streuverluste in Bezug auf Werbung wird es im Web-TV nicht geben.

5. Jeder Fernseher bekommt seine eigene Adresse. Mit ihr sind Nutzungsverhalten, Vorlieben und Interessen messbar und können helfen, Inhalte und Werbung viel genauer zu senden als bisher – zum Beispiel verschiedene, werbefinanzierte ‚Instore-Sendungen' für die verschiedenen Filialen eines Unternehmens.

6. Internet-basiertes Fernsehen bietet die Möglichkeiten des herkömmlichen, linearen Fernsehens in Verbindung mit der Interaktivität des Internets. Die Kombination aus Lean-Back- und Lean-Forward-Medium offeriert dem Nutzer die Möglichkeit, gezielt das Beste nach seinen persönlichen Vorlieben zu wählen oder automatisiert die besten Inhalte für sich zusammenstellen zu lassen. Sie bedeuten das Ende von starren Sendezeiten und bieten mehr Komfort als bisher. Fernsehen, das sich individuell nach dem persönlichen Tagesablauf richtet – und nicht umgekehrt.

# Teil II

# Vom passiven Zuschauer
# zum aktiven Fernsehkonsumenten

# Digitales Fernsehen – am Start für neue Dienste

*Dr. Bernhard Engel*
*[Medienforschung, Zweites Deutsches Fernsehen]*

## Der Transformationsprozess des Mediums Fernsehen

Als das digitale Fernsehen an den Start ging, hatte man die Umstellung auf digitale Techno-logien (Switch Off) als Ziel und Endpunkt der Entwicklung anvisiert. Die Vorstellung, dass mit der Digitalisierung der Signalwege Satellit, Kabel und Terrestrik die Transformation des Mediums Fernsehen zu einem Abschluss kommen könne, ist inzwischen Vergangenheit, auch wenn der Switch Off noch ein paar Jahre auf sich warten lassen wird. Das Bild, dass die Digitalisierung des Mediums eine ‚Entfesselung' bedeutet, ist sicher zutreffender. Die bishe-rige Digitalisierung stellt also eher einen Startpunkt neuer Möglichkeiten dar. Zugleich könn-te aber mit dem Begriff der Entfesselung der Verdacht aufkommen, dass Entwicklungen außer Kontrolle geraten, bis hin zu den ewig kulturpessimistischen Ansichten, dass einem Zuviel im Angebot eine schädliche Wirkung des Mediums bei den Zuschauern folgen müsse.

Auch wenn bei technologischen Entwicklungen das Revolutionäre häufig mit den ‚Early Adopters' verbunden wird, ist das wirklich Revolutionäre der Entwicklung des Mediums Fernsehen, dass es mit seinem Inhalt bei allen bisherigen Veränderungen die breite Masse erreicht hat und gerade deshalb Leitmedium ist und bleiben wird. Es werden aber nicht die technischen Möglichkeiten sein, die das Medium in eine neue Ära überführen, sondern die Akzeptanz der Inhalte sowie der konkrete Nutzen für die Zuschauer.

Eine Analyse der aktuell sichtbaren Veränderungen durch die Digitalisierung soll zeigen, wie die Rezipienten das Medium in der ersten Digitalisierungswelle nutzen. Auch wenn dies noch weitgehend innerhalb der traditionellen, rundfunkbasierten[1] Signalwege stattfindet, sollte man nicht vergessen, dass sich auch hier bereits die Entfesselung des Mediums vollzieht, die auch jenseits des Rundfunks bestimmend sein wird: Die Ausweitung des Programmangebots auf mehrere 100 Programme, die technische Verbesserung von Audio- und Videoinhalten sowie die ergänzenden Dienste wie elektronische Programmführer oder interaktive Funk-tionen wurden vor einigen Jahren noch bewundert und – vielleicht für die Bewertung der Entwicklung noch wichtiger – von den Konsumenten als überflüssig eingeschätzt.

Auch wenn der Fokus des folgenden Beitrags auf der für die Rezipienten sichtbaren Seite liegt, soll nicht außer Acht gelassen werden, dass die Digitalisierung des Mediums nicht nur beim Endkunden erhebliche Veränderungen mit sich bringt. Auch alle vorgelagerten Prozesse wie Veränderungen in der Produktion und Postproduktion, den Recherche- und Zugangs-möglichkeiten zu Videomaterial, nichtlineare Speicher, Verwendung von ‚Content-Management'-Systemen, Innovationen im Bereich der Konsumgüterelektronik etc. sind ebenso wichtige und notwendige Voraussetzungen, um eine Nachfrage nach Inhalten jenseits der rundfunkbasierten Verbreitung ökonomisch effizient zu stimulieren.

Für den Endkunden, den Zuschauer, wird Fernsehen auch jenseits des Rundfunks Fernsehen bleiben und ihn nur dann ansprechen, wenn ein konkreter Nutzen erkennbar ist. Der Nutzen des Fernsehens jenseits des Rundfunks wird sich eher an Begriffen wie ‚TV anytime, anywhere' oder anderen Möglichkeiten der Personalisierung des Mediums festmachen als am technischen Begriff des Rundfunks als Verteiltechnologie beziehungsweise alternativer Techniken. Neben der Verfügbarkeit von interessanten Inhalten wird auch die Benutzer-freundlichkeit, mit der die Inhalte zugänglich sind, eine wichtige Rolle spielen, welche der technischen Optionen letztlich beim Zuschauer erfolgreich sein wird[2].

Fernsehen jenseits des Rundfunks wird auch auf absehbare Zeit ökonomisch, in wichtigen Bereichen aber auch technisch den herkömmlichen Rundfunk als Voraussetzung haben. So ist beispielsweise die Entwicklung der zeitversetzten Fernsehnutzung auf Geräten mit digitalen Aufzeichnungsmöglichkeiten ganz überwiegend an die Verfügbarkeit von Rundfunkdiensten gebunden.

## Entwicklung und Struktur des digitalen Fernsehens in Deutschland

Die Beantwortung der Frage, wie weit eine technologische Entwicklung vorangekommen ist, ist keineswegs trivial: Je nach Fragestellung, aber gegebenenfalls auch nach verwendeter Methode können hier erhebliche Unterschiede sichtbar werden.

Abbildung 1 zeigt unterschiedliche Digitalisierungsgrade des Fernsehens bei unterschied-lichem Fokus. Betrachtet man die aktuellen Käufermärkte (besonders im Satellitenbereich), so kann man fast schon von einem abgeschlossenen Prozess sprechen. 93 Prozent der im Jahr 2007 verkauften Set-Top-Boxen (→) für den Satellitenempfang haben digitale Empfangs-technik. Betrachtet man hingegen den ‚Bestandsmarkt' der in den Haushalten verfügbaren Geräte, so sind es nur gut 30 Prozent der Haushalte, die über einen digitalen Zugang zum Fernsehen verfügen[3]. Da es meist größere Haushalte sind, die sich bevorzugt mit digitaler Empfangstechnik ausstatten, liegt der Anteil der Personen, die Zugang zum digitalen Fernsehen haben, mit gut einem Drittel etwas höher als bei der Betrachtung auf Haushaltsebene.

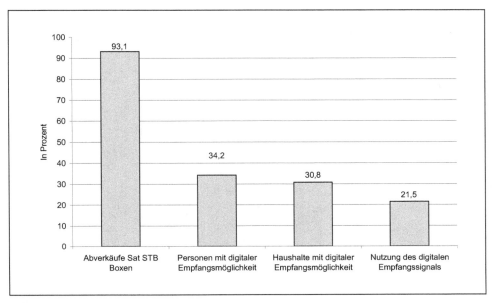

***Abbildung 1:*** *Digitalisierung des Fernsehmarktes*
*Quellen: GfK Retail & Technology Report 2007 und AGF/GfK Fernsehpanel (D+EU),*
*Stichtag 31.12.2007 bzw. Jahr 2007*

Der Übergang zum digitalen Fernsehen findet auch in den Haushalten nicht in einem Schritt statt. Ältere Geräte werden in anderen Räumen der Wohnung weitergenutzt oder die Verfügbarkeit von Programmen – insbesondere im Kabelmarkt – machen es notwendig, bestimmte Angebote trotz der grundsätzlichen Verfügbarkeit von digitaltauglichen Endgeräten weiterhin analog zu nutzen. Der Effekt ist deutlich sichtbar: Nur 21,5 Prozent der genutzten Zeit für Fernsehen erfolgt über das digitale Signal. Der vierte Verbreitungsweg, das Fernsehen über DSL (→), hat in Deutschland noch keine Relevanz[4]. Geht man mit diesem Ansatz weiter ins Detail, so lässt sich unterscheiden, ob bereits ein Switch Off erfolgt ist, sich die Haushalte gerade in einem Übergang befinden oder noch ganz in der analogen Welt leben.[5] Bei der Gesamtentwicklung zeigt sich ein kontinuierliches Wachstum der digitalen Fernsehnutzung. Auch wenn der Wachstumsprozess insgesamt eher unspektakulär verläuft, zeigt die Unterscheidung nach Personen, die Angebote bereits vollständig digital nutzen, und solchen, die analoge und digitale Angebote parallel nutzen, dass gerade die vollständige Digitalisierung rasch vorankommt, während die parallele Nutzung von analogem und digitalem Fernsehen eher abnimmt (siehe Abbildung 2).

Die Differenzierung nach den Empfangsebenen Satellit, Kabel und Terrestrik zeigt, wie unterschiedlich die Entwicklungen sind. Während insgesamt das Verhältnis von vollständig digitaler Nutzung zu Parallelbetrieb circa zwei zu eins ist, ist es beim Satellitenempfang circa 7,5 zu 1 (siehe Abbildung 3). Die de facto vollständige Angebotsverfügbarkeit im digitalen Satellitenmarkt macht es für die Zuschauer nicht erforderlich, analoges und digitales Signal

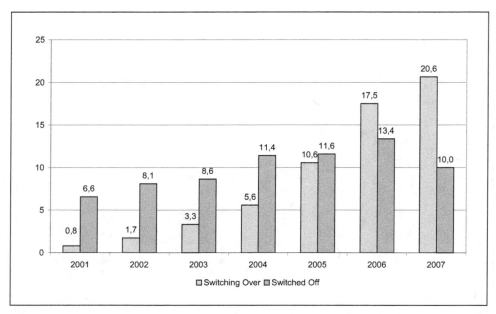

**Abbildung 2:**   ‚Switched Off' und ‚Switching Over'2001-2007
*Quelle: AGF/GfK Fernsehpanel (D+EU), ZDF-Berechnungen*

parallel zu nutzen. Im Kabel ist die Situation – trotz erkennbarer Fortschritte im Jahr 2007 – nach wie vor völlig anders: Nur 1,7 Prozent der Nutzer dieses Übertragungsweges nutzen ausschließlich digitales Kabel, das Verhältnis von digitaler Nutzung zu Parallelbetrieb ist circa eins zu 0,1. Im terrestrischen Fernsehen ist auf Grund der technischen Restriktionen für einen Simulcast-Betrieb (→) der Anteil der parallelen Nutzung zwischen analogem und digitalem Fernsehen sehr gering, das Verhältnis ist circa 32 zu eins. Die Ergebnisse zeigen, dass – auch wenn Fernsehen insgesamt kein technikgetriebenes Medium ist – eine geeignete digitale Angebotsstruktur positive Effekte auf technologische Transformationsprozesse haben kann.

Vergleicht man Deutschland mit den übrigen europäischen Ländern, so liegt Deutschland bezüglich der Digitalisierung der traditionellen Empfangswege etwa im Mittelfeld der Länder. Beim Fernsehen über DSL liegt Deutschland sehr weit entfernt von den europäischen Spitzenreitern. Insbesondere in Frankreich erreicht dieser jenseits des Rundfunkbereichs liegende Verbreitungsweg bereits bald zwei Millionen Haushalte[6], was einem Anteil von ungefähr 16 Prozent aller Haushalte entspricht.

Prognosen über die weitere Entwicklung der Digitalisierung in Deutschland lassen sich – insbesondere wenn Schätzungen zu präzisen Aussagen auf der Zeitachse führen sollen – kaum seriös durchführen, da die tatsächliche Entwicklung nur teilweise von einem organischen Wachstum der Märkte abhängig ist, sondern in relevanten Bereichen von diskretionären Entscheidungen einzelner Unternehmen. In den vorliegenden Prognosen ist zudem kaum erkennbar, was die Grundlagen der Schätzung sind. Ein Beispiel sind die Angaben zur Entwicklung von IPTV (→). Während die aktuellen Ergebnisse des ASTRA Satelliten Monitors zum Jahresende 2007 50.000 Haushalte als IPTV-Nutzer ausweisen, kommen Prognosen, die ein bis zwei Jahre zuvor gemacht wurden, auf 270.000 Haushalte laut Goldmedia „IPTV 2010", beziehungsweise fast 500.000 Haushalte nach Arthur D. Little[7].

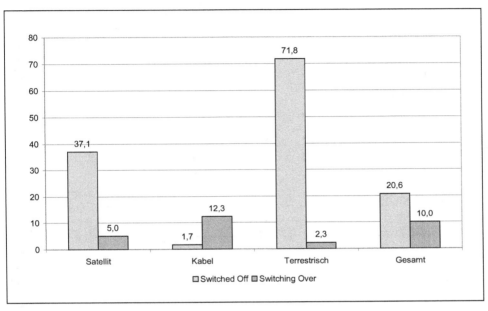

**Abbildung 3:** *„Switched Off" und „Switching Over" in unterschiedlichen Verbreitungswegen Quelle: AGF/GfK Fernsehpanel (D+EU) 2007, ZDF Berechnungen, auf 100 Haushalte*

## Veränderung der Fernsehnutzung durch die Digitalisierung

Neben den Effekten, die die Digitalisierung auf die Märkte hat, bedeutet auch für die Zuschauer die Umstellung von analogem Fernsehen auf digitales Fernsehen eine persönliche Veränderung. Zusätzliche Programme, verbesserte Qualität und neue Optionen für die Auswahl und für Zusatzoptionen zum Programm erweitern die Nutzungsmöglichkeiten. Da dieser Umstellungszeitpunkt in jedem Haushalt unterschiedlich ist, ist für die folgende Betrachtungsweise der Umstellungszeitpunkt als „Anker' der Betrachtung gewählt worden. Eine solche Analyse wird auch als Kohortenanalyse bezeichnet[8].

In der sogenannten „Nullmessung', das heißt, zum Zeitpunkt vor der Digitalisierung, haben diese Haushalte eine durchschnittliche Sehdauer von 198 Minuten (siehe Tabelle 1). Unmittelbar nach der Umstellung steigt die Nutzung um neun Minuten pro Tag (ungefähr 4,5 Prozent) an.

Offenbar handelt es sich hierbei um keinen nachhaltigen Effekt: Drei Monate nach der Umstellung ist der Unterschied zur Nullmessung nur noch drei Minuten beziehungsweise nach sechs Monaten fünf Minuten. Der Effekt, dass die Digitalisierung zu einer zunächst sichtbaren Steigerung der Fernsehnutzung führt, die sich jedoch mittelfristig etwas abschwächt, zeigt sich auch in weiteren demografischen Gruppen. Besonders nachhaltig sind die Effekte der Digitalisierung bei Personen, die alleine im Haushalt leben.

| | Nutzungsdauer Minuten | Veränderung der Nutzungsdauer bei digitalem Fernsehen in Minuten | | |
|---|---|---|---|---|
| | bei analogem Fernsehen | bei Umstellung | 3 Monate später | 6 Monate Später |
| **Fernsehnutzung gesamt** | 198 | + 10 | + 3 | + 5 |
| **Alter** | | | | |
| 3-13 Jahre | 95 | + 5 | - 4 | + 2 |
| 14-49 Jahre | 183 | + 8 | + 3 | + 6 |
| 50 Jahre und älter | 255 | + 13 | + 6 | + 6 |
| **Haushaltsgröße** | | | | |
| Personen in 1 Pers.HH | 296 | + 22 | + 8 | + 14 |
| Mehrpersonen-HH | 185 | + 8 | + 3 | + 4 |
| **Empfangsebene** | | | | |
| Terrestrik | 221 | - 2 | - 6 | + 7 |
| Kabel | 204 | + 26 | + 15 | + 18 |
| Satellit | 187 | - 2 | - 6 | + 7 |
| **Sinus Milieus (Auswahl)** | | | | |
| Konservative | 196 | + 8 | - 11 | - 22 |
| Bürgerliche Mitte | 235 | + 1 | - 1 | + 5 |
| Experimentalisten | 209 | + 10 | - 6 | + 15 |
| | **Anzahl der genutzten Sender** | | | |
| **insgesamt** | 17,3 | 18,4 | 19,3 | 19,0 |
| Sender im Relevant Set | 5,3 | 5,2 | 5,5 | 5,4 |

**Tabelle 1:** *Veränderung der Fernsehnutzung bei der Umstellung von analogem auf digitales Fernsehen*

*Quelle: AGF/GfK Fernsehforschung, Fernsehpanel (D+EU), Personen in Haushalten mit Umstellung auf digitales Fernsehen KW 15/2001 bis KW 18/2007. ZDF-Sonderauswertungen mit Strukturgewichtung und Saisonbereinigung*

Bei einer psychografischen Differenzierung zeigt sich, dass im konservativen Milieu die Fernsehnutzung nach der Umstellung auf digitales Fernsehen sogar zurückgeht. Auffällig ist, dass die Ausweitung der Fernsehnutzung im Kabelmarkt am deutlichsten zu sehen ist. Hier steigt die Nutzung zunächst um 26 Minuten pro Tag an und liegt auch sechs Monate nach der Umstellung noch 18 Minuten (8,8 Prozent) über der Nutzung zum Zeitpunkt der Nullmessung. Eine Detailuntersuchung dieses Phänomens zeigt, dass der Einfluss von Pay-TV hier nur eine untergeordnete Rolle spielt.

Mit der Umstellung auf das digitale Fernsehen sehen sich die Zuschauer einem sehr viel größeren Angebot an Sendern gegenüber, vor allem bei Kabel- und Satellitenempfang. Insgesamt steigt die Anzahl der durchschnittlich genutzten Sender[9] von 17,3 Sendern zum Zeitpunkt der Nullmessung auf 18,4 zum Zeitpunkt der Umstellung und wächst in der Folge noch etwas an auf 19,3 beziehungsweise 19 Sender nach drei beziehungsweise sechs Monaten nach der Umstellung. Mit dem zuvor genannten Befund des konservativen Milieus übereinstimmend zeigt sich hier, dass ältere Menschen nach der Umstellung eher weniger Sender nutzen als vorher. Zur Charakterisierung der Nutzung ist es hilfreich, das sogenannte ‚Relevant Set' (→) von Sendern zu verwenden. Die Anzahl der Sender im Relevant Set verändert sich trotz eines größeren Programmangebots nicht allzu sehr. Gegenüber der Nullmessung steigt die Anzahl der Sender mittelfristig nur gering von ursprünglich 5,2 Sendern auf 5,4 Sender.

Für die Sender ist die Stellung im Wettbewerb ein wichtiger Leistungswert. Bei den Marktanteilen zeigt sich bei den Privatsendern ein Ausgleich von Verlusten bei den Flaggschiffen durch Zugewinne bei den kleineren Sendern. Bei den öffentlich-rechtlichen Sendern ist das Bild nicht ganz einheitlich. Das ZDF kann seine Wettbewerbsposition auch nach der Umstellung von analogem auf digitales Fernsehen gut behaupten, während bei der ARD Verluste sichtbar sind. Möglicherweise führt bei der ARD, die auch bereits im analogen Markt mit zahlreichen Angeboten präsent ist, die Umstellung – im Vergleich zu den anderen Senderfamilien – zu einer relativ gesehen geringeren Verbesserung im Angebotsprofil. Für kleinere regionale Sender oder Spartensender ergeben sich ebenfalls keine allzu großen Veränderungen.

Alles in allem zeigen die Analysen, dass die persönliche Erfahrung mit dem Umstellungsprozess von analogem auf digitales Fernsehen sichtbare Veränderungen mit sich bringt. Das Ausmaß der Veränderung kann jedoch keineswegs als ‚digitale Revolution' charakterisiert werden, obwohl mit dem gewählten Fokus des Kohortenansatzes die Veränderungen deutlich gemacht werden können.

## Fernsehnutzung jenseits der rundfunkbasierten Signalverbreitung

Die Bedürfnisse und Wünsche der Menschen ändern sich langsamer als die Technologien und die Mittel zur Befriedigung der Bedürfnisse.[10] Dies zeigt sowohl die Entwicklung der Medien insgesamt als auch die Digitalisierung in den letzten Jahren. Entspannung und Information als Pole kommunikativer Bedürfnisse gab es bereits vor der Einführung der modernen Massenmedien, sie bestimmen die heutige Mediennutzung und werden dies auch zukünftig tun.

Keine noch so clevere ‚Killerapplikation' der neuen Medientechnologien wird an diesen Bedürfnissen vorbei Akzeptanz bei den Menschen finden. Was sich ändern wird, ist möglicherweise der Mix der Medien, da jedes Medium im Zuge des technologischen Transformationsprozesses seine Profilierung verändern wird. Im intermedialen Wettbewerb der Medien um die Zeit und Aufmerksamkeit der Zuschauer, Zuhörer, Leser oder Nutzer werden sich damit die Präferenzen neu verteilen und zu einer besseren Bedürfnisbefriedigung beitragen können. Eine zentrale Rolle nimmt hier die zeitversetzte Fernsehnutzung ein. Auch wenn mit dem ‚zeitversetzt' häufig nur Geräte bei den Endnutzern gemeint sind, ist es sinnvoll den Begriff weiter zu fassen, da ganz unterschiedliche Optionen dem Zuschauer das Erleben zeitversetzten Fernsehens vermitteln. Abbildung 4 verdeutlicht, dass es für die Zuschauer zu einer gleichen Nutzungsmöglichkeit kommen kann, egal ob die zeitversetzte Nutzung ihnen durch die Aufzeichnung auf eigenen Endgeräten, durch Verfügbarkeit von Angeboten beim Technikprovider oder durch zeitversetzte Ausstrahlung der Fernsehver-anstalter ermöglicht wird. Was der Zuschauer letztlich favorisiert, hängt von Faktoren wie Kosten und Bedienfreundlichkeit ab. Abbildung 4 verdeutlicht die unterschiedlichen Mög-lichkeiten zeitversetz-ter Fernsehnutzung. Hierbei ist aus systematischen Gründen ein sehr kurzer Zeitverzug, der möglicherweise nur durch die Art der Übertragung (wie Pufferung) entsteht, von einer ‚echten' zeitversetzten Nutzung abzugrenzen.

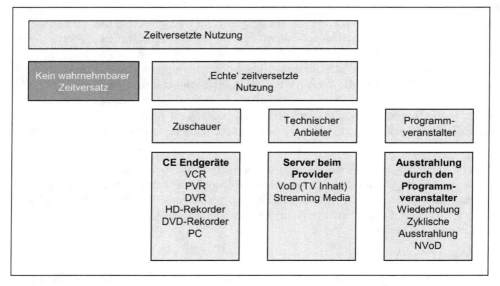

**Abbildung 4:** *Möglichkeiten der zeitversetzten Fernsehnutzung aus Sicht der Zuschauer*

Untersucht man die Motive, die Menschen zum Kauf eines Festplattenrekorders mit Tuner, Personal Videorecorder (→ PVR), veranlassen, so ist es neben der – in früheren Phasen einer technologischen Entwicklung häufig anzutreffenden – ‚Technikbegeisterung' der Wunsch der Menschen, sich Ordnung im medialen Alltag zu verschaffen. Die neue Technik der PVR bietet hier für die Benutzer augenfällige Vorteile gegenüber den Möglichkeiten, die bandgetriebene Aufzeichnungsgeräte des Video-Home-Systems (VHS) haben. Vereinfachung der Aufnahme und automatische Dokumentation der Inhalte ermöglichen dem Nutzer eine Kontrolle über das Medium Fernsehen. VHS war eine einfache Konserve, man konnte aufzeichnen und später die Konserve nutzen. Die Nichtlinearität der Videorekordernutzung bestand in der Entkoppelung von Sendung und Nutzung. Das Magnetband blieb aber ein de facto lineares Medium. Auswahl von Szenen, Editieren oder eine laufende Sendung kurz anzuhalten und nur wenig später zeitversetzt zu nutzen (‚Time Slip') sind nicht möglich beziehungsweise stellen für die Benutzer von VHS-Rekordern eine Barriere für eine ausgiebige Nutzung dar.

| Typ | Typisches Nutzungsverhalten | Präferierte Genres |
|---|---|---|
| Almost Realtime/ Short-Time Delay | Geplante Aufzeichnung von Sendungen mit unmittelbarer Wiedergabe bereits während der laufenden Sendung. Durch schnellen Vorlauf erlebt man das Ende der Sendung häufig realtime. | keine besonderen Genres |
| Same Day, Different Time Shifting | Aufzeichnung, wenn es einen Konflikt mit anderen Sendungen zum gleichen Zeitpunkt gibt. Häufig Zuschauer, die auch bereits mit dem Videorekorder aufgezeichnet haben. Nutzung vor der nächsten Episode und Motivation, dem Drehbuch von Serien und Reality Shows zu folgen. | Soaps, Talkshows, Reality-TV |
| Weekend Warrior | Die Zuschauer bringen sich am Wochenende auf den neuesten Stand täglich laufender Formate. Sie nutzen häufig Formate, bei denen es einen raschen Verfall der Attraktivität gibt („water-cooler effect"). | fiktionales Programm und Dramen in der Hauptsendezeit |
| Marathoning | Umfangreiche Aufzeichnungen beliebter Sendungen, die in Blöcken an freien Tagen oder am Wochenende gesehen werden. Werbung und teilweise auch Teile des Programms werden im schnellen Vorlauf genutzt. Aufzeichnung von Sendungen, die man gerne mag, aber keine Zeit findet sie zu sehen, wenn sie ausgestrahlt werden. | Talkshows tagsüber, Kochsendungen, größere Formate der Networks |
| Stockpilling | Aufzeichnung beliebter Sendungen, die jedoch nicht systematisch gesehen werden (wenn sie überhaupt gesehen werden). | Spielfilme, Kinderprogramm, größere Formate der Networks |
| The Traveler's Approach | Aufzeichnung auf Vorrat, um sich die Programme ggf. nach Reisen anzusehen. Danach werden die Aufzeichnungen gelöscht. | keine besonderen Genres |

*Tabelle 2:* *Typologie der Nutzer von PVR*
*Quelle: Bulgrin, Artie (2005): DVR ist not :30 shattering. ESOMAR/ARF Conference Worldwide Audience Measurement, Montreal 2005*

Die Bedienfreundlichkeit der PVR verschiebt die Präferenzstrukturen zwischen Echtzeit-Fernsehen und nichtlinearer Nutzung. Hierbei zeigt sich, dass die Programmgenres unterschiedlich betroffen sind und dass die Nutzer unterschiedliche Strategien im Umgang mit den PVR haben. Tabelle 2 zeigt eine Typisierung der Nutzer von PVR, die im Rahmen einer Untersuchung von ABC/ESPN ermittelt wurde. Trotz dieser Differenzierung der Nutzer ist erkennbar, dass die Nutzung von PVR stark mit dem linearen Fernsehen verbunden ist. Insbesondere bei der Nutzung serieller Formate und bei Sendungen, bei denen das Fernsehen als tagesaktuelles Medium seine Stärken hat, erfüllt der PVR den Wunsch, nichts vom Fernsehangebot zu verpassen. Eine Analyse des Inventars der Fest-platten von PVR zeigt, dass bei der Aufzeichnung überwiegend Genres favorisiert werden, die dem Bedürfnis nach Unterhaltung entgegenkommen. Filme, Serien und andere Unterhaltung machen insgesamt fast drei Viertel des Programmvorrates auf den Festplatten aus (siehe Abbildung 5). Was die Nutzung des Programmvorrates anbetrifft, so sind die Motive Video-on-Demand (→) und ‚Record-2-Own‘[11] für die Nutzer relevant. Nach Angaben der Befragten werden circa zwei Drittel des Bestandes auf den Festplatten der PVR nicht archiviert, sondern in der Regel nach einmaligem Sehen gelöscht. Favorisierte Genres für die Archivierung sind serielle Formate, Sendungen für Kinder und – nicht überraschend – Videos, die mit eigenen Camcordern erstellt worden sind.

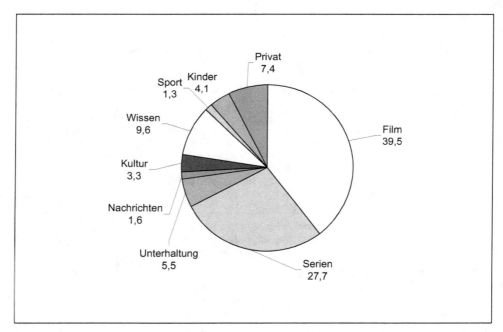

**Abbildung 5:**   *PVR Inventar – Verteilung der Genres*
*(Angaben in Prozent des Bestandes auf der Festplatte des PVR)*
*Quelle: ZDF-Studie PVR Inventar 06/2007, Basis 804 Sendungen auf der Festplatte des PVR*

Auch wenn die zeitversetzte Nutzung zu einer etwas höheren Fernsehnutzung führt, bedeutet sie eine Erweiterung des Angebots und damit auch eine latente Konkurrenz zu den herkömmlichen Rundfunkangeboten. Analysen belegen, dass bei der zeitversetzten Nutzung Premium-Inhalte, die in der Primetime aufgezeichnet wurden, in Zeiten mit weniger attraktivem Programm angesehen werden.[12] Was sich für den Zuschauer als Verbesserung des Angebots darstellt, führt für das Fernsehen im intermedialen Wettbewerb zu einer Verbesserung der Wettbewerbssituation. Im intermedialen Wettbewerb erhöht sich jedoch der Wettbewerbsdruck. Das geplante Programm des eigenen Senders konkurriert nicht nur mit dem anderer Sender, sondern auch mit dem persönlichen Programmvorrat der Zuschauer. Der Markt wird sich damit weiter in Richtung eines nachfragegesteuerten Marktes entwickeln.

## Fernsehen auf Abruf

Während die bisher beschriebenen Möglichkeiten der zeitversetzten Nutzung des Mediums Fernsehen ein aktives Handeln der Zuschauer erfordern, bekommt die Zeitsouveränität durch das IP-basierte Abruffernsehen eine neue Qualität. Die Angebote können nunmehr zeitversetzt genutzt werden, ohne dass die Zuschauer zum Zeitpunkt der Ausstrahlung bereits wissen müssen, ob sie ein bestimmtes Angebot zeitversetzt nutzen möchten. Die negativen Erfahrungen der Zuschauer, dass nicht nur die Sendung verpasst wurde, sondern auch dass verpasst wurde, sich aktiv um eine Aufzeichnung für spätere Nutzung zu kümmern, lassen sich mit dem Abruffernsehen ebenso vermeiden wie die Aufnahmen, die nie genutzt werden.[13]

Das Fernsehen auf Abruf ist noch im Entstehen begriffen. Die Anbieter haben sich hierbei unterschiedlich mit ihren Inhalten positioniert und verwenden auch unterschiedliche Trägertechnologien, um Akzeptanz beim Zuschauer zu finden. Bei der Unterscheidung lassen sich folgende Pole identifizieren:

- Inhaltliche Nähe zum Fernsehangebot oder Eigenständigkeit der Inhalte.

- Eigene Hardware mit größerer Nähe zum ‚gelernten' Fernsehen oder Verwendung einer offenen Betriebssystemplattform mit größerer Nähe zum PC.

- Medienspezifischer Inhalt mit Ergänzungen wie elektronische Programmführer oder konzeptionelle Ausrichtung auf ‚Rich Media Content'.

Die Inhalteanbieter verfolgen teilweise mehrfache Strategien. Auch wenn eine verbale Beschreibung nur sehr rudimentär die Nutzererfahrung unterschiedlicher Angebote verdeutlichen kann, seien hier einige Angebote exemplarisch benannt[14]:

- Das Angebot maxdome der ProSiebenSat.1 Media AG versteht sich selbst als „Ihre Videothek im Internet, die rund um die Uhr für Sie geöffnet ist". Zum Angebot von maxdome gehören auch TV-Sendungen der Genres Show, Serie, Comedy und Lifestyle. Das Angebot kann wahlweise am PC mit einem eigenen Player oder dem Windows Media Player verwendet werden. Es ist auch möglich, maxdome über eine eigene Set-Top-Box direkt auf dem Fernseher zu nutzen. Das Angebot ist ein kostenpflichtiges Angebot im Abonnement oder im Einzelabruf. Die Programmauswahl bei maxdome erfolgt über Menüs, die ‚Genreauswahl', ‚Vorschläge des Anbieters' oder andere Suchverfahren beinhalten.

▩ Das Angebot T-Home Entertain Comfort verbindet verschiedene Dienste als Paket (→ Triple Play). Die technologische Lösung wird ausschließlich für Dienste des Anbieters verwendet. Zu Fernsehen gehören neben Live-Programmen auch Archive ausgewählter Sendungen, eine Online-Videothek und weitere Zubuchoptionen. Die Nutzung des ‚normalen' TV-Angebots ist mit vorhandenen Bedienkenntnissen einer Set-Top-Box gut möglich. Die zusätzlichen Möglichkeiten lassen durch ‚Learning by Doing' erlernen.

▩ Die ZDF Mediathek (→) ermöglicht den Abruf von circa 50 Prozent des ZDF Programms. Es stehen verschiedene Suchwege – nach Themen, Programmabfolge, Programmmarken etc. – mit umfangreichen Meta- beziehungsweise Zusatzinforma-tionen zur Verfügung. Die ZDF Mediathek kann an Windows PCs und an Geräten mit der Windows Media Center Edition (MCE) genutzt werden. Das Angebot ist kostenfrei.

▩ Bei n-tv plus ist der Aufbau eines Rich-Media-Angebots konzeptionell am deutlichsten sichtbar. Eine Applikation in der Windows Vista MCE-Edition verbindet Livestream mit Videoabrufen, aber auch mit ergänzenden Text- oder Bildinformationen. Ein zentrales Anliegen der Vernetzung ist die Optimierung der Werbung im Fernsehen.

Die genannten Beispiele verdeutlichen, dass sich das Fernsehen jenseits des Rundfunks in einer dynamischen Entwicklung befindet, die für das Medium insgesamt und für die einzelnen Anbieter zahlreiche Chancen mit sich bringt. Derzeit ist jedoch festzustellen, dass sich die Angebote für den Zuschauer noch nicht als Netzwerkprodukt – also als Produkt, dessen Wert zunimmt, wenn mehr Angebote zur konkreten Auswahl stehen – darstellen. Die oben beschriebenen Angebote lassen sich nur mit unterschiedlichen Geräten beziehungsweise Applikationen nutzen.

Fernsehen ist ein erfolgreiches Medium, weil man zwischen vielen Angeboten mit einem Druck af die Fernbedienung ‚zappen' kann. Auch wenn die ‚Konvergenz' der Medien ein Schlagwort der gegenwärtigen Entwicklung ist, bleibt festzustellen, dass die verwendeten Technologien in weiten Teilen nicht kompatibel sind: Zapping als ‚Quality of Service' fehlt dem neuen Abruffernsehen noch.[15]

## Literatur

ASTRA Satellite Monitor Database. Data Evaluation Tool. www.satellite-monitor.com

Breunig, Christian (2007). IPTV und Web-TV im digitalen Fernsehmarkt. In: Media Perspektiven 10/2007, S. 478-491.

Bulgrin, Artie (2005): DVR ist not :30 shattering. ESOMAR/ARF Conference Worldwide Audience Measurement, Montreal 2005. Studie von ABC und ESPN zum Nutzungsverhalten an Personal Videorekordern.

Consumer Electronics Markt Deutschland 1.-4. Quartal 2007, GfK AG Retail & Technology.

DIGITALISIERUNGSBERICHT 2007 – Weichenstellungen für die digitale Welt. Der Markt bringt sich in Position. Hrsg.: ALM und GSDZ.

ENGEL, BERNHARD (2001): Digitales Fernsehen – Neue Aufgaben für die Zuschauerforschung. In: Media Perspektiven 9/2001. S. 480-485.

ENGEL, BERNHARD (2006): Digitales Fernsehen in Deutschland. In: Focus Jahrbuch 2006, Hrsg. von Wolfgang J. Koschnik , S. 449-463.

FOCUS: DATEN, ZAHLEN, FAKTEN (10/2007): Der Markt der Consumer Electronics.

HASEBRINK, UWE UND DOMEYER, HANNA (02/2008): Informationsbedarf und Informationssuche unter den Vorzeichen crossmedialer Nutzung und konvergierender Angebote (02/2008), Hans-Bredow-Institut für Medienforschung an der Universität Hamburg. Expertise im Auftrag des ZDF.

ZDF STUDIE: PVR INVENTAR (06/2007), ZDF Studie zur Analyse des Bestands und der Nutzung von Videocontent an Personal Videorekordern, Institut: Harris Interactive.

ZDF STUDIE: KOHORTENEFFEKTE DER DIGITALISIERUNG (09/2007). Sonderanalysen auf Basis des Datenbestandes des AGF/GfK Fernsehpanels 2001-2007, Institut: GfK Fernsehforschung.

ZDF STUDIE: Begleitforschung zur TV-Edition der ZDF Mediathek (11/2006). Institut: GIM.

ZDF STUDIE: Begleitforschung Mediathek (01/2008): Nutzungssituationen, Motive und Rolle von Bewegtbildangeboten im Medienalltag. Institut: SirValUse.

# Verweise & Quellen

1  Der Begriff Rundfunk wird in diesem Beitrag mit der Bedeutung einer technischen Verbreitung von einem Sender zu vielen Empfängern, also im Sinne des angelsächsischen broadcasting, verwendet und nicht im Sinne einer rechtlichen Abgrenzung.

2  Ein Beispiel für die schlechte ‚Convenience' ist der Videorekorder. So verfügen gut 80 Prozent der deutschen Haushalte seit vielen Jahren über die Möglichkeit der zeitversetzten Fernsehnutzung mit Videorekordern. Die mangelnde Convenience verhindert jedoch eine breite Nutzung. Im Jahr 2007 betrug die Fernsehnutzung 03:28 Stunden, die Nutzung von Video-kassetten mit Inhalten aus dem TV-Programm nur 00:02.

3  Auf Grund unterschiedlicher Abgrenzungen von Grundgesamtheit, Satellitenmarkt und Außenvorgaben kommt der ASTRA Satelliten Monitor beispielsweise zu einem Digitalisierungsgrad der Haushalte zum Jahresende 2007 von insgesamt ca. 42 Prozent.

4  Der ASTRA Satelliten Monitor weist zum Jahresende 2007 0,3 Prozent der Haushalte als Nutzer von Fernsehen über DSL aus.

5  Für die Operationalisierung wurden folgende Grenzwerte für die Nutzung festgelegt: Nutzer eines Signalsweges sind Personen, die mindestens 5 Prozent ihrer gesamten TV-Nutzung über diesen Signalweg nutzen. Mehrfachzuordnungen sind möglich. Innerhalb der Nutzer eines Signalwegs werden die Nutzer als „switched off" eingestuft, deren Nutzung im Signalweg mindestens 95 Prozent digital ist. Nur analoge Nutzung liegt vor, wenn 100 Prozent der Nutzung über ein analoges Signal erfolgt. Parallelbetrieb liegt vor, wenn digitale Nutzung unterhalb dieses Schwellenwertes vorhanden ist. Die Schwellenwerte sind für die Operationalisierung erforderlich um marginale analoge Nutzung die z. B. durch Fehlbedienung eines TV-Gerätes oder eines Videorekorders unberücksichtigt zu lassen.

6    Angaben aus dem ASTRA Satelliten Monitor, Jahresende 2007.

7    Focus Consumer Electronics, S. 15 (Umrechnung der Angabe von 1,4 Prozent der Haushalte bei (von mir geschätzt (B. E.)) Basis von ca. 36 Mio. HH.

8    Die Analyse beinhaltet alle Personen aus dem AGF/GfK Fernsehpanel, die im Zeitraum zwischen KW 15/2001 und KW 18/2007 in ihren Haushalten den Empfang von analogem auf digitales Fernsehen umgestellt haben.

9    Anzahl der Sender, die mindestens eine Minute konsekutiv genutzt worden sind.

10   Zu den grundlegenden Veränderungen vgl. auch Abschnitt 3 des Beitrags von M. Schächter in diesem Band.

11   Die Verwendung der beiden Begriffe stellt eine Analogie zu den Begriffen Video-On-Demand und „Download-2-Own" dar, der bei der Diskussion möglicher Geschäftsmodelle für die Verteilung von Videocontent über das Internet verwendet wird.

12   Die Analysen wurden auf Basis des AGF/GfK Fernsehpanels durchgeführt. Sie zeigen, dass die Affinität für Aufnahmen in der Primetime und für Wiedergabe in der Daytime und Access-Primetime überdurchschnittlich ist. Da die gesamte zeitversetzte Nutzung derzeit noch gering ist, ist die absolute Wirkung dieser Konkurrenzbeziehung auf das Realtime-Fernsehangebot noch gering.

13   Für die im AGF/GfK Fernsehpanel ausgewiesenen VHS Videorekorder betrug der Anteil der VCR Wiedergabe an der VCR-Aufzeichnung 2007 50,1 Prozent (Jahr 2007, Aufnahmevolumen 2007 versus Wiedergabevolumen 2007, Fernsehpanel (D+EU), Basis: Haushalte, VCR-Wiedergabe von Kassetten, die selbst aufgezeichnet wurden). Nach den Angaben einer ZDF Studie im 4. Quartal 2007 hat ungefähr jeder zweite Zuschauer nach eigenem Bekunden eine Sendung je Tag verpasst.

14   Die Positionierung der Angebote unterliegt einer raschen Veränderung. Die Angaben können daher keine Gewähr für die Vollständigkeit der Beschreibungen bieten.

15   Es ist zwar technologisch möglich, diverse Endgeräte funktionell aufzuwerten („modden"), damit sie als sogenannte SOT-Clients Portalfunktion (SOT: ScreenOn TV) für das Fernsehen über das Internetprotokoll erhalten. Dies ist jedoch nur eine Nische für Technikfreaks und weit von einem Massenmarkt entfernt.

# Nebenbeimedium:
# Die künftige Rolle des Fernsehens?

*Dr. Christoph Kuhlmann*
*[Institut für Medien- und Kommunikationswissenschaft, TU Ilmenau]*

Seit einiger Zeit setzt sich in der deutschen Medienforschung[1] die Einsicht durch, dass die Zeiten vorbei sind, in denen man sich den durchschnittlichen Fernsehzuschauer am besten so vorstellte: In seiner bereits um das Fernsehgerät herumgruppierten Couchgarnitur sitzend verfolgt er aufmerksam das Programm, von dem er sich allenfalls in der Werbepause zwecks Erledigung dringender Angelegenheiten ablenken lässt.

Neuere Untersuchungen deuten darauf hin, dass ein anderes Bild die Wirklichkeit einer immer größeren Zuschauerzahl viel besser trifft: Die Menschen sind mit allen möglichen Dingen beschäftigt, vom Essen bis zur Heimarbeit am PC, und wo früher im Hintergrund ein Radiogerät lief, liefert heute oft der Fernseher die Geräuschkulisse. Allenfalls in der abendlichen Primetime dominiert noch eine aufmerksame Rezeptionshaltung.

Die Konsequenzen dieser Entwicklung für das Medium Fernsehen sind kaum absehbar. Die Werbewirtschaft wird sich fragen, ob ,Tausendseherpreise' nicht eher als ,Tausendnebenbeihörerpreise' kalkuliert werden müssten – und ob die lautere Aussteuerung der Werbeblöcke eine angemessene Reaktion auf das veränderte Nutzerverhalten darstellt. Die auf telemetrischen Daten basierende Medienforschung verhält sich hier nach wie vor defensiv: So weist Hofsümmer darauf hin, dass „einige Nebentätigkeiten durchaus als aufmerksamkeitsfördernd angesehen werden"[2], und nennt als Beispiele „das Lesen der Programmzeitschrift beziehungsweise das Sich-Unterhalten über das laufende Programm" – wobei unter den Tisch fällt, dass die meisten anderen Nebentätigkeiten eine mehr oder weniger große Reduktion der Aufmerksamkeit darstellen dürften.

Besonders spannend ist ferner die Frage, ob es sich bei dieser Entwicklung um eine vorübergehende Reaktion auf eine Qualitätskrise des Angebots handelt oder um einen langfristigen Trend, der den Anfang vom Ende des Fernsehzeitalters einläuten könnte. Letzteres wäre dann denkbar, wenn der womöglich höhere Unterhaltungswert von Internet und Computerspielen den Bequemlichkeitsvorteil des Fernsehens aussticht, die Nutzer also zunehmend bereit wären, für bessere Unterhaltung auch mehr Aktivität zu entwickeln. Aber auch das entgegengesetzte Szenario ist nicht ausgeschlossen: Womöglich ist ein Teil der Zuschauer vom Programm so begeistert, dass er *auch noch* nebenbei fernsieht, wenn er eigentlich anderes zu tun hat. Hier würde das Fernsehen gewissermaßen das Radio als Hintergrundmedium ablösen. Umgekehrt sähen die vom Programm Enttäuschten *nur noch* nebenbei fern, weil sie dem Programm nicht mehr zubilligen, ihre volle Aufmerksamkeit zu verdienen.

Wissenschaftlich sind Prognosen immer mit einigem Risiko behaftet. Trotzdem ergeben die verschiedenen Studien, die wir in den letzten Jahren am Institut für Medien- und Kommunikationswissenschaft der TU Ilmenau zum Nebenbeifernsehen durchgeführt haben, einige Anhaltspunkte für eine vorsichtige Einschätzung künftiger Entwicklungen. Ich werde mich dem Thema in zwei Schritten nähern: Im ersten Teil beschreibe ich das Phänomen Nebenbeisehen und fasse den Stand der Forschung zu Umfang, Inhalt, Situationen und Gründen des Nebenbeisehens zusammen. Im zweiten Teil analysiere ich die aus zwei Studien vorliegenden Daten neu, um möglichen Trends auf die Spur zu kommen. Die beiden Studien seien zuvor kurz vorgestellt:

Studie 1: Schriftliche Befragung der deutschen Bevölkerung ab 14 Jahren mit zusätzlichem Tagebuch für die Erfassung von Mediennutzung und Paralleltätigkeiten an je einem Wochentag und einem Wochenendtag. 302 Befragte, die mittels einer Quotenstichprobe nach Alter, Geschlecht und Bildung gewonnen wurden[3]. Erhebungszeitraum: Sommer 2002.[4]

Studie 2: Online-Befragung von Studierenden der Medienstudiengänge in Ilmenau, Münster, Leipzig und München zur Parallelnutzung von PC und TV. 652 verwertbare Fragebögen, Erhebungszeitraum: Januar 2008. Medienstudierende wurden hier bewusst ausgewählt, weil sie sich aus drei Gründen als Indikator möglicher Trends im Spannungsfeld von PC und TV besonders gut eignen:

- ihre (relative) Jugend,

- ihr vergleichsweise starkes Interesse an Medien,

- ihre meist beengte Wohnsituation, die besonders häufig zur Präsenz von TV und PC in einem Raum führt.

Damit ist aber zugleich auch klar, dass Befunde aus dieser Grundgesamtheit keinesfalls auf nichtstudentische Publika übertragen werden können.

## Das Phänomen Nebenbeisehen

Was verstehen wir unter ‚Nebenbeisehen'? Zunächst lässt sich festhalten, dass damit alle Formen der Fernsehnutzung gemeint sind, bei denen das Fernsehen nicht die gesamte Aufmerksamkeit des Zuschauers hat und dies in einer parallel ausgeführten zweiten Tätigkeit begründet liegt (und nicht etwa im Dämmerschlaf des Zuschauers). Diese Art der Fernsehnutzung hat sehr vielfältige Erscheinungsformen, die sich vor allem darin unterscheiden, in welcher Weise die Aufmerksamkeit zwischen Fernsehen und Paralleltätigkeit aufgeteilt wird. Eine Möglichkeit ist die Teilung zwischen visueller und auditiver Aufmerksamkeit. Dabei dominiert diejenige Form, bei der die Augen von der Paralleltätigkeit in Anspruch genommen werden (zum Beispiel Hausarbeit, PC) und das Fernsehprogramm überwiegend nur gehört wird. Im Prinzip wird das Fernsehen hier zum Radio, allerdings mit der zusätzlichen Option, beim Auftreten bestimmter akustischer Reize ‚mal kurz hinzuschauen' oder, wenn die Paralleltätigkeit dies erlaubt, in regelmäßigen Intervallen zum Fernsehgerät zu blicken. Letzteres ist typisch für die Paralleltätigkeit Essen, wo der Kauprozess es regelmäßig ermöglicht, mit beiden Sinnen das Programm zu rezipieren. Beim Telefonieren oder bei direkten Unterhaltungen mit anderen Personen dagegen ist es tendenziell umgekehrt: Hier werden die Gesprächspartner schnell ungehalten, wenn wir zu viel auditive Aufmerksamkeit auf das Fernsehprogramm richten – allerdings auch, wenn uns visuelle Reize zu sehr vom Gespräch ablenken.

Dies führt uns zur zweiten Dimension der Verteilung von Aufmerksamkeit: Neben den Sinneskanälen bildet die Zeitstruktur eine wesentliche Determinante des Nebenbeisehens. Die Aufmerksamkeit kann konstant über einen längeren Zeitraum zwischen Fernsehen und Paralleltätigkeit verteilt sein, die Verteilung kann aber auch sehr dynamisch sein und sich immer wieder ändern. Letzteres ist vor allem dann wahrscheinlich, wenn die Paralleltätigkeit jederzeit problemlos unterbrochen werden kann. Die Arbeit am PC etwa kurz ruhen zu lassen, um die Zeitlupe des im Hintergrund laufenden Fußballspiels zu verfolgen, wäre ein typisches Beispiel.

Für die meisten Formen des Nebenbeisehens gilt aber, dass das Fernsehen gewissermaßen in der Defensive ist: Das Fernsehen muss nehmen, was an Aufmerksamkeit noch übrig ist. Der Grund liegt darin, dass die meisten Paralleltätigkeiten misslingen würden, wenn sie nur so viel Aufmerksamkeit bekämen, wie das Fernsehprogramm für sie übrig lässt. Damit ist zwar nicht ausgeschlossen, dass beim Kochen oder Bügeln auch Missgeschicke passieren, weil das Fernsehprogramm dann doch zu sehr ablenkte, dies werden aber eher Ausnahmen sein.

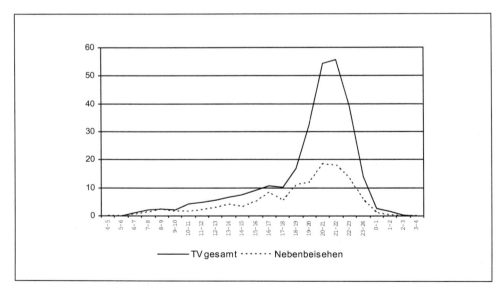

***Abbildung 1:***   *Nebenbeisehen im Tagesverlauf in Prozent (Studie 1)*

Was wissen wir bisher über das Phänomen Nebenbeisehen? Die Ergebnisse einiger Studien aus den letzten Jahren kommen für Deutschland zu dem Ergebnis, dass zwischen einem Drittel und gut der Hälfte der Fernsehnutzung inzwischen als Nebenbeinutzung angesehen werden muss.[5] Die Differenzen zwischen verschiedenen Studien lassen sich mit der verwendeten Methode begründen: Bei Tagebüchern mit Viertelstundenintervallen, wie wir sie in Studie 1 verwendet haben, werden viele Befragte nur Paralleltätigkeiten angeben, die etwas längere Zeitintervalle in Anspruch genommen haben.[6] Telefonbefragungen zur aktuell ausgeübten Tätigkeit erfassen dagegen auch Nebentätigkeiten, die nur für ganz kurze Zeit, aber eben zum Zeitpunkt des Anrufs ausgeübt werden.[7] Dabei zeigen allerdings die Tagebücher aus Studie 1 deutliche Unterschiede im Tagesverlauf (siehe Abbildung 1).

Während der abendlichen Primetime dominiert nach wie vor ein aufmerksamer Nutzungsstil, wohingegen tagsüber bereits der überwiegende Teil der Fernsehnutzung nebenbei erfolgt. Nebenbeinutzung bedeutet dabei vor allem Nebenbeihören, weil die meisten Paralleltätigkeiten die visuelle Aufmerksamkeit beanspruchen und das Fernsehprogramm deshalb vor allem gehört wird.

| | Relativ* TV läuft nebenbei 1 = „nie" bis 5 = „sehr oft" | Absolut** Min./Tag |
|---|---|---|
| Essen | 2,7 | 15 |
| Hausarbeit | 2,3 | 12 |
| Unterhalten | 2,1 | 37 |
| (Ein-)Schlafen | 2,1 | 5 |
| Telefon | 1,9 | 4 |
| Hobby | 1,9 | 2 |
| PC | 1,5 | 5 |
| Lesen | 1,5 | 5 |
| Sport | 1,5 | 1 |
| Körperpflege | 1,4 | 4 |
| Beruf | 1,4 | 3 |

**Tabelle 1:** *Fernsehen und verschiedene Nebentätigkeiten (Studie 1)*
\*    Frageformulierung: Es gibt verschiedene Tätigkeiten, bei denen man *nebenbei den Fernseher* laufen lassen kann. Kreuzen Sie bitte bei jeder der nachfolgend genannten Tätigkeiten an, wie häufig Sie dabei *gleichzeitig den Fernseher* laufen lassen!
\*\*   Berechnungsbasis: Viertelstundenintervalle im Tagebuch

In welchem Umfang die Fernsehnutzer noch Augen und/oder Ohren für das Programm frei haben, hängt freilich entscheidend davon ab, *welcher* Tätigkeit sie parallel nachgehen (siehe Tabelle 1). Betrachtet man den absoluten Umfang in Minuten, dann ist das ‚Sich-Unterhalten mit anderen' mit durchschnittlich 37 Minuten pro Tag die häufigste Nebentätigkeit, gefolgt von Essen mit 15 Minuten und Hausarbeit mit 12 Minuten.

Die Interpretation des Sich-Unterhaltens parallel zum Fernsehprogramm ist jedoch extrem ambivalent, da bisher kaum erforscht ist, worüber die Nutzer sich unterhalten. Ein kurzes Gespräch über das gemeinsam verfolgte Programm kann die Aufmerksamkeit in der Folge sogar erhöhen, eine Unterhaltung abseits vom Fernsehgerät über ganz andere Themen kann umgekehrt die Aufmerksamkeit für das Gerät gegen null sinken lassen. Betrachtet man den relativen Anteil der Nebenbeinutzung an der Zeit, die für verschiedene Tätigkeiten aufgewendet wird, zeigt sich dagegen Essen als die Tätigkeit, während der die Befragten besonders häufig den Fernseher laufen lassen, gefolgt von Hausarbeiten.

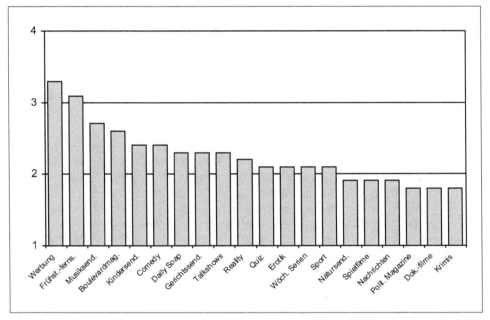

**Abbildung 2:** *Inhalte des Nebenbeisehens (Studie 1, Mittelwerte)*[8]

Fragt man schließlich, welche Programmformate bevorzugt als Hintergrund genutzt werden, lassen sich mehrere Gruppen unterscheiden (siehe Abbildung 2). Mit Abstand am häufigsten gehen die Befragten während Werbung und Frühstücksfernsehen anderen Beschäftigungen nach (beim Frühstücksfernsehen animiert ja schon der Titel zu dieser Nutzungsform). Der Spitzenplatz der Werbung ist einerseits erwartbar, weil viele Zuschauer hier beispielsweise an

die Pausen zur Be- und Entsorgung von Getränken denken werden, andererseits aber auch mit einem methodischen Problem behaftet: Da es in vielen Kreisen sozial unerwünscht sein kann, die Werbung aufmerksam zu verfolgen, kann der Wert für das Nebenbeisehen bei Werbung auch etwas überschätzt sein.

In der zweiten Gruppe versammelt sich eine Vielzahl von Formaten, die eines gemeinsam haben: Sie lassen sich auch dann einigermaßen befriedigend rezipieren, wenn ihnen nur partielle Aufmerksamkeit geschenkt wird. Dies ist vor allem dann möglich, wenn entweder die

Bildebene tendenziell verzichtbar ist (Musik, Dialog) oder das Programm eine Häppchenstruktur aufweist (Boulevardmagazine, Comedyshows), aus der sich auch einzelne Elemente herauspicken lassen.

Eine dritte Gruppe schließlich eignet sich eher nicht als Hintergrundmedium, weil sie größere Aufmerksamkeit verlangt: Informationssendungen, Spielfilme und Krimis, bei denen man eben irgendwann nicht mehr ‚mitkommt‘, wenn man zu oft abgelenkt ist.

Die vorgestellten Befunde haben unmittelbare Konsequenzen für das Bildmedium Fernsehen: Zumindest tagsüber erfüllt es für die Mehrzahl der Nutzer die Funktion des Radios (zu dem man allenfalls ab und zu hinschaut), womit die Tonspur des Fernsehprogramms ganz neue Bedeutung gewinnt: Zum einen werden von Nebenbeinutzern vor allem Programme eingeschaltet, die auch rein auditiv wahrgenommen ein befriedigendes Rezeptionserleben gewährleisten. Zum anderen ergeben sich Konsequenzen für die Konzeption von Werbung: Spots, in denen die beworbene Marke auf der Tonspur gar nicht thematisiert wird, dürften an Nebenbeihörern vorbeigesendet sein. Zugleich ergibt sich für die Werbeagenturen die ganz neue Herausforderung, auf der Tonspur Reize zu setzen, die die anderweitig beschäftigte Zielgruppe animieren können, den Blick auf das Gerät zu lenken.

Doch warum lassen Menschen überhaupt den Fernseher laufen, wenn sie eigentlich mit anderen Dingen beschäftigt sind? In Studie 1 haben wir auch eine Vielzahl möglicher Gründe für das Nebenbeisehen abgefragt. Als stärksten Grund konnten wir identifizieren, dass die Nebenbeiseher dieser Nutzungsform bestimmte positive Wirkungen zusprechen: Sie geben an, dass das Fernsehen im Hintergrund ‚eine angenehme Atmosphäre‘ schafft und hilft, Gesprächspausen zu überbrücken. Außerdem gehe die Arbeit ‚leichter von der Hand‘. Hinter solchen Angaben dürfte sich häufig ein Motiv verbergen, dass sich in Befragungen nur schwer erfassen lässt, weil Befragte es ungern zugeben beziehungsweise sie sich dessen gar nicht bewusst sind: Einsamkeit. Dazu ein Beispiel: Als Single allein in einer völlig stillen Wohnung zu sitzen und ein (womöglich auch noch missratenes) Abendessen zu verzehren, kann eine sehr einsame und frustrierende Erfahrung sein. Der Fernseher im Hintergrund lässt nicht nur (subjektiv) die Zeit schneller vergehen, sondern simuliert auch die Anbindung an die Gesellschaft.

## Zukunftstrend Nebenbeisehen?

Nebenbeisehen als Zukunftstrend zu betrachten könnte zweierlei bedeuten: Zum einen könnte man annehmen, dass ein immer größerer Teil der Fernsehzeit zur ‚Nebenbeisehzeit‘ wird. Zum anderen wäre es denkbar, dass die Restaufmerksamkeit für das Fernsehen immer geringer wird, weil die Paralleltätigkeiten immer mehr Aufmerksamkeit beanspruchen.

Betrachtet man die bisher vorherrschenden Formen des Nebenbeisehens, scheint beides auf den ersten Blick wenig plausibel: Essen und Hausarbeit werden künftig wohl weder mehr Zeit noch mehr Aufmerksamkeit beanspruchen, als sie es heute tun. Und dass wir in der Zukunft mehr und/oder tiefgründigere Gespräche mit anderen führen werden, ist ebenfalls nicht abzusehen.

Beide genannten Risiken (aus Sicht des Fernsehens) können jedoch voll auf einen Komplex an Paralleltätigkeiten zutreffen, der gerade erst im Wachsen begriffen ist, nämlich die Vielzahl an Tätigkeiten, die mit PC und Internet verknüpft ist. Diesen wird nicht nur übereinstimmend eine weitere Zunahme prognostiziert, sie bilden auch in ganz anderer Form eine Konkurrenz für das Fernsehen, als es Essen und Hausarbeiten tun. PC und Internet transportieren diverse Anwendungen, die in medialer und/oder spielerischer Form Information und Unterhaltung liefern können. Hier wird Fernsehen potenziell nicht nur im ihm zur Verfügung gestellten Zeithaushalt angegriffen, sondern in seinen Kernfunktionen.

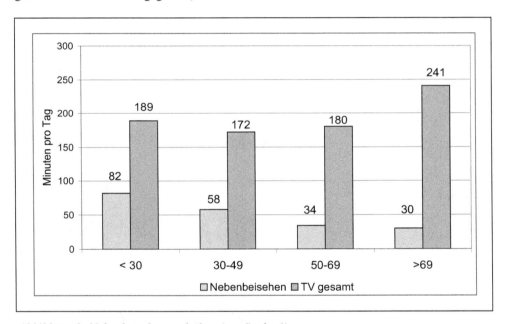

**Abbildung 3:** *Nebenbeisehen und Alter (aus Studie 1)*

Ob der Faktor Bequemlichkeit dem Fernsehen eine Zukunft sichern kann, wenn Computerspiele die aufregendere Unterhaltung und das Internet die interessanteren Informationen liefern, ist eine offene Frage. Ich will im Folgenden aber versuchen, anhand der vorliegenden Daten aus den genannten Studien mögliche Hinweise auf künftige Trends aufzuspüren.

Für die Annahme einer weiteren Zunahme des Nebenbeisehens spricht zunächst die Tatsache, dass vor allem jüngere Menschen diese Nutzungsform praktizieren (siehe Abbildung 3). Mit zunehmendem Alter nimmt zwar der Fernsehkonsum zu (vor allem mit Renteneintritt), nicht aber das Nebenbeisehen. Dieses nimmt vielmehr mit steigendem Alter stark ab. Dies liegt einerseits daran, dass ältere Menschen die parallele Ausübung mehrerer Tätigkeiten häufig als anstrengend empfinden und den Fernseher deshalb ausschalten, während sie etwas anderes tun.

Insofern wäre keine Zunahme des Nebenbeisehens zu erwarten, da die heute jungen Nebenbeiseher ja auch einmal älter werden, es sich also um einen Alterseffekt und nicht um einen
Generationeneffekt handeln könnte. Für das Vorliegen eines Generationeneffekts sprechen
aber zwei andere Argumente: Zum einen verfügen junge Menschen bereits heute über bessere
Fähigkeiten zur Parallelverarbeitung, weil sie bereits in ihrer Jugend vielfach das Nebenbeisehen einüben (mussten). In Studie 2 gab ein Viertel der Studierenden an, dass im Haushalt
ihrer Kindheit ,oft' oder ,fast immer' neben dem Fernsehen andere Tätigkeiten ausgeübt
wurden, und fast die Hälfte gab an, bereits als Kind ,oft' oder ,fast immer' nebenbei ferngesehen zu haben. Zum anderen wachsen heutige und künftige Generationen mit PC und Internet heran und lernen damit die modernen Alternativen zum Fernsehen frühzeitig kennen.

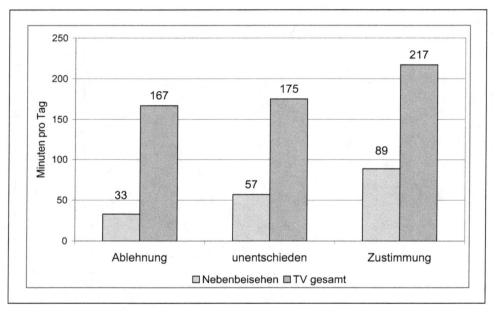

***Abbildung 4:***   *„Das Radioprogramm wird immer schlechter" (Zustimmung/Ablehnung),*

Dass der Trend zum Nebenbeisehen für das Fernsehen auch positive Aspekte hat, zeigt Abbildung 4: Wer mit dem Radioprogramm unzufrieden ist, sieht insgesamt mehr fern und insbesondere mehr nebenbei fern. Diese Konkurrenz haben die Radiomacher mit der Entwicklung der Formatradios für die Hits der 70er, 80er und 90er Jahre unter Umständen unter-
schätzt.

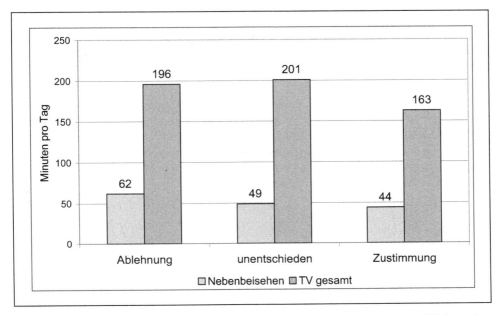

***Abbildung 5:*** *„Das Fernsehprogramm wird immer schlechter" (Zustimmung/Ablehnung)*

Die entsprechenden Befunde für das Fernsehprogramm sind nicht so eindeutig (siehe Abbildung 5): Der Gesamtkonsum ist zwar deutlich geringer, wenn das Programm kritisch beurteilt wird. Zwischen Anhängern des Programms und in ihrem Urteil Unentschiedenen findet sich dagegen kein Unterschied. Die Zuschauer zeigen hier offenbar eine gewisse Leidensfähigkeit und beginnen erst auszusteigen, wenn sie das Programm unerträglich finden.

Ebenfalls nimmt der Umfang des Nebenbeisehens mit der Begeisterung für das Programm ab, allerdings längst nicht so stark. Wenn man sich an die häufigste Tätigkeit ‚Essen' erinnert, lässt sich dies erklären: Dabei den Fernseher einzuschalten, wird bei vielen Zuschauern bereits eine etablierte Gewohnheit sein, bei der entweder relativ gleichgültig ist, welches Programm läuft, oder aber die Abendnachrichten laufen, deren Qualität aus Sicht der Nutzer vielleicht aus dem sonstigen Angebot positiv heraussticht.

Kommen wir nun zu Studie 2, die sich mit der Parallelnutzung von Fernsehen und PC durch Studierende von Medienstudiengängen einer besonders ‚trendverdächtigen' Gruppe zuwandte. In dieser fällt zunächst auf, dass zwar fast alle Studierenden (99,7 Prozent) über einen PC verfügen (inklusive Notebooks), aber nur 75 Prozent überhaupt einen Fernseher besitzen. Von dem Viertel ohne Fernseher verfügt allerdings wiederum etwa ein Viertel über eine TV-Karte im PC. Auf Grund der zumeist beengten Wohnverhältnisse von Studierenden verwundert es nicht, dass sich Computer und Fernseher in über 90 Prozent der Fälle in einem Raum befinden.

Wie Abbildung 6 zeigt, profitieren davon beide Geräte in etwa gleichem Umfang und werden deutlich länger genutzt, als wenn sie sich in verschiedenen Räumen befinden. Wer Fernsehen nur über die TV-Karte in seinem PC empfangen kann, sieht schließlich deutlich weniger fern als Besitzer eines eigenen Fernsehgeräts. Dafür läuft hier der Computer wesentlich länger, weil er eben auch als Fernseher dient.

Eine der zentralen Fragen richtete sich auf die räumliche Anordnung von PC und TV in der Wohnung des Befragten (vorausgesetzt, der Befragte verfügte über beide Geräte in einem Raum). Dadurch sollte ermittelt werden, wie sich die Parallelnutzung unterscheidet je nachdem, wie gut beziehungsweise ob überhaupt der Fernseher vom PC aus einsehbar ist. Mit Hilfe folgender Abbildung sollten die Befragten angeben, in welchem Winkel sich ihr Fernsehgerät im Verhältnis zum PC-Arbeitsplatz befindet:

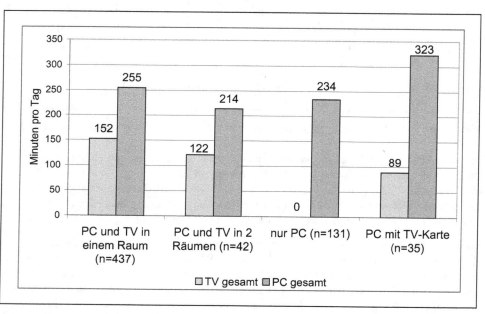

**Abbildung 6:**    *Fernseh- und PC-Nutzung nach Raumkonstellation*

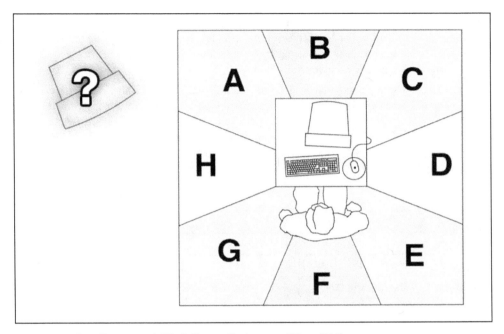

***Abbildung 7:*** *Frage nach Winkelkonstellation von TV und PC*

Zu unserer Überraschung zeigte sich, dass alle acht Optionen durchaus häufig auftreten,[9] wobei sich die Positionen B und F am seltensten fanden. Dies ist leicht erklärbar: Position B ist technisch meist schwer zu realisieren (etwa wenn der PC-Platz zur Wand gerichtet ist), zudem würde der PC-Monitor unter Umständen den Blick zum TV behindern oder aber der Fernseher zu sehr ablenken. Position F dagegen dürfte auf Dauer zu orthopädischen Problemen führen, wenn öfter der Blick zum TV-Gerät gesucht wird. Am häufigsten finden sich die Positionen C und D, wobei allerdings eine große Rolle spielt, ob der Befragte Links- oder Rechtshänder ist: Die (allerdings wenigen) Linkshänder unter den Befragten haben den Fernseher auch meist auf der linken Seite stehen (vgl. Tabelle 2). Es liegt die Annahme nahe, dass es als bequemer empfunden wird, wenn der Fernseher auf der Seite steht, auf der man auf Grund der Händigkeit auch die Maus liegen hat.

| | Position des TV zum PC | | |
| | links | rechts | N |
|---|---|---|---|
| Rechtshänder | 33,8 % | 48,7 % | 417 |
| Linkshänder | 53,8 % | 30,7 % | 26 |

***Tabelle 2:*** *PC-TV-Konstellation nach Händigkeit*

Für die folgenden Auswertungen wurden die Winkelsegmente zu drei Gruppen zusammengefasst, die sich vor allem in der Leichtigkeit unterscheiden, mit der Blickkontakt zum Fernseher aufgenommen beziehungsweise gehalten werden kann (ABC: vorn, EFG: hinten, DH: seitlich). Tabelle 3 zeigt die wichtigsten Befunde.

Die brisantesten Werte finden sich in der vorletzten Zeile. In der Parallelnutzungssituation von PC und TV wird dem Fernsehen im Durchschnitt ein knappes Drittel der Aufmerksamkeit zugeschrieben. Hier dokumentiert sich sicherlich auch der Vorteil des Sehsinns gegenüber dem Hörsinn. Die räumliche Situation hat darauf nur einen geringen Einfluss: Die Aufmerksamkeit für das Fernsehprogramm wird um zwei bis drei Prozentpunkte höher eingeschätzt, wenn das Gerät ohne Kopf- oder Körperdrehung einsehbar ist.

| | Position des Fernsehgeräts zum PC | | | |
|---|---|---|---|---|
| | TV vorn | TV seitlich | TV hinten | Gesamt |
| TV-Nutzung Min./Tag | 144 | 162 | 148 | 151 |
| PC-Nutzung Min./Tag | 281 | 247 | 243 | 257 |
| PC-Zeit mit TV nebenbei Min./Tag | 114 | 95 | 85 | 97 |
| Abstand TV und PC in Metern | 2,2 | 2,2 | 2,7 | 2,4 |
| Aufmerksamkeit für TV in % | 34,1 | 31,9 | 31,1 | 32,2 |
| *n* | *141* | *138* | *162* | *441* |

**Tabelle 3:** *Konkurrenz von PC und TV in einem Raum*

Interessant ist auch, dass von einer visuell günstigen Konstellation (TV vom PC aus gut einsehbar) nur der PC profitiert: Wer den Fernseher ohne Verrenkungen des Halses sehen kann, verbringt über eine halbe Stunde länger am PC – der Fernseher läuft deswegen aber keineswegs länger. Die PC-Nutzer halten es gewissermaßen insgesamt länger am PC aus, wenn sie in einem Teil der Zeit optisch vom Fernseher abgelenkt werden.[10]

Nun liegt die Annahme nahe, dass die Verteilung der Aufmerksamkeit variieren wird, je nachdem, welcher Tätigkeit am PC nachgegangen wird und welche Programmformate gleichzeitig am Fernseher laufen. Danach direkt zu fragen würde Befragte hoffnungslos überfordern (etwa: „Wie viel Aufmerksamkeit widmen Sie dem Fernsehprogramm, wenn während des Schreibens von E-Mails im Hintergrund ein Krimi läuft?"), wir können aber anhand unserer Daten zumindest prüfen, welche statistischen Zusammenhänge es zwischen der Schätzung der durchschnittlichen Aufmerksamkeit und der Häufigkeit einzelner PC-Tätigkeiten und Fernsehprogramme gibt. Unter den abgefragten PC-Anwendungen findet sich nur ein statistisch bedeutsamer Zusammenhang, und zwar in Bezug auf Online-Spiele: Je häufiger solche Spiele gespielt werden, desto niedriger wird die durchschnittliche Aufmerksamkeit für das Fernsehen eingeschätzt. Was die Fernsehformate betrifft, so hat die Nutzung von Ratgebersendungen, Magazinen, wöchentlichen Serien und politischen Debatten einen positiven Einfluss auf die Aufmerksamkeit der Nebenbeiseher.

Tabelle 3 zeigt ferner, dass in der Untersuchungsgruppe die PC-Nutzung die des Fernsehens deutlich übersteigt. Im Durchschnitt sehen die Studierenden täglich 2,5 Stunden fern, verbringen aber 4,25 Stunden am PC. Dies hat natürlich auch damit zu tun, dass Studierende viele Dinge für das Studium am heimischen PC erledigen. In eineinhalb Stunden davon findet Parallelnutzung von PC und TV statt.

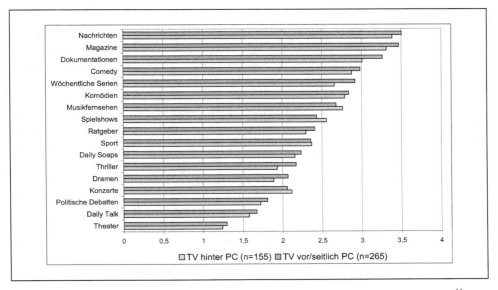

*Abbildung 8:*    *Fernsehnutzung parallel zur PC-Nutzung (Skala: 1= „nie". 5 = „oft")[11]*

Betrachtet man schließlich, was die Parallelnutzer von PC und TV im Fernsehen laufen lassen, finden sich einige interessante Befunde (vgl. Abbildung 8):

▪ Am häufigsten werden Informationsangebote (Nachrichten, Magazine, Dokumentationen) genutzt. Dies widerspricht den Befunden zur Gesamtbevölkerung, die solche Angebote beim Nebenbeisehen eher meidet. Dabei ist allerdings der höhere Bildungsabschluss von Studierenden zu beachten, der meist mit einem höheren Informationsbedarf einhergeht, sowie der Umstand, dass sich nur die wenigsten Studierenden eine Tageszeitung leisten können (oder wollen). Als Ersatz wird der Informationsbedarf dann womöglich durch Fernsehangebote gedeckt.

▪ Unter den Unterhaltungsangeboten dominiert das komische Fach. Die Pointen von Komödie und Comedy lassen sich nebenbei eher mit Befriedigung rezipieren als die Plots von Thrillern und Dramen, welche langfristigere Aufmerksamkeit erfordern.

▪ Daily Soaps und Daily Talks, obwohl meist in der Hochzeit des Nebenbeisehens gesendet, werden im Vergleich zu anderen Angeboten eher selten parallel zum TV genutzt. Dies kann allerdings auch daran liegen, dass studentische Parallelnutzung meist in den Abendstunden stattfindet, weil tagsüber der Lehrbetrieb am Fernsehkonsum hindert.

▣ Fernsehprogramme, die mehr Aufmerksamkeit erfordern, werden häufiger genutzt, wenn der Fernseher gut einsehbar ist. Dies gilt für Serien und Thriller genauso wie für Informationsangebote. Wenn der Fernseher dagegen im Rücken des PC-Nutzers steht, laufen eher Musikangebote.

## Schlussfolgerungen

Aus den dargestellten Befunden Aussagen über mögliche Zukunftstrends zu treffen, steht natürlich unter einem Vorbehalt: Das Untersuchungsmodell ‚Studentenbude' stellt einen Sonderfall der meist erzwungenen Kohabitation von Fernsehen und PC in einem Raum dar, der in der restlichen Bevölkerung wesentlich seltener vorkommen dürfte. Dort wäre an vergleichbare Konstellationen wie den Zweitfernseher im Arbeitszimmer, den im Wohnzimmer stehenden PC oder das dort aufgebaute Notebook zu denken, und es wäre zunächst einmal zu erforschen, ob diese Konstellationen an Häufigkeit zunehmen. Bei aller gebotenen Vorsicht scheinen mir aber folgende Annahmen plausibel:

▣ Wo das Fernsehen die Funktion des Radios übernommen hat (beim Essen oder bei der Hausarbeit), wird die Entwicklung zum Nebenbeisehen kaum umkehrbar sein, weil es sich hier um Nutzungsformen handelt, die schnell zu Gewohnheiten werden. Solange das Fernsehen zu den Essenszeiten Angebote bereithält, die als nützlicher (Nachrichten) oder angenehmer Hintergrund zum Essen empfunden werden (zum Beispiel das unter diesem Gesichtspunkt wohl perfekt platzierte Perfekte Dinner), hat das Radio wenig Chancen, diese Nutzer zurückzugewinnen.

▣ Die Entwicklung des Nebenbeisehens hängt auch davon ab, in welchem Ausmaß die Sender Angebote präsentieren, die sich gut für diese Nutzungsform eignen. Hier scheint das Potenzial noch längst nicht ausgeschöpft: Auf der Basis unserer Ergebnisse dürften etwa Experimente mit Comedy-Angeboten im Nachmittagsprogramm durchaus auf Resonanz stoßen. Auch wenn in der Primetime nach wie vor eine ‚aufmerksame' Fernsehnutzung dominiert, hat doch auch hier bereits etwa ein Drittel der Nutzer Bedarf an ‚nebenbeisehgerechter' Kost. Die Bedürfnisse der beiden Nutzergruppen dürften jedoch nur schwer durch ein und dasselbe Angebot zu decken sein.

▣ Das größte Zukunftspotenzial des Nebenbeisehens und zugleich das größte Risiko für die aufmerksame Fernsehnutzung liegen schließlich unbestreitbar in der Parallelnutzung zum PC. Das Risiko liegt im großen Bedarf an Aufmerksamkeit, den die meisten PC-Tätigkeiten mit sich bringen, sowie an der Konkurrenz insbesondere des Internets, wenn es um Unterhaltung und Information geht. Das Potenzial liegt dagegen in veränderten Wohnformen und Medienausstattungen: Je mehr Menschen den PC-Platz ins Fernsehzimmer integrieren oder umgekehrt einen Fernseher ins Arbeitszimmer stellen, desto mehr wird die Parallelnutzung zunehmen. Diese Entwicklung wiederum hängt davon ab, wie sich Heimarbeit am PC einerseits und die Nutzung von Computerspielen andererseits entwickeln werden.

▓ Ein interessantes (und im Beitrag aus Platzgründen nicht näher dargestelltes) Potenzial besteht in begleitenden Online-Angeboten zum Fernsehprogramm. So geben 40 Prozent der befragten Studierenden an, sich hin und wieder über das laufende Programm im Internet zu informieren, und 20 Prozent sehen die Antworten auf Quizshowfragen gelegentlich im Internet nach. Diese Form der Parallelnutzung bietet den Sendern zumindest die Option, die Nutzer durch entsprechende Angebote auf die eigenen Online-Seiten zu locken.

Insgesamt aber muss sicherlich eines festgehalten werden: Solange Menschen ein Bedürfnis nach weitgehend passiven Formen der Entspannung und Ablenkung, der Information und Unterhaltung haben, solange werden Computer und Internet dem Fernsehen nur begrenzt Konkurrenz machen können. Wenn die technische Entwicklung allerdings zunehmend passivere Nutzungsformen der neuen Medien ermöglicht, dann wird über diese Fragen erneut zu verhandeln sein. Ein über Spracheingabe oder Fernbedienung vom Sofa aus steuerbares Internet würde es dem Nutzer ermöglichen, sich ein befriedigenderes Unterhaltungsangebot zusammenstellen zu können, ohne sich allzu sehr anstrengen zu müssen. Und bessere Oberflächen können auch einer Form der Parallelnutzung Chancen eröffnen, die bisher eher ein Schattendasein führt: der parallelen Nutzung von Computer beziehungsweise Internet und Fernsehen auf demselben Bildschirm.

## Literatur

HOFSÜMMER, KARL-HEINZ (2007): Fernsehreichweitenmessung: Valide Daten für Werbung und Programm. In: Media Perspektiven 1/2007, S. 37-45.

JÄCKEL, MICHAEL & WOLLSCHEID, SABINE (2004): Medienzeitbudgets im Vergleich. Eine Gegenüberstellung der Langzeitstudie Massenkommunikation und der Zeitbudgeterhebung des statistischen Bundesamtes. In: Medien & Kommunikationswissenschaft 52, S. 355-376.

KLEMM, ELMAR (2007): Qualitätsprüfung im Fernsehpanel. In: MediaPerspektiven 1/2007, S. 46-52

KUHLMANN, CHRISTOPH/WOLLING, JENS (2004): Fernsehen als Nebenbeimedium. Befragungsdaten und Tagebuchdaten im Vergleich. In: Medien- & Kommunikationswissenschaft 52, S. 386-411.

WOLLING, JENS/KUHLMANN, CHRISTOPH (2006): Zerstreute Aufmerksamkeit. Empirischer Test eines Erklärungsmodells für die Nebenbeinutzung des Fernsehens. In: Medien- & Kommunikationswissenschaft 54, S. 386-411.

## Verweise & Quellen

[1] Vgl. Klemm 2007, Hofsümmer 2007.

[2] Hofsümmer 2007, S. 44

3   Bei einer Quotenstichprobe müssen die Befragten des einzelnen Interviewers bestimmte Vorga-
    ben erfüllen hinsichtlich der Quotierungsmerkmale (Bsp.: 50 % Frauen, 50 % Männer). Innerhalb
    dieser Quoten sind die Interviewer dann frei, Befragte zu akquirieren (etwa im Bekanntenkreis).
    Mit einer so gewonnenen Quotenstichprobe lässt sich zwar die Bevölkerungsstruktur recht gut
    abbilden, repräsentativ ist eine solche Stichprobe aber meist nicht, weil sich zum Beispiel die
    Merkmale der Interviewer auf die Auswahl der Befragten auswirken: So führen studentische In-
    terviewer dazu, dass Bekannte und Verwandte von Studierenden deutlich überrepräsentiert
    sind.

4   Vgl. Kuhlmann/Wolling 2004

5   Vgl. Jäckel/Wollscheid 2004, Kuhlmann/Wolling 2004, Hofsümmer 2007, Klemm 2007.

6   Vgl. Kuhlmann/Wolling 2004

7   Vgl. Hofsümmer 2007, Klemm 2007

8   Die Frageformulierung lautete: Kreuzen Sie nun bitte zunächst an, wie häufig Sie die nachfol-
    genden Sendungen im Fernsehen schauen. Kreuzen Sie dann bei den Sendungen, die Sie zumin-
    dest „gelegentlich" anschauen, jeweils auch an, wie häufig es vorkommt, dass Sie gleichzeitig
    etwas anderes tun, wenn eine solche Sendung läuft. Skala: 1 = „nie" bis 4 =" häufig".

9   Die Häufigkeiten der Positionierung des Fernsehgeräts zum PC-Arbeitsplatz: links vorn 11,7 %,
    vorn 9,7 %, rechts vorn 10,8 %, seitlich rechts 19,1 %, rechts hinten 11,3 %, hinten 7,7 %, links hin-
    ten 11,3 %, seitlich links 11,9 %.

10  Dies kann seinen Grund auch darin haben, dass der gelegentliche Blick zum weiter entfernt
    stehenden Fernsehgerät als erholsam für die Augen empfunden wird und deshalb die PC-
    Tätigkeit nicht so schnell ermüdet.

11  Die Frageformulierung in Studie 2 lautete: „Und was läuft dann bei Ihnen im Fernsehen, wenn
    Sie am PC beschäftigt sind und gleichzeitig das Fernsehen eingeschaltet ist?"

# Der Couch-Potato, ein zähes Wesen!

*Stefan Barchfeld*

*[Commercial Director, NBC UNIVERSAL Global Networks Deutschland]*

Die Meldung stammt von Mitte Februar dieses Jahres: Im Jahr 2007 ist die Zahl der Video-on-Demand-Portale (→) im Internet in Europa geradezu explodiert. Mit 258 im Vergleich zu 142 im Jahr 2006 hat sich deren Zahl mehr als verdoppelt, teilte die europäische Audiovisuelle Informationsstelle in Straßburg mit. Dabei handelt es sich vor allem um Portale im Internet. Eine weitere Meldung besagt, dass in Deutschland im vergangenen Jahr erstmals überhaupt die Fernsehnutzung, wenn auch nur moderat, zurückgegangen ist. Weiter deutlich angestiegen hingegen sei die Nutzung des Internets. Da müsste in einem Vertreter des klassischen Fernsehens doch geradezu die Panik aufsteigen – tut es aber nicht!

## Wie verhält sich ein Zuschauer?

Der Grund ist einfach: Wir reden von völlig unterschiedlichen Nutzungsarten. Der klassische Couch-Potato wird sich niemals dauerhaft aufschwingen, um sein eigener Programmdirektor zu werden. Diese Diskussion flammt jedes Mal wieder aufs Neue auf, wenn wir mit einer neuen Technik konfrontiert werden, seit erstmals in den 70er Jahren der Videorekorder die Möglichkeit einer aktiven und zeitunabhängigen Programmauswahl ermöglichte. Wir können uns zwar nicht entspannt zurück lehnen – eine solche Haltung ist immer fatal – allerdings werden die Veränderungen bei weitem nicht so radikal sein, wie die Gurus des Web 2.0 (→) uns das gerne weis machen wollen.

Hinzu kommt, dass sich klassische Fernsehnutzung zunehmend in das Internet verlagern wird. Das fängt bereits heftig an. Schauen wir unsere Kinder an, die machen alles über das Internet, auch einen Großteil ihres TV-Konsums. Auch wenn das klassische IPTV (→) in Deutschland noch ganz am Anfang steht – die Deutsche Telekom erwartet für Ende des Jahres 2008 gerade mal eine halbe Million Abonnenten – sind offene Angebote im Internet da schon viel weiter. Die ZDF Mediathek (→), maxdome der ProSiebenSat.1-Gruppe und RTLnow ermöglichen mit ihren Angeboten unter anderem das sogenannte zeitversetzte Fernsehen oder strahlen populäre Serienpremieren schon vor dem Fernsehen aus. Das ist auch der Grund, warum solche Formen der Fernsehnutzung in Zukunft auch bei der Erhebung der klassischen Zuschauerzahlen eingerechnet werden. Unter dem Strich, so kann man prognostizieren, wird sich das passive Nutzungsverhalten also gar nicht so sehr verändern.

Neben der subjektiven Erfahrung der letzten Jahrzehnte gibt es inzwischen auch in Deutschland eine ganze Reihe von renommierten Studien, die das belegen. Im letzten Jahr etwa analysierte der RTL-Vermarkter IP Deutschland das Verhalten der bereits digital versorgten Fernsehhaushalte. Digitalhaushalte, das sind heute bereits mehr als ein Viertel aller deutschen Fernsehhaushalte.

In den letzten drei Jahren hat sich die Zahl der digital empfangbaren deutschsprachigen Kanalangebote mit 421 fast verdoppelt. Da ist viel minderwertige Qualität dabei, die kaum Aufmerksamkeit auf sich ziehen wird. Allerdings lag auch schon vor einem Jahr die Zahl ambitionierter Angebote bei über 250 – immer noch eine enorme Zahl. Genutzt wurden im Schnitt aber nur zehn. Das ist schon ein deutlicher Hinweis auf die ,Leuchtturmfunktion' der eingeführten großen TV-Marken. Für neue und kleine Sender ist es eher ein Problem, in dieses ,Relevant Set' (→) hineinzukommen, vor allen Dingen dann, wenn hinter dem Angebot keine klare Positionierung oder eine große bekannte Unterhaltungs- oder Informations-Marke steht. Die Studie „TV 2010" der Universität Siegen spricht von „einem großen Trägheitsmoment im TV-Nutzungsverhalten *auch* bei den digitalen Forerunners". Das heißt, selbst bei den ganz frühen Nutzern des digitalen Fernsehens dauert es sehr lange, bis sich einmal eingeschliffene Verhaltensmuster grundlegend ändern. Die Autoren der Studie, mit vollem Titel „TV 2010 – Mission Complete?", bieten eine ganze Reihe von interessanten Einblicken in den ,Homo Digitalis', der sich im Übrigen nicht wesentlich, zumindest nicht in seinem Verhalten, vom ,Homo Analogis' unterscheidet. Der Titel der Studie bezieht sich übrigens auf das lange angestrebte Datum, an dem ursprünglich einmal analoges Fernsehen abgeschaltet werden sollte. Als Datum wird inzwischen das Jahr 2012 angepeilt.

In der groß angelegten Studie wurden in einer Online-Befragung 3.091 sogenannte ,Digital Forerunners' befragt, also jene Zielgruppe, die schon sehr früh ihre Fernsehversorgung auf digital umgestellt hat. Interessant erscheinen vor allem die Ergebnisse des Zuschauerverhaltens zu sein. „Jeweils 82 Prozent der Befragten geben an, gewöhnlich die gleichen Sendungen beziehungsweise gewöhnlich zur selben Zeit TV zu konsumieren. Insgesamt orientieren sich auch die Digital Forerunners eher konservativ an den klassischen Ausstrahlungsschemata der TV-Anstalten und richten ihre Nutzungsperioden danach aus." Im Klartext: Obwohl die Leute besonders innovationsfreudig sind, zumindest auf technischem Gebiet, verändern sie nicht ihr Nutzungsverhalten. Allerdings steigt die Zahl der genutzten Sender, je jünger der Zuschauer ist. Die Befragten gehörten offenbar auch zu einer höheren Bildungsschicht. Das erschließt sich zumindest aus deren Genrepräferenz: 47 Prozent der Befragten waren vor allem an Dokumentationen interessiert, 37 Prozent am Thema Wissenschaft. Nur 14 Prozent gaben an, das Fernsehen intensiv als passives Hintergrundmedium zu nutzen.

Allerdings zeichneten sich auch einige Unterschiede ab: Die Möglichkeiten der digitalen Aufzeichnung würden etwas stärker ausgeschöpft als früher mit dem VHS-Rekorder, gaben über die Hälfte der Befragten an. Gleichzeitig sank aber die ,Zapping'-Neigung nicht zuletzt auch, weil eine gezielte Vorinformation zu den angebotenen Programmen eingeholt wird, entweder durch das Internet im Vorfeld oder den Electronic Program Guide (→) bei laufendem Programm.

Das Fazit kann aus der Sicht eines klassischen Fernsehmenschen doch nur sehr ermutigend sein, denn es entspricht im Wesentlichen der eingangs aufgestellten These: Auch in einer sich wandelnden Medienlandschaft ändert sich das Nutzungsverhalten kaum. Dass weniger umgeschaltet wird und der Zuschauer sich wegen des gesteigerten Angebots im Vorfeld besser vorbereitet, kann vonseiten der Fernsehmacher eigentlich nur begrüßt werden.

## Wie viel Zeit bleibt für das Fernsehen?

Ein anderer Aspekt hingegen, der immer wieder angeführt wird, wenn es darum geht, das Fernsehen als Zukunftsmedium kleinzureden, ist das tägliche Zeitbudget, das für die Mediennutzung zur Verfügung steht. Klar, ein Tag hat nun mal nur 24 Stunden. Dabei ist die Mediennutzung seit 1964 kontinuierlich immer weiter angestiegen – von drei einviertel Stunden bis auf über zehn Stunden bis zum Jahr 2005. Das bezieht sich natürlich auf die Nutzung aller Medien.

Bis 1980 waren das allein Fernsehen, Hörfunk und Druckerzeugnisse wie Zeitungen, Zeitschriften oder Bücher. Dann addierte sich diese Zahl, bis im Jahr 2000 das Internet hinzukam, das bislang den Abschluss bildet. Man muss auch bedenken, dass das die kumulierte Mediennutzung des ganzen Tages ist, also inklusive der Arbeits- und Freizeit. Gleichzeitig steigt der Anteil der Parallelnutzung, man denke etwa an den Hörfunkkonsum, während man im Internet surft. Das Radio ist das klassische Parallelmedium. Heute beobachten wir allerdings, dass auch die Nachrichtenportale im Internet parallel zu den Tageszeitungen genutzt werden. Dabei ist das Fernsehen das Medium, das fast ausschließlich in der Freizeit genutzt wird und das mit einer täglichen Nutzungsdauer von im Schnitt etwa 208 Minuten – immer noch – mit großem Abstand die höchste Verweildauer für sich beanspruchen kann. Gewiss, Online holt auf. Allerdings kann man feststellen, dass Zeitgewinne bei Online bislang eher zu Lasten von Tageszeitungen oder Zeitschriften gehen.

Die Zeitschrift Media Perspektiven[1], befasste sich ausführlich mit dem Medienzeitbudget und dem Tagesablaufverhalten der Nutzer. Die Ergebnisse sind bereit etwas älter, allerdings lassen sich doch einige recht interessante, sicherlich nicht kurzfristige Trends an ihnen zeigen. So fällt etwa auf, dass sich die Fernsehnutzung im Tagesverlauf und in der Intensität zwischen dem Jahr 2000 und dem Jahr 2005 so gut wie nicht verändert hat. Das gilt bis hinein in die einzelnen Tätigkeitsphasen im Tagesverlauf, die in der Studie in die Bereiche Regeneration, Produktion und Arbeit unterteilt sind. Ansonsten bietet das Nutzungsverhalten wenig Überraschungen: Ab 18:00 Uhr steigt die Fernsehnutzung langsam an, um zwischen 21:00 und 22:00 Uhr mit einem Anteil der Mediennutzung von bis zu 65 Prozent ihren Höhepunkt zu erreichen und danach recht rapide wieder abzufallen. Es muss vielleicht noch erwähnt werden, dass sich der Analysezeitraum am Tag von 5:00 bis 24:00 Uhr erstreckt. Fernsehnutzung ist auch eine sehr private Tätigkeit. Zumindest kann man zu diesem Schluss kommen, wenn man die Nutzung des Mediums im Haus und außer Haus im Tagesverlauf betrachtet. Die Kurve für die ,im-Haus-Nutzung' liegt fast parallel zur Gesamtfernsehnutzung. Die ,außer-Haus-Kurve' hingegen ist fast nicht wahrnehmbar. Was für den hier geschilderten Zusammenhang vielleicht die wichtigste Erkenntnis ist, ist die Stabilität der Fernsehnutzung. In einer Zeit, in der sich das Internet immer größerer Beliebtheit erfreute, also in den Jahren 2000 bis 2005, blieb das Fernsehverhalten davon nahezu unbeeinflusst. Das Passivmedium Fernsehen ist und bleibt vor allem das Freizeitmedium Nummer eins!

## Warum ist die Fernsehnutzung stabil?

Was also macht das Fernsehen so stabil – oder anders gesagt – so stark? Das hat unter anderem die ProSiebenSat.1 Media AG in ihrer Studie „Erlebnis Fernsehen" untersucht. Der Untertitel „Alltagsmedien im Vergleich" zeigt die Richtung, und gleich eingangs im Vorwort wird die Frage nach dem Verhältnis von ‚neuen' und ‚alten' Medien aufgeworfen. Sind die ‚guten alten Medien' vom Aussterben bedroht? Es mag kaum verwundern, dass am Ende ein klares Nein steht.

Noch weniger mag es überraschen, dass ein Unternehmen, das hauptsächlich von dem alten Medium Fernsehen lebt, die Position eben dieses Mediums stärken will und so auch zu dem Ergebnis kommt, dass die Mediennutzung in Deutschland stark vom Erlebnis Fernsehen geprägt ist. Dennoch sind auch die Ergebnisse dieser Studie sehr aufschlussreich. Eigentlich handelt es sich dabei um zwei unabhängig voneinander erarbeitete Erhebungen, die zusammen aufgearbeitet wurden. Die eine ist eine quantitative repräsentative Zufallsstichprobe, die andere eine qualitative Untersuchung, bei der 30 Teilnehmer erst beim Fernsehen beobachtet und dann tiefenpsychologisch befragt wurden.

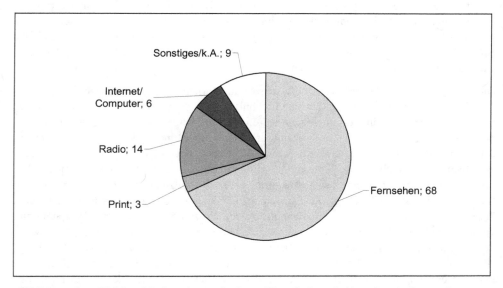

***Abbildung 1:*** *Welches Medium bietet die beste Unterhaltung? (Angaben in Prozent)*
*Quelle: IFAK/SevenOne Media (2006)*

Fernsehen ist, so die Auswertung der Studien, in Sachen Unterhaltung unschlagbar. 68 Prozent der Befragten in der quantitativen Studie sagten, Fernsehen böte die beste Unterhaltung (siehe Abbildung 1). Das mag vielleicht nicht wirklich verwundern. Aber auch bei der Information liegt Fernsehen in der Wahrnehmung noch deutlich etwa vor der Tageszeitung. 46 Prozent der Befragten sahen die höchste Informationskompetenz beim Fernsehen, für Print stimmten nur knapp 30 Prozent. Fernsehen ist auch das Medium, über das man spricht – oder zumindest darüber, was man am Vorabend gesehen hat. Mit 61 Prozent liegt Fernsehen bei dieser Einschätzung ganz klar vor allen anderen Mediengattungen.

Etwas Erstaunen verursacht vielleicht die Einschätzung darüber, welches Medium sich am stärksten mit der Gesellschaft weiterentwickelt. Dass dabei dem noch jungen Internet eine gewisse Dynamik zuzuschreiben ist, war vorhersehbar – und das sagten dann auch 33 Prozent der Befragten. Allerdings hat auch hier – und das ist wohl eine echte Überraschung – das Fernsehen mit 40 Prozent klar die Nase vorn (siehe Abbildung 2). Jedes Medium habe seine besondere Stärke, so ein Zwischenfazit der Studie, Fernsehen liege aber in allen Kategorien vorn. Insgesamt zeige sich auch hier ganz klar, das Fernsehen in Deutschland auch das Massenmedium Nummer eins ist.

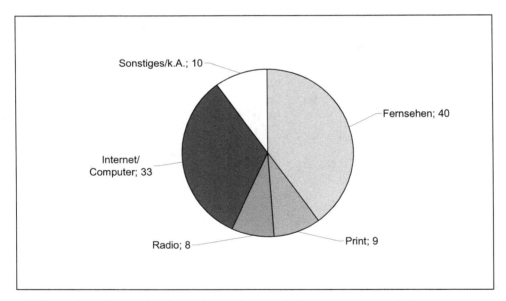

**Abbildung 2:**   *Welches Medium geht am ehesten mit der Zeit, also entwickelt sich am stärksten mit der Gesellschaft? (Angaben in Prozent)*
Quelle: IFAK/SevenOne Media (2006)

## Wie wird Fernsehen erlebt?

Sicher, auch bei dieser Einschätzung handelt es sich um eine Momentaufnahme. In zehn Jahren kann das Bild ganz anders aussehen. Was aber ins Auge fällt ist, dass das Internet dem Fernsehen so wenig entgegenzusetzen hat. In allen Kategorien rangiert das Internet deutlich hinter dem Fernsehen, obwohl es sich langsam auf den zweiten Platz vorarbeitet. Für die weitere Betrachtung ist freilich ein Ergebnis der Studie „Erlebnis Fernsehen" besonders wichtig. „Welches Medium würden Sie am ehesten wählen, wenn Sie einen gemütlichen Abend verleben wollen?" 61 Prozent entschieden sich für das Fernsehen, immerhin 31 Prozent für das Radio, dementsprechend spielten andere Medien nur eine untergeordnete Rolle (siehe Abbildung 3). Der ‚gemütliche Abend' – definiert man ihn als Tätigkeit – ist ganz klar eine sogenannte ‚Lean-Back'-Aktivität. „Was den Fernsehkonsum im Vergleich mit anderen Medien so entspannend macht, sind die Rezeptionssituation in einer bequemen Umgebung, die Möglichkeit, gemeinsam mit anderen fernzusehen, die Passivität im Umgang mit dem Medium sowie das unterhaltsame Programm", heißt es dazu im Berichtsband. Das ist genau der Grund, warum das Fernsehen immer Fernsehen sein wird, egal auf welcher technischen Plattform das Angebot übertragen wird.

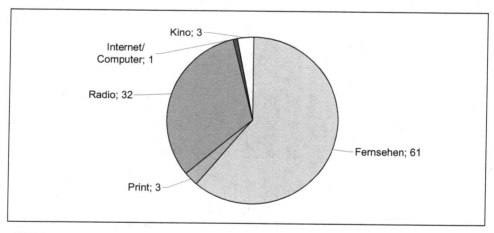

**Abbildung 3:**   „Stellen Sie sich vor, Sie wollen einen gemütlichen Abend verbringen. Welches Medium würden Sie am ehesten wählen?" (Angaben in Prozent) Quelle: IFAK/SevenOne Media (2006)

Das gilt genauso auch für die sich in den Startlöchern befindlichen mobilen TV-Angebote, die wahrscheinlich aber einen etwas anderen Fokus haben dürften. Mobiles Fernsehen wird vor allem helfen, das Informationsbedürfnis an jedem Ort zu befriedigen. Doch auch das ist eher eine Lean-Back-Aktivität. Einschalten und sehen, was es Neues gibt. Damit ist keine aktive Suche oder Auswahl verbunden. Es wird einfach das an Informationen aufgenommen, was die Programmverantwortlichen der Nachrichtensendung ausgewählt haben. Hinterher fühlt sich der Zuschauer über das aktuelle Zeitgeschehen gut informiert.

Das bis jetzt beschriebene Verhalten ist das Nutzungsprofil der Medienlandschaft heute, in einer Zeit, die sicherlich mit einigem Fug und Recht als eine Übergangszeit angesehen werden muss. Die Zeitschrift Media Perspektiven[2] hat die Frage aufgeworfen, wie praxistauglich zukünftige Medien für den Konsumenten sind. Die Autorinnen stellen fest, dass selbst die digitalen Trendsetter den Fortbestand linearer Medien, also des in seiner Nutzung klassischen Fernsehens oder Radios, erwarten. In dieser Erwartung unterscheiden sie sich nicht von der der Gesamtbevölkerung. Das spiegelt sich auch in der Erwartung des Verhältnisses von Fernsehen und Internetnutzung wider. 45 Prozent der Befragten erwarten nicht, dass wegen des Internets weniger ferngesehen wird, im Vergleich zu immerhin doch 51 Prozent der Gesamtbevölkerung. Allerdings muss man einschränkend erwähnen, dass die Erwartungen nur bis zum Jahr 2015 abgefragt wurden, was in der Tat ein sehr eingeschränktes Fenster ist.

Trendsetter sind nach der Definition der Autorinnen von einer hohen technischen Medienausstattung und hohen Verweildauer in digitalen Medien. Aber nicht nur dort. Kennzeichnend für sie sei „eine besonders intensive Nutzung der neuen (und der alten) Medien". Diese Gruppe entspräche etwa sechs Prozent der deutschen Bevölkerung. So kommen die Autorinnen auch zu einem eindeutigen Fazit: „Das herkömmliche lineare Fernsehen, bei dem der Zuschauer einfach einschaltet und das vorgegebene Angebot nutzt, wird weiter bestehen. Seine Vorteile (…) liegen selbst für Jugendliche und digitale Trendsetter auch im Gewohnheitsprinzip. Radio und Fernsehen sind Alltag, unkompliziert und zählen zur Medienbiografie jedes Einzelnen. Die ‚alten' Medien werden durch die neuen nicht verdrängt, sondern sie werden neben ihnen bestehen bleiben."

Wenig überraschend hingegen ist die Feststellung in dem Beitrag, dass sich vor allen Dingen junge Menschen besonders den neuen digitalen Medien zuneigen und deren Interesse am Fernsehen abnimmt, zumindest wenn es sich dabei um den schweren Klotz im Wohnzimmer handelt. Während die Gesamtbevölkerung im Jahr 2006 durchschnittlich täglich etwa 235 Minuten vor der Glotze verbrachte, waren es bei den 14- bis 19-Jährigen lediglich 108 Minuten. Damit lag der Fernsehkonsum nur leicht vor dem Internet, vor dem diese Altergruppe täglich etwa 101 Minuten verbrachte.

## Was bedeutet das Internet für das Fernsehen?

Die Internetnutzung bei der Gesamtbevölkerung lag täglich nur bei 48 Minuten. Allerdings werden in der jungen Zielgruppe, heute noch mehr als zurzeit der ARD/ZDF-Erhebung, Fernsehinhalte über das Internet konsumiert. Das zeichnete sich 2006 aber bereits deutlich ab. 14 Prozent der Mediennutzer nutzten überhaupt erst sogenannte ‚Bewegtbild-Angebote' im Netz, wie etwa Video-on-Demand (VoD). Am stärksten war diese Nutzungsart bei den 14- bis 19-Jährigen mit 47 Prozent, bei den 20- bis 29-Jährigen waren es schon nur noch 27 Prozent. In den weiteren Altersgruppen nahm die Akzeptanz des neuen Mediums rasant ab.

Die geringere TV-Nutzung bei jüngeren Altersgruppen ist übrigens ein Fakt, den es auch vor dem Internet bereits gab. Schon immer schauten die Rentner am meisten fern. Insgesamt steigt die TV-Nutzung aber in allen Altersgruppen kontinuierlich an. 1984 sahen laut dem

Institut für Demoskopie Allensbach nur zehn Prozent der Altergruppe 14 bis 29 mehr als drei Stunden am Tag fern. Bei über 60-Jährigen waren es 26 Prozent. Im Jahr 2006 sahen 47 Prozent der Jungen so viel fern, bei den Älteren waren sogar 73 Prozent. Mit zunehmendem Alter, so kann man eine Faustregel aufstellen, steigt der Fernsehkonsum und das, so viel kann wohl jetzt schon aus den Betrachtungen abgeleitet werden, wird auch in der zukünftigen Medienwelt so bleiben. Auch das gilt natürlich nur mit Einschränkungen. Aus Sicht eines Pay-TV- (→) und Zielgruppen orientierten Free-TV-Anbieters ist aber gerade das von erheblicher Bedeutung. Die großen Anbieter beschwören immer wieder das bereits erwähnte ‚Relevant Set' an Kanälen und wie schwer es sei, dort Eingang zu finden. Dieser Kreis an Angeboten wird sich aber vergrößern, zumindest dann, wenn dem Zuschauer gezielt die Inhalte angeboten werden, die er sehen will.

Die Fragmentierung des Fernsehmarktes wird sich fortsetzen und die Nischen werden an Bedeutung gewinnen. Das Marktforschungsunternehmen Goldmedia in Berlin hat im Auftrag von NBC Global Networks Deutschland eine Studie erarbeitet, die zeigt, wie das digitale Fernsehen, bislang noch eher eine Fata Morgana, allmählich real wird. Deren Grundaussage, kurz zusammengefasst, besagt, dass auch der Fernsehzuschauer mehr Selbstbestimmung will.

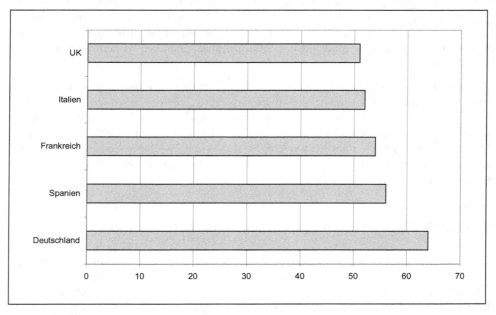

**Abbildung 4:**    *Zuschauer in Europa wollen Auswahl im TV (Angaben in Prozent)*
*Quelle: Strategy One im Auftrag von Motorola 2007*

Also doch, ist man da versucht zu sagen. Wie passt das mit dem bisher hier Gesagten zusammen? Sehr gut, wie man gleich sehen kann! Das ist allerdings etwas, was eher das klassische Relevant Set betrifft, also jene großen TV-Anbieter, die bisher im Wesentlichen den

Markt unter sich aufgeteilt haben. Im europäischen Vergleich ist das Bedürfnis der deutschen Fernsehzuschauer nach einer größeren Senderauswahl deutlich höher als in benachbarten Ländern, die teilweise bei der Digitalisierung deutlich weiter sind als wir in Deutschland. 64 Prozent der Befragten in Deutschland gaben an, nicht nur auf bestimmte Sender beschränkt sein zu wollen. In Spanien und Frankreich waren es ‚nur' 56, beziehungsweise 54 Prozent. In Großbritannien aber, wo die TV-Digitalisierung fast schon als abgeschlossen gelten kann, stellen lediglich noch 51 Prozent der Befragten diese Forderung (siehe Abbildung 4).

Ganz klar: In Deutschland gibt es einen Nachholbedarf. Dabei ist das Pay-TV, gerade im Vergleich mit anderen Märkten weltweit, im Moment noch ganz klar unterrepräsentiert. Der Grund dafür liegt auf der Hand. Die hohe Dichte des Free-TV Angebots und die nicht geringe Rundfunkgebühr wirken beide hemmend auf eine Entscheidung für ein Abonnement. Bei der von NBC Universal beauftragten Studie „MPG Solutions" aus dem Jahr 2007 gaben 57 Prozent der Befragten an, die Kosten von Pay-TV seien ihnen zu hoch. Immerhin noch 43 Prozent reichte das frei empfangbare Fernsehangebot aus.

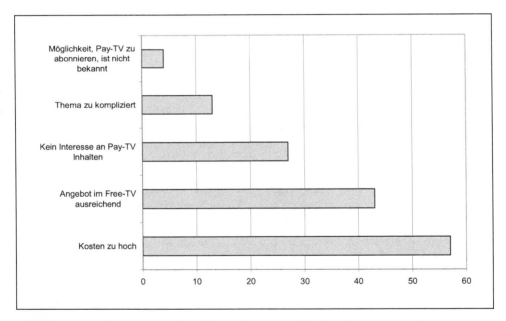

**Abbildung 5:** *Gründe gegen Pay-TV aus Zuschauersich.(Angaben in Prozent)*
*Quelle: MPG Solutions im Auftrag von NBC Universal (2007)*

Allerdings hat das Pay-TV in Deutschland im vergangenen Jahr an Dynamik gewonnen. Neben dem Plattformbetreiber Premiere mit inzwischen über vier Millionen Abonnenten können auch die deutschen Kabelnetzbetreiber immer mehr Abonnenten für ihre Bouquets begeistern. Selbst die großen deutschen Free-TV-Marken RTL und ProSiebenSat.1 setzen inzwischen verstärkt auf digitale Spartenkanäle im Pay-TV. Kabel Baden-Württemberg geht sogar davon aus, dass das Pay-TV der Wachstumsmotor der Zukunft sein wird, dann, wenn die Potenziale der Internetvermarktung für Kabelnetzbetreiber ausgeschöpft sind. Die Vorteile für den Zuschauer liegen auf der Hand. Werbefreiheit der jeweiligen Sendungen hat man weitgehend auch im öffentlich-rechtlichen Rundfunk, dafür sind die Angebote viel klarer nach Interessen strukturiert, was das Zurechtfinden in den Angeboten deutlich erleichtert. Da Plattformanbieter die Kanäle in der Regel in thematisch gegliederte Pakete unterteilen, die einzeln abonniert werden können, wird im Grunde nur das bezahlt, wofür man sich auch interessiert. Ist man Abonnent, braucht man nur noch wie im Free-TV einzuschalten und kann sich bequem zurücklehnen.

Die Goldmedia Studie stellt am Ende Thesen zur Zukunft digitaler Spartensender in Deutschland auf. So hätten Zuschauer von Spartensendern eine signifikant höhere Affinität zum gezeigten Programm als die im klassischen Vollprogramm. Dementsprechend, so die zweite These, würde Werbung in diesem Umfeld viel stärker und weniger störend wahrgenommen. Die Autoren erwarten zudem, dass sich die Fragmentierung des TV-Marktes durch neue Angebote fortsetzen wird. Im digitalen Fernsehen seien die Markteintrittsbarrieren geringer geworden, der Vielfalt seien damit kaum noch Grenzen gesetzt.

## Was bringt das Pay-TV dem Fernsehen?

Auch die Autoren der Studie gehen davon aus, dass sich Deutschland zunehmend in ein Pay-TV-Land entwickeln wird. Damit würde Deutschland sich den Verhältnissen in anderen europäischen Ländern annähern. Bezahlfernsehen sei das einzige realistische Geschäftsmodell für neu hinzukommende Spartensender mit eng abgesteckten Zielgruppen, um anspruchsvolle Inhalte zu refinanzieren. Interaktivität würde kurzfristig keine allzu große Rolle spielen. Der Grund sei, dass IPTV noch keine breite Akzeptanz gefunden habe. IPTV ermöglicht interaktive Dienste einfach und ohne Medienbruch. Das heißt, ein Nutzer muss nicht von einem Medium in ein anderes wechseln, also etwa vom klassischen Fernsehen in das Internet oder Telefonnetz, mit jeweils anderen Endgeräten.

Welche Rolle das Internet für das Fernsehen in Zukunft haben wird, darüber gehen die Meinungen weit auseinander. In einem weiteren Aufsatz für Media Perspektiven[3], der sich mit der Mediennutzung der Zukunft befasst, kommen die Autoren Maria Gerhards und Walter Klingler zu dem Ergebnis, dass innerhalb der nächsten zehn Jahre „traditionellen Medien – Hörfunk und Fernsehen – (…) auch künftig mehrheitlich auf den herkömmlichen Wegen" genutzt würden. Ergänzend hinzu käme die Live- oder zeitversetzte Nutzung über das Internet „bei einer begrenzten Zielgruppe". Immerhin prognostizieren die Autoren, dass das Internet auch „schließlich die Funktion als technische Plattform zur Nutzung traditioneller Medien" übernimmt. Bei der Internetnutzung gehen die Autoren in den nächsten zehn bis 15 Jahren davon aus, dass sie auf über 70 Prozent steigt, von 52 Prozent, dem Wert, der der ARD/ZDF Langzeitstudie Massenmedien entnommen wurde. Bei dieser Betrachtung spielte die Breitbandigkeit der Internetzugänge keine Rolle. Eine möglichst hohe Bandbreite – oder auch Downloadgeschwindigkeit – ist aber die Voraussetzung für Fernsehen über das Web – zumindest in einer vernünftigen Qualität.

Andere Studien, wie die fünfte Auflage von „Deutschland Online" (2007), einer repräsentativen Befragung der Erwartungen von Branchenexperten, zeichnen da ein differenzierteres, aber auch optimistischeres Bild. Allerdings gilt es dabei zu beachten, dass die Studie im Auftrag der Deutschen Telekom AG erstellt wird, die natürlich ein großes Eigeninteresse an einer möglichst dynamischen Online-Entwicklung hat. Dennoch, auch hier sprechen die Ergebnisse für sich. Laut der Studie werden bis 2015 knapp 30 Millionen Internetanschlüsse in Deutschland erwartet. Davon sollen rund 30 Prozent, also etwa zehn Millionen, Bandbreiten von über 16 Megabyte pro Sekunde nutzen können. Zum Vergleich: Heute entwickeln sich zwei bis sechs Megabyte pro Sekunde zum Standard. Nur in Ausnahmen werden heute bereits 16 Megabyte pro Sekunde oder gar das neue VDSL-Netz (→) der Deutschen Telekom AG mit aktuell 25 Megabyte pro Sekunde genutzt. Im Jahr 2015 sollen laut der Telekom-Studie bereits 50 Prozent aller Anschlüsse das sogenannte Triple oder gar ‚Quadruple' Play (→) abonniert haben. Telefon, Internet und Fernsehen aus ein und demselben Anschluss, das ist Triple Play. Ist in dem Vertrag auch noch Mobilfunk enthalten, ist es Quadruple Play.

Es wäre allerdings falsch, aus diesen Zahlen abzuleiten, dass es 2015 bereits knapp 15 Millionen IPTV-Kunden gäbe. Auch die Kabelnetzbetreiber bieten Triple Play an, wobei das Fernsehen aber immer noch digital, aber auf herkömmlichen Weg in die Kabelnetze eingespeist wird. Goldmedia geht in der hier zitierten Studie übrigens von 2,5 Millionen IPTV-Anschlüssen bis zum Jahr 2012 aus. Doch solche Prognosen sind ein Blick in eine sehr trübe Kristallkugel und differieren sehr stark, je nachdem, wie aufgeschlossen der Prognostizierende gegenüber dem Medium ist.

Die Telekom-Studie macht jedenfalls deutlich, worauf es im Urteil der Befragten ankommt, will man einen signifikanten Marktanteil für das Internetfernsehen erreichen. „Wie stark sich das IPTV in Deutschland durchsetzen wird, hängt nach Meinung der Experten besonders von der Bildqualität und der Eingriffsmöglichkeit des Zuschauers ab. Auch die Möglichkeit der Interaktivität und ein guter elektronischer Programmführer sind hier von Bedeutung. Für IPTV-Anbieter ist die Richtung somit klar vorgegeben: Qualität und Interaktion zählt mehr, als einfach nur jeden Inhalt online verfügbar zu machen."

## Was heißt das alles für die Zukunft?

Doch unabhängig davon, wie schnell sich IPTV entwickelt, ist es nur eine Verlagerung einer Tätigkeit, die auch dort weitgehend Lean-Back, also passiv, bleiben wird. Ändern wird sich das nur an den Rändern, wie erste Beispiele mit dem zeitversetzten Fernsehen belegen. So konnte nach dem Rauswurf der umstrittenen Autorin Eva Herman aus der Talkshow Kerner die ZDF Mediathek in den folgenden Tagen einen regelrechten Ansturm in bisher ungeahntem Ausmaß auf ihr Portal erleben. Diejenigen, die die Sendung verpasst hatten, wollten sich ein eigenes Bild von den Vorgängen dort machen. Aus den hier zitierten Studien geht auch hervor, dass durch den Personal Video Recorder (→) durchaus eine Neigung besteht, mehr als bisher aufzuzeichnen. Ob dieses Material dann auch öfter angesehen wird, bleibt zweifelhaft. Die Erfahrungen mit der Videokassette sprechen eher dafür, dass diese Aufzeichnungen häufig nach einiger Zeit – ungesehen – wieder überspielt werden. Es ist eben einfacher, einfach nur einzuschalten, sich zurückzulehnen und dann bei einem guten Programm zu entspannen, oder, im übertragenen Sinne, abzuschalten.

Als Fazit können wir also festhalten: Das Fernsehen ist nach wie vor das Massen- und Unterhaltungsmedium Nummer eins! Es gibt bislang keinen Hinweis darauf, dass die Zuschauer zu ihrer Erholung in ein anderes Medium abwandern. Das Internet, oder besser gesagt, das Internet-Protokoll, wird sich im Laufe der Zeit wahrscheinlich als der technische Träger aller Medien durchsetzen, damit auch des Fernsehens. Wie lange dieser Prozess dauern wird, vermag heute freilich noch niemand zu sagen.

Für den Zuschauer heißt das: Die Gattung des Couch-Potatos ist zäh. Dinge werden sich ändern, sicher! Aber grundlegende menschliche Verhaltensmuster nicht. Der Wettbewerb wird härter, die Fragmentierung in immer neue Spartenangebote, egal ob im klassischen Fernsehen oder im Internet, schreitet voran. Der Wettbewerb besteht zwischen den Angeboten, unabhängig von der technischen Plattform, auf der sie zu finden sind. Lean-Back-Angebote, also für die Gattung unseres Couch-Potatos, werden dabei genauso vertreten sein wie solche, die ‚Lean-Forward' (→) sind, sich also an die aktivere Spezies richtet. Nur weil ich mit einem Medium in Interaktion treten kann, werde ich das nicht zwangsläufig auch tun, sondern nur dann, wenn ich etwas davon habe. Das ist etwa der Fall, wenn ich eine Information suche oder etwas online kaufen möchte.

Der steigende Wettbewerb ist es also, auf den es sich einzustellen gilt. Da sind die Besitzer starker Marken, etwa in der Unterhaltung, wie die Universal Studios, ganz eindeutig im Vorteil – solange die Hausaufgaben gemacht werden. Das freilich ist eine ganz andere Geschichte, die an anderer Stelle ausführlich geschrieben werden muss.

# Programmdirektor dringend gesucht

*Borris Brandt [General Manager, Endemol Deutschland GmbH]*

Der Zuschauer lechzt in der heutigen Zeit geradezu nach einem Programmdirektor, der dominant und gnadenlos filtert und bestimmt, was er zu sehen bekommt. Mit Einfühlungsvermögen und Unterhaltungsgeschick lenkt er – als ‚bester Freund' des Fernsehzuschauers – die Aufmerksamkeit ganz auf das Programm, das dann für den Zuschauer wie zugeschnitten scheint ... und ist ...

## Die gute alte Zeit und der Wandel des Fernsehprogramms

Zu Beginn des Privatfernsehens und der damit verbundenen neuen Sendervielfalt in den frühen 80ern bis hinein in die Mitte der 90er Jahre stand jeder Sender für eine bestimmte Richtung der Unterhaltung und hatte somit seine eigene Farbe. RTL stand für große Familienshows, war mutig und die ‚hippe' Konkurrenz zu den Öffentlich-Rechtlichen. Mit ProSieben verband man Hollywood, große US-Blockbuster. Sat.1 galt als Synonym für gute deutsche Serien für die ganze Familie und Film-Ereignisse. Als Anfang der 90er die Sender der zweiten Generation (VOX, kabel eins, RTL II) hinzustießen, hatten auch sie ihr ganz eigenes Gesicht.

Jeder Zuschauer wählte – ohne große Anstrengung – die Art der Unterhaltung, die ihm gerade zusagte, drückte auf den passenden Sender-Knopf (Kampagne: ProSieben auf die Sieben) auf der Fernbedienung und bekam sein Programm. Für den seltenen Fall, dass man zwischen zwei Möglichkeiten schwankte, gaben die Tipps der Programmzeitschrift und die beherzte, freundliche Programmansagerin weitere Hinweise auf das Angebot des Abends und schon war die Entscheidung gefällt.

Doch diese goldenen Zeiten – für Zuschauer wie Sender – sind schon lange vorbei. Im Laufe der letzten Jahre stieg der Erfolgsdruck auf die Senderverantwortlichen durch Börsengänge, mehrfach wechselnde Anteilseigner, Einbrüche bei den Werbeeinnahmen und durch das immer größer werdende Streben nach Gewinnmaximierung. Zahllose, in Dreiteilern gekleidete Medienmanager versuchten auf diversen Medienkongressen neue, extraordinäre, unschlagbare technische Innovationen anzupreisen und daraus resultierende Erlösmodelle aufzuzeigen. Doch die großen, vermeintlich gewinnbringenden Konzepte und Innovationen von UMTS (→), MMS (→) bis DMB (→) hielten nicht, was sie versprachen. Zahlreiche Investitionen zerronnen im Nichts. Denn – abgesehen von der ein oder anderen Komplikation bei der Um-setzung – war und ist der klassische Zuschauer nicht bereit, für Fernsehen, fernsehnahe Un-terhaltung oder die dazugehörigen Dienste gar mehr Geld zu zahlen als die notwendigen, aber dennoch bereits schmerzenden GEZ-Gebühren. Weder um den „Kampf um Rom" auf den kleinen Displays seines Mobiltelefons zu sehen noch um Videokonferenzen zu organisieren. Selbst Premiere hat in den vergangenen Jahren mit einem zugegebenermaßen attraktiven Programm seine Abonnentenzahlen nicht markant steigern können. Die erhofften digitalen Zusatzerlösquellen blieben folglich aus. Der Druck wuchs weiter. So ging man als nächsten Schritt die betriebswirtschaftlichen Optionen der Kostenreduzierung an – hauptsächlich durch Restrukturierung und damit Mitarbeiterreduktion, durch Kürzen von Marketingbudget und so weiter.

Kaum waren ein paar Millionen Euro eingespart, die Mediengruppen eine Prise effizienter, musste die Braut erneut hübsch gemacht werden. Denn schon der nächste Anwärter, sprich Neueigentümer, stand in Warteposition.

Die letzte alternative Maßnahme wurde angekurbelt und die Daumenschraube im Programm-bereich angelegt, um mit Einsparungen rund um das eigentliche Aushängeschild des Senders den Anforderungen der Investoren gerecht werden zu können. Spätestens im Zuge dieser Programmbudget-Reduzierungen verloren die Fernsehsender ihr Kolorit. Fast jeder rührte im Farbtopf des Mitstreiters herum, versuchte ‚senderfremde' Genres auf dem eigenen Kanal zu etablieren, verschloss sich – aus Angst vor Misserfolg – vor Innovationen und mied vermeint-lich überproportionale Schritte, die aber in Wahrheit die notwendig gewesene nächste Maß-nahme hätte gewesen sein können. Solange das oft mittelmäßig effektive Kopieren von be-stehenden Erfolgsformaten jedoch – auf Grund von fehlenden Alternativen (für den Zuschau-er) – durch zumindest kurzfristig gute Einschaltquoten und/oder Werbebuchungen belohnt wird, war, ist und bleibt wahre Innovation diffizil. Manager werden – vor allem im Segment Fernsehen – schon längst kaum mehr dafür bezahlt, dem Zuschauer gutes, erfolgreiches, aber vor allem innovatives Programm anzubieten, sondern viel eher dafür, keine Fehler zu ma-chen. Mut wurde und wird noch immer bestraft – insbesondere durch die Medien selbst.

Allein in Deutschland haben 471 Fernsehsender[1] eine Sendelizenz von den Landesmedienan-stalten erhalten. Die meisten selbstverständlich als Spartenkanäle. Aber die, die sich nicht im ‚Special Interest'-Segment tummeln, haben gegenwärtig fast uneingeschränkt keine einzigar-tige Farbe; lediglich Nuancen sind im besten Fall zu sehen. Je mehr Spezialisten sich auf dem Markt tummeln, desto schwerer haben es die großen Sender der ersten Stunde, sich in ihrer jetzigen ‚Alles-Positionierung' vom Mainstream abzuheben.

Der Mensch ist zwar – wenn es um die tägliche Unterhaltung und die Ablenkung von den Problemen des Alltags geht – recht einfach gestrickt, dennoch ist er es – verständlicherweise – schnell leid, nur Wiederholungen, Duplikate oder Massen-Modifikationen vorgesetzt zu bekommen – egal in welchem Bereich. Die Grundlage und der Erfolg von ‚Mode' ist schließ-lich nicht umsonst die saisonale Neudefinition von Trends. Und ist nicht das Saison-Bier genau deshalb so erfolgreich, weil es ein Saison-Bier ist?

Die jeweiligen Mitbewerber konnten sich zwar über lange Zeit beruhigt zurücklehnen, um sich auf ihren Lorbeeren – zumindest zwischenzeitlich – auszuruhen und die Erfolge laufender Formate auszukosten, während die Konkurrenz Sparmaßnahmen einführte und immer öfter mit ihren Formaten floppte oder noch floppen wird. Denn irgendwann macht(e) sich auch hier das Fehlen von Innovation bemerkbar, ist Erfolg ausgereizt – erst schleichend, aber es passiert.

Denn ist es nicht schier unmöglich, aus dem Saft der selben Zitronen nach quetschen, drücken, pressen und stampfen gleichbleibende Quantität und Qualität zu schaffen? Müssen nicht zwischenzeitlich neue Zitronenbäume angepflanzt, neue Früchte geerntet werden, um wieder einen solch gehaltvollen Saft zu erzeugen? Denn nur dann hat man die Möglichkeit, eine faule Frucht auch auszusortieren, um eine noch bessere Qualität zu erhalten.

Dies ist unverändert auf die gesamte Medienbranche zu übertragen – auf die Konzerne wie auf die einzelnen Sender – und genauso selbstverständlich auch auf das TV-Programm. Der Zuschauer jedoch möchte nach wie vor nur eines: unterhalten werden.

## Der Zuschauer heute

Die Zeiten sind ungemütlich, das Stimmungsbarometer schwankt zwischen Optimismus und Spießigkeit, zwischen Aufbruch und Angst vor dem Risiko. Da stehen wir uns manchmal selbst im Weg, wenn wir für etwas einstehen sollen, Entscheidungen bewusst treffen müssen. Und doch fällen wir täglich regelmäßig Tausende kleiner und großer Entscheidungen. In der Freizeit wie im Beruf, in der Familie wie für uns ganz persönlich. Von der Wahl der Kleidung über das Mittagsmenü bis hin zu wirklich elementaren Entschlüssen. Da wundert es nicht, dass wir abends nicht nur eine leichte Unlust verspüren, uns auch noch eine Entscheidung zum heutigen TV-Programm abringen zu müssen, sondern manchmal sogar unfähig sind, diese willentlich zu treffen.

Hinzu kommt eine Flut von Informationen, die immer weiter ansteigt und uns an bestimmten Tagen sogar fast zu ertränken droht – manche davon, ohne dass wir sie wahrnehmen: Der Radiowecker dröhnt als erstes Informationswerkzeug an unser Ohr – noch bevor der Tag für uns so richtig begonnen hat. Beim ersten Kaffee informiert die Tageszeitung. Auf dem Weg zur Arbeit erfahren wir über das Autoradio, was in der Welt passiert. Oft sind die Nachrichten, die wir nur eine Stunde nach dem Erklingen der freundlichen Stimme aus dem Radiowecker aufgeschnappt haben, schon ganz andere als die aus dem Autoradio. Und schon längst sind sie neuer, größer, präziser oder ganz anders aufbereitet als die, die wir in der Zeitung lasen. Ganz zu schweigen von dem, was uns – während unserer beruflichen Recherchen, im Internet, in Gesprächen mit Kunden, Kollegen und Vorgesetzen und so weiter – an Informationen begegnet. Da wundert es noch weniger, dass wir abends nicht nur eine leichte Unlust verspüren, weitere für uns teilweise gar nicht wirklich wichtige Information aufzunehmen, sondern manchmal auch unfähig sind, aus dem Wust von Informationen die wirklich für uns interessanten herauszufiltern.

Rund 80 Prozent der Downloads auf Online-Portalen wie YouTube oder MyVideo oder selbst beim Bücherkauf auf Amazon erfolgen auf Grund von Empfehlungen. Es spielt jedoch keine Rolle, ob es sich um ‚Special Interest' handelt. Es ist egal, welche Plattform gewählt wird. Im TV ist das nicht anders. Was früher die eher spartanische, aber präzise Fernsehzeitschrift in Kombination mit einer adretten TV-Ansagerin war, findet heute auf Grund von Hochglanz-Vollinformations-TV-Zeitschriften, gut aufgemachter EPGs (→) oder übergroßer City-Lights-Plakate kaum mehr statt: eine überschaubare, gut gefilterte, zusammengefasste Information zum aktuellen Fernsehprogramm. Zwar haben dies diverse TV-Zeitschriften mit dem Service des sogenannten ‚Tagestipps' bereits versucht, doch diese sind verständlicherweise noch zu universell.

So stützt sich der Fernsehzuschauer auf das, was Hinz und Kunz ihm empfiehlt. Nur, wer kennt den Zuschauer so gut, dass er weiß, was er benötigt, was ihn unterhält? Wer kann sich so gut in den Zuschauer einfühlen, dass er versteht, wie er tickt? Wer versteht die Zeichen der Zeit, der Frei-Zeit, der entscheidungsfreien Zeit? So wechselt der Zuschauer von Programmdirektor zu Programmdirektor. ‚Zapping' wird zum Volkssport. Dabei gibt es nichts Schöneres, als am Abend bequem gebettet den Fernseher einzuschalten und das Beste herausgepickt zu bekommen – aus einem vielfältigen, originären Angebot – zugeschnitten auf den Fernsehzuschauer – die vom idealen Programmdirektor ferngesteuerte Fernbedienung in der Hand. Da ließe sich sogar die Werbung ertragen …

*© Thomas Staab, 2008*

So geht es uns allen. So geht es dem konventionellen, aber modernen Fernsehzuschauer. Vielmehr noch als das. Der Zuschauer sehnt sich, gerade in der Freizeit, am Abend und an den Wochenenden – nach einer Vielzahl von getroffenen Entscheidungen, nach einem Heer an Informationen, nach einer viel zu langen Zeit ohne Familie und/oder Freunden – nach kollektivem Erleben ohne großes Brimborium. Er hat Sehnsucht nach Lagerfeueratmosphäre, möchte sich fallen lassen. Er möchte sie spüren, die Freiheit, nicht entscheiden zu müssen, möchte auf ihn zugeschnittene Lösungen präsentiert bekommen. Ein Service, der ihm zusteht. Deshalb brauchen wir ihn – den Programmdirektor. Den idealen Programmdirektor!

## Der ideale Programmdirektor und seine Arbeit

Die Bedürfnisse und Vorlieben der Gesamtzuschauer zu extrahieren ist komplex. Der ideale Programmdirektor benötigt Einfühlungsvermögen und ehrliches Verständnis für die Nöte und Sorgen der Zuschauer sowie die Fähigkeit, Trends und Interessen des Zuschauers in seine Programmplanung und -struktur zu integrieren. Ohne ein unübertroffenes Unterhaltungsgeschick sowie ein ungetrübtes Gespür für den Zeitgeist lässt sich kein ideales Programm zusammenstellen. Zukunftsvisionen dürfen nicht außer Acht gelassen werden. Jedoch ist zu berücksichtigen, dass man den Zuschauer nicht überfordert, sondern ihn vorsichtig führt – ohne ihn zu bevormunden. Das Gros der Zuschauer muss auf einen Nenner gebracht werden. Ein sympathischer, wohltuender und zugleich faszinierender Maximalkonsens – ohne dabei den Raum für Individualität zu vergessen.

Die große Herausforderung des persönlichen Programmdirektors im Vergleich zum intelligenten EPG als schlichten Navigator durch das reine Fernsehprogramm ist das tatsächliche Entscheiden über die mediale Freizeitgestaltung des Fernsehzuschauers – selbstverständlich stets mit Konzentration auf dessen Präferenzen und im Einklang mit dessen Gewohnheiten. Man könnte ihn auch als Helfer im TV-Alltag, als TV-Coach bezeichnen – nicht auf der Mattscheibe, sondern direkt im Wohnzimmer. Mit einem Satz: Der ideale Programmdirektor agiert als richtungweisender Unterhaltungsexperte mit Wohlfühl-Attribut, dem freien Blick auf morgen und dem Herzen am rechten Fleck. Aber wie soll das gehen?

## Die theoretische Umsetzung

Die Fernsehsender sind deutlich gefordert, sich im Interesse aller auf alte Werte rückzubesinnen. Vom eigentlichen Claim des Senders bis in die Wohnzimmer der Zuschauer. Jeder Sender mit seiner eigenen Farbe, sodass Fernsehen wieder bunt wird.

Denn Grundvoraussetzung für die Arbeit des Programmdirektors ist die Erschaffung klarer Strukturen auf allen großen Sendern. Die klare und vor allem voneinander abgegrenzte Positionierung der Top acht ist das A und O guter Unterhaltung. Innerhalb dieses Konstrukts wird pro Sender ein Programmgerüst aufgestellt, in das feste Themen-Bestandteile auf verbindlichen Slots integriert werden. Diese Bestandteile können dann mit Formaten aufgefüllt werden.

Ein Beispiel für eine solche klare Orientierung ist die Programmierung von Themenabenden innerhalb eines Senders: der Show-Montag, der US-Serien-Dienstag, der Movie-Mittwoch, der Frauen-Donnerstag, der Krimi-Freitag, der Familien-Samstag etc. Diese Programmgestaltung bleibt über alle Saisons hinweg – Sommer wie Winter – bestehen. Innerhalb dieser Themenabende kann variiert werden, zum Beispiel mit verschiedenen Shows am Montag, unterschiedlichen Serien am Donnerstag, Wiederholungen im Sommerloch und so weiter.

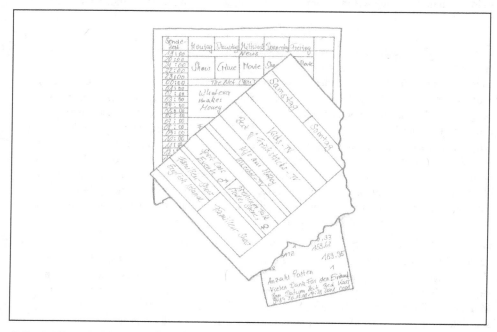

*© Borris Brandt, Thomas Staab, 2008*

Dabei ist zu beachten, dass – je nach Senderpositionierung – die Grundlage von Wohlfühlfernsehen wie zum Beispiel die gute alte eineinhalb bis zwei Stunden Show für die ganze Familie oder den gesamten Freundeskreis nicht auf der Strecke bleiben darf. Tempo TV, Skandalfernsehen hat der Zuschauer genug gesehen. Es gibt kaum noch etwas, was wirklich schocken kann, daher ist es Zeit, große Kraft in ‚Feel-Good'-TV zu investieren, in eine Kombination aus Formaten, die dem Zuschauer ein Lachen, Staunen, Einfühlen abverlangen und ein wenig dosierte Information im Interessenbereich vermitteln. Sogar ‚Public Viewing' (→) von großen Fernsehshows, die dieses Lebensgefühl vermitteln – im Sommer, mit der ganzen Familie, unter Freunden – ist in diesem Zusammenhang als Event denkbar, um den Fernsehzuschauer dort abzuholen, wo er zurzeit in resignierter Haltung verweilt. Denn das fordert der Zuschauer ganz deutlich[2] und das zu Recht.

Dabei muss die gemütliche Lagerfeueratmosphäre von Mensch Meier, Dalli Dalli oder Traumhochzeit zeitgemäß und liebevoll integriert werden. Der früher so oft verwandte Satz „Hast du das gestern gesehen?", der in Bezug auf das vorabendliche Fernsehprogramm zu jeder Begrüßung in der Kaffeeküche des Bürokomplexes dazugehörte – manchmal sogar noch vor dem „Guten Morgen" – will wieder hervorgekramt werden.

## Die praktische Anwendung

Der persönliche Programmdirektor (PPD) gilt als Navigator durch diese klare Programm-struktur – ist dies erst einmal umgesetzt – und somit als Entscheidungsträger über das Pro-grammangebot des jeweiligen Tages/Abends. Er wird zwischen das Empfangsgerät und die Fernbedienung geschaltet.

Vor Inbetriebnahme wird das Gerät auf die Bedürfnisse des Zuschauers programmiert. Jedes Familienmitglied wird bei der Installation bereits im Hauptmenü zu diversen Parametern (Alter, Geschlecht etc.) und Themengebieten befragt, gibt zum Schluss der Programmierung aus vorgegebenen Möglichkeiten individuelle Interessengebiete wie eigenes Seh- und Frei-zeitverhalten ein. So kann unter anderem auch sichergestellt werden, dass Kinder nur für sie definierte Sendungen schauen können und die Sehdauer und das Sehverhalten damit kontrol-liert werden. Hierfür sind für den Zuschauer eine klare Senderpositionierung und -struktur hilfreich, sogar notwendig.

Außerdem sind übergreifende Gruppendefinitionen vorhanden, die gespeichert werden kön-nen, zum Beispiel der ‚Familien-Knopf' oder der ‚Eltern-Knopf', bei dem beispielsweise aus den beiden Profilen der Eltern ein Gesamtprofil geschaffen wird.

Ähnlich wie das Amazon-System, das aus jeder Kaufentscheidung eines Kunden lernt und bereits nach kurzer Zeit für ihn konfektionierte Vorschläge abgibt, realisiert der persönliche Programmdirektor – zusätzlich zum Zurückgreifen auf die bereits programmierten Profile – aus dem Verhalten des Zuschauers dessen Präferenzen. Der PPD vergleicht die eingegebenen Definitionen und die gewonnenen Erkenntnisse mit den Informationen aus dem TV-Programm von über 150 Sendern und spricht individuelle Empfehlungen aus.

*© Thomas Staab, 2008*

Der PPD filtert so auch Sendungen heraus, die der interessierte Zuschauer mit größter Wahrscheinlichkeit in der vorhandenen Schar von Programmen nicht gefunden hätte, wie zum Beispiel spezielle Dokumentationen auf N24 oder ARTE in der Late-Primetime, aber auch Reportagen oder Ähnliches auf den Top 8-Sendern etc. Damit unterstützt er zwar kleinere Sender, ohne dabei jedoch den großen zu schaden. Denn diese profitieren wesentlich konkreter von einem fundierten, unterhaltsamen, zielgruppenorientierten Programmangebot. Nicht zuletzt werden die Quoten so wesentlich gerechter ausgewertet. Sie sind dann die Belohnung für qualitativ hochwertiges TV, das vielen Zuschauern gefällt und nicht geschaut wird, weil das Alternativprogramm noch uninteressanter scheint. Profitieren wird vor allem aber der Zuschauer. Und das sollte wieder erstes Ziel der Fernsehmacher sein.

## Ein kleiner Ausblick auf 201X

Neugierig geworden? Dann schauen Sie doch einmal, wie die Zukunft des Fernsehzuschauers schon bald aussehen könnte …

© Thomas Staab, 2008

Die besten Zeiten kommen also noch …

Spannende Unterhaltung!

## Verweise & Quellen

[1]  www.alm.de
[2]  Umfrage mit 417 befragten TV-Interessenten, Endemol Deutschland GmbH

# Teil III

# Fernsehveranstalter – heute und morgen

# Regional – National – Digital

Der öffentlich-rechtliche Rundfunk als Standortfaktor für die

Wissensgesellschaft des 21. Jahrhunderts

*Peter Boudgoust [Intendant, Südwestrundfunk (SWR)]*

## Digitaler Lexitus

Es ist die Chronik eines angekündigten Todes: Am 11. Februar 2008 vermeldete die Biblio-
graphisches Institut & F. A. Brockhaus AG, man sei skeptisch, ob es eine neue, 22. Auflage
der Enzyklopädie des Brockhaus in 30 Bänden geben werde. Der große Brockhaus – ein
Auslaufmodell? Die Medien reagierten prompt, veröffentlichten Nachrufe auf den „letzten
Wälzer"[1] , nahmen „Abschied vom Bildungsbürgermöbel"[2] und beklagten den „Lexitus"[3].

Es stimmt: Mit dem voraussichtlichen Ende dieser Papier gewordenen Sammlung des Welt-
wissens, die noch vor einer Generation in keiner bildungsbürgerlichen ,guten Stube' fehlen
durfte – sei es als Regalzierde und Wissenssurrogat oder als täglich genutzte Gebrauchanwei-
sung der Zeitläufe – geht eine Tradition zu Ende: 1796 erschienen die ersten Bände der ersten
Auflage. Die Absicht, das Wissen der Welt zusammenzutragen, stand ganz im Geiste der
Französischen Revolution, die wenige Jahre zuvor in unserem Nachbarland alles auf den
Kopf stellte und später auch so manchen Kopf rollen ließ. Denn bevor die Guillotine ihre
Arbeit aufnahm, war diese Revolution eine zutiefst humane Angelegenheit: Die Bürger, flei-
ßige Mitglieder der Gesellschaft, aber als ,dritter Stand' im Gegensatz zu Adel und Kirche
ohne Einfluss, pochten auf ihre Rechte, nahmen das Heft in die Hand, fegten mit ihren Rufen
nach Freiheit, Gleichheit und Brüderlichkeit ein verstaubtes Königtum hinweg, in dem es als
Auszeichnung galt, dem Herrscher beim Aufstehen den Morgenmantel reichen zu dürfen.
Diese Bürger legten den Grundstein für unser heutiges Europa, für unsere Demokratie, für ein
freies Wirtschaftssystem und für Toleranz gegenüber Andersdenkenden. Der Mensch war
nicht mehr nur ein kleines Rädchen im (Mächte-)System, er wurde wichtig und wertvoll, und
deswegen war es auch so wichtig, das Wissen der Menschheit aufzuschreiben, damit alle
lernen und sich weiterbilden konnten. Denis Diderot und Jean Baptiste le Rond d'Alembert
bereiteten ab 1750 mit ihrer ,Encyclopédie ou Dictionnaire raisonné des sciences, des arts et
des métiers' – neben vielen anderen – den geistigen Boden für diesen Paradigmenwechsel.
Und landeten gleichzeitig das, was wir heute einen verlegerischen Coup nennen würden. Die

Enzyklopädie war, obwohl der Kirche ein Dorn im Auge, ein ‚Bestseller'. Es ist kein Wunder, dass in dieser Zeit auch die Zeitungen massiv an Bedeutung gewannen. Noch heute erinnert unser Wort ‚Journalismus' an die französischen ‚Journals'.

Doch der Brockhaus ist nach zweihundert Jahren nicht tot, er ist nur umgezogen: ins Internet. Schon bald wird es die 300.000 Stichworte nur noch online zum Nachschlagen geben. Die 30 Bände der gedruckten Ausgabe kosten knapp 2.700 Euro. Das Online-Angebot wird kostenlos sein, finanziert durch Werbung. Für Schulen soll es sogar eine werbefreie Version geben. Dieser Schritt ist dem Verlag sicher nicht leichtgefallen. Aber er war unternehmerisch nur konsequent, denn die Verkaufszahlen für die gedruckte Ausgabe sind massiv eingebrochen. Die Menschen wollen sich nicht zwei Regalmeter in ihrem Wohnzimmer mit einem Lexikon füllen, das schon veraltet ist, wenn es gedruckt wird. Arne Klempert, Mitbegründer des Vereins Wikimedia Deutschland – Gesellschaft zur Förderung Freien Wissens e.V. und Mitglied im Redaktionsteam des Online-Lexikons Wikipedia, sah sich durch die Brockhaus-Entscheidung bestätigt: „Wir leben in so spannenden Zeiten, dass Printlexika einfach nicht mehr funktionieren."[4] Das stimmt: Wir schauen mal schnell auf Wikipedia nach, einer kostenlosen, im Großen und Ganzen gar nicht so schlechten Alternative zum Brockhaus. Die Brockhaus-Kunden sind heute im Internet, und der Verlag zog die einzig denkbare Konsequenz: Er folgte ihnen. Man wird sehen, ob das Geschäftsmodell trägt. Aber inhaltlich war es der richtige Schritt, und er kommt fast schon zu spät.

## Ein Auslaufmodell und ein Zukunftsmodell

Nun fragt sich der geneigte Leser womöglich, was denn der Brockhaus mit dem öffentlich-rechtlichen Rundfunk zu tun hat. Nun, der Brockhaus ist ein Anbieter für verlässliche Informationen. Eine Fachredaktion, die jedes Faktum doppelt prüft, bevor es veröffentlicht wird. Genau dies zeichnet auch guten Journalismus aus. Natürlich geht in unserem Geschäft, in den elektronischen Rundfunk-Medien, alles viel schneller. Die Tagesschau von heute ist übermorgen schon Geschichte. Aber Millionen von Menschen verlassen sich auf diese 15 Minuten kompakte Informationen, ohne Schnörkel und Show, reiner Inhalt. Ähnlich wie der Brockhaus-Verlag spüren auch wir, dass unser Publikum uns zunehmend im Internet sucht. Deshalb gibt es die Tagesschau auch online zu sehen, außerdem in einer Kurzversion für das Handy und als Textversion für den, der keinen schnellen Online-Zugang hat. Das bedeutet für uns nicht unerhebliche finanzielle und personelle Anstrengungen. Aber die Abrufzahlen zeigen uns: Das Publikum, das uns mit den Rundfunkgebühren finanziert, sucht uns im Netz. Deshalb ist es nur logisch, dass wir diese Gebühren auch dafür verwenden, dass wir im Netz präsent sind.

Allenthalben ist in der Medienbranche von der ‚digitalen Revolution' die Rede. Mit dem Wort Revolution sollte man, das zeigt schon der Blick auf die Ereignisse der 1790er Jahre in Paris, vorsichtig umgehen. Schon viele spektakuläre Ereignisse sollten ein neues Zeitalter einläuten, denken Sie etwa an die Mondlandung 1969. Was hat sich dadurch wirklich geändert, außer dass wir Alufolie und Teflon[5] als ‚Nebenprodukte' der Weltraumforschung benutzen? Wenig. Dagegen haben sich ganz heimlich, still und leise, und für viele fast unbemerkt, unsere Medien und unser Kommunikationsverhalten in den vergangenen 30 Jahren enorm gewandelt. Da ist die Rede von der ‚Revolution' gar nicht so weit hergeholt.

## Medien, morgen

Mit dem Dreiklang ‚regional – national – digital' lassen sich die Kernfragen, mit denen sich die Medienanbieter in Deutschland in den Zeiten dieser digitalen Revolution auseinandersetzen, recht gut beschreiben:

- Wie wichtig ist einer Zeitung, einem Radio- oder Fernsehsender ein regional verorteter Journalismus?

- Welche Kompetenz hat ein Medienunternehmen im hart umkämpften Feld der nationalen Berichterstattung?

- Wie gestaltet ein Sender oder Zeitungsverlag den radikalen Umbruch, den die Digitalisierung aller Medien mit sich bringt?

Zäumen wir das Pferd von hinten auf und bleiben beim Digitalen. Nach unserem Blick in die Vergangenheit des 18. Jahrhunderts möchte ich Sie zu einer Zeitreise einladen. Eine Zeitreise in eine nicht allzu weit entfernte Zukunft, vielleicht in das Jahr 2012. Wir befinden uns in Stuttgart, wo wir eine junge Frau begleiten, nennen wir sie Sarah Müller. Sarah ist 25 Jahre alt und in einem Steuerberaterbüro angestellt. In ihrer Freizeit engagiert sie sich besonders für den Umweltschutz und interessiert sich für Hip-Hop. Sie hat – natürlich – einen MP3-Spieler (→). Der kann selbstverständlich längst auch Videofilme abspielen und ermöglicht den mobilen Zugriff auf das Internet. Sarah Müller füllt in unserem Zukunfts-Beispiel ihren MP3-Spieler über einen drahtlosen Internetzugang mit den Inhalten, die sie interessieren: Das intelligente Gerät durchforstet alle im Internet verfügbaren Daten nach den Schlüsselwörtern ‚Umweltschutz' und ‚Hip-Hop', und stellt seiner Besitzerin daraus ein auf ihre Interessen maßgeschneidertes Programm zusammen. Hip-Hop und Umweltschutz, Musik und Wort, Text und Video in einem Gerät: Genau das ist das Ergebnis der Digitalisierung. Dem Binärcode auf dem Speicherchip ist es egal, für welches Medium er verwendet wird. Die Texte einer Zeitschrift sind längst ebenso in eine Kette dieser Ziffern übersetzt wie die feinen Ausbuchtungen der Plattenrille oder die belichteten Einzelbilder des Filmstreifens. Digitalisierung heißt letztlich: Verschmelzung bisher strikt getrennter Medien zu einem ‚Multi-Medium', Auflösung der Unterschiede von Sprache, Buchstaben, Zahlen, Audio und Video und stattdessen: Übersetzung in eine Universalsprache.

Der Ort, an dem wir dieses Zusammenwachsen aller Medien am besten beobachten können, ist natürlich das Internet. Da steht Text neben Bild, Audio- neben Video-Schnipsel. Der Lexikon-Artikel im Online-Angebot des Brockhaus über die Berliner Mauer wird dann nicht nur mit einem Foto illustriert, sondern begleitet vom Video, das die Mauerspechte beim Klopfen zeigt, und vom Originalton Walter Ulbrichts, niemand habe „die Absicht, eine Mauer zu errichten".

Mehr als 60 Prozent der Deutschen sind inzwischen online,[6] jedes Jahr kommen weit mehr als eine Million hinzu. Der Zuwachs geht quer durch alle Altersgruppen: Natürlich nutzen längst auch Senioren als ‚Silver Surfers' zunehmend das Internet, um zum Beispiel mit ihren Enkeln in Kontakt zu bleiben. Besonders virtuos wird die neue Technik aber von der jungen Generation genutzt. Das weiß jeder, der schon einmal ein zehnjähriges Kind am Computer gesehen hat. Die jungen Leute sind das Publikum der Zukunft, und sie sind fast zu 100 Prozent im Netz. Aber sie benutzen dort nicht nur Google, Amazon oder eBay, sondern sie verwenden das Netz einerseits als Plattform für soziale Kontakte, etwa bei MySpace, Facebook, SchülerVZ oder StudiVZ, sondern auch als Plattform für alle Medien: In Deutschland hören 17 Prozent der 14- bis 29-Jährigen online Radio, das sind doppelt so viele wie beim Rest der Bevölkerung.[7] Der Medienpädagogische Forschungsverbund Südwest hat im vergangenen Jahr Jugendliche gefragt, auf welches Mediengerät sie am ehesten verzichten können. Dabei nannten zum ersten Mal mehr Jugendliche den Fernseher als den Computer.[8] Der Fernseher ist verzichtbarer als der Computer, der Computer ist wichtiger als der Fernseher: Willkommen in der digitalen Welt.

Aber diese Antwort ist eigentlich ganz logisch, denn mit dem Computer, oder im Fall unserer Sarah Müller mit dem tragbaren Musik- oder Videospieler, bekomme ich Fernsehen und Radio gleich mit dazu. Für die Naturschutz-interessierte junge Frau bedeutet das: Sie erhält den Beitrag von SWR4 Radio Tübingen über die Aktion der Stadt Tübingen, an einem bestimmten Abend für einhalb Stunden das Licht zu löschen, ebenso wie den Bericht aus der Tagesschau über das vermeintlich überraschende Engagement des ehemaligen Wirtschaftsministers Wolfgang Clement für die Atomenergie. Denn, und damit sind wir bei den beiden anderen Schlagwörtern, die ich zu Anfang genannt habe: Guter Journalismus verbindet regionale und nationale Informationen zu einem für den Zuhörer, Zuschauer oder Nutzer relevanten Informations-Mix. Die Digitalisierung sorgt leider auch für ein scheinbar gleichberechtigtes Nebeneinander von Informationen höchst unterschiedlicher Qualität. Journalistische Kompetenz sortiert den Schund aus und filtert die Fülle an Information so lange, bis das Wesentliche übrig bleibt. Eine Dienstleistung, die aber in Deutschland trotz des wirtschaftlichen Aufschwungs nicht unbedingt Konjunktur hat.

## Standortfaktor Information

Deutschland ist ein Land mit wenig Sonnentagen und geringen Bodenschätzen. Aber um eines werden wir auf der ganzen Welt beneidet: unser Mediensystem, bei allen Schwächen, die natürlich auch hierzulande vorhanden sind. Dieses Mediensystem hat in 60 Jahren geholfen, eine funktionierende Demokratie aufzubauen, zu festigen und weiterzuentwickeln. Das ist ein kultureller Wert, den niemand leichtfertig über Bord werfen sollte – und nicht zuletzt auch ein wichtiger Standortfaktor in einer globalen Welt, in der auch die sogenannten ‚weichen Faktoren' eine immer größere Rolle spielen.

Das Bundesverfassungsgericht in Karlsruhe hat mit seinem Urteil vom September 2007[9] nicht nur die Rundfunkgebühr, sondern genau diesen journalistischen Auftrag der Öffentlich-Rechtlichen noch einmal mit Blick auf die Zukunft bestätigt: Die Richter haben ARD und ZDF eine Entwicklungsgarantie[10] auch in einer digitalen Medienwelt ausdrücklich zugesprochen. Nach Ansicht des höchsten deutschen Gerichts erfüllt der Programmauftrag des öffentlich-rechtlichen Rundfunks eine Grundfunktion in der demokratischen Gesellschaft – die der Meinungsbildung. Deshalb kann dieser Auftrag auch nicht an eine bestimmte technische Verbreitungsform oder Entwicklungsstufe des Mediensystems gebunden sein. Öffentlich-rechtlicher Journalismus ist ein Prinzip, das sich immer das passende Gefäß sucht.

Das Urteil von höchstrichterlicher Stelle ist für uns von großer Bedeutung, denn die Medienentwicklung der letzten Jahre geht generell in Richtung Konzentration, mit dem Ziel, kommerzielle Verwertungsketten zu errichten, die von Zeitungen und Zeitschriften über die klassischen Rundfunkmedien bis hin zu den neuen Medien, insbesondere dem Internet, reichen.

Ich glaube nicht, dass die Qualität unseres Mediensystems zu halten wäre, wenn Medien nur noch oder in erster Linie als Wirtschaftsgut betrachtet würden, mit dem ausschließlichen oder jedenfalls vorrangigen Ziel, Geld zu verdienen. Ein Beispiel: der Fernsehsender Sat.1, der längst in der Hand internationaler Finanzinvestoren ist.[11] Weil 23 Prozent Rendite den Investoren nicht genug waren, sondern es schon 30 Prozent sein müssen, strich das Management im Juli 2007 zwei Informationssendungen und brachte damit sogar fast die Sendelizenz in Gefahr. Ein anderes Beispiel: der australische Medienunternehmer Rupert Murdoch. Eine Tochterfirma seiner News Corporation kaufte von Januar bis Mai 2008 mehr als 25 Prozent der Aktien des deutschen Pay-TV-Anbieters Premiere. Und wer Murdoch kennt, dem war schnell klar, dass er nicht einfach nur mal eben mehrere Hundert Millionen Euro in Deutschland ‚parkt‘. Wo Murdoch einsteigt, will er später auch kontrollieren. So besitzt er weltweit 175 Zeitungen. In Großbritannien und Italien ist er bereits massiv an Pay-TV-Sendern beteiligt. Und immer spielen die Übertragungsrechte für die nationalen Fußball-Ligen eine große Rolle. Es wird deshalb in Deutschland nicht leicht sein, die Bundesligaberichterstattung in der ARD Sportschau zu halten, die ja auch mit einem großen Imagegewinn für diesen Breitensport insgesamt verbunden ist – und die uns eine der wenigen Möglichkeiten gibt, junge Zielgruppen anzusprechen, die wir sonst – leider – kaum noch erreichen.

Vielleicht sucht Murdoch mit seinem Einstieg in den deutschen Markt auch neue Vertriebsmöglichkeiten für seine Kinofilme – denn das Hollywood-Studio Twentieth Century Fox gehört ihm ja ‚praktischerweise‘ auch noch. Oder er will seine Online-Macht weiter ausbauen – schließlich hat er vor zweieinhalb Jahren für eine halbe Milliarde Dollar das Internet-Portal MySpace gekauft. Rupert Murdoch wird uns alle noch überraschen. Sein globaler Konzern, die News Corporation, ist das beste Beispiel für die vom Bundesverfassungsgericht genannten „multimedialen Wertschöpfungs- und Vermarktungsketten".[12]

Bei ARD, ZDF und Deutschlandradio werden Nachrichtensendungen nicht gestrichen, weder heute noch morgen. Wir legen großen Wert auf die Informationsangebote in unserem Programm. Deswegen betreibt zum Beispiel der SWR insgesamt 34 Regionalstudios, Regionalbüros und Korrespondentenbüros. Wir und die anderen Sender der ARD sind die elektronischen Medienanbieter in Deutschland, die am breitesten in der Fläche der Bundesrepublik vertreten sind. Diese Studios sind im Unterhalt nicht billig – aber sie sind unverzichtbar, wenn über das Leben in der Region verlässlich berichtet werden soll. Zu berichten gibt es eine Menge: in der Kommunalpolitik lässt sich in Deutschland viel gestalten, und manches bundesweite oder gar globale Problem muss auch lokal gelöst werden: In der Klimadebatte etwa wird die Frage heiß diskutiert, ob eine Kommune heute noch ein neues Kohlekraftwerk bauen soll. Da könnte sich unsere Sarah Müller eine Menge kontroverser Beiträge herunterladen und sich so ihre Meinung bilden.

Politische und gesellschaftliche Zusammenhänge sind hochkomplex. Umso wichtiger ist es unseren Journalisten, sie nachvollziehbar zu machen. Wir zeigen die Auswirkungen der EU-Verfassung am Beispiel eines Schreiners in Trier, wir gehen zu einem mittelständischen Metallverarbeiter in Württemberg und rechnen mit ihm die neue Gewerbesteuer aus. So werden abstrakte Themen konkret und damit verständlich. Davon profitiert der Zuschauer, Zuhörer und Online-Nutzer, und von einem informierten Mediennutzer profitiert natürlich auch der Chef des Betriebs, in dem dieser arbeitet. Kein Unternehmer will, dass ‚Gesundheitsfonds' und ‚private Rentenversicherung' für seine Angestellten böhmische Dörfer sind. Wenn der Außendienstmitarbeiter über die politische Lage in einem Land informiert ist, in dem der Betrieb Geschäftsbeziehungen unterhält, nützt das der ganzen Firma.

Regionaler Journalismus ist ein Standortfaktor in einem Land wie Deutschland. Wir haben zwar keine Erdölfelder oder Diamantminen, aber wir haben das ‚Gold in den Köpfen', wie es heißt. Wir mögen nicht das Land sein, in dem Nokia seine Handys zusammenbauen lässt. Aber wir sind das Land, in dem das berührungsempfindliche Display für das innovative iPhone-Handy der Firma Apple entwickelt wurde. Wir können den Dumpinglöhnen anderswo mit hochwertigen Ideen entgegnen. Damit diese Ideen wachsen und gedeihen, braucht es Bildung als Bewässerung dieses Pflänzchens und Journalismus als seinen Dünger. Deshalb sind Bildung, Wissenschaft und Information Standortfaktoren für unser Land. Natürlich gilt das erst recht in der Wissensgesellschaft des 21. Jahrhunderts. Für diesen Standortfaktor Information steht der öffentlich-rechtliche Rundfunk.

Gerade der SWR als im Südwesten verortete Landesrundfunkanstalt der ARD berichtet aber nicht nur, was in der Welt oder in Berlin geschieht, er berichtet auch, wer Bürgermeister oder Oberbürgermeister geworden ist, wer die Wahlkreise bei der Landtagswahl gewonnen hat – aber auch, wie das Wetter am Rosenmontagszug in Mainz wird oder wo der VfB Stuttgart in der Tabelle der Fußball-Bundesliga steht. Das Inhaltsschwere braucht das Bunte und umgekehrt. Denn ohne Nachrichten mit dem sogenannten Gesprächswert, ohne den heiteren Beitrag über ein Volksfest oder einen Narrenzug würde ein Radio- oder Fernsehprogramm bald wirken wie ein Amtsblatt. Sicher wichtig und ehrenwert, aber wer liest ein Amtsblatt, wenn er nicht muss? Der Journalist liest es und erklärt, wenn er seine Arbeit gut macht, das Wesentliche seinem Publikum. Er ist Dienstleister. Ob Gebührenzahler oder Abonnent: Der Kunde will Leistung für sein Geld.

## Aus der Region – für die Region

Der SWR kann dabei auf eine journalistische Kompetenz zurückgreifen, die im Südwesten Deutschlands ihresgleichen sucht. Wir haben das dichteste Korrespondentennetz, wir haben von Betzdorf bis Friedrichshafen kompetente Kolleginnen und Kollegen vor Ort, die journalistisch fundiert und mit höchster Aktualität berichten: Aus der Region – für die Region. Bei vielen Fernseh- und Hörfunksendern, aber auch bei manchen überregionalen Tageszeitungen spielt die flächendeckende Berichterstattung keine große Rolle mehr. Doch gerade das ist es, was die Menschen interessiert: Was passiert bei mir vor Ort, was betrifft mich und mein Lebensumfeld?

Die SWR-Journalisten in den Regionalstudios, die über das gesamte Sendegebiet verteilt sind, recherchieren – ebenso wie ihre Kollegen in der gesamten ARD – mit großer Kenntnis der lokalen Begebenheiten und mit einer Ausdauer, die ein ad hoc angereister Korrespondent wie bei anderen Sendern nie aufbringen könnte. Unsere Regionalkorrespondenten leben in der Region, über die sie berichten, und verfügen über ein hervorragendes Netzwerk an Kontakten. So bekommen sie immer mit, wenn ‚etwas passiert'. Das ist wichtig, denn auf die bundesweit sehr zuverlässigen Nachrichtenagenturen kann man für regionale Informationen längst nicht im gleichen Umfang zurückgreifen. Bis zu 70 Prozent unserer Regionalnachrichten sind selbst recherchiert. Das heißt, sie tauchen in keiner Zeitung und bei keiner Nachrichtenagentur auf. Wir sind unsere eigene Nachrichtenagentur. Unsere Journalisten gehören eben nicht zur angereisten Medienkarawane (manche sagen auch ‚Medienmeute'), die nach kurzem Verweilen weiterzieht zum nächsten Thema, zum nächsten ‚Skandal'. Wir bleiben vor Ort, fragen nach, bohren nach und bieten so nachhaltige Berichterstattung jenseits der großen, plakativen Schlagzeilen.

Wenn wir aber auch die junge Generation erreichen wollen, dann müssen wir auf all den medialen Plattformen präsent sein, wo sie nach Informationen sucht. Auch das ist Grundversorgung. Anders ausgedrückt: Nicht in den digitalen Medien und Plattformen vertreten zu sein hieße, eine ganze Generation auszuschließen. Das wäre ein klarer Verstoß gegen unseren gesetzlichen Auftrag zur Grundversorgung. Bei den Jugendlichen mit ihren iPods, Laptops und PlayStations wird es besonders deutlich, doch auch der Rest der Bevölkerung zieht nach: Digitale Medien werden immer stärker genutzt. Was der Herausgeber der New York Times, Arthur J. Sulzberger, für seine Zeitung gesagt hat, das gilt auch für unsere Programme im Fernsehen, im Radio und sowieso für den Online-Bereich: „Wir folgen unseren Lesern, wohin sie uns auch führen. Wenn sie uns gedruckt wollen, werden wir gedruckt da sein. Wenn sie uns im Netz wollen, werden wir im Netz sein. Wenn sie uns auf Handys oder zum Runterladen wollen, damit sie uns hören können, dann müssen wir auch dort sein."[13] Das heißt nicht, dass wir jeden Firlefanz mitmachen. Das wollen wir nicht, das könnten wir schon aus finanziellen Gründen nicht. Aber wir verschließen uns nicht der medialen Veränderung, sondern prüfen und sind offen für die Zukunft. Auch in fünf Jahren wird der Großteil der Zuschauer die Tagesschau im Fernsehen einschalten. Das Fernsehen ist noch kein Auslaufmodell wie der gedruckte Brockhaus. Aber wer die Tagesschau verpasst hat, der erwartet die wichtigste Nachrichtensendung des deutschen Fernsehens eben auch auf tagesschau.de oder auf seinem Handy. Der Mediennutzer von heute, erst recht derjenige der Zukunft, will sehen oder hören, was er will, wann er es will, wo er es will. Die zeit- und orts-souveräne Nutzbarkeit eines medialen Angebots wird gerade von den jüngeren Generationen des Publikums längst als Standard erwartet. Und je mehr Zuschauer und Hörer unsere Programme sehen und hören können, je mehr von einer intensiven Rechercheleistung profitieren, desto besser.

Denn das ist unsere Daseinsberechtigung, unser Grundauftrag: zu bilden, zu unterhalten und zu informieren. Wer unsere Inhalte sehen will, soll das auch können. Das gilt für den SWR, und das gilt natürlich auch für die ARD. Wir betreiben seit 50 Jahren das gemeinsame Fernsehprogramm Das Erste. Und wir betreiben seit mehr als zehn Jahren auch ein gemeinsames Internetangebot unter ard.de. Diese Internetseiten erstellt der SWR im Auftrag der gesamten ARD. Sie verweisen auf die Inhalte, die bei den einzelnen Sendern angeboten werden. So wie Das Erste die besten Fernsehsendungen aller Landessender zusammenfasst, ist die ARD die Plattform für die besten Online-Angebote in den Landessendern, die sich ja immer auf Hörfunk- und Fernsehinhalte beziehen.

## Der Wert der Information

Sendungen und die Informationen, die sie uns vermitteln, sind kein Wert an sich. In einer Zeit der allgegenwärtigen Verfügbarkeit von Information spielt es eine große Rolle, wie verlässlich eine Information ist, wie viel sie ,wert' ist. Mediendiskussionen sind immer auch Wertediskussionen. Der Wert des Mediums ist abhängig vom Ansehen des Herausgebers, des Urhebers: Ein Artikel über einen Politiker im Brockhaus gilt im Allgemeinen als verlässlich. Ein Artikel auf Wikipedia dagegen könnte von einem Mitarbeiter geschönt sein – bei einem Mitglied des amerikanischen Repräsentantenhauses ist das schon vorgekommen.[14] Jeder kann bei Wikipedia die Texte verändern, das ist das Prinzip des Online-Lexikons. Deshalb ist es so aktuell, deshalb ist aber auch schon mancher Schüler reingefallen, der sich bei seinen Hausaufgaben nur auf Wikipedia verlassen hat.

Programminhalte des öffentlich-rechtlichen Rundfunks stammen aus unverdächtiger Quelle. Der SWR verfolgt keine kommerziellen Interessen. Wir machen nichts, nur weil es ,in' ist, wir schalten kein Programm ab, nur weil es ,out' ist. Und wir wollen auch im Internet kein Geld verdienen. Unsere Programme sind über die Rundfunkgebühren bereits bezahlt, das ist uns bewusst. Aber gerade weil die Gebührenzahler bereits dafür in die Tasche gegriffen haben, haben sie auch Anspruch auf die Information. Im Radio, im Fernsehen, auf ihrem Computer und auf ihrem MP3-Spieler.

Diese Rolle des verlässlichen Informationsanbieters wird in der Medienwelt der Zukunft umso wichtiger. Denn mit der Fülle der Informationen wächst auch der Datenmüll. Wer gelegentlich im Internet surft, weiß das. Und für unsere Sarah Müller im Jahr 2012 wird dieser Müll noch zugenommen haben. Immer mehr unerwünschte Spam-Mails, betrügerische Websites, zwielichtige Diskussionsforen. Sich im digitalen Dschungel zurechtzufinden, ist nicht einfach.

Aber auch außerhalb des Internets erleben wir seit Jahren eine Medienentwicklung, in deren Verlauf sich immer mehr Menschen in erster Linie dafür interessieren, welche Zumutungen irgendwelche B- und C-Promis im *Dschungel-Camp* auf sich nehmen, um ihren verwelkten Ruhm wieder aufzufrischen. Schon längst hat die Berichterstattung darüber, wie viele Maden ein Mensch essen kann oder muss, um ins Fernsehen zu kommen, es über die Bild-Zeitung hinaus auch auf die Seiten seriöser Tageszeitungen geschafft. Man braucht kein Prophet zu sein, um vorauszusagen, wohin dies führt: zur zunehmenden Abstumpfung, Verrohung und Verdummung der Menschen.

Hier gilt es, einer Unkultur der totalen und grenzenlosen Unterhaltung Einhalt zu gebieten. Denn am Ende steht auch die Entpolitisierung der Menschen. Wir erleben in der politischen und wirtschaftlichen Entwicklung eine Phase, in der die Zusammenhänge immer komplexer werden. Das Thema Globalisierung zum Beispiel stellt den Einzelnen vor große Herausforderungen. Der Umbau einer Firma zum ‚Global Player' kann für die Mitarbeiter zur schmerzhaften Erfahrung werden. Hier besteht Erklärungsbedarf: Was ist Globalisierung? Ist sie gut oder schlecht? Wie kann ich mich darauf vorbereiten? Was sind Heuschrecken? Ist wirklich „Brüssel an allem schuld", wie es so oft heißt? Dazu braucht es einen Erklärer, der keine pauschalen Urteile liefert wie die Zeitung mit den großen Buchstaben, sondern der differenziert, aber verständlich erläutert. Ein Medium, einen ‚Vermittler' zwischen den handelnden Politikern und der Bevölkerung. Einen fairen Beobachter der Zeitläufe, der ohne Scheuklappen, aber mit durchdringendem Blick die Vorgänge beobachtet und verstehbar macht. Für die privaten Medienanbieter ist dies kein vordringliches Geschäftsinteresse. Für die Öffentlich-Rechtlichen ist es essenzieller Auftrag. Eine gut gebildete Informations-Elite wird es immer geben. Doch was ist mit dem großen Rest? Eine interessante Antwort darauf hat Rolf Schmidt-Holtz gegeben, früher Chefredakteur des „Stern", heute in verantwortlicher Funktion bei Sony, also mit uns weder verwandt noch verschwägert. Er analysiert die Medienentwicklung der vergangenen 30 Jahre: „[…] es kann kein Zufall sein, dass sich der Triumph des TV-Trashs zeitlich dem Ansteigen der Arbeitslosenzahlen, dem Verfall der Familien und des Bildungssystems und der sich daraus ergebenden Orientierungslosigkeit und Zerstreuungssucht zuordnen lässt. So spiegelt sich in den Medien die zunehmende Aufteilung der Gesellschaft in Teilhabende und Wissende auf der einen und in Außenstehende, Unwissende oder Nicht-Wissen-Wollende auf der anderen Seite wider. Was das für eine Gesellschaft bedeutet, die nur einen Rohstoff hat, nämlich Wissen, kann sich jeder ausmalen."[15] Besser hätte man nicht formulieren können, dass diese Gesellschaft auf uns Öffentlich-Rechtliche im eigenen Interesse nicht verzichten kann, dass wir unverzichtbar sind, wenn man es nicht sehenden Auges zur Spaltung unserer Gesellschaft kommen lassen will.

## Öffentlich-rechtlicher Rundfunk 2.0

Um unseren Programmauftrag zu erfüllen, müssen wir aber Massenmedium bleiben. Nur wer uns gerne sieht, sieht uns auch häufig. Ein reines Informationsprogramm im Fernsehen, wie es manche Kritiker fordern: Schauen Sie sich so was täglich an? Damit gewinnen wir die Masse der Zuschauer nicht. Nein, die wollen auch mal gut unterhalten werden. Dafür braucht es den Tatort, dafür braucht es das Fußball-Länderspiel. Denn wer das Viertelfinale der Europameisterschaft sieht – hoffentlich mit deutscher Beteiligung – der bekommt dann eben in der Halbzeitpause auch eine kurze, knackige Ausgabe der Tagesthemen. Wer unsere erfolgreichen Radioprogramme wegen der guten Musik hört, den informieren wir zwischen den Titeln mit sorgfältig recherchierten Beiträgen in verständlicher, moderner Sprache. So funktioniert guter öffentlich-rechtlicher Rundfunk. So bleibt er gesellschaftlich wertvoll und damit der positive Standortfaktor, um den uns andere in Europa und in der Welt beneiden.

Dazu kommt unsere Kulturarbeit: Unsere Orchester geben Konzerte, SWR3 lädt zum New Pop Festival, wir veranstalten unter anderem die Schwetzinger Festspiele. Wir geben damit der Kultur die starke Stimme, die sie braucht, und leisten damit auch einen gewichtigen Beitrag, die Regionen unseres Sendegebietes in Deutschland attraktiv zu machen.

Dabei darf öffentlich-rechtlicher Rundfunk eines niemals sein: Elitär. Alle zahlen für unsere Leistungen, also sind wir auch allen verpflichtet. Wer andere Länder kennt, der weiß: Unsere deutschen Medien haben zu Recht einen guten Ruf. Das gilt für die großen Tageszeitungen ebenso wie für die öffentlich-rechtlichen Rundfunkanstalten und viele private Anbieter. Aber dieser hohe Qualitätsstandard beruht auch ganz entscheidend auf der Stabilität des dualen Mediensystems mit einer Balance zwischen kommerziellen und öffentlich-rechtlichen Anbietern. Ich glaube nicht, dass er zu halten wäre, wenn Medien nur noch oder in erster Linie als Wirtschaftsgut betrachtet würden, mit dem ausschließlichen oder jedenfalls vorrangigen Ziel, Geld zu verdienen. Unseren hohen Standard, unseren guten Ruf gilt es, in die digitale Welt zu überführen, dort zu verteidigen und womöglich zu mehren.

Unseren Erfolg werden wir daran messen können, dass sich die Mediennutzer der Zukunft, Menschen wie Sarah Müller, tatsächlich auf die Öffentlich-Rechtlichen verlassen, um sich zu informieren. Dass sie die Notwendigkeit der Rundfunkgebühren als Solidarfinanzierung unseres Rundfunksystems anerkennen. Ein Rundfunksystem für alle – finanziert durch alle. Deshalb betrachten wir die Tipps in den Videotextangeboten der Privatsender nach dem Motto: „Keine GEZ mehr? So geht's!"[16] mit Sorge. Deshalb sollte ‚Schwarz-Sehen' kein Volkssport werden, denn damit verhält es sich wie mit dem Busfahren: Wer schwarz fährt, macht die Tickets für diejenigen teurer, die ehrlich zahlen. Wir könnten die Rundfunkgebühr sofort um zehn Prozent senken, wenn alle ihre Geräte anmelden würden.

Unser Anspruch ist hoch: Wir wollen mit der ARD weiter die besten Informationen über Deutschland und die Welt liefern. Wir wollen als SWR auch in Zukunft das Informationsleitmedium im Südwesten sein: regional – national – digital. Ob SWR4 Radio Stuttgart oder der neue Tatort mit Richy Müller, ob auf dem Röhrenradio oder mit dem Laptop, ob bei der Dokumentation über das Hambacher Schloss oder beim Bericht über die Präsidentschaftswahlen in den USA. Nur wenn es uns gelingt, die Trias ‚regional – national – digital' mit journalistischer Qualität und mit Leben zu füllen, wird Sarah Müller uns Speicherplatz auf ihrem MP3-Spieler freiräumen. Und nur dann wird der öffentlich-rechtliche Rundfunk überhaupt den Sprung ins 21. Jahrhundert schaffen.

# Verweise & Quellen

1   Tagesspiegel, 14.02.2008

2   tageszeitung, 13.02.2008

3   Die Welt, 13.02.2008

4   Der Standard, 14.02.2008

5   Und vielleicht nicht einmal das, denn Christoph Drösser argumentierte in der ZEIT, dass Teflon bereits 1938 erfunden wurde – allerdings wusste damals noch niemand, was man wohl damit anfangen könnte (vgl. Die Zeit, 23.04.1998).

6   „Zumindest gelegentliche" Online-Nutzung bei Erwachsenen laut ARD/ZDF-Online-Studie 2007, vgl. Media Perspektiven 8/2007, S. 363.

7   Vgl. JIM 2007: Jugend, Information, (Multi-)Media. Basisstudie zum Medienumgang 12- bis 19-Jähriger in Deutschland. Hrsg. vom Medienpädagogischen Forschungsverbund Südwest (http://www.mpfs.de/fileadmin/JIM-pdf07/JIM-Studie2007.pdf), S. 29

8   Vgl. JIM 2007, S. 16 f.

9   Vgl. BVerfG, 1 BvR 2270/05, 1 BvR 809/06, 1 BvR 830/06 vom 11.09.2007

10  Vgl. BVerfG, 1 BvR 2270/05 vom 11.9.2007, Absatz-Nr. 123

11  Die Private-Equity-Unternehmen Kohlberg Kravis Roberts & Co. (kurz: KKR) und Permira halten 50,5 Prozent der Aktien, der Rest befindet sich im börsengehandelten Streubesitz.

12  Vgl. BVerfG, 1 BvR 2270/05 vom 11.9.2007, Absatz-Nr. 118

13  FAZ, 17. 11.2005

14  Meehan, Marty, vgl. http://www.golem.de/0601/43048.html

15  Schmidt-Holtz, Rolf: Die Medien und die Werte. In: Werte. Was die Gesellschaft zusammenhält. Hrsg. von Liz Mohn, Brigitte Mohn u. a. Gütersloh 2007, S. 136 f.

16  Der Fernsehsender Vox bietet diesen zweifelhaften Service innerhalb seines sonst eher informationsarmen Videotext-Angebots.

# Die Digitalisierung als Chance

Das ZDF auf dem Weg in die neue Fernsehwelt

*Prof. Markus Schächter*

*[Intendant, Zweites Deutsches Fernsehen (ZDF)]*

## Totgesagte leben länger

Seit einigen Jahren gibt es Stimmen, die ein äußerst pessimistisches Bild von der Zukunft des Fernsehens malen. Die Urheber der Prognosen gehen davon aus, dass das Fernsehen über kurz oder lang vom Internet abgelöst wird. Bereits 1999 titelte die Zeitung Die Woche „TV ist tot"[1]. Auch noch neun Jahre später sind in vielen Zeitungen ähnliche Vorhersagen zu lesen. So warnte etwa die Welt am Sonntag Ende 2006 eindringlich vor dem „TV-Killer aus dem Netz"[2], der dem Fernsehen den Garaus machen könnte. Im Spiegel war im Frühjahr 2007 zu lesen, dass das Fernsehen von gestern sei.[3] Das Handelsblatt erkannte zu gleicher Zeit ebenfalls die „Gefahr aus dem Netz"[4] und kam im Sommer 2007 erneut zu dem ernüchternden Ergebnis „TV ist tot".[5] Im Frühjahr 2008 bestätigte das Handelsblatt seine pessimistische Einschätzung zur Entwicklung des Fernsehmarktes erneut.[6]

Ein interessanter Artikel, der den vielen Unkenrufen nicht folgt, erschien im Herbst 2007 in der Neuen Züricher Zeitung unter der Überschrift „Rüstige Dinosaurier"[7]. In dem Artikel kommt Leslie Moonves, Chef der amerikanischen Fernsehkette CBS, zu Wort und sagt: „Man hält uns Sendervertreter gern für Dinosaurier. Aber ich sage Ihnen: Einige Dinosaurier waren schnell, schlank und smart. Und als es auf der Erde richtig heiß wurde, verwandelten sie sich zu Vögeln." Aus Sicht von Leslie Moonves haben die Fernsehsender durch die Digitalisierung nichts zu befürchten. Ganz im Gegenteil – er geht fest davon aus, dass die Fernsehsender zu den Gewinnern der Digitalisierung gehören werden.

Betrachtet man die Entwicklung des Internets in den letzten Jahren einmal genauer, kann man zu der Ansicht gelangen, dass der Standpunkt von Leslie Moonves gar nicht so abwegig ist. Den pessimistischen Einschätzungen über die Zukunft des Fernsehens liegt nämlich ein gravierender Annahmefehler zu Grunde. Bei der Erstellung der Prognosen wurden die traditionellen Denkmuster der analogen Welt nicht verlassen. Obwohl fast immer die Konvergenz der Medien unterstellt wird, trennt man doch weiterhin in die separaten Medien Online und Fernsehen. Lässt man die traditionellen Systematiken der analogen Welt aber einmal hinter sich und denkt in den Möglichkeiten der digitalen Welt, erkennt man, dass sich das Internet immer mehr von einem statischen Textmedium hin zu einem Bewegtbildmedium entwickelt. Das Internet verdrängt also nicht das Fernsehen, sondern verschmilzt immer stärker mit ihm. Das traditionelle Fernsehen verändert sich dabei zwar grundlegend, verschwindet aber nicht.

## Das Fernsehen der Zukunft kann mehr

Das Fernsehen der Zukunft wird mehr können und es wird reichhaltiger denn je sein. Die Neuheiten des digitalen Fernsehens betreffen insbesondere die vier Bereiche:

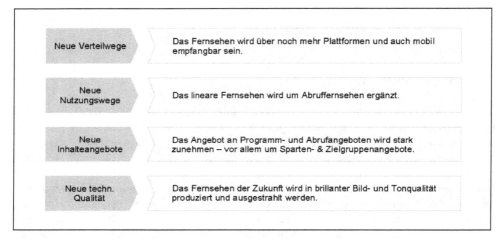

**Abbildung 1:**   *Die neuen Möglichkeiten der digitalen Welt*

### Neue Verteilungswege

Das Fernsehen der Zukunft wird über noch mehr Plattformen und zusätzlich auch mobil empfangbar sein. Zusätzlich zu den traditionellen Übertragungswegen wie Kabel, Satellit und Terrestrik wird das Fernsehen zukünftig IP-basiert auch über Fest- und Mobilfunknetze empfangbar sein. Das Fernsehen wird dem Zuschauer damit überall zur Verfügung stehen – im Wohnzimmer auf dem großen TV-Bildschirm, im Arbeitszimmer auf dem PC und unterwegs auf dem Handy.

### Neue Nutzungsformen

Das Fernsehen der Zukunft wird dem Zuschauer aber nicht nur überall, sondern auch jederzeit zur Verfügung stehen. Die Fernsehnutzung wird zukünftig nicht mehr auf bestimmte Anfangszeiten beschränkt sein, da das klassische Echtzeitfernsehen noch stärker als bisher um Abruffernsehen zur zeitsouveränen Nutzung ergänzt werden wird. Das Fernsehen verliert damit einen Großteil seines Nachteils gegenüber anderen Medien wie etwa Zeitungen oder Online-Portalen, die anders als das traditionelle Fernsehen nicht zeitgebunden und an festen Anfangszeiten orientiert sind.

Ein gutes Beispiel für Abruffernsehen ist die ZDF Mediathek (→), in der etwa 50 Prozent des ZDF-Programms auf Abruf zur Verfügung stehen. Wer etwa das heute-journal verpasst hat, kann es sich hier als Streaming- oder Podcast-Angebot (→) zu jedem beliebigen Zeitpunkt über Fernsehen, PC, iPod oder Handy ansehen.

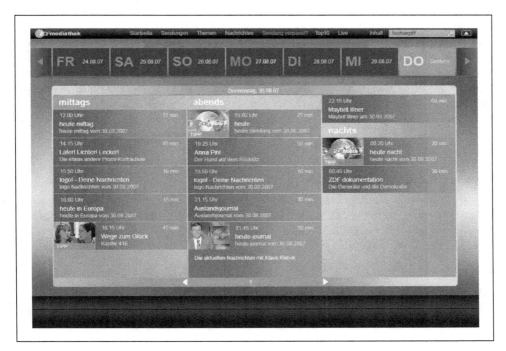

**Abbildung 2:** Screenshot ZDF Mediathek

In Zukunft werden immer mehr Haushalte über die notwendige technische Ausstattung für Abruffernsehen verfügen – und zwar nicht nur im Arbeitszimmer, sondern auch im Wohnzimmer. Dadurch wird das sich gegenwärtig in der Startphase befindendes Abruffernsehen stark an Bedeutung gewinnen. Das gegenwärtige Verhalten der Nutzer der ZDF Mediathek deutet bereits darauf hin, dass die Zuschauer nicht nur kurze Videoclips abrufen werden, sondern auch längere Programme. So wurden 2007 die folgenden, beispielhaft ausgesuchten Sendungen bereits über 100.000 Mal in der ZDF Mediathek abgerufen: *Neues aus der Anstalt, Armageddon, ZDF Expedition 2057, der satirische Jahresrückblick 2006* oder *Ijon Tichy.*

Die Nutzung von linearen Fernsehprogrammen, Abruffernsehen und Online-Angeboten wird in Zukunft noch einfacher werden, da alle Angebote einfach und bequem über das gleiche Endgerät empfangen werden können. Die verschiedenen Angebote werden dabei auch auf das jeweilige Endgerät – etwa das Handy – zugeschnitten sein. Es wird deshalb in Zukunft nicht mehr so sein, dass die Nutzung von Abruffernsehen und Online-Angeboten zumeist am PC erfolgt, während Echtzeitfernsehen am großen Fernsehbildschirm im Wohnzimmer genossen wird. Echtzeitfernsehen, Abruffernsehen und Online-Angebote werden zukünftig sowohl auf dem PC, als auch auf dem Fernseher und auf dem Handy verfügbar sein und vom Zuschauer je nach Beleiben kombiniert genutzt werden.

## Neue Inhalteangebote

Die Zahl der Fernsehprogramme und Abrufangebote wird in Zukunft auf Grund sinkender Kosten für die digitale Distribution weiter deutlich zunehmen. Dabei wird insbesondere die Anzahl an Zielgruppen- und Spartenangeboten steigen. An die Stelle des traditionellen Videotexts werden zusätzlich komplette Online-Dienste treten, die dem Nutzer viele neue und verbesserte Funktionalitäten und Möglichkeiten bieten werden. Der Fernsehmarkt wird sich durch die Vielzahl der neuen Angebote zu einem noch stärker ausgeprägten Nachfragermarkt entwickeln. Der Zuschauer wird in der digitalen Welt jederzeit und überall ein großes Fernsehangebot empfangen können.

## Neue technologische Qualität

Mit der fortschreitenden Digitalisierung und dem Abschalten der analogen Technologie wird sich auch die technische Qualität des Fernsehens verbessern. In Zukunft werden Fernsehsendungen durchweg in brillanter Bild- und Tonqualität ($\rightarrow$ HDTV und Dolby Surround) produziert und ausgestrahlt werden.

# Der Fernsehmarkt wandelt sich grundlegend

Im Rahmen der Digitalisierung wird sich der Fernsehmarkt grundlegender wandeln als in den vergangenen 50 Jahren. Die Veränderungen werden dabei nicht schlagartig, sondern prozessual erfolgen. Die Einschätzung des ZDF hinsichtlich der Entwicklungen des Markts lässt sich anhand der folgenden fünf Punkte illustrieren:

- Branchenfremde Akteure drängen in den Fernsehmarkt,
- Zugehörigkeit zum ‚Relevant Set' ($\rightarrow$) bleibt entscheidend,
- Senderfamilien und Marken werden noch wichtiger als bisher,
- Reichweite wird zur neuen Währung des Fernsehens,
- Erfolgreiche TV-Unternehmen werden größere Reichweite erzielen können als bisher.

## Branchenfremde Akteure drängen in den Fernsehmarkt

Wie bereits angemerkt, steigt im Rahmen der Digitalisierung die Anzahl der Fernsehangebote. Dabei drängen immer mehr, vormals branchenfremde Akteure wie Telekommunikationsunternehmen, Kabelnetz- und Satellitenbetreiber sowie Verlage in den Fernsehmarkt.

Die Telekommunikationsunternehmen sind mit ihren Angeboten wie etwa T-Home im Kern Wettbewerber im Infrastrukturmarkt und damit Konkurrenten der Kabelnetz- und Satellitenbetreiber. Genauso wie diese entwickeln sie sich aber weg von reinen Infrastrukturanbietern hin zu Plattformbetreibern. Als solche bieten sie ihren Kunden verschiedene TV-Pakete an. Je nach Paket kann der Kunde eine unterschiedliche Anzahl an in- und ausländischen Sendern sowie zusätzlich Filmotheken mit Video-on-Demand-Funktionalitäten (→) abonnieren. In dem Ausmaß, in dem die Plattformbetreiber ihre Pakete um eigene TV-Angebote erweitern, expandieren sie in den Fernsehmarkt und werden zu Konkurrenten der traditionellen Fernsehsender.

Ebenso wie die Plattformbetreiber expandieren auch die Verleger im Rahmen der Digitalisierung in den Fernsehmarkt. So erweitern die Verleger ihre Zeitungs- und Zeitschriftenportale bereits seit einiger Zeit gezielt um Videos. Laut der im Februar 2008 veröffentlichten Studie Onlinejournalismus 2008, die vom Institut der deutschen Wirtschaft in Köln veröffentlicht wurde, sind Bewegtbilder bereits heute ein fester Bestandteil der Online-Angebote von Verlagen. Filme mit überregionalen Nachrichten finden sich demnach auf etwa jedem zweiten Portal, Videos aus dem Verbreitungsgebiet stehen sogar auf 58 Prozent der Online-Angebote zur Verfügung. Moderiertes Web-TV in Form einer eigenen Nachrichtensendung bieten bereits 13 Prozent der Verlage auf ihren Seiten an. Der Axel Springer Verlag gegründete Ende 2006 eigens die Axel Springer Digital TV GmbH als zentralen Dienstleister für digitale Bewegtbilder. Das Tochterunternehmen des Verlags nahm im ersten Quartal 2007 seinen Betrieb auf und produzierte bereits Ende des Jahres im Schnitt 40 Beiträge fürs Internetfernsehen pro Monat. Im Februar 2008 starteten der Spiegel und der Kicker ein eigenes Sportfernsehen im Internet. Neben den Abrufangeboten im Internet planen die Verleger aber auch, lineare Fernsehprogramme anzubieten. So stieg beispielsweise der Kölner Verlag DuMont Schauberg bei center.tv, einem Anbieter mehrerer Lokalfernsehsender, ein und die WAZ-Gruppe beantragte eine Sendelizenz für ein Regionalfernsehen.

Das in den letzten Monaten zum Teil heftig diskutierte Zusammentreffen von Fernsehsendern und Verlegern im Internet ist also kein Zufall. Es ist vielmehr ein ganz normaler Vorgang im Prozess der Digitalisierung, bei dem sich das Internet von einem textbasierten Medium zu einem Bewegtbildmedium entwickelt. Die Verlage folgen diesem Trend und treffen zwangsläufig auf die Fernsehsender, die das Internet als weiteren Distributionsweg für ihre Programmangebote nutzen. Auf Grund der technologischen Entwicklung kann es keinem Medienunternehmen zugemutet werden, dass es von dieser Entwicklung abgekoppelt wird. Jedes Medienunternehmen, das eine Zukunft haben will, muss sich im Internet engagieren oder wird über kurz oder lang verschwinden.

## Zugehörigkeit zum Relevant Set bleibt entscheidend

Die großen, reichweitenstarken Vollprogramme, die sich an die breite Öffentlichkeit wenden, werden auf Grund der vielen neuen Angebote unverändert einem starken Wettbewerb ausgesetzt sein. Das allgemeine Zuschauerverhalten wird sich aber trotzdem nicht grundsätzlich verändern. Auch in Zukunft wird die Mehrzahl der Zuschauer ihren Fernsehkonsum im Wesentlichen auf acht bis zehn Sender, das sogenannte Relevant Set, beschränken. Es wird daher auch in der Zukunft wichtig bleiben, dass das eigene Programm zum Relevant Set gehört.

Wie die Entwicklung in den USA zeigt, ist davon auszugehen, dass die großen, reichweitenstarken Fernsehprogramme gemessen am Marktanteil weiter unter Druck stehen. Ihre wirtschaftliche und gesellschaftliche Bedeutung wird aber trotzdem wachsen. So haben die großen Sender in den USA in den letzten Jahren zwar Marktanteile und Zuschauer abgegeben, im gleichen Zeitrum ihre Werbeumsätze und damit ihre ökonomische Bedeutung aber stark steigern können. Sender, die es in Zukunft schaffen, trotz der gestiegenen Konkurrenz ein großes Publikum zu erreichen, werden sowohl ökonomisch als auch gesellschaftlich noch bedeutender werden.

In der Flut von Angeboten wird es dabei immer entscheidender werden, dass man vom Zuschauer auch gefunden werden kann, weshalb der Listenplatz in den Electronic Program Guides (→ EPG) zu einer der zentralen Fragen der Zukunft werden wird. Wer erst auf Listenplatz 175 erscheint, wird von vielen Zuschauern nicht mehr gefunden werden und kann schon deshalb nicht Teil des Relevant Set sein.

### Senderfamilien und Marken werden noch wichtiger als bisher

Als Antwort auf die sich abzeichnende Angebotsflut und die weitergehende Fragmentierung des Zuschauermarktes setzen die großen Fernsehsender bereits jetzt auf aufeinander abgestimmte Senderfamilien mit zusätzlichen Internetportalen und Abrufangeboten. Dies wird sich auch in Zukunft nicht verändern, sondern noch weiter verstärken. Im Mittelpunkt einer Senderfamilie wird dabei zumeist ein starker Hauptsender stehen, der als Leuchtturm fungiert. Dieser wird gezielt von einer Reihe von weiteren Sendern, Internetportalen und Abrufangeboten ergänzt und unterstützt werden.

Die Schlüssel zum Erfolg werden in Zukunft noch stärker als bereits heute starke, profilierte Marken sowie professionell erzeugte, attraktive und kreative Inhalte sein. Nur mit diesen wird ein Fernsehunternehmen Reichweite und Resonanz erzielen und Reputation in der Gesellschaft erlangen können. Ein TV-Unternehmen wird in Zukunft nur dann erfolgreich sein können, wenn es über eine aufeinander abgestimmte Senderfamilie mit starken Marken und Inhalten verfügt.

### Reichweite wird zur neuen Währung des Fernsehens

Mit der steigenden Bedeutung des Abruffernsehens und der weiteren Zunahme von Senderfamilien wird der Marktanteil, die traditionelle Kenngröße im Fernsehmarkt, durch weitere quantitative Erfolgsparameter ergänzt werden müssen. Inwiefern der Marktanteil dabei perspektivisch ganz verdrängt werden wird, bleibt abzuwarten. Auf alle Fälle wird aber die plattformübergreifende Reichweite stark an Bedeutung gewinnen. In dieser werden plattformübergreifend alle Kontakte von der linearen Fernsehausstrahlung über den Abruf bis hin zur zeitversetzten Nutzung über Speichermedien erfasst werden.

### Erfolgreiche TV-Unternehmen werden größere Reichweiten erzielen können als bisher

Den erfolgreichen TV-Unternehmen, die sich die Möglichkeiten der digitalen Welt gezielt zunutze machen, bietet sich eine große Chance. Mit ihrer umfangreicheren Angebotspalette mit linearen Programmen, Abruffernsehen und Internetportalen werden sie in der Summe größere Reichweiten erzielen können, als dies bisher mit einem einzigen, allein linear ausgestrahlten Programm möglich war.

Das Fernsehen wird auch in Zukunft das Leitmedium in Deutschland bleiben und sowohl gesellschaftlich als auch ökonomisch eine herausragende Bedeutung besitzen. Dass man dies auch andernorts so sieht, zeigen die Investitionen von Rupert Murdoch und das große Interesse des französischen Vivendi-Konzerns am deutschen Fernsehmarkt. Auch der neue Bertelsmann-Chef Hartmut Ostrowski unterstreicht dies, wenn er die Parole „Wachstum um jeden Preis" ausgibt und dabei ausdrücklich auf das Fernsehen setzt. Und nicht zuletzt die Investitionen großer Verlagshäuser wie etwa Springer und Burda in den Bereich IPTV ($\rightarrow$) zeigen, dass viele Branchenkenner im Fernsehmarkt der Zukunft einen lukrativen Markt sehen.

## Das öffentlich-rechtliche Fernsehen gewinnt in der digitalen Welt an Bedeutung

Das duale Rundfunksystem in Deutschland wird von den beschriebenen Entwicklungen nicht unberührt bleiben. Die gesellschaftliche Bedeutung von privatem und öffentlich-rechtlichem Fernsehen wird sich weiter verschieben. Bereits in den letzten Jahren war bei Teilen der privaten Anbieter ein Rückzug aus der publizistischen Verantwortung zu Gunsten von gesteigerten Renditeerwartungen zu konstatieren.

### Die privaten Sender werden auf Grund von Renditevorgaben ihren publizistischen Anspruch noch weiter zurückfahren

Die privaten Sender werden zukünftig noch intensiver mit verschiedenen neuen Geschäftsmodellen experimentieren. Sie werden dabei noch stärker versuchen, sich neben den traditionellen Werbeeinnahmen aus dem linearen Fernsehen neue Erlösquellen zu erschließen. Neben den bereits bekannten Erlösquellen aus dem Bereich Diversifikation wie etwa Homeshopping oder Transaktionsfernsehen werden sie verstärkt auf kommerzielle Internetportale, Produktplatzierung, gezielte Werbung durch adressierbare Zuschauer und den Weiterverkauf ihrer Sendersignale an Plattformbetreiber setzen.

Um mit ihren Sendersignalen Geld verdienen zu können, werden die privaten Sender Teile ihres Angebots verschlüsseln und zu entgeltfinanzierten TV-Sendern werden. Die Zuschauer werden dabei nicht direkt an die privaten Sender zahlen. Stattdessen werden die Kosten für die Angebote der privaten Sender Teil der monatlichen Paketgebühr sein, die an den Plattformbetreiber zu entrichten ist. Das und wie viel der Kunde für das einzelne Angebot zahlt, wird ihm dabei kaum bewusst sein. Nur diejenigen, die sich die Paketpreise der Plattformbetreiber nicht mehr leisten können, werden es merken, wenn sie die privaten Angebote nicht mehr wie üblich empfangen können.

Die Haupterlösquelle der privaten Sender wird aber auch in Zukunft Werbung bleiben. Dies wird sowohl für die linear ausgestrahlten Fernsehprogramme als auch für einen Großteil der Abrufangebote sowie für die Internetportale gelten.

Auch die Renditeerwartungen von bis zu 30 Prozent werden nicht geringer werden. Noch mehr als bisher werden sich rein renditeorientierte Investoren im deutschen Fernsehmarkt engagieren und die sogenannten ‚branchenüblichen Renditen' erwarten. Und das, obwohl Renditeerwartungen von 30 Prozent höher sind als die Renditen, die derzeit etwa in der Energiebranche erzielt werden. Die hohen Renditeerwartungen und der weiter zunehmende Wettbewerbsdruck werden dazu führen, dass der publizistische Anspruch der privaten Sender noch weiter abnehmen wird.

## Deutlich unterschiedliche Angebotsprofile bei öffentlich-rechtlichen und privaten Vollprogrammen

Die Programme der öffentlich-rechtlichen Sender unterscheiden sich seit Jahren grundlegend von den privaten Angeboten und zwar bereits in den Hauptprogrammen und nicht nur bei PHOENIX, ARTE und 3Sat oder im Vergleich zu SuperRTL, VIVA, DSF und RTL II. Langzeitstudien des Instituts für empirische Medienforschung und die Zahlen der Gesellschaft für Konsumforschung belegen seit Jahren den eindeutigen Unterschied in den Hauptprogrammen der öffentlich-rechtlichen und privaten Anbieter.

Die Hauptprogramme der öffentlich-rechtlichen Sender zeichnen sich durch einen hohen Informationsanteil aus (ARD 41,8 Prozent; ZDF 47,8 Prozent), während zwei Drittel bis drei Viertel auch der privaten Hauptprogramme ausschließlich aus Unterhaltung (fiktional und nicht-fiktional) und Werbung bestehen (RTL 64,4 Prozent; Sat.1 75,2 Prozent; ProSieben 65,6 Prozent).

| Spartenprofile 2006 | ARD | ZDF | RTL | Sat.1 | Pro7 |
|---|---|---|---|---|---|
| Information | **41,8 %** | **47,8 %** | 25,6 % | 18,3 % | 25,7 % |
| Sport | 8,0 % | 7,5 % | 2,3 % | 0,2 % | 0 % |
| Nicht-fiktionale Unterhaltung | 4,4 % | 5,7 % | **18,6 %** | **27,7 %** | **18,2 %** |
| Musik | 1,3 % | 1,2 % | 1,1 % | 0,7 % | 0,4 % |
| Kinderprogramm | 6,0 % | 5,5 % | 1,2 % | 0,1 % | 2,7 % |
| Fiktion | 34,7 % | 28,6 % | **24,8 %** | **27,3 %** | **32,1 %** |
| Sonstiges | 2,3 % | 2,2 % | 5,3 % | 5,4 % | 5,5 % |
| Werbung | 1,5 % | 1,4 % | **21,0 %** | **20,2 %** | **15,3 %** |

**Tabelle 1:** *Spartenprofile der Hauptprogramme 2006*
*Quelle: Krüger/Zapf-Schramm, Media Perspektiven, April 2007*

## Nachrichten sind nicht gleich Nachrichten

Die öffentlich-rechtlichen Sender bieten in ihren Programmen nicht nur mehr Nachrichten und Information als die private Konkurrenz, auch die Schwerpunkte der jeweiligen Nachrichtensendungen sind unterschiedlich. Der Schwerpunkt der Nachrichten bei ARD und ZDF liegt auf politischen Themen (41 bis 51 Prozent der Themen), während sich die privaten stark mit nicht-politischen Boulevardthemen beschäftigen.

| Themenstruktur 2006 | ARD Tages- schau | ZDF heute | RTL aktuell | Sat.1 News | ARD Tages- themen | ZDF heute journal |
|---|---|---|---|---|---|---|
| Politik | 51 % | 41 % | 19 % | 24 % | 45 % | 47 % |
| Wirtschaft | 6 % | 6 % | 5 % | 6 % | 9 % | 10 % |
| Gesellschaft /Justiz | 8 % | 9 % | 8 % | 9 % | 11 % | 11 % |
| Wissenschaft/Kultur | 4 % | 5 % | 4 % | 4 % | 6 % | 7 % |
| Unfall/Katastrophe | 4 % | 6 % | 7 % | 8 % | 3 % | 4 % |
| Kriminalität | 2 % | 3 % | 7 % | 8 % | 2 % | 2 % |
| Human Interest/Buntes | 2 % | 4 % | 17 % | 19 % | 4 % | 4 % |
| Sport | 10 % | 13 % | 18 % | 9 % | 8 % | 6 % |
| Wetter | 7 % | 7 % | 7 % | 7 % | 8 % | 5 % |
| Sonstiges | 5 % | 7 % | 7 % | 5 % | 5 % | 5 % |

*Tabelle 2:* Themenstruktur der Hauptnachrichtensendungen 2006
Quelle: Krüger, Media Perspektiven Februar 2007

## Europaberichterstattung fast ausschließlich im öffentlich-rechtlichen Rundfunk

In den Hauptnachrichten der öffentlich-rechtlichen Sender wird ausführlich über Europa berichtet. So entfallen 88 Prozent der Europaberichterstattung allein in den deutschen Hauptnachrichtensendungen auf ARD (47 Prozent) und ZDF (41 Prozent). Die privaten Sender nehmen sich des Themas dagegen selbst in den Hauptnachrichtensendungen nur sehr begrenzt an (Sat.1 6,5 Prozent; RTL 5,5 Prozent). Bei der Übernahme der EU-Ratspräsidentschaft Deutschlands im Dezember 2006 liefen 87 Prozent der Berichte bei ARD (39 Prozent) und ZDF (48 Prozent). Die Berichterstattung über internationale Politik ist insgesamt ein ganz wesentlicher Bestandteil der Nachrichten bei den öffentlich-rechtlichen Sendern. Die öffentlich-rechtliche Politikberichterstattung thematisiert zu jeweils 50 Prozent die deutsche und die internationale Politik. Insgesamt liefen 84 Prozent der Berichterstattung zur internationaler Politik allein in den Hauptnachrichten (restliches Programm bereits außer Acht gelassen) bei ARD (41 Prozent) und ZDF (43 Prozent) – (RTL und Sat.1 jeweils acht Prozent).

## Öffentlich-rechtliche Fernsehangebote im Interesse der Kinder und Eltern

Kinderfernsehen ist ein Angebot, das von den privaten Vollprogrammen kaum noch angeboten wird. Wenn diese es anbieten, dann fast ausschließlich in Form fiktionaler Kindersendungen.

| Programmanteile 2006 | ARD | ZDF | RTL | Sat.1 | Pro7 |
|---|---|---|---|---|---|
| **Anteil Kinderprogramm** | 6,0 % | 5,5 % | 1,2 % | 0,1 % | 2,7 % |
| Nichtfiktionale Sendungen | 2,8 % | 1,8 % | 0 % | 0 % | 0,4 % |
| Fiktionale Kindersendungen | 3,2 % | 3,8 % | 1,2 % | 0,1 % | 2,3 % |
| Kinderfilme/Serien | 0,7 % | 1,0 % | 0,5 % | 0 % | 0,1 % |
| Zeichentrick/Puppentrick | 2,4 % | 2,8 % | 0,8 % | 0,1 % | 2,2 % |

*Tabelle 3: Programmanteile Kinderfernsehen 2006*
*Quelle: Krüger/Zapf-Schramm, Media Perspektiven April 2007*

Ebenso deutlich unterscheidet sich auch der von den Öffentlich-Rechtlichen speziell für Kinder angebotene Kinderkanal (kurz KI.KA) von den privaten Kinderkanälen SuperRTL und Nikelodeon (kurz Nick). So legt KI.KA besonderen Wert darauf, werbe- und gewaltfrei zu sein und nur für Kinder geeignete Programme anzubieten. Nur der KI.KA sendet mit logo! seit Jahren von Montag bis Samstag eine eigene Nachrichtensendung für Kinder. Die Umfrageergebnisse unter Eltern bestätigen die hohe Qualität des Senders sowie den Unterschied zu den privaten Kanälen.

## Öffentlich-rechtlicher Rundfunk ist gerade in der digitalen Welt unverzichtbar

In dem Ausmaß, in dem sich die privaten Sender aus der gesellschaftlichen Aufgabe des Leitmediums Fernsehens zurückziehen, fällt den öffentlich-rechtlichen Sendern eine immer größere Bedeutung und Verantwortung für unsere Gesellschaft zu. Das Ausmaß der gesellschaftlichen Aufgabe des Leitmediums Fernsehens wird dabei in einer immer komplexer werdenden Welt und einer sich immer stärker fragmentierenden Gesellschaft in Zukunft noch weiter wachsen.

Vor diesem Hintergrund hat das Bundesverfassungsgericht mit seinem aktuellen Gebührenurteil recht, wenn es feststellt, dass es auch in der digitalen Welt – und hier vielleicht sogar noch mehr als jemals zuvor – öffentlich-rechtlicher Sender bedarf. Denn nur diese sind weder von den Interessen der Wirtschaft noch von denen der Politik abhängig. Nur sie sind primär den Interessen der Gesellschaft und der Zuschauer verpflichtet. Das Karlsruher Urteil ist daher keineswegs rückwärtsgewandt, wie vielfach interessengeleitet behauptet wird. Diejenigen, die zum Teil heftige Richterschelte betreiben, übersehen etwas sehr Entscheidendes: Das Bundesverfassungsgericht kannte die Argumente der Gegner des öffentlich-rechtlichen Systems durchaus und hat wohlinformiert mit großem Sachverstand und Weitsicht geurteilt. Das Gericht hat zum Wohle eines vielfältigen audiovisuellen Medienangebots in Deutschland entschieden.

## Der Funktionsauftrag des öffentlich-rechtlichen Fernsehens bleibt aktuell

Der Funktionsauftrag des öffentlich-rechtlichen Fernsehens wird auch in der digitalen Welt relevant und aktuell bleiben. So hat der öffentlich-rechtliche Rundfunk auch in Zukunft unter anderem folgende Aufgaben:

▨ Er muss der Gesellschaft ein Forum für den Interessen- und Meinungsaustausch bieten und unserer Demokratie dienen.

▨ Er muss für die Menschen in Deutschland frei zugänglich und so kostengünstig wie möglich empfangbar sein und hat für alle Alters- und Gesellschaftsgruppen ein niveauvolles und kreatives Programm mit Information, Bildung, Kultur und Unterhaltung zu bieten.

▨ Vor dem Hintergrund einer immer komplexer werdenden Realwelt und einer Fernsehwelt, die immer mehr von künstlich erzeugten Medienereignissen und Scheinwichtigkeiten beherrscht wird, hat der öffentlich-rechtliche Rundfunk den Menschen ein möglichst realistisches Bild der Wirklichkeit zu zeigen.

▨ Dabei hat er Orientierung durch Einordnung der Geschehnisse und von Werbewirtschaft und Politik unabhängige Bewertung zu geben.

## Der öffentlich-rechtliche Rundfunk muss sich neu aufstellen

Um ihrem Auftrag auch in Zukunft gerecht werden zu können, müssen die öffentlich-rechtlichen Sender weiterhin die ganze Breite der Gesellschaft mit ihren verschiedenen sozialen Gruppen und Altersklassen erreichen. Eine große Herausforderung wird es dabei sein, gerade junge Zuschauer, Menschen mit Migrationshintergrund sowie bildungsferne Gesellschaftsgruppen anzusprechen. Es wird die Aufgabe des öffentlich-rechtlichen Rundfunks sein, gerade diese Gesellschaftsgruppen zur Information zu leiten und sie an die relevanten Themen aus Politik, Wirtschaft, Kultur, Religion und Gesellschaft sowie Qualitätsfernsehen heranzuführen. Hierfür wird es unterschiedlicher Ansprachen und Angebote sowie gezielter Pogrammmischungen innerhalb des Gesamtangebots aus linearen Programmen, Internetportalen und Abrufangeboten bedürfen. Um für die digitale Zukunft vorbereitet zu sein, müssen sich die öffentlich-rechtlichen Sender neu aufstellen. Sie müssen:

▨ ihre Senderfamilien, Abrufangebote und Internetportale konsequent weiterentwickeln,

▨ junge Zuschauer, Menschen mit Migrationhintergrund sowie bildungsferne Gesellschaftsgruppen gezielter ansprechen und diese an die gesellschaftlich relevanten Themen sowie Qualitätsfernsehen heranführen,

▨ ihre Dach- und Programmmarken weiter profilieren und stärken,

▨ die kreativen Potenziale in ihren Häusern fördern und attraktive Inhalte professionell und auf dem jeweils aktuellen Stand der Technik produzieren,

▨ mit ihren Angeboten auf allen relevanten Plattformen vertreten sein und

▨ die zahlreichen Möglichkeiten der digitalen Welt – wie etwa Abruffernsehen oder Podcasting – aktiv nutzen.

Dabei wird stets darauf zu achten sein, dass man dem öffentlich-rechtlichen Anspruch, den die Gesellschaft zu Recht hat, gerecht wird.

## Das ZDF auf dem Weg in die digitale Fernsehzukunft

Das ZDF ist sich bewusst, dass die Digitalisierung den deutschen Fernsehmarkt grundlegender verändern wird als alle Entwicklungen der letzten 50 Jahre. Das Unternehmen sieht die anstehenden Veränderungen – die kommen werden, ganz gleich, ob man es möchte oder nicht – nicht als Bedrohung, sondern als Chance, und zwar vor allem für das öffentlich-rechtliche Fernsehen. Die zuvor beschriebene Anpassungsnotwendigkeit für öffentlich-rechtliche Sender sieht das ZDF auch für das eigene Unternehmen als relevant an. Die Geschäftleitung hat deshalb das umfassende, digitale Transformations-Projekt ZDF 2012 gestartet, in dessen Rahmen sich das Unternehmen sukzessiv weiterentwickeln wird. Im Transformationsprozess werden neben der inhaltlichen Ausrichtung des Unternehmens auch Fragen zur Umgestaltung der innerbetrieblichen ‚Workflows' und zur notwendigen Anpassung der Aufbauorganisation thematisiert werden.

Im Rahmen der Weiterentwicklung werden die drei Digitalkanäle des Senders und die ZDF Mediathek fortentwickelt werden. Aber auch das ZDF Hauptprogramm wird nicht vernachlässigt werden. Am Leuchtturm des Senders wird gezielt und engagiert weitergearbeitet werden.

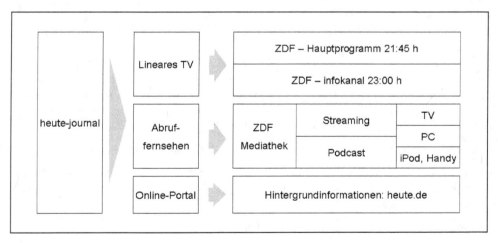

***Abbildung 3:*** *Nutzung der digitaler Möglichkeiten am Beispiel des heute-journals*

Um den sich verändernden Nutzungsgewohnheiten und Erwartungen der Zuschauer zu entsprechen, wird das ZDF auch weiterhin die Möglichkeiten der digitalen Welt für alle seine Angebote nutzen. Ein gutes Beispiel bietet in diesem Zusammenhang das heute-journal (siehe Abbildung 3). Die Nachrichtensendung läuft im ZDF Hauptprogramm täglich um 21:45

Uhr. Immer weniger Menschen schaffen es inzwischen aber, ein bestimmtes Programm pünktlich zu einem vorgegebenen Zeitpunkt einzuschalten. Viele Menschen wollen sich auch nicht mehr nach starren Zeitvorgaben richten. Um diesen Menschen entgegenzukommen, geht das heute-journal neue Wege. So können Späteinschalter die Sendung inzwischen um 23:00 Uhr nochmals im ZDF infokanal sehen. Sie ist aber auch nach der Ausstrahlung im Hauptprogramm jederzeit über die ZDF Mediathek als Streaming- oder Podcast-Angebot über PC, Fernseher sowie mobile Endgeräte abrufbar. Die Zuschauer können sich dabei sowohl die komplette Sendung als auch einzelne Beiträge ansehen. Für die Zukunft ist vorgesehen, das Angebot noch gezielter auf die jeweiligen plattformspezifischen Nutzungsbedingungen anzupassen und entsprechend zu konfektionieren.

***Abbildung 4:*** *Das heute-journal in der ZDF Mediathek*

Über heute.de stehen dem Zuschauer darüber hinaus umfangreiche Hintergrundinformationen zu den Themen der Sendung zur Verfügung. Vor allem für junge Menschen ist Abruffernsehen über den PC oder das Nutzen von Podcast-Angeboten über mobile Endgräte selbstverständlich. Vor allem diese nutzen die neuen Angebotsformen des heute-journals. Um auch zukünftige ZDF-Zuschauer zu erreichen, werden zahlreiche Beiträge auch auf anderen Plattformen zur Verfügung gestellt. So ist eine ganze Reihe von Beiträgen des heute-journals etwa auch über youtube.com/zdf zu sehen.

Wie zuvor bereits beschrieben, bleiben starke Marken und professionelle, attraktive Inhalte Schlüsselfaktoren für den Erfolg eines Fernsehunternehmens. Das ZDF wird deshalb auch in seinen Markenambitionen nicht nachlassen. Denn nur mit einem starken Portefeuille an Marken kann das ZDF seine Ziele hinsichtlich Reichweite, Resonanz, Reputation und Repertoire erreichen. Auch technisch wird sich das ZDF weiterentwickeln und auf der Höhe der Zeit bleiben. Das ZDF wird mit der Leichtathletik-WM im Sommer 2009 mit der HD-Ausstrahlung seines Hauptprogramms beginnen. Die derzeitigen Planungen von ARD und ZDF sehen vor, die Hauptprogramme ab den Olympischen Winterspielen 2010 in Vancouver in HD-Qualität ausstrahlen.

Bei allen Überlegungen des öffentlich-rechtlichen Fernsehens hinsichtlich der Zukunft melden sich sofort alle Bedenken- und Sorgenträger der sonst so selbstbewussten privaten Medien und klingeln lautstark das eigene Totenglöckchen. Hierzu sei Folgendes angemerkt: Dem ZDF sind die Aufgaben eines öffentlich-rechtlichen Senders sowie die Erwartungen der Gesellschaft sehr bewusst. Das ZDF wird wie in der Vergangenheit seine strategischen Entscheidungen eng mit seinen Aufsichtsgremien, Fernsehrat und Verwaltungsrat, besprechen und abstimmen. Beide Gremien setzen sich aus Vertretern der verschiedenen Gruppen unserer Gesellschaft zusammen, die die Interessen der Allgemeinheit gegenüber dem ZDF vertreten. In Absprache mit den Vertretern unserer Gesellschaft wird sich das ZDF im Sinne und Interesse der Allgemeinheit fortentwickeln. Im Falle von Neueinführungen beziehungsweise grundlegenden Veränderungen von digitalen Angeboten wird das ZDF selbstverständlich die gesetzlichen Regelungen, die im 12. Rundfunkänderungsstaatsvertrag (RÄStV) definiert werden, befolgen und, wenn geboten, Drei-Stufen-Tests (→) durchführen.

## Literaturverzeichnis

BOEING, NIELS: TV ist tot – Mit schrillen Cartoons und neuem Werbekonzept weist eine New Yorker Internet-Soap-Opera den Weg zum WEB-TV, Die Woche 05.03.99:

DOWIDEIT, ANNETTE : TV-Killer aus dem Netz, Welt am Sonntag vom 12.11.06.

GANGLOFF, TILMANN P.: Rüstige Dinosaurier – Das Internet als fester Teil des Fernsehgeschäfts, Neue Züricher Zeitung vom 19.10.2007.

HORNIG, FRANK: Fernsehen war gestern, Der Spiegel vom 12.03.07.

Institut der deutschen Wirtschaft: Onlinejournalismus 2008, www.iwkoeln.de/default.aspx?p=pub&i=2163&pn=3&n=n2163&m=presse&f=4&ber=Presselounge&a=20930, Abruf 14. Februar 2008.

KRÜGER, UDO MICHAEL/ZAPF-SCHRAMM, THOMAS: Sparten, Sendungsformen und Inhalte im deutschen Fernsehangebot 2006 – Programmanalyse von ARD/Das Erste, ZDF, RTL, SAT.1 und ProSieben, Media Perspektiven, Ausgabe April 2007, S. 166-186, http://www.media-perspektiven.de/uploads/tx_mppublications/04-2007_Krueger.pdf, Abruf 14. Februar 2008.

KRÜGER, UDO MICHAEL: InfoMonitor 2006: Fernsehnachrichten bei ARD, ZDF, RTL und SAT.1, Media Perspektiven, Ausgabe Februar 2007, S. 58-82, http://www.media-perspektiven.de/uploads/tx_mppublications/02-2007_Krueger.pdf, Abruf 14. Februar 2008.

SIEBENHAAR, HANS-PETER: Bildstörung statt Bonanza. Lange war das Fernsehen eine Goldgrube. Doch nun drängt sich das Internet im Kampf um Werbung und Inhalte nach vorn, Handelsblatt vom 19.02.08.

SIEBENHAAR, HANS-PETER: Gefahr aus dem Netz, Handelsblatt vom 17.04.07.

SIXTUS, MARIO: TV ist tot – Den Fernsehsendern läuft das junge Publikum davon. Handy-TV wird es kaum zurückholen. Denn das Broadcast-Modell ist von gestern, Handelsblatt vom 16.07.07.

## Verweise & Quellen

1 Die Woche 05.03.99

2 WamS 12.11.06

3 Spiegel 12.03.07

4 HB, 17.04.07

5 HB, 16.07.07

6 HB, 19.02.08

7 NZZ, 19.10.07

# Zukunft Fernsehen – Content ist King Kong

*Guillaume de Posch*
*[Vorstandsvorsitzender, ProSiebenSat.1 Media AG]*
*Dr. Marcus Englert*
*[Vorstand Diversifikation, ProSiebenSat.1 Media AG]*

‚Auslaufmodell Fernsehen?' impliziert, dass es Fernsehen im klassischen Sinne irgendwann nicht mehr geben wird. Aber auch für das Fernsehen gilt das Riepl'sche Gesetz: Kein Medium wird durch ein neues Medium ersetzt oder verdrängt. Können wir als TV-Anbieter uns also gemütlich zurücklehnen, weil alles beim Alten bleibt? Beileibe nicht. Die Digitalisierung stellt viele Geschäftsmodelle auf den Kopf und verändert Märkte grundlegend. Für das Fernsehen machen wir drei große Trends aus.

## Fragmentierung

Der klassische Free-TV-Markt ist immer noch in Bewegung. Selbst in wettbewerbsintensiven Märkten wie Deutschland werden jedes Jahr neue Sender gegründet, die sich durch Werbung finanzieren. DMAX oder Das Vierte sind Beispiele von Angeboten, die von traditionellen Medienunternehmen wie Discovery oder NBC Universal gestartet wurden. Dazu kommen aber auch immer mehr Sender von neuen Wettbewerbern wie Internetanbietern oder Plattformbetreibern, so etwa Giga TV, Astro TV oder TV Gusto.

## Online

Das Internet entwickelt sich mit beispielloser Geschwindigkeit. Wir machen uns Gedanken über Konkurrenten wie RTL, Time Warner oder News Corp. Wir sollten uns viel mehr Gedanken machen über Unternehmen, die vor ein paar Jahren noch nicht einmal existiert haben. Firmen wie Google, eBay, Yahoo, Amazon oder – das aktuellste Beispiel – Facebook. Weltweite Unternehmensmarken, die jeder kennt und die fast jeder nutzt.

Google hat heute in etwa eine Marktkapitalisierung von 130 Milliarden Euro. Zum Vergleich: General Electric, das größte Unternehmen der Welt, kommt auf eine Marktkapitalisierung von circa 240 Milliarden Euro. Daimler liegt bei 51 Milliarden Euro.[1] So gesehen ist Google ungefähr zweieinhalb Mal so groß wie Daimler und mehr als halb so groß wie General Electric. Dieser globale Gigant ist innerhalb weniger Jahre durch das Internet entstanden. Seine Markenbekanntheit werden die meisten traditionellen Unternehmen in Jahrzehnten nicht erreichen.

Wie funktioniert das? Es funktioniert, weil durch das Internet ein neues ökonomisches Modell entstanden ist. Ein Modell, das viele Unternehmen und Branchen betrifft und herausfordert – auch die Unternehmen unserer Branche, die Verlage, die Musiklabels oder die Fernsehunternehmen. Mit dem Internet entsteht ein neues wirtschaftliches Prinzip: die ‚Networked Information Economy'.[2]

Wir lebten bisher in der industriellen Informationsgesellschaft. Der grundlegende Unterschied zur Networked Information Economy besteht zum einen darin, dass die Verbreitung von Inhalten keine Markteintrittsbarriere mehr ist, weil sie so gut wie keinen Aufwand verursacht. Der andere große Unterschied ist, dass durch das Internet – ohne Kapitaleinsatz – gigantische Produktionskapazitäten entstehen – allein dadurch, dass Menschen freiwillig umsonst Leistung erbringen.

Zwei Beispiele illustrieren dieses Prinzip. Erstens eine Gegenüberstellung des Kinofilms *Spiderman 2* und der Internet-Soap *Kate Modern*. Während *Spiderman 2* Produktionskosten von 200 Millionen US-Dollar verursacht hat, kostet eine Episode der Internet-Soap *Kate Modern* auf Bebo nur rund 10.000 US-Dollar. 150 Millionen US-Dollar Distributionskosten beim Spielfilm stehen keinem Aufwand bei der Internet-Soap gegenüber. In Deutschland haben den Film im Kino und im Fernsehen rund sieben Millionen Zuschauer gesehen. *Kate Modern* kommt auf 35 Millionen Klicks. Das zweite Beispiel Wikipedia hat in nur wenigen Jahren das Geschäftsmodell von Enzyklopädien wie der Encyclopedia Britannica auf den Kopf gestellt. Der Vergleich ist für den klassischen Anbieter in jeder Hinsicht niederschmetternd: 75.000 Autoren im Vergleich zu 4.000. Neun Millionen Beiträge im Vergleich zu 65.000. Ein freies, ständig aktualisiertes Angebot im Vergleich zu rund 1.500 Euro für 32 Bände, die mehr als eineinhalb Meter Platz im Bücherregal beanspruchen und zwangsläufig veralten.

Was hat das mit einem klassischen Fernsehanbieter wie ProSiebenSat.1 zu tun? Das zeigt das Beispiel Google am besten: Google lebt von der schieren Größe dieser neuen Ressource – der Anzahl der Menschen, die die Plattform benutzen – und, ganz wichtig, mit ihr interagieren. Zum anderen macht Google Fernsehangebote für Deutschland aus Mountain View in Kalifornien, ohne dafür eine große Menge Mitarbeiter in Deutschland zu brauchen. Und sie sprechen immer öfter dieselben Werbekunden an wie wir. Globalisierung, das ist bereits Realität. Google macht allein in Deutschland heute schon einen Umsatz von rund einer Milliarde Euro. Ähnliches gilt für andere Internet-Anbieter.

## Programminhalte

Der dritte große Trend, den wir sehen, ist Programm oder Inhalt. Darunter verstehen wir zwei wesentliche Veränderungen. Erstens: Alles, was mit Programm zu tun, hat sich erheblich beschleunigt. Zweitens: Inhalte sind heute viel internationaler einsetzbar. War bis vor wenigen Jahren nur Hollywood-Ware exportierbar, so sind es heute zunehmend auch europäische Produktionen, die ihren Weg in andere Länder finden. Erfolgreiche Shows sind heute keine nationale Angelegenheit mehr, sondern sie sind replikationsfähig und funktionieren auch über die Grenzen ihrer Sender hinweg. Einige Beispiele:

▪ Die Erfolgsserie *Verliebt in Berlin* läuft – im synchronisierten Original – in Frankreich bei TF1 mit überragenden Marktanteilen von rund 50 Prozent.

▪ Das Showformat *Schlag den Raab* aus Deutschland wurde bisher in 14 Länder verkauft, darunter die USA, Australien und Italien. iTV (→) ging mit dem Format im Frühjahr 2008 auf Sendung und bringt eine eigene Adaption für den TV-Markt in Großbritannien on air.

▪ Die Wissens-Show *CLEVER* von Sat.1 wurde in 19 Länder verkauft.

▪ Die Impro-Comedy *Schillerstraße* ging in 21 Länder.

Warum sind diese drei Trends – Fragmentierung, Online und Programm – wichtig für uns als TV-Unternehmen? Sie sind relevant, weil sie bedeuten, dass wir uns als TV-Unternehmen neu aufstellen müssen. Als klassischer Fernsehanbieter müssen wir in der Lage sein, Skaleneffekte in nennenswertem Ausmaß zu erzielen, wenn wir gegen die neuen globalen Giganten bestehen wollen. Im vergangenen Jahr haben wir dafür die notwendige Voraussetzung geschaffen. Wachstum mit den notwendigen Skaleneffekten wäre für die ProSiebenSat.1 Group auf nationaler Ebene nicht möglich gewesen. Durch den Erwerb der SBS Broadcasting Group sind wir zum pan-europäischen Medienkonzern geworden. Wir sind nun in 13 Ländern Europas tätig. Zur Gruppe gehören 26 Free-TV-Sender und 24 Pay-TV-Sender (→). Damit erreichen wir 77 Millionen Haushalte oder 200 Millionen Zuschauer. Unser Ziel ist, einen integrierten europäischen TV-Konzern zu schaffen, eben weil sich dadurch Synergien oder Skaleneffekte schaffen lassen. Wir haben hochgerechnet, dass durch den Zusammenschluss Synergien von 80 bis 90 Millionen Euro entstehen. Ungefähr zwei Drittel durch Kostensynergien, ein Drittel durch Umsatzsynergien – voll wirksam ab 2010. Dies werden wir auch umsetzen können, weil uns alle Tochtergesellschaften zu 100 Prozent gehören.

Strategisch konzentrieren wir uns auf drei Ziele:

▪ Free-TV stärken: Konzentration auf Programm und Marken: Wichtigstes Ziel ist, uns auf unsere Kernkompetenz zu konzentrieren, und das ist unser Programm, die Inhalte. Sei es *The next Uri Geller*, *POPSTARS*, *Verliebt in Berlin*, *Galileo* oder *Germany's next Topmodel*, sei es der UEFA-Cup oder der große Blockbuster, es sind Programme wie diese, die die Zuschauer begeistern. In Anbetracht der künftigen Herausforderungen müssen wir uns vor allem darauf konzentrieren, uns als führender europäischer Inhalteanbieter aufzustellen.

▓ Neue Erlösquellen erschließen: Ausbau von ‚New Media' und Diversifikation: Schon seit einigen Jahren verfolgen wir eine gezielte Diversifikationsstrategie. Durch die Expansion in neue Geschäftsfelder und die Erweiterung der Erlösquellen optimieren wir unser Chancen- und Risikoprofil. So können wir unsere bestehenden Ressourcen durch die Mehrfachverwertung von Inhalten wesentlich effizienter nutzen. „Content anytime, anywhere" ist die Devise. Zugleich verringern wir durch die Erschließung neuer Distributionswege und neuer Märkte die Abhängigkeit vom TV-Werbemarkt.

▓ Inhalte multimedial verbreiten: Wir müssen technisch in der Lage sein, unsere Inhalte für die verschiedensten Verbreitungswege zu verwenden. Dabei hat der Aufbau einer führenden technologischen Plattform höchste Priorität. Ein Teil dieses Vorhabens ist, N24 zum modernsten Nachrichtensender Europas und zu einer multimedialen Marke zu machen. Rund zehn Millionen Euro werden wir in eine neue technologische Plattform von N24 investieren.

Schon heute werden sämtliche redaktionelle Inhalte unseres Nachrichtensenders über einen gemeinsamen ‚Newsdesk' produziert und über die verschiedenen Kanäle wie TV, Internet, Mobile und Podcast (→) verbreitet. Das neue Online-Angebot von N24 ist Teil der Gesamtstrategie, TV- und Multimediaredaktion stärker zu verzahnen und die Nachrichten für alle Bildschirme, vom Handy über PC und TV bis zum Infoscreen, aus einer Hand anzubieten. Um unser erstes strategisches Ziel, die Stärkung des Kerngeschäfts Free-TV, zu erreichen, verfolgen wir drei Ansätze:

▓ Wir werden durch Fragmentierung weiter wachsen, indem wir neue Angebote starten und unser Sendernetzwerk ausbauen. In den letzten eineinhalb Jahren haben wir Kanal 9 in Schweden, SBS Net in Dänemark, FEM in Norwegen und Puls 4 in Österreich gestartet. Das werden wir fortsetzen.

▓ Der zweite Ansatz ist, die kreativen Kräfte im Unternehmen zu stärken und mehr neue Ideen für erfolgreiche Programmformate zu entwickeln. Bei ProSiebenSat.1 sind europaweit mehr als 1.000 Mitarbeiter aktiv in den kreativen Prozess eingebunden. Unser Ziel ist, diese Ressourcen und dieses Potenzial noch effizienter zu nutzen. Zur Stärkung des Programms trägt darüber hinaus bei, dass wir erhebliche Investitionen tätigen. Im Jahr 2008 geben wir rund 1,6 Milliarden Euro für Programm aus und haben unsere Programmausgaben damit nochmals erhöht.

▓ Der dritte Ansatz, unser Kerngeschäft Free-TV zu stärken, bedeutet, neue Wege für die Produktion zu entwickeln. Dabei müssen wir von unserer Größe und unserer internationalen Aufstellung profitieren. Wie soll dies funktionieren, wenn Fernsehen immer noch in hohem Maße ein lokales Geschäft ist? Unsere Antwort: Wir werden als Gruppe lokale Formate gemeinsam entwickeln und produzieren – als sogenannte ‚Back-to-Back'-Produktionen. Das heißt, das Drehbuch wird nur einmal eingeschrieben, der Produktionsplan nur einmal erstellt, das Produktions-Set nur einmal gebaut und dann mehrfach genutzt: parallel für eine deutsche, eine niederländische, eine norwegische und eine ungarische Version – mit ihren jeweiligen Besetzungen. Dadurch reduzieren wir nicht nur die

Produktionskosten, sondern sind auch schneller. Den Anfang machte im Januar und Februar als erstes großes Projekt die Uri-Geller-Show *The Successor*, die nicht nur in Deutschland bei ProSieben, sondern auch bei SBS 6 Niederlanden ein großer Erfolg war.

## Das Schlagwort der Zukunft heißt: Delinearisierung

Die klassische Wertschöpfungskette im TV hat sich grundlegend verändert. Bis vor kurzem funktionierte ein lineares Modell nach einem einfachen Prinzip: Wir haben Programme produziert oder gekauft und sie über den klassischen Fernsehkanal ausgestrahlt. Heute heißt das Schlagwort ‚Delinearisierung'. Das bedeutet, dass wir unseren produzierten Inhalt nicht mehr nur für klassisches Free-TV, sondern für verschiedene Angebote verwenden. TV-Programme sind heute über ein breites Spektrum an Plattformen, Kanälen und Geräten verfügbar – als Video-on-Demand (→ VoD), Pay-TV, Handy und andere mobile Endgeräte, DVDs oder Games. Inhalte werden auf einem Memory-Stick gespeichert oder abgerufen und auf jedem Gerät zu jeder Zeit konsumiert.

Aus den USA kommt die Meldung, dass Programme, die über verschiedene Plattformen verbreitet werden, gesteigerte Zuschauermarktanteile im Free-TV haben – nach dem Prinzip, die steigende Flut hebt alle Schiffe, aber ganz besonders das Mutterschiff. Doch eines darf nicht vergessen werden: Free-TV ist die wichtigste Säule unserer Strategie und das stärkste Medium, wenn es darum geht, unsere Programme, aber auch Werbung einer großen Zahl von Menschen schnell zugänglich zu machen. Um diese ‚Win-Win'-Situation für die Gruppe zu nutzen, werden wir die Expansion unserer Geschäftsaktivitäten durch Diversifikation weiter vorantreiben, unter anderem durch die internationale Einführung unserer bestehenden Angebote in Deutschland. Wir haben nicht vor, dem Beispiel der *Encyclopedia Britannica* oder der Musikindustrie zu folgen und zuzusehen, wie unsere Geschäftsmodelle erodieren. Im Gegenteil: Wir wollen von den neuen Ressourcen profitieren und zwar in mehrfacher Hinsicht:

- Wir müssen selbst ein großer Marktteilnehmer im Internet sein – und sind es bereits. Wir haben in Beteiligungen investiert und uns dabei insbesondere an den zukunftsträchtigen interaktiven Portalen beteiligt. Durch diese Zukäufe haben wir die strategische Position unserer Gruppe weiter gestärkt: Mit MyVideo an der größten in Deutschland gegründeten Video-Community und mit Lokalisten an einem ‚Social-Network' wie MySpace oder Facebook.

- Der zweite Grund ist, dass wir durch diese neuen Angebote neue Zielgruppen an unser Kerngeschäft heranführen – an das Free-TV. Sites wie MyVideo, YouTube und Co. leben von Bewegtbild, von Inhalt – neben den wirklichen von Nutzern generierten Inhalten. Und das ist unsere Kernkompetenz. Interaktive Online-Plattformen wie MyVideo.de, Lokalisten.de oder wer-weiss-was.de bieten uns neuartige Verbreitungswege für unsere Inhalte, mit denen gezielt neue Nutzungsgewohnheiten und Zielgruppen angesprochen werden können. Darüber hinaus eröffnen uns die Websites innovative Vermarktungsmöglichkeiten.

Die Strategie zahlt sich aus: Die ProSiebenSat.1 Networld ist das größte Online-Netzwerk in Deutschland und erreicht inzwischen über 2,7 Milliarden Seitenabrufe im Monat. Insbesondere die jungen Zielgruppen bevorzugen ProSieben.de, MyVideo.de und Co. – ein starkes Signal auch an die Werbewirtschaft. Denn mit mehr als 7,63 Millionen individuellen Nutzern zwischen 14 und 29 Jahren erreichen Werbekunden auf den Sites der ProSiebenSat.1 Networld rund 60 Prozent aller Internetnutzer in dieser Zielgruppe. Damit sind wir Marktführer bei der für das Internet so wichtigen Zielgruppe. Mit 17,53 Millionen individuellen Nutzern haben wir gerade das beste Ergebnis aller Zeiten erzielt. Die Rolle, die die 14- bis 49-Jährigen in den klassischen Medien spielen, stellen die 14- bis 29-Jährigen heute im Internet dar: Sie sind die werberelevante Zielgruppe. Gezielt haben wir deshalb unser Portfolio auf die Jüngeren ausgerichtet – und werden uns hier auch in Zukunft weiter verstärken.

Die Vernetzung von Online und TV wird immer wichtiger: *POPSTARS* oder *Germany's next Topmodel* sind nicht nur im Fernsehen ein großer Erfolg. Auch online fiebern Fans der TV-Formate mit. Sat.1, ProSieben, kabel eins und N24 sind vier starke Marken mit vier starken Online-Auftritten. Die Sender bieten Infos und Hintergrundberichte zu ihren Stars, Serien, Shows, Filmen, Magazinen und Comedy-Formaten. Zusätzlich gibt es Unterhaltung mit den eigenen Web-TV-Formaten (→) oder den Spiele-Kanälen. Spiele zu TV-Formaten sind dabei besonders gefragt. Kabeleins.de hat ein umfangreiches Film- und Serienlexikon für TV- und Kinoliebhaber. N24.de bietet, genauso wie unser TV-Nachrichtenkanal, rund um die Uhr aktuelle Informationen zum Weltgeschehen.

Bei der Entwicklung von Fernsehformaten wird von vornherein über passende Angebote für die jeweilige Plattform der Verwertungskette nachgedacht. Sendungen ohne begleitende Internet-Angebote werden seltener. Für die Staffeln von *Germany's next Topmodel* und *POP-STARS* beispielsweise haben Bewerbungsplattformen mit Abstimmungen durch die Nutzer die bestbewerteten Kandidatinnen direkt vor die Jury katapultiert. Bereits bei der Entwicklung der TV-Formate beschäftigen wir uns intensiv mit der Frage, wie wir das Internet so nutzen können, dass ein Mehrwert für das Format und für die Zuschauer entsteht. Für die Präsenz von Marken wie ProSieben und Sat.1 ist es heute elementar, die Zuschauer und Nutzer mit ihren eigenen Ideen und Kommunikationsansprüchen ernst zu nehmen. Besonders junge Nutzer sehen sich auf einer Ebene mit dem Medienanbieter und wollen entsprechend respektiert werden. Foren zu TV-Sendungen reichen heute längst nicht mehr aus. User Generated Content (→ UGC) führt zu einer zunehmenden Emanzipation der Konsumenten gegenüber professionellen Medienanbietern. Diese Emanzipation können wir als Inhalteanbieter sinnvoll nutzen, um Kunden im Internet an uns zu binden. Und wir profitieren natürlich davon, wenn die Kunden selbst Inhalte einbringen.

Ein gutes Beispiel ist Mina. Dank unseres Videoportals MyVideo ist die 14-Jährige heute ein Online-Star. Im Oktober 2007 stellte die Schülerin ein Video mit ihrem selbst geschriebenen Song *How the Angels fly* auf die Onlinesite. Die Ballade erobert das Video-Portal im Sturm und hält sich über Wochen an der Spitze der Playlist. Online-Portale wie MyVideo machen vor, wie schnell die Stars von morgen entstehen. Erst über das Video-Portal konnte Mina auf ihr Talent aufmerksam machen. MyVideo ist mit bis zu 270 Millionen Video-Abrufen und bis zu 700 Millionen Seitenzugriffen pro Monat die größte in Deutschland gegründete Video-

Community im Internet. Hier tauschen Privatpersonen nicht nur Musikvideos, sondern auch selbst produzierte Kurzfilme und Urlaubsvideos aus. Auch Programminhalte der ProSieben-Sat.1 Group stehen den Nutzern von MyVideo zur Verfügung. Seit Januar 2008 erhält Mina zusätzliche Konkurrenz aus dem Ausland. Unter MyVideo.nl und MyVideo.be stehen jetzt auch in den Niederlanden und in Belgien eigene Online-Communities zur Verfügung. Nach der Zusammenführung von SBS und der alten ProSiebenSat.1 Group liegt es auf der Hand, das deutsche Erfolgsrezept in die neu hinzugekommenen Märkte zu tragen – natürlich mit dem nötigen Lokalkolorit. Auch hier bieten die ausländischen MyVideo-Ableger neben UGC Fernsehinhalten der nationalen ProSiebenSat.1-Sender, darunter die Hitformate *Dancing Queen* oder *The next Uri Geller*, an.

Zu unseren erfolgreichen Produktneuheiten zählt das entgeltfinanzierte VoD-Portal maxdome. Mehr als 200.000 aktive Nutzer schätzen das umfangreiche Angebot aus Top-Spielfilmen, Dokumentationen, Serien, Comedy und Sport. Mit rund 12.000 Titeln ist maxdome, nicht einmal zwei Jahre nach dem Start, das größte VoD-Angebot Deutschlands.

## Das Fernsehen wird mobil

Fernsehen wird auf Grund der technologischen Entwicklungen zunehmend ubiquitär. Beispiel Mobile-TV (→): Noch vor wenigen Jahren hielt man es für undenkbar, unterwegs auf kleinen Displays Fernsehen empfangen zu können. Der Start in Deutschland verläuft zwar etwas schleppend, Fakt ist: Die neuen Endgeräte ermöglichen den mobilen Empfang, einen Empfang in einer hervorragenden Qualität und Vielfalt.

Die ProSiebenSat.1 Group ist schon heute führender Anbieter von mobilen Inhalten in Deutschland. Der Markt hat nach unserer Einschätzung ein großes Potenzial. Den Durchbruch erwarten wir in zwei bis drei Jahren. Die Voraussetzungen für eine schnelle Entwicklung bilden die Verfügbarkeit attraktiver, multimediafähiger Endgeräte sowie ein transparentes Kostenmodell. Hier sind die Plattformbetreiber gefordert. Dann sehen wir für Mobile ähnliche Marktchancen wie beim stationären Internet, allerdings wird die Entwicklung um ein Vielfaches schneller gehen.

Für das mobile Fernsehen gehen wir davon aus, dass Mobile 3.0 als Plattformbetreiber zeitnah die nötigen Voraussetzungen schafft, damit der Sendebetrieb aufgenommen werden kann. Zunächst wird die Ausstrahlung in Ballungszentren, später flächendeckend erfolgen. Im ersten Schritt werden aus unserem Haus ProSieben, Sat.1 und der Nachrichtensender N24 eins zu eins über den neuen Übertragungsstandards DVB-H (→) ausgestrahlt. Im nächsten Schritt wird es darum gehen, Inhalte und Formate zu entwickeln, die speziell auf den kleinen Bildschirm zugeschnitten sind und wesentliche Eigenschaften wie On-Demand oder Interaktivität erfüllen. Solche Formate sind speziell für das Handy produziert und können interaktiv per SMS begleitet werden.

Mit *Mystery Message*, einer sogenannten ‚Mobisode', haben wir bereits erste wertvolle Erfahrungen im Bereich Mobile-TV sammeln können. Die innovative und interaktive Sendung mit Barbara Rudnik in der Hauptrolle war der erste deutsche Handy-Krimi. Ausgestrahlt wurde er bei ProSiebenSat.1 Mobile über den alten Übertragungsweg DMB (→).

## Spielend neue Zielgruppen erreichen – mit Games

Programme wie *POPSTARS*, *Galileo* oder *Germany's next Topmodel* sorgen nicht nur auf dem Fernsehbildschirm für Begeisterung. Längst haben TV-Sendungen auch den Spielemarkt erobert. Egal ob Computer-, Video-, Mobile- oder Online-Spiele gelten heute als größter Wachstumstreiber der Unterhaltungsbranche. Die zunehmende Versorgung mit Breitbandzugängen und die Attraktivität von Spielen für das Handy werden den Markt auch weiter beflügeln.

An diesem Wachstum wollen wir partizipieren. Mit unseren erfolgreichen Spiel-Portalen SevenGames.de und Sat1Spiele.de sind wir bestens aufgestellt. Rund zwei Millionen individuelle Nutzer und mehr als 250.000 neu registrierte Nutzer interessieren sich Monat für Monat für die Angebote der beiden Plattformen. Besonders erfreulich: Unter den Verkaufsschlagern finden sich immer häufiger Spiele zu eigenen TV-Formaten. Für die ‚Games-Adaption' zu *CLEVER – Das Spiel, das Wissen schafft* wurde sogar ein eigenes Konsolenspiel entwickelt.

Äußerst vielversprechend bei Online-Games ist ‚In-Game-Advertising'. Den Möglichkeiten der Werbung in Online-Spielen sind kaum Grenzen gesetzt. Das hat auch die Werbewirtschaft erkannt. Die Integration der KarstadtQuelle Versicherungen und IKK-Direkt in das Download-Spiel *Ski Challenge 08* oder die Einbindung der Werbepartner Maybelline Jade und C&A in das ‚Multiplayer'-Online-Spiel zu *Germany's next Topmodel* zeigt, wie werbetreibende Unternehmen unmittelbar in die Spielhandlung einbezogen werden können. Näher am Nutzer geht es nicht.

## SevenGames goes Europe

Erfolge zu exportieren, gehört zu den Prinzipien der neuen ProSiebenSat.1 Group. Mit SevenGames.com startete Ende 2007 eine englischsprachige Version des Portals. Die Markteinführung wurde von zahlreichen ProSiebenSat.1-Sendern mit Trailern und Online-Spezialen unterstützt – ein zusätzlicher Marketing-Schub aus den eigenen europäischen Reihen. Neben SevenGames.com steht 2008 die Ausweitung auf Länderebene im Mittelpunkt. So wurde bereits ein rein norwegisches und schwedisches Pendant des Spiel-Portals auf den Weg gebracht. Weitere Ableger sind geplant. Wir haben die Erfahrung und – dank unserer TV-Sender und Internetseiten – auch die Promotion-Power, um Spiele in vielen Ländern bekannt zu machen. Ziel ist es, unsere Angebote zur ersten Anlaufstelle für Spieler zu machen – und zwar in ganz Europa.

Unterstützung erfährt das Spiel-Portal SevenGames.de auch von SevenGames TV, unserem neuen Web-Format. Im Sommer 2007 in Deutschland gestartet, widmet sich das Angebot jede Woche aktuellen Games-Themen. Mit rund 220.000 Abrufen pro Monat zählt das Programm schon jetzt zu einer der beliebtesten Web-TV-Sendungen in Deutschland. Um auch international Fans für das Web-Format zu gewinnen, wurde eine englische Version von SevenGames TV produziert und erfolgreich eingeführt.

Nach der Markteinführung der norwegischen Games-Plattform SevenGames.no und der internationalen Version sevengames.com war der Start von MyVideo in Belgien und den Niederladen bereits das zweite große Synergie-Projekt im Online-Segment, das wir nach der Übernahme der SBS Group realisieren konnten. Wir sind sicher, dass MyVideo in unseren Nachbarländern seine Erfolgsgeschichte fortschreiben wird.

Unser Video-on-Demand-Portal maxdome ging bereits im Dezember 2007 in Norwegen an den Start und weitere Länder werden folgen. Gleichzeitig erweitern wir aber auch unser Free-TV-Angebot. Mit FEM haben wir in Norwegen einen neuen Kanal auf Sendung gebracht. Und in Österreich ging Puls 4 neu auf Sendung.

## Starwatch Music geht ins Blut – und in die Charts

Ein weiteres Wachstumsfeld, das unsere Erwartungen weit übertroffen hat, ist der Bereich Musik. In Kooperation mit Warner Musik betreiben wir ein eigenes Label: Starwatch Music. Ziel der Partnerschaft ist die Identifikation, Vermarktung und mediale Unterstützung von eigenen Künstlern sowie die bessere Auswertung Musik-relevanter Programmformate unserer Sendergruppe.

Das Bündnis zwischen TV- und Musikmarkt zahlt sich aus. 2007 war die ProSiebenSat.1-Tochter das erfolgreichste unabhängige Label im deutschen Markt. Mehr Platten als Starwatch-Künstler Roger Cicero verkaufte nur Herbert Grönemeyer. Das überzeugte auch Rocklegende Udo Lindenberg, der im März sein neues Album *Wenn du durchhängst* bei Starwatch veröffentlichte. Lindenberg hatte Angebote von allen großen Labels auf dem Tisch. Dass er am Ende bei Starwatch unterschrieb, lag ganz klar am Paket. Im Gegensatz zu den großen Wettbewerbern der Musikbranche hatte unser Label ein schlagkräftiges Argument, das Lindenberg überzeugte: Fernsehen. Seit 2005 nutzen wir mit unserem Label die Kraft der Marken der ProSiebenSat.1-Sender, um Künstler in die Charts zu bringen. Mit der ProSieben-Casting-Show *POPSTARS* entstand die Idee, selbst in die Vermarktung einzusteigen und die Reichweite der Sender für ein eigenes Geschäft mit der Musik zu nutzen. Monrose, die Girl-Band aus *POPSTARS*, schaffte es mit der ersten Single *Shame* auf Anhieb auf Platz eins der Single-Charts. Das Debut-Album *Temptation* landete ebenfalls auf dem ersten Platz und verkaufte sich über 400.000 Mal. Für den Clubhit *Hot Summer* gab es 2007 Doppel-Platin und auch ihr zweites Album *Strictly Physical* war ein großer Erfolg. Marquess und Roger Cicero sind ähnlich erfolgreich. Jüngster Neuzugang ist Mina, der MyVideo-Star, der nun einen Plattenvertrag bei Starwatch in der Hand hält.

Auch bei Starwatch steht die internationale Expansion mit TV-Support auf dem Programm. Starwatch-Künstler Marquess hatte bereits vergangenen Sommer mit *Vayamos Compañeros* einen Top-Ten-Hit in Schwedens Air-Play Charts. Monrose haben es in neun Ländern Europas schon in die Charts geschafft.

## Fazit und Ausblick:
## ‚The Power of Television' ist der Schlüssel zum Erfolg

Die Medienwelt verändert sich in beispielloser Geschwindigkeit, Digitalisierung und neue Medien werden gerade Wirklichkeit und verändern den Alltag unserer Zuschauer. Immer mehr Sender werden digital verbreitet. Ob über Kabel, Satellit oder Antenne: Die digitale Verbreitung eröffnet neue Möglichkeiten, Sender zu gründen und Zielgruppen zu erreichen. Gleichzeitig revolutioniert das Internet die Art und Weise, wie wir mit Bildern und Daten umgehen. On-Demand und Interaktivität sind mehr als nur Trends. Wir erleben einen Paradigmenwechsel, der unsere Ansichten über Inhalte, Zuschauer und Wettbewerb nachhaltig verändert.

Aber: Auch auf den neuen Plattformen suchen die Menschen vorwiegend das, was sie vom TV im Wohnzimmer kennen, nämlich Information und Unterhaltung in bewegten Bildern. Von Verdrängung des Fernsehens kann keine Rede sein. Fernsehen ist Inhalt. Neu ist, dass in Zukunft Fernsehen auf verschiedenen Bildschirmen empfangen wird.

Das geht mit mehr Interaktivität und Selbstbestimmung einher. In seiner Grundfunktion wird Fernsehen jedoch ein ‚Lean-Back'-Medium (→) bleiben. Der Medienkonsument der Zukunft ist hybrid, er pendelt zwischen Individualität und Autonomie einerseits und passivem Konsum andererseits. Die jungen Zielgruppen zeigen, wohin der Trend geht. Sie sind gleichzeitig traditionelle Fernsehzuschauer und haben ein zunehmendes Interesse an On-Demand-Angeboten: Fernsehen, wann immer und wo immer der Konsument es will, das ist die Erwartung junger Menschen.

In einer Zukunft mit immer mehr Bildschirmen im Alltag wird Fernsehen immer wichtiger werden. Gewinnen wird der mit den besten Inhalten.

## Verweise & Quellen

1   Quellen: Unternehmen/Reuters (Stichtag: 21.1.2008).
    *Hochrechnung entsprechend der Microsoft-Beteiligung im Oktober 2007.
2   Benkler, Yochai: The Wealth of Networks. Yale University Press.

# Premium Pay-TV in Deutschland

## Erfolgsfaktoren und Wachstumspotenziale

*Michael Börnicke [Vorstandsvorsitzender, Premiere AG]*

## Premium Pay-TV in Deutschland – Sand in der Wüste verkaufen?

Das Geschäft von Premiere ist ein sehr spezielles. Wir verkaufen Fernsehen in einem Land, in dem Dutzende von frei empfangbaren Sendern das Volk berieseln und eine 14-tägliche Programmzeitschrift rund 270 Seiten dick ist. Kann Pay-TV (→) in einem solchen Markt nachhaltig erfolgreich sein oder versuchen wir, Sand in der Wüste zu verkaufen?

Nun, wer sich abends mit der Fernbedienung durch die vielen frei empfangbaren Sender ‚zappt', kann sich durchaus in einer Wüste wähnen – viel Gleiches, oft wenig Erfreuliches. Premiere ist die ‚Oase'. Bei uns kann sich der Zuschauer wohlfühlen, weil er zu jeder Zeit ein ansprechendes Programm findet, für jedes Interesse, für jeden Geschmack.

Die Formel dafür ist im Prinzip relativ einfach, wenngleich auch nicht immer leicht umzusetzen: Premium Pay-TV funktioniert nur mit einem Mix attraktiver und exklusiver Programme, die kein anderer Sender bietet – das Prinzip „Ich sehe was, was du nicht siehst". Dazu gehören außergewöhnliche Erlebnisse für die ganze Familie – rund um die Uhr. Nicht Marktanteile, ‚Audience Flow' oder Sendergesichter machen Premiere so einzigartig, sondern attraktive Inhalte, die es sonst nirgendwo zu sehen gibt: erfolgreiche und hochwertige Filme, auf höchstem schauspielerischen und technischen Niveau produzierte Serien, bildende und unterhaltsame Familienprogramme und natürlich Live-Sport – unabhängig davon, wie viele andere Kanäle um die Gunst der Zuschauer buhlen. Die Qualität und die Vielfalt der Programme müssen hoch sein, damit sich der Kunde Monat für Monat in seiner Abonnement-Entscheidung bestätigt sieht. Premiere kann hier aus den Vollen schöpfen: Langfristige Verträge mit allen relevanten Filmstudios, das größte Film-Archiv Europas, die besten Serien aus den USA und hochkarätige Sportrechte garantieren Tag für Tag ein Spitzenprogramm für jeden Geschmack auf über 40 Sendern. Eine kluge Zuschauerführung ist bei einem so vielfältigen Angebot unverzichtbar, aber auch die Präsentation muss stimmen: Premiere sendet im 16:9-Format, bietet Dolby Digital-Sound und Filme wahlweise in der Originalfassung – alles ohne Werbeunterbrechung und Filme vom Anfang bis zum Ende des Abspanns – es wird ja seinen Grund haben, warum viele Kinobesucher bis ganz zum Schluss im Sessel sitzen bleiben. Aus all diesen Gründen bezahlen Premiere-Kunden freiwillig Geld für Premium-Fernsehen – und es werden immer mehr.

# Blick zurück

Das war leider nicht immer so, seitdem Premiere am 28. Februar 1991 auf Sendung ging – und sieben Jahre nach dem Start des privaten Fernsehens in Deutschland. Premiere gehört damit zur Gründergeneration des deutschen Privatfernsehens und hat in den letzten 15 Jahren auf vielen Feldern – technisch, programmlich und vertrieblich – Pionierarbeit geleistet. So war Premiere über Jahre hinweg der einzige Impulsgeber und aktive Investor für digitales Fernsehen und Pay-TV im deutschen Markt.

## Pionier ohne Pioniererfolg

Diese Pionierleistung hat sich im ersten Lebensabschnitt von Premiere nicht ausgezahlt. Das Unternehmen konnte keine Pioniererfolge erzielen. Ganz im Gegenteil: Etwa zehn Jahre nach seiner Gründung, Anfang 2002, stand Premiere kurz vor dem Aus. Die Kennzahlen des Geschäftsjahres 2001 sagen alles: Umsatz 800 Millionen Euro; Nettoverlust 1,28 Milliarden Euro; Finanzschulden 1,1 Milliarde Euro. Die Insolvenz war damals nur noch eine Frage der Zeit. Die deutsche und internationale Medienbranche war sich ausnahmslos einig, dass Premiere wirtschaftlich nicht mehr zu halten sei. Pay-TV könne in Deutschland nicht funktionieren, weil es zu viele Free-TV-Angebote gebe, argumentierten Experten – ein Irrtum, wie wir wissen. Interessanterweise haben mittlerweile einige der ehemaligen Propheten der Pay-TV-Apokalypse die Oase in der Wüste entdeckt und preisen jetzt als Berater das Wachstumspotenzial unseres Geschäftsmodells.

## Ein erfolgreicher Turnaround

Im Februar 2002 begann die neue Geschäftsführung das Unternehmen Premiere von Grund auf neu zu bauen. Es wurde jeder Stein umgedreht, jede Ecke ausgekehrt, jeder Vertrag neu verhandelt. Wir haben es geschafft, die Kosten radikal zu senken und dem Unternehmen gleichzeitig mit frischen Ideen für Programm und Marketing ein neues Momentum zu geben. Über die Sanierung von Premiere gäbe es viel zu erzählen, aber lassen wir die Zahlen vom Höhepunkt der Krise im Jahr 2001 bis zum Jahr des Börsengangs 2005 sprechen:

- Der Umsatz stieg um 34 Prozent von 800 Millionen Euro auf 1,074 Milliarden Euro.

- Die operativen Kosten – vor Abschreibungen – sanken um 40,5 Prozent, von 1,575 Milliarden auf 937 Millionen Euro.

- Das operative Ergebnis (EBITDA) stieg von minus 775 Millionen Euro auf plus 137,5 Millionen Euro.

- Unter dem Strich verbesserte sich das Nettoergebnis von minus 1,28 Milliarden Euro auf plus 48,7 Millionen Euro, ein Sprung von über 1,3 Milliarden Euro.

- Die Netto-Finanzschulden gingen von 1,1 Milliarden Euro auf 100 Millionen Euro zurück.

- Die Anzahl der Abonnenten nahm im Zeitraum 2001 bis 2005 von 2,4 Millionen auf 3,5 Millionen zu – eine Steigerung von 47,9 Prozent.

Diese Zahlen stehen für einen Turnaround, der in der deutschen und europäischen Medienindustrie ohne Beispiel ist. Wir haben das Ruder aus eigener Kraft herumgerissen. Heute hat sich Premiere mit rund 4,3 Millionen Kunden und einem Jahresumsatz von einer Milliarde Euro neben der RTL-Gruppe und ProSiebenSat.1 als dritte Kraft im deutschen Privatfernsehen etabliert.

## Blick nach vorn: Erfolgsfaktoren für nachhaltiges Wachstum

Nach der erfolgreichen Fokussierung auf das Kerngeschäft seit Anfang 2002 steht Premiere heute vor der Herausforderung, sich als Marktführer in Deutschland und Österreich zu behaupten, das Kerngeschäft kontinuierlich weiterzuentwickeln und neue Potenziale zu erschließen. Im Zentrum unserer Konzernstrategie steht dabei das Ziel, Wachstum mit einem konsequenten Kostenmanagement zu verbinden, um Ergebnis und Cashflow nachhaltig zu verbessern. Premiere bewegt sich dabei natürlich nicht im luftleeren Raum, gerade die Medienbranche ist von einer signifikanten Dynamik geprägt. Wie bewegen wir uns in diesem Markt, was will der Zuschauer und auf welche Entwicklungen müssen wir uns einstellen?

### Den Wettbewerb um die Aufmerksamkeit des Publikums gewinnen

Der künftige Wettbewerb wird geprägt durch einen rasanten technologischen Wandel, in dessen Folge neue Geschäftsmodelle und Zielgruppen entstehen. Die neuen Technologien fördern das Interesse von Infrastruktur-Anbietern am Mediengeschäft. Der Trend zu Bündel-Produkten aus Fernsehen, Telefonie und Internet hat sich 2007 fortgesetzt, das neue Zauberwort lautet Triple Play (→). Der Wettbewerb zwischen Telekommunikationsunternehmen und Kabelnetzbetreibern wird in den nächsten Jahren weltweit das Mediengeschäft beeinflussen.

Verändern werden sich die Wege, über die das Fernsehen zu den Menschen kommt, das Internet wird langfristig auch das Fernsehen revolutionieren. Das hochauflösende Fernsehen HDTV (→) ermöglicht ein völlig neues TV-Erlebnis, digitale TV-Receiver mit Festplatte und Rückkanal und Abrufangebote machen den Zuschauer unabhängiger von bekannten Maßstäben der Programmplanung. Hinzu kommen noch mehr Nischenprogramme für immer kleinere Zielgruppen.

Es wird also noch mehr Kanäle, Programme, Verbreitungswege und Angebotsformen geben. Das Sehverhalten wird sich weiter differenzieren, das Publikum weiter fragmentieren. Zielgruppen und ihre Mediennutzung werden noch schwerer einschätzbar. Vor 30 Jahren gab es in Deutschland drei verfügbare Kanäle für Fernsehprogramme. Mit einem eingeschränkten zeitlichen Sendeschema; heute sendet praktisch jeder Kanal 24 Stunden am Tag. Auch die Anzahl der Sender scheint schier unbegrenzt. Die wichtigste Ressource für unser Geschäft bleibt jedoch limitiert: Es ist die Aufmerksamkeit des Publikums. Und genau darum geht es im Wettbewerb der Medien. Zeitungen, Zeitschriften, Radio, Fernsehen und das Internet konkurrieren um die Zeit und die Aufmerksamkeit der Konsumenten.

Premiere ist für diesen Wettbewerb gut gerüstet. Trotz aufkeimender Konkurrenz, Web 2.0
(→) und anderer Trends: Das Fernsehen wird zukünftig weiterhin das Leitmedium der Massenkommunikation und Massenunterhaltung bleiben. Die Frage ist nur, wer es wie und wo
nutzt. In den letzten Jahren war die Digitalisierung das Top-Thema auf den einschlägigen
Mediengipfeln. Da wir hier zumindest ein Stück weiter gekommen sind – dazu später mehr –
wird jetzt über Internetfernsehen, Interaktivität, Mobile-TV (→) und Video-on-Demand (→)
gefachsimpelt. Das sind natürlich alles spannende Themen, die Premiere schon lange auf dem
Radar hat, eigene Angebote plant oder sogar schon in den Markt gebracht hat. Aber die schönen neuen Spielzeuge werden nichts daran ändern, dass selbst der umtriebigste Panelteilneh-
mer eines Medienforums, genauso wie der Automechaniker oder der Arzt, abends nach einem
anstrengenden Tag einfach die Füße hochlegt, um sich einen guten Film anzusehen, und zwar
auf dem Fernseher, nicht am Computer. Fernsehen ist einfach und wird es bleiben. Nur gut
sollte es sein.

## Programmexklusivität ausbauen

Damit sind wir auch gleich bei der wichtigsten strategischen Frage, die wir heute wie morgen
beantworten müssen: Was macht uns einzigartig in der Wahrnehmung des Zuschauers, was
will er sehen und wofür gibt er gerne Geld aus? Es ist die Kombination aus attraktiven Filmen und Serien, Live-Spitzensport und hochwertigen Themenkanälen. Das ist unser wichtigstes Differenzierungsmerkmal gegenüber frei empfangbaren Sendern oder anderen Pay-
TV-Angeboten. Denn Konsumenten zahlen nur dann freiwillig mehr Geld für Fernsehen,
wenn sie im Pay-TV Programme für die ganze Familie sehen können, die es bei anderen
Sendern nicht gibt. Entsprechend hoch liegt die Messlatte für den Einkauf von Programmrechten. Erstklassige Qualität, Exklusivität oder die Eignung für eine spezielle Zielgruppe
sind hier wichtige Voraussetzungen. Bei Einkauf und Verwertung der Rechte und Inhalte steht
das klassische Abonnementfernsehen im Mittelpunkt. Darüber hinaus investiert Premiere
verstärkt in Rechte oder die Produktion von Programmen, die Synergien bei der Verwertung
oder neue Angebote ermöglichen. Deswegen kaufen wir die Rechte möglichst plattformneutral für alle wichtigen Verbreitungswege ein – Kabel, Satellit, IPTV (→), Internet und mobile
Endgeräte (→ Handy-TV). Das Credo unserer Programmpolitik lautet demnach: Exklusivität,
Qualität und Vielfalt.

## Sport

Das zeigt ein Blick auf die Programmbereiche, mit dem Sport beginnend. Dutzende Vereinbarungen mit Sportverbänden und Rechteinhabern garantieren uns ein hochwertiges und breit
gefächertes Live-Sportangebot, das unsere strategische Position dank richtungweisenden
Vertragsabschlüssen langfristig festigt. Die wichtigste Botschaft im Jahr 2007 war hier sicherlich der Erwerb der Bundesligarechte von arena im Juli. Damit sind deutschlandweit alle
612 Live-Spiele der 36 Profivereine pro Saison wieder ausschließlich unter der Marke Premiere im Bezahlfernsehen zu sehen – über Kabel, Satellit und IPTV.

Doch Vereine und Fans träumen auch von der Königsklasse des Fußballs, der UEFA Champions League. Premiere hat sich alle Live-Fernsehrechte an der UEFA Champions League bis ins Jahr 2009 gesichert. Seit September 2006 zeigen wir den wichtigsten Wettbewerb des Vereinsfußballs exklusiver als je zuvor: Alle 125 Partien live und eine ausführliche Zusammenfassung an beiden Spieltagen – dienstags und mittwochs – gibt es seitdem nur noch bei Premiere. Außerdem verantwortet Premiere seit der letzten Saison zusätzlich zur Live-Übertragung im Pay-TV erstmals auch die Auswahl und Produktion der Free TV-Berichterstattung der Champions League. Damit können wir selbst die Balance zwischen exklusivem Pay-TV-Angebot und den Übertragungen im Free-TV justieren. Neben der Champions League zeigt Premiere auch Spitzenfußball aus Europas Top-Ligen, zum Beispiel die Premier League aus England mit Michael Ballack beim FC Chelsea. Außerdem hat sich Premiere die Übertragungsrechte an allen Viertelfinal- und Halbfinalspielen sowie am Endspiel des UEFA Cups bis einschließlich 2009 gesichert.

Aber Fußball ist nicht alles im Leben, auch nicht bei Premiere. Zwei Vertragsabschlüsse im September 2007 brachten langfristig die exklusiven Pay-TV-Rechte für die Formel 1 (bis 2010) und die Deutsche Eishockey Liga (bis 2012) – beide erstmalig plattformneutral für alle wesentlichen Verbreitungswege. Premiere kann dadurch ab 2008 beide Sportarten auch unter vod.premiere.de live im Internet anbieten. Auch Golf-Fans bekommen bei uns alles zu sehen, was Rang und Namen hat: Premiere zeigt unter anderem exklusiv das Augusta Masters, die British Open, die US PGA Championships und natürlich den Ryder Cup.

## Filme & Serien

Wer jetzt den Eindruck hat, bei Premiere spielt Live-Sport die Hauptrolle, der irrt sich. Von unseren rund 4,3 Millionen Kunden haben lediglich 1,65 Millionen die Bundesliga abonniert – Filme, Serien und hochwertige Unterhaltungsprogramme für die ganze Familie sind also mindestens genauso wichtig. Hier werden wir in Zukunft kommunikativ stärkere Akzente setzen, auch mehr frauenaffine Programme anbieten und uns voll auf die Familie konzentrieren. Premiere verfügt heute über Mehrjahresverträge mit allen großen Hollywood-Studios und ebenfalls mit den wichtigen unabhängigen Studios. Unsere Position als Spielfilmsender Nummer eins haben wir letztes Jahr durch die Verlängerung der Verträge mit Paramount und Universal Studios zum Jahresende gesichert. Premiere erhält durch die Vereinbarung exklusive Erstausstrahlungsrechte für alle Blockbuster und wichtige TV-Produktionen. Beide Verträge wurden um mehrere Jahre verlängert. Zusätzlich zu den Pay-TV-Rechten für Kabel und Satellit haben wir uns jeweils die Verbreitung der Programme für IPTV und mobile Endgeräte gesichert. Die Vereinbarung mit den Universal Studios umfasst auch die Video-on-Demand-Rechte für TV und Internet.

Auf Premiumqualität setzt Premiere auch bei den TV-Serien. In diesem Genre zeigt sich der große Vorteil von Premiere – Fernsehen ohne Werbeunterbrechung – besonders augenfällig. Serien werden im Free-TV häufig mit Werbung unterbrochen – und so kann aus einer unterhaltsamen 45-Minuten-Geschichte eine zähe Programmstunde mit bis zu vier Werbeblöcken werden. Premiere baut das Serienangebot seit Jahren kontinuierlich aus, denn erfolgreiche Serien sind wunderbare Programme für die Kundenbindung. Sie sind wie gute alte Bekannte:

Man erinnert sich gerne an die letzte Begegnung und freut sich auf das nächste Wiedersehen. Die aufwändige Historienproduktion *Rom*, bei der Premiere als Co-Finanzier beteiligt ist, war die bislang erfolgreichste Serie bei Premiere. Auch internationale Produktionen wie *Lost* werden vom Publikum gut angenommen. Im Jahr 2007 haben wir unser Serienangebot mit zwölf internationalen Serienhits in deutscher Erstausstrahlung ausgebaut, darunter die zweite Staffel von *Rom*.

## Erstklassiges Fernsehen – vom Zuschauer goutiert?

Premiere investiert viel Zeit und Geld in das Programm – eine verlorene Liebesmüh, wenn es der Zuschauer nicht goutiert. Was kommt beim Zuschauer an, wie lange und wie häufig schauen die Abonnenten Premiere? Diese Fragen sind für Premiere von zentraler Bedeutung. Je häufiger die Kunden Premiere schauen, desto höher ist die Wertschätzung des Produkts und damit die Kundenbindung. Premiere betreibt deshalb eine eigene Zuschauerforschung. Sie ist ein wichtiger Maßstab für die Bewertung der Programminvestitionen und Grundlage für die künftige Programmstrategie und die Steuerung der Werbevermarktung. Ein digitales Panel misst rund um die Uhr die Nutzung des TV-Programms in Abonnentenhaushalten – mit erfreulichen Resultaten. Premiere hat mit Abstand den größten Marktanteil. Mit 22 Prozent war er 2007 erneut größer als der kumulierte Anteil von RTL und ARD, Premiere blieb damit die klare Nummer eins in der Zuschauergunst.

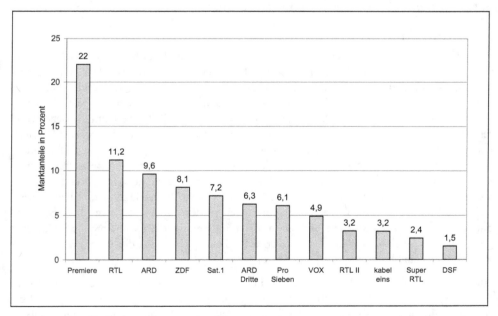

***Abbildung 1:***   *TV-Nutzung in Premiere-Haushalten. Basis: Zuschauer ab drei Jahren. Januar bis Dezember 2007, Montag bis Sonntag 3:00 bis 3:00 Uhr*
*Quelle: Modata/Premiere Panel*

Die Ergebnisse unserer Zuschauerforschung sind für Premiere ein wichtiger Baustein zur Evaluierung der Programmstrategie. Im Geschäftsjahr 2007 bestätigten unsere Untersuchungen, dass die Positionierung als Anbieter eines Programmspektrums für die ganze Familie ein wesentlicher Erfolgsfaktor im Pay-TV ist. Die durchschnittliche Größe der Abonnentenhaushalte beträgt 2,5 Personen und liegt damit über dem Durchschnitt der Gesamtbevölkerung (2,1). Die demografische Struktur des Kundenstamms trägt dazu bei, dass das Premiere-Programm ausgewogen über alle Pakete hinweg genutzt wird.

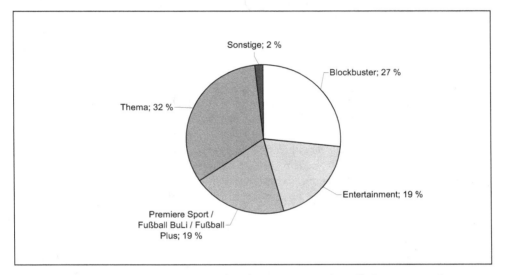

**Abbildung 2:** *Premiere-Nutzung verteilt sich ausgewogen über alle Programmpakete. Interne Marktanteile nach Bereichen. Basis: Zuschauer ab drei Jahren. Januar bis Dezember 2007, Montag bis Sonntag, 3:00 bis 3:00 Uhr*
Quelle: Modata/Premiere Panel

## Neue Produkte für neue Zielgruppen

Das Hauptaugenmerk von Premiere liegt auf dem Kerngeschäft mit Premium-Abonnements. Doch wir ergreifen auch frühzeitig Marktchancen, um neue Zielgruppen anzusprechen und zusätzliche Umsatzpotenziale zu erschließen.

Dabei haben wir Ende 2006 eine Zielgruppe in den Fokus genommen, die sich zwar grundsätzlich für Premiere interessiert, aber zu längerfristigen Abonnementbeziehungen nicht bereit ist: Menschen, die ihre Zeitung am Kiosk holen, im Fitnessstudio die Tagestickets nehmen und für die Fahrt mit der U-Bahn lieber die teurere Einzel- als die Jahreskarte kaufen. Die größere Freiheit lassen sie sich dann gerne auch etwas mehr kosten. Für diese Zielgruppe haben wir Premiere Flex entwickelt, ein Prepaid-Angebot. Seit März 2007 bieten wir alle sieben Premiere Programmpakete ohne Vertragsbindung monatlich für je 20 Euro an. Premiere Flex ist eine kleine Revolution in der Pay-TV-Branche, weil es Kunden ermöglicht, das exklusive Programmangebot von Premiere auch ohne Abonnement- und Vertragsbindung zu genießen. Das Angebot funktioniert so einfach wie das Prepaid-System in der Mobilfunkbranche: Guthaben kaufen, aktivieren und Premiere sehen – ohne vertragliche Verpflichtung und ohne Grundgebühr. Premiere Flex ist ein besonders effizientes Instrument zur Neukundenakquise, die Gewinnungskosten pro Kunde liegen weit unter dem Premiere-Durchschnitt – denn klassische Handelsprovisionen wie im Abonnement-Geschäft fallen nicht an. Darüber hinaus gewinnt die Marke Premiere durch das umfassende Vertriebsnetz an zusätzlicher Präsenz: Premiere Flex ist flächendeckend an rund 10.000 Verkaufsstellen in Deutschland erhältlich. Die bisherigen Erfahrungen zeigen, dass Premiere Flex als Ergänzungsangebot funktioniert, das unser klassisches Abonnement-Geschäft nur marginal kannibalisiert. Die Kundenzahl bewegt sich im unteren sechsstelligen Bereich – Menschen, die wir sonst wahrscheinlich nicht für Premiere gewonnen hätten.

Eine echte Marktlücke haben wir 2007 mit Premiere Star geschlossen. Premiere Star ist das erste Programmpaket von Premiere, das vorerst nur über Satellit verbreitet wird. Premiere Star bündelt Pay-TV-Sender, die nicht oder nur eingeschränkt über Satellit zu empfangen sind. Es gibt eine große Zahl bestehender und geplanter digitaler TV-Kanäle, die einen starken Vermarktungspartner für das Satelliten-Segment suchen. Hier ist Premiere der natürliche Partner, weil nur wir diesen Sendern direkten Zugang zu 1,7 Millionen Satelliten-Abonnement-Haushalten bieten können. Bei Premiere-Kunden genügt ein Anruf und Premiere Star wird innerhalb weniger Sekunden frei geschaltet, der Abonnent braucht weder einen neuen Receiver noch eine neue Smartcard (→). Programmlich steht bei Premiere Star weniger Exklusivität denn Vielfalt im Vordergrund. Mit 18 TV-Sendern spricht Premiere Star vor allem diejenigen Zuschauer an, die Wert auf große Auswahl legen. Und natürlich die Premiere Kunden, die alles sehen wollen. Wir sind zuversichtlich, dass wir pro Jahr mindestens 200.000 Kunden für Premiere Star gewinnen können – und das ohne große finanzielle Vorleistungen, weil das Geschäftsmodell weitgehend variabel gestaltet ist. Die Sender von Premiere Star werden nach Abonnenten bezahlt. Eine Partnerschaft mit fairen Spielregeln.

## Innovationen: Fit für die Zukunft, schöner Fernsehen

Große Filme, hochwertige Serien und Spitzensport geben Premiere ein unverwechselbares Programmprofil. Diese Zutaten sind unverzichtbar, um Appetit auf Premiere zu machen. Aber das Auge isst mit. Wie in einem guten Restaurant legen wir nicht nur sehr viel Wert auf ein erstklassiges Menü, auch die Präsentation der Inhalte muss stimmen. Premiere treibt deshalb als Pionier des digitalen Fernsehens in Deutschland und Österreich konsequent TV-Innovationen voran, damit wir unseren Zuschauern im Vergleich zu anderen TV-Sendern ein schöneres und komfortableres Fernseherlebnis anbieten können. Die preisgekrönte Konferenzschaltung beim Fußball oder Formel-1-Rennen in frei wählbaren Kameraperspektiven Dolby Digital-Sound, 16:9-Bildformat, Filme und Serien wahlweise in der Originalsprache – das alles zählt bei Premiere zur Standardausstattung.

Viel versprechen wir uns von HDTV. Premiere hat als einziges deutsches Fernsehhaus zwei reinrassige HDTV-Sender im Angebot: Premiere HD und Discovery HD. Rund 120.000 Premiere-Kunden haben inzwischen diese HD-Sender mit ihrem exklusiven Programm aus

Filmen, Sport und Dokumentationen abonniert. Premiere HD und Premiere HD-Receiver sind ideal, um das Potenzial der neuen Flachbildschirme voll auszunutzen. Die Gesellschaft für Konsumforschung geht davon aus, dass bis Ende 2007 über sechs Millionen ‚HD-ready'-Fernsehgeräte in Deutschland verkauft wurden. Viele Kunden, die im Fachgeschäft einen HD-ready-Fernseher kaufen, erleben zu Hause eine böse Überraschung, wenn sie ihren schönen neuen Flachbildschirm mit einem analogen Fernsehanschluss verbinden. Die Bildqualität ist dann häufig sogar schlechter als auf dem alten Fernseher. Mit einem Premiere HD-Receiver hingegen werden nicht nur die Premiere-Kanäle, sondern auch alle digital übertragenen Free-TV-Programme in deutlich besserer Qualität auf Flachbildschirme oder Projektoren übertragen. Das ist ein schönes zusätzliches Argument für den ohnehin längst fälligen Einstieg in das digitale Fernsehen. Premiere wird mit Industriepartnern und speziellen Angeboten das HD-Geschäft forcieren. Damit aus dem Trend HDTV ein attraktiver Markt werden kann, sollten aber auch andere Sender im Sinne des Konsumenten in das bessere Fernsehen investieren.

Um zukünftige Wachstumspotenziale zu erschließen, ist es für Medienunternehmen also unabdingbar, sich frühzeitig auf neue technische Trends und die Veränderung des Mediennutzungsverhaltens einzustellen. Premiere besitzt bei neuen Vorhaben den strategischen Vorteil, auf seine starke Marke für Premium-Unterhaltung aufsetzen zu können. Wir haben uns bereits in den Schlüsselmärkten der Zukunft mit eigenen Angeboten positioniert. Dazu zählen insbesondere Abrufangebote. Was vielen vielleicht nicht bewusst ist: Im Bereich ‚Pay-per-View' (→) ist Premiere mit großem Abstand Marktführer. Jahr für Jahr verzeichnen wir auf Premiere Direkt Millionen von Filmbestellungen. Hier wachsen die Bäume zwar noch nicht in den Himmel, gemessen am Abonnement-Geschäft sind die Umsätze noch gering. Hier sehen wir allerdings viel Potenzial. Ein erster Schritt, dieses Feld auszubauen, war die Einführung der Premiere Digital Rekorder mit integrierter Videothek für zu Hause. Rund 30 Filme, die regelmäßig aktualisiert werden, spielen wir quasi über Nacht auf die Festplatte des Receivers, die der Kunde dann gegen Bezahlung frei schalten und sofort sehen kann. Über 220.000 dieser innovativen Geräte stehen bereits in Haushalten unserer Abonnenten, Tendenz steigend.

Natürlich spielt auch das Internet bei der Mediennutzung und damit als Verbreitungs- und Vertriebsweg für Inhalte künftig eine wichtigere Rolle. Wer heute in der Medienindustrie für die Zukunft plant, muss auch den Geschäftsbereich Internet im Blick haben. Premiere ist dabei, eine Strategie für nachhaltige Geschäfte im Internet umzusetzen. So erachten wir IPTV als wichtigen Zukunftsmarkt. Premiere ist hier von Anfang an dabei und verbreitet sein komplettes Programm neben Kabel und Satellit auch über IPTV. Empfangbar über Breitbandnetze der Telekom, verlässt das Internetfernsehen in Deutschland das Zeitalter der Wackelbilder. Wir sehen gute Chancen, dass sich IPTV in den kommenden Jahren als dritter Verbreitungsweg neben Kabel und Satellit etablieren wird. Über IPTV bietet Premiere alle seine Programmpakete an – und dazu die ‚Bundesliga auf Premiere powered bei T-Home'. Für alle Internet-Nutzer, die nicht auf großen Bandbreiten surfen, hat Premiere ein eigenes Video-Angebot gestartet, hier bieten wir exklusiven Live-Sport. Seit September 2006 zeigt Premiere etwa alle Einzelspiele sowie die Konferenz der UEFA Champions League live auf vod.premiere.de. Die Live-Streams können sowohl von Premiere-Kunden als auch Nicht-Abonnenten abgerufen werden. Teilweise verzeichneten wir fünfstellige Abrufzahlen pro Spieltag mit der Champions League – bei Preisen von bis zu 20 Euro pro Bestellung.

## Wettbewerbsposition durch Akquisitionen und Partnerschaften stärken

Auch im Filmbereich wollen wir unser Engagement im Internet kontinuierlich ausbauen, insgesamt sind diese Abrufangebote für Premiere eine strategische Position für die Zukunft mit Potenzial für überproportionale Zuwächse. Und: Sie unterstützen auch die Kundengewinnung und -bindung im Kerngeschäft.

Um die Marktstellung langfristig zu sichern, setzt Premiere nicht nur auf organisches Wachstum. Akquisitionen und Partnerschaften sind integraler Bestandteil unserer Wachstumsstrategie. Generell streben wir dabei Zukäufe an, die entweder das Kerngeschäft unterstützen oder neue, mit dem Kerngeschäft eng zusammenhängende Erlösquellen erschließen. So haben wir 2007 100 Prozent am Jugendsender Giga Digital übernommen und damit unsere Programmvielfalt über den Pay-TV-Bereich hinaus auch ins Free-TV ausgebaut. Der auf Digital Lifestyle, Games und E-Sports spezialisierte Sender spricht vor allem eine für uns sehr interessante jüngere Zielgruppe unter den Zuschauern an. Premiere und Giga Digital haben große Gemeinsamkeiten: Beide sind Vorreiter bei der Digitalisierung und sowohl im klassischen Fernsehen als auch im Internet sehr aktiv. Die wachsende junge Giga-Community interessiert sich natürlich auch für exklusive Sportübertragungen und topaktuelle Blockbuster.

Eine ähnliche Motivation lag unserer Beteiligung von 40,1 Prozent an der Gründung des Sportportals SPOX zugrunde, denn im Internet wird nicht nur gesendet. Das Internet ist vor allem ein Informationsmedium und ein virtuelles Forum für die verschiedensten Interessen. Web 2.0, Community – das sind zwei Schlagworte, die die Internetdiskussion seit einiger Zeit prägen. SPOX vereint Information, Sport-Community und Videoportal zu einer einzigartigen interaktiven Welt. Wir sind überzeugt, dass SPOX im Markt der Internet-Sportangebote erfolgreich wird. Wir bauen damit unsere Präsenz im Netz weiter aus. Das neue Sportportal kann vom technologischen und programmlichen Know-how profitieren, gleichzeitig können wir neue Zielgruppen ansprechen und insbesondere die Vermarktung unserer Internet-Angebote stärken. Und natürlich ist die SPOX-Community auch interessant für die künftige Abonnentengewinnung.

# Wachstumstreiber Digitalisierung

Es führen also viele Wege zu neuen Zielgruppen im Mediengeschäft, allen ist gemein: Sie sind digital. Gesprochen wird viel über die Digitalisierung. Kein Wunder, verändert sie doch den gesellschaftlichen Alltag tiefgreifend in vielen Bereichen. Sie sind schnell: MP3 (→) löst den ‚Schallplattenkiller‘ CD ab, fotografiert wird fast nur noch digital; und wer hantiert im Auto noch mit Faltplänen, wenn es praktische Navigationsgeräte zu erschwinglichen Preisen gibt?

Auch beim Fernsehen zeigt sich: Digital ist besser. Neue Sender und Geschäftsmodelle entwickeln sich, die publizistische Vielfalt und Auswahl an Programmen nehmen zu. Die Digitalisierung der Medienlandschaft wird also ein treibender Faktor für unser Wachstum sein. Denn sie bringt das Fernsehen, wie oben skizziert, durch innovative Angebote in eine völlig neue Dimension. Vielen Medien-Unternehmen und Infrastrukturanbieter gehen jetzt ebenfalls diesen Weg. Für den Zuschauer wird es damit immer attraktiver, auf digitales Fernsehen umzusteigen. Wir gehen davon aus, dass schon ab 2010 ein Großteil der deutschen Haushalte sein Fernsehprogramm digital empfängt. Von dieser Entwicklung kann die Branche überproportional profitieren, allerdings müssen Wirtschaft und Politik gemeinsam die richtigen Weichen stellen.

Die Digitalisierung der TV-Verbreitungswege ist bereits in vollem Gang. Jährlich werden über zwei Millionen Digital-Receiver für den Satellitenempfang verkauft. Durch den Simulcast-Betrieb (→) im Kabel ist Bewegung in die digitalen Kabelnetze gekommen. Volkswirtschaftlich betrachtet, scheint sich die Digitalisierung auch auszuzahlen. Die Bruttowertschöpfung im Rundfunkmarkt betrug 2006 rund 5,4 Milliarden Euro. Die Wertschöpfung je Erwerbstätigem der Rundfunkwirtschaft lag mit gut 117.000 Euro mehr als doppelt so hoch als die durchschnittliche Wertschöpfung pro Erwerbstätigen insgesamt (59.000 Euro). In den Jahren 2005 und 2006 ist die Rundfunkwirtschaft stärker gewachsen als die Gesamtwirtschaft – um 36,6 Prozent gegenüber 4,5 Prozent.

Das ist eine ermutigende Entwicklung. Allerdings liegt die Zahl der deutschen TV-Haushalte, die ihre Programme digital empfangen, laut dem Digitalisierungsbericht 2007 der Arbeitsgemeinschaft für Landesmedienanstalten und Gemeinsame Stelle Digitaler Zugang bei 35 Prozent – und damit unterhalb des westeuropäischen Durchschnitts von 44 Prozent. Vorreiter der Digitalisierung in Europa ist Großbritannien. Mitte 2007 empfingen dort 84 Prozent der Fernsehhaushalte ihre Programme digital. Den Aufholbedarf unterstreicht eine aktuelle Studie von PricewaterhouseCoopers: In den vergangenen fünf Jahren entwickelten sich die Märkte für Unterhaltung und Medien in Westeuropa dynamischer als in Deutschland.

Der Umstieg von analoger auf digitale Technik muss also an Tempo gewinnen, damit mehr Verbraucher von den Vorteilen einer modernen Informationsgesellschaft profitieren und ökonomische Wachstumschancen nicht leichtfertig verspielt werden. Es ist Zeit für eine aktivere Gestaltung durch Wirtschaft und Politik. Was ist zu tun, um die Digitalisierung zu beschleunigen? Die Netze sind bereits digital, was wir brauchen, ist ein fester Abschaltzeitpunkt, um die analoge Überversorgung zu beenden – nur über harten Umstieg ist der analoge Ausstieg zu erreichen. Es ist unsinnig, dass die öffentlich-rechtlichen Sender durch die doppelte Übertragung doppelte Übertragungskosten auf Kosten der Gebührenzahler verursachen. ARD und ZDF sollten mit gutem Beispiel vorangehen und ihre analoge Überversorgung zu Gunsten einer ausschließlichen digitalen Verbreitung einstellen.

Das darf allerdings nicht zu einer eins-zu-eins-Übertragung des öffentlich-rechtlichen Expansionsdrangs in die digitalen Märkte führen. ARD und ZDF betreiben bereits 21 digitale Kanäle und wollen mit Gebührenmilliarden ihre digitalen Zusatzkanäle positionieren, die bisher reine Abspielstationen waren. Wenn Formate von erfolgreichen digitalen Spartensendern wie etwa Geschichtssender mit Gebührenmilliarden kopiert werden, bleibt kommerziellen Anbietern kaum noch Luft zum Atmen. Die ‚digitale Verspartung' muss verhindert werden. Hier erhoffen wir uns klare ordnungspolitische Signale.

Auch einseitige Kampagnen für DVB-T (→) oder die Kaufempfehlungen für ‚Free-to-Air Receiver' tragen zur Wettbewerbsverzerrung bei. Das Resultat ist ein verwirrter Verbraucher, der nicht das ganze Spektrum der Digitalisierung erleben kann, weil FTA-Boxen (→) nicht adressierbar sind. Video-on-Demand oder interaktive Dienste über einen Rückkanal können über diese digitalen Schmalspur-Receiver nicht genutzt werden – verschenktes Potenzial. Die Hardware ist also ein limitierender Faktor bei der Digitalisierung.

Der Mehrwert der Digitalisierung ist nur über eine zukunftsfähige Receiver-Generation sicherzustellen. Wir wünschen uns unter der Moderation der Politik und der Aufsichtsbehörden eine bundesweite Kampagne für adressierbare Receiver, so wie es die Politik finanz- und tatkräftig bei DVB-T vorgeführt hat. Es genügt aber natürlich nicht, nur die Politik in die Pflicht zu nehmen. Auch die Medien- und Infrastrukturunternehmen müssen die Verbraucher intensiv informieren, der Erfolg hängt auch in der digitalen Fernsehwelt davon ab, dem Zuschauer den Nutzen zu vermitteln. Digitalisierung ist kein Selbstzweck. Sie muss dem Zuschauer eine größere Vielfalt mit neuen Angeboten, besserer Qualität und höherem Nutzerkomfort bringen.

## Fazit: Die Eckpfeiler für erfolgreiches Premium Pay-TV

Trotz der öffentlich-rechtlichen Überversorgung besitzt Pay-TV in Deutschland noch großes Potenzial. Im internationalen Vergleich liegen wir mit einer Pay-TV-Penetration von zehn Prozent klar zurück. In Frankreich sind es 47 Prozent, in Großbritannien 42 Prozent und in Italien 23 Prozent. Deutschland und Österreich bilden mit rund 41 Millionen TV-Haushalten Europas größten Fernsehmarkt. Die Anzahl digitaler Haushalte steigt kontinuierlich und erhöht die Chancen von Premiere, Kunden anzusprechen und zu gewinnen, die bislang technisch nicht erreichbar waren. Es ist davon auszugehen, dass die Verbraucherausgaben für Fernsehen weiterhin steigen. Das Medienbudget für digitales Pay-TV wird dabei schneller wachsen als der TV-Gesamtmarkt.

Wir bewegen uns also in einem attraktiven Wachstumsmarkt, der Begehrlichkeiten weckt. Es ist allerdings ein großes Abenteuer, Premium Pay-TV als Newcomer auf der grünen Wiese zu veranstalten. Um dieses Geschäft erfolgreich zu betreiben, sind einige Grundvoraussetzungen zu erfüllen:

- Die erfolgreiche Vermarktung teurer Premium-Rechte erfordert eine breite Kundenbasis

- Spätestens seit arena wissen alle: Bundesliga allein funktioniert nicht. Die Vermarktung klappt nur im Mix aus Live-Sport, hochwertigen Filmen und Serien.

- Für die erfolgreiche Vermarktung braucht man ein großes Vertriebsnetz und die flächendeckende technische Verbreitung.

Diese Bedingungen erfüllt Premiere, aber darauf ruhen wir uns natürlich nicht aus. Mit neuen Ideen für ein schöneres Fernseherlebnis und neuen Produkten für neue Zielgruppen erschließen wir uns Schritt für Schritt zusätzliche Wachstumspotenziale. Das A und O bleibt unser Kerngeschäft mit Programmabonnements, in dem wir uns weiter auf den Vertrieb hochwertiger und umsatzstarker Paketkombinationen konzentrieren werden.

Digitales Fernsehen und ein Pay-TV-Abonnement werden also mehr und mehr zu einer Selbstverständlichkeit im Fernsehalltag. Als Marktführer im deutschen und österreichischen Pay-TV-Geschäft kann Premiere für die Zukunft auf eine starke Marke und eine ausgezeichnete Wettbewerbsposition aufbauen.

# Pay-TV-Programme

Wachstum und Marktmacht in einer sich fragmentierenden TV-Welt?

*Dr. Klaus Holtmann*

*[Leiter Digitale Spartenprogramme, RTL Television]*

Derzeit ist das Schlagwort ‚Digitalisierung' bei TV-Schaffenden in aller Munde. Eine – zunächst rein technische – Entwicklung beseitigt schleichend bisher existierende Markteintrittsbarrieren und ermöglicht gleichzeitig neue Geschäftsmodelle im TV-Markt. Im Folgenden soll primär die Auswirkung der Digitalisierung auf die Entwicklung der Deutschen Pay-TV-Kanal-Landschaft (→) beleuchtet werden, die den TV-Markt weg vom ‚Broadcasting' hin zum ‚Narrowcasting' (→) bewegt. Die letzten Jahre zeigten auch mitunter, dass viele neue Marktteilnehmer, die durch den Digitalisierungs-Hype zum Launch neuer Angebote ermutigt wurden oder zumindest über den Launch neuer Angebote nachdenken, sich nicht im Klaren über die tatsächlichen Gefahren und Potenziale des digitalen Pay-TV-Marktes sind. Fraglich ist zudem, wie ‚narrow' ein Programm sein muss, um ausreichenden Mehrwert für die Abonnenten zu bieten, und wie ‚broad' es sein muss, damit es wirtschaftlich erfolgreich sein kann.

## Digitalisierung und neue Verbreitungswege

Das Thema Programmverbreitung ist – neben dem Programm – eines der zentralen Themen der Fernsehwirtschaft. Wird ein TV-Sender über einen oder mehrere Verbreitungswege (Kabel, Satellit, Terrestrik etc.) nicht verbreitet, können die Haushalte, die ihren TV-Konsum über diese Verbreitungswege decken, dieses Programm nicht empfangen. Kann ein Programm nicht empfangen werden, bedeutet dies zwangsläufig, dass der betreffende Haushalt als potenzieller Kontakt, der vom Sender an die Werbewirtschaft verkauft werden kann, fehlt. Auch als potenzieller Abonnent für Pay-TV-Angebote fällt dieser Haushalt aus. Es reicht also nicht aus, nur ein attraktives Programm anzubieten, sondern das Angebot muss zunächst von den potenziellen Zuschauern empfangbar sein. Erst wenn eine kritische Masse von Zuschauern ein Programm überhaupt empfangen kann, entsteht eine ausreichende technische Reichweite, die theoretisch einen gewinnbringenden Betrieb eines Senders zulassen würde.

Die bisherige analoge Übertragungstechnologie beschränkte, auf Grund von Kapazitätsengpässen, die Anzahl der übertragbaren Kanäle. Ein normaler analoger Kabelhaushalt kann derzeit in der Regel nur zwischen 30 und 40 Programmen empfangen. Daher hatten in Deutschland, bis vor kurzem, auch nur 30 bis 40 Kanäle eine ausreichend hohe technische Reichweite inne, die es theoretisch erlaubt, gewinnbringend zu arbeiten.

Neben der Knappheit der Kapazitäten ist die analoge Verbreitung außerdem noch ungemein kostspielig. Allein schon diese hohen Verbreitungskosten hielten in der Vergangenheit viele Unternehmen vom Markteintritt ab, da die analogen Verbreitungskosten für kleinere Sender kaum refinanzierbar waren.

Mit der digitalen Übertragungstechnologie hat sich dies nun geändert. In der digitalen Welt ist nicht nur viel mehr Verbreitungskapazität vorhanden, sie ist zudem kostengünstiger als bisher: Auf einer analogen Kapazität, auf der bisher ein einziges analoges TV-Programm transportiert werden konnte, können nun, durch den Wechsel auf einen digitalen Übertragungsstandard, 8 bis 12 Programme übertragen werden. Das bedeutet zum Beispiel, dass durch dasselbe TV-Breitband Kabel nun theoretisch etwa 300 statt der bisher nur 30 möglichen Programme zu den Kunden geleitet werden könnten.

Auch die Kosten, die anfallen, um ein Programm digital zum Kunden zu leiten, sind niedriger als bei der analogen Übertragung, wobei die derzeit von den Infrastrukturanbietern verlangten Transportentgelte nicht im selben Verhältnis sinken, wie die Kapazitäten steigen.

Dennoch wird es zukünftig auf Grund kaum mehr existierender Kapazitätsengpässe möglich sein, im digitalen Bereich ausreichend technische Reichweite zu sehr viel geringeren Kosten zu generieren. Die Eintrittsbarrieren der zu hohen Transportkosten und stark begrenzten Übertragungskapazitäten fallen also zukünftig weitgehend weg.

Weiterhin öffnen sich durch die Digitalisierung und durch neue Übertragungsstandards und Protokolle neue Verbreitungswege, wie zum Beispiel DVB-T (→), DVB-H (→), UMTS (→), TV via DSL im IPTV-Standard (→) etc., die es den Zuschauern ermöglichen, Fernsehen in Situationen und Umfeldern zu nutzen, in denen es bisher nicht möglich war, das heißt beispielsweise im Auto, in der Straßenbahn, im Park oder im Büro. Sollten sich diese neuen Verbreitungswege durchsetzen und eine gewisse Marktrelevanz erreichen, könnten sich auch hierdurch neue Sender, Programmformen und TV-Nutzungsgewohnheiten entwickeln, die dem TV-Markt in den nächsten Jahren zusätzlich neue Impulse geben könnten.

## Marktöffnung und Fragmentierung

Trotz der durch die Digitalisierung langsam sinkenden Markteintrittsbarrieren darf man aber nicht verkennen, dass der deutsche TV-Markt schon seit langem mit einem sehr guten und vor allem umfangreichen Programmangebot versorgt ist und daher faktisch schon sehr stark fragmentiert ist, das heißt sehr viele verschiedene Programme um die Gunst der Zuschauer ringen und sich gegenseitig Konkurrenz machen. In keinem Markt der Welt konkurrieren so viele Free-TV-Sender mit qualitativ so hochwertigen Programmen um die Zuschauer wie in

Deutschland. So gut wie jeder Zuschauer kann kostenlos (bis auf GEZ-Gebühren und gege-benenfalls den Kabelanschluss) zwischen 30 bis 40 Programmen wählen. In Großbritannien schauen die meisten Zuschauer noch immer nur die fünf frei empfangbaren Programme. In Frankreich gibt es nur sechs kostenlose Programme und auch in den USA sind in der Regel nur ABC, CBS, NBC, Fox, CW sowie einige vernachlässigbare öffentlich-rechtliche Pro-grammanbieter frei empfangbar. Nirgendwo gibt es so viel kostenloses Fernsehen auf einem so hohen Standard wie in Deutschland.

Daher kommen schon heute im deutschen Free-TV-Markt viele der Sender, die der ersten Sendergeneration (RTL, Sat.1 und ProSieben) gefolgt sind, nicht ohne eine zugespitzte Posi-tionierung aus. Ein solche spitzere Positionierung konzentriert sich in der Regel auf eine mehr oder weniger schmale Zielgruppe: So gibt es neben den großen Vollprogrammen Kin-dersender, Nachrichtensender, Programme mit der Zielgruppe ‚Männer', Sender zum Mitma-chen und Gewinnen und so weiter. In der digitalen Welt, in der es noch viel mehr Angebote geben wird (oder zumindest geben soll) als derzeit, werden die Positionierungen der neuen Sender daher notwendigerweise noch spitzer sein müssen als bisher, denn ansonsten würden sie sich in nichts von den schon existierenden Angeboten unterscheiden.

Fraglich ist allerdings, wie spitz eine Positionierung sein kann beziehungsweise wie klein die Zielgruppe eines Senders maximal sein darf, bis sich der Betrieb des jeweiligen Programms gerade noch lohnt, also die notwendige Rendite erzielt wird. Wenn der Betrieb eines rein werbefinanzierten TV-Programms wegen zu kleiner Zielgruppen oder für Werbetreibende uninteressanten Inhalten nicht mehr die für die Produktion notwendigen Kosten erlöst, kann theoretisch versucht werden, stattdessen ein Pay-TV Modell zu fahren, wobei hier wiederum beachtet werden muss, dass durch den beschränkten Zugang automatisch die Reichweiten und damit die Werbeerlöse noch weiter absinken. Somit bedeutet der zusätzliche Erlösstrom aus den Abonnentenentgelten für einen Sender nicht unbedingt, dass er insgesamt höhere Erlöse haben wird als bei einem Free-TV-Modell.

Im Übrigen bedeutet das Auftauchen neuer Sender automatisch eine weitere Fragmentierung des bisherigen Zuschauermarkts. Wenn mehr Programme angeboten werden, verteilt sich der TV-Konsum (wahrscheinlich) auf eine größere Anzahl von Sendern, was wiederum bedeutet, dass der Marktanteil der großen TV-Sender wie ARD, ZDF, RTL, Sat.1 und ProSieben sinken wird. Das Sinken ihrer Marktanteile wird für diese Unternehmen aber dennoch nicht exis-tenzbedrohend sein, denn sie werden weiterhin von allen Medien diejenigen sein, die für die Werbetreibenden, in einem bestimmten Zeitraum, die größte Anzahl an Kontakten generieren können. Trotz des leichten Absinkens der Reichweite wird auch zukünftig kein anderes Me-dium ähnliche Reichweiten generieren wie die großen Free-TV-Sender der ersten Generation.

## Spartensender – Auffangen von Fragmentierungsverlusten und Marketinginstrument für die digitale Welt

Studien zeigen, dass eine Vermehrung der angebotenen Sender nicht dazu führt, dass ein Mensch dann auch viel mehr unterschiedliche Sender schaut. Das ‚Relevant Set' (→) wächst bei einem stark steigenden Angebot kaum. Dennoch kann es sein, dass bei einer starken Ausweitung des Angebots ein oder zwei der Sender des Relevant Sets, mit einem eher generalistischen Programmangebot, von den Zuschauern durch neue Nischensender ersetzt werden, mit deren Nutzung die Zuschauer dann ihre individuellen, ganz speziellen Programminteressen befriedigen.

Da diese Fragmentierung noch weiter zunehmen wird, ist für die etablierten Sender der Aufbau neuer Sender eine Möglichkeit, die Fragmentierungsverluste, im Rahmen des Konsums von spitzen Zielgruppensendern, durch die Ausweitung der eigenen Senderfamilie aufzufangen. Im Rahmen dieser ‚Selbstfragmentierung' sinken zwar die Marktanteile der großen Ursprungssender, gleichzeitig fangen die neuen Sender den Marktanteilsverlust – zumindest zum Teil – wieder auf. Gleichzeitig schaffen sich die bisher weitgehend von Werbeerlösen und damit vom Werbemarkt abhängigen Free-TV-Anbieter, einen zweiten, vom Werbemarkt unabhängigen Erlösstrom. Der Erfolg aller privaten Free-TV-Programme hängt stark vom Werbemarkt ab. Der Werbemarkt war in der Vergangenheit aber auf Grund seiner Konjunkturabhängigkeit sehr volatil, und auch bei guter Konjunktur waren nur sehr begrenzte Wachstumsraten zu verzeichnen.

Die Gründung neuer Pay-TV-Programme, die sich zum Großteil durch Abonnentenentgelte finanzieren und daher unabhängig vom Werbemarkt sind, könnte den etablierten Free-TV Anbietern helfen, eine gewisse Unabhängigkeit vom Werbemarkt zu schaffen. Hervorzuheben ist aber, dass dieses zweite Standbein, im Vergleich zu dem Erlösstrom aus Werbeeinnahmen, ein sehr dünnes ist. Eine Kompensation von auch nur kleinen Werbemarktschwankungen oder gar die völlige Loslösung vom Werbemarkt erscheint auch auf lange Sicht vor dem Hintergrund des vergleichsweise kleinen Erlöspotenzials aus Abonnements nahezu unmöglich, denn die Dimensionen und Potenziale der beiden Ströme, Werbeerlöse und Abonnentenerlöse, sind einfach zu unterschiedlich.

Nichtsdestotrotz kommt den neuen Pay-TV Programmen eine zentrale Rolle im Rahmen der Digitalisierung zu, die ihr Dasein im ohnehin schon stark fragmentierten TV-Markt – neben den zusätzlich generierten Erlösen – rechtfertigen: Da die Digitalisierung in Deutschland nicht durch eine Zwangsabschaltung der analogen Verbreitungen getrieben wird, sondern alle Infrastrukturbetreiber auf eine freiwillige Migration der Konsumenten von der analogen auf die digitale Übertragung setzen, müssen die Konsumenten davon überzeugt werden, dass es sich lohnt, in die digitale Welt zu wechseln. Hierfür werden Argumente benötigt, die für die Konsumenten verständlich und nachvollziehbar sind. Gleichzeitig wollen die Infrastrukturbetreiber vom ihrem bisher vorherrschenden Transportmodell zukünftig auf ein Vermarktungsmodell wechseln, indem sie eigene Plattformen aufbauen, mit deren Hilfe sie ihre Kunden direkt adressieren können. Auch hierfür werden echte, kommunizierbare Argumente beziehungsweise Mehrwerte benötigt.

Da aber die ‚Digitalisierung' an sich also kein Verkaufsargument ist und die Kunden von den Plattformanbietern aktiv überzeugt werden müssen, dass es sich lohnt, in die digitale Welt zu wechseln, müssen und wollen alle Plattformanbieter echte Mehrwerte anbieten, die es in der bisherigen analogen TV-Welt nicht gab. Neben zusätzlichen – eher technischen – Features, wie zeitversetztem Fernsehen und einer besseren Bild- und Ton-Qualität, sind daher die neuen zusätzlichen Pay-TV-Programme eine zentrale Marketingbotschaft der neu aufgekommenen Pay-TV-Plattformen der Infrastrukturanbieter. Auch wenn die technischen Mehrwerte, objektiv betrachtet, gute Argumente für die digitale Welt liefern, so sind doch neue Programmangebote die einzigen Mehrwerte, die eine echte emotionale Komponente in die Marketingbotschaften der Plattforen einbringen können. Die Vergangenheit hat gezeigt, dass eine Plattform-Kommunikation, die primär technische Vorteile in den Vordergrund der Kommunikation stellt, weniger erfolgreich ist als eine Emotionalisierung durch beliebte, hochwertige Inhalte.

Nachdem die Premiere-Plattform, die lange Jahre als einziger Pay-TV-Vermarkter in Deutschland fungierte, in der Vergangenheit eine ausreichende Anzahl von attraktiven Drittsendern versammelt hatte, wurden dann jahrelang so gut wie keine neuen Pay-TV-Angebote gelauncht. Erst mit dem Aufkommen der neuen Pay-TV-Plattformen der Kabelnetzbetreiber, mit denen sich die Kabelnetzbetreiber unabhängiger von Premiere machen wollten, kam es zu einer zweiten Gründungswelle von Pay-TV-Sendern. Die Kabelnetzbetreiber fragten neue Inhalte und Angebote nach, die sie potenziellen Digital-Kunden als echte, emotional positiv besetzte Mehrwerte anbieten konnten und die bisher nicht im Markt existierten.

## Positionierung von Pay-TV-Kanälen

Pay-TV-Inhalt wird also als ideale Marketing-Botschaft des Mehrwertes der digitalen Welt und als zentraler Treiber in die Digitalisierung angesehen. Fraglich ist, ob dies auch zukünftig noch der Fall sein wird, denn immer wieder wurde in den letzten Jahren der Tod des linearen Fernsehens vorhergesagt. Experten warnen in vielen Studien seit Jahren davor, dass Video-on-Demand (→), zeitversetztes Fernsehen, interaktives Fernsehen, die Konvergenz verschiedener Endgeräte, das Internet und User Generated Content (→ UGC) über das Internet dabei sind, dem linearen TV den Todesstoss zu versetzen. Dennoch geht es dem klassischen, linearen Fernsehen prächtig. Dies wird aller Voraussicht nach auch zukünftig so bleiben.

Dennoch ist unbestritten, dass der ‚Lean-Foreward'-Konsum (→) zunehmen wird. Da der ‚Lean-Back'-Konsum (→) durch eine Vielzahl erfolgreicher Free-TV-Angebote, wie schon oben beschrieben, bereits quantitativ und qualitativ hervorragend bedient wird, ist fraglich, ob ein noch größeres Angebot zur Befriedigung des Lean-Back-TV-Konsums in Form neuer (Pay-)TV-Angebote sinnvoll ist und von den Konsumenten tatsächlich angenommen werden wird – insbesondere, wenn diese auch noch dafür zahlen sollen. Aktuell kann man im deutschen Free-TV Markt sehen, dass sogar in jüngerer Zeit gestartete Free-TV-Angebote wirtschaftliche Probleme haben. Fraglich ist in dem Zusammenhang dann natürlich, warum dann ähnliche, aber stattdessen entgeltfinanzierte Programmangebote wirtschaftlich erfolgreich sein sollten.

Um im Markt bestehen zu können, müssen neue (Pay-)TV-Angebote daher den Konsumenten echte und vor allem wahrnehmbare Mehrwerte bieten. Nur wenn den Zuschauern etwas angeboten wird, das ihnen bisher nicht angeboten wurde, und das Angebot gleichzeitig eine wirkliche Relevanz für die Zuschauer hat, handelt es sich um einen echten, wahrnehmbaren Mehrwert. Weiterhin muss dieser Mehrwert im Marketing einsetzbar und kommunizierbar sein. Nur wenn ein Pay-TV-Angebot einen solchen echten, relevanten, wahrnehmbaren und kommunizierbaren Mehrwert hat, besteht die Chance, dass man sich mit einer oder mehreren Plattformen über die Vermarktung des Angebotes einigen kann. Für die Zuschauer ergibt sich der Mehrwert hauptsächlich aus dem Programmangebot. Für sie ist ein Mehrwert nur dann vorhanden, wenn der Sender Programme anbietet, die die Zuschauer *nie, noch nicht* oder *nicht mehr* im Free-TV zu sehen bekommen. Gleichzeitig muss das Angebot qualitativ so gut sein, dass Interessenten sich dafür auf den Weg in den Elektronikmarkt machen, um ein Abo abzuschließen, sich für ein bis zwei Jahre zu verpflichten und für das Angebot zu zahlen. Pay-TV-Kanäle dürfen daher im Grunde weder vom Inhalt, noch vom Erscheinungsbild, unter dem Standard von Free-TV-Kanälen liegen und dürfen darüber hinaus auch keinesfalls ,More of the Same' anbieten. Grundsätzlich sollte das Angebot, vom Standard her, sogar über den frei verfügbaren TV-Angeboten liegen.

Außerdem haben weitere Faktoren Einfluss auf die Attraktivität von Pay-TV-Kanälen: Hierzu gehören, neben Qualität und Quantität der Programminhalte, die Exklusivität der Programminhalte, Quantität und Qualität des Marketings, das der Sender selbst macht, sowie das Branding des Angebotes. Schon aus dem Namen sollte klar erkennbar sein, welches programmliche Angebot und welchen Mehrwert der Interessent zu erwarten hat. Eine bekannte Programmmarke ist hilfreich, denn sie verhilft den Konsumenten zu einer schnelleren inhaltlichen Einordnung des Angebotes und bürgt für ein bestimmtes Qualitätslevel.

Je attraktiver die Inhalte eines Senders sind und je besser das Branding beziehungsweise die Marke des jeweiligen Senders ist, desto höher ist sein Mehrwert und damit seine Sogwirkung auf die Zuschauer in die digitale Welt. Je höher diese Sogwirkung, das Marketingpotenzial und der kommunizierbare Mehrwert dieser Sender sind, desto höher ist das Erlöspotenzial, das ihnen von den Plattformen zugestanden wird.

## Abonnentenerlöse und Werbeerlöse

Die Pay-TV-Sender in Deutschland haben derzeit zwei wesentliche Erlösquellen: Abonnentenentgelte und Werbeerlöse. Es existieren verschiedene Modelle zur Berechnung der sogenannten ,Carriage Fees'. Carriage Fees sind die Entgelte, die die Sender von den Plattformen dafür erhalten, dass sie den Plattformen Programme zur Vermarktung an die Endkunden zur Verfügung stellen. Eines der gängigsten Modelle ist die Zahlung eines festen oder gegebenenfalls auch variablen, als Cost per Subscriber (CPS) bezeichneten, Betrages, der von der Plattform monatlich pro Abonnent gezahlt wird. Denkbar ist auch, dass das Entgelt nicht pro Abonnent gezahlt wird, sondern dass stattdessen ein fixer Betrag, dessen Höhe unabhängig davon ist, wie viele Abonnenten tatsächlich gewonnen wurden, gezahlt wird. Auch ist eine Kombination beider Modelle denkbar. Eine weitere Entgeltkomponente kann die Beteiligung der Plattform an den Verbreitungskosten des Senders sein.

Die Vermarktung von Werbeflächen im Programm von Pay-TV-Sendern unterliegt – anders als oft vermutet – genau denselben rechtlichen Vorgaben wie die Werbevermarktung im Free-TV. In der Regel ist es im Pay-TV aber unüblich, Werbeunterbrechungen in laufende Sendungen einzufügen. Grund dieser freiwilligen Beschränkung ist die Annahme, dass viele Kunden Pay-TV-Kanäle abonnieren, weil sie Unterbrecherwerbung im Free-TV als störend empfinden. Diese geringere Werbedichte stellt daher faktisch einen Mehrwert des Pay-TV dar. Auch die Scharnier-Inseln zwischen den verschiedenen Sendungen sollten nicht mit zu viel Werbung überfrachtet werden, denn zu viel Werbung könnte auf Abonnenten abschreckend wirken. Ein wichtiges Ziel muss es sein, ein ideales Maß für die Menge an Werbung zu finden, die von den Kunden akzeptiert wird – ohne dass Gefahr droht, dass sie ihr Abonnement kündigen. Zusätzliche Erlösarten, wie zum Beispiel Merchandising, Internet oder ‚Call-in'-Erlöse sind im Pay-TV Markt derzeit so gut wie gar nicht vorhanden.

## Diverse Kostentreiber für Spartensender

Nur weil durch die Digitalisierung plötzlich die Chance besteht, ausreichende technische Reichweite zu gewinnen, und gleichzeitig die Verbreitungskosten fallen, werden derzeit beim Launch von neuen Sendern oft entscheidende Kosten-Faktoren und -Treiber übersehen oder zumindest falsch eingeschätzt, sodass zunächst neue, enthusiastisch betriebene TV-Projekte schon kurze Zeit nach dem Start von den Investoren wieder infrage gestellt werden.

### Betrieb

Ein Spartensender benötigt genau dieselben Funktionen und Abläufe wie ein ‚großer' Sender. Die Vorstellung, dass der Betrieb eines Senders ohne eine schon zuvor bestehende Organisation mit ‚nur ein paar Leuten' möglich ist, ist in der Regel falsch. Egal wie groß oder aufwändig das Programm ist, es werden immer eine Redaktion, einen Programmeinkauf, eine Programm- und Promotionsplanung, ein Archiv und Kopierzentrum, eine Sendeleitung und Abwicklung, eine Marketingabteilung – zuständig für die Konzeption und die Produktion des On- und Off-Air-Marketings, eine Presseabteilung für Programm- und Unternehmenspresse und Public Relations, eine Abteilung für die Vermarktung und Disponierung der Werbezeiten, eine Personalabteilung, eine juristische Beratung, eine kaufmännische Abteilung mit Buchhaltung und Controlling, Haustechnik etc. benötigt. Für den Fall, dass selber produziert wird, wird eine Produktionsabteilung benötigt sowie Studios und Studiopersonal, wie Kameraleute, Beleuchter, Regisseure etc. Wird für ein 24-Stunden-Programm live in mehreren Schichten produziert, wie bei einem Nachrichtensender, explodiert das Personalbudget. Viele neue Senderprojekte, die zunächst euphorisch gestartet wurden, scheitern langfristig an dem Umfang, der Komplexität und vor allem an den Kosten der erforderlichen Abläufe und Betriebstrukturen.

## Programm

Obwohl Premieren, wie oben geschildert, wichtig für ein neues Programm sind, um eine eigenständige Positionierung und echten Mehrwert zu signalisieren, muss ein Pay-TV-Veranstalter bei einem so begrenzten Markt, wie es der deutsche Pay-TV-Markt (heute noch) ist, über ein großes Archiv verfügen, um halbwegs rentabel arbeiten zu können. Dieses Archiv sollte durch einen gewissen Anteil aufsehenerregender Premieren oder internationaler Programme ergänzt werden.

Die wenigsten Marktteilnehmer verfügen über eine ausreichende Menge an Archiv-Programmstunden, die benötigt werden, um ein Pay-TV-Programm attraktiv und halbwegs profitabel zu bestücken. Es würde zurzeit wahrscheinlich nicht funktionieren, einen Pay-TV Sender auf der grünen Wiese aufzumachen und Tausende Stunden der notwendigen Programme extra für den neuen Sender neu zu produzieren. Auch wenn man die Produktionskosten von Eigen- oder Auftragsproduktionen auf das absolute mögliche Minimum herunterdrücken könnte und würde, wäre es wahrscheinlich kaum möglich, die ausreichende Anzahl von Programmstunden zu produzieren, die für ein attraktives Programm mit einer erträglichen Wiederholungsrate benötigt werden. Gleichzeitig fällt bei sinkenden Produktionskosten pro Stunde in der Regel auch die Qualität des Programms und damit die Attraktivität für potenzielle Abonnenten. Auch wenn man die Produktionskosten so weit senken könnte, dass eine ausreichende Anzahl von Stunden dabei herauskäme, wäre das Programm jedoch höchstwahrscheinlich so unattraktiv oder würde qualitativ gegenüber den Free-TV-Angeboten derart abfallen, dass niemand es anschauen, geschweige denn abonnieren würde.

Es gibt nur ganz wenige Unternehmen, die über einen ausreichend großen und gleichzeitig attraktiven Bestand an Inhalten verfügen, um in Deutschland einen Pay-TV-Sender zu launchen. Wenn man sich die sich die derzeitigen Pay-TV-Sender in Deutschland anschaut, steht daher so gut wie immer entweder ein großes Hollywood-Studio dahinter oder ein Sender oder Produktionsunternehmen mit einem großen Archiv, welches über Jahrzehnte hinweg aufgebaut wurde.

## Vermarktung

Nicht zu vernachlässigen ist die Wichtigkeit des Marketings für den Erfolg von Pay-TV-Sendern. Es reicht nicht aus, einen guten Sender mit einer klaren Positionierung und einem attraktiven Programm zu liefern. Die potenziellen Abonnenten müssen zuerst erfahren, dass es den Sender überhaupt gibt.

Zwar fällt, im Verhältnis der Vermarktungsplattform zum Sender, eigentlich der Plattform der Löwenanteil der Marketingaufgaben zu – genau aus diesem Grund erhalten die Plattformen ja ihren Anteil an den Abonnentenerlösen. Dennoch wäre es ein Fehler, die komplette Marketingarbeit den Vermarktern zu überlassen. Es ist unerlässlich, dass Pay-TV-Sender auch ein eigenes individuelles, von den Plattformen unabhängiges Marketing betreiben, denn nur wenn ein Sender sein Profil und seine Positionierung selbst schärft und kommuniziert, hat er eine ausreichende Kontrolle darüber, dass die richtigen Mehrwerte beim Kunden ankommen und Kunden den Sender aktiv bei den Plattformen nachfragen. Ein solches, unabhängiges

Marketing baut die eigenständige Marke eines Senders überhaupt erst auf und stärkt und verfestigt sie. Eine starke, von den Plattformen unabhängige Marke stärkt die Position des Senders gegenüber den Plattformen, denn wenn potenzielle Abonnenten einen bestimmten Kanal bei einer Plattform aktiv nachfragen und einfordern, steigt die Attraktivität und damit die Relevanz und die Verhandlungsmacht des Senders gegenüber dem Vermarkter.

Selbstverständlich sollte das Marketing eines Senders im Normalfall mit den Plattformpartnern abgestimmt sein, damit keine dissonanten Botschaften erzeugt werden. Üblich sind daher auch oft gemeinsame Marketingaktionen zur Abonnentengewinnung, die beiden Partnern helfen. Ein solches kooperatives Marketing ist wahrscheinlich die sinnvollste Form der Vermarktung.

Dennoch soll es gelegentlich auch vorkommen, dass Plattformen bewusst kein oder zu wenig Marketing für bestimmte Angebote machen. Dementsprechend schlechter werden die Angebote in der Folge von Abonnenten nachgefragt und die Relevanz des Programms für Interessenten und Plattformbetreiber nimmt weiter ab, sodass sich irgendwann die finale Frage nach der zukünftigen Weiterführung des Angebotes stellen kann. Betreibt ein Sender daher kein ausreichend intensives eigenständiges Marketing, hängt sein Erfolg direkt von den Bemühungen der Plattformen ab, die durchaus aktiv Einfluss auf den Erfolg und die Marktrelevanz eines Angebotes nehmen können, was im negativen Extremfall in der Einstellung des Angebotes resultieren kann.

## Plattformen als potenzielle Gatekeeper

Die Plattformen sind in ihrer Entscheidung, welche Sender sie in ihre Vermarktung aufnehmen, nicht frei, sondern sind an rechtliche wie auch ökonomische Zwänge gebunden. Die Vermarktung von Sendern ohne erkennbaren Mehrwert und ohne attraktives Branding ist, wie oben geschildert, für die Plattformen kaum eine Option. Aber auch ein Sender, dessen Zielgruppe zu klein ist oder keine ausreichende Kaufkraft besitzt, würde wahrscheinlich nicht von einer Plattform vermarktet, da der vergleichsweise hohe Vermarktungsaufwand die geringe Anzahl der zu gewinnenden Kunden nicht rechtfertigen würde.

Weiterhin begrenzen Preissensitivitäten die Größe von Senderpaketen. Je höher der Preis eines solchen Bündels ist, desto weniger Menschen werden bereit sein, das Paket zu abonnieren. Da jeder Sender ein bestimmtes Entgelt erhält, steigt mit der Anzahl von Sendern auch der Preis des Pakets. Eine Aufnahme zusätzlicher Sender würde die Attraktivität des Pakets zwar verbessern, aber ab einem bestimmten Preislevel zu viele potenzielle Abonnenten abschrecken. Hier muss also ein ideales Gleichgewicht zwischen dem Preis und dem Angebot gefunden werden. Hinzu kommen aktuelle Gerichtsentscheidungen, die Kunden unter bestimmten Umständen die Kündigung eines Abonnements erlauben könnten, wenn sich der Preis oder die Zusammensetzung eines Pakets ändern. Es ist daher zu vermuten, dass die Plattformen zukünftig, bei Preisanpassungen und inhaltlichen Änderungen von Paketangeboten, vorsichtiger vorgehen könnten, was die Aufnahme neuer Angebote in die Vermarktung und damit ihren Markteintritt durchaus erschweren könnte.

Die technischen Infrastrukturbetreiber betreiben auch die technischen Plattformen, die die Adressierung der Kunden übernehmen, und sie besitzen – bis auf Premiere – auch die Vermarktungsplattformen, die Sender von Drittanbietern bündeln und vermarkten und die Endkundenbeziehung innehaben. Offen bleibt vor diesem Hintergrund die Frage des langfristigen Verhältnisses zwischen den technischen Infrastrukturbetreibern beziehungsweise den von ihnen kontrollierten Plattformen und den Drittanbietern, den von den Plattformen unabhängigen Sendern. Fraglich ist, wie stark langfristig die Position der meist kleinen Drittanbieter ist, die einigen wenigen starken Plattformen gegenüberstehen, die sich schon heute ihrer Rolle als Gatekeeper durchaus bewusst sind.

In den nächsten Jahren wird sich zeigen, inwieweit die Plattformen ihre Gatekeeper-Position stärker ausnutzen werden, um die von Dritten betriebenen Sender zu schwächen oder in ihrem Sinne zu beeinflussen. Dies kann durch verschiedenste Eingriffe geschehen, wie eine verstärkte Einflussnahme auf die Programminhalte, eine unverhältnismäßige Zurücksetzung einzelner Sender im Marketing, eine Verschlechterung der Entgeltkonditionen, eine Verschlechterung der Kanal- und/oder EPG-Plätze (→) oder sogar eine Nichtverlängerung bisher existierender Verträge. Beispiele aus Großbritannien zeigen, dass Plattformen ihre Gatekeeper-Position durchaus nutzen können, um ihre wirtschaftliche Position gegenüber den Drittanbietern zu verbessern.

In diesem Zusammenhang ist auch fraglich, inwieweit die Infrastrukturanbieter, und damit auch die mit ihnen verbundenen Plattformen, die derzeitige Trennung zwischen Inhalten auf der einen und Transport/Vermarktung auf der anderen Seite bestehen lassen wollen und müssen. Das Beispiel arena, bei dem ein Infrastrukturbetreiber erstmals Rechte an einem für die TV-Branche strategisch wichtigen Inhalt, nämlich der Bundesliga, erworben hat, zeigt, dass bei den Infrastrukturanbietern durchaus Bestrebungen vorhanden sind, in der Wertschöpfungskette eine zusätzliche Position einzunehmen, die bisher von anderen Wettbewerbern besetzt war. Bei wichtigen Inhalten könnten die Plattformen zukünftig auf ‚make' statt wie bisher auf ‚buy' setzen und so eine strategisch wichtige Position einnehmen und kontrollieren, die sie bisher nicht beeinflussen konnten. Der Erwerb der Bundesliga-Rechte hat nicht den von dem Infrastrukturbetreiber gewünschten Erfolg erzielt. Dennoch sollte weiterhin über die Frage nachgedacht werden, ob es tatsächlich sinnvoll und gewollt ist, dass die Transporteure (als potenzielle Gatekeeper) darüber bestimmen können, welche Sender in die Haushalte gelangen, Inhalte erwerben dürfen und damit auch noch zusätzlich entscheiden könnten, welche redaktionellen Inhalte diese Programme zeigen. Bis jetzt ging man jedenfalls davon aus, dass eine Trennung zwischen Transport und Inhalt durchaus sinnvoll und wünschenswert ist.

# Die Kraft der Heimat, Emotion und Digitalisierung

## Wie eine für tot erklärte TV-Sparte wiederbelebt wurde

*Andre Zalbertus [Gründer, center.tv]*

Die Verblüffung ist groß. Jedes Mal. Wenn ich angehende Journalisten unterrichte und sie mit den Grundlagen unseres Handwerks vertraut mache, dann kommen wir früher oder später darauf zu sprechen, dass in der deutschen Fernsehbranche ein intensiver Wettbewerb tobt. Es gibt kaum ein Territorium in der westlichen Welt, wo so viele Free-TV-Sender ($\rightarrow$) den Markt bevölkern wie in der Bundesrepublik. Lange Jahre habe ich mich auf diesem Feld als Produzent getummelt und Sendungen für den späten Sonntag- und Montagabend des deutschen Marktführers RTL hergestellt. Wer ist, so frage ich dann in diesen Seminaren den journalistischen Nachwuchs, auf diesen Zeitschienen unser größter Konkurrent? Die Hände der Auszubildenden fliegen nach oben – und ein Sender nach dem anderen wird genannt. ProSieben, die ARD, manchmal sogar Premiere. Nein, sage ich, unsere größten Wettbewerber lauern ganz woanders. Und dann ist die Verblüffung groß.

Unsere Konkurrenten an einem späten Sonntagabend sind zuallererst die Dinge, die unseren Zuschauer ablenken. Denn: Es herrscht ein Wettbewerb um Aufmerksamkeit. Zu fortgeschrittener Uhrzeit lockt der Kühlschrank mit seinen Leckereien, das Telefonat mit der besten Freundin, das Gespräch mit dem Partner – oder die Menschen wollen einfach nur noch ins Bett. Deshalb sollte unser Angebot nicht nur besser und attraktiver sein, sondern es muss den Zuschauer berühren, ihn fesseln. Oder wie wir sagen: Er muss ‚emotional andocken' an das, was er hört und sieht. Erst wenn diese unsichtbare Verbindung besteht, dann haben die Programmmacher ihren Job richtig gemacht.

Die Herstellung von Emotionen im Fernsehen ist, so meine Erfahrung nach zwanzig Jahren im Geschäft, der entscheidende Schlüssel zum Erfolg. Selten in meiner Karriere habe ich jemanden getroffen, der dies so gut beherrscht wie der österreichische Medienmann Hans Mahr, der lange Jahre als Chefredakteur von RTL Television wirkte. Von ihm stammt auch ein Diktum, das mein Denken als Journalist und Unternehmer geprägt hat: „Print ist bei den Gedanken vorne, TV bei den Gefühlen!" Ein Beispiel als Beleg: Niemand kann 50 Kapital-Lebensversicherungen mit ihren Vor- und Nachteilen so gut vergleichen wie eine Zeitschrift, eine Zeitung oder gar das Internet. Das landläufige Fernsehen ist in dieser Hinsicht zu oberflächlich, seine Beiträge zu kurz – und vor allen Dingen: Niemand kann etwas Wichtiges mit dem Stift markieren oder zurückblättern, um sich der Sachverhalte noch einmal zu versichern.

„Eine Emotion (aus dem Lateinischen: *ex* ‚heraus' und *motio* ‚Bewegung, Erregung') ist ein psychophysiologischer Prozess, der durch die Wahrnehmung und Interpretation eines Objekts oder einer Situation ausgelöst wird und mit physiologischen Veränderungen, spezifischen Kognitionen, subjektivem Gefühlserleben und einer Veränderung der Verhaltensbereitschaft einhergeht. Emotionen treten beim Menschen und bei höheren Tieren auf", so steht in der freien Online-Enzyklopädie Wikipedia zum Thema zu lesen. „Davon zu unterscheiden ist der Begriff ‚Gefühl', der nur das subjektive Erleben der Emotion bezeichnet, wie zum Beispiel Freude, Lust, Geborgenheit, Liebe, Trauer, Ärger, Wohlbehagen." Wenn ich von ‚Emotionen' rede, dann meine ich als Mann der täglichen journalistischen Praxis eine (zugegebenermaßen wenig akademische) Kombination von Gefühlen, Stimmungen und Emotionen – nämlich das, was Menschen bewegt, was sie aufmerksam werden lässt, was aus ihrem Alltag herausragt.

Im klassischen Fernsehen hatte ich den Werkzeugkasten mit den emotionalisierenden Instrumenten bereits viele Male erfolgreich eingesetzt. Die RTL-Serien Meine Hochzeit und Mein Baby sorgten insbesondere beim weiblichen Publikum für erhöhten Puls und feuchte Augen. Und die Dokumentationsreihe Kanzler, Krisen, Koalitionen schilderte die bundesdeutsche Nachkriegsgeschichte mit ihrem komponierten Mix aus Bildern, Tönen und Musik so packend, so emotional, dass ich dafür mit meinem Co-Autor, dem RTL-Anchor Peter Kloeppel, den Bayerischen Fernsehpreis erhielt. Es wird sichtbar: Diese Projekte aus meinem vorherigen Berufsleben im klassischen Fernsehen lebten von etwas, das ich mit dem Begriff ‚TV-Emotionen 1.0' bezeichnen möchte.

Parallel zu diesen Erfolgen im vertrauten Handwerk spürte ich zur Jahrtausendwende, dass sich mit der heraufziehenden Digitalisierung der Medienbranche bald neue technische Möglichkeiten und somit inhaltlich-emotionale Zukunftsszenarien ergeben würden, die unsere Branche radikal verändern würden. Aber, das gebe ich gerne zu, diese Gedanken waren noch recht diffus. Bis ich den Amerikaner Michael Rosenblum traf. Die Zeit für ‚TV-Emotionen 2.0' war gekommen.

Michael ist ein Mann, über den die Rheinländer liebevoll sagen würden: Wenn der stirbt, muss man den Mund noch mal extra totschlagen. Selten habe ich einen Menschen mit so viel Energie erlebt, der die Zuhörer um sich herum mit seinen kühnen Ideen und brillanter Rhetorik für sich einnehmen kann. Ich mache da keine Ausnahme. Dieser Mensch konnte nur an einem Ort der Welt seinen Wohnsitz haben: New York City. Dort brachte er mir bei einem Milchkaffee seinen Entwurf für die mediale Zukunft nahe, der mir die Sprache verschlug. Michaels Vision war genauso mutig wie radikal: Mit herkömmlicher Consumer-Technologie, die man in jedem Media-Markt kaufen kann, wollte er Fernsehen herstellen. Ich rede hier von Videokameras, mit denen sonst stolze Eltern den Kindergeburtstag ihrer Sprösslinge filmen.

Aber das war nur der erste Schritt. Michael Rosenblum wollte zudem die übliche Arbeitsaufteilung der Fernsehbranche abschaffen. Nicht reformieren, sondern revolutionieren! Über Jahrzehnte galt das Drei-Mann-Team den deutschen TV-Machern als heilig. Ein Reporter, ein

Kameramann und ein Tonassistent zogen zumeist mit einem geräumigen Kombi los, um einen Beitrag vor Ort zu realisieren. Zusätzlich zu diesem Produktionsprozess brauchte man noch einen vierten Mitarbeiter: den Schnittmeister, auch Cutter genannt, der aus dem gedrehten Rohmaterial den fertigen Beitrag erstellte. Nicht selten betrat dann noch eine fünfte Fachkraft die Szenerie: ein ausgebildeter Sprecher, der den Text sprach, oder wie Fernsehleute sagen: der den Beitrag ‚vertonte'.

Michael Rosenblum wollte damit Schluss machen. Sein Plan: Von diesen vier bis fünf für den Produktionsprozess vermeintlich notwendigen Arbeitskräften sollte noch genau eine Person übrig bleiben. Diesen ‚Allrounder' nannte er ‚VJ', kurz für: Videojournalist. Jetzt war ich verblüfft. Meine Verwunderung nahm zu, als Michael mir erklärte, dass er dieses Prinzip bereits in der Realität umgesetzt hatte. Mit Erfolg hatte ein Kollege unter seiner Aufsicht eine Dokumentationsreihe über die Notaufnahme eines örtlichen Hospitals gedreht, geschnitten und endgefertigt. Im Klartext: Nur eine Person hatte den Dreh vorbereitet, vor Ort gefilmt, die Interviews geführt – und das Ganze dann zu Hause an einem handelsüblichen Laptop mit kostengünstiger Software geschnitten. Abschließend hatte ebendieser Reporter das Stück mit seiner eigenen, kantigen Stimme vertont. Ich schaute mir das Material an und war begeistert. Die Vorteile lagen auf der Hand – gerade in Bezug auf die von mir gewünschte Emotionalisierung des Fernsehens.

## Der Videojournalist …

… kam näher ran. Weil er nicht mit drei Mann und einer Autoladung von aufwändiger Technik anrückt, ist er beweglicher vor Ort und passt sich der Situation besser an. Die Interviewpartner und Protagonisten haben nicht das Gefühl, explizit als Darsteller zur Verfügung stehen zu müssen. Vielmehr agieren sie natürlich, weil der VJ ihnen als Begleiter mit einer Kamera erscheint.

… erstellt authentische Beiträge. Da er alleine ist, muss er sich auf das verlassen, was er wirklich vorfindet. Dies bedeutet: keine extra aufgebauten Lampen, die das Wohnzimmer künstlich aufhellen; keine Regisseure, die etwas zum fünften Male wiederholen lassen. Stattdessen: die Wahrheit, und nichts als die Wahrheit.

… schafft Ergebnisse, die perfekt in die schöne neue Medienwelt passen, weil sie kompatibel zum gleichzeitig entstandenen ‚Digital Workflow' der modernen Fernsehstudios sind.

… ist kostengünstiger. Deshalb kann er eine Geschichte länger und ausführlicher begleiten.

Insgesamt hieß das: Nähe, Authentizität, Kompatibilität und eine ausführliche Begleitung der Protagonisten sorgten für ein hohes Maß von Emotionen – und somit für ein äußerst gelungenes TV-Produkt. Ich beschloss, die Idee von Amerika nach Deutschland zu holen. Kurz vor Weihnachten 2001 führte ich die Auswahlgespräche zum ersten qualifizierten Volontariat des Berufsbildes Videojournalist in Deutschland. Im Februar 2002 begannen fünfzehn junge

Leute – vom ehemaligen Papiermacher bis zum Ex-Lokaljournalisten – mit der Ausbildung bei meiner damaligen Firma AZ Media in Köln. Tag für Tag lernten sie dazu – und ich mit ihnen. Nach einiger Zeit hatte ich eine klare Vorstellung davon, wie diese neue Herangehensweise samt ihren Stärken und ihren Schwächen funktionierte.

Damit verfügte ich nun über ein doppeltes Know-how: das Wissen um die Herstellung von ,emotionalem Appeal' im Fernsehen und eine Herangehensweise, die diesem Ziel wesentlich näher kam als das klassische Fernsehen. Was mir noch fehlte, war ein Marktsegment, wo ich diese beiden Stärken zusammen optimal nutzen konnte. Gefunden habe ich diese ökonomische Nische freilich nicht im stillen Kämmerlein oder unter der Dusche, sondern in einem großen Raum mit 15.000 anderen Menschen ...

Außerhalb Kölns kennen wahrscheinlich nur sehr wenige Menschen die ,Lachende Kölnarena'. Deshalb hole ich ein wenig weiter aus: Jedes Jahr zu Karneval holt ein Veranstalter die beliebtesten Bands, Tanzgruppen und Komiker des ,Fastelovends' zu einem fünfstündigen Gesamtprogramm auf die Bühne – genannt: die Lachende Kölnarena. Diese Abendshow wird im karnevalsverrückten Köln dann nicht nur einmal aufgeführt, sondern tagelang hintereinander. Jedes Mal ist die riesige Arena mit ihren rund 15.000 Plätzen ausverkauft. Nur wenige Male habe ich ein solches Meer an Emotionen erlebt wie dort. Von Punkt 19:11 Uhr bis nach 01:00 Uhr nachts baden die Menschen in Wohlbehagen und Zugehörigkeit, Freude und, ja, Liebe. Man kann es auch anders nennen: Sie genießen die ,Heimat'. Dieser deutsche Begriff ist im internationalen Umfeld kaum zu übersetzen, weshalb ich es bei einem Vortrag in Kopenhagen mit diversen Umschreibungen versucht habe:

# Heimat ist ...

... das Verlangen der Tennis-Legende Steffi Graf nach den Erdbeerfeldern ihrer Kindheit, die sie manchmal schmerzlich vermisst. Sie lebt mit ihrer Familie in Las Vegas – weit weg von diesen Erdbeerfeldern.

... in dieser globalisierten Welt der letzte Ort, an dem man sich noch auskennt. Man beherrscht die Sprache und die Rituale, man weiß die Menschen richtig zu nehmen.

... das Gefühl von Zugehörigkeit zu den Dingen, die man mag und zu schätzen weiß. Übrigens: nicht immer von Geburt an. Mancher Respekt vor dem Vertrauten muss wachsen. „Solange Heimat da ist, spürt man sie kaum. Wie gute Luft, die man atmet und für selbstverständlich hält. Erst wenn beides fehlt, erkannt man ihren Wert", schrieb der stern.

Der Abend in der Kölnarena ließ mich schlaflos zurück. In meinem Kopf skizzierte ich bereits einen Heimat-Fernsehsender. Diese Nische wollte ich besetzen. Ich wollte demonstrieren, dass Lokalfernsehen in Deutschland ganz anders aussehen kann. Näher am Zuschauer, relevanter für die Bürger und kostengünstiger für den TV-Veranstalter.

Das Dumme war nur: Auf meinem Heimatmarkt Köln beziehungsweise Nordrhein-Westfalen war das regionale Privatfernsehen tot. Gestorben durch grundlegende Fehleinschätzungen der damaligen Macher. Unter dem Titel TV NRW hatten sie eine Art ‚privatwirtschaftlichen WDR' für das bevölkerungsreiche Nordrhein-Westfalen geplant – und waren gescheitert. Nach diesem teuren Flop wollte nun keiner mehr das Thema anfassen.

Auch anderswo in der Bundesrepublik hatte sich lokales Fernsehen als ‚Geldvernichtungsmaschine' entpuppt. In Berlin hatte der Sender beispielsweise mindestens zwei Mal den Namen und die Besitzer gewechselt, ohne nachhaltigen Erfolg zu erzielen. Ich wollte es trotzdem versuchen. DIE ZEIT schrieb dazu: „Privates Lokalfernsehen war tot. Dann kam Andre Zalbertus…" Als Sendegebiet wählte ich das Rheinland – eine regionale Schiene ungefähr von Leverkusen über Köln nach Bonn. Hier, da war ich mir sicher, liebte man die Heimat ganz besonders, in dieser rheinischen Kombination aus liebenswürdigem Größenwahn, Himmel hoch jauchzenden und zu Tode betrübten Gefühlswallungen sowie ortsansässiger Verbundenheit und Ritualen. Hier wollte ich es versuchen – unterstützt von meinem technischen ‚Hirn' Thomas Müller und den journalistischen Schwergewichten Markus Brauckmann und Hagen Offermann. Sie teilten meine Visionen – und waren damit in der Minderheit …

Es fing bereits beim Namen an: Heimatfernsehen. Selbst gute Freunde rieten mir ab. Der Begriff Heimat klänge zu sehr nach ‚gestern', nach ‚Volkstümelei'. Fast wäre ich umgefallen und hätte mich auf Nummer sicher für einen dieser beliebigen Ausdrücke entschieden, die die Medienwelt bevölkern: Ballungsraumfernsehen, Metropolenfernsehen, Lokalfernsehen. Aber meine Kernkompetenz, das Wissen um die Emotionen, setzte sich durch. Was ist bewegend am Begriff ‚Ballungsraum'? Richtig, nichts! Deshalb setzte ich weiter auf die Heimat, diese ganz besondere Ecke, aus der wir stammen. Der International Herald Tribune fand, das Konzept der Heimat sei eine gute Idee, um es auf die ersten Plätze der Fernbedienungen zu schaffen: „The answer is local, because people will always be interested in what's around them, in their heimat."

Der Kollaps des Lokalfernsehens in Deutschland und Nordrhein-Westfalen sowie die Irritationen um den Begriff Heimat waren nicht die einzigen Hürden, die wir auf dem Weg zum Erfolg zu nehmen hatten. Die örtlichen Zeitungen im Rheinland berichteten schlichtweg nicht über uns – wohl aus Furcht, unser zartes TV-Pflänzchen könnte sich in eine fleischfressende Pflanze verwandeln, die ihnen Werbeeinnahmen auf ihren heimischen Märkten wegnimmt. Wir wurden, so muss man leider konstatieren, totgeschwiegen.

Zudem verfügte ich – ohne kapitalkräftige Gesellschafter, ohne den Rückenwind eines Konzerns – als allein operierender Geschäftsmann nur über ein begrenztes Budget, das beispielsweise keinerlei Werbung für den neuen Sender namens ‚center.tv Heimatfernsehen' zuließ. Epd medien meinte später dazu: „Center.tv kann eigentlich nur als Phänomen bezeichnet werden. Der Sender leistet sich keinen Medienetat und setzt fast nur auf Mundpropaganda. Dennoch kennen inzwischen die meisten Kölner center.tv und viele von ihnen kennen auch jemanden, der schon bei center.tv zu sehen war."

Trotz aller Widerstände hatte ich immer noch einen Trumpf im Ärmel: die Kombination aus Emotion und Videojournalismus. Im Oktober 2005 war die Zeit gekommen, ihn auszuspielen. Die Online-Ausgabe des stern schrieb über mein Vorgehen: „Boulevard ist ihm vertraut. Wieder einmal hat ein Einzelner mehr und bessere Ideen als komplette Entwicklungsabteilungen. Das Selbermach-Fernsehen und der Videojournalismus interessieren ihn schon seit geraumer Zeit. Zalbertus ist ein Macher."

Am 10. Oktober 2005 ging center.tv vormittags auf Sendung. Das, was epd medien ein ‚Phänomen' nannte, war zumindest einer der ungewöhnlichsten Fernsehsender in diesem Land. „Forget television as you know it", hatte ich nicht nur auf dem renommierten Danish TV Festival den Teilnehmern entgegengerufen, es war auch die Anweisung an meinen engsten Führungskreis. Hier ein paar Beispiele von dem, was wir anders gemacht haben, als es der klassische Lokalfernsehen-Mainstream bis dato vorsah:

## WER? Der geografisch-emotionale Zuschnitt

Warum, und die Frage ist mehr als berechtigt, habe ich mich inmitten von Nordrhein-Westfalen für das vergleichsweise kleine Gebiet um Köln entschieden? Wäre das Bundesland NRW (in dem mehr Menschen leben als beispielsweise in den Niederlanden, in Schweden oder in Österreich) als Sendegebiet auf Grund der zu erzielenden Zuschauerreichweiten und entsprechenden Erlöse wirtschaftlich nicht viel attraktiver gewesen? Was hier finanziell verlockend klingt, wäre jedoch langfristig ein Eigentor gewesen. Denn: Die 16 Millionen Einwohner von Nordrhein-Westfalen besitzen keineswegs dieselbe Herkunft, teilen nicht dasselbe geistig-kulturelle Erbe, und wenn sie von Heimat reden, dann meinen die Leute in Westfalen, im Ruhrgebiet und im Rheinland unterschiedliche Landstriche. Es gibt keinen Mutterboden für gemeinsame Emotionswelten. Jemand aus Köln teilt nicht einmal dieselben Erinnerungen, Feiertage, Sprichworte und Rituale mit jemandem aus Düsseldorf – und dazwischen liegen gerade einmal vierzig Kilometer. (An diesem Umstand scheiterte übrigens das bereits erwähnte TV NRW. In der Regel lässt sich ein Bürger in Wuppertal nicht emotional dafür begeistern, was im ostwestfälischen Bielefeld los ist.) Also haben wir gar nicht erst den Versuch unternommen, zusammenwachsen zu lassen, was ohnehin nie so richtig emotional zusammengehörte. Stattdessen entschieden wir uns für einen geografischen Zuschnitt des Sendegebiets, in dem die Menschen den gleichen Fußballklub anfeuern, dieselbe Sorte Bier trinken und dieselben Feiertage begehen. Das war unser Publikum, diese zwei Millionen, und für die wollten wir Programm machen – ohne emotionale Reibungsverluste, ohne gefühlte Kompromisse.

## FÜR WEN? Radikal lokal – für jedermann

Fast alle regionalen Tageszeitungen verlieren seit Jahren an Auflage. Viele Verleger pilgern deshalb in ihrer Not nach Voralberg im Westen Österreichs, wo eine Zeitung sich erfolgreich gegen den Trend stemmt. Der Vordenker in felix austria beschreibt seine hyperlokale Erfolgsformel so: „Es ist mein Ziel, dass jeder Leser einmal im Jahr in der Zeitung auftaucht." Genauso wollten wir auch agieren. Die Berichterstattung im Großraum Köln sollte sich nicht an Stadtgrenzen orientieren, nicht einmal an Bezirken. Wir nahmen uns vor, Köln bis in die letzte Pore hinein abzubilden. Unsere Reporter sollten in die Nachbarschaften, in die einzelnen Straßen vordringen und dort die Bürger und ihre Emotionen einfangen. Wir wollten wirklich lokal sein, oder wie Medienwissenschaftler heute sagen: hyperlokal. Viele Kölner hatten sich selbst noch nie im Fernsehen gesehen – das sollte sich ändern. Ein Medienjournalist urteilte: „Andre Zalbertus agiert radikal-lokal bewusst gegen den Strich."

Unser Konzept des Jedermann-Fernsehens ruhte zunächst auf drei Säulen:

- Wir schickten Live-Reporter raus. Basierend auf einer ‚inhouse' entwickelten Technologie und der Flatrate eines Telekommunikations-Unternehmens für die Übertragungen setzten wir konsequent auf Live-Berichterstattung. Unsere Redakteure rückten aus zu Straßenfesten, Hobbysammlern, Kindergärten und Stadtteil-Märkten. Fast jedes Mal fanden wir eine emotionale, berührende Geschichte. Ja, es stimmt wirklich: Die Geschichte liegt auf der Straße – man muss sie nur aufheben.

- Wir luden die Zuschauer ins Studio ein. Mit großer Lust entzauberten wir im neuen Jahrtausend das Fernsehen, diese Bildungsanstalt des 20. Jahrhunderts. Unser winziges Studio in einem Kölner Mietshaus an einer Ausfallstraße half uns bei diesem Vorhaben. Bei uns gab es keine riesigen Hallen voller aufwändiger Technik und besserwisserischer TV-Leute, die sich über die Nervosität ihrer Gäste insgeheim lustig machen. Stattdessen war das Studio im zweiten Stock ein gemütlicher Ort zum Wohlfühlen. Wir riefen – und die Zuschauer kamen. Lokale Rockbands ohne Plattenvertrag. Erstklässler, die stolz ihre Schulranzen vorzeigten. Vereinsmitglieder vom Karneval bis zum Basketball-Klub. Viele dieser Menschen waren noch nie im Fernsehen gewesen – und erzählten davon begeistert ihren Verwandten und Nachbarn, ihren Kollegen und Freunden. Gut für unseren Bekanntheitsgrad war das allemal …

- Der größte Erfolg sorgte in der Redaktion für große Verblüffung. Denn: Es war eine Notlösung, die zum Hit wurde. Eine dieser Geschichten, die man nicht planen kann. Es fing damit an, dass wir uns fragten, welches Programm wir einsetzen würden, wenn wir die volle Stunde zur nächsten Sendung nicht ganz vollkriegen würden. Anders gesagt: Wir suchten einen ‚Lückenbüßer'. So entstanden die Stadtteilporträts, zwei bis drei Minuten lange Filmchen, die jeweils kommentarlos Szenen aus einer der vielen Kölner Stadtteile und Nachbarschaften zeigten – unterlegt von kölschen Musik-Klassikern wie ‚Viva Colonia' von den Höhnern. Die Reaktionen der Zuschauer überraschten uns: Die Leute waren enthusiastisch. Jede zweite E-Mail oder Zuschrift, die ich bekam, bezog sich auf die Stadtteilporträts. Erst langsam dämmerte uns, dass die Menschen in Bickendorf und Longerich ihr ‚Veedel' noch nie im TV gesehen hatten. Sie fühlten sich geadelt und ernst genommen. Ein gutes Gefühl stellte sich ein. Die Emotion hatte sie gepackt.

## WAS? Zelebriere die Heimat

Emotionales Fernsehen kann nur auf einem Markt mit emotionalem Potenzial funktionieren. Deshalb analysierte ich mit einem eigens entwickelten ‚Emotion Code' das Sendegebiet. Die zentrale Frage dieser Untersuchung lautete: Was bringt im Rheinland die Gefühle und Stimmungen zum Schwingen? Wir hielten folglich Ausschau nach Dauerbrennern voller Erinnerung und Gefühl, die gestern und heute miteinander verbinden. Frei nach dem Motto eines Filmemachers: „History is cold, memory is warm."

Wir benötigten, suchten und fanden emotionales Potenzial bei …

▪ … einem lokalen Sportverein mit nennenswerter Tradition.

Auf unserem Markt sind damit in erster Linie der Profi-Fußballklub 1. FC Köln gemeint, der dreimal den deutschen Meistertitel gewann, sowie die Kölner Haie, die auch gerne als das ‚Bayern München des deutschen Eishockeys' bezeichnet werden. Insbesondere der FC half uns dabei, die Zuschauer emotional andocken zu lassen. Mit nahezu täglicher Berichterstattung, einem wöchentlichen Magazin, Sondersendungen und Live-Übertragungen von kompletten Testspielen avancierten wir bei den Fußball-Fans zur ersten Adresse in Köln. Zwei historische Momente in der Entwicklung von center.tv Heimatfernsehen stehen in direktem Zusammenhang mit dem 1. FC Köln: Die erste Sportsendung zum Sendestart begann mit der kompletten Hymne der FC-Fans – etwas, was uns außerordentlich positiv angerechnet wurde. Und als Christoph Daum im Herbst 2006 neuer Cheftrainer der FC-Profis wurde, berichteten wir tagelang live vom Geschehen. Für Kölner war dies ein aufwühlendes Event. Ich habe es später in seiner Bedeutung für den lokalen Markt in einem Interview als den ‚11. September für center.tv' bezeichnet. Kein Fernsehsender zeigte so viel davon wie wir.

▪ … lokalen Traditionen, Ritualen und Musik.

Kaum etwas trägt so viel zum emotionalen Zusammengehörigkeitsgefühl in der Heimat bei wie die Erinnerungen, die man im Kopf hat; wie die Traditionen, die man im Herzen hat; und wie die Lieder, die man im Ohr hat. Gerade im Rheinland schöpfen wir aus einem reichen Fundus. Der Karneval bewegt die Massen, und Rituale wie die Mitternachtsmette im Dom sind aus Köln nicht wegzudenken. Schließlich spielt das heimische Liedgut eine so große Rolle wie kaum woanders in Deutschland. Bands wie die Höhner haben es längst geschafft, diese Musik auch außerhalb des Rheinlands populär zu machen. Darauf sind die Kölner erst recht stolz.

## MIT WEM? Das Gefühl des Mitmachens (und die Umsetzung in der Realität)

Der Termin lag in den Schulferien. Trotzdem war im Konferenzsaal unseres Heimatsenders center.tv jeder Sitzplatz besetzt. Manche erzählten, dass sie lange an diesem Abend unterwegs gewesen seien, um es pünktlich zu schaffen. Die Gruppe bot in jeder Hinsicht einen Querschnitt durch die Gesellschaft: junge und ältere Menschen, mitten aus der Stadt sowie den umliegenden Orten, Männer und Frauen, Schüler und Arbeiter. Ein Interesse einte sie allen Unterschieden zum Trotz: Sie bewarben sich als Zuschauerreporter bei center.tv.

Nach den guten Erfahrungen bei der Fußball-Weltmeisterschaft 2006, als 60 sogenannte ‚Zuschauer-WM-Reporter' Eindrücke von diesem Ausnahme-Event beisteuerten, wollten wir nun im Winter 2006/2007 den nächsten Schritt wagen. Eine ständige Mannschaft von Hobby-Reportern sollte mit ihren eigenen Geschichten, Bildern und Eindrücken regelmäßig zum Programm unseres Heimatsenders beitragen – unabhängig von großen Ereignissen. Das Augenmerk sollte vielmehr auf der lokalen Berichterstattung im Alltag liegen, nach dem amerikanischen Motto „Everybody has a story".

Die Bürger im Konferenzsaal waren die Ersten, die sich gemeldet hatten. Sie waren motiviert und neugierig. „Die Freude am Machen" nannten viele als Beweggrund, sich zu beteiligen. (Geld kann es nicht gewesen sein. Wir zahlen Hobby-Reportern keine Honorare.) Damit begann eine bemerkenswerte Erfolgsgeschichte, abzulesen an drei Fakten:

▨ Inzwischen drehen über Hundert Menschen aus Köln und Umgebung immer wieder für center.tv.

▨ Wir riefen schließlich eine tägliche Sendung ins Leben, in der Zuschauer ihre Beiträge präsentieren können. Passender Titel: ‚heimatvideo.tv'.

▨ Wir erlebten, dass die Hobby-Reporter viele Fragen haben – zur Technik, zu den Inhalten, zur rechtlichen Situation etc. Also schrieb ich das Buch „So werden Sie Hobby-Reporter", das Antworten lieferte. Der Band wurde zum Standard-Werk für User Generated Content (→) im deutschen Fernsehen.

Vom gewünschten Effekt der Emotionalisierung her hätte es nicht besser laufen können. Die Zuschauer erhielten Respekt, Anerkennung und ein stolzes Gefühl von Teilhabe an ‚ihrem' Fernsehprogramm. Ihre Filme helfen wiederum, eine größere Bandbreite von Themen und Ereignissen abzubilden – und so das Gefühl namens Heimat weiterzutransportieren. Professor Christoph Neuberger von der Universität Münster, einer der führenden Medienwissenschaftler auf diesem Feld, schrieb über unseren Ansatz: „Die nähere Umgebung ist das ideale Einsatzfeld für Hobby-Reporter. Am eigenen Wohnort kennen sie sich aus, hier haben sie Zugang zu den Menschen."

## WIE? Das schöne Gefühl der guten Nachrichten

Bei der Programmgestaltung des Heimatsenders center.tv habe ich mir den Kopf zerbrochen. Vom emotionalen Konzept der Heimat war ich hinreichend überzeugt, aber in welcher Form sollten diese Geschichten erzählt werden? Eine Weile habe ich sogar überlegt, einen lokalen Nachrichtensender im Stile des US-Giganten CNN zu kreieren. Die Abkürzung CNN hätte dann übrigens eine doppelbödige Bedeutung gehabt: CNN, ‚Cologne News Network'. Es war die vielleicht wichtigste Entscheidung in meinem Unternehmerleben, dass ich vom Pfad der klassischen Fernsehnachrichten abgewichen bin.

Ich war (und bin) fest davon überzeugt, dass die Leute müde sind – von all den Morden und Gewalttaten, den Katastrophen, den Konflikten und so weiter. Die emotionale Relevanz für ihr persönliches Leben ist viel geringer, als viele Medienschaffende denken. Ein Brand in einem Holzlager in einem Gewerbegebiet sorgt zwar für spektakuläre Bilder, aber es verändert keinesfalls das Leben der Zuschauer. Das erfolgreiche Aufbäumen gegen die drohende Schließung eines örtlichen Gymnasiums ist da schon eine ganz andere Geschichte. Es klingt simpel: Ich wollte, dass die Menschen sich besser fühlen – und nicht schlechter. Also haben wir einfach auf schlechte Nachrichten verzichtet. (Dass es für einen Mittelständler auch gewichtige finanzielle Gründe gab, auf die teure Jagd nach ‚Bad News' zu verzichten, will ich gar nicht verschweigen.)

Und das Interessanteste daran? Als ein Institut eine Zuschauerbefragung durchführte, schnitt center.tv in der Kategorie ‚News' überraschend gut ab. Wie konnte das sein? Offensichtlich hielten die Menschen es für ‚News', wenn wir über ihr Alltagsleben berichteten. „Nachrichten sind das, was die Leute denken", hatte ein Medienvisionär aus Südkorea als seine Philosphie benannt. Mir hat das immer gut gefallen.

Gleichsam habe ich immer ein Auge darauf gehabt, dass unser Heimatsender technologisch vor den Konkurrenten rangiert. So wurde das Programm von center.tv auch live ins Internet übertragen (Fachleute sagen: ‚gestreamt') und konnte zudem auf dem Handy empfangen werden. Wir wollten den Zuschauer auf allen denkbaren Wegen mit unserem emotionalisierten Inhalt konfrontieren. Es ist nicht wichtig, ob ein Medium ‚alt' oder ‚neu' ist – was zählt ist, dass wir den Endverbraucher erreichen. Mit relevantem und gefühlsstarkem Programm. Deshalb rief ich im Winter 2006/2007 den ‚rasenden Reporter' wieder ins Leben. Ein Kollege meldete sich zur Premiere live per Handy vom Kölner Hauptbahnhof – am Tag nach dem Orkan ‚Kyrill'. Möglich machte diese Berichterstattung eine bis dato nicht gesehene Form der Technologie. Der Live-Reporter richtet ein Handy der neuen Generation auf sich selbst und ruft in der Sendezentrale an. Dieses Telefonsignal wird umgewandelt und der Reporter erscheint live auf dem Bildschirm.

Das Ergebnis der Pionierarbeit an unserem emotional aufgeladenen Heimatsender möchte ich in drei Anekdoten zusammenfassen: Der Kölner Kardinal segnete kurze Zeit nach dem Sendestart unsere Redaktionsräume. Einheimische Fußballfans skandierten den Namen unseres Senders, wenn sie unsere Reporter im Stadion sahen. Schließlich bekam ich jeden Tag Dutzende von E-Mails an meine Adresse, die Anregungen und Lob parat hielten.

Im Jahr 2006 gründete ich center.tv in Düsseldorf, ein Jahr später war Bremen dran. Derzeit realisiere ich einen Heimatsender auf dem vielleicht härtesten Markt Deutschlands, im Ruhrgebiet. Der Erkenntnis, dass emotional-lokales Programm gemeinsam mit Partnern vor Ort noch effektiver umgesetzt werden kann, folgte folgerichtig der Verkauf von Anteilen in Düsseldorf, Bremen und zuletzt in Köln. Das Konzept vom Heimatfernsehen ist damit längst nicht am Ende. Ganz im Gegenteil: Es geht gerade erst richtig los. Dasselbe gilt für das digitale Zeitalter.

Meiner Meinung nach sind zu Beginn des 21. Jahrhunderts genau die drei Dinge unverzichtbar, die unseren Erfolg begründeten: Emotion, Handwerk, Innovation. Diese Formel funktioniert weltweit. Im Dorf und in der Stadt. In verschiedenen Kulturkreisen. In neuen und ganz neuen Medien. Denn nur so schaffen wir es weiterhin, dass die Menschen an einem Sonntagabend nicht zum Kühlschrank gehen, nicht ins Bett und den Anruf mit der besten Freundin noch ein bisschen verschieben. Weil unser Programm emotional andockt.

Im März 2008 ging center.tv im Ruhrgebiet auf Sendung. Wir hatten uns etwas Neues ausgedacht: ein kompletter TV-Sender auf Rädern! Ein sehr kreativer Architekt aus Düsseldorf hatte sich auf die Fahne geschrieben, statt langweiliger Plastik-Wohnwagen gemütliche Holzblockhäuser auf Räder zu stellen, die von Geländewagen gezogen werden. Bei der ersten Begegnung auf der Caravan-Messe sah ich sofort unsere ‚emotionale Chance'. Von Januar bis kurz vor dem Start an der Ruhr bauten wir einen hochmodernen digitalen Sender in das rollende Blockhaus, inklusive eines Selbstfahrerstudios für den Moderator an seinem gemütlichen Eckbankplatz. Schon in den ersten Tagen überschlugen sich die positiven Reaktionen der Bevölkerung auf das bürgernahe Fernsehstudio. Dieser schnelle Erfolg ermutigte uns weiterzudenken. Wir entwickeln ein Konzept für ein nationales Heimatfernsehen mit internationaler Verbreitung: center.tv Best of Germany. Hintergrund ist, dass die Marke „Made in Germany" extrem anerkannt ist. Neben dem Heimatgefühl wollen wir eine Plattform für Marken anbieten, ein positiv besetztes Umfeld für Werbetreibende.

Das rollende Fernsehstudio mit einem Geländewagen als Zugmaschine und permanenter Live-Sendemöglichkeit über Kabel, Satellit und Internet wird zum Trendsetter. Erste Anfragen für eine Live-Tour des Senders center.tv Best of Germany kommen aus den USA, Singapur und Hong Kong! Die Kraft der Heimat, Emotion und Digitalisierung machen es möglich.

# Mit Innovation die Chancen der digitalen Medienwelt nutzen

## Erfahrungen und praktische Umsetzung am Bespiel der UFA

*Wolf Bauer*
*[Vorsitzender der Geschäftsführung, UFA Film & TV Produktion]*
*Dr. Susanne Stürmer*
*[Geschäftsführerin, UFA Film & TV Produktion[1]]*

## Neue Herausforderungen durch die Digitalisierung

Die UFA ist mit ihren aktuell sieben Tochterunternehmen seit Jahren unangefochtener Marktführer im Bereich der Fernsehproduktion in Deutschland. Neben täglichen und wöchentlichen Serien, Mehrteilern und Reihen, einer Vielzahl von TV-Movies und mit hohen Budgets ausgestatteten sogenannten ‚Event Movies', produziert das Unternehmen auch in den nichtfiktionalen Genres wie Light Entertainment und Infotainment. Das Kundenportfolio umfasst alle großen Fernsehsender in den deutschsprachigen Gebieten, die TV-Programme in Auftrag geben. Auch in der Kinoproduktion, in der die historischen Wurzeln des Unternehmens liegen, hat das Unternehmen kürzlich wieder verstärkt Aktivitäten gestartet und eine weitere Tochtergesellschaft, die UFA Cinema, gegründet.

Trotz dieser starken und diversifizierten Marktstellung ist generell die Situation des TV-Produktionsmarktes nicht einfach. Das Kerngeschäft befindet sich, abgeleitet von der Entwicklung der TV-Werbeerlöse, in einer anhaltenden und auf absehbare Zeit nicht zu überwindenden Phase der Stagnation. Konkret zeigt sich dies in einem zunehmenden Wettbewerb um die gleichbleibenden oder sinkenden Programmbudgets der Sender und einem daraus resultierenden Preis- und Margendruck.

Die dynamischen technologischen Entwicklungen im Bereich der digitalen Medien resultieren in sich veränderndem Zuschauerverhalten, insbesondere in den jüngeren Zielgruppen – auch dies kann mittelfristig eine Bedrohung des klassischen TV-Geschäftes darstellen.

Das Beibehalten der Wachstumsdynamik in einem stagnierenden Markt und die Nutzung neuer Chancen aus der Digitalisierung – dies waren die Herausforderungen. Als Reaktion auf diese Faktoren begann die UFA vor einigen Jahren gezielt, an der Stärkung ihrer Innovationskraft zu arbeiten.

Der positive Zusammenhang zwischen Unternehmenserfolg und Innovationstätigkeit ist hinlänglich bekannt.[2] Auch gibt es umfangreiche Literatur zum Thema Innovation im Allgemeinen[3] und auch zu Innovationsaktivitäten in Medienunternehmen im Besonderen[4]. Dennoch gab es sowohl in Bezug auf das Vorhaben als solches als auch in Bezug auf seine Ausgestaltung reichlich Vorarbeit zu leisten: Systematisches Innovationsmanagement in einem Kreativunternehmen – dieses Vorhaben stieß zunächst auf Fragezeichen und auch Widerstände innerhalb der Führungsmannschaft und des gesamten Unternehmens. Diese ablehnende Haltung resultierte aus der Überzeugung, dass ein Medien-, zumal ein Produktionshaus, per se innovativ sei. Jedes Programm – TV-Movies, die langlaufenden täglichen Soaps, die x-te Folge einer etablierten Serie und Reihe: Kein Stück gleicht dem anderen, jede Geschichte ist neu erdacht, neu erzählt, neu umgesetzt mit täglich neuer innovativer Energie.

Dennoch hat die UFA in den vergangenen Jahren eine neue Innovationskultur im Unternehmen geschaffen und ihr unternehmerisches Verständnis vom TV-Produzenten zum Inhaltekreateur über alle Plattformen gewandelt. Der Konsument wurde neben den Plattformbetreibern in den Fokus genommen, ein Verständnis für neue Geschäftsmodelle entwickelt, neue Produktionsmethoden erarbeitet und neue Formen der internen Organisation hierfür gefunden. Auch wenn die UFA dem Markt damit teilweise voraus war und ist und die etablierten Marktstrukturen im TV-Bereich ein hohes Beharrungsvermögen aufweisen, tragen diese Innovationsaktivitäten Früchte: Von der erfolgreichen Einführung und Etablierung der Telenovela als neues Genre in der deutschen TV-Landschaft über innovative Produkte für neue Medien wie die Mobile-Soap oder Internet-Show bis hin zu einer enormen Zahl und Bandbreite an Entwicklungsprojekten verfolgt jede der sieben Firmen der UFA-Gruppe intensive Innovationsaktivitäten als Resultat eines systematischen und nachhaltigen Prozesses. Im Folgenden sollen die Grundpfeiler der angesprochenen Innovationsaktivitäten skizziert werden. Als solche sind zu nennen:

- Innovationsdefinition,
- Konzentration auf Kernkompetenzen,
- Innovationsorganisation,
- Innovationskultur,
- Umsetzung.

## Innovationsdefinition: Sharpen the Focus

Zunächst beschäftigten wir uns sorgfältig mit einer für die gesamte UFA geeigneten Definition von Innovation. Eine verbindliche und dem Unternehmen maßgeschneiderte Innovationsdefinition ist Basis eines Prozesses, der zum Aufbau eines funktionierenden Innovationsmanagements führt. In der Betriebswirtschaftslehre wird der Begriff ‚Innovation' unterschiedlich beschrieben.[5] Unabhängig von der akademischen Diskussion um einen allgemeingültigen Innovationsbegriff diente unsere Definitionssuche allein der Zielorientierung des Prozesses, der fairen Bewertung im Rahmen von Entlohnungsmodellen und, nicht zuletzt, der internen Kommunikation. Es galt deutlich zu machen, dass nicht die Verfolgung unseres täglichen Kreativgeschäftes ‚Innovation genug' sei. Zudem ergänzten wir die Definition pragmatisch um die Kriterien der Nachhaltigkeit und Umsatzrelevanz. Immer wieder gibt es Detaildiskussionen hinsichtlich der Kriterien, dennoch erwies sich die letztlich entwickelte Definition als tragfähige Orientierung. Im Einzelnen unterscheiden wir bei der UFA heute auf Grundlage unserer Innovationsdefinition folgende Kategorien von Innovationen:

- neue Märkte,

- neue Programmgenres,

- technische oder strukturelle Prozessinnovationen.

Die Innovationen im Bereich der neuen Märkte schließen beispielsweise die Produktion von maßgeschneiderten Inhalten für und mit Mobilfunknetzbetreibern, Internet-Service Providern, Videoportalen, Social Network Communities und Verlagshäusern ein.

Im Bereich der neuen Programmgenres sind die bereits genannte nachhaltige Einführung der Event-Movies und insbesondere auch der ‚Telenovelas', die die UFA im deutschen Markt fest etabliert hat, zu erwähnen. Aber auch Erweiterungen des UFA-Portfolios, wie beispielsweise der Wiedereinstieg in die Kinofilmproduktion mit UFA Cinema oder die Verstärkung der Aktivitäten im Bereich Werbe- und Imagefilm, gehören zu dieser Kategorie.

Zu den technischen und strukturellen Prozessinnovationen zählen die konsequente Umstellung der ‚Daily Drama'-Produktionen auf einen im Produktionsgeschäft bisher einzigartigen digitalen Workflow, der eine komplett bandlose Produktion mit einer hocheffizienten zeitsparenden digitalen Distribution an alle in der Produktion involvierten Personen und letztendlich an die beauftragenden Sender ermöglicht.

## Konzentration auf Kernkompetenzen: Entertainment, Emotion and Brandbuilding

Ebenfalls grundlegend zu entscheiden war, in welcher Weise das Kerngeschäft mit den Innovationstätigkeiten verbunden werden soll. Prinzipiell stehen folgende Optionen zur Wahl:

- die Innovationsaktivitäten voll in das bestehende Geschäft zu integrieren,

- sie in einer komplett separaten Unternehmenseinheit – eventuell sogar mit neuem Personal bestückt – anzusiedeln oder

- Innovation und Kerngeschäft in geeigneter Weise miteinander zu verbinden.

In der UFA haben wir uns für Letzteres entschieden, da wir zum einen davon überzeugt sind, dass unsere Kernkompetenzen, das zielgruppengerechte Unterhalten und Erzählen emotionaler Geschichten sowie der Aufbau und die Pflege einzigartiger, langlaufender Programmmarken, unser entscheidendes Asset auch in jeder Art von Neugeschäft sein würden, ebenso wie unsere Erfahrung in der hocheffizienten Produktionsleistung und unser Kontaktgeflecht zu kreativen Talenten vor und hinter der Kamera. Wichtig war, das gesamte Kreativpersonal des Unternehmens in den Innovationsprozess einzubinden. Gleichzeitig waren wir uns bewusst, dass wir vielfältige neue Kompetenzen ins Unternehmen holen müssen: technische Kompetenz, dramaturgische Kompetenz insbesondere im Bereich Interaktion, neue Netzwerke und Kundenbeziehungen sowie radikal neue Produktionsmethoden.

Wir entschieden uns, Kern- und Innovationskompetenz wie folgt zu verbinden: Die Innovationsaktivitäten sind in erster Linie in den sieben Produktionsunternehmen der UFA angesiedelt. Gleichzeitig haben wir eine zentrale Organisationseinheit geschaffen, in der Mitarbeiter mit technologischem Know-how, mit Kenntnis der neuen Märkte, mit spezifischem juristischem und ökonomischem Wissen angesiedelt sind und dieses Know-how den Firmen zur Verfügung stellen. So müssen die Kompetenzen nicht in den Firmen dupliziert werden. Durch die zentrale Unterstützung ist auch sichergestellt, dass die Erfahrungen und Lernergebnisse einer Einheit auch den anderen Teams zur Verfügung stehen. Auch den systematischen Aufbau neuer Kundennetzwerke und Beziehungen zu neuen Partnern haben wir zunächst zentral angesiedelt. So stellen wir ein koordiniertes Auftreten am Markt sicher. Durch diesen dezentralen Ansatz mit zentraler Unterstützung konnten wir die Kompetenz der UFA effizient und glaubwürdig in die neuen Geschäftsfelder transportieren. Alle Elemente unserer im Weiteren beschriebenen Innovationsinstrumente ordnen sich dieser Grundentscheidung unter. Eine wesentliche und permanente Herausforderung ist die geeignete Verbindung von Kerngeschäft und Innovationskompetenz. Naturgemäß kommt es zu Spannungen zwischen Kerngeschäft und neuen Geschäftsfeldern. Diese zu überwinden beziehungsweise konstruktiv zu nutzen, bedarf einer permanenten und rückhaltlosen Unterstützung der Innovationsaktivitäten durch die Geschäftsführung.

## Innovationsorganisation: Connecting Creativity

Intensiv haben wir Recherche zu Innovationstools und -aktivitäten anderer Unternehmen betrieben: Industrieunternehmen und Kreativagenturen waren Beispiele, weniger andere Produktionshäuser. Der Erkenntnisgewinn eines umfassenden Benchmarkings war jedoch begrenzt: Zum einen weist doch jedes Unternehmen und sein Umfeld im Detail erhebliche Besonderheiten auf, die Auswirkungen auf die Gestaltung der Prozesse haben, sodass diese nur eingeschränkt übertragbar sind, zum anderen fanden wir keine Beispiele von Unternehmenskultur und Innovationsinstrumenten, die uns ein überzeugendes Vorbild hätten sein können. Am Ende folgten wir daher einem eigenen Prozess von ‚Trial and Error' und modifizieren unsere Instrumentenpalette kontinuierlich und im intensiven Feedback.

Ebenfalls holten wir uns anfänglich Unterstützung durch externe Berater, die sich als fruchtbar herausstellte. Insbesondere deren strikte Orientierung an Kundenbedürfnissen und der Beobachtung derselben („Innovation begins with an Eye"[6]) und das Prototyping („Prototyping is the Shorthand of Innovation"[7]) waren für unser Geschäft instruktiv und anregend. Aber auch hier sind wir inzwischen dazu übergegangen, auf UFA-eigene Ressourcen zu rekurrieren: Beispielsweise die firmenübergreifenden Entwicklungsworkshops, die weiter unten beschrieben werden, werden mittlerweile von jeweils zwei UFA-Geschäftsführern geleitet. Seit wir dieses Prinzip der internen Moderation verfolgen, sind Erfolg und Motivation noch einmal deutlich gestiegen. Nach Anregung von außen musste ein Prozess des begrenzten Trial and Error eingeleitet werden, um zu geeigneten Innovationstools zu kommen. Inzwischen arbeiten wir mit diversen für uns effektiven Innovationstools.

## Aufbau neuen Wissens

Im Zuge des Aufbaus unseres Innovationsmanagements haben wir dafür gesorgt, unseren Kreativmitarbeitern ‚state-of-the-art'-Wissen in den einschlägigen Disziplinen und aus den wichtigen neuen Märkten zur Verfügung zu stellen. Ein Unternehmen, das die führenden innovativen Produkte entwickeln und die attraktiven Märkte der Zukunft aufbauen beziehungsweise mitgestalten will, muss einen hohen Wissensstand aufweisen. Ein zentrales Instrument der Wissensvermittlung ist der *UFA Exchange*, eine zweimal jährlich stattfindende eintägige Vortragsveranstaltung, zu der hochkarätige Referenten eingeladen werden, um jeweils ein Thema umfassend zu behandeln. Vor Mitarbeitern vom Junior Producer bis zum Geschäftsführer aus allen Unternehmensbereichen und Standorten der UFA werden Themen wie zum Beispiel ‚Neue Technologien', ‚Veränderungen in der Medienrezeption', ‚Internationale Formatentwicklungen' oder ‚Die Bedürfnisse der werbetreibenden Wirtschaft' aufgegriffen. Der *UFA Exchange* dient in erster Linie der Wissensvermittlung, die Teilnehmer sollen aber auch über ihren Arbeitsalltag hinaus Anreize zur Entwicklung innovativer Denkansätze und Produkte erhalten. Immer wieder laden wir auch Experten in den Geschäftsführungskreis ein, vertiefen Themen durch unternehmensinterne Recherchen und widmen auch die zweimal jährlich stattfindenden Strategietage, eine zweitägige Klausurtagung der UFA-Geschäftsführungsrunde, solchen Schwerpunktthemen.

Die Erfahrung zeigt im Übrigen, dass der reine Wissenstransfer mit der Zeit an Bedeutung verliert. Das Informationsniveau in unserem Unternehmen steigert sich kontinuierlich, und die Mitarbeiter gehen dazu über, sich selbst und eigenständig das spezifische und benötigte Wissen zu verschaffen, sobald sie sich aktiv am Innovationsprozess beteiligen. Dennoch schreitet die technologische Entwicklung schnell voran und die Märkte verändern sich kontinuierlich und rapide, sodass externe Wissensvermittlung ein Dauerthema bleibt.

## Konkurrenz versus Kooperation

Eine Beobachtung, die mit den Ausführungen zu den durchaus produktiv nutzbaren Spannungen zwischen Kerngeschäft und neuen Geschäftsfeldern zu vergleichen ist, ist das Thema Konkurrenz versus Kooperation. Im Kerngeschäft konkurrieren die UFA-Firmen miteinander – um Kunden, Sendeplätze und begrenzte Budgets. Nur in Einzelfällen schadet diese Konkurrenzbeziehung einem übergeordneten Interesse (beispielsweise bei preistreibender Konkurrenz um Inputfaktoren), sodass hier dann koordinierend eingegriffen wird. In der Regel ist aber die Konkurrenz als überlegenes Ordnungsprinzip akzeptiert. Im Bereich der innovativen Aktivitäten ist nun ein durchaus höherer Grad an Kooperation erforderlich: im Austausch von Erfahrungen in neuen Geschäftsbereichen, bei der koordinierten Ansprache neuer Kunden, in der firmenübergreifenden Kreativarbeit. Die UFA setzt inzwischen bewusst Instrumente ein, die unterstreichen, dass Kooperation ein gewünschtes und belohntes Verhalten ist, so zum Beispiel den *UFA Exchange Award*, eine Auslobung für Projektzusammenarbeiten zwischen UFA-Firmen, oder faire sowie anreizkompatible Erfolgsbonusmodelle bei erfolgreicher Zusammenarbeit.

## Vernetztes Wissen

„The Lone Ranger, the incarnation of the individual problem solver, is dead."[8] In der Managementtheorie hat sich die Erkenntnis durchgesetzt, dass Innovation und Kreativität vor allem auch das Ergebnis eines kollaborativen und kommunikativen Prozesses sind.[9] Dieses Prinzip haben wir uns bei der UFA zu eigen gemacht und gezielt institutionalisiert. Kern ist der sogenannte *R&D Workshop* – Research & Development – ein zweimal jährlich stattfindender mehrtägiger Workshop, in dem ausgewählte Kreativkräfte der UFA-Firmen gemeinsam Entwicklungsarbeit leisten und neue Programmkonzepte und Sendeformate erfinden. „Alles Neue ist erlaubt" und „Kritisiere später" sind Devisen der Workshops. Hier wird firmenübergreifend gedacht, obwohl die Teilnehmer im täglichen Leben Programme ausschließlich für einen bestimmten Genreschwerpunkt wie ‚Serie' oder ‚Show' entwickeln. Kompetenzen und Arbeitsbereiche werden hier bewusst gemischt und um das Know-how spezialisierter Bereiche der Holding, wie der Marktforschungsabteilung oder dem Legal Department, ergänzt. Moderiert und gesteuert wird der Prozess, wie oben erwähnt, durch unser Managementteam. Neben der Tatsache, dass die Workshops eine begehrte Motivation und ein gern genutztes Mittel zum internen ‚Netzwerken' sind, zeigt die Veranstaltung bereits Erfolge. Viele der Ideen sind weiterentwickelt und Sendern gepitcht worden, zum Teil auch bereits erfolgreich verkauft. Es hat sich auch gezeigt, dass die Herausforderung nicht nur darin liegt, eine Vielzahl von Ideen zu generieren, sondern auch und vor allem hieraus die geeigneten, also den Bedürfnissen der Sender und letztlich der Zuschauer entsprechenden Ideen auszuwählen und weiterzuverfolgen. Die nächste Stufe der Herausforderung stellt sich anschließend, nämlich die verkauften Formate in firmenübergreifender Kooperation umzusetzen.

Die Vernetzung von kreativer Energie dient auch der Kollaboration mit externen Partnern. So wurde mit einer Filmakademie eine weitere Laborsituation geschaffen, indem wir einen Studiengang für serielle TV-Produktion inhaltlich eng begleiten und finanziell unterstützen. In einem längeren Zeitraum haben die Studierenden, die zur Elite des deutschen Kreativnachwuchses gehören, die Möglichkeit, ohne unmittelbaren Marktdruck und mit professioneller Anleitung Formate zu entwickeln und in eine Pilotphase zu bringen. Gleichzeitig ist das Lab ein Rekrutierungspool für die UFA, da sich die Talente bereits unter Arbeitsbedingungen präsentieren. Seit 2007 unterstützt die UFA ebenfalls einen Studiengang *Interaktive Medien*, in dem Studierende der Filmakademie in einem ‚Content Lab' Prototypen zu innovativen, cross-medialen, digitalen Formaten für die Medien Handy, Spielkonsole und Internet entwickeln.

Auch mit Partnerunternehmen und potenziellen Kunden (zum Beispiel Hardwareherstellern, Verlagshäusern, Netzbetreibern, Internetportalen) führt die UFA immer wieder erfolgreich Innovationszirkel durch. Gerade bei der Annäherung an neue Partner ist dies ein erprobtes

Medium, um gegenseitig die Bedürfnisse und Kompetenzen besser kennen zu lernen und bereits in einem frühen Stadium eine konstruktive und verbindliche Form der Beziehung zu schaffen.

## Innovationskultur

Auch den kulturellen Faktoren des Unternehmens widmet die UFA große Aufmerksamkeit. Nur ein Unternehmen, in dem im Prinzip jeder Mitarbeiter und jeder Vorgang von der Bereitschaft zur Neuerung durchdrungen ist, ist als innovatives Unternehmen überzeugend.[10] Gleichzeitig ist es eine relativ größere Anstrengung, eine entsprechende Einstellung in jeden Winkel des Unternehmens zu tragen, als mit einer ohnehin motivierten Kernmannschaft voranzuschreiten.

Ein wichtiges Instrument ist das intranetbasierte Vorschlagswesen *Ideen@UFA*, das – neben dem klassischen innerbetrieblichen Vorschlagswesen, welches in fast allen Bertelsmann-Unternehmen verankert ist – auch um die Möglichkeit erweitert wurde, kreative Formatvorschläge zu machen. Die Mitarbeiter haben diese Möglichkeit relativ intensiv genutzt. Auch wenn die Qualität der hier eingereichten Vorschläge stark schwankt, zeigt die Zahl der Eingänge, dass die Mitarbeiter der UFA sich mit dem Kerngeschäft ihres Unternehmens identifizieren und aktiv an der Weiterentwicklung beteiligt sein möchten. Wir optimieren kontinuierlich die Funktionsweise von *Ideen@UFA*, halten aber vor allem die Kommunikation über diese Partizipationsmöglichkeit permanent in Gang. Sehr gezielt und ausführlich erfährt auch die Mitarbeiterschaft über verschiedene interne Kanäle von den Innovationsaktivitäten im Unternehmen. Zu diesem Zweck wird der oben schon erwähnte *Exchange Award* im Rahmen einer internen Veranstaltung verliehen, zu der alle Mitarbeiter geladen sind. Neben diesem Aspekt der Partizipation sind Fehlerkultur und kreative Freiheit Werte von immenser Wichtigkeit, um deren Pflege sich die UFA seit jeher bemüht.

### Finanzielle Anreize

Schließlich begleitet die UFA die Innovationsaktivitäten mit geeigneten finanziellen Anreizen. Finanzielle Anreize haben sich bei der UFA zwar nicht als Schlüsselkomponente, aber als konsequentes und wichtiges Signal erwiesen.

## Umsetzung: The Long Tail

Wie schon erwähnt, ist der eigentliche Engpass für Innovation bei der UFA nicht die Ideenkreation, sondern die Umsetzung der Ideen. Die Barrieren sind hier vielfältig, jedoch gibt es auch eine Reihe von Maßnahmen, die die Erfolgswahrscheinlichkeit erhöhen. Beispielhaft sollen genannt werden:

- Prototyping beziehungsweise im Branchenduktus Pilotierung genannt ist eine gute Möglichkeit, neuartige und damit beispiellose Programme an Plattformbetreiber zu verkaufen.

Es ist in der Produzentenschaft längst kein Geheimnis mehr, dass einige Minuten gedrehten Materials einem Papierpitch um vieles überlegen sind und sich ein potenzieller Kunde der Kraft bewegter Bilder ungleich schwerer entziehen kann. Insofern scheut die UFA mittlerweile in keiner wichtigeren Pitchsituation die Investition, diese durch einen Prototyp (für viele der Produkte heute auch mit Website-Applikation, Interaktionsmöglichkeiten etc.) zu ergänzen.

▪ Partnering: Die Kooperation mit externen Partnern hat wesentliche Vorteile, auch wenn sie Risiken auf dem Wege der Realisierung eines Projektes birgt. In einer Reihe von Fällen wurde die Projektumsetzung durch Faktoren, die allein beim Partner begründet lagen, erheblich verzögert. Aus dieser Erfahrung heraus trachten wir inzwischen danach, in einer Partnerschaft von Anfang an eine unternehmerische Eigenständigkeit zu verhandeln, die dabei natürlich oft vom Umfang, in dem von uns finanzielle Mittel eingebracht werden können und auch – damit verbunden – vom Zeitpunkt, zu dem ein Partner an Bord kommt, abhängt. Mittlerweile bringen die UFA-Produktionsunternehmen ihre Projekte möglichst zu einer gewissen Entwicklungsreife, um dann mit einer dominanten Position auf potenzielle Partner zuzugehen und so die Abhängigkeit zu reduzieren.

## Schlussbemerkungen

Bei aller Energie, die in den Aufbau innovativer Geschäftsfelder fließt, darf das Kerngeschäft nicht vernachlässigt werden. Trotz der Erwartung, die sich an neue Geschäftsfelder knüpft, wird zumindest bei der UFA auch auf mittlere Sicht der weit überwiegende Teil der Erträge aus den klassischen Geschäftsbereichen fließen. Das Innovationsmanagement der UFA hat diese Erkenntnis nicht nur im Blick, sie ist vielmehr Leitlinie aller Managementaktivitäten, die die Innovationskraft der UFA stärken sollen.

Obwohl die UFA auch gezielt Ressourcen in ihre Innovationsaktivitäten gelenkt hat, wurden vor allem ‚Bordmittel' eingesetzt, es wurde nur in geringem Umfang mit zusätzlichen Investitionen gearbeitet. Mit unserem Ansatz, Innovation und Kerngeschäft in geeigneter Weise miteinander zu verbinden, ist es gelungen, nicht nur die Marktführerschaft im Kerngeschäft auszubauen, sondern auch in den neuen Geschäftsfeldern Fuß zu fassen und uns stärker als andere Unternehmen aus dem Bereich Film- und Fernsehproduktion zum Inhalteanbieter für alle Plattformen, die Bewegtbilder vertreiben, weiterzuentwickeln.

## Literatur

BENNIS, WARREN / BIEDERMANN, PATRICIA WARD (1997), zitiert nach Stephan Sonnenburg, Creativity in Communication: A Theoretical Framework for Collaborative Product Creation, in: Creativity and Innovation Management, Vol. 13, No. 4, December 2004, S. 254

GOVINDARAJAN, VIJAY / TRIMBLE, CHRIS, 10 Rules for Strategic Innovators. From Idea to Execution, Boston, Harvard Business School Press, 2005.

HATCH, MARY JO / CUNLIFFE, ANN L., Organization Theory. Oxford, Oxford University Press, 2006.

HAUSCHILDT, JÜRGEN, Innovationsmanagement, 2. Auflage, München, 1997, S.3 ff.

KELLEY, TOM / LITTMAN, JONATHAN, The Art of Innovation, New York, 2001.

KÖHLER, LUTZ / HESS, THOMAS (HRSG.), WIM. Produktinnovation in Medienunterneh-men – Eine Fallstudie zur Organisation der Produktinnovation in Medienunternehmen verschiedener Sektoren. Arbeitsbericht Nr. 3/2003, München, 2003.

SONNENBURG, STEPHAN, Creativity in Communication: A Theoretical Framework for Collaborative Product Creation, in: Creativity and Innovation Management, Vol. 13, No. 4, December 2004, S. 254 ff.

## Verweise & Quellen

1 Für Unterstützung danken die Autoren Kristian Müller, Pressesprecher UFA Film & TV Produk-tion.

2 Vgl z. B. als empirische Studie die PIMS-Studie (Profit Impact of Market Strategies); Die PIMS-Studie ist eine branchenübergreifende Studie, bei der die Erfolgsfaktoren eines Unternehmens ermittelt werden. Die Studie wurde 1960 von General Electric als internes Projekt gestartet und 1976 vom Strategic Planning Institute (SPI) in Cambridge übernommen. Mittlerweile partizipie-ren ca. 500 Unternehmen, die in ca. 3.000 Geschäftsfeldern in unterschiedlichen Branchen tätig sind.

3 Vgl. Kelley / Littmann (2001), Govindaranjan / Trimble (2005)

4 Vgl. Köhler / Hess (2003)

5 Vgl. Hauschildt (1997), S. 3 ff.

6 Vgl. Kelley / Littmann (2001), S. 23 ff.

7 ebenda, S. 101 ff.

8 Bennis / Biedermann (1997), zitiert nach Stephan Sonnenburg (2004), S. 254

9 Vgl. Sonnenburg (2004), ebenda

10 Worauf auch Hatch / Cunliffe (2006), S.184 hinweisen

# Rechte als Treibstoff der digitalen Medienwelt

*Hagen Bossert [Content Services & Consulting]*

Noch nie gab es in deutschen Wohnzimmern eine größere Anzahl empfangbarer Fernsehprogramme. In immer kürzeren Zyklen werden neue Empfangsformen für Inhalte entwickelt und auf den Markt gebracht. Fernsehen über Internet (→ IPTV), Handy und auf Abruf (→ On-Demand) werden die gewohnten Routinen beim Konsum von audiovisuellen Inhalten beeinflussen. Fernsehen wird vor allem eines – vielfältiger. Vielfältiger nicht allein durch die wachsende Anzahl von empfangbaren Sendern, sondern auch im Sinne der Endgeräte, mit denen man Fernsehen empfangen kann – ob im Wohnzimmer oder unterwegs, ob in Echtzeit oder per Abruf.

Zudem schreitet die Digitalisierung voran. Betrachtet man die Zahlen des ASTRA Satelliten Monitors 2007[1], so sieht man nach einem im Europa-Vergleich schwachem Start nun eine deutliche Zunahme der Digitalisierung der Haushalte in Deutschland mit einer Quote von 64,5 Prozent beim Empfang per Satellit und 21,8 Prozent beim Empfang per Kabel. Nicht zuletzt die aggressive Vermarktung von Triple-Play-Angeboten (→) durch Kabelnetzbetreiber hat für diese Beschleunigung gesorgt. Ziel der Kabelnetzbetreiber ist es, bis Ende 2008 rund zwei Drittel der Kabelendkunden einen Zugang zu Triple-Play-Diensten bereitzustellen[2].

Durch die sich immer schneller entwickelnden Technologien und neue Verwertungsplattformen fragmentieren auch die einzelnen Verwertungsketten. Die Geschäftsmodelle der Produzenten und Rechtegeber verändern sich entsprechend. Der für die Erstellung eines Fernsehprogramms zugrunde liegende Inhalt wird in Zukunft rechtlich und kommerziell anders bewertet werden. Zudem gilt es für Produzenten und Rechtegeber, je nach Verwertungsplattformen neue technische Fragestellungen zu klären: Waren in der analogen Welt die Absprachen zwischen Rechtegeber und Verwerter meist rein kommerzieller Natur, so tritt heute auch der Schutz der verbreiteten Inhalte mit in den Vordergrund. Fragen der Verschlüsselung und technische Verfahren des Kopierschutzes sind neben den rein kommerziellen Punkten von wesentlicher Bedeutung für die Vereinbarungen zur Weitergabe von digitalisierten Inhalten.

Nachvollziehbar birgt diese neue Vielfalt auch neue Aufgaben auf der Seite der Fernsehveranstalter. Die technischen und inhaltlichen Neuerungen führen bei ihnen zu operativen Herausforderungen. Dazu gehört als wesentliche Herausforderung die Akquisition und Verwertung fremdproduzierter Film- und Fernsehrechte.

Im Folgenden werden zunächst die Grundzüge des Handels mit Programmrechten sowie dessen Dynamisierung in den 90er Jahren vor dem Hintergrund der zunehmenden Anzahl neuer Sender und Absatzkanäle beleuchtet. Die Auswirkungen auf die Vergabe von Nutzungs- und Verwertungsrechten durch das Hinzutreten der Verbreitung durch Satelliten wird ebenso thematisiert wie die stetige Zunahme weiterer Verbreitungswege im Zuge der Digitalisierung mit den verbundenen neuen Geschäftsmodellen. Am Beispiel der Rechteverhandlungen für das Arena Pay-TV-Angebot (→) wird die zunehmende kommerzielle Auswertung, aber auch die damit verbundenen Schwierigkeiten eines immer komplexeren Rechtebouquets exemplarisch dargestellt. Neue Produkte und deren technische und kommerzielle Rahmenbedingungen wie die Verschlüsselung als Schutz vor Missbrauch, zeitlich gestaffelte Verwertungsfenster sowie ein Ausblick auf zukünftige Einflussfaktoren auf den Handel mit Lizenzrechten im Bereich Digital-TV bilden den Abschluss.

## Rechtehandel in der analogen Welt

Die Beschaffung fremdproduzierter Inhalte war speziell im Bereich Spielfilm und Serie schon von Anbeginn eng mit dem Medium Fernsehen verbunden. Eigenproduktionen wurden mit Inhalten der großen amerikanischen Firmstudios ergänzt und bildeten in diesem Marktsegment Nährboden für die späteren großen Lizenzhandelshäuser wie beispielsweise die Kirch-Gruppe und die TeleMünchenGruppe.

Typischerweise wurde eine einmalige Nutzungsgebühr (License Fee) für die gewünschten Senderechte vereinbart. In den frühen Jahren des Free-TV (→) spielten verschiedene Verwertungsfenster mangels Angebot keine Rolle. Meist war der Inhalt mit der Lizenzierung an einen Abnehmer zeitlich und regional für weitere Verwertungen blockiert. Die physikalische Übertragung des betreffenden Inhaltes geschah per Zustellung einer physischen Sendekopie. Diese musste nach Ablauf der Lizenzperiode entweder wieder zurückgeschickt oder vernichtet werden. In dieser Phase unterlag der Handel mit Fernsehrechten etablierten Routinen. Die Lizenzperioden von zehn oder mehr Jahren waren im Vergleich zu heute sehr lang. Die Anzahl der möglichen Wiederholungen gemäßigt – kurz, der Handel mit Lizenzrechten hatte in den ersten Dekaden des Fernsehbetriebes noch nicht die allgemeine Aufmerksamkeit und kommerzielle Dimension, die er sukzessive über die letzten Jahre erworben hat.

## Das Duale System – Dynamik durch mehr Nachfrage

Vorangetrieben wurden eine zunehmend stärkere Dynamik des Handels mit Lizenzrechten und eine stärkere Fragmentierung der verhandelten Rechte durch eine Zunahme von TV-Sendern seit Mitte der 80er Jahre. Klassische Vollprogramm-Sender wie ARD und ZDF wurden in den nun folgenden Jahren durch private, werbefinanzierte Sender wie RTL und Sat.1 erfolgreich ergänzt. Das Spektrum erweiterte sich um Spartenprogramm-Angebote privater, lokaler und regionaler Anbieter, von Shopping- und Mehrwertdienstleistern. Zudem erweiterte sich das Angebot für den Fernsehkonsument gegen Zahlung eines separaten Entgelts (Pay-TV) mit zunächst zwei Plattformen, RTL Club versuchte sich seitens der RTL-Gruppe sowie dem späteren Premiere mit Unterstützung der Kirch-Gruppe (heute immer noch der am meisten verbreitete Pay-TV-Anbieter in Deutschland).

Die aufkeimende Gruppe neuer Vollprogramm- und Spartensender im Free-TV und später auch im Pay-TV stellen und stellten für Produzenten und Anbieter von Inhalten eine willkommene neue Absatzmöglichkeit dar und unterstützt somit die Refinanzierung ihrer Produktionen. Laut einer Auswertung der Landesanstalt für Kommunikation in Baden-Württemberg vom April 2007[3] sind seit Beginn der Fernsehübertragung 1954 ganze 558 Sender an den Start gegangen. Davon sind zwar annähernd 100 wieder eingestellt worden, man sieht jedoch deutlich, dass die zunehmende Anzahl an Sendern das Verwertungspotenzial für Inhalte insgesamt deutlich angehoben hat.

Blieben in der Vergangenheit auf Grund einer begrenzten Anzahl von Sendeplätzen unzählige Produktionen nach nur einmaliger Ausstrahlung oft unausgewertet in den Archiven, wandelte sich das Bild durch den größer werdenden Hunger nach Programm, besonders bei kleineren, themenorientierten Sendern. Spartensender mit einem jährlichen Programmbedarf zwischen 300 bis 1.000 Stunden pro Jahr waren (und sind) bedingt durch ihre Refinanzierungsmöglichkeiten zwar nicht in der Lage, sich im selben Maß um dieselben Top-Titeln wie die großen Sendeanstalten zu bemühen. Jedoch übernimmt hier der Gedanke eines ‚Library Deals', also die Nutzungsvereinbarung über eine größere Anzahl von Archiv-Inhalten, die Führung in der Verhandlung. Es werden Vereinbarungen über Volumenabnahmen über Teile oder das gesamte Archiv geschlossen – je nachdem auch unter Einbeziehung des einen oder anderen Top-Titels. Schon hier wird deutlich, dass ein Mehr an Sendeplätzen ein Mehr an Kreativität in Bezug auf die Verhandlungen dieser Lizenzrechte erfordert. Der Handel mit Filmrechten unterlag damals wie heute keinen Regularien oder Preislisten weshalb sich in den 90er Jahren eine Vielzahl von Vermarktungsvarianten herausbildeten. Die klassische Verwertungskette vom Kinostart (Theatrical Release) bis zur reinen Fernsehausstrahlung wurde vielgliedriger. Free-TV oder Pay-TV, Exklusivität, die Länge des Verwertungsfensters, Einzel- oder Volumenankäufe bestimmen den Preis. Der im letzten Jahrzehnt deutlich zunehmende Markt der VHS-Leihkassetten (Home Video) mit einer weiteren Verwertungsebene legte überdies die Basis für den inzwischen äußerst lukrativen Markt der digitalen Bildträger (DVD).

## Overspill und Footprint –
## die territoriale Eingrenzung von Lizenzrechten

Eine Einschränkung der Verbreitung der Programme innerhalb eines bestimmten Territoriums war bedingt durch die vergleichsweise begrenzte Sendeleistung der einzelnen Sender bis in die 80er Jahre nicht nötig. Zur Zeit der rein terrestrischen Verbreitung, als die öffentlich-rechtlichen Sender die einzigen Anbieter von Fernsehunterhaltung auf den Bildschirmen waren, war die technische Bereitstellung der Programme überschaubar. Terrestrisch-analog und – nach der politisch geförderten Kabelinitiative in den 80er Jahren – dann auch per Kabel waren zunächst die einzig verfügbaren Zugangswege.

Die Vergabe von Lizenzrechten war also meist schon aus technischer Sicht territorial klar eingegrenzt. Ein gewisser ‚Overspill', also das Senden und Empfangen in benachbarte Gebiete außerhalb des eigentlichen Sendegebiets, war technisch bedingt bei der terrestrischen Verbreitung nicht zu verhindern. Durch das damals insgesamt noch eingeschränkte Programmangebot wurde dies aber geduldet oder in den Lizenzverträgen entsprechend vermerkt. So ist es auch gelebte Praxis in grenznahen Gebieten, deutschsprachige Sender jenseits der eigentlichen Landesgrenzen zu empfangen.

Eine deutliche Veränderung erfuhr die bis dahin praktizierte Vergabe von Lizenzrechten aus territorialer Sicht durch die Nutzung des Satelliten. Der Satellit war in der Lage, TV-Sender für ein wesentlich größeres Gebiet – technisch definiert über den sogenannten ‚Footprint' – bereitzustellen. In kurzer Zeit wurde somit eine schnell wachsende Anzahl von Fernsehhaushalten in ganz Europa mit demselben pan-europäischen Senderbouquet beliefert. Entscheidend für die territoriale Eingrenzung der Lizenzrechte ist das sogenannte ‚intendierte Sendegebiet', also dasjenige Territorium, in dem der jeweilige Sender tatsächlich am Markt platziert werden möchte. Dies ist gewissermaßen die kommerziell relevante Untermenge zu dem rein technisch erreichbaren Wirkungskreis (Footprint) der jeweiligen Satellitenposition.

## Das digitale Fernsehen – Alles anders als bisher?

Wie verhält es sich nun nach den durchaus spannenden Entwicklungen der späten 90er Jahre? Welche Auswirkungen der Digitalisierung lassen sich auf die Verhandlung von Nutzungsrechten in der heutigen Medienwelt erkennen?

Zunächst gilt festzuhalten, dass das digitale Fernsehen generell (für den Sender) lediglich das Senden in einem anderen technischen Format bedeutet, zudem rein technisch gesehen (für den Endkunden) in den meisten Fällen noch ein Gerät (Receiver) zum Übersetzen der Daten für das Fernsehgerät nötig ist. Dieses Verfahren birgt dabei verschiedene, technische Vorteile:

- ein stabileres Programmsignal,

- verbesserte Bild- und Tonqualität (zum Beispiel Breitbandformat 16:9 und Dolby 5.1),

- interessante Begleitinformationen zum Programm in Form elektronischer Programmführer (→ EPG) und Metadaten.

Für Netzbetreiber bietet die digitale Einspeisung und Verbreitung die Möglichkeit der Komprimierung des Sendesignals, das heißt, die Programmsignale belegen nur noch Kapazitäten im Verhältnis 1:10 (analoger Sender zu digitaler Sender), inzwischen sogar bis 1:14 für ein normales Standard-Digital-Signal.

Somit schafft das digitale Fernsehen vor allem eines – Platz. Platz für weitere Sender, die in den inzwischen völlig ausgebuchten analogen Programmbouquets der Kabelnetzbetreiber keine Verbreitung mehr finden würden, zu insgesamt wesentlich günstigeren Verbreitungskosten. Dies wiederum begünstigt das Entstehen neuer Sender, da die ökonomischen Eintrittsbarrieren zum Aufbau und Betrieb eines Senders sinken. Durch die Einführung des digitalen Formates entsteht für alle Beteiligten eine technologische und kommerzielle 'Win-Win'-Situation:

- Fernsehveranstaltern steht eine größere Anzahl von Programmplätzen zu besseren Konditionen zur Verfügung.

- Kabelnetzbetreiber können mehr Programme in ihre vorhandenen Kabelnetze einspeisen, und die jeweiligen Transponder der Satellitenbetreiber können effektiver bestückt werden.

- Gerätehersteller können auf diesem neuen Verbreitungsstandard mit entsprechenden Endgeräten Mengen/Preisvorteile erzielen.

- Endkunden bekommen schließlich eine größere Produktauswahl und attraktive Zusatzfeatures.

Zu diesen benannten Punkten gibt es eine Reihe von Themenfeldern aus urheberrechtlicher wie auch kommerzieller Sicht, die derzeit auf verschiedenen Industrie- und Verbandsebenen diskutiert werden, die aber im Einzelnen nicht Gegenstand dieses Beitrags sind.

## Ableitungen der Digitalisierung auf den Handel mit TV-Lizenzen

Eine der spannenden Fragen aus Sicht des Handels mit Programm-Lizenzen entsteht in Bezug auf einzelne, inzwischen durch die digitale Technik ermöglichte Verwertungsplattformen. Die klassische Bereitstellung von Inhalten ist nach wie vor das lineare Fernsehen, das heißt das Senden eines durch einen Fernsehveranstalter zusammengestellten Programmbouquets an gleichzeitig viele Haushalte. Dies wird in zunehmendem Maße aber durch transaktionsbasierte Verbreitung von Inhalten ergänzt, bei der ein einzelner Kunde selektiv ausgewählte Inhalte für sich bestellt und zugespielt bekommt, sei es über den PC, das Handy oder auf den Fernseher. Dabei gilt: Jede zusätzliche Verbreitungsform ist im ersten Schritt aus Lizenzsicht zu begrüßen, da sich die neue Verwertungsform auch ein jeweils reflektierendes Geschäftsmodell sucht, an dem sich der Produzent oder Rechtegeber beteiligen kann. Dazu muss allerdings gewährleistet sein, dass die Verbreitung des übertragenen digitalisierten Inhaltes innerhalb dieser neuen technischen Verwertungsform geschützt ist – sei es der Schutz vor unerlaubtem Kopieren des Inhaltes, territorialem Missbrauch oder der Verwertung außerhalb des vereinbarten Zeitfensters.

Sind diese Parameter bei den einzelnen Verträgen sauber abgebildet, steht einer neuen Verwertungsform zur vertraglichen Umsetzung generell nichts im Wege. Das angekaufte Recht ist erst einmal nur als abstraktes 'Recht zur Verwendung' ohne direkte Berührung mit dem technischen Sendevorgang an sich. Rechte sind gewissermaßen 'agnostisch' bezüglich des am

Ende des Verwertungsvorgangs vorgenommenen technischen Vorgangs. Demnach ist nicht der pure technische Transportweg, sondern das mit dem Transportweg erreichte Vermarktungsfenster, sprich das hierfür am Markt etablierte Geschäftsmodell, mitentscheidend. Es geht hier hauptsächlich um die Klarheit, auf welcher Plattform und in welchem eventuell vorhandenen Wettbewerbsumfeld diese Rechte gesendet werden, also ob es sich zum Beispiel um eine nicht-exklusive Abstrahlung im Sinne einer gleichzeitigen Verwertung auf verschiedenen Plattformen handelt. Daher gelten zunächst die gleichen zentralen Parameter ähnlich einer Lizenzvereinbarung aus der analogen Welt:

- Umfang der Rechte,

- gewünschte Laufzeit,

- Grad an Alleinstellung (exklusiv/nicht exklusiv),

- technische Bereitstellung.

Neu hinzugekommen sind Parameter wie:

- Fragestellungen nach dem jeweiligen Geschäftsmodell des Rechteverwerters,

- die ökonomische Attraktivität,

- die Einordnung in die allgemeine Verwertungskette der Produzenten oder Rechteinhaber,

- die grundsätzliche Klärung zur Sicherheit der eingesetzten technischen Lösung zur Bereitstellung der Inhalte beim Endkunden.

## Verschlüsselung – Absicherung gegen Missbrauch

Die in früheren Jahren heftig diskutierte ‚Konvergenz der Medien', das Zusammenwachsen einzelner, früher getrennt voneinander existierender technischer Gerätschaften, ist inzwischen nicht mehr nur ein theoretisches Konstrukt, sondern in einem vergleichsweise kurzen Zeitraum in vielen Bereichen zur wirtschaftlichen und sozialen Realität geworden. Der Schutz der Inhalte vor Missbrauch beim Empfang, die möglichst klare Abtrennung der Rechte in den möglichen einzelnen Empfangsformen sowie der territoriale Schutz von Senderechten sind daher sowohl für Rechtegeber und Produzenten als auch für Rechteverwerter von immer zentralerer Bedeutung. Für den Rechtegeber und Produzenten schafft dies klar abgrenzbare Geschäftsfelder in der Vermarktung bei allen für ihn relevanten Verwertungsstufen sowie Sicherheit vor ungewolltem Missbrauch seiner Inhalte. Aber auch für den Rechteverwerter bietet eine Verschlüsselung den Schutz der Investitionen vor unrechtmäßiger Zweitverwertung durch fremde Dritte.

Dies ist im Bereich des digitalen Fernsehens von entscheidender Bedeutung, da die Inhalte nunmehr als digitales Datenpaket durch die Netze fließen. Sie stellen rein technisch gesehen eine qualitativ hochwertige Vorlage für unbeschränkte Vervielfältigung dar, sicherlich nochmals gesteigert durch die Einführung von digitalen Inhalten in High-Definition-Qualität ($\rightarrow$

HDTV). Daher bilden in der digitalen Welt Inhalt und Verschlüsselung ein organisches Paar. Ein Verschlüsselungssystem (Encryption) sichert in Verbindung mit einem dazu passenden Receiver mit Smartcard (→) oder einem Common Interface den Weg digitalisierter Inhalte vom Sender zum Endkunden. Erhoben wird dafür eine Freischaltgebühr oder ein individuelles Entgelt je nach Programmpaket im Pay-TV.

Durch eine klare territoriale Einschränkung der Rechte bewahrt die Verschlüsselung den Rechteverwerter in vielen Fällen vor einer höheren Lizenzgebühr für den Erwerb von attraktiven Inhalten wie Spielfilme oder Sportrechte. So wird beispielsweise mittels einer Verschlüsselung der Abstrahlung per Satellit bereits in Österreich und in der Schweiz eine klare Abtrennung der Rechte gegenüber dem restlichen deutschsprachigen Lizenzgebiet sichergestellt. Die Kosten für den Bezug der entsprechenden Rechte werden für den Fernsehveranstalter dadurch günstiger oder überhaupt erst erschwinglich (man denke beispielsweise an die Fußball Champions League). Vergleichbare Bestrebungen laufen bereits seit mehreren Jahren in Deutschland, so verschlüsseln die meisten großen Kabelbetreiber bereits heute einen essenziellen Anteil ihrer digitalen Programme mit einer Basis-Verschlüsselung. Mit der Plattform entavio versucht der führende Satellitenbetreiber Europas einen ähnlichen Ansatz.

## Geschäftsmodelle im digitalen Fernsehen am Beispiel der arena-Verhandlungen

Aus Sicht des Rechtenehmers ist es für eine möglichst gewinnbringende Verwertung seiner Rechte essenziell, sich gegenüber dem Endkunden mit seinem jeweiligen Fernsehprodukt klar und eindeutig positionieren zu können. Man erinnere sich hierbei beispielsweise an eine gewisse rechtliche ‚Grauzonen' bei der Vergabe der Fußball-Bundesligarechte im Jahr 2006 im Bereich der IPTV-Rechte. Die Deutsche Telekom nahm bestimmte Vermarktungsrechte für sich in Anspruch, arena trieb wiederum eine Weitervermarktung im gleichen Sinne voran – ein Kompromiss im Nachgang musste die fehlende Trennschärfe im Vergabeverfahren ausgleichen.

Anhand eines kurzen Exkurses zum Vergabeverfahren für die Übertragungsrechte der Fußball-Bundesliga an arena lässt sich die wachsende Dynamik bezüglich des monetären wie auch öffentlichen Interesses an Verhandlungen attraktiver Inhalte am besten beschreiben und bildhaft die verschiedenen Erlösmodelle aufzeigen. Zum Ablauf der Bundesliga-Saison 2006 bemühten sich die öffentlich-rechtlichen Anstalten, die großen werbefinanzierten Gruppen um RTL, ProSiebenSat.1 und auch Premiere erneut um die einzelnen Ausstrahlungspakete für die Fußball-Bundesliga. Insgesamt bewarben sich 35 Bieter um die einzelnen, durch die Deutsche Fußball Liga (DFL) aufbereiteten 233 Rechtepakete. Damit wird die Umsatzmaximierung durch eine möglichst komplexe Aufspaltung aller verfügbaren Rechte sehr anschaulich vor Augen geführt. Dieser Ansatz führte bereits in anderen Märkten wie Großbritannien zu deutlichen Umsatzzuwächsen für die Liga und die durch sie vertretenen Vereine.

Ein noch vor 15 Jahren eindimensionales Fernseherlebnis wird inzwischen durch eine komplexe, wirtschaftlich tief gestaffelte Verwertungsstruktur geprägt: Die Interessen einer Free-TV- gegenüber einer exklusiven Pay-TV-Ausstrahlung bestimmter Spieltage, eine Live-Übertragung versus zeitversetzter Zusammenfassung oder die Einflussnahme auf das redaktionelle Umfeld bis hin zur Forderung nach Verschiebung oder Abschaffung der Sportschau sind nur einige Beispiele. Wie schnelllebig dabei inzwischen die ‚Lizenzware Fußball' geworden war, zeigt dabei auch der eigentliche Paukenschlag in diesem Vergabeverfahren, der damals dann kurz vor Jahresfrist 2005 durch die DFL erfolgte. Entgegen den Erwartungen von Brancheninsidern wurde das gesamte Paket der Pay-TV-Vermarktung für drei Jahre an das damals recht junge Bieterkonsortium arena um Unitymedia (dem Kabelnetzbetreiber in NRW und Hessen) übertragen. Dies war ein umso beachtlicherer Schritt, da die Liga inklusive der beteiligten Fußballklubs bereits schon durch die Insolvenz der Kirch-Gruppe in finanziell turbulente Zeiten geraten war. Die Vergabe der Vermarktungsrechte an einen weitestgehend unbekannten Marktteilnehmer stellte somit durchaus ein Risiko dar.

Aber offensichtlich konnten verschiedene Argumente die Verantwortlichen von diesem Schritt überzeugen: der angebotene und durch Bankbürgschaften garantierte Lizenzpreis, die vorgeschlagene Umsetzung mittels eines fast ausschließlich auf die Lizenzware Fußball fokussierten Mono-Programmbouquets sowie der aufgezeigte unmittelbare Zugang zu Reichweite über die eigenen und anderen bundesweiten Kabelnetze. Aber nicht nur die Fachleute staunten über diesen Schritt – auch bei den Endkunden kam schnell die Frage auf, ob die Übertragung weiter verfügbar ist, nachdem die Rechte von Premiere auf arena übergegangen waren. Für die meisten Endkunden war unklar, ob die bestehenden Receiver weiterhin funktionieren würden, wie es sich mit der bestehenden Smartcard/Verschlüsselung verhält oder mit welchem Preis und mit welchen Marktpartnern der Zugang rechtzeitig zur neuen Saison zu regeln war. Viele offene Fragen, die durch die Berichterstattung in der Presse noch verstärkt und emotionalisiert wurden.

Die zentrale Herausforderung von arena war es somit, neben der Schaffung eines eigenen Fernsehprodukts durch eine intelligente Vermarktungsstrategie gleichzeitig eine möglichst schnelle Absicherung der getätigten Investments zu erzielen. So wurde der Versuch unternommen, mittels lukrativer Wiederverkaufsvereinbarungen mit einer Vielzahl von Vermarktungspartnern das eigene Risiko einzugrenzen. Diese Wiederverkaufsvereinbarungen mit den einzelnen Kabelbetreibern, verbunden mit der Auflage, eine deutschlandweite Reichweite aufzubauen, stellten sich bei den nachfolgenden Verhandlungen jedoch als schwieriger heraus als geplant. Verzögerte Abschlüsse bis kurz vor Start der neuen Saison waren die Folge, verbunden mit Nervosität bei DFL, Vereinen und Endkunden.

Neben Anlaufschwierigkeiten bei der Reichweitensicherung stellte sich auch die monothematische Vermarktung eines einzelnen Genres gegenüber einem umfassenderen Pay-TV-Abonnement trotz attraktiver Preisgestaltung als eher schwierig heraus. Das Fehlen einer reifen Marke, Unsicherheit über den technischen Bezugsweg sowie bezüglich der eingesetzten Technik (Receiver/Verschlüsselung) in der Satellitenplattform sorgten bereits im ersten Betriebsjahr für Ernüchterung bei Endkunden und Betreibern. Dass sich arena dann im ausgehenden ersten Jahr der Lizenzperiode mit Premiere (dem stärksten Mitbewerber um die

Ausstrahlung) auf ein Sublizenzierungsabkommen einigen konnte, war eine taktisch geschickte Maßnahme. Sie stellte das gewohnte Bild von Premiere als Premium-Sport-Anbieter mit der damit verbundenen Planbarkeit für die Endkunden wieder her und bescherte allen Parteien positive finanzielle Effekte.

Auch nach der ‚arena-Phase' liefert die Vergabe der Bundesliga-Senderechte Stoff für neue, spannende Entwicklungen. Ein weiteres Beispiel dafür, wie virtuoses Spielen mit den einzelnen Verwertungsstufen zu neuen interessanten Varianten führen kann, ist die Vergabe der Fußball-Bundesligarechte für die sechs Spielzeiten ab 2009. Dachte man angesichts des arena-Abenteuers noch an eine eher konservative Neuauflage früherer Vergabeverfahren, so überraschte ein bekanntes Gesicht die Bundesliga-Branche: Die um die Medienunternehmer Leo Kirch und Klaus Hahn agierende KF 15 GmbH & Co. KG sicherte sich gegen eine Garantiesumme von drei Milliarden Euro die gesamten Vermarktungsrechte an den beiden folgenden Spielzeiten der Fußball-Bundesliga, circa 500 Millionen Euro pro Saison. Dies stellt gegenüber der Summe von derzeit rund 443 Millionen Euro ein deutliches Plus für die Liga und die Vereine dar.

Die Rechte verbleiben nach der derzeitigen Planung bei der DFL – die KF 15 bekommt die Verwertungsrechte in einem Agentenmodell. Eine zusammen von DFL (49 Prozent) und der KF 15-Tochter Sirius (51 Prozent) gegründete Produktionsfirma soll zudem noch die redaktionelle Aufbereitung der Live-Bilder und Highlight-Zusammenfassung für den Pay-TV-Markt sichern. Vorkonfektionierte Filetstücke zur direkten Vermarktung ohne zusätzliche Produktionskosten – ein gutes Beispiel für ein vertikal integriertes Vermarktungskonzept. Die nach EU-Recht festgeschriebenen Auktionen der einzelnen Rechtepakete werden zeigen, ob dieser Schritt der richtige war.

## Das nicht-lineare Fernsehen

Durch die voranschreitende Aufrüstung der Netze und durch leistungsfähigere Komprimierungsverfahren wird auch eine lang erwartete Technik massenmarktfähig: das Konsumieren von Inhalten ‚on-demand' oder auch ‚auf Abruf', im technischen Sinne Transaktionsfernsehen genannt. Dabei besteht ein grundsätzlicher Unterschied zu den bisher beschriebenen digitalen Empfangsmöglichkeiten, da dieses ‚Videomaterial' nicht-linear im Kontext eines zuvor zusammengestellten Sendeschemas des jeweiligen Senders eingebettet gezeigt wird. Es werden einzelne, speziell nach Kundenwunsch zusammengestellte Inhalte bereitgestellt, ausgewählt und abgerufen.

Durch die andersartige Bereitstellung der Inhalte ergeben sich verschiedene rechtliche Implikationen, sowohl bei der Erteilung der entsprechenden Genehmigung zur Bereitstellung eines solchen Angebots an den Endkunden als auch bezüglich der unterschiedlichen Anforderungen bei der Beschaffung der gezeigten Inhalte. Das Aufsetzen und Betreiben eines Video-on-Demand-Services fällt unter den Rechtsbegriff des Mediendienstes. Das heißt, es erfordert keine der vergleichsweise langwierigen Prozeduren zur Erlangung einer Sendelizenz, sondern ‚nur' eine Genehmigung durch die zuständige Landesmedienanstalt, je nach Länderrecht ein

weit weniger komplexes Unterfangen. Auch aus Netzbetreibersicht entsteht mit den Abrufdiensten ein neues, attraktives Produktumfeld, das neue Umsatzfelder im Wettbewerb um den
Konsum von Filmen oder Serien eröffnet. Es erzeugt eine Alleinstellung gegenüber der Konkurrenz, aufbauend auf dem Wunsch, den Kunden stärker an den eigenen Service zu binden
und somit Abwanderungen der Kunden zur Konkurrenz zu verhindern (Churn-Prevention). In
Richtung der Endkonsumenten stehen die folgenden Angebotsvarianten zur Verfügung:

- Pay-per-View (PPV): Bezahlen pro Nutzung einer Einheit.

- Abonnement (SVoD – auch Subscription-Video-on-Demand): Hier bucht der Kunde eine
  Auswahl von Videos für einen bestimmten Zeitraum (in der Regel pro Monat), die Abrechnung geschieht hier pauschal. Konsum-Dauer und -Wiederholung obliegen innerhalb
  der Zeitspanne dem Endkunden.

- Download-to-Own (DTO): Hier erwirbt der Nutzer den Inhalt und kann ihn archivieren
  und beliebig oft wiedergeben.

## Rechtebeschaffung für transaktionsbasierte Inhalte

In Deutschland hatten sich schon vor Jahren die ersten Betreiber an dem Thema Video-on-
Demand (→) versucht. Schnell bestätigte sich, was in anderen Märkten schon gelebte Praxis
war: Nur ein Angebot attraktiver Inhalte unter der Einbindung großer Hollywood Blockbuster-Filme, gut organisierte Prozesse zur Abwicklung der Kundenaufträge und ein hohes
Maß an technischer Stabilität sind Garanten für eine Akzeptanz beim Endkunden. Die
Verbreitung digitaler Daten, gerade bei neu auf den Markt drängenden Netzbetreibern, erfordert eine detaillierte Sichtung des technischen Umfelds, um den Studios mit ihren weltweit
verteilten Aktivitäten größtmögliche Sicherheit in den jeweiligen Märkten zu bieten. Piraterie
und die Einhaltung territorialer Absprachen sowie entsprechend vereinbarter Zeitfenster
innerhalb der jeweiligen Verwertungsketten sind dabei von zentraler Bedeutung.

So ist es heute zunächst übliche Praxis bei Verhandlungen mit den großen Studios, dass interessierte Netzbetreiber in umfassender Weise die jeweilige Netzinfrastruktur, das verwendete
Verschlüsselungssystem sowie die Logistik detailliert darstellen müssen. Zudem werden die
in den Netzen eingesetzten Receiver oder Endgeräte auf mögliche Kopiermöglichkeiten
geprüft. Piraterie und der missbräuchliche Bezug der Daten sind hier verständlicherweise die
vordringlichsten Sorgen der Rechtegeber. Ein weiterer Aspekt ist die Frage der einzelnen
‚Wartezeiten' vor Weitergabe der Filmrechte an die nächste Verwertungsstufe. Hier zeichnet
sich ab, dass die ehemals eher langen, einzelnen Verwertungsfenster einer immer schnelleren
Gangart unterworfen sind. Das heißt, dass die einzelnen Titel in immer kürzeren Folgen von
der untergeordneten Verwertungsstufe weiterverwertet werden (siehe Abbildung 1).

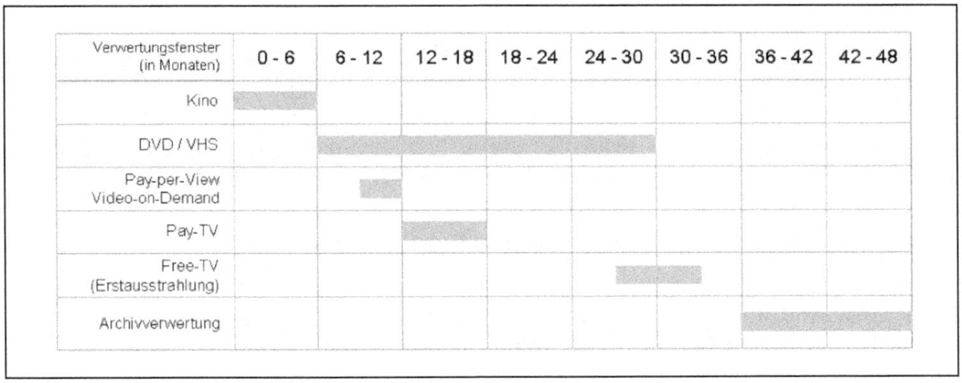

| Verwertungsfenster (in Monaten) | 0 - 6 | 6 - 12 | 12 - 18 | 18 - 24 | 24 - 30 | 30 - 36 | 36 - 42 | 42 - 48 |
|---|---|---|---|---|---|---|---|---|
| Kino | ▓ | | | | | | | |
| DVD / VHS | | ▓ | ▓ | ▓ | ▓ | ▓ | | |
| Pay-per-View Video-on-Demand | | ▓ | | | | | | |
| Pay-TV | | | ▓ | | | | | |
| Free-TV (Erstausstrahlung) | | | | | | ▓ | | |
| Archivverwertung | | | | | | | | ▓ |

*Abbildung 1:*     *Verwertungskette für Spielfilmproduktionen ('Commercial Windowing')*
*Quelle: Accenture 2008*

Die klassische Verwertungskette von Spielfilmen beginnt naturgemäß mit der Kinoveröffent-lichung (Theatrical Release). Schon hier zeichnet sich ab, dass die weltweiten Filmstarts großer Blockbuster-Filme von den Marketingabteilungen der großen Studios koordiniert werden, um die eingespielte Verbreitung raubkopierter Inhalte per Internet zu unterlaufen. Gleichzeitig unterstützen aufeinander aufgebaute Marketingkampagnen die weltweite Wahr-nehmung für den jeweiligen Film und stellen die Basis für die DVD-Verkäufe der nächsten Verwertungsstufe.

In den letzten fünf Jahren hat sich die DVD als eine der zentralen Umsatzsäulen für die Stu-dios entwickelt, der schon längst die Einspielergebnisse an den Kinokassen übertrifft. „DVD is king" könnte man sagen, voll gepackt mit Zusatzmaterial wie Making-of-Dokumentationen oder Portraits zu einzelnen Schauspielern liefern die silbernen Scheiben neben den multiplen Sprachfassungen auch Dolby 5.1. und brillante Bildqualität für die Flachbildschirme in deut-schen Wohnzimmern. Die übliche Wartefrist für die DVD-Veröffentlichung liegt in der Regel immer noch bei sechs Monaten nach der Kinoveröffentlichung, allerdings tauchen einzelne DVD-Titel schneller in den Regalen auf. Es bleibt abzuwarten, wie stabil sich dieses Fenster auf Dauer darstellen und wie viel Zeitverzug zum Video-on-Demand-Fenster, (Transactional Release) bleiben wird. Bedingt durch die hohe Kundenattraktivität der Filme auf Abruf und den sich technisch schnell entwickelnden Angeboten der Netzbetreiber im On-Demand-Bereich wird von vielen Studios genau beobachtet, welche Umsatz-Effekte bei einer verkürz-ten DVD-Schutzfrist entstehen würden. Das Verwertungsfenster für transaktionsbasierte Rechte ist in der Regel auf drei Monate begrenzt.

Nach der Freigabe zur Vermarktung der Filmtitel auf den On-Demand-Plattformen wird der Titel nun in der ersten Stufe der Pay-TV-Vermarktung ausgewertet. Pay-TV, bis vor vier Jahren noch mehr oder weniger komplett in den Händen von Premiere, hat vor allem durch die Angebote der Kabelnetzbetreiber Unitymedia und Kabel Deutschland eine weitere Auf-wertung erfahren. Insgesamt wurden mehrere Millionen Kunden allein in Deutschland zu regelmäßigen, monatlichen Zahlungen für Inhalte motiviert.

Da hier für die Inhalte, vor allem für die Hollywood-orientierten Filme und Serien, auch ein Vielfaches an Lizenzgebühren bezahlt wird, schützt eine insgesamt zwölf- bis achtzehnmonatige ‚Hold-Back'-Phase diese Rechte vor der nächsten Verwertung im Free-TV. In der nächsten Stufe erhalten die Fernsehveranstalter nunmehr ihre Chance zur Bereitstellung attraktiver Inhalte an ihre Endkunden, seien es die großen öffentlich-rechtlichen Anstalten wie auch deren private Mitbewerber. Filme wie *Harry Potter*, *Die Hard 4.0* oder *Shrek3* sind essenzieller Bestandteil der Sendepläne für die Erhaltung der Zuschauergunst und somit der Reichweite. Ob sie werbefrei sind oder nicht, obliegt dem jeweiligen Sender.

Ein potenzielles Ende der Verwertungskette wird durch möglichst kreative Re-Lizenzierungen (nach Ablauf der ersten bedeuteten Verwertungsstufen) hinausgezögert. Durch die inzwischen vielfältigen Sendeplätze in Vollprogrammen oder bei kleineren Spartensendern entsteht eine sogenannte ‚Long Tail'-Vermarktung (→), also eine langfristige Einspielung der Produktionskosten durch ein vielgliedriges System der Konsumierung von Fernseh- und Filminhalten. Die Aufgabe der Rechtegeber wie auch der Rechteverwerter wird sich dabei auch in Zukunft daran orientieren, die bestmögliche ökonomische Auswertung in Schwung zu halten. Möglichst kurze Hold-Back-Phasen innerhalb der einzelnen Verwertungsstufen sorgen dafür, dass die Attraktivität der Inhalte für die nachfolgenden Stufen erhalten bleibt, ohne dabei die Vermarktung des Verwertungsfensters durch zu schnell aufeinanderfolgende Verwertungszyklen zu gefährden. Dabei spielt der Rechtehandel auf Grund der sich abzeichnenden neuen technischen Möglichkeiten eine entscheidende Rolle. Aufstrebende, neue Märkte müssen durch angepasste Geschäftsmodelle entsprechend geformt und mit Rahmenbedingungen versehen werden. Man denke beispielsweise an die derzeit noch in einer Grauzone agierenden Märkte der nutzergenerierten Inhalte (→ UGC), die Entwicklungen im Bereich des Download-to-Own und der hochauflösenden Bildqualität rund um die Blue-Ray-Disc (→).

Es bleibt also spannend! Der Kreativität wird ein gesunder Sinn für vernünftige Geschäftsmodelle an die Seite gestellt werden müssen, sodass auch diese Migration in die nächst höhere Stufe des Fernsehkonsums möglichst reibungslos vonstattengehen kann. Inhalte sind in der digitalen Welt sicherlich nicht alles, aber ohne Inhalte ist alles nichts.

## Verweise & Quellen

1   SES ASTRA Satelliten-Monitor 2007, TNS Infratest
2   Pressemitteilung Deutscher Kabelverband vom 6.3.2008, Berlin
3   Landesanstalt für Kommunikation Baden-Württemberg, Stuttgart 2008

# Teleshopping: Geschäftsmodell und zukünftige Herausforderungen

*Dr. Konrad Hilbers [Finanzvorstand, Primondo GmbH]*

*Prof. Dr. Thomas Hess [LMU München]*

*Dr. Thomas Wilde [Vorstandsassistent, Primondo GmbH]*

Das Tätigkeitsfeld eines Teleshoppingsenders umfasst den Betrieb eines Versandhandels für Endkonsumenten, der sich eines Fernsehkanals zur Kundenansprache bedient und Bestellungen über Telefon, SMS, das Web etc. entgegennimmt. Das Geschäftsmodell unterscheidet sich somit grundsätzlich von dem anderer TV-Sender. Besonders ist hervorzuheben, dass Handelsmargen die primäre Erlösquelle darstellen und der Teleshopper somit nicht auf Werbeerlöse oder eine öffentliche Finanzierung angewiesen ist.

Im deutschen Teleshoppingmarkt sind vier große Shoppingsender aktiv: QVC, HSE24, RTL Shop und 1-2-3.tv. Der Markt weist eine durchschnittliche jährliche Wachstumsrate von 48 Prozent auf und soll im Jahr 2010 ein Umsatzvolumen von mehr als 1,6 Milliarden Euro erreichen. QVC erzielte im Jahr 2006 einen Umsatz von 674 Millionen Euro und war damit Marktführer vor HSE24 mit einem Umsatz von 286 Millionen Euro. Die beiden Sender nehmen damit zusammen bereits einen Marktanteil von 86 Prozent ein. Mit deutlichem Abstand und einem Umsatz von 98 Millionen Euro folgt RTL Shop auf Platz drei, Schlusslicht ist der erst 2004 gegründete Sender 1-2-3.tv mit einem Umsatz von 67 Millionen Euro. Darüber hinaus gibt es einige kleinere Shoppingsender mit fokussierter Produktpalette wie der Schmuckkanal Gems TV, Sonnenklar TV, Voyages Television (ehemals TV Travel Shop) und Astro TV-Shop.

Es gibt in Deutschland circa 21 Millionen regelmäßige Teleshopping-Zuschauer, von denen etwa ein Viertel auch aktive Besteller sind. Ungefähr zwei Drittel der Teleshopping-Kunden sind Frauen, fast die Hälfte ist über 50 Jahre alt. Bei 60 Prozent der Zuschauer beträgt die durchschnittliche Sehdauer für Teleshopping 30 Minuten pro Woche. Die aktiven Besteller sind größtenteils zwischen 36 und 55 Jahre alt.

Die im Folgenden betrachtete Form des Teleshoppings produziert eine auf die Spezifika der Verkaufssituation optimierte Live-Verkaufsshow und verbreitet diese über die traditionellen Rundfunkkanäle (Terrestrik, Kabel, Satellit). Mit der Diffusion von IPTV (→) und zunehmend leistungsfähigen Set-Top-Boxen (→) zeichnet sich eine über das Pilotstadium hinausgehende Verfügbarkeit interaktiver audiovisueller Medienkanäle ab. Diese beeinflusst das Fundament, auf dem die fein austarierte Ansprachelogik der Teleshopper aufbaut.

Vor diesem Hintergrund soll der vorliegende Beitrag das Geschäftsmodell unter besonderer Berücksichtigung der Kundenansprache näher beleuchten und darauf aufbauend technologisch getriebene Veränderungen und ihre Implikationen für das Geschäftsmodell und die Branche untersuchen. Bezugspunkt der Analyse ist der deutsche Teleshopping-Markt.

## Teleshopping-Geschäftsmodelle

### Formen, Kernprodukt und Wertschöpfung

Als Versandhändler trägt ein Teleshopper das volle Warenrisiko und betreibt eine eigene Sortiments- und Preispolitik.[1] Das Teleshopping etabliert eine exklusive Kundenbeziehung und entwickelt einen eigenen Kundenstamm. Es können drei Grundformen des Teleshoppings unterschieden werden:

- ‚Direct-Response-TV' (auch ‚Infomercials'): Die Präsentation eines einzelnen Artikels wird aufgezeichnet und in Sendeplätzen der etablierten Voll- oder Spartenprogramme ausgestrahlt.

- Live-Teleshopping: Es wird eine Live-Sendung produziert, die in einem Wechselspiel zwischen Moderator und Expertengast Waren erläutert und anpreist.

- Auktions-TV: Während in einer Live-Produktpräsentation ein Artikel erläutert wird, können Kunden nach einem bestimmten Auktionsmodell auf das Produkt bieten.

Im Weiteren wird hauptsächlich auf Live-Teleshopping und Auktions-TV eingegangen, da der Live-Sendebetrieb und die meist umfangreiche Sendezeit eine breite Palette an Gestaltungsmöglichkeiten, Reaktionsmöglichkeiten und langfristigen Aspekten der Kundenentwicklung bieten. So können Parameter wie die verwendete Präsentationszeit, die Reihenfolge der Produktshows und passende Einblendungen (Preisauslobungen, ‚Nächstes Produkt' etc.) entsprechend dem aktuellen Stand des Abverkaufs und der noch verfügbaren Restlagermenge gesteuert werden.

Das Kernprodukt eines Teleshoppingsenders ist die beratungsintensive und zugleich unterhaltsame TV-Präsentation des Produktsortiments. Der Kunde hat über das Medium Fernsehen keine Möglichkeit, im Produktsortiment zu suchen oder die Reihenfolge zu ändern, er befindet sich in einer ‚Lean-Back'-Haltung (→), in der er durch den Teleshoppingsender erst ‚aktiviert' werden muss. Ist die Aktivierungsschwelle erreicht, kommt es zum Impulskauf. Unter einem Impulskauf ist generell der Typ Kaufentscheidung zu verstehen, der sich durch rasches Handeln, ungeplantes Vorgehen, geringe gedankliche Kontrolle, starke Reizsituationen und emotionale Aufladung der Kaufsituation auszeichnet. Man unterscheidet zwischen dem erinnerungsgesteuerten und dem geplanten Impulskauf. Im ersten Fall wird der Kauf durch die spontane Aktualisierung eines latenten Bedürfnisses stimuliert. Trotz Planungsmangel wird die Kaufentscheidung hier durch unterschwellige Kognition hervorgerufen. Beim geplanten

Impulskauf sind meist von vornherein Warengruppe und Budget für einen Kauf festgelegt. Lediglich die Produktwahl erfolgt spontan, da sich der Konsument gerade von den situativen Einflüssen lenken lassen möchte.

Bezüglich der Wertschöpfungsstruktur der Teleshopping-Branche lassen sich grob drei Stufen unterscheiden: Hersteller, Teleshoppingsender und Kunde (siehe Abbildung 1).

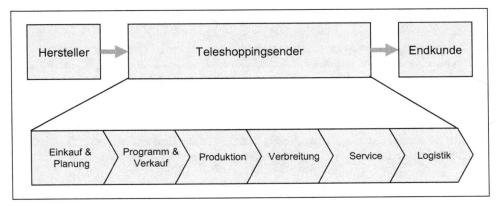

***Abbildung 1:***   *Wertschöpfungsstruktur der Teleshopping-Branche*

Die Wertschöpfungsstruktur der deutschen Teleshopping- und Auktionssender ist bezüglich Risiko- und Funktionsstrukturen weitgehend ähnlich. Das Auktions-TV hebt sich durch deutlich niedrigere Margen ab, was aber bei dem gegenwärtig erreichten Automatisierungsgrad trotzdem wirtschaftlich vorteilhaft betrieben werden kann. Unterschiede bestehen ferner im Grad des ‚Outsourcings' einzelner Wertschöpfungsstufen, bezüglich der Produkt- und Sortimentspolitik sowie im Marketing und Service.

Das daraus resultierende Kosten- und Erlösmodell gestaltet sich überschaubar: Erlöse werden durch den Verkauf der angebotenen Produkte erzielt. Auktions-TV und Live-Teleshopping unterscheiden sich hier nur hinsichtlich des Preisbildungsmechanismus, auf den der Auktions- TV-Zuschauer Einfluss nehmen kann. Die Anbieter erzielen in erster Linie eine Handelsmarge, Kosten fallen hauptsächlich in folgenden Kategorien an:

- Artikelbeschaffung und Sortimentszusammenstellung,

- Programm (Shows, Studios),

- Auftragserfassung/persönliche Beratung (Call-Center),

- Verbreitung (Kabel, Satellit, Terrestrik),

- unterstützende Marketingaktivitäten,

- Auslieferung (Logistik) sowie

- Retourenmanagement.

Da etwa 25 Prozent der gekauften Produkte retourniert werden, sind die auf diese Weise entgangenen Erlöse ein maßgeblicher Faktor.

Die Lieferanten der Teleshoppingsender sind heute in der Regel kleine, innovative Hersteller, exklusive Hersteller oder auch etablierte Markenhersteller. Es ergeben sich hier circa 500 teilweise sehr enge Beziehungen zu Lieferanten im In- und Ausland. Der Einkauf ist für ein aktives Sortiment von etwa 25.000 verschiedenen Artikeln zuständig, wovon circa 250 Artikel pro Tag im TV präsentiert werden. Ein erheblicher Vorteil im Teleshopping-Bereich besteht darin, dass das Sortiment innerhalb kürzester Zeit veränderbar ist und so auf das Kundenverhalten reagiert werden kann. Bei den angebotenen Waren handelt es sich hauptsächlich um Produkte, die erfahrungsgemäß ‚Teleshopping-geeignet' sind. Dies sind in erster Linie Schmuck, Beauty- und Wellnessprodukte, Mode, Sammel- und Haushaltsartikel. Diese Produkte werden durch den Teleshoppingsender ausgewählt und in geeigneter Menge bestellt und eingelagert. Eine eigene Qualitätssicherung garantiert die Qualität der Produkte und sichert damit den Markenwert des Teleshoppingsenders selbst. So findet ein Vertrauenstransfer vom Teleshoppingsender auf das bisher unbekannte Produkt statt. Dieser Effekt wird durch das Hinzuziehen von Expertengästen zu Verkaufsshows verstärkt.

## Impulsive Kaufentscheidungen als Basis des Teleshopping-Absatzes

Wie bereits angesprochen, baut diese Art des medialen Handels stark auf impulsives Kaufverhalten auf. Stuft ein Rezipient und Kunde eine Entscheidung kognitiv als unbedenklich ein, kann durch die Emotionalisierung der medialen Situation die Reaktionsbereitschaft stimuliert werden. Der Teleshopping-Kauf ist demnach umgangssprachlich ein typischer ‚Lustkauf'. Derartige Impulskäufe setzen fünf allgemeine Rahmenbedingungen voraus, die nachfolgend diskutiert werden:

- Adäquates Zeitfenster: Wird dem Kunden genügend Zeit zur Reaktion gegeben? Sieht der Kunde gleichzeitig die Notwendigkeit zur Reaktion?

- Emotionale Aktivierung: Wie wird das Interesse des Kunden geweckt?

- Risikoreduktion: Welchen Planungsbedarf haben Kunden zur Verminderung des persönlichen Risikos? Ist die Entscheidung ‚unbedenklich'?

- Informationsbedarf: Ist der Informationsbedarf des Kunden adäquat abgedeckt?

- Bindungen an das Produkt: Haben Kunden einen Bezug zum Produkt? Kann der Kauf prinzipiell ein ‚Lustkauf' sein?

Zeitliche Voraussetzung für den Kauf im Teleshopping ist ausreichend Freizeit, um Teleshopping-Programme anzusehen. Wie viel Zeit ihm für die Reaktion auf ein Angebot des Teleshoppers zur Verfügung steht, ist durch die Länge und das Timing der Produktshows steuerbar. Die individuelle Zeitspanne, die ein Kunde bis zur Auslösung der Bestellung benötigt, wird durch Persönlichkeitsfaktoren wie seine emotionale Aktivierbarkeit und situative Bedingungen beeinflusst. Über emotionale Aktivierung kann der erforderliche Zeitrahmen stark verringert werden. Die emotionale Aktivierung bezieht sich vor allem auf Motive, die den Zuschauer persönlich ansprechen, um die kritische Aktivierungsschwelle zu erreichen. Das hierzu oft eingesetzte Konzept der ‚parasozialen Interaktion' beschreibt die Verbindung der Zuschauer mit den Moderatoren und agierenden Individuen in den Massenmedien. Das mediale Verkaufspersonal motiviert dabei den Kunden, indem es erklärungsbedürftige Produkte ausführlich evaluiert. Durch technische Showelemente wie Pop-ups mit verfügbaren Stückzahlangaben etc. wird die emotionale Aktivierung gefördert, indem Interaktion suggeriert wird.

Hinsichtlich der Risikoreduktion ist neben dem wahrgenommenen Risiko (beispielsweise finanzielle oder soziale Konsequenzen) der Planungsbedarf, also gewissermaßen der ‚Shopping-Lifestyle' des Kunden, ausschlaggebend. Im Teleshopping wird durch die ausführliche Produktbeschreibung und den Abwicklungskomfort, insbesondere durch Rückgaberecht und den geringen Zeitaufwand, das Risikoempfinden vermindert.

Der Bedarf an Produktinformationen hängt von der persönlichen Informationsneigung des Kunden ab und soll durch das ausführliche Informationsangebot der Produktshows gedeckt werden. Zusätzlich kann der Kunde interaktiv via Call-Center oder Call-in (telefonische Live-Zuschaltung in Produktshows) weitere Informationen einholen. Über technische Showelemente und die argumentative Unterstützung der Kaufentscheidung während der Produktpräsentation kann die Informationsverarbeitung beeinflusst werden.

Um die notwendige Bindung an das Produkt sicherzustellen, ist eine Sortimentspolitik erforderlich, die emotional aufladbare und medial gut darstellbare Produkte fokussiert. Ergänzend bieten sich Events oder Produktmaßnahmen wie die Bindung von Produktlinien an Prominente an, um das ‚Involvement' der Kunden zu steigern und so den Impulskauf zu fördern.

Zusammengefasst sind alle fünf Faktoren in einem Mindestmaß zu bedienen, um Produkte über Impulskäufe abzusetzen. Dem Teleshopping stehen verschiedene Instrumente zur Verfügung, um geeignete Rahmenbedingungen herzustellen.

## Technologische Innovationen und Implikationen für die Branche

### Technologieüberblick

Vor diesem Hintergrund sollen nun technologische Innovationen diskutiert werden, die das impulskaufbasierte Geschäftsmodell eines Teleshoppers beeinflussen. Die gesamte TV-Branche findet sich derzeit mit einer schwer überschaubaren Zahl von neuen, digitalen Technologien konfrontiert, die sich auf Infrastruktur-, Dienste-, Inhalte- und Endgeräteebene einordnen lassen.[2] Vor dem Hintergrund der technologischen Konvergenz von TV und Internet zeichnet sich zudem ab, dass es E-Commerce-Angeboten über die Integration von Videoinhalt zunehmend möglich wird, Konzepte des Teleshoppings zu imitieren, sodass zudem aktuelle Entwicklungen im Bereich des E-Commerce einzubeziehen sind. Dies umfasst insbesondere Web 2.0-Technologien (→), die eine interaktivere und multimediale Gestaltung von Shoppingangeboten im Web ermöglichen.

Auf Infrastrukturebene sind für die TV-Branche Technologien zur Digitalisierung, Rezipientenadressierbarkeit und Bidirektionalität der Übertragungswege relevant. Über die bestehenden Übertragungswege (Kabel, Satellit, Terrestrik) werden seit Ende der 90er Jahre zunehmend digitale Signale nach dem DVB-Standard (→) verbreitet. Da in den letzten Jahren begonnen wurde, analoge Sender zu entfernen, um digitale Sendeplätze verfügbar zu machen, und je analogem Verbreitungsplatz zwischen zehn und 16 digitale Plätze eingerichtet werden können, erhöht sich die Anzahl an effektiv übertragbaren TV-Kanälen. Zudem etabliert sich mit dem DSL-Netz und dem IPTV-Standard (→) ein vierter Distributionskanal neben Kabel, Satellit und Terrestrik. Das Hochgeschwindigkeits-Glasfasernetz soll entsprechend ausgebaut werden, um eine hinreichende DSL-Bandbreite bereitstellen zu können. Sollen neben der digitalen, qualitativ höheren Bildübertragung einzelne Rezipienten mit verschiedenen Informationen angesprochen werden (beispielsweise für Video-on-Demand-Angebote), ist das Problem der Adressierbarkeit zu lösen. Sogenannte Punkt-zu-Punkt-Verbindungen zu jedem Rezipienten aufzubauen (Unicasting), würde die Kapazität der vorhandenen Netze um ein Vielfaches übersteigen und zudem hohe Verzögerungszeiten mit sich bringen. Als ein Lösungsansatz verspricht das Multicastingverfahren, Rezipientengruppen individuell anzusprechen, indem für jede Gruppe nur ein Datenstrom verschickt und dieser an den entsprechenden Verteilerstellen intelligent vervielfältigt wird. Bidirektionalität wird in Form eines integrierten IP-Rückkanals derzeit in den Kabelnetzen ergänzt. Satellitenbetreiber arbeiten hier mit einem Ergänzungsmedium wie dem stationären Internet oder auch Mobilfunknetzen wie im Beispiel des Zusammenspiels von Set-Top-Box, Bluetooth (→) und Handy im Fall von Blucom von Astra.

Auf Diensteebene lassen sich im TV-Bereich programm- und programmmodulbezogene Dienste unterscheiden. Programmbezogene Dienste betreffen die Auswahl und Anordnung der Programmelemente. Innovationen in diesem Bereich zielen auf die Einbeziehung des Nutzers und erwirken dadurch die Personalisierung des Programms. Mit ‚Timeshifting', Personalisierungstechniken und Video-on-Demand spannt sich auf technologischer Ebene ein Kontinuum der Eingriffsmöglichkeiten für den Rezipienten auf, das von zeitversetzter Betrachtung über die weitgehend unterstützte Auswahl und Anordnung hin zu individueller Programmzusammenstellung reicht. Als Bedienungsoberfläche für solche Dienste sind Electronic Program Guides (→ EPG) vorgesehen, die Informations-, Profil- und Personalisierungsfunktionen umfassen können. Bezogen auf einzelne Programmelemente ist die Erweiterung von Inhaltemodulen mit neuen Funktionen möglich: Mehrkanalnutzung erlaubt alternative Ton- und Videospuren, Informationsdienste liefern Metadaten oder verknüpfen den Videostrom mit interaktiven Applikationen. Generell ist hier zwischen programmsynchronen und programmasynchronen Diensten zu unterscheiden (siehe Abbildung 2). Ein Dienst kann durch Teilüberlagerung des Bildes den ausgestrahlten Inhalt um interaktive Features erweitern und synchron zum ausgestrahlten Kernprogramm genutzt werden. Alternativ kann die Rezeption des Inhalts unterbrochen werden, um asynchron zum Kernprogramm eine Vollbildapplikation darzustellen.

***Abbildung 2:*** *Synchrone (links) und asynchrone (rechts) interaktive TV-Dienste*

Hinsichtlich der Ebene der Inhalte wird über Mehrsprachigkeit, freie Perspektivenwahl (bei Sportereignissen), über interaktive Werbung und Produktplatzierung (→) mit Ad-hoc-Bestellmöglichkeit sowie über Quiz-, Spiele-, Wett- und Shoppingapplikationen diskutiert. Allen gemein ist die Erweiterung einer bestehenden Form der Inhalte um Zusatzinformationen, zum Teil interaktiv. Besonders in den Diskussionen zur Produktplatzierung zeichnet sich eine vordergründige Konvergenz von E-Commerce und Teleshopping bereits ab. Viele geplante Angebote und Ideen gehen aber implizit von der bekannten ‚Lean-Forward'-Situation (→) des E-Commerce-Kunden aus und statten den Fernsehinhalt mit entsprechender Funktionalität aus. Auf diese Weise wird versucht, das Webshopping-Erlebnis auf den Fernseher zu übertragen. Damit stehen sich klassisches Teleshopping und ‚adaptiertes E-Commerce' auf einem gemeinsamen Medium gegenüber. Ein entscheidender und nur schwer imitierbarer Unterschied liegt im Know-how, welches in Live-Teleshopping-Sendekonzepten heute bereits verarbeitet wird (Impulskauforientierung, Markenstrategien etc.).

Auch auf Endgerätebene finden sich relevante Innovationen: Personal Video Recorder (→ PVR), die das TV-Programm auf Festplatte synchron aufzeichnen und so Timeshifting ermöglichen, enthalten meist die Funktionalität einer Set-Top-Box und werden zunehmend mit DVD-Recordern und Netzwerkanschlüssen ausgerüstet, um eine integrierte Home-Video-Plattform zu schaffen. Mit dieser Tendenz findet eine Produktbündelung statt, deren preisdiskriminatorischer Effekt sich positiv auf die Diffusionsproblematik von TV-Endgeräten auswirken könnte.

Um im Anschluss Implikationen für das Teleshopping-Geschäftsmodell und den -Markt analysieren zu können, ist zunächst die Frage zu beantworten, wo sich Implikationen der verschiedenen Ebenen niederschlagen können. Durch Infrastrukturtechnologien werden die Rahmenbedingungen für das Geschäftsmodell verändert, was Einfluss auf Eintrittsbarrieren und damit auf die Wettbewerbsstruktur hat. Technologien der Dienste- und Inhalteebene können potenziell neue Möglichkeiten im Rahmen des Leistungsangebots eröffnen und so Druck auf Innovationsnachzügler aufbauen. Die Endgeräteebene ist im Hinblick auf die Empfangsmöglichkeit der sonstigen Technologien und das Rezipientenverhalten relevant.

Damit ergeben sich vier Teleshopping-relevante Bereiche, die im Folgenden zu behandeln sind: die Implikationen der Digitalisierung von Verbreitungswegen (Infrastruktur), die Interaktivität der Verbreitungswege (Infrastruktur), Electronic Program Guides (Dienste) und Konvergenzansätze mit einem ‚Web 2.0-E-Commerce'.

## Digitalisierung der Verbreitungswege

Wie bereits erläutert, stehen zur Verbreitung von TV-Signalen die traditionellen Distributionskanäle Terrestrik, Satellit und Kabel und neuerdings die DSL-Infrastruktur beziehungsweise IPTV zur Verfügung. Um eine bestimmte Reichweite in den relevanten Zielgruppen zu erzielen, ist in der Regel ein Mix aus verschiedenen Verbreitungswegen erforderlich. Daher muss jeder TV-Sender und damit auch jeder Teleshopper relativ hohe Fixkosten für die Verbreitung einkalkulieren. Nach einer Studie der Goldmedia[3] betragen die durchschnittlichen Verbreitungskosten für die analoge Satellitenübertragung circa 60 Cent pro Haushalt. Die digitale Satellitenübertragung beträgt mit neun Cent pro Haushalt gerade einmal 15 Prozent der analogen Verbreitungskosten. Noch deutlichere Unterschiede zeigen sich bei der terrestrischen Übertragung. Hier kostet die analoge Einspeisung 25,06 Euro pro Haushalt, die digitale Einspeisung kann in DVB-T-Gebieten (→) mit starker Verbreitung mit 91 Cent kalkuliert werden. Der Hintergrund dieses starken Kosteneffekts ist die effizientere Nutzung der physikalischen Bandbreite mit fortschreitender Digitalisierung, was das Angebot an übertragbaren Sendeplätzen erhöht. Mit DVB-T ist die terrestrische Ausstrahlung bereits digital, Satelliten bieten seit längerem einen Großteil der Kanäle digital über DVB-S (→) an, und Kabelnetzbetreiber wie Kabel Deutschland kündigen derzeit schrittweise Verträge zur analogen Verbreitung und können für jeden so freigewordenen analogen Sendeplatz etwa vier digitale Sendeplätze anbieten. Wird sich darüber hinaus IPTV breit etablieren und zukünftig eine relevante Masse an Rezipienten erreichen, dehnt sich das Angebot abermals aus. Vor diesem Hintergrund sind drastisch fallende Verbreitungskosten zu erwarten.

Das Geschäftsmodell ist davon – greift man rein die digitale Übertragung als Innovation heraus – zunächst nicht betroffen. Die verbesserte Bild- und Tonqualität und die erweiterten Möglichkeiten des DVB-Standards, um zum Beispiel mehrere Tonkanäle zu übertragen, beeinflussen das Leistungsangebot und damit die Impulskaufsituation bestenfalls marginal und sind daher von nachrangiger Bedeutung. Aus Marktsicht ist dieser Trend hingegen hochrelevant, da sich auf diese Weise die Eintrittsbarrieren für den Teleshopping-Markt drastisch verringern. Eine Gründungswelle ist dennoch nicht zu erwarten, da weiterhin eine vertrauensvolle Marke und spezifisches Know-how zum Aufbau von Verkaufsargumentationen und Sendekonzepten erforderlich sind, um Teleshopping erfolgreich betreiben zu können.

## Interaktive Verbreitungswege

Bereits heute bedient sich das Teleshopping mehrerer Kanäle. Während die Verbreitung des Programms hauptsächlich über klassische TV-Verbreitungswege abgewickelt wird, ist der Rückkanal über Telefon, SMS oder Webseite realisiert. Zur Automatisierung der telefonischen Bestellannahme werden zudem Interactive-Voice-Response-Systeme (→ IVR) eingesetzt. Das Internet ist hier in zweierlei Hinsicht relevant: Zum einen baut IPTV auf den bewährten IP-Standards auf und kann – die Diffusion entsprechender Set-Top-Boxen vorausgesetzt – einen weiteren, interaktiven Verbreitungskanal für TV-Inhalt bereitstellen. Zum anderen ist der Bereich des klassischen E-Commerce zu berücksichtigen, der ebenfalls interaktive Kommunikation mit dem Teleshopping-Kunden ermöglicht. Gegenwärtig ließe sich ein medienbruchfreies Teleshopping in Deutschland nur über die ersten IPTV-Anbieter oder im Rahmen von E-Commerce-Angeboten im Web anbieten. Der Austausch des unterliegenden Medienkanals führt jedoch bei einem hochangepassten System wie dem Geschäftsmodell Teleshopping zu verschiedenen Effekten, die anhand der vorgestellten Rahmenbedingungen für Impulskaufsituationen diskutiert werden können.

Eine Steuerung der Kaufsituation über Zeitfenster kann im E-Commerce nur schwer realisiert werden. Unter Einbeziehung von Web 2.0-Technologien sind zwar Reststückzahl-Countdowns oder Ähnliches denkbar, der Eindruck eines abgeschlossenen Zeitfensters kann allerdings kaum sinnvoll erzeugt werden. Da synchrone IPTV-Dienste hingegen direkt auf die Produktshow aufbauen können, wird deren Timing übernommen. Die Möglichkeit, durch Drücken eines ,Red-Buttons' auf der Fernbedienung den Kauf auszulösen, verkürzt den Bestellprozess und wirkt somit positiv.

Während im E-Commerce die emotionale Aktivierung weder durch parasoziale Interaktion noch durch situative Unterstützung (Argumentationsfluss eines Moderators) möglich ist, können über IPTV, aufbauend auf die Verkaufsshow, weitere personalisierte Applikationen die Einbindung des Kunden erhöhen. Beispiele sind Quiz- oder Voting-Applikationen, die den Kunden unterhalten, informieren und stärker an das Programm binden.

Die Risikoreduktion bleibt vom Medienkanal weitgehend unberührt, da sich am Abwicklungskomfort nichts Substanzielles ändert. Die verfügbare Informationsmenge kann durch on-demand-Infomasken in einer IPTV-Umgebung feiner gesteuert werden, da zum einen über die Kundeninteraktion, aber auch über die Identifikation des Benutzers weitere Informationen als Grundlage der Personalisierung verfügbar sind. In einem Webshop besteht an dieser Stelle jedoch das Problem, dass on-demand verfügbare, aber zunächst vorenthaltene Informationen eine Motivation darstellen, die Webseite zu verlassen und die Information auf andere Weise zu beschaffen. Während im TV der Weg zum vergleichbaren Produkt vergleichsweise weit und unbequem ist, steht die Konkurrenz im Internet bereits ,einen Klick entfernt' bereit.

Der Informationsbedarf kann über beide Medien zielgenauer gedeckt werden, als es über klassisches Fernsehen möglich ist. In Webshops werden 360 Grad-Ansichten oder 3D-Modelle immer verbreiteter, die Einbindung von Videoinhalten ist ebenfalls möglich. Die interaktive Komponente kann im Web weniger bedient werden, hier liegt die Stärke des IPTV: Über Voting-ähnliche Applikationen ist denkbar, die Interessen der Kunden noch stärker in den Argumentationsgang einzubinden.

Die Produktbindung wird durch den Medienkanal kaum tangiert. Allerdings ist davon auszugehen, dass die Videopräsentation durch Experten oder Prominente eine stärkere positive Wirkung hat, als die bildgestützte Präsentation in vielen Webshops.

Es lässt sich zusammenfassen, dass Impulskäufe über klassische E-Commerce-Shops nur schwer abgewickelt werden können, während die interaktiven Optionen des IPTV verschiedene Ansätze bieten, das bestehende Instrumentarium zur Herstellung von Impulskaufsituationen zu erweitern. Die Kehrseite besteht in dem Diffusions- und Standardisierungsproblem, von welchem alle Formen interaktiven Fernsehens in Deutschland betroffen sind. Zwar wird seit zehn Jahren die digitale und interaktive TV-Revolution erwartet, eingestellt hat sich davon bislang relativ wenig. Dies wird zum einen auf das Fehlen eines einheitlichen Standards für sogenannte ‚Middleware' zurückgeführt. Middleware bezeichnet den Softwareunterbau, auf dem interaktive Applikationen ausgeführt werden und der auf dem Betriebssystem einer an das Fernsehgerät angeschlossenen Set-Top-Box aufsetzt. Bekannte Standardisierungsbemühungen sind beispielsweise die Multimedia-Home-Plattform (MHP) oder Open-TV. Zum anderen hat sich entgegen den Branchenerwartungen herausgestellt, dass nur geringe Nachfrage und nahezu keine Zahlungsbereitschaft für einen Großteil der interaktiven Dienste (Quiz, Spiele etc.) vorhanden sind. Killerapplikation ist eindeutig Video-on-Demand, was aber zugleich die bandbreitenintensivste und für Filme und TV-Serien rechtlich komplexeste Geschäftsvariante darstellt. Neben der so verschiedentlich erschwerten Diffusion ist damit zu rechnen, dass die Kernzielgruppe vieler Teleshopper nicht zu den Early-Adopters (→) von IPTV und interaktivem Fernsehen gehört.

Die in absehbarer Zeit verfügbare Interaktivität der Verbreitungswege stellt demnach für Teleshopper eine interessante Möglichkeit zur technologischen Differenzierung und Erweiterung des bisherigen Leistungsangebots dar. Ein Druck, als First-Mover (→) die neue Technologie aufzugreifen, ergibt sich vor dem allgemeinen Hintergrund der Geschäftsmodelllogik jedoch nicht.

## Electronic Program Guides

Electronic Program Guides (EPG) können als die digitale Form der gedruckten Programmzeitschriften verstanden werden. Wie die Print-Varianten sollen sie dem Konsumenten als Orientierungs- und Steuerungshilfe in einer zunehmenden Programmvielfalt dienen. EPGs stellen einen kontinuierlich aktualisierten TV-Zusatzdienst dar, der Metadaten über die verfügbaren TV-Programme wiedergibt. Sie sollen neben der Anzeige von Metadaten deren bedarfsgerechte Organisation und deren automatisierte Nutzung durch Endgeräte wie beispielsweise PVR ermöglichen. Die derzeit in Deutschland verbreiteten EPGs sind als Softwarekomponenten in Endgeräten implementiert und stellen in der Regel Daten dar, die im Digital Video Broadcasting (DVB) Datenstrom nach dem ETS 300468-Standard mitübertragen werden. Darüber hinaus bestehen bei Endgeräten mit Internetanschluss zahlreiche Möglichkeiten, diese Basisinformationen automatisiert anzureichern.

Nach einer Studie des B.A.T. Freizeitforschungsinstituts konnten TV-Programmanbieter und Werbetreibende bisher davon ausgehen, dass 50 Prozent der Zuschauer an einem Abend ein bis viermal ‚zappen', den Kanal also spontan wechseln. Weitere 20 Prozent tun dies mehr als fünfmal pro Abend. Durch die sich ausdehnende Programmvielfalt ist der Rezipient jedoch zunehmend nicht mehr in der Lage, das inhaltliche Angebot auf diese Weise stichprobenartig zu begutachten. Nach einer Studie des Instituts für Kommunikationswissenschaft der LMU

München nutzt ein Großteil der Rezipienten maximal 15 Kanäle, was zu einem eklatanten Selektionsproblem führt: Welche 10 Prozent der beispielsweise von SES Astra angebotenen 150 Kanäle sind durchzuzappen? An diesem Punkt des Rezipientenverhaltens setzt der EPG an, was vor diesem Hintergrund eine Änderung im Zappingverhalten erwarten lässt. Ein Rezipient, der auf EPG-Informationen zurückgreift, wird in die Lage versetzt, das Inhalteangebot ähnlich dem Internet-Browsing zu durchstöbern. Während sich viele Zapper entlang der Programmplatznummern ihres TV-Geräts bewegen, bietet ein intelligenter EPG dem Rezipienten je nach dessen Zielsetzung verschiedene Abkürzungen. Sucht er nach bestimmten Inhalten, wird er durch Gruppierung der Programme in Bouquets, Favoritenlisten etc. bis hin zu Empfehlungssystemen wie im US-Angebot TiVo unterstützt. Möchte er sich einen Überblick verschaffen, kann er anhand des Programmüberblicks oder durch Zapping durch seine Favoritenlisten den Vorgang deutlich verkürzen.

Auf diese Weise lenken und kanalisieren EPGs Aufmerksamkeit, was für Teleshopper von großer Bedeutung ist. Anstelle der Bemühungen um eine niedrige Programmplatznummer tritt die Positionierungsdiskussion mit EPG-Anbietern – heute noch in Bouquets, zukünftig vermutlich um die Empfehlung in TV-Portalen, zu denen EPGs heranwachsen können. Die bisherigen Erläuterungen zum Impulskauf im Teleshopping verdeutlichen, dass ein derartiges ‚aufmerksam machen' nicht nur zur Neukundengewinnung, sondern auch für den Absatz bei Bestandskunden hochrelevant ist. Schließlich konkurriert das Teleshopping-Programm auch um die Rolle als unterhaltsamer Lückenfüller zwischen sonstigen Unterhaltungsinhalten. Um diese Position sicherzustellen, wird analog zur Optimierung des Suchmaschinenrankings einer E-Commerce-Webseite die Optimierung der EPG-Platzierung zukünftig ein essenzieller Erfolgsfaktor für den Teleshopping-Absatz sein.

## Konvergenz mit E-Commerce: Videoinhalte in Webshops

Generell war das Internet im Hinblick auf Kundenstrukturen schon immer als Komplementärangebot zum TV-Angebot der Teleshopper interessant. Es ist nicht nur als Rückkanal oder als Bestellplattform für Komplementärprodukte zu sehen, sondern stellt insbesondere für die Zielgruppen der ‚Best'- und ‚Silver-Ager' einen alternativen Kanal zur Produktpräsentation dar, da sich diese Kundengruppen zunehmend für das Medium begeistern. Aus dem breiten Technologie- und Phänomenbereich des Web 2.0 ist für diesen Bereich des E-Commerce und seine Weiterentwicklung insbesondere der Einbeziehung von Videoinhalten und die dadurch zunehmende Interaktivität interessant.

Die Einsatzszenarien von Videoinhalten im Internet sind bisher erstaunlich vielfältig. Nachrichtenformate wie die Tagesschau stellen zunehmend ihre Inhalte auch als Video im Internet zur Verfügung. Das vermutlich prominenteste Beispiel ist jedoch die mittlerweile von Google betriebene Videoplattform YouTube, auf der Nutzer eigene Videos einstellen können. Auf dieser Applikationsbasis spielt sich auch ein Großteil des seit geraumer Zeit populären ‚viralen Marketings' ab. Die Bandbreite, mit der ein Großteil der Bevölkerung an das Internet angeschlossen ist, genügt zwar, um Videoinhalte grundsätzlich zu nutzen, doch bleiben die Qualität und Bildgröße in der Regel deutlich hinter der des Kabel- oder Satellitenfernsehens.

Im E-Commerce werden Videoinhalte derzeit eingesetzt, um Marken darzustellen, Produkte zu erläutern und ‚Produktsupport' zu leisten. Tabelle 1 listet einige bekannte Angebote beispielhaft auf.

| Webshop | URL | Typ |
|---|---|---|
| Adobe | adobe-eseminars.de | Produktpräsentation (+ Live-Chat) |
| Converse | converse.de | Videogestützte Sortimentsführung |
| D-Link | dlink.com | Technischer Produktsupport |
| Frontlineshop | frontlineshop.com | Marken- und Produktpräsentation (Videopodcast) |
| Ikea | ikea.de | Produktpräsentation (+ Interaktionselemente) |
| Nike | nikefootball.nike.com | Marken- und Produktpräsentation |
| Tchibo | tchibo.de | Produktpräsentation (+ Interaktionselemente) |

**Tabelle 1:** *Auswahl von E-Commerce-Angeboten mit Videoinhalten*

Inwieweit das bewährte Teleshopping-Impulskaufkonzept auf videogestütze E-Commerce-Angebote übertragbar ist, kann analog zum Abschnitt der interaktiven Verbreitungswege anhand der erforderlichen Rahmenbedingungen diskutiert werden. Eine Steuerung der Kaufsituation über Zeitfenster kann auch mit Videoinhalt im Web nur schwer realisiert werden. Zwar sind Reststückzahl-Countdowns etc. denkbar, die nur stellenweise Einbeziehung der Videoinhalte kann aber nicht den Eindruck eines abgeschlossenen Zeitfensters vermitteln. Die Kaufsituation kann nicht mit dem nötigen Entscheidungsdruck versehen werden, um den Kunden zu einer sofortigen Reaktion zu bewegen. Durch die Einbindung von Videoinhalt kann ein Webshop-Anbieter seine Kunden stärker emotional ansprechen und situativ bei der Kaufentscheidung unterstützen, wie im Beispiel des als Video eingeblendeten Produktberaters bei Converse. So kann grundlegend parasoziale Interaktion aufgebaut werden, die jedoch für bestimmte Webshop-Bereiche voraufgezeichnet werden muss und damit nicht die Authentizität einer Teleshopping-Verkaufsshow erreichen kann. Mit Videoinhalten ist es gegenüber dem klassischen E-Commerce grundsätzlich besser möglich, die verfügbare Informationsmenge und damit die stufenweise Risikoreduktion im Zeitverlauf zu steuern, wenn Produktinformationen in Videos eingebunden werden. Da aber im Web eine alternative Informationsquelle ‚nur einen Klick entfernt' ist, scheint diese Vorgehensweise zunächst problematisch. Erst interaktive Elemente in Videos (Entscheidung und argumentative Verzweigung im Video) machen diese Form der Informationsdosierung auch für den typischen Lean-Forward Kunden im Web unterhaltsam. Medienunabhängige Maßnahmen zur Herstellung von Produktbindung (Prominente, Events etc.) bleiben weitgehend unberührt, können aber über Videos eindrucksvoller dargestellt werden.

Zusammenfassend stellt die Einbindung von Videoinhalt in E-Commerce-Angebote eine interessante Möglichkeit dar, die Webshop-Kaufsituation unterhaltsamer zu gestalten und so Impulskäufe zu fördern. Der Unterschied zwischen Lean-Forward- und Lean-Back-Haltung des Kunden ist jedoch großteils medien- und endgerätspezifisch und bleibt daher weitgehend erhalten. Während sich der PC-Nutzer zunächst für ein bestimmtes Produkt oder einen Shop interessiert und das Angebot lean-forward selektieren muss, um multimedial bearbeitet zu werden, fängt das TV-basierte Teleshopping den potenziellen Kunden in der geeigneteren Lean-Back-TV-Konsumhaltung auf. Um einen eben so guten Rahmen für Impulskäufe zu bilden, müsste ein Webshop durchgängig mit interaktiven, moderierenden Videos ausgestattet sein, wie das ansatzweise für das Beispiel Converse zutrifft.

## Zusammenfassung und Fazit

Dem Teleshopping liegt ein Handelsgeschäftsmodell zu Grunde, welches sich des Fernsehens als Absatzkanal bedient. Es treffen grundsätzlich alle Spezifika eines Handelsgeschäfts zu (viele Retouren, eigene Sortimentspolitik etc.). Teleshopping ist darüber hinaus impulskauf-getrieben, da Kunden keine Möglichkeit haben, im Warenbestand zu suchen, sondern da emotionalisierbare Produkte in unterhaltsamer Form präsentiert werden. Um optimale Rahmenbedingungen für Impulskäufe zu schaffen, muss der Teleshopper daher ein adäquates Zeitfenster für die Kaufentscheidung bieten, den Kunden emotional aktivieren, seinen Informationsbedarf decken, sein Risikoempfinden reduzieren und Produktverbundenheit herstellen. Teleshopper sind als TV-Sender einem breiten Spektrum an neuen Technologien ausgesetzt. Im Kern zeichnen sich folgende Einflüsse ab:

- Digitalisierung der Verbreitungswege: Die Eintrittsbarrieren in den Teleshopping-Markt fallen durch geringere Verbreitungskosten, die üblichen Anlaufverluste eines Handelsgeschäfts bleiben unberührt bestehen.

- Interaktivität der Verbreitungswege: Die Möglichkeiten programmsynchroner, interaktiver Zusatzfunktionen können die bestehenden Ansätze zur Gestaltung von Impulskaufsituationen flankieren und erweitern. Klassisches E-Commerce kann diese Art von Kaufsituation nicht reproduzieren.

- Electronic Program Guides: Es ist plausibel anzunehmen, dass sich EPGs mittelfristig trotz gesetzlicher Auflagen zum zentralen Gatekeeper für Aufmerksamkeit im Fernsehen etablieren. Analog zur Optimierung der Webshop-Position in Suchmaschinenrankings, wird für Teleshopper die Positionierung in EPGs daher zunehmend zu einem kritischen Erfolgsfaktor.

- Konvergenz mit E-Commerce: Durch Videoinhalte können teilweise ähnliche Rahmenbedingungen wie im Teleshopping geschaffen werden, wobei die Lean-Forward-Haltung des Webshop-Kunden medienkanalspezifisch ist und daher erhalten bleibt.

Teleshopping kann neue technologische Möglichkeiten nutzen, um die Rahmenbedingungen für Impulskäufe weiter zu verbessern. Die Lean-Back-Situation von TV-Zuschauern stellt für diesen Kauftyp die ideale Ausgangssituation dar, weshalb auch multimediales Web 2.0-E-Commerce diese Ansprache- und Verkaufslogik nur schwer imitieren kann. Auch vor dem Hintergrund der diskutierten neuen Technologien ist davon auszugehen, dass sich das Teleshopping weiterhin deutlich vom bisherigen E-Commerce-Geschäft abheben wird.

## Literatur

GOLDMEDIA (2005): Effektivität und Effizienz der Nutzung von Rundfunkfrequenzen in Deutschland.

HILBERS, K. / WILDE, T. (2005): Geschäftsmodell Teleshopping – Wertschöpfung, Erfolgsfaktoren und Herausforderungen, in: MedienWirtschaft: Zeitschrift für Medienmanagement und Kommunikationsökonomie, 2. Jg., Nr. 2, S. 67 – 73.

WILDE, T. / HILBERS, K. / HESS, T. (2007): Intermediation in der TV-Branche: TV-Sender als Auslaufmodell?, in: Oberweis, A./Weinhardt, C. (Hrsg.): Proceedings der 8. internationalen Tagung Wirtschaftsinformatik, Karlsruhe, S. 871-888.

## Verweise & Quellen

1    Vgl. hierzu ausführlich Hilbers/Wilde (2005).

2    Vgl. hierzu ausführlich Wilde et al. (2007).

3    Vgl. Goldmedia (2005).

# Die Zukunft des (Tele-)Shoppings

## Dr. Ulrich Flatten [Chief Executive Officer, QVC Deutschland]

In der rund 24-jährigen Geschichte des deutschen Privatfernsehens nimmt Teleshopping eine Sonderstellung ein. Mit seinem Start vor 13 Jahren hat sich ein neues Marktsegment des Handels entwickelt, das gute Wachstumsperspektiven aufweist. Heute ist der Begriff Teleshopping ein fester Bestandteil der deutschen Fernsehlandschaft. Der Markt hat sich mit Hilfe innovativer Ideen und wirtschaftlicher wie technischer Expansionen dynamisch entwickelt, Handel und Einkaufsgewohnheiten haben sich verändert und die Ansprüche der Kunden sind stetig gewachsen. Neues Entwicklungspotenzial erhält die Teleshopping-Branche durch erweiterte Kommunikationsmöglichkeiten. Wirtschaftsforscher prognostizieren dem Markt weiterhin großes Wachstum und ein Blick in die Zukunft verspricht spannende Entwicklungen.

Obwohl das wirtschaftliche Umfeld für Teleshopping nicht immer ganz leicht war, hat sich der Markt erfolgreicher entwickelt als in jedem anderen Segment des Handels. Während die Umsätze des Einzelhandels in den letzten Jahren kontinuierlich abnahmen, hat sich das Fernsehen als Verkaufskanal weitgehend positiv entwickelt. Dominiert wird die Sparte mit 55 Prozent Anteil am Gesamtumsatz vom Sender QVC, dessen Geschichte untrennbar mit der Geschichte des deutschen Teleshoppings verknüpft ist. Als der heutige Marktführer 1996 in Deutschland antrat, den Einzelhandel zu revolutionieren, war ein Erfolg in dieser Größenordnung bei weitem nicht absehbar.

## Teleshopping: Eine Idee und ihre Geschichte

Um zu verstehen, warum Teleshopping so erfolgreich wurde, muss die Geschichte des Handels[1] mitbetrachtet werden. Diese begann lange vor der Erfindung des Fernsehens in einer Zeit, in der die Händler in weite Ferne reisen mussten, um ihren Kunden neue, exklusive Waren bieten zu können. Dabei entdeckten die Kaufleute die Vorteile des globalen Handels. Anfang des 13. Jahrhunderts wollten drei Händler ihre erstandenen Stoffe und Accessoires möglichst gewinnbringend an ihre Kundschaft verkaufen. In ausgewähltem Kreis veranstalteten sie dazu ein Fest, auf dem sie ihr erlesenes Angebot in einer Modenschau präsentierten. Die Kunden konnten sich persönlich von der Schönheit und Qualität der Stoffe überzeugen und der Event wurde ein voller Erfolg. Das Zusammenspiel von Werthaftigkeit und angenehmer Präsentationsatmosphäre zeigte schon in frühen Jahren die drei wesentlichen Grundsätze des kaufmännischen Handelns auf: Qualität, Preis-Leistungs-Verhältnis und Bequemlichkeit. Und obwohl eine lange Zeitspanne zwischen damals und heute liegt, blieb das Erfolgskonzept weitgehend beständig. Der Wandel weg vom bloßen Einkaufen, hin zum Erlebnisshopping ist auch in der Geschichte des Kaufhauses nachzuvollziehen. Glichen die Kaufhäuser anfangs noch einfachen Warenlagern in prächtigem Ambiente, wurde im letzten Abschnitt des 20. Jahrhunderts das neue Konzept der inszenierten Warenwelten erfunden. Der Kunde sollte sich wohlfühlen, ihm sollte eine vertraute Umgebung geboten werden und er sollte das Ambiente eines schönen Wohnhauses wahrnehmen, in dem er nach Themengebieten sortierte Produkte vorfand. Außerdem wurde das Einkaufen durch viele Erlebnisse auf anderer Ebene bereichert und erhielt dadurch enormen Unterhaltungswert. Zeitgleich begann sich der Versandhandel zu etablieren, bei dem die Bestellmöglichkeiten vorerst auf Muster und Listen beschränkt waren. Mit den Jahren wurde auch dieses Konzept optimiert. Das Ergebnis war der gedruckte Katalog mit einem vielseitigen Produktangebot.

## Vom Erlebnisshopping zum Teleshopping

### Moderne Kommunikationsmittel verändern die Handelswelt

Parallel zu dieser Entwicklung vollzog sich die Integration des neuen Mediums Fernsehen in die Handelswelt. Obwohl das Fernsehen vor dem Zweiten Weltkrieg erfunden wurde, erlangte es den Durchbruch erst nach 1945. Bis in die 60er Jahre hatte sich die neue Unterhaltungsform als Instrument der Familien- und Generationenzusammenführung eingebürgert und der TV-Apparat nahm einen zentralen Platz in den meisten privaten Haushalten ein. Die Menschen betrachteten das Fernsehen als Bereicherung für ihr soziales Leben, es stand für gute Unterhaltung und Information ebenso wie für Häuslichkeit und Familienleben. Nachdem zur Fußball-Weltmeisterschaft 1966 das Farbfernsehen in Europa eingeführt worden war, folgte in den 70er Jahren das Satellitenfernsehen, 1979 der Stereoton und 1980 der Teletext. Bald bediente sich auch die Werbung des neuen Mediums. Der Handel hatte entdeckt, wie sich das technische Potenzial und die soziale Funktion des Fernsehens für den Verkauf nutzen ließen. Der Schritt zum Teleshopping war nur eine konsequente Folge der Entwicklungen, sollte den Handel aber revolutionieren.

### Der Ursprung des Teleshoppings in den USA

Die Idee des Teleshoppings entstand Ende der 70er Jahre bei einem Radiosender in den USA. Ein Unternehmen konnte den gebuchten Werbeplatz nicht mit finanziellen Mitteln begleichen und bot stattdessen Dosenöffner zum entsprechenden Gegenwert. Der Verwalter des Senders, Lowell Paxon, hatte die Idee, die Dosenöffner live übers Radio anzubieten; die Zuhörer waren begeistert und binnen kürzester Zeit waren alle Öffner verkauft. Paxon stellte fest, dass das ‚On Air-Selling' zwei wesentliche Vorteile bot. Es war einfacher als der mühselige Verkauf von Werbeminuten, gleichzeitig aber ertragsstärker. Mit zunehmender Integration des Fernsehens reifte die Idee des Teleshopping. 1982 gründete Paxon zusammen mit dem Radiomoderator Roy Speer den Home Shopping Club, einen regional ausgerichteten Verkaufssender. Mit dem Wegfall der Werbezeitenbeschränkung im amerikanischen Fernsehen expandierte der Sender und übertrug sein Programm unter dem Namen Home Shopping Network (HSN) als erster Teleshopping-Kanal 24 Stunden live in die gesamten USA. Anfangs hatte HSN keine Konkurrenz. Über Kabel und terrestrische Systeme strahlte der Sender seine Verkaufsshows aus, in denen ein breites Produktsortiment, bestehend aus Konkurs- und Outlet-Beständen, unter dem Motto „So eine Gelegenheit kommt nie wieder" angepriesen wurde.

Bereits ein Jahr später startete QVC. Mit ShopNBC und Shop at Home folgten zwei weitere Anbieter mit nennenswerter Marktrelevanz. Heute noch prägen die vier Anbieter den amerikanischen Teleshopping-Markt. Nachdem Mitte der 80er Jahre die rechtlichen Voraussetzungen in den USA geschaffen waren, wollten viele an dem Erfolgskonzept partizipieren. 1986 gingen gleich 17 neue Teleshopping-Stationen auf Sendung; darunter auch QVC. Der Gründer Joseph Segal hatte eine der Anfangsshows auf HSN gesehen und diese besonders wegen der niedrigen Qualität der angebotenen Produkte als verbesserungsfähig bewertet. Er war der Überzeugung, dass Teleshopping den Handel revolutionieren könne, wenn alle Chancen und Möglichkeiten des neuen Mediums konsequent genutzt würden. Außerdem müsse der Kunde in den Mittelpunkt aller Überlegungen gerückt werden, die zu dem neuen Handelskonzept des modernen elektronischen Unternehmens gehörten. Von diesem Grundsatz konnten alle anderen Leitlinien der Unternehmensphilosophie abgeleitet werden. Aus dem TV-Warenlager wurde ein geordnetes TV-Kaufhaus mit unterhaltenden Elementen.

Die Chance von QVC lag darin, alles neu zu definieren. Unter dem Motto „We want to change the way the world shops" wurde ein völlig neues Konzept entworfen. Der Fokus lag auf der konsequenten Kundenorientierung. Folgerichtig wurde eine breite Produktpalette an qualitativ hochwertigen Waren auf anspruchsvolle, informative Weise präsentiert. Die Kundenerwartungen sollten dabei nicht nur erfüllt, sondern übertroffen werden. Mit exakten Erklärungen, Gebrauchsanleitungen und Produktbeschreibungen wurden die Artikel in ihrem vollen Gebrauchsumfang gezeigt. Eine Möglichkeit, die nur das Medium Fernsehen bot. Der offene Dialog, in den die Kunden einbezogen wurden, sicherte dabei die Vertrauensbasis. Die Zukunftsorientierung des Unternehmens wurde auch auf die Produktwelt angewendet, die sich größtenteils aus innovativen Produkten und eigenen Produktlinien zusammensetzte. Zunehmend galt die Exklusivität dem Sortiment, nicht mehr der Käuferschicht. Als QVC 1989 den doppelt so großen Konkurrenten CVN übernahm, war ein weiterer Schritt zur Marktführerschaft getan. 1993 trat das Unternehmen an die Spitze des amerikanischen Marktes. Ein Platz, den es bis heute behauptet. Die Strategie der perfekten Synthese von Fernsehen und Einzelhandel war erfolgreich und QVC weitete seine Geschäfte nach Großbritannien, Deutschland und Japan aus.

## 12 Jahre Teleshopping in Deutschland

In Deutschland trägt Teleshopping heute maßgeblich zum bunten Angebot der Medienlandschaft bei. Die hohen Wachstumserwartungen, die mit dem Geschäftsmodell von Beginn an verknüpft waren, haben sich mehr als erfüllt. Als QVC 1996 in Deutschland startete, war das Homeshoppinggeschäft noch schwer realisierbar, da trotz neunjähriger Geschichte kein einheitlicher Regulierungsrahmen bestand.

Im Jahr 1987 war die erste Verkaufssendung, das Telekaufhaus, gestartet. Eureka Television (später ProSieben) und der Versandhändler Quelle verbreiteten die 20-minütige Sendung zweimal täglich. Im Jahr 1988 folgte Otto mit der Verkaufssendung Teleshop, die auf Sat.1 zu sehen war. Schließlich kam RTL, auch in Zusammenarbeit mit Quelle, mit einem Homeshoppingangebot auf den Markt. Diese ersten Aktivitäten wurden mit Verweis auf die restriktiven rundfunkrechtlichen Rahmenbedingungen eingestellt. Der erste offizielle Homeshoppingkanal H.O.T. (später HSE) wurde 1995 in erneuter Zusammenarbeit von ProSieben und Quelle lanciert. Da keine geltende Rechtsgrundlage bestand, wurde der Sender von der Bayerischen Landesmedienanstalt als zweijähriges Pilotprojekt eingestuft, um sein Programm verbreiten zu können.

Die Entwicklung war nicht aufzuhalten, denn der deutsche Markt bot die besten Voraussetzungen für erfolgreiche Teleshopping-Unternehmen. Die Bürger hatten weltweit die höchsten Pro-Kopf-Ausgaben im Versandhandel. Das Fernsehen hatte einen ähnlichen Stellenwert wie in den USA. Europaweit gab es die meisten Kabelanschlüsse in privaten Haushalten und eine Vielzahl an Satellitenempfängern. Das Telefonnetz war gut ausgebaut und verfügte über die Möglichkeit gebührenfreier Telefonnummern. Die Kreditkarte war als Zahlungsmittel eingeführt und der Versand auf Rechnung oder per Nachnahme auf dem Markt fest etabliert. Außerdem hatten demografische Faktoren das Bild der Gesellschaft verändert. Immer mehr Frauen arbeiteten, wodurch die Kaufkraft der doppelt verdienenden Haushalte stieg. Das Interesse der jungen Generation an Unterhaltungselektronik wuchs und große Kaufhäuser brachten die kleinen Geschäfte in Bedrängnis, was das Interesse an bequemeren Einkaufsmöglichkeiten wie dem Versandhandel schürte.

Dennoch gab es auch in Nordrhein-Westfalen Probleme, als QVC sich im selben Jahr für eine Ausweitung der Aktivitäten in Deutschland entschied. Mit einer Änderung der Rechtsgrundlage ermöglichte das Bundesland die Einspeisung von QVC ins Kabel. Eine wegweisende Entscheidung, wenn man bedenkt, dass die Idee des innovativen Einkaufens in Deutschland neu war und nicht abzusehen war, welche Bedeutung das Teleshopping erlangen sollte und welch positive Beschäftigungs- und Wachstumsprognosen damit einhergingen. Ende 1996 konnte QVC den Sendebetrieb aufnehmen. Anfangs wurden acht Stunden Live-Programm ausgestrahlt. Schnell war klar, dass das Konzept des amerikanischen Mutterunternehmens in Deutschland funktionierte. Die Produkte trafen den Geschmack der Käufer und die bedingungslose Kundenorientierung schloss die Lücke der damaligen Servicewüste. Bekanntheit und Reichweite stiegen ständig. Ende der 90er Jahre vollzog sich der Wandel in der öffentlichen Wahrnehmung. Bevölkerung, Medienpolitik und Medienwirtschaft bewerteten die neue Handelsform zunehmend positiv. Stetig verbesserte QVC den Kundenservice, überraschte mit spektakulären Aktionen[2] und konnte die Sendezeit auf 24 Stunden erweitern.

# Teleshopping: Ein innovatives Konzept

Teleshopping funktioniert nach einem einfachen Prinzip: der Synthese von Einzelhandel und Fernsehen. Live-Produktpräsentationen werden direkt in das Zuhause der Zuschauer übertragen, die bequem per Telefonanruf bestellen können. Die angebotenen Produkte werden umfassend vorgestellt und in ihrer Handhabung erläutert. Besonders erklärungsbedürftige, innovative Artikel finden so eine ideale Verkaufsplattform. Damit unterscheidet sich Teleshopping wesentlich vom klassischen Versandhandel, bei dem Produkte nur schriftlich und in aller Kürze abgebildet werden können. Im stationären Handel nehmen sich die Verkäufer kaum Zeit, die Vorteile bestimmter Waren herauszustellen, während im Teleshopping durchschnittlich zehn Minuten pro Produkt aufgewendet werden. Zudem erreicht das Fernsehen nahezu jeden deutschen Haushalt, genießt höchstes Vertrauen bei seinen Nutzern und bietet gestalterische Möglichkeiten, mit denen informative Produktvorstellungen emotional aufgeladen werden können. Diese wecken bei den Zuschauern Bedürfnisse, die Impulskäufe provozieren. Dies sind Vorteile, die kein anderes Medium bietet.

Die Unmittelbarkeit der Live-Produktionen hat ebenfalls große Bedeutung. Die Zuschauer können sich aktiv einbringen und direkt Rückmeldung geben. Im Rahmen der Moderation, durch ‚Call-ins' und über dynamische Texteinblendungen kann daraufhin flexibler Einfluss auf den Abverkauf genommen werden. Dabei tragen die Moderatoren als immer wiederkehrende Bezugspersonen dazu bei, das Vertrauen der Kunden zu stärken. Jederzeit besteht die Möglichkeit, sich aktiv in das Verkaufsgespräch einzubringen, das Millionen von Zuschauern gleichzeitig mitverfolgen. Die Grenze zwischen Fernsehen und normalem Leben verschwimmt. Anrufer können gezielte Fragen stellen oder über ihre eigenen Erfahrungen mit dem Produkt berichten. Während sie live die Fragen anderer Zuschauer repräsentieren, fühlen sie sich ernst genommen und dem Sender zugehörig. Zwischen Sender und Zuschauern entsteht ein einmaliger Responsekreislauf[3].

Wichtigstes Argument zur Nutzung von Teleshopping auf Verbraucherseite sind die besonderen Serviceleistungen. Dazu gehören kostenlose Bestell- und Beratungshotlines, schnelle und reibungslose Lieferbedingungen, kundenfreundliche Rückgaberegeln und die individualisierte Betreuung von Stammkunden. Auch die Erreichbarkeit über viele Kanäle spielt eine Rolle. Deshalb haben die meisten Telehändler ein Serviceangebot im Internet, das neben der Bestellmöglichkeit Zusatzinformationen zu einzelnen Produkten, Programminformationen und Video-on-Demand-Aufzeichnungen (→) bietet. Ein weiterer Erfolgsfaktor ist die Reichweite. Zwar sind nicht Einschaltquoten, sondern Transaktionsvolumina entscheidend für den Erfolg, doch bedingt die Zahl der empfangenden Haushalte die Größe der Besteller. Positive Aspekte der Sender liegen außerdem in Auswahl und Qualität der angebotenen Produkte und einer angemessenen Preisgestaltung. Durch die Interaktion mit dem Kunden ist Teleshopping der Vorreiter des Transaktionsfernsehens, einer modernen Fernsehkategorie, deren Bedeutung gerade für private Fernsehsender stetig wächst.

## Rechtliche Grundlagen und Zulassungsvoraussetzungen für Teleshopping in Deutschland

Neben gebühren- und werbefinanzierten Programmen hat sich das Teleshopping zur dritten Säule der Fernsehlandschaft entwickelt. Umso verwunderlicher, dass die rechtlichen Gegebenheiten damals wie heute hinter den innovativen unternehmerischen Ideen herhinken. So gab es bis Mitte der 90er Jahre keine rechtliche Grundlage für Teleshopping. Da die rundfunkrechtlichen Regeln nicht angewendet werden konnten, mussten H.O.T. und QVC Verträge mit den jeweiligen Landesmedienanstalten (→ LMA) schließen. Als Grundregel galt, dass das Programm aus reinen Produktbeschreibungen zu bestehen hatte und keine Showelemente enthalten durfte. Eine umfassende Regelung auf Bundesebene fehlte. Im Jahr 1997 wurde mit dem Medienstaatsvertrag eine einheitliche rechtliche Grundlage für Teleshopping-Kanäle festgelegt. Als Mediendienste wurden diese als reine Verkaufsveranstaltungen betrachtet, was sie von den rundfunkrechtlichen Bestimmungen ausschloss. Entscheidend bei der Abgrenzung von Rundfunk und Mediendiensten war nicht die technische Verbreitung, sondern die Meinungsrelevanz und mögliche Wirkung des Programminhalts. Solange sich ein Angebot auf die Präsentation von Gütern oder Diensten beschränkt, ist es auf Grund seiner geringen Relevanz für die öffentliche Meinungsbildung als Mediendienst einzustufen. Schon kurze filmische Sequenzen konnten eine Einordnung als Mediendienst streitig machen. So war es durchaus denkbar, dass ein Teleshopping-Angebot als Rundfunk behandelt wurde. Diese Zugehörigkeit hatte weitreichende Folgen. Rundfunkprogramme mussten zugelassen werden und waren dadurch mit wesentlich höheren Verwaltungskosten und organisatorischem Mehraufwand verbunden. Dagegen hatten Mediendienste nur einen formlosen Antrag bei der zuständigen LMA zu stellen, der ein exemplarisches Programmschema beinhaltete, aus dem die Gestaltung der gewünschten Sendeformate hervorging. Die großen deutschen Telehändler waren unstrittig als Mediendienste eingestuft. Sie mussten den Verkaufsprozess eindeutig erkennbar gestalten und eine zusätzliche Textebene im Fernsehbild einblenden, die alle Bestellinformationen hinsichtlich Liefermodalitäten und Kosten enthielt. 2007 wurde der Medienstaatsvertrag durch das Telemediengesetz abgelöst. Seither werden die Änderungen bezüglich inhaltlicher Regelungen für Mediendienste als neuer Abschnitt des Rundfunkstaatsvertrags (RStV) geführt. § 2 Abs.1 Satz 4 RStV stellt in Bezug auf Teleshopping-Kanäle klar, dass diese nun als Telemedien einzustufen sind. Legaldefinition und grundlegende Bestimmungen bleiben jedoch unverändert.[4]

Solange das Gesamtangebot auf den Waren-, nicht auf den Meinungsmarkt gerichtet ist, dürfen Teleshopping-Angebote auch Elemente enthalten, die das Angebot in die Nähe des Rundfunks rücken, aber für die Produktpräsentation nötig sind. Die Informationen müssen einen deutlichen Produktbezug aufweisen. Die Abgrenzungsproblematik scheint erhöht, auch weil die Regelungen für Angebote wie QVC und HSE gemacht wurden, inzwischen aber für weitreichende Transaktionsfernsehsender gelten. Im medienrechtlichen Bereich existiert noch eine Reihe an Herausforderungen. Vor allem die Frage des diskriminierungsfreien Zugangs zu den knappen Kapazitäten der analogen Kabelnetze und künftig der digitalen Plattformen ist rechtlich zu klären. Geht es um die Zuweisung der Übertragungsplätze, werden Telemedien derzeit nachrangig behandelt. Nach Maßgabe verschiedener Kriterien weisen die LMA die Übertragungskapazitäten zu. In den meisten Fällen sind die Netzbetreiber verpflichtet, mindestens einen Mediendienst zu verbreiten, wobei die analogen Kapazitäten heute weitgehend ausgereizt sind und neue Anbieter kaum eine Chance auf nennenswerte Kabelverbreitung haben.

Zudem gibt es klare Schutzmechanismen für den Vertriebsweg des Teleshoppings. Der Anbieter hat die Pflicht, Beschaffenheit und Wirkung eines Produktes den Tatsachen entsprechend darzustellen. Irreführende beziehungsweise unzureichende Behauptungen hinsichtlich Qualität oder Zusammensetzung sind verboten. Zuwiderhandlungen begründen das Widerrufsrecht des Kunden und können zu einer Abmahnung wegen unlauteren Wettbewerbs führen. Der Anbieter haftet für Mängel an der Ware und muss im Falle einer Rücksendung die anfallenden Kosten übernehmen. Im Sinne des Verbraucherschutzes sind zudem umfangreiche Informationspflichten zu erfüllen, wie die Angabe der einzelnen Preisbestandteile eines Artikels. Hinsichtlich des Datenschutzes gelten die allgemeinen Bestimmungen, nach denen der Kunde genau informiert werden muss, wofür seine Daten verwendet werden, und seine Zustimmung jederzeit widerrufen kann.

## Verbreitungswege für Teleshopping

Die digitale Medienlandschaft in Deutschland entwickelt sich sehr langsam. Deshalb kommt den analogen Übertragungswegen noch heute eine wichtige Position zu. Die knappen Kapazitäten erlauben eine sehr geringe Einspeisungsquote[5]. Die Plätze sind bereits weitgehend von den beiden großen Telehändlern besetzt. Für die Entwicklung neuer Marktmodelle ist die Digitalisierung der Fernsehlandschaft daher von größter Bedeutung. Die Markteintrittsbarrieren würden sich verringern, da mehr Bandbreite zu geringeren Preisen zur Verfügung stehen würde. Dadurch käme der ‚Verspartung' eine größere Bedeutung zu. Gerade für Teleshopping-Dienste ist es wichtig, so viele Haushalte wie möglich zu erreichen, um eine möglichst hohe Zahl an Bestellern zu generieren. QVC verfügt über eine reichweitenstarke und erfolgreiche Vertriebsplattform. Das Programm erreicht deutschlandweit 36 Millionen Haushalte digital und analog, terrestrisch, über Kabel und Satellit. In Österreich und der Schweiz kommen rund zwei Millionen Empfänger hinzu. Im Internet können die Sendungen seit 2006 per Live-Stream verfolgt werden. Auch über das IPTV-Angebot der Deutschen Telekom T-Home kann QVC empfangen werden. Ein erster Schritt in die Zukunft. Die Voraussetzungen hinsichtlich der technischen Reichweite sind ähnlich wie jene des Hauptkonkurrenten HSE. Auch viele Free-TV-Sender integrieren mittlerweile Formate in ihr Programm, bei denen die Refinanzierung direkt durch den Endkunden erfolgt, um die sinkenden Werbeeinnahmen zu kompensieren.

## Im Mittelpunkt steht der Kunde

Die tragende Erfolgssäule der Teleshopping-Unternehmen ist der Service, wobei der Kunde im Mittelpunkt aller Aktivitäten steht. Die exakte Zielgruppenkenntnis und -ansprache sind von oberster Priorität, um wirtschaftlich erfolgreich zu sein. Teleshopping-Anbieter müssen eine starke Kundenbindung generieren und diese nachhaltig pflegen. Dabei spielt das Vertrauen der Kunden eine wesentliche Rolle. Es wird einerseits im interaktiven Dialog mit den Moderatoren, andererseits durch einen reibungslosen Ablauf von Bestell- und Lieferprozess und absolutem Qualitätsbewusstsein gefördert. Der Teleshopping-Kanal muss rund um die Uhr und über möglichst viele Kanäle für die Kunden erreichbar sein, um deren Anregungen, Wünsche und Bedürfnisse entgegennehmen zu können. Freundlichkeit und Kompetenz sind dabei oberstes Gebot. Ziel ist es, eine möglichst hohe Bestelldichte pro Käufer zu generieren und durch die genaue Kenntnis der Zielgruppe schnell und flexibel auf Veränderungen in jeglicher Hinsicht reagieren zu können.

Schon eine Überlastung der Telefonleitungen und das einstweilige Einstellen in eine Warteschleife können einen Bestellabbruch provozieren. Der Kunde entscheidet meist schnell und spontan, erwartet also eine ebensolche Lieferung der gewünschten Waren. Zur Stärkung der Kundenbindung können verschiedene Instrumente herangezogen werden, die einen Dialog mit dem Kunden erleichtern. Dazu gehören Internetplattformen, Kundenmagazine mit Hintergrundinformationen, Teletext oder Mailings und Paketbeilagen. Auch programmliche Alleinstellungsmerkmale wie Event-Programmierungen zu besonderen Anlässen, Vor-Ort-Verkaufssendungen oder der Verkauf von exklusiven Eigenmarken fördern das Zugehörigkeitsgefühl der Zuschauer. Optimale Servicebedingungen wie kurze Lieferzyklen, ausgeweitete Rückgaberegeln und besonders exakte Produktbeschreibungen übernehmen das Übrige.

Bei QVC ist die konsequente Kundenorientierung bereits in der Unternehmensphilosophie festgeschrieben. Ein eigener Geschäftsbereich ‚Customer Focus' fungiert als Stimme des Kunden und ist als langfristige Geschäftsstrategie dazu angelegt, die Kundenwünsche und Kundenbedürfnisse in das gesamte Unternehmen zu integrieren. Dies wird unter anderem im Ergebnis einer Studie des Marktforschungsinstituts Skopos bestätigt, die QVC auch in Sachen Kundenzufriedenheit als Marktführer ausweist.[6]

## Soziodemografische Merkmale der Teleshopping-Kunden

Prinzipiell besitzen Männer und Frauen als Zielgruppe für Teleshopping-Unternehmen das gleiche Gewicht. Während der Zuschaueranteil etwa zu gleich großen Teilen auf die Geschlechter verteilt ist, wurde bei den weiblichen Zuschauern bislang eine wesentlich höhere Bestellaffinität festgestellt.[7] Verantwortlich dafür dürften die speziell ausgerichteten Sortimentszusammensetzungen und Präsentationsweisen der Telehändler sein. Im Hinblick auf andere soziodemografische Merkmale wie Alter, Bildung und Nettoeinkommen lässt sich feststellen, dass Teleshopping schwerpunktmäßig die Mitte der Bevölkerung erreicht. Die Zuschauer kommen aus allen Bevölkerungsschichten. Der Kundenstamm von QVC setzt sich beispielsweise zu 60 Prozent aus Menschen im Alter zwischen 40 und 70 Jahren zusammen, die übrigen verteilen sich zu je 20 Prozent auf jüngere beziehungsweise ältere Generationen. Eine wichtige Voraussetzung für künftiges Wachstum ist die Ausdifferenzierung der Zielgruppen. Die Konzentration auf die Kernzielgruppe Frauen muss mindestens um die potenzielle Käufergruppe der Männer erweitert werden, was Veränderungen in Programmstruktur, Kundenansprache und Sortiment mit sich bringt.

## Marktvolumen und Wettbewerber

Der deutsche Teleshopping-Markt hat ein Volumen von rund einer Milliarde Euro pro Jahr und setzt sich im Wesentlichen aus vier Anbietern zusammen. Der Marktführer QVC dominiert die Branche mit einem Anteil von 55 Prozent. Danach folgen HSE24 mit 27 Prozent und der RTLShop mit einer Quote von acht Prozent. Der jüngste Vertreter der Branche ist mit sieben Prozent Marktanteil[8] der Sender 1-2-3.tv. Auch wenn sich besonders die drei erstgenannten Kanäle auf den ersten Blick kaum unterscheiden, existieren schon heute wesentliche Alleinstellungsmerkmale, die auf eine fortschreitende Diversifikation hinweisen. Das Geschäftsmodell von 1-2-3.tv basiert im Gegensatz zu den drei klassischen Telehändlern auf dem Auktionsprinzip. Die Kunden bestimmen die Preise selbst, indem sie per Telefon oder Internet ihr Angebot abgeben. Dabei ist der Ablauf durch einen hohen Automatisierungsgrad gekennzeichnet, der sich aus den Besonderheiten des Auktionsprinzips ergibt. Unterschiede bezüglich Verbreitung[9], Zielgruppenausrichtung, Produktsortiment, Servicequalität und Live-Anteil verleihen jedem Sender ein eigenes Gesicht. QVC überträgt als einziger Sender 24 Stunden live, während der Live-Anteil auf HSE24 bei 16 Stunden liegt, RTLShop unter der Woche acht und am Wochenende 12 Stunden direkt sendet und 1-2-3.tv 20 Stunden pro Tag verfügbar ist. Programmwiederholungen wie HSE24 oder RTLShop sie nutzen, um die übrige Sendezeit zu füllen, sind bei dem Auktionskanal ablaufbedingt gar nicht möglich. Die beiden großen Anbieter fokussierten sich bisher mehr auf die weibliche Zielgruppe, RTLShop und 1-2-3.tv visieren durch Präsentationsart und Produktausrichtung eher eine jüngere, männliche Käuferschicht an. Auch die Unternehmensstrategien der Sender unterscheiden sich maßgeblich. QVC verfolgt das Konzept des autarken Unternehmens und hat alle Bereiche vom Call-Center über die Verwaltung und den Studiobetrieb bis hin zur Logistik in die eigenen Abläufe eingegliedert. Die anderen Anbieter arbeiten weitgehend mit externen Partnern zusammen. RTLShop hat durch die Zugehörigkeit zur RTL-Gruppe sogar die Produktion der Sendungen ausgelagert. Diese führt auch zu einer Programmgestaltung, die maßgeblich von unterhaltsamen Elementen lebt. Auch bei 1-2-3.tv spielt die Spannung an der Teilnahme der Auktionen eine wesentliche Rolle im Sendekonzept. Die zunehmende Digitalisierung erleichtert neuen Wettbewerbern den Zugang zum Markt. Eine Entwicklung, die durchaus positiv zu bewerten ist, da ein intensiverer Wettbewerb durch die Erschließung neuer Potenziale und Kundengruppen eine große Chance für die Teleshopping-Branche bietet.

# Philosophie von QVC

Die Wertephilosophie von QVC wurde seinerzeit im amerikanischen Mutterunternehmen begründet und von den Töchtern in Großbritannien, Japan und Deutschland adaptiert. Schon der Name enthält die drei wesentlichen Erfolgsgrundsätze: ‚Quality', ‚Value' und ‚Convenience'. Neben der konsequenten und zahlreich ausgezeichneten Kundenorientierung und der ständigen Suche nach optimierenden Innovationen stehen das exklusive, qualitativ hochwertige Produktsortiment, ein gutes Preis-Leistungs-Verhältnis und exzellente Lieferbedingungen im Vordergrund. Ein Grund, weshalb QVC Deutschland auf die Strategie des autarken Unternehmens setzt und alle Bereiche weitgehend integriert hat. Mit dem bewussten ‚Insourcing' von Distribution und Call-Center stellt QVC besonders guten Service sicher. Stärker als die Wettbewerber setzt QVC Deutschland nach dem Vorbild des amerikanischen Mutterkonzerns auf Verkaufsevents, themenbezogene Specials und überraschende Sonderaktionen. Die Tochterunternehmen erhalten trotz grundlegender Vorgaben genügend Freiraum, um sich der jeweiligen Kultur anzupassen und länderspezifische Merkmale in den Sendeablauf zu integrieren. Ein weiterer Fokus liegt auf den Mitarbeitern der Senderfamilie, die sich durch gute Arbeitsbedingungen und das starke Zusammengehörigkeitsgefühl dem Unternehmen verbunden fühlen. Jeder Mitarbeiter arbeitet ständig an der Optimierung seines Bereiches. So konnte zum Beispiel im letzten Jahr die Liefergeschwindigkeit um weitere 13 Prozent gesteigert werden.

# Bevorzugte Produktgattungen

Für den Erfolg eines Teleshopping-Unternehmens spielt das Produktportfolio eine tragende Rolle. Die Kunden erwarten besonders hochwertige Produkte, die keine ‚me-too-Waren' sind. Für 96,4 Prozent[10] der Zuschauer ist das entscheidende Kaufkriterium die Qualität. Der Fokus bei der Produktauswahl liegt zudem auf innovativen Artikeln, neuen Marken und exklusiven Kooperationen. Weitere Anforderungen sind Sicherheit, Funktionalität, Zuverlässigkeit, Design und verständliche Bedienungsanleitung sowie ein gutes Preis-Leistungs-Verhältnis. Die Sender müssen für jedes Publikum die richtige Mischung finden. Dabei dürfen nicht die geringsten Unterschiede in Bezug auf Aussehen, Größe oder Gewicht auftreten; Präzision wird großgeschrieben. Anfangs waren Schmuck und Sammlerobjekte wie Puppen die beliebtesten Produktgruppen, gerade Letztere zogen die Aufmerksamkeit neuer Zielgruppen auf sich. Heute setzen die Telehändler auf ein vielfältiges Angebot, das verschiedenen Altersgruppen, Ansprüchen und Budgets gerecht wird.

Das Sortiment von QVC umfasst rund 18.000 Artikel aus den Bereichen Home, Schmuck, Mode und Lifestyle & Beauty. Für jede Produktart wird eine Vorauswahl nach besten Eigenschaften und bestem Preis-Leistungs-Verhältnis getroffen. Der Artikel mit dem höchsten Gesamtnutzen aus der Warengruppe wird schließlich präsentiert. Teleshopping bietet aber auch den großen Vorteil der Flexibilität: So wird eine trendabhängige Umstrukturierung innerhalb des Produktportfolios relativ schnell möglich. Für die Präsentation im Fernsehen eignen sich besonders erklärungsbedürftige und innovative Produkte. Ausführlich kann der praktische Nutzen geschildert werden, der idealerweise den Charakter des Problemlösers besitzt oder dazu dient, sich etwas Gutes zu tun. Dabei müssen die Vorteile klar und einfach kommuniziert werden, um sich von Alternativen abzugrenzen. Damit werden wichtige Kaufimpulse generiert. Ungeeignet sind Investitionsgüter, die eine lange Entscheidungsfindung mit sich bringen, oder klassische Haushaltsgeräte, die nur bei direktem Bedarf gekauft werden. Beide Warenformen wirken dem für Teleshopping unverzichtbaren Impulskauf entgegen. Um sich einer potenziellen Preiskonkurrenz zu entziehen, muss das Angebot möglichst einzigartig gestaltet werden. Eigenmarken, präsentiert von prominenten Testimonials, exklusive Vertriebslizenzen bekannter Markenartikler, Paket-Angebote oder Tagesaktionen sind hier die Schlüsselbegriffe.

## Teleshopping: Die Vision

### Internationale Trends

Heute ist Homeshopping in vielen Ländern und vielen Sprachen für Millionen von Menschen zu sehen, wobei auf den einzelnen Märkten völlig verschiedene Trends existieren. Dennoch lassen sich Rückschlüsse auf künftige Entwicklungen ziehen. In Großbritannien ist der Markt beispielsweise sehr weit ausgebaut. Dort gibt es das dichteste und am weitesten entwickelte Teleshopping-Angebot weltweit. Der Hauptgrund für die enorme Sendervielfalt liegt in dem hohen Digitalisierungsgrad der britischen Fernsehlandschaft. Anbieter haben sich auf Produkte oder Dienstleistungen spezialisiert, manche gar auf spezielle Produktgruppen. In Deutschland werden potenzielle Kunden heute teilweise gar nicht oder zur falschen Zeit erreicht. Sobald eine ausreichende Masse an Zuschauern über den digitalen Übertragungsweg erreichbar wird, ist auch hier die Etablierung von Spezialsendern anzunehmen. Die Dynamik des Marktes würde weiter anhalten, neue Zielgruppen würden erschlossen, um spezifische Kundeninteressen zu bedienen, und die generelle Akzeptanz des Geschäftsmodells würde stetig wachsen.

Am Beispiel Großbritannien zeigt sich auch die zunehmende Bedeutung der Interaktivität. Bereits im Jahre 2005 nutzten 70 Prozent der dortigen TV-Haushalte iTV und ein Jahr später machten die Bestellungen über den roten Knopf der ‚QVCActive'-Fernbedienung einen wichtigen Teil der Bestelleingänge aus. Der Zuschauer verlässt dabei zunehmend die Rolle des passiven Betrachters. Mittels Browser hat er am Fernseher direkten Zugriff auf eine umfangreiche Produktauswahl, kann vielseitige Zusatzinformationen abrufen oder den Kundenservice kontaktieren. Vor allem kann er selbst entscheiden, welche Dienstleistungen zu welchem Zeitpunkt in Anspruch genommen werden. In Großbritannien wird noch das Telefon als Rückkanal verwendet. Neuere IPTV-Anwendungen bieten dagegen die Möglichkeit eines echten Rückkanals, bei dem das Internet zur Übertragung der Sendung ebenso wie für das Antwortsignal genutzt werden könnte. Noch ist der Markt für diese leistungsfähigen Receiver rückständig, mittelfristig besteht jedoch Entwicklungspotenzial. Obwohl das Fernsehen auf absehbare Zeit der wichtigste Bestellkanal in Deutschland bleiben wird, nimmt die Bedeutung anderer Kommunikationswege stetig zu. Gerade das Mobiltelefon rückt hier in den Blickpunkt. Bei QVC Japan wurde bereits 2003 jeder vierte Artikel über diesen Kanal bestellt. Mit der Zeit wird die Wandlung vom bloßen Bestellkanal zum Interaktionsmedium folgen.

In anderer Hinsicht hat der weltgrößte Teleshopping-Markt in den USA Vorbildcharakter für die deutsche Branche. Neben der Erschließung neuer Distributionswege geht es hauptsächlich darum, den Kundenservice noch weiter zu optimieren und neue Produkte beziehungsweise neue Produktgruppen für den Markt zu erschließen. Gute Erreichbarkeit, freundlicher Service und eine schnelle Lieferung werden zunehmend vorausgesetzt. Im Produktangebot geht der Trend zu großen Markenartikeln, eine Entwicklung, die sich zunehmend auch in Deutschland abzeichnet[11]. Der Fokus wird künftig mehr auf Exklusivlizenzen für Produkte und komplette Markensortimente liegen. Auch Produkte, die es noch nicht gab und mit denen die Zuschauer nicht gerechnet haben, spielen in den USA eine große Rolle. Dabei liegt der entscheidende Vorteil bei dem Unternehmen, das die Kundenbedürfnisse am schnellsten erkennt und das jeweilige Produkt als Erster auf den Markt bringt. Besonders technische Innovationen, die sich im Alltag beweisen, sind ein Schlüssel zur guten Positionierung. Einhergehend mit zunehmendem Servicewunsch und wachsenden Ansprüchen der Kunden, werden Dienstleistungen oder individualisierte Produkte in die Sortimente finden. Vorstellbar wären ‚All-inclusive'-Angebote, Personaldienste oder Maßanfertigungen, die das Programm attraktiver gestalten und den Kundenkontakt weitgehend intensivieren könnten. Insgesamt geht es darum, den Kunden ein attraktives Angebot zu unterbreiten, das den Sender unverzichtbar macht. Dem gleichen Zweck dienen neue Formate und Sendungskonzepte wie in den USA üblich. Außenproduktionen, Live-Übertragungen und Vor-Ort-Sendungen bieten dem Zuschauer angenehme Unterhaltung und machen das Einkaufen zum Erlebnis.

## Online-Shopping

In den vergangenen Jahren hat sich das Internet als Bestellmöglichkeit für Waren weitgehend in Deutschland etabliert. Der Vertriebskanal wird weiterhin an Bedeutung gewinnen, auch, weil er eine optimale Ergänzung zum klassischen Teleshopping bietet. Der größte Nachteil der Fernsehpräsentationen ist in der Flüchtigkeit der Informationen zu sehen. Ein Tatbestand, der erst durch die Verbindung der beiden Medien kompensiert werden kann. Das Internet bietet die Möglichkeit, zusätzliche Informationen anzubieten, die vom Zuschauer individuell abgerufen werden können. Es kann mithilfe verschiedener Servicefunktionen eine Art ‚After-Service', zum Beispiel in Form von audiovisuellen Bedienungsanleitungen, bieten. Auch für die Neukundengewinnung spielt das Internet eine große Rolle. Zum einen wird eine jüngere Kundenschicht angesprochen, zum anderen stößt ein Angebot für die Zielgruppe 50 Plus in eine Lücke des Mediums. Zudem würde die Umleitung des Bestellweges vom Telefon auf das Internet zu einer großen Kostenersparnis in Bezug auf Personal und Telefongebühren führen. Auch für die Verbreitung der Fernsehbilder wird das Internet immer wichtiger. Neben Kabel und Satellit nimmt die Nutzung von IPTV für den Empfang der Senderangebote zu.

Zwischen Fernsehen und Internet wird es dennoch nicht zu Kannibalisierungseffekten kommen. Nutzungssituation und Absatzkonzept unterscheiden sich grundlegend und auch die

Reichweite ist bei weitem noch nicht angeglichen. In der Regel suchen die Nutzer im Internet nach bestimmten Produkten und stellen dabei umfangreiche Preisvergleiche an. Ein Vorgehen, das spontanen Kaufentscheidungen wenig zugutekommt. Mit zunehmender Verlinkung von Programminhalten und Zusatzinformationen verwischen mehr und mehr die Grenzen zwischen klassischem Rundfunk und Telemedien. Für den Verbraucher stellt die Vernetzung der Kommunikationsebenen jedoch eine klare Verbesserung der Serviceleistungen dar.

## Das Prinzip Dialog

Während sich Medien, Distributionskanäle und die Prozesse in Sendetechnik, Logistik und Versand ständig weiterentwickeln, wird eines immer bleiben: der direkte Dialog, auf den das Sendekonzept Teleshopping von jeher aufbaut. Die Zuschauer betrachten die Moderatoren als gute Bekannte, die immer einen Ratschlag oder neuen Tipp für sie bereithalten. Der Service gilt als ausschlaggebendes Argument für die Kunden, ein besseres Kaufargument gibt es nicht. Nachhaltigen Erfolg werden also die Anbieter haben, die diese vertraute Basis pflegen und als Geschäftsprinzip beibehalten. Das Geheimnis liegt heute wie morgen in der Übertragung von Glaubwürdigkeit durch den serviceorientierten Kundendialog direkt in die Wohnzimmer. Nicht künstliche Rhetorik, sondern authentische Sprache schafft eine positive Einkaufsatmosphäre. Konsequent und auf alle Bereiche angewendet, verspricht das Konzept der bedingungslosen Kundenorientierung also weiterhin Erfolg.

# Teleshopping in Deutschland: Die Zukunft hat begonnen

Die Zukunft des Telshoppings hat in Deutschland längst begonnen. Auch wenn der Erfolg zunehmend von der Entwicklung technischer und wirtschaftlicher Innovationen abhängen wird, steht weiterhin der Kunde im Mittelpunkt der Aktivitäten. QVC wird als Marktführer eine tragende Rolle spielen, die einerseits mit einer besonderen Verantwortung, andererseits mit besonderen Chancen behaftet sein wird. Nicht zuletzt wegen des hohen Stellenwerts, den das Fernsehen allen anderen Medien gegenüber aufweist, ist das weitere Wachstum der Branche gesichert. Die Fortführung der Marktführerschaft geht einher mit der Fortführung der autarken Unternehmensstrategie. Nur wenn das Prinzip der Unabhängigkeit beibehalten wird, wird QVC den Kunden auch künftig Service auf höchstem Niveau bieten und sich deutlich von der Konkurrenz abheben können. Zur konsequenten Kundenorientierung zählen aber auch Innovationen im technischen Bereich, beispielsweise die Erschließung neuer Kommunikationsmöglichkeiten und Rückkanäle. Das Geschäftsmodell von QVC hat sich in vier unterschiedlichen Kulturfeldern als gleichermaßen erfolgreich erwiesen und dadurch Arbeitsplätze geschaffen. Für die Zukunft könnte es weitere Expansionsfelder eröffnen. Auch im Produktbereich wird QVC neue Wege beschreiten. Unter dem Stichwort Exklusivität werden innovative Produkte und neu erschlossene Produktgruppen für Überraschungen bei den Kunden sorgen. Dabei wird der Sender mithilfe neuer Distributionswege und Übertragungstechniken den Kunden noch näherkommen. Die Entwicklung eines eigenen Übertragungswagens, der Live-Sendungen von den verschiedensten Orten aus ermöglicht, war ein erster Schritt in diese Richtung.

Im Austausch mit seinen Schwestergesellschaften verfolgt QVC die internationale Trendent-wicklung sehr genau. Jeder sinnvolle Fortschritt soll schnell und möglichst reibungslos in die Abläufe integriert werden, um im Teleshopping-Seschäft weiterhin die Nummer eins zu sein.

## Verweise & Quellen

1 Vgl. Heimbüchel, Bernd: The Future of Shopping, Die Erfolgsgeschichte von QVC, Düsseldorf 2006, ab S. 18

2 Z.B. Der Übertragung des Starts der US-Raumfähre Discovery in einer Sendung

3 Vgl. Goldhammer, Klaus/ Lessing, Michael: Teleshopping in Deutschland, Berlin 2005, S. 87

4 §2 Abs. 2 Nr. 8 RStV: . „Die Sendung direkter Angebote an die Öffentlichkeit für den Absatz von Waren oder die Erbringung von Dienstleistungen, einschließlich unbewegter Sachen, Rechte und Verpflichtungen gegen Entgelt."

5 In der Regel erhalten zwei Mediendienste pro Netzbetreiber eine Sendelizenz

6 Laut Studie waren 92,4 Prozent der Befragten bei einem täglichen Anrufaufkommen von 70.000 und einem durchschnittlichen Paketversand von 40.000 mit dem Service des Senders zufrieden oder sehr zufrieden.

7 Zwei Drittel der QVC-Kunden sind weiblich

8 Alle Zahlen 2007

9 RTL Shop und 1-2-3.tv starteten wesentlich später als HSE24 und QVC und erreichen deshalb weit weniger Haushalte

10 Vgl. Goldmedia (Hg.): T-Commerce 2009. Marktpotenziale für transaktionsbasierte Dienste im deutschen TV-Markt, Berlin 2005

11 Z.B. die Kooperation zwischen QVC und VW 2006, bei der über mehrere Wochen exklusive Varianten der VW-Modelle vertrieben wurden.

# Teil IV

# Von der Fernsehwerbung zur digitalen Markenführung

Markenführung im digitalen Zeitalter
*Dr. Andrea Malgara, SevenOne Media*

Fernsehmarken. Status quo der Markenführung deutscher TV-Sendermarken
*Dr. Carsten Baumgarth, Baumgarth & Baumgarth Brandconsulting*

Mission 360° – Innovation als Auftrag
*Philipp Welte, Axel Springer Media Impact*

Markenführung der Zukunft
*Uli Veigel, Grey Global Group*

# Markenführung im digitalen Zeitalter

*Dr. Andrea Malgara*

*[Geschäftsführer Marketing, SevenOne Media GmbH]*

Die Digitalisierung hat unseren Alltag bereits voll erfasst: Schon morgens in der S-Bahn, am Bahnhof oder Flughafen nutzt eine Vielzahl von Menschen MP3-Player (→), sie telefonieren mobil, spielen ‚Games' auf ihren Handys oder lassen sich im Auto den Weg von ihrem Navigationsgerät weisen. Auch die Verbreitung von Digital-Receivern nimmt stetig zu und doch stehen wir im Bereich der TV-Technologie erst mitten im Übergang vom analogen zum digitalen Zeitalter. Begriffe wie PVR (→), Mobile-TV (→) oder IPTV (→) sind bereits heute aktuell – ihre Bekanntheit und Verbreitung werden in den nächsten Jahren aber um ein Vielfaches weiter steigern. Zweifellos verändert dieser technologische Wandel die zukünftigen Präferenzen und Nutzungsgewohnheiten der Medienkonsumenten nachhaltig. Damit ergeben sich Konsequenzen für die werbliche Kommunikation und die Markenführung, deren erste Ansätze wir heute schon erkennen können. Welche Auswirkungen diese Entwicklungen auf die Ansprache der Verbraucher aus der Sicht des Vermarkters der ProSiebenSat.1 Media AG haben wird, möchte ich im Folgenden skizzieren.

## Die Digitalisierung als Treiber der Veränderung

Der Motor der aktuellen Veränderungen des Mediennutzungsverhaltens ist die Digitalisierung der medialen Inhalte. Die Umsetzung der analogen Signale in Bits und Bytes hat die Prozesse rund um die Nutzung von Medien nachhaltig und irreversibel verändert. Inhalte wie Texte, Bilder, Musik oder Videos werden damit:

- schneller bearbeitet,

- schneller verfügbar,

- mit geringem Zeitaufwand an viele Menschen verbreitet,

- ohne Qualitätsverlust vervielfältigt,

- kostengünstig gespeichert und archiviert und

- sind zu jeder Zeit und an jedem Ort verfügbar (ubiquitär).

Außerdem erreichen digitalisierte Inhalte Mediennutzer auf verschiedenen Wegen. Sie sind nicht mehr länger auf ein einheitliches Gerät zum Abspielen angewiesen. Ein digitalisiertes Video kann auf dem PC, auf dem Handy oder über einen digitalen Player auf dem Fernsehgerät genutzt werden. Die Übertragung von einem auf ein anderes Gerät wird zunehmend einfach und selbstverständlich.

Die zum Abspielen nötigen digitalen Geräte sprechen die gleiche digitale Sprache – daher können die Inhalte das ursprüngliche Medium verlassen und sozusagen migrieren. Im Zuge der Digitalisierung müsste man aus diesem Grund auch viel mehr von einer Divergenz der Medieninhalte als von der häufig zitierten Konvergenz der Medien sprechen. Denn die Divergenz der Inhalte ist der eigentliche Treiber der Entwicklungen.

Auch die berühmte These von Marshall McLuhan „The medium is the message" ist heute nicht mehr korrekt: Da die ‚message' nicht mehr länger an das ‚medium' gebunden ist, tritt das ‚medium' gegenüber der ‚message' zurück und wird zunehmend austauschbar. Entscheidend ist hauptsächlich der übermittelte Inhalt. Ein anderer Slogan tritt in den Vordergrund: „Content is King" betont genau die gestiegene Bedeutung der zur Verfügung stehenden medialen Inhalte.

Das Fernsehen und seine Inhalte sind nicht mehr länger an die Steckdose gebunden, sondern die Inhalte kommen zum Nutzer – ‚to-me-TV' lautet der Begriff, der diese Entwicklung am treffendsten beschreibt. TV-Inhalte ‚verlassen' das Fernsehgerät immer öfter und ‚divergieren' auf eine Reihe anderer Geräte bis hin zum Handy. Fernsehen findet damit künftig nicht nur on air, sondern auch online und mobil statt. Natürlich lässt sich auch ein Zusammenwachsen, also ein Konvergieren aufseiten der Empfangsgeräte, feststellen. Gerade im Bereich der Handys ist deutlich zu sehen, wie viele zusätzliche Funktionen zurzeit schon in einem Gerät dieser Art untergebracht sind. So gehört heutzutage eine integrierte Digitalkamera geradezu selbstverständlich zur Ausstattung. MP3- und Videoplayer, Internet-Browser und GPS-Empfänger ergänzen darüber hinaus das Angebot. Im Bereich Computer, TV und CD-Spieler ist dennoch in den Haushalten schon allein räumlich eine deutliche Trennung dieser Geräte zu beobachten, und es wird noch einige Zeit dauern, bis das universelle Mediagerät zentral im Haushalt für alle Anwendungen rund um Unterhaltung verfügbar sein wird.

## Die technische Umsetzung

### Handy-TV

Die technischen Weichen für die Entwicklungen in Richtung einer mobilen TV-Nutzung werden in Deutschland derzeit gestellt. So erteilte am 15. Januar 2008 die Gesamtkonferenz der Landesmedienanstalten dem Bewerberkonsortium Mobile 3.0, das aus der Mobiles Fernsehen Deutschland GmbH (MFD) und NEVA Media GmbH besteht, den Zuschlag für den Sendebetrieb von Handy-TV (→) auf der Basis der DVB-H-Technologie (→). Im Laufe des Jahres 2008 werden neben den beiden öffentlich-rechtlichen Sendern ARD und ZDF die Privatsender RTL, VOX, Sat.1 und ProSieben sowie die Nachrichtensender n-tv und N24 ihr

Programm über Handy-TV empfangbar machen. Im nächsten Schritt wird es wichtig sein, auf die spezielle Nutzungssituation ausgerichtete Programme für Handy-TV zu entwickeln, um so über attraktive und passende Inhalte das Projekt weiterzuentwickeln.

Das Beispiel Handy-TV gibt damit die Richtung vor, in die sich das Fernsehen der Zukunft entwickeln wird. Durch die ständige Verfügbarkeit der digitalisierten Inhalte wird die Nutzung ubiquitär sein: immer und überall ohne zeitliche oder räumliche Einschränkung.

## Video-on-Demand auf maxdome

Ein weiteres Beispiel für die Möglichkeiten, die die Fernsehnutzung künftig noch stärker bieten wird, stellt maxdome dar. Mit dem Video-on-Demand-Portal der ProSiebenSat.1 Media AG können DSL-Nutzer (→) Spielfilme, Serien, Dokumentationen und Sportinhalte als Video-Stream direkt auf dem PC oder über eine spezielle Set-Top-Box (→) auf dem Fernseher online abrufen. Der Nutzer wählt dabei aus, ob er einzelne Inhalte während eines Zeitfensters von 24 Stunden nutzen möchte oder den Zugang zu bestimmten inhaltlichen Paketen wie zum Beispiel Comedy für ein Jahr in einer Art Flatrate bevorzugt. Derzeit stehen auf der Plattform von maxdome über 10.000 Filmtitel zum Abruf bereit. Neben der Möglichkeit, bereits ausgestrahlte Sendungen nachträglich über maxdome zu sehen, bietet das Portal auch Vorschauen einzelner Serien-Episoden wie von Desperate Housewives oder Private Practice an, die dort in der Woche vor der TV-Ausstrahlung zur Verfügung stehen.

Über eine Plattform wie maxdome hat der Zuschauer also die Möglichkeit, zeitlich unabhängig je nach persönlicher Präferenz Bewegtbild-Inhalte zu nutzen. Wir gehen davon aus, dass solche Zugänge zu Videoinhalten künftig weiter stark an Bedeutung gewinnen.

## Dynamische Schaltung von TV-Werbung über Visible World

Auch die Fernsehwerbung passt sich zunehmend den vielseitigen, aus der Digitalisierung entstehenden Möglichkeiten an: Ein Beispiel dafür ist Visible World, eine Software, mit der werbetreibende Unternehmen ihre Spots aus verschiedenen Einzelelementen völlig flexibel und in Echtzeit zusammenstellen können. So ermöglicht Visible World etwa, die aktuelle Wetterlage oder bei Live-Übertragungen das aktuelle Programmgeschehen miteinzubeziehen und in Abhängigkeit davon verschiedene Varianten eines Spots auszustrahlen. Da der Spot durch diese Variationen besser an gegebene Rahmenbedingungen angepasst werden kann, ist er auch deutlich effektiver und kann seine Botschaften gezielter verbreiten. Damit ist auch die Wirksamkeit einer auf einer solchen Weise angepassten Kampagne deutlich optimiert. In einer weiteren Ausbaustufe können Werbespots über dieses Prinzip auch regional ausgesteuert oder an bestimmte Zielgruppen adressiert werden.

Das Baukasten-Prinzip von Visible World zur flexiblen Gestaltung von Fernsehwerbespots funktioniert wie folgt: Am Computer produzieren Mitarbeiter die verschiedenen Varianten eines TV-Spots nach Bild, Ton, Schrift oder Grafik. Bei regnerischem Wetter kann etwa ein Autohersteller aus vorproduzierten Einzelteilen eine Spot-Version zusammenstellen, die vor allem die Fahrsicherheit des Fahrzeugs in den Vordergrund stellt. Bei Sonnenschein dagegen kommt die zweite Variante zum Einsatz, in der eher das Design und das Fahrvergnügen beworben werden.

Konkret hat dieses Verfahren etwa die Fastfood-Kette Wendy's in den USA verwendet, die dort über dieses Prinzip den Inhalt ihrer Spots während Live-Übertragungen von Football-Spielen auf Fox Sports gesteuert hat. Animierte Waschbären kommentierten dabei scheinbar das Geschehen auf dem Spielfeld – für die Zuschauer ergab sich dadurch ein perfektes Zusammenspiel aus dem Football-Match und der dazugehörenden Werbung.

## Der Bildschirm als zentrale Schnittstelle zum Nutzer

Was den verschiedenen Wegen zum Konsumenten gemeinsam ist? Ganz klar: der Bildschirm. Schon heute ist er eine bedeutende Schnittstelle – in Zukunft wird seine Bedeutung weiter zunehmen. Bereits jetzt erfolgt bei jungen Konsumenten ca. 70 Prozent der gesamten Mediennutzung über den Bildschirm – sei es bei der Fernseh- oder der Internetnutzung, bei PC- und Videospielen oder beim Ansehen von Videokassetten sowie DVDs am TV-Gerät. Die gesamte jugendliche Generation ist heute von der Audiovisualisierung und der Nutzung des Bildschirms geprägt und wird diese Erfahrung mit in die folgenden Lebensphasen übernehmen. Das wird auch die Nutzungsdauer, die insgesamt auf elektronische Medien entfällt, entscheidend beeinflussen: Sie wird kräftig steigen und mehr und mehr und in selbstverständlicher Art und Weise in den gesamten Tagesablauf der Nutzer eingebettet sein.

## Fragmentierung

Eine weitere wichtige Konsequenz der Digitalisierung der Medien ist die Vervielfältigung des Angebots. Statt eines einzigen analogen TV-Programms können durch die Digitalisierung und die damit verbundene Datenreduktion bis zu zehn digitale Programme pro Transponder oder Kanal übertragen werden. Gerade dieser Punkt wird gerne von ‚Apokalyptikern' herangezogen, um die zukünftige Krise des Fernsehens unter dem Stichwort ‚Fragmentierung' herbeizureden.

Aber wie sieht es bei der vermeintlichen Zersplitterung tatsächlich aus? Die Anzahl der empfangbaren Sender in Deutschland hat sich schon in der Vergangenheit durch die zunehmende Verbreitung des Kabelfernsehens deutlich erhöht. Im Durchschnitt konnte im Jahr 2007 ein deutscher TV-Haushalt 55 Sender empfangen, während es knapp 20 Jahre zuvor im Jahr 1988 gerade einmal sieben Sender waren. Das Angebot hat sich also bereits fast verachtfacht, und die Fernsehzuschauer können schon heute auf Grund der Verbreitung von Kabelanschlüssen eine große Vielfalt von TV-Sendern nutzen.

Gerade hier zeigt sich ein genereller Trend, der den technischen Gegebenheiten und Möglichkeiten durchaus entgegensteht und diese behindert. Der Konsument steht den steigenden Angeboten und den damit verbundenen größeren Auswahlmöglichkeiten nämlich eher zurückhaltend gegenüber. Letztendlich gibt es bei ihm ein Bedürfnis nach Klarheit, Einfachheit und Übersichtlichkeit, den Wunsch nach Reduktion von Komplexität. Diese Einstellung spielt in der konkreten Nutzungssituation eine entscheidende Rolle. Denn in der tatsächlichen Verteilung der für das Fernsehen verwendeten Zeit spiegelt sich diese große Angebotsvielfalt nicht wider.

Nach einer Auswertung von Daten der GfK Fernsehforschung werden gerade einmal sechs Sender im Schnitt intensiv genutzt (das bedeutet: sechs Sender machen in der Summe 80 Prozent der TV-Nutzung eines Zuschauers aus) und gehören damit zum sogenannten ‚Relevant Set' (→). Die Anzahl der Sender, die überhaupt zumindest etwas Nutzung generieren (Kriterium dafür: zehn Minuten in der Summe pro Monat), liegt bei 16 (siehe Abbildung 1). Mit anderen Worten: Von den 55 empfangbaren Sendern spielen fast 40 in der täglichen Fernsehnutzung nur eine untergeordnete Rolle.

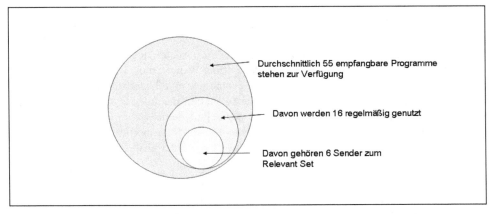

**Abbildung 1:** *Empfang und Nutzung von TV-Sendern. Basis: alle TV-HH Deutschland Quelle: AGF/GfK Fernsehforschung; pc#tv aktuell; SevenOne Media GmbH*

Teilt man die heutigen Haushalte in drei Gruppen ein, die sich nach der Anzahl der jeweils empfangbaren Sender unterscheiden, so zeigt sich ebenfalls, dass eine große Anzahl von empfangbaren Sendern nicht automatisch die Anzahl der Sender im Relevant Set ansteigen lässt. Die Gruppe mit bis zu 35 empfangbaren Programmen konzentriert ihre Nutzung auf fünf Sender, während es in der Gruppe mit über 56 Programmen sechs Sender sind. Obwohl also über 20 Programme mehr empfangen werden, erhöht sich die Anzahl der intensiv genutzten Sender gerade einmal um einen Sender.

Das Fazit kann folglich nur lauten: Das Angebot fragmentiert – die Nutzung bleibt relativ stabil. Trotz der zunehmenden Anzahl von Plattformen orientiert sich der Zuschauer an einem relativ festen Stamm von TV-Sendern. Den etablierten Stationen wie Sat.1, ProSieben oder RTL kommt dabei neben den Öffentlich-Rechtlichen eine besondere Bedeutung für den Zuschauer zu: Einem Leuchtturm gleich bieten sie Orientierung und Führung. Für die etablierten Sender ergibt sich daraus sogar eine Chance: Sie können ihre besondere Bedeutung für den Zuschauer dazu nutzen, ihr Portfolio zu erweitern, um gewissermaßen im Windschatten neue digitale Sender einzuführen und bekannt zu machen. Für den Zuschauer ist die neue digitale Plattform dann kein unbeschriebenes Blatt, sondern eine inhaltliche Verlängerung der bereits bekannten Marke. Gerade in der unübersichtlichen Vielfalt der digitalen Kanäle ist es ein entscheidender Vorteil, von der Bekanntheit und vom Image des etablierten Senders zu profitieren. Im Senderportfolio der ProSiebenSat.1 Media AG sind Sat.1 Comedy und kabel eins classics Beispiele für eine solche Diversifikationsstrategie.

## Leuchttürme im Meer der Angebote

Doch nicht nur im Bereich Fernsehen erhöht sich die Anzahl der empfangbaren Sender. Im Internet präsentiert heute jedermann durch Text- und Photoblogs, Internetradios und Videoportale sowie eigene Homepages alle möglichen Inhalte ohne großen Aufwand. Diese Aktivitäten werden im Anschluss durch die Möglichkeiten der Kommentierung, Weiterleitung, Verlinkung auf eigene Sites oder Abonnieren ergänzt. Im World Wide Web ergibt sich daher für den Nutzer eine unübersehbare Anzahl von ‚Sendern'. Auch hier gilt es wieder, Orientierung und Anlaufpunkte zu schaffen. Die in der Offline-Welt erarbeitete Markenbekanntheit und Kompetenz eines Fernsehsenders bietet dabei eine wichtige Unterstützung und gibt dem Nutzer klare Ankerpunkte in der unübersichtlichen Vielfalt der Internet-Angebote. So steht etwa eine Sendermarke wie ProSieben für eine generelle Kompetenz im Bereich ‚Entertainment', den auch der Sender-Claim „We love to entertain you" transportiert. Diese Kompetenz nimmt die Website prosieben.de auf und vertieft sie über Senderinhalte und Themenrubriken wie beispielsweise Lifestyle.

Auch hier fungieren die bewährten TV-Sender also gewissermaßen als Leuchttürme, die die Strahlkraft ihrer Bekanntheit auf kleinere Angebote richten und sie so innerhalb der unübersichtlichen Vielfalt herausstellen und mit ihren positiven Images aufladen.

## Die Funktionalitäten des Fernsehens

Ob Internet- oder Mobile-Hype – das Fernsehen wird seine heutige Funktionalität auch in einer voll digitalisierten Zukunft nicht verlieren. Neben seinen Grundaufgaben, zu informieren und zu unterhalten, spielt TV im Tagesablauf der Zuschauer eine weitere, nicht immer offensichtliche, aber sehr fundamentale Rolle: Fernsehen strukturiert den Alltag. Beginnzeiten von Sendungen sind häufig feste Rituale, die komplett in den Tagesablauf integriert werden. So sind etwa unter der Woche am Vorabend in vielen Familien die Essenszeiten fest im Takt mit den Startzeiten der Sendungen verwoben. Daily Soaps etwa bieten eine tägliche Anlaufstation für Unterhaltung und die bekannten Beginnzeiten der Nachrichtensendungen dienen als Taktgeber für das Informationsbedürfnis. Zwar ist davon auszugehen, dass solche Inhalte künftig verstärkt on-demand abgefragt werden, aber das Grundbedürfnis der Menschen nach Struktur und Führung durch ein vorgegebenes Programmschema bleibt erhalten. on-demand-Angebote werden dabei bestehende lineare Angebote ergänzen – ersetzen werden sie sie nicht.

In einer weiteren Rolle fungiert das Fernsehen als ‚Gefühlsmanager' und ‚Stimmungsmodulator' und sorgt für Entlastung und Bewältigung der täglichen Erfahrungen. Denn für viele Zuschauer beginnt der eigentliche Feierabend erst mit dem Start der Primetime-Sendungen im Fernsehen. Ab diesem Moment lässt der Zuschauer den Alltag hinter sich und taucht in die Welt der Serien und Spielfilme ein. Diese Wirkung des Fernsehens ist deshalb nicht zu vernachlässigen, weil bestimmte Themen und Stimmungen die Zuschauer so bewegen, dass sie sich während des Fernsehens weiter bewusst oder unbewusst damit auseinandersetzen. Das ‚Eintauchen' in die fiktionale Welt kann dazu führen, dass Zuschauer mit ihren Serien leben, sie nicht verpassen wollen und die Protagonisten als erweiterten Kreis von ‚Bekannten' ansehen, deren Schicksale und Erlebnisse sie fesseln.

Ein weiterer Aspekt, der die Bedeutung dieses Mediums für den Alltag ausmacht: Serien und Spielfilme sorgen häufig für Gesprächsstoff im Alltag und für Austausch mit Freunden oder Kollegen. Gerade dieses Wissen rund um Serieninhalte und Beweggründe der Hauptfiguren wird gerne in der Gemeinschaft analysiert und diskutiert. Denn Fernsehen hinterlässt Spuren im Alltag der Menschen und macht nicht selten berühmt, was es ausstrahlt. Das gilt natürlich auch für Fernsehwerbung – jetzt und auch noch in 30 Jahren. Denn an der Faszination von Fernsehinhalten wird sich auch in Zukunft nichts ändern. Dass TV-Sender Formate auf ihren Webseiten über entsprechende Plattformen zusammen mit Hintergrundinformationen verlängern, gehört gewissermaßen zum Gesamtkonzept rund um den Zuschauer. Auf diese Weise wird der Kontakt zur Serie nochmals vertieft und damit die Bindung zum Sender, zum Programm und letztlich zur Marke erhöht.

Zusammenfassend lassen sich diese Phänomene unter dem Begriff ‚kollektives Lagerfeuer' beschreiben. Denn Programme sind nicht einfach eine pure Rezeption von Inhalten, sondern Teile umfassender sozialer Abläufe. Die TV-Nutzung ist daher nicht ohne weiteres durch eine DVD oder das Betrachten eines MPEG-Files aus dem Internet zu ersetzen. Deutlich wird dies auch daran, dass Spielfilme, deren Verwertung bereits die Stufen Kino, Pay-TV, Video und DVD erfolgreich durchlaufen hat, im Free-TV sogar in der zweiten oder dritten Ausstrahlung immer noch hervorragende Marktanteile erzielen.

So gaben etwa in einer Untersuchung von SevenOne Media zum Kinofilm *Fluch der Karibik* 45 Prozent der Befragten 14- bis 49-Jährigen im Vorfeld der Free-TV-Premiere an, dass sie den Film bereits über einen der oben angesprochenen Wege gesehen hatten. Von dieser Gruppe bejahten 74 Prozent die Frage, ob sie den Film nochmals ansehen würden, wenn er im Fernsehen gezeigt würde. In der Gruppe derjenigen, die die DVD des Films Fluch der Karibik besitzen, waren es noch ganze 68 Prozent. Gerade für diese Gruppe ist das Ergebnis erstaunlich, ist doch der Film für die Besitzer der DVD ohne Aufwand verfügbar. Als Grund für die Nutzung der Free-TV-Ausstrahlung wurden emotionale Gründe genannt wie etwa die Aussage, dass die Befragten den Film immer wieder gerne sehen und er sie in eine angenehme Stimmung versetzt.

Die Sendung erzielte bei ihrer Ausstrahlung auf ProSieben einen Marktanteil von 40 Prozent bei den 14- bis 49-jährigen Zuschauern und ist damit heute noch eine der erfolgreichsten Spielfilme aller Zeiten auf diesem Sender. Dieses Ergebnis ist wirklich bemerkenswert und zeigt deutlich die emotionale Komponente, die das Fernsehen für den Zuschauer einnimmt. Es ist eben mehr als nur das pure Ansehen eines Films, denn Stimmungskomponenten, die Einbindung in den Tagesablauf und der Austausch mit dem persönlichen Umfeld spielen für die TV-Nutzung eine gewichtige Rolle.

## Bewegtbild und TV als Treiber der zukünftigen Mediennutzung

Die zukünftige Mediennutzung wird immer stärker durch die Nutzung bewegter Bilder bestimmt sein. Audiovisuelle Inhalte werden eine immer bedeutendere Rolle spielen. So avanciert das Bewegtbild – und das Fernsehen als sein Hauptlieferant – zum Rückgrat der Digitalisierung.

Im Bereich des Internets ermöglicht heute schon die hohe Verbreitung von Breitbandanschlüssen schnelle Zugriffe auf bewegte und bewegende Inhalte. Sieht man sich die Top-Abruflisten von Videoportalen wie youtube.com oder myvideo.de an, so fällt auf, dass dort sehr viele Inhalte wie zum Beispiel Musikclips oder Sendungsausschnitte entweder direkt vom TV übernommen sind oder – wenn es sich um nutzergenerierte Inhalte handelt – in Form von Parodien oder entsprechend nachempfundenen Videos zumindest stark vom TV beeinflusst sind. Letztendlich ist es also das Fernsehen, das die Inhalte in der nächsten Stufe des Internets entscheidend mitprägen wird. Denn die Nutzer suchen im Internet genau das, was sie bereits aus dem Fernsehen kennen. Nach der ersten Entwicklungsstufe des Internets, der Vermittlung von Information, und der zweiten Stufe, der Vernetzung der Nutzer zu Communities, erfolgt also nun der dritte und letzte Schritt: die Vermittlung von Inhalten als Bewegtbild. Die Kernkompetenz des Fernsehens, Emotionen über bewegte Bilder zu transportieren, wird so zu einer der Kernkompetenzen des Internets.

Ein breit gefächertes Angebot von entsprechenden Video-Inhalten wird für die Bedeutung von Anbietern im World Wide Web künftig bestimmend sein. Der Inhalt wird zum entscheidenden Treibstoff für die Kommunikation in der digitalen Welt.

Für die Fernsehsender der Gegenwart stellt diese Entwicklung eine große Chance dar. Ihre Kernkompetenz – bewegte Bilder – passt hervorragend zur Entwicklung des Internets und kann somit die Basis für erfolgreiche Geschäftsmodelle im Bereich Inhalte und Vermarktung darstellen. Über das Internet hinaus werden sie alle Nutzungssituationen besetzen: vom klassischem linearen TV über nichtlineares Video-on-Demand (→) bis zum Mobile-TV (→).

## Die audiovisuelle Markenführung

Für die Fernsehveranstalter der Zukunft wird es darum gehen, die Menschen zu jeder Zeit und an jedem Ort zu unterhalten und zu informieren und damit ihren Werbekunden eine ideale Plattform für eine moderne Markenführung zu geben. Werbetreibende Unternehmen werden ihre Schwerpunkte entsprechend darauf setzen, die neuen Möglichkeiten der Interaktion mit ihren Konsumenten weiterzuentwickeln. In der digitalen Welt müssen Marken Allianzen mit audiovisuellen Inhalten schmieden, um Relevanz und Erlebbarkeit – vor allem aber um Dialog- und Interaktionsfähigkeit zu erlangen. Erfolgreich wird sein, wer sich besonders geschickt der emotionalen Medieninhalte bedient, um seine Marke aufzuladen und zu inszenieren. Emotionale Bindung lautet also das Hauptziel der zukünftigen Markenkommunikation. Um das zu erreichen, benötigen Marken entweder intrinsische Relevanz (High Involvement) oder aber sie erreichen Relevanz extrinsisch durch Programminhalte, Servicethemen oder Produktwelten. Mit anderen Worten: Marken sind entweder aus sich heraus ‚stark' genug, den Verbrauchern Inhalte zu bieten – oder aber sie schwimmen im Fahrwasser bewährter Programminhalte. Egal auf welchem Weg – über diese Emotionalisierung durch Inhalte wird die Marke der Zukunft die Beziehung zum Konsumenten aufbauen. Um auf ideale Weise diese kommunikativen Ziele zu erreichen, ist es nötig, an allen Orten präsent zu sein, die die Lebenswelt der Markenverwender ausmachen. Ein schönes Beispiel, wie dieses Prinzip bereits heute umgesetzt werden kann, stellt die Werbung von Maybelline Jade im Umfeld der Show *Germany's Next Topmodel* dar. Die Kosmetikproduktreihe fungierte als Sponsor der Show und präsentierte Promo-Stories mit Schmink- und Stylingtipps direkt im Anschluss an die Show. Die Promo-Stories wurden von Make-up Artist und Maybelline-Testimonial Boris Entrup direkt am Set der Show moderiert. Zahlreiche Kandidatinnen waren in die Promo-Stories miteinbezogen. Um diese Reihe auch on-demand zur Verfügung zu stellen, wurden alle Episoden auf der Plattform maxdome für die Nutzer zur Verfügung gestellt. Und selbst am Point of Sale (→) war Maybelline Jade über spezielle Aufsteller, die den Bezug zur Sendung herstellten, wieder präsent.

Die ersten Schritte bei der Vermarktung von Video- oder Mobile Ads (→) zeigen heute schon die Möglichkeiten auf, die das Internet der Zukunft beziehungsweise Mobiltelefone für die Werbetreibenden bieten werden. Die Richtung ist also schon vorgegeben: Werbung und Markenführung werden in Zukunft deutlich audiovisueller sein als heute. Die Markenführung in der digitalen Welt verknüpft die klassische Werbung mit der interaktionsorientierten Ansprache der Verbraucher zu einem ‚best of two worlds'. Zwischen den Bildschirmmedien TV sowie Internet und Mobile etabliert sich eine ideale Aufgabenverteilung. Mit dem klassischen TV machen Werbekunden auf ihre Produkte aufmerksam und sorgen so für die nötige Anzahl von Kontakten. Anschließend verlängern sie die Werbebotschaften auf digitale Plattformen, um sie dort im Dialog mit den Verbrauchern zu intensivieren. TV wird zum zentralen Portal in die digitale Welt. Die ‚Klassik' wird den Verbraucher auch in Zukunft an die Hand nehmen und ihm die entscheidende Orientierung geben, sodass er die weiterführenden Inhalte im Netz überhaupt finden kann. Zum jetzigen Zeitpunkt befinden wir uns also vor den Toren einer ‚integrierten' Welt, die uns Werbern unglaubliche Chancen bieten wird, den Konsumenten besser, effizienter und nachhaltiger zu erreichen.

# Fernsehmarken

## Status quo der Markenführung deutscher TV-Sendermarken

*PD Dr. Carsten Baumgarth*

*[Marmara Universität Istanbul & Baumgarth & Baumgarth Brandconsulting]*

## Marken im Medienbereich: Unwissenheit und steigende Relevanz

Tanja Madsen, Marketingleiterin der Financial Times Deutschland (FTD), charakterisiert das Konzept „One Brand – All Media" als einen zentralen Erfolgsfaktor von FTD[1]; Tobias Lobe beschreibt in seinem Buch BILD ist Marke ausführlich die konsequente und differenzierende Führung der Marke BILD als Erfolgskonzept der Zeitung sowie der verschiedenen Markentransfers[2]; Marcel Mohaupt, ehemaliger Marketingleiter ProSieben Media formulierte bereits 1998 „Die Marke macht den Unterschied"[3].

Im Gegensatz zu diesen Einzelbelegen und Lippenbekenntnissen aus der Praxis liegt kaum fundiertes Wissen über die Medienmarke im Allgemeinen und die Fernsehmarke im Speziellen vor. Zwar existieren vereinzelte wissenschaftliche Beiträge[4], Sammelwerke[5] und wissenschaftliche Monografien[6], allerdings befassen sich diese entweder auf einem sehr abstrakten Niveau mit dem Thema Medienmarke oder behandeln Teilaspekte wie crossmediale Markentransfers. Speziell zum Thema Marke im TV-Bereich gibt es noch weniger Material.[7] Insgesamt lässt sich konstatieren, dass das Wissen zu Fernsehmarken, wenn überhaupt, als unterentwickelt zu charakterisieren ist.

Dieses fehlende Wissen über den Aufbau und die Führung von Marken im TV-Umfeld ist vor allem vor dem Hintergrund aktueller Entwicklungen zunehmend problematisch. Das TV- und Medienangebot für die Rezipienten und Werbekunden explodiert seit vielen Jahren. Neben einer steigenden Anzahl von Fernsehsendern auf dem deutschen Markt trägt zu diesem Aufmerksamkeitswettbewerb auch die zunehmende Verbreitung und Nutzung der digitalen Medien bei. Diesem zunehmenden Medienangebot und auch der kaum noch steigerungsfähigen Verbreitung der verschiedenen Medien in der Bevölkerung steht eine fast konstante Mediennutzungszeit der Rezipienten gegenüber. Aus dieser Konstellation des steigenden Angebots bei gleichzeitig konstanter Nachfrage resultiert ein klassischer Verdrängungswettbewerb. In einem solchen Wettbewerb können sich nur die Angebote behaupten, die sich im Vergleich zum Wettbewerb positiv abheben. Weiterhin fühlen sich viele Rezipienten durch das Medienangebot überfordert und reagieren mit einer Beschränkung ihres Medienkonsums auf wenige

Anbieter. In dieses sogenannte ‚Relevant Set' (→) gelangen nur die Medienanbieter, die dem Rezipienten im Kopf präsent sind (Informationseffizienz), sein Risiko reduzieren (Glaubwürdigkeit von Nachrichten) und ihm einen ideellen Zusatznutzen (emotionales Erleben, Prestige, Identifikation, Gruppenzugehörigkeit) liefern. Genau diese drei Funktionen – Informationseffizienz, Risikoreduktion und ideeller Nutzen – kann eine starke Fernsehmarke erfüllen. Damit stellt eine Marke auch im Fernsehmarkt ein effektives Konzept dar, um der zunehmenden Gefahr der Austauschbarkeit zu entgehen.

Dieser Beitrag zielt darauf ab, am Beispiel des deutschen TV-Marktes, den Status quo der Markenführung im TV-Bereich systematisch darzustellen. Dieser Status quo dient insbesondere der Darstellung der in der Praxis verfolgten Ansätze. Weiterhin zeigt er exemplarisch die Alternativen der Markenführung im TV-Kontext auf. Aussagen zur Stärke der Fernsehmarken oder die Ableitung von Kausalitäten zwischen der Marke und dem Erfolg auf den Rezipienten- und Werbemärkten sind auf Grund des geringen Wissensstandes und der Komplexität des Medienmarktes aktuell nur eingeschränkt möglich.

Um den Status quo zu ermitteln, wird eine inhaltsanalytische Vorgehensweise gewählt. Zur Strukturierung der Status-quo-Analyse wird anschließend zunächst ein Bezugsrahmen zur TV-Markenführung auf der Basis der allgemeinen Markenliteratur und der wenigen Beiträge zur Medienmarke beziehungsweise TV-Marke entwickelt.[8] Darauf aufbauend werden das Studiendesign sowie die zentralen Ergebnisse vorgestellt. Abgeschlossen wird der Beitrag mit einem Fazit sowie der Diskussion von Potenzialen.

## Bezugsrahmen zur TV-Markenführung

### Überblick

Zur analytischen Durchdringung der Marke existiert in der Literatur eine Vielzahl von verschiedenen Ansätzen. Häufig handelt es sich aber dabei um Bezugsrahmen, die auf der Basis einer bestimmten theoretischen Sichtweise (zum Beispiel identitätsorientierte Markenführung) das Thema Marke systematisieren. Im Folgenden wird hingegen ein breiter und ‚neutraler' Ansatz gewählt, der das Markenkonzept ganzheitlich abbildet. Dieser Bezugsrahmen, der auf die allgemeine Konzeption von Baumgarth[9] zurückgreift, unterscheidet zwischen drei Ebenen zur Betrachtung der Marke. Die erste, hier im Mittelpunkt stehende, Ebene umfasst das aktive Management der Fernsehmarke (Markenführung). Die zweite Ebene beinhaltet die Wirkung der TV-Marke bei den Abnehmern (Rezipienten, Werbekunden) in Bezug auf verhaltenswissenschaftliche (Bekanntheit, Sympathie, Vertrauen) und ökonomische (Quote, Marktanteil) Größen. Die letzte Ebene, das Marken-Controlling, behandelt Instrumente und Konzepte, die den Zusammenhang zwischen Markenführung und Markenwirkung messbar machen. Exemplarische Instrumente sind die Analyse des Markenimages[10] und der Markenstärke auf dem Rezipientenmarkt[11] sowie die Bestimmung des Markenwertes der Fernsehmarke[12]. Abbildung 1 fasst diesen Bezugsrahmen grafisch zusammen.

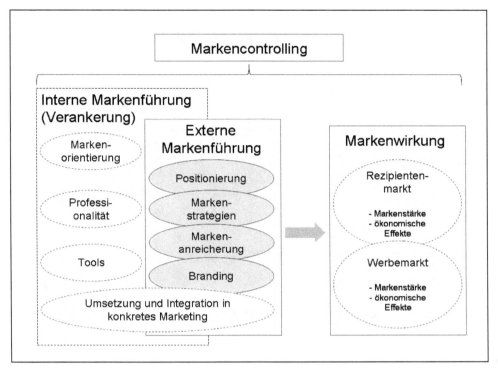

***Abbildung 1:***   *Bezugsrahmen der TV-Marke*

**Externe Markenführung**

Die des Weiteren im Mittelpunkt stehende externe Markenführung stellt eine komplexe Managementaufgabe dar, die sich zu analytischen Zwecken in die Dimensionen Positionierung, Markenstrategie, Markenanreicherung, Branding und Umsetzung aufteilen lässt. Unter Positionierung versteht man die aktive Gestaltung der Stellung einer Marke im jeweils relevanten Markt. Speziell im TV-Bereich lassen sich die Positionierungen nach der Breite der Zielgruppe (KI.KA positioniert sich auf den Kindermarkt), nach dem Inhalt (ARTE als Kultursender) und nach der grundsätzlichen Ausrichtung (Sat.1 eher emotional) weiter konkretisieren. Als Erfolgsfaktoren der Markenpositionierung gelten insbesondere die Relevanz für die Zielgruppe, die Fokussierung auf wenige Inhalte, die Differenzierung gegenüber anderen TV-Sendern sowie die zeitliche Kontinuität. Speziell Vollprogrammanbietern wie ARD oder RTL fällt es relativ schwer, alle Angebote unter wenigen und differenzierenden Positionierungsmerkmalen zusammenzufassen. Beispielhaft ist die Positionierung der Marke RTL zu nennen (siehe Abbildung 2), die sich durch die Merkmale Beständigkeit, Qualität, Relevanz, Innovation und Vielfalt auszeichnet.

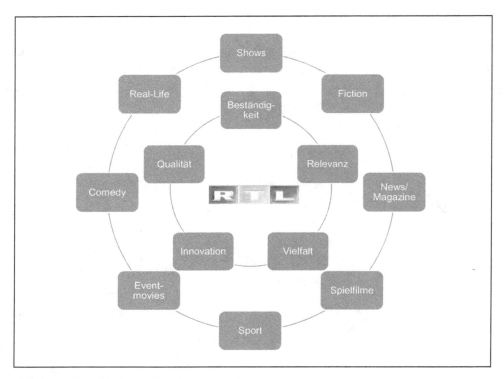

***Abbildung 2:*** *Markenpositionierung von RTL*

Die Positionierungsmerkmale von RTL finden sich in sehr ähnlicher Form auch bei den übrigen Vollprogrammanbietern (Beispiel ZDF: Qualität, technische und publizistische Innovation, Vielfalt). Auch die Anforderung der zeitlichen Kontinuität verletzen TV-Sendermarken regelmäßig. Historisches Negativbeispiel ist tm3 beziehungsweise 9Live. Der Sender tm3 wurde 1995 als Frauensender gegründet. Nach einer Übernahme durch Rupert Murdoch wurde der Sender 1999/2000 zu einem Sportkanal mit Schwerpunkt Fußball (UEFA Champions League) neu positioniert. Bereits knapp zwei Jahre später wurde der Sender tm3 zu einem Sender mit der Ausrichtung auf interaktive Fernsehunterhaltung. Diese zweite Neupositionierung innerhalb weniger Jahre führte auch zu einem neuen Branding des Senders. Im Jahre 2001 wurde der Sender tm3 in 9Live umbenannt.

Die Markenstrategie als zweite Dimension legt den Zusammenhang zwischen der TV-Marke und der angebotenen Leistung langfristig fest. Im Einzelnen lassen sich die Breite der TV-Marke (ARD als Vollprogrammanbieter), die Markenhierarchie (RTL II stellt aus Sicht der Rezipienten eine Untermarke von RTL dar), das Markenportfolio (RTL führt die Marken RTL, RTL II, SuperRTL und N24), die Marktdifferenzierung (RTL tritt auf dem Werbemarkt mit der Marke IP auf), das Markenportfolio (VIVA ist Mitglied eines umfangreichen Portfolios) und der Markentransfer (kabel eins bietet unter der Marke auch ein Reiseportal an) voneinander abgrenzen. Speziell bei einem umfangreichen Markenportfolio von TV-Sendern ist darauf zu achten, dass keine Kannibalisierung zwischen den Marken auf dem Rezipienten- und Werbemarkt stattfindet. Eine solche Gefahr existiert zum Beispiel bei den beiden Marken MTV und VIVA (MTV/Viacom) und den Marken Sat.1, ProSieben und kabel eins (ProSiebenSat.1 Media/SevenOne) sowohl auf dem Rezipienten- als auch auf dem Werbemarkt. In Bezug auf Markentransfers gilt, dass der ‚Fit' zwischen der Sendermarke und der neuen Leistung sowie die Relevanz der Sendermarke für das Transferprodukt von besonderer Bedeutung sind.[13] Ein Onlineshop für Kinderprodukte (Bücher, Merchandise-Artikel, Computerspiele) von Super RTL oder das Buch- und Konferenzangebot von n-tv weisen einen hohen Fit und eine entsprechende Relevanz auf. Der Fit zwischen RTL II und einem Onlineshop für Fertighäuser (RTL II-Häuser) ist hingegen eher zweifelhaft.

Die Markenanreicherung umfasst die Verknüpfung der TV-Marke mit anderen Imageobjekten. Die größte Rolle spielen im TV-Bereich die Verknüpfung mit Stars (wie Thomas Gottschalk und ZDF), die Verknüpfung mit speziellen Sendungen (Deutschland sucht den Superstar (DSDS) und RTL; Tagesschau und ARD; Toggolino und Super RTL), ‚Co-Branding' mit anderen Marken (Doppelpass: Die Krombacher Runde bei DSF) und die Nutzung einer bestimmten Region (ARTE als europäischer Kanal; Das Vierte als Hollywood-Sender). Die verschiedenen Formen der Markenanreicherung tragen zum Aufbau der Markenbekanntheit und der Markenpräsenz (intensive Berichterstattung über DSDS von RTL in allen Medien) sowie zum Image (Tagesschau zur Informationskompetenz der ARD) bei. Wichtig für den Erfolg ist neben dem ‚Publicity- Effekt' insbesondere der Fit zwischen der Sendermarke und dem zusätzlichen Imageobjekt. Ob die Sendung Schmidt & Pocher zur Positionierung der ARD einen großen Fit aufweist, ist beispielsweise fraglich. Allerdings können solche Markenanreicherungen auch bewusst zur Neupositionierung einer TV-Sendermarke beitragen (Verjüngung).

Die nächste Ebene bildet das Branding, welches alle direkt wahrnehmbaren Elemente zur Markierung der Leistung umfasst. Wichtige Brandingelemente im TV-Bereich sind der Markenname, das Logo, ein Schlüsselbild (Key-Visual) sowie der Slogan. Weitere für das Fernsehen typische Branding-Bestandteile sind das allgemeine Screen Design (z. B. Einbau von Werbung in das Programm) oder das Studiodesign einzelner Sendungen (z. B. Studiogestaltung beim Aktuellen Sportstudio). Ein gutes Branding zeichnet sich durch die Unterstützung der Marke (Aufbau von Bekanntheit, Unterstützung der Positionierung), Differenzierung gegenüber anderen TV-Sendern, Flexibilität sowie Transferpotenzial aus.[14] Das Branding unterstützt dann die Marke, wenn sich die Zielperson das Branding leicht merken kann. Verhaltenswissenschaftliche Theorien und Ergebnisse von empirischen Studien zeigen, dass insbesondere sprechende Markennamen und bildlich konkrete Markenlogos gut merkbar sind. Dementsprechend sind für den Rezipienten sinnlose Buchstabenkombinationen und Schriftlogos in Bezug auf die Markenbekanntheit negativ zu beurteilen. Der Markenname und das Logo des neuen Senders DMAX (Sendebeginn September 2006) verletzen die Erfolgsregeln für ein gutes Branding. Der Spartenkanal Comedy Central hingegen weist ein merkfähiges Branding auf.

In Bezug auf die Unterstützung der Positionierung eignen sich grundsätzlich eher sprechende Markennamen mit einer direkten oder assoziativen Bedeutung, Logos mit einer erkennbaren Bedeutung und Slogans mit einer für den Rezipienten verständlichen Aussage. Positives Beispiel ist das Branding von ARTE. Der Markenname unterstützt neben der leichten Merkfähigkeit die Positionierung der Marke als anspruchsvollen und europäischen Kultursender. Auch der Slogan „So hab' ich das noch nie gesehen" unterstützt durch den direkten Bezug zum visuellen Medium TV und durch die Einzigartigkeit dieses Senders die Marke. Lediglich das reine Schriftlogo von arte trägt nicht zusätzlich zur Markenstärke bei. Die eher rational geprägten, alphanumerischen Kürzel wie zum Beispiel ARD, ZDF, RTL oder DSF oder kaum differenzierende Slogans wie „Willkommen im Leben" tragen eher nicht zur Stärke der jeweiligen Fernsehmarke bei (Slogan von RTL II; auch Eurocard verwendete den gleichen Slogan; ferner wurde auf RTL II Ender 90er Jahre eine amerikanische Serie mit dem gleichen Titel ausgestrahlt; schließlich wirbt der britische Touristikverband Visit Britain für Schottland mit „Willkommen in unserem Leben").

Diese vier Dimensionen – Markenpositionierung, Markenstrategie, Markenanreicherung und Branding – existieren allerdings nicht im ‚luftleeren' Raum, sondern innerhalb einer Organisation, dem TV-Unternehmen. Deshalb lässt sich als eine weitere Ebene der Markenführung die interne Verankerung der Marke in einem TV-Sender identifizieren. Diese interne Markenführung umfasst die Unternehmenskultur (Markenorientierung), die Professionalität des Markenmanagements, die Qualität der eingesetzten Tools sowie die Integration der Marke in das klassische Marketing (Imagewerbung, Marktforschung). Da die Ebene der internen Markenführung im Verborgenen liegt und nicht durch eine Inhaltsanalyse von Sekundärmaterial analysierbar ist, wird diese Ebene im Weiteren nicht näher untersucht.

## Empirische Studie zum Status quo der TV-Markenführung

Im Folgenden werden das Design und die zentralen Ergebnisse einer empirischen Studie zum Status quo der TV-Markenführung in Deutschland präsentiert.

### Design und Methode

Als grundsätzliche empirische Vorgehensweise zur Bestimmung des Status quo der Markenführung bietet sich eine quantitative Inhaltsanalyse an. Diese Methode basiert auf der Auswertung von vorhandenen und damit direkt erkennbaren Inhalten (sogenannten manifesten Inhalten). Zur praktischen Durchführung einer Inhaltsanalyse sind insbesondere drei Aspekte von Bedeutung:

▪ Auswahl der zu beurteilenden Objekte

▪ Bestimmung der manifesten Inhalte

▪ Aufstellung eines Kategoriensystems

## 1. Auswahl der zu beurteilenden Objekte

Zunächst ist festzulegen, welche Markenebene im TV-Bereich betrachtet werden soll. Dabei lassen sich eine Unternehmensebene (RTL Group), eine Senderebene (RTL) und eine Programmebene (DSDS) voneinander abgrenzen. Da die Unternehmensebene im TV-Bereich nur sehr eingeschränkt auf dem Rezipientenmarkt wirkt und die Programmebene zu einer nicht handhabbaren und sich dauernd verändernden Grundgesamtheit führt, stellt in der vorliegenden Studie die Ebene TV-Sender das Analyseobjekt dar. Weiterhin ist zu entscheiden, ob eine Voll- oder eine Stichprobenerhebung durchgeführt werden soll. Für beide Formen ist es zunächst notwendig, die Grundgesamtheit an TV-Sendern auf dem deutschen Markt zu ermitteln. Durch die sich schnell verändernde TV-Senderlandschaft (speziell Pay-TV und digitale Angebote), die teilweise nur regional zu empfangenen Sender (Die Dritten) oder die auf bestimmte Empfangssysteme (Satellitenempfang von ausländischen Sendern) beschränkten Sender ist eine Bestimmung der Grundgesamtheit unmöglich. Daher wurde eine pragmatische Lösung gewählt, die auch vielen anderen Statistiken über den deutschen TV-Markt zu Grunde liegt. Berücksichtigung fanden alle Sender, die in der aktuellen AGF-Studie[15] überregional gesendet werden und im Rahmen der Marktanteile auf dem Rezipientenmarkt einzeln ausgewiesen werden (insgesamt 25 Sendermarken). Damit deckt die Studie zwar nicht den gesamten deutschen TV-Markt ab, aber die wichtigsten TV-Sender werden berücksichtigt.

## 2. Bestimmung der manifesten Inhalte

In einem nächsten Schritt sind die manifesten Inhalte zu bestimmen. Da die einzelnen TV-Sender unterschiedlich groß und unterschiedlich lang im TV-Markt tätig sind, ist eine Auswertung von allgemeinem Sekundärmaterial wie Zeitschriften (Horizont, Werben & Verkaufen) nicht sinnvoll. Weiterhin ist es nicht möglich, von allen interessierenden TV-Sendern interne Unterlagen wie Briefings für die Werbeagenturen, Markenmanuals oder CD-Richtlinien zu erhalten, weshalb auch diese Technik zu einer Reduzierung der Stichprobe und einer Verzerrung der Ergebnisse geführt hätte. Da aber alle berücksichtigten TV-Sender über eine entsprechende Homepage im Internet verfügen, wurden diese als manifester Inhalt verwendet. Neben den Sender-Homepages wurden zusätzlich auch die Seiten des jeweiligen Werbezeitvermarkters analysiert, da diese häufig die TV-Sendermarken entsprechend präsentieren. Ergänzend wurde insbesondere zur Analyse des Brandings auf zwei weitere Online-Angebote (slogans.de; wikipedia.de) zurückgegriffen. Alle Analysen basieren auf dem Stand Anfang 2008.

## 3. Kategoriensystem

Die Inhaltsanalyse basiert auf der Anwendung eines entsprechenden Kategoriensystems. Dieses orientiert sich an dem vorgestellten Bezugsrahmen der TV-Markenführung. Tabelle 1 zeigt das verwendete Kategoriensystem.

| Marken-führungs-dimension | Kategorie | Ausprägungen |
|---|---|---|
| Positionierung | Zielgruppe | Breit<br>speziell (Alter, Geschlecht, Einkommen u. Ä.) |
| | Inhalt | Schwerpunkt Information<br>Schwerpunkt Kultur<br>Schwerpunkt Unterhaltung<br>Schwerpunkt Sport<br>Kein Schwerpunkt |
| | Ausrichtung | Sachorientierung (rational, informativ)<br>Erlebnisorientierung (emotional) |
| Marken-strategie | Breite der TV-Sendermarke | Vollprogramm<br>Spartenprogramm |
| | Markenhierarchie | Unternehmensmarke als Empfehlungsmarke<br>Sendermarke als Untermarke<br>Sendermarke als dominierende und unabhängige Dachmarke<br>Sendermarke als unabhängige Dachmarke mit starken Programmmarken<br>Sendermarke als unabhängige Dachmarke mit Dominanz der Programmarken |
| | Markenportfolio | Einzelne Sendermarke<br>Sendermarke ist Teil eines umfangreichen Markenportfolios (auf dem TV-Markt) |
| | Marktdifferenzierung | Sendermarke und Werbemarktmarke sind identisch oder nah verwandt<br>Sendermarke und Werbemarktmarke sind unterschiedlich |
| | Markentransfers | Intramediale Transfers (Online, TV-Mehrwertdienste, Marketingunterstützung)<br>Cross-mediale Transfers (Cross-Channel wie zum Beispiel Printmedien)<br>Kategoriefremde Transfers (nichtmediale Transfers) |
| Markenan-reicherung | Stars | Ja (erste und zweite Ebene der jeweiligen Homepage) |
| | Spezielle Serien oder Sendungen | Ja (erste und zweite Ebene der jeweiligen Homepage) |
| | Cobranding | Cobranding bei TV-Formaten |
| | Country-of-Origin-Effekt | Aktiver Einsatz der (regionalen) Herkunft |
| Branding | Name | Bedeutungslos (Abkürzungen, Zahlen u. Ä.)<br>Deskriptive Bedeutung<br>Emotionale Bedeutung |
| | Logo | Abstraktes Bildlogo<br>Konkretes Bildlogo<br>Schriftlogo |
| | Schlüsselbild (Key Visual) | Vorhanden |
| | Slogan | Vorhanden<br>Deutsch<br>Englisch<br>Informativ<br>Emotional |

*Tabelle 1: Kategoriensystem zur Beschreibung der Markenführung von TV-Sendern*

## Ergebnisse

Die Ergebnisse der Inhaltsanalyse werden entsprechend den vier skizzierten Ebenen der externen Markenführung präsentiert.

## Positionierung

Bei der Positionierung zeigt sich zunächst, dass von den 25 berücksichtigten Sendermarken der überwiegende Teil (56 Prozent) eine breite Zielgruppe ansprechen. Die auf spezifische Zielgruppen abzielenden Sender richten sich insbesondere an Kinder (drei Sender: Nickelodeon, KI.KA, Super RTL), junge Zielgruppen (drei Sender: Comedy Central, VIVA, MTV) und männliche Zielgruppen (zwei Sender: DMAX, DSF).

In Bezug auf die Inhalte der Positionierung sowie die generelle Ausrichtung zeigen sich die in Abbildung 3 dargestellten Ergebnisse.

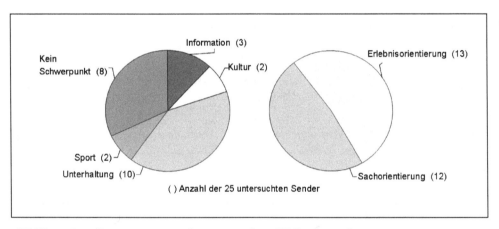

*Abbildung 3:*   *Positionierungen der untersuchten TV-Sendermarken*

## Markenstrategien

Bei dem Merkmal der verfolgten Markenstrategie lassen sich Sender mit Vollprogrammen und mit Spartenprogrammen voneinander abgrenzen. Dabei ist hier zum einen zu beachten, dass sich durch die Markentransfers der TV-Sendermarken die Breite schon lange nicht mehr nur auf das Fernsehprogramm beschränkt. Zum anderen können auch zielgruppenorientierte Sender (KI.KA) für die jeweilige Zielgruppe ein Vollprogramm anbieten.

Insgesamt zeichnet sich der deutsche TV-Markt durch einen hohen Anteil an Spartenprogrammen aus (64 Prozent der untersuchten TV-Sender). Dieser Anteil dürfte bei der Berücksichtigung von Pay-TV noch deutlich höher liegen. Klassische Vollprogrammanbieter für eine breite Zielgruppe sind nur die TV-Sender ARD, ZDF, Sat.1, RTL und mit Einschränkungen ProSieben.

In Bezug auf die Markenhierarchien setzen die TV-Sender mit 68 Prozent am häufigsten die Strategie der dominierenden Sendermarke ein. Daneben findet sich insbesondere bei den öffentlich-rechtlichen Sendermarken durch die Verweise auf ARD und ZDF die Strategie der Unternehmensmarke als untergeordnete Empfehlungsmarke (16 Prozent). Die Strategie von Untermarken wird aus Rezipientensicht (unabhängig von der tatsächlichen Eigentümerstruktur) nur von den Sendern Super RTL und RTL II (acht Prozent) verfolgt. Eine im Vergleich zu den anderen Sendern abweichende Strategie verfolgt RTL. Diese Sendermarke setzt neben der TV-Sendermarke sehr stark auf die einzelnen Programmmarken (wie DSDS, Gute Zeiten Schlechte Zeiten, Wer wird Millionär).

In Bezug auf die Mitgliedschaft in Markenportfolios zeigt sich, dass drei Viertel aller TV-Sender in Deutschland zu umfangreichen Markenportfolios gehören (76 Prozent). Tabelle 2 zeigt die auf dem deutschen TV-Markt tätigen Markenportfolios.

| Markenportfolio | TV-Sendermarken | Marktanteile (auf dem Rezipientenmarkt) |
|---|---|---|
| RTL | RTL, RTL II, Super RTL, VOX, n-tv | 25,3 % |
| ProSiebenSat.1 Media | ProSieben, kabel eins, N24, 9Live, Sat.1 | 20,8 % |
| ARD | ARD, (Die Dritten*), 3sat, Phoenix, Ki.Ka, ARTE | 17,3 % |
| ZDF | ZDF, 3sat, Phoenix, Ki.Ka, ARTE | 16,7 % |
| MTV | VIVA, MTV, Comedy Central, Nick | 2,1 % |
| *Die Dritten wurden auf Grund ihrer regionalen Ausrichtung in der Inhaltsanalyse nicht berücksichtigt* | | |

*Tabelle 2:* *Markenportfolios auf dem deutschen TV-Markt*

Nur die TV-Sender DMAX, Tele 5, Das Vierte, Eurosport und DSF agieren auf dem deutschen TV-Markt als singuläre Marken.

In Bezug auf das markentechnische Verhältnis zwischen der Marke für den Rezipienten- und für den Werbemarkt existieren zwei Strategietypen. Während die eine Strategie darauf abstellt, dass die Marke für beide Märkte gleich oder ähnlich ist (DSF und DSF Media), verfolgt der überwiegende Teil der werbefinanzierten TV-Sender eine differenzierte Strategie (71 Prozent aller werbefinanzierten TV-Sender). Die wichtigsten differenzierten Marken auf dem Werbemarkt sind IP (RTL), SevenOne (ProSiebenSat.1) und Viacom (MTV).

In Bezug auf die Strategie Markentransfer zeigt sich, dass alle TV-Marken mit einem entsprechenden Internetauftritt die jeweilige Marke mindestens in den Online-Bereich transferiert haben. In Bezug auf weitergehende, insbesondere auch mit echten Geschäftsmodellen versehene Angebote, werden häufig die Formen Onlineshops (RTL Shop, kabel eins Reiseportal) und Online-Dienstleistungen (RTL II-Handwerkervermittlung, RTL II-Partnervermittlung) bisher genutzt. Darüber hinausgehende Markentransfers finden sich überwiegend im Medienbereich (Bücher und DVDs von ARTE unter dem Namen ARTE Edition). Kategoriefremde Transfers, die Leistungen jenseits von Medien umfassen, finden sich auf der Ebene der TV-Sendermarken hingegen nur selten (Ausnahme: Konferenzen von n-tv).

## Markenanreicherung

Die erste Form der Markenanreicherung bildet die Integration von Stars (beschränkt auf lebende Persönlichkeiten) in die Markenkommunikation. Diese Form der Markenanreicherung wird nur von relativ wenigen TV-Sendern über einen längeren Zeitraum verfolgt (24 Prozent aller Sender). Folgende Stars werden bewusst und über einen längeren Zeitraum von den TV-Sendern prominent eingesetzt:

- ZDF: Thomas Gottschalk,

- Comedy Central: Jürgen von der Lippe,

- Tele 5: Thomas Gottschalk,

- RTL: Günter Jauch, Dieter Bohlen,

- ProSieben: Stefan Raab,

- Sat.1: Kai Pflaume.

Die zweite Form der Markenanreicherung, bei der bestimmte in der Regel eigenproduzierte oder exklusive Sendungen eingesetzt werden, wird hingegen von relativ vielen TV-Sendern (44 Prozent) genutzt. Besonders ausgeprägt findet sich diese Form neben RTL insbesondere bei den Sendern ARD (unter anderem *Tagesschau, Sportschau, Tatort*), ZDF (unter anderem *Heute, Wetten dass ...?, Aktuelles Sportstudio*), KI.KA (*KI.KA Live*), RTL II (unter anderem *Big Brother*), Super RTL (*Toggolino*), DSF (*Doppelpass*), Nickelodeon (*Sponge Bob*) und Sat.1 (*Hit Giganten, Nur die Liebe zählt, Verliebt in Berlin*). Die beiden anderen berücksichtigten Anreicherungsoptionen Co-Branding und ‚Country-of-Origin'-Effekt setzen die TV-Sendermarken bislang nur sehr selten ein. Echtes Co-Branding findet sich nur bei der Sendung *Doppelpass*: die *Krombacher Runde* (DSF) und eingeschränkt bei den Transfers der Printtitel ins Fernsehen (*Spiegel TV* bei RTL und VOX). Der Einsatz von regionalen Imagebestandteilen (Country-of-Origin) lässt sich nur bei wenigen TV-Sendermarken identifizieren (ARTE und Europa; Das Vierte und Hollywood; MTV und USA).

## Branding

Im Rahmen des Brandings wurden der Markenname, das Markenlogo, der Slogan sowie das Schlüsselbild (Key-Visual) mit Hilfe der Inhaltsanalyse untersucht. Abbildung 4 zeigt das Branding der berücksichtigten TV-Sendermarken. In Bezug auf die verwendeten Markennamen zeigt sich, dass über die Hälfte aller TV-Sender (52 Prozent) alphanumerische Abkürzungen (RTL oder DMAX) einsetzen, die für den Rezipienten zunächst ohne Bedeutung sind. Darüber hinaus verwenden 36 Prozent der TV-Sender deskriptive Namen (ProSieben, Das Vierte). Diese Sendernamen beschreiben häufig die tatsächliche oder gewünschte Position der TV-Sender auf der Fernbedienung der Rezipienten. Lediglich 12 Prozent der Sender setzen bedeutungsvolle Namen mit einer emotionalen Färbung ein (VOX, Phoenix, VIVA). Sybille Kircher, geschäftsführende Gesellschafterin von Nomen, bezeichnet Letztere auch als TV-Marken der zweiten Generation[16].

In Bezug auf das Markenlogo dominieren mit 60 Prozent reine Schriftlogos (RTL, n-tv oder 3Sat). Nur 12 Prozent setzen konkrete Bildlogos (Comedy Central, Sat.1 und Eurosport) und 28 Prozent abstrakte Bildlogos (ZDF und Nickelodeon) ein. In Bezug auf Slogans lässt sich zunächst feststellen, dass mit Ausnahme von VOX alle TV-Sendermarken einen Slogan einsetzen, wobei überwiegend deutschsprachige Slogans eingesetzt werden (88 Prozent). In Bezug auf den Inhalt der Slogans setzt knapp die Hälfte (46 Prozent) eher informative (ZDF: „Mit dem Zweiten sieht man besser") und etwas mehr als die Hälfte (54 Prozent) eher emotionale Slogans: (ProSieben: „We love to entertain you") ein.

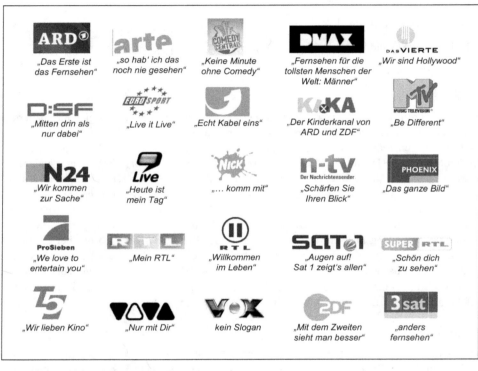

***Abbildung 4:*** *Branding der TV-Marken*

Das Brandingelement Schlüsselbild (Key Visual) wird nur von den Sendern ZDF (Zwei-Finger-Geste; Mainzelmännchen, siehe Abbildung 5), VOX (rote Kugel) und mit Einschränkungen von Sat.1 (Ball) eingesetzt (12 Prozent).

***Abbildung 5:*** *Schlüsselbild der Marke ZDF*
*Quelle: Hefter 2004, S. 261*

## Fazit

Zunächst lässt sich festhalten, dass das Markenkonzept eine wichtige Rolle in der Profilierung eines TV-Senders spielen kann, die bisherige Praxis allerdings Schwachstellen und die Forschung weiße Flecken in diesem Feld aufweisen. Im Rahmen dieses Beitrags wurde ein Bezugsrahmen mit den drei Ebenen Markenführung, Markenwirkung und MarkenControlling vorgestellt. Anschließend wurde das zentrale Managementfeld der externen Markenführung mit Hilfe einer Inhaltsanalyse von 25 TV-Sendermarken auf dem deutschen Markt ausführlich thematisiert und in Bezug auf deren Relevanz in der Praxis analysiert. Dabei zeigten sich unter anderem folgende Ergebnisse:

▨ Der überwiegende Teil der TV-Marken positioniert sich als Spartensender für eine breite oder nach Alter abgegrenzte Zielgruppe.

▨ TV-Marken fungieren auf dem Rezipientenmarkt schwerpunktmäßig als eigenständige Marken mit oder ohne Bezug zur übergeordneten Dachmarke als Empfehlungsmarke.

▨ Häufig sind die TV-Sendermarken Mitglieder umfangreicher Markenportfolios.

▨ Werbefinanzierte TV-Sendermarken differenzieren in den meisten Fällen zwischen der Marke für den Rezipienten- und den Werbemarkt (in der Regel Einsatz einer Dachmarke für den Werbemarkt).

▓ TV-Sendermarken transferieren ihre Marke bislang überwiegend nur in angrenzende Medienkategorien. Medienfremde Markentransfers werden nur selten durchgeführt.

▓ Das Konzept der Markenanreicherung wird mit Ausnahme der Option ‚eigene Sendungen' bislang von den TV-Sendermarken nur selten eingesetzt.

▓ Das Branding der meisten TV-Sendermarken zeichnet sich durch eine alphanumerische Abkürzung oder reine Deskription als Markenname, durch den Einsatz von Schriftlogos, die Verwendung von deutschsprachigen Slogans und den Verzicht auf Schlüsselbilder aus.

Dieser Status quo verdeutlicht, dass die TV-Sendermarken bewusst einen markenorientierten Ansatz verfolgen, allerdings handelt es sich überwiegend noch um ‚einfache' Konzepte. Fortgeschrittene Techniken wie differenzierte Markenhierarchien, psychografische Zielgruppenabgrenzungen, Verknüpfung der TV-Marke mit anderen Imageobjekten, medienfremde Markentransfers oder psychologisch ‚optimiertes' Branding finden sich nur in Ausnahmefällen. Damit stellt die Markenführung für TV-Marken in der Praxis noch eine Managementaufgabe mit Potenzial dar.

Aber auch die Wissenschaft steht noch am Anfang. Zwar zeigt die Studie den aktuellen Einsatz der Markenführung im TV-Sektor auf, allerdings bleiben noch viele Fragen offen. Im Rahmen der externen Markenführung ist insbesondere für die weitere Forschung das Verhältnis zwischen Sender- und Programmmarke von großem Interesse.

Auf der Ebene der Markenführung fehlt insbesondere die Verknüpfung der internen mit der externen Markenführung. Exemplarisch ist die Verknüpfung der Markenorientierung als unternehmenskulturelle Facette der internen Markenführung mit der Qualität der externen Markenführung zu nennen.

Auf der Ebene des gesamten Bezugsrahmens fehlt offensichtlich die Verbindung der Markenführung mit Wirkungsgrößen auf dem Rezipienten- und Werbemarkt. Erst eine solche Verknüpfung in theoretischer und empirischer Hinsicht erlaubt Aussagen zur Effektivität der Markenführung.

## Literatur

AGF (2007): Zuschauermarkt 2007
(http://www.agf.de/daten/zuschauermarkt/marktanteile; letzter Abruf: 10.2.2008).

BAUMGARTH, C. (2008): Markenpolitik, 3. Aufl., Wiesbaden 2008.

BAUMGARTH, C. (2004A): Markenführung im Mediensektor, in: Handbuch Markenführung, Hrsg.: Bruhn, M., 2. Aufl., Wiesbaden 2004, S. 2251–2272.

BAUMGARTH, C. (HRSG.) (2004B): Erfolgreiche Führung von Medienmarken, Wiesbaden 2004.

CASPAR, M. (2002): Cross-Channel-Medienmarken, Diss., Frankfurt 2002.

CHAN-OLMSTED, S. M.; KIM, Y. (2001): Perceptions of Branding among Television Station Managers, in: Journal of Broadcasting & Electronic Media, Vol. 45, No. 1, S. 75–91.

FELDMANN, V. (2001): Markenstrategien von TV-Sendern dargestellt an ausgewählten Beispielen, Berlin 2001.

FRANZEN, O. (2002): Die Werteentwicklung der Marke im Zeitverlauf beobachten, in: markenartikel, 64. Jg., H. 1, S. 26–31.

HEFTER, A. (2004): Branding der Medienmarke ZDF, in: Erfolgreiche Führung von Medienmarken, Hrsg.: Baumgarth, C., Wiesbaden 2004, S.251–264.

KIRCHER, S. (2004): Brand Naming!, in: Erfolgreiche Führung von Medienmarken, Hrsg.: Baumgarth, C., Wiesbaden 2004, S. 229–249.

LOBE, T. (2002): Bild ist Marke, Hamburg.

MADSEN, T. (2004): Die Medienmarke FTD, in: Erfolgreiche Führung von Medienmarken, Hrsg.: Baumgarth, C., Wiesbaden 2004, S. 129–142.

o.V. (1998): Markenführung im Medienmarkt, Teil 1. In: Markenartikel. Jg. (1998), H. 5, S. 20-29.

QUOOS, S. (2001): Fernsehen als Marke, Diss., München 2001.

SEVENONE MEDIA (HRSG.) (2002): TV-Images 2002, o. O. 2002.

SIEGERT, G. (2001): Medien Marken Management, Habil., München 2001.

STERN (HRSG.). (2007): MarkenProfile 12, Hamburg 2007.

SWOBODA, B.; GIERSCH, J.; FOSCHT, T. (2006): Markenmanagement: Markenbildung in der Medienbranche, in: Handbuch Medienmanagement, Hrsg.: Scholz, C.; Berlin, Heidelberg 2006, S. 789–813.

## Verweise & Quellen

[1]   Madsen 2004

[2]   Lobe 2002

[3]   o. V. 1998, S. 24

[4]   Baumgarth 2004a

[5]   Baumgarth 2004b

[6]   Caspar 2002, Siegert 2001

[7]   Ausnahmen: Feldmann 2001; Chan-Olmstedt/Kim 2001; Quoos 2001; Franzen 2002

[8]   Siegert 2001; Swoboda/Giersch/Foscht 2006

[9]   Baumgarth 2008, S. 30 ff.

[10]  SevenOne Media 2002

[11]  Stern 2007, S. 619 ff

[12]  Franzen 2002

[13]  Caspar 2002

[14]  Baumgarth 2008, S. 193

[15]  AGF 2007

[16]  Kircher 2004

# Mission 360° – Innovation als Auftrag

*Philipp Welte*

*[Chief Marketing Officer, Geschäftsführer Axel Springer Media Impact]*

Längst sind die professionellen Protagonisten des deutschen Medienmarktes tief verstrickt in einen global geführten Kampf um Aufmerksamkeit: Im digitalen Zeitalter ist die mediale Welt der Menschen international vernetzt, und diese Welt entwickelt sich technologisch in rasantem Tempo weiter. Dadurch gerät die Medienbranche unter extremen Innovationsdruck: Der autonom gewordene Konsument baut sich seine eigene mediale Struktur, und wer seinen hohen Ansprüchen nicht genügt, ist schnell nicht mehr relevant – und nicht mehr dabei. Um Reichweiten und Marktanteile zu verteidigen, müssen die traditionellen Medienunternehmen selbst zu Treibern der Innovation werden, müssen agieren anstatt zu reagieren. Also müssen Inhalte und Marken technologisch auf 360°-Mission gebracht werden – nur wer das schafft, öffnet sich einen Weg in die Zukunft.

Als das seltsame Phänomen ‚Information Highway' Anfang der 90er Jahre zum ersten Mal am Firmament der deutschen Medienwelt sichtbar wurde, erkannten die wenigsten Protagonisten der Branche die gewaltige Dimension, die ungestüme Macht, mit der die Digitalisierung unsere Welt verändern würde. Internet: War das nicht eher eine Sternschnuppe – faszinierend, strahlend vielleicht, aber eben doch nur ein kurzlebiges Phänomen, das in der realen Welt unseres harten Mediengeschäftes bald verglühen würde? 15 Jahre später wissen wir: Nichts wird jemals wieder sein, wie es war. Innerhalb weniger Jahre hat die Digitalisierung eine nie geahnte mediale Vielfalt, einen völlig neuen Medienkosmos geschaffen, in dem die ‚traditionellen' Medien sehr ernst und sehr konzentriert um ihre Zukunft kämpfen müssen. Klaus Boldt, einer der wortgewaltigsten deutschen Medienjournalisten, sieht in einem düsteren Bericht zur Lage der deutschen Medienbranche Anfang 2008 „unbegreifliche Vorgänge des Abbröckelns und Erschlaffens, des Sinkens und Endens überall."

Was ist passiert? Eine Revolution, nicht weniger. Die Digitalisierung hat eben nicht nur die Kreativität der Journalisten von den Grenzen ihrer technologischen Machbarkeit befreit, sondern plötzlich bestieg das revolutionär bewegte Publikum selbst die mediale Bühne und begann, sich im Netz autonom und autark zu unterhalten. Was aus Sicht der Konsumenten faszinierende Pluralität ist, bedeutet für uns schlicht die harte Teilung unserer medialen Welt. Hunderttausende neuer medialer Optionen sind entstanden, und damit hat sich unsere Rolle als Medienschaffende vollständig verändert: Wir sind nur noch *ein* Teil dieser faszinierenden neuen Welt, denn neben uns ‚professionellen' Medienanbietern übernehmen künftig soziale Netzwerke und autonome Systeme wesentliche Anteile am Informations- und Unterhaltungsbedarf der Menschen.

Ein Ende der revolutionären Prozesse ist nicht in Sicht: Mit Macht verschiebt sich die Mediennutzung der Menschen auch hier in Deutschland hin zu digitalen Angeboten, und die klassischen Medien sind in eine unerwartet erbarmungslose, technologieübergreifende Schlacht um Aufmerksamkeit geraten. Selbst ein Markenmythos wie BILD steht heute nicht mehr nur in Konkurrenz mit einer Handvoll Wettbewerbern am Kiosk oder aus den Reihen der traditionellen elektronischen Medien – plötzlich tauchen Websites und andere digitale Angebote auf den Radarschirmen auf, deren Existenz wir bis vor kurzem noch nicht einmal erahnen konnten.

Was aber entscheidet nun über Erfolg und Misserfolg in dieser neuen Marktkonstellation? Andrew Robertson, Chef der BBDO und einer der visionärsten Werber der Welt, nennt als wichtigste Voraussetzung für Erfolg in der digitalen Medienwelt „the magical ability to capture and hold the consumers attention". Nun gut, genau das ist journalistisches Kerngeschäft: das Schaffen von Aufmerksamkeit durch Informationen oder Unterhaltung. Daran hat sich seit der Zeit der Avisen des Urvaters aller Verleger – des Straßburgers Johann Carolus – nichts geändert, allerdings ist das Handwerk ein anderes geworden: Statt handgeschriebener Notizen zählt heute multimediales ‚Storytelling' ...

Tatsächlich brauchen auch der aufregendste Journalismus und die strahlendste Marke in der digitalen Welt eine ganz neue Qualität, um wettbewerbsfähig zu bleiben: die Fähigkeit zur Innovation, zur kontinuierlichen Weiterentwicklung. Größte Herausforderung für die Medienbranche ist dabei die Konvergenz, das rapide technologische Zusammenwachsen der Medien. Hier nahen ganz klar die größten Herausforderungen, aber auch die größte Chance für die aus der Printwelt kommenden digitalen Angebote. Dabei stellt sich auch nicht mehr die Frage, ob wir Medienanbieter konvergent arbeiten wollen oder nicht – unsere Zielgruppen setzen das ganz einfach voraus: Die neue Generation von Mediennutzern, die in absehbarer Zeit den Markt dominieren wird, kennt keine technogenen Hemmschwellen mehr.

Für uns heißt das: Unsere Inhalte müssen jederzeit und überall erreichbar, konsumierbar sein. Diese Vision umzusetzen, bedeutet aber auch schon rein handwerklich eine ganz neue Herausforderung: Alle technologischen Distributionskanäle müssen zukünftig mit allen Inhalten beliefert werden, also Text, Bild, Video, Audio. Deshalb hat Axel Springer im letzten Jahr mit hoher Energie und am Ende sehr großem Erfolg daran gearbeitet, BILD in der digitalen Welt in einen forcierten Innovationsmodus zu bringen. BILD.de ist heute nicht nur eine der größten Marken im Netz, sondern auch wieder eines der innovativsten Angebote, und einer der zentralen Aspekte dieser Innovationsoffensive ist Web-TV. Dank eines großen, hochaktuellen Videoangebots und 20 Millionen Viedoabrufen pro Monat ist BILD.de heute schon einer der wichtigsten Anbieter von Web-TV in Deutschland.

Bewegte Bilder im Internet: eine echte Herausforderung, aber auch die einmalige Chance für die Verlage, einen der dynamischsten medialen Wachstumsmärkte zu erobern. Mittelfristig hat dieser Markt ein wesentlich größeres Potenzial als das klassische werbefinanzierte Fernsehen, und das ist nicht etwa die Einzelmeinung eines rachsüchtigen Verlagsmanagers, der den Milliarden an Werbegeldern nachhängt, die das private Fernsehen den Zeitungen und Zeitschriften seit den 90er Jahren abgejagt hat. Diese Prognose stammt von Lord Curie, dem Chef der britischen Regulierungsbehörde für Telekommunikation: „Wie das Fernsehen das Radio und dann die Zeitungen überholt hat, so wird auch der internetbasierte Video Content das herkömmliche Fernsehen überholen."

Das ist sicher ein weiter Weg, und die Geschwindigkeit, mit der dieser Innovationsprozess ablaufen wird, wird sehr stark über die Qualität der Internetzugänge reglementiert. Aber schon jetzt zeichnen sich einige wichtige Charakteristika dieses internetbasierten Fernsehens der Zukunft ab: Es wird personalisierbar sein, wesentliche Inhalte werden von den Mediennutzern selbst kommen, es wird interaktive Möglichkeiten bieten und die regionalen Bezüge werden rapide an Bedeutung gewinnen.

Das aus den USA stammende Angebot veoh.tv zeigt beispielhaft, wie weit die Individualisierung gehen kann: Als komplett personalisierbare Video-Plattform bietet sie dem Nutzer die Möglichkeit, selbst produzierte Video-Inhalte mit anderen Fernsehinhalten zu verknüpfen. Veoh bietet das pralle bewegte Leben, denn es integriert die Inhalte der großen TV Stationen mit Inhalten der Nutzer und Bewegtbildinhalte von YouTube, Google Video und den anderen Anbietern. Ein anderes schönes Beispiel dafür, wie bewegte User Generated Contents (→ UGC) im Netz stattfinden können, ist plebs.tv, eine Plattform für Bürgerjournalismus. Bemerkenswert ist das erfolgsorientierte Konzept für die Honorierung der Bürgerjournalisten: Provisionen und Honorare werden bei plebstv.com über Bewertungs- und Rankingfunktionen an die ‚Bürgerjournalisten' ausgeschüttet.

Öffnung kann auch Interaktion bedeuten – exzellent vorgelebt bei BBC interactive. Die BBC bietet ihren Zuschauern in ihrem IPTV-Angebot teilweise faszinierende Möglichkeiten, im Programm zu interagieren. Das Format *Crime Scene Investigation Las Vegas* etwa verknüpft die Handlung mit zusätzlichen Informationen wie kartografischen Angaben über Google Maps oder Hintergründe zu forensischen Methoden. In der Musiksendung *Life 360* werden Künstler vorgestellt, über die entsprechenden Links bekommt der Nutzer Informationen zum Künstler, kann abstimmen oder die Musik dieses Künstlers seinen Freunden empfehlen.

Votings und Empfehlungen sind natürlich wesentliches Element aller regionalen und lokalen Websites, und das gilt auch für lokale Web-TV-Stationen wie naplesnews.com, eine innovative und ambitionierte Verknüpfung von Zeitung und Bewegtbild im Internet. Die *Naples Daily News* haben gerade einmal eine Auflage von 69.000 Exemplaren und produzieren mit einer kleinen Anzahl von Mitarbeitern täglich eine professionelle lokale Nachrichtensendung im Web. Die am häufigsten abgerufenen Beiträge kommen am nächsten Tag in die gedruckte Ausgabe, prägnante Kommentare, die auf der Website landen, werden in der Sendung präsentiert.

Bislang sind all dies Leistungen einzelner Pioniere und deshalb nur Trends, wenn auch wichtige: Noch bewegt sich der Markt gerade auch in Deutschland auf so niedrigem Niveau, dass sich inhaltlich keine generalisierbaren Tendenzen oder Präferenzen herauskristallisiert hätten. Klar ist jedoch, dass der Treck der Medienbranche entschlossen aufgebrochen ist, um dieses neue Terrain Web-TV für sich zu erobern und urbar zu machen. Bis jetzt ist das bewegte Bild im Netz aus Sicht der meisten professionellen Medienmacher eine offene Flanke: Dank der Digitalisierung sind aus den Lesern in den letzten Jahren Nutzer geworden, jetzt werden die Nutzer via Netz auch Zuschauer. Damit heißt die Herausforderung für die Verlage endgültig: 360°, multimedialer Journalismus. Wenn Verlage ihre Zielgruppen und ihre Reichweiten gegen die neuen Angreifer in der digitalen Welt verteidigen wollen, müssen sie ihre journalistischen Inhalte technologisch auf 360°-Mission schicken.

Nun aber ist es Chance und Schicksal der Medienanbieter, dass sie ihre Produkte immer für zwei Märkte qualifizieren müssen: einerseits für die Leser oder Nutzer, also die Endverbraucher, andererseits für die Kunden, die diese Medien als Werbeträger benutzen wollen. Oder sollten. Es geht also nicht nur darum, den Inhalt auf eine 360-Grad-Mission zu schicken – die Herausforderung ist es, die Kunden mit auf diese Mission zu nehmen. Auch deren Welt hat sich durch die Digitalisierung fundamental verändert; die Komplexität und damit auch der Schwierigkeitsgrad der werblichen Kommunikation hat sich dramatisch erhöht. Allein schon durch die nackte Masse der werblichen Botschaften: Die Zahl der täglichen Werbekontakte hat sich in den letzten 30 Jahren verzehnfacht, bis zu 4.500 Werbekontakten ist ein normaler Mensch in Deutschland heute durchschnittlich ausgesetzt, Tendenz: steigend. Hat Werbung – Kommunikation – in dieser Informationsflut überhaupt eine Chance?

Wir sehen: Auch dieser zweite Teil unserer beruflichen Welt als Medienmacher ist massiv in Bewegung geraten – der Werbemarkt verändert sich dynamisch. Sicher wird in Deutschland auch in den nächsten Jahren klassische ‚above-the-line'-Werbung wachsen, allerdings nur um etwa vier oder fünf Prozent. Treiber dieses Wachstums sind dabei nicht mehr die klassischen Medien wie Zeitungen, Zeitschriften oder Fernsehen, sondern die Dynamik wird vom rasanten Wachstum der Online-Werbung kommen, die bis 2012 um über 25 Prozent zulegen wird. Das bewegte Bild im Internet wird einer der Motoren dieser Dynamik sein, weil es in den innovativen Marketingstrategien einen immer größeren Stellenwert bekommen wird. Richtungweisend für diese neue Tendenz des Marktes ist eine fast schon legendäre Idee, die die Kreativagentur DDB in Deutschland für ihren Kunden Volkswagen entwickelt hat – Horst Schlämmer macht Führerschein. Diese virale Kampagne mit einer Serie von Videos mit Hape Kerkeling in der Figur des verschrobenen Fahrlehrers aus Grevenbroich ist eine der erfolgreichsten und meistprämierten Kampagnen der letzten Jahrzehnte – und Initiator des Wandels: Ihr Siegeszug begann nicht mit einem traditionellen Medium, sondern im Videoportal YouTube. Und das mit einem spektakulären Tausend-Kontakt-Preis (→): 0 Euro.

Was bedeutet das für Medienunternehmen? Sie müssen durch Innovation auch in ihrer Vermarktung die Voraussetzungen dafür schaffen, an diesem Zukunftsmarkt zu partizipieren. Die Zukunft des Journalismus ist konvergent, und die Zukunft des Marketings ist es auch. Deshalb hat der Konzern Axel Springer am Anfang dieses Jahres in einem mutigen Schritt die Vermarktungsorganisationen von Zeitungen, Zeitschriften und der zu ihnen gehörenden digitalen Medien integriert zu einer innovativen, konvergenten Organisation. Dieses neue Unternehmen bespielt alle medialen Kanäle des Konzerns und vernetzt sie zu technologieübergreifenden Kommunikationslösungen. Aber jede noch so innovative Organisation bildet immer nur einen kleinen Teil der Zukunft ab – den, den wir mit hoher Sicherheit erahnen können. Letzten Endes wird der Kampf um die Aufmerksamkeit und damit auch um einen insgesamt dynamisch wachsenden Werbemarkt ein Abenteuer bleiben: Niemand weiß, wohin die digitale Revolution die Medienwelt führen wird. Aber das darf uns nicht vom Weg der Innovation abbringen, denn nur durch den Mut zur kontinuierlichen Erneuerung können sich die traditionellen Medienanbieter ihren Anteil an den Märkten der Zukunft sichern. Mehr denn je gilt in der digitalen Welt ein weiser Satz, den Stan Lee seinen kosmischen Helden Silver Surfer sagen lässt: „Das Wissen um Erfolg oder Misserfolg ist uns nicht gegeben. Aber im Versagen liegt keine Schmach. Es gibt nur eine Schande – die Feigheit, es nicht versucht zu haben.“

# Markenführung der Zukunft

*Uli Veigel*

*[Chief Executive Officer, Grey Global Group Germany]*

Denken wir uns einen Trichter. Nennen wir ihn den Google'schen Trichter. Ein Klick – und das gesamte, für die Zukunft relevante Marketing-Wissen unserer Zeit fließt über Bildschirme in die Köpfe von Marken-Managern. Überall, wo immer wir sind, rund um den Globus. Nie zuvor war Wissen für die Markenführung so präsent, so schnell verfügbar, so aktuell, so intelligent aufbereitet, so vielfältig, mit so viel Praxisnähe und immer neuen Trends garniert wie im Zeitalter des Internets. Theoretisch wissen wir (fast) alles. Und die Zukunft der Marke dürfte keine ‚Black Box' mehr sein. Wird Zukunft nun beherrschbar? Werden die Champions der Markenführung zu Planspielern, die jedes Risiko rechnen können? Ein Wunschbild. In Wirklichkeit erleben Marken den Ernstfall im Bermuda-Dreieck des Marketings. Dort, wo Konsumenten ihre Macht ausspielen und mit unsichtbarer Hand den Kurs der Markenartikel, der Eigenmarken und für den Handel als Marke neu bestimmen. Planspiele landen tausendfach im Schredder.

Das System Marke stößt auf die ausufernde Komplexität der Konsumwelt mit immer neuen Medien und Marken, mit einer unübersehbaren Vielfalt der Wünsche und Verhaltensweisen der Menschen. Kommunikation in Überschallgeschwindigkeit mit Rezipienten, von denen kein Manager ein Leitbild hat. Mehr noch. In dieser Umwelt will der Konsument seine eigene Dynamik ausspielen, aber dabei immer wieder Halt finden, sich orientieren. Marken bieten sich als Leuchttürme und Fixpunkte an. Inzwischen ist das System Marke jedoch selbst zu komplex geworden.

Der Soziologe und Systemtheoretiker Niklas Luhmann hat uns sein Wissen über die Problematik komplexer Systeme vermacht. Reduktion von Komplexität gehört jetzt auf die Agenda der Markenführung.

## Marken außer Kontrolle?

### Szenario 1: Neue Märkte, neue Konsumenten

Die Masse der ‚Consumer Products' ist austauschbar. Trotz aller Bekenntnisse zum Markenwert ist allzu oft der Preis das einzige spürbare Lebenszeichen im Wettbewerb. Stress, Nervosität und ein Tempo in Schallgeschwindigkeit bestimmen die Prozesse der Markenführung. Am Point of Sale (→ PoS), meinen Spötter, herrsche ‚Permanente-Orientierungslose-Suche'. Verständlich, wenn ein durchschnittlicher Supermarkt 7.336 Artikel führt und ein SB-Warenhaus mit 28.290 Artikeln überreizt. Längst erleben Konsumgütermärkte eine böse Inflation von Innovationen: 24.000 neue Artikel pro Jahr erreichen den Lebensmitteleinzelhandel, von denen 50 Prozent zum Flop werden. Ein Beispiel: Von jährlich 200 neuen Düften überleben nur 10 Prozent das erste Jahr.[1] Das viel beschworene Marken-Flimmern überfordert Kunden beim Einkauf.

Wenn die Welt verrückt spielt, ist Markenführung auf die Nähe zum Konsumenten angewiesen. Das schafft sie selten. Im Gegenteil: Konsumenten gehen auf Distanz zu Marken und ihrem Auftritt (siehe Abbildung 1).

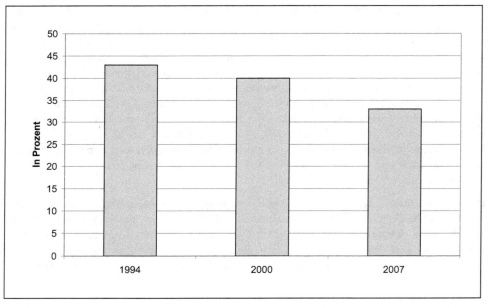

**Abbildung 1:**   *Nur noch ein Drittel der Befragten glaubt an die Kraft des Markenartikels Quelle: Allensbacher Markt- und Werbeträgeranalyse. Zustimmung zu der Aussage: Der Kauf von Markenartikeln lohnt sich meistens*

Warum verlieren Marken ihre Kraft? Eine Inszenierung nach der anderen, aber zu viele Innovationen verpuffen. Der Markenkommunikation gehen die Argumente aus. Sie verliert ihre Souveränität im Umgang mit Konsumenten. Ihr fehlt die echte Botschaft der Marke, eine glaubwürdige Produkt-Geschichte, die Konsumenten interessiert und bindet.

Der ständige Tempowechsel in den Märkten, die zunehmende Geschwindigkeit des Wandels verschleißt Identität, Markencharakter und Werte. Marken schwächeln und versagen im scharfen Wettbewerb.

Die Persönlichkeit jeder Marke, ihre Positionierung, ihre Werte, ihre Technologie, ihre Emotionen und die Botschaft, die sie aussendet, konkurrieren heute mit Themen, die wir als Auslöser gefährlicher Beben in den Weltmärkten empfinden. Marken mit großer Tradition wenden sich an Konsumenten, die selbst Zukunftsthemen besetzen und vorantreiben:

- Die ‚Young Generation': gebildet, hoch qualifiziert, global orientiert, Profi im Umgang mit digitalen Medien, übernimmt die Regie in fast allen Konsumgütermärkten. Sie ist dabei, das Ressourcen-Monopol der Unternehmen zu zerschlagen. James Cherkoff,[2] hat schon 2005 mit klassischer Werbung abgerechnet. Seither gilt ‚Open Source Marketing' als die perfektere Lösung.

- Die ‚Best Ager': vermögend, sportiv und kultur-zugewandt, offen für gesellschaftliche Veränderungen, offen für neue Technologien, sind ein Glücksfall für die Premium-Märkte. In den führenden Wirtschaftsnationen werden sie auf Jahrzehnte hinaus die Qualität des Wachstums bestimmen. Parallel wird ein längeres Leben den Alterungsprozess der Gesellschaft beschleunigen. Dem Zielkonflikt, für Kinder und Ältere die richtige Strategie zu finden, muss sich jede Marke stellen.

- Die Nachhaltigen: Sie besetzen die Top-Themen des 21. Jahrhunderts: Natur, Gesundheit, Qualität der Ernährung, Klimaschutz, Energie und soziale Verantwortung. Professionell über alle Medien hinweg und mit großer Empathie setzen sie sich für einen schonenden Umgang mit den Ressourcen unseres Planeten ein. Die Marke spürt den Tiefgang der Veränderungen in Konsumgewohnheiten, Einstellungen zum Kauf, Mobilität, Freizeitverhalten, ein ökologisch angepasstes Leben. Die Nachhaltigen definieren, was Qualität bedeutet.

Schon entsteht ein Premium-Öko-Segment. Genuss und Luxus sollen nicht länger Umweltsünde sein. Das geht weit über Fair Trade hinaus. Es sind kaufkräftige Konsumenten, die als aktive Weltverbesserer dennoch auf hohem Niveau das Leben genießen möchten. Sie stellen plötzlich ihren Lieblingsmarken kritische Fragen zu ethischen Einstellungen und ökologischen Zielen. In den USA kaufte diese Zielgruppe der Lifestyle of Health and Sustainability (LoHaS) schon im Jahr 2005 Waren im Wert von 209 Milliarden US-Dollar[3].

Nachhaltigkeit steht ganz oben auf der Werteskala. Wo die Markenführung diesen Input nicht aufnimmt, sehen Strategien alt aus.

### Szenario 2: Der Faktor Zeit und die Medien

Über seine Zeit will der neue Konsumenten persönlich frei verfügen. Warum sonst gibt es Flatrates? Milliarden Menschen sind online. Online nehmen sie sich die Freiheit, aus Zeit im Überfluss grenzenlos zu disponieren. Davon träumen sie auch in der Offline-Welt.

Auch klassische Medien haben keine andere Wahl, als schnell und in extrem kurzen Intervallen mit dieser Klientel zu kommunizieren. Mit diesen Folgen: Wenn Medien das Tempo hochfahren, werden Marken mitgerissen.

Der Zeitdruck auf die Markenkommunikation steigt. Im Jahr 1986 hatte ein Konsument im Durchschnitt noch 200 Sekunden Zeit, um eine Werbebotschaft bis zur nächsten zu verarbeiten. Heute muss sein Gehirn alle 10 Sekunden bereit sein. Konsumenten leben mit der Beschleunigung ihrer alltäglichen Prozesse. Sie spüren, die so geliebte Freizeit ist keine freie Zeit mehr. Obwohl Menschen immer länger leben, wird Zeit subjektiv empfunden knapper. Körperliche und geistige Leistungen werden in verbesserter Rekordzeit erbracht. Zeit wird wie im Sport zum Kriterium der Leistungsbewertung. Zeit zu besitzen wird zum wahren Luxus.

Das Internet, schnellstes Medium der Welt, nimmt sich immer mehr vom Zeitbudget der Konsumenten. Im Kampf der Marken und Medien um die Zeit der Konsumenten ist das Internet der Gewinner. Als nützliches Werkzeug, Faszinosum, Erlebnisort und Heimat der Communities raubt diese digitale Welt den klassischen Medien die gewohnte Aufmerksamkeit.

Nie war auf unserem Globus die zeitliche Nähe zum Geschehen so groß, Interaktion in Echtzeit überhaupt möglich. Aber auch die real empfundene räumliche Nähe der urbanen Gesellschaft wirkt als Beschleuniger auf alle Formen des Zusammenlebens. Seit dem Jahr 2007 wohnen zum ersten Mal mehr Menschen in den urbanen Zonen der Welt als in ländlichen Regionen.

Im Internet erleben wir die Folgen eines jährlich produzierten Datenvolumens in einer unvorstellbaren Dimension von zwei Exabyte (= 2.000.000.000.000.000.000 Byte). Kommunikation im digitalen Überfluss wirkt als Treibsatz im Alltag der Menschen. Werden Marken darin verschüttet?

Speziell an der Verkaufsfront im Einzelhandel wird Zeit zur wichtigen Währung. In fünfzehn Jahren hat sich die Einkaufszeit der Kunden im Supermarkt halbiert. In der neuen Rekordzeit von 23 Minuten schafften Kunden im Jahr 2007 im Durchschnitt ihren Einkauf. Die Beschleunigung vor den Regalen nimmt zu. Marken kämpfen hier um Aufmerksamkeit in hundertstel Sekunden, um den Wimperschlag einer Kundin. Wenn Marken selbst nicht schneller werden, haben sie dieses Rennen schon verloren.

## Strategie: Was hat die Marke auf ihrem Radar?

### Konsumenten entwerfen neue Marken-Leitbilder.

Markierung von Produkten ist alt, die Leitbilder für Marken sind jung. Der Archäologe David Wengrow[4] vom University College London hat entdeckt, dass schon vor mehr als 3.000 Jahren in Mesopotamien, später in Ägypten, fleißig markiert wurde. In den Stadtstaaten des Orients wollten Kaufleute und Kunden den Ursprung von Waren, damit auch ihre Charakteristik, erkennen können. Grob wie eine Höhlenzeichnung entstand im Zeitalter der Keilschrift ein Bild der Marke in den Köpfen. 5.000 Jahre später arbeiten Marken-Profis immer noch nach dem Prinzip: Echte Marken entstehen in den Köpfen – der Konsumenten. Markenführung tut daher alles, um die besten Plätze in den Köpfen der Konsumenten zu besetzen. Aber

Konsumenten proben den Aufstand. Einweg-Kommunikation passt nicht mehr in ihr Weltbild. Konsumenten fordern Beteiligung an der Macht, Marken – ihre Marken – mitzugestalten. Sie machen sich ihre eigenen Werte-Rankings. Sind sie die besseren Markengestalter? Ist Markenführung wirklich schon dialogfähig, der Entscheidungsprozess demokratisierbar? Oder führt nur der eine berühmte Königsweg zum Erfolg?

Die ‚Generation Tomorrow' hat die Antwort in ihren Genen. Kinder sind multimediale Talente. Martin Lindstrom vom Chartered Institute of Smell, Sight and Sound kann mit einer aktuellen Studie nachweisen, dass Kinder trainiert sind, gleichzeitig 5,4 Kanäle zu bedienen. Dabei surfen sie im Internet, senden SMS, schauen TV, hören Musik und klinken sich immer wieder in die familiäre Kommunikation ein.[5] Lindstrom diagnostiziert eine Generation mit ausgeprägter Me Selling Proposition (MSP). Zum Vergleich: Die Unique Selling Proposition (USP) liegt eher auf dem alten Königsweg, entspricht dem Führungsanspruch der Marken-Hersteller und -Händler. Das alte Credo „Die Marke gehört dem Unternehmen" ist trotzdem längst nicht vom Tisch.

Die MSP-Generation ist dabei, rücksichtslos Marken mit verstaubten Leitbildern wegzuklicken und alle etablierten Rankings durcheinanderzuwirbeln. Weblogs sind das ‚Parlament' für die Markenentwickler der Zukunft. Ein Beispiel: Die Buschtrommeln der Kommunikationsbranche verbreiten inzwischen eine schier unglaubliche Geschichte vom Energy-Drink K'fee. Sie handelt davon, wie ein viraler Spot, der nicht mehr als 10.000 US-Dollar Produktionskosten verursachte, weltweit 45 Millionen Menschen in Verzückung versetzte. Lindstom berichtet, er sei über einen Link auf das Promotion Video von K'fee gestoßen. Erster Eindruck: Ich bin einer von wenigen, der dieses Video betrachten darf. Später erlebte der Marketing-Guru auf Vortragsreisen durch 20 Länder, dass sich das Virus K'fee längst auf Welttournee befand. Jeder vierte Teilnehmer seiner Konferenzen kannte die Marke. Eine virale Kampagnen-Idee, die perfekt zu der wachsenden Generation der Fernsehveranstalter passt. Diese Menschen sind gleichzeitig Empfänger und Sender. Sie nehmen eine Marken-Botschaft auf, fühlen sich animiert und senden sie dann mit ihrem persönlichen kreativen Input, einer neuen Geschichte weiter. Und das audiovisuell.

Aber vergessen wir nicht: Die Generation Tomorrow lebt multimedial. Sie garantiert damit auch weiterhin die Existenz klassischer Medien wie TV und Print. Diese Prognose stützt selbst Wikipedia-Gründer Jimmy Wales in einem Interview der Fachzeitschrift Werben & Verkaufen[6]: „Wer in Kategorien denkt, dass Bürgermedien gegen traditionelle Medien in den Krieg ziehen, versteht nicht, was genau passiert. Wir erleben einen Wandel der Medien, keinen Tod."

## Multimediale Marken zwischen Rundfunk und Community Islands

Mehrkanalsysteme werden gefeiert wie das Ei des Kolumbus im Marketing. Beide, Distribution und Kommunikation, nutzen auf breiter Front alle verfügbaren Kanäle, um bei den Konsumenten anzukommen. Je weiter der Fächer des Multi-Mix ausgefahren wird, desto anspruchsvoller wird die Kunst der Strategen und Planer. Marken-Manager müssen alle Berührungspunkte mit dem Konsumenten kennen. Deren Zahl steigt, je vielfältiger Medien und Vertriebskanäle zur Verfügung stehen.

Deshalb liegt die Effizienzschwelle bei ‚Multi-Channel'-Strategien sehr hoch. Vor allem dann, wenn Konsumenten die Kommunikation einzelner Kanäle unterlaufen und wie ‚Fast Moving Targets' nur schwer zu treffen sind. Schließlich muss jede Marke harmonisch ihren Waren- und Informationsfluss optimieren. Nicht einfach. Denn welche Schnittmengen kann Marketing bei einem Mix aus Warenhäusern, Boulevard-Medien, Magazinen, Local-TV (→), Webseiten, Hörfunk, ‚Flagship Stores', Katalogen, Franchise-Systemen, Supermärkten, Discount-Filialen und dem Sponsoring von Events in Sport oder Kultur nutzen? Welche Irritationen erlebt eine Marke in diesem Dschungel auf dem Weg zum Kunden?

Da springt zu kurz, wer ausschließlich auf klassischen Rundfunk setzt, dabei auf jede digitale Vernetzung mit Konsumenten verzichtet. Da pokert zu hoch, wer einseitig in digitale Medien investiert, weil bald die langjährig gewachsenen Beziehungen wegbrechen und die Marke ihre Bindung an Offline-Nutzer, vermögende konservative Konsumenten, verliert.

Die Komplexität des multimedialen Auftrags erfordert viel Übersicht und eine bemerkenswert intelligente Markenführung. Das Internet bietet dafür die besseren Voraussetzungen, vor allem seine große Nähe zum Konsumenten, die Markenkommunikation in einem interaktiven, audiovisuellen System. Für Milliarden Surfer ist die unendliche Komplexität des Internets kein Problemfall. Sie haben die Unendlichkeit des Netzes längst in eine Vielzahl von Communities zerlegt (siehe Abbildung 2). In diesen offenen Systemen einer virtuellen Gesellschaft treffen sich Gleichgesinnte, mit denen jeder Informationen, Meinungen, Tipps und Kritik, Filme, Erfahrungen und Emotionen, persönliche Erlebnisse teilen kann. Was fängt die Markenführung damit an? ‚Affiliated Marketing' und Community Management[7] sind angesagt.

Im Prinzip finden sich Communities auch ohne Internet. Früh haben Zeitschriften, Zeitungen, Buch-Clubs, Tupperware-Manager, Freizeit-Clubs die Bedeutung des ‚Community Building' erkannt. Eigentlich ist die Clique die Urzelle der Community.

Heute kann man Gemeinschaftserlebnisse pur in der realen Welt erleben. Meditation im Kloster oder auf dem Jakobsweg, Public Viewing (→) im Stil eines Sommermärchens zur Fußball-Weltmeisterschaft.

Dabei sein ist alles. Mega-Events haben organisatorisch und technologisch aufgerüstet, die Reize der realen Welt gesteigert. Doch nirgends treffen sich so viele Gleichgesinnte mit einer derart starken Themenbindung wie im Internet. Nie zuvor besaßen Menschen ein auch nur annähernd so komfortables Mittel, um miteinander zu kommunizieren. Das Leben spielt in einem globalisierten Paradies mit der permanenten Versuchung. Statt Eva mit dem Apfel lockt nun Inhalt in allen Formen und Facetten. Communities spiegeln inhaltlich in Text- und Video-Qualität die Realität unserer Konsumwelt besser wider, als es klassische Markenkommunikation je können wird – und das alles bei extrem niedrigen Kosten. Communities sind zunächst einmal das Spielfeld junger, aufgeschlossener Menschen. Hier können sie sich selbst verwirklichen, ihre Welt gestalten, ihre Gedanken im Austausch mit Community-Mitgliedern prüfen und weiterverbreiten. Aber längst kommunizieren alle Generationen, nur der Inhalt entscheidet darüber, wer unter sich bleibt, das gilt für männliche und weibliche Nutzer wie für Kinder und Erwachsene.

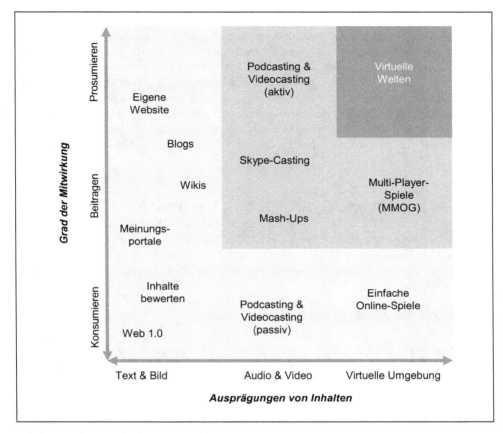

**Abbildung 2:** *Medienkonsummodell Internet*
*Quelle: Studie – Konvergenz oder Divergenz? (2007)*

Wer Marketing in alter Terminologie liebt, darf bei seinen Online-Marketingstrategien weiter in Clustern und Segmenten denken. Aber auch das traditionelle Marketing wird schließlich entdecken, dass Community Building mehr mit Robinson Crusoe zu tun hat als mit Konsumententypologien und ‚Insights' alter Schule. Wer wird nun in den ‚Community Islands' aufgenommen? Darüber entscheidet allein die Qualifikation der Konsumenten und nicht der Marketing-Manager, nach dem Prinzip: „Welcome Everybody to Open Sources". Wissen, was keiner weiß, kennen lernen, wen sonst keiner kennt, das reizt. Individualität, eigene Ideen und Meinungen, die Originalität kreativer Beiträge und die virale Qualität der Community-Mitglieder machen den Unterschied.

Communities verzichten durchaus nicht auf Moral und Ethik, solange Werte nicht verlogen daherkommen. Wahrhaftigkeit hat den Rang einer starken Währung. Aus virtuell gelebter Leidenschaft, aus Neugier auf eine innovative Welt, auf die große Freiheit, veränderte Spielregeln der Kommunikation zu testen, entsteht das neue Umfeld der Markenführung.

Nur ein Gerücht und jedes Marken-Virus breitet sich im Netz mit kaum vorstellbarer Geschwindigkeit von Land zu Land aus. Die Ansteckungsgefahr für die Online-Community und ihre Offline-Freunde ist riesengroß. Das hat Markenführung erkannt, greift nun selbst mit gutartigen Viren und Guerilla-Taktik ein. Marken mischen sich getarnt unter die Gruppenmitglieder. Strategisches Ziel: Konsumenten millionenfach für die Markenattraktivität und die Story der Marke ‚anfällig' zu machen. Konsumenten haben heute die Mittel, die Intelligenz und die Kreativität, um Marken auszubremsen oder sie mit ‚Selfdesign' brutal zu verändern, ihre Verbreitung gerade dadurch brutal zu beschleunigen. Marken-Manager erleben, wie ihre Strategien plötzlich mit neuer Aufladung per Umkehrschub auf die Unternehmen zurückrasen.

## Das Geheimnis langfristig erfolgreicher Markenartikel

Was zeichnet Marken wie Persil, Odol, Lenor, Coca-Cola oder Nescafé aus? Sie sind ‚ewige' Marktführer (siehe Abbildung 3). Vieles spricht dafür, dass sie auch übermorgen diese Position behaupten. Und wie kommen Marken in die Rolle des Marktführers? Was macht sie auf Dauer so stark?

### Höchste Kontinuität als Qualitätsführer

In seiner Autobiografie Was zählt schreibt Jack Welch, Vorbild für Manager-Generationen und Ex-Boss von General Electric[8]: „Der Kunde vergleicht uns mit der Konkurrenz und stuft uns entweder als besser oder schlechter ein. Das geht nicht wissenschaftlich vor sich, ist jedoch verheerend für den, der dabei schlechter abschneidet."

Gern betonen Top-Manager die Bedeutung von Qualität für den Erfolg des Unternehmens. Zu oft bleibt es bei dem Bekenntnis, nicht immer wird diese Vorgabe auch umgesetzt. Auch ‚ewige' Marktführer schreiben ihren Marken den Qualitätsanspruch ins Briefing, aber sie halten das Versprechen auch über Jahrzehnte, manchmal über ein ganzes Jahrhundert hinweg. Im Jahr 2008 feiert Lego 50-jähriges Jubiläum. Persil bringt es auf über 100 Jahre.

Qualität ist Voraussetzung für Glaubwürdigkeit. Ohne Glaubwürdigkeit ist keine Marke strategie- und kommunikationsfähig. Dabei ist Qualität in aggressiv umkämpften Märkten durchaus kein Selbstläufer. Discount, Niedrigpreisschlachten und Markenpiraterie machen es Marktführern schwer, das Qualitätsprinzip durchzuhalten. Das gelingt oft nur, wenn das Unternehmen auch als Preisführer punktet. Wie sonst, wenn Konsumenten ihr Credo „Geiz ist geil" auf jedem Einkaufszettel mit einem Herz ummalen? Trotzdem durchpflügen Dickschiffe der Markenartikelindustrie als Qualitätsführer die schwere See. Dazu fahren sie die Investitionen in ihre Marken hoch. Inzwischen sind wieder deutlich mehr Konsumenten auf Markenartikelkurs. Qualität steigt in ihrer Gunst, während die Faszination des Preises verblasst.

| Kategorie | 1970er | 2000er | Kategorie | 1970er | 2000er |
|---|---|---|---|---|---|
| Universalwaschmittel | Persil | Persil | Kaffee Röstware | Jacobs | Jacobs |
| Weichspüler | Lenor | Lenor | Boka Extrakt | NESCAFÉ | NESCAFÉ |
| Hand-Geschirrspülmittel | Pril | Pril | Cola Getränke | Coca-Cola | Coca-Cola |
| Mundwasser | Odol | Odol | Weinbrand | CHANTRÉ | (O) |
| Senf | THOMY | THOMY | Ketchup | KRAFT | Hela |
| Dosenmilch | BÄREN MARKE | BÄREN MARKE | Schaumbäder | LITAMIN | NIVEA |
| Margarine | Rama | Rama | Seife | LUX | Palmolive |
| KTP | Pfanni | Pfanni | Zahncreme | blend-a-med | Odol-med3 |
| Kakao | Nesquik | Nesquik | | | |

***Abbildung 3:*** *Ewige Marktführer*

## Kontinuierliche Anpassung an den Zeitgeist

Zeitgeist wirkt wie ein ökonomisches Kraftfeld. Marken können daraus permanent neue Impulse für ihre Entwicklung beziehen. Andererseits ist die Versuchung groß, sich in immer kürzeren Intervallen dem Zeitgeist-Doping hinzugeben. In diesem Fall droht Diskontinuität, die langfristige Strategie ist gefährdet.

Aber ohne Zeitgeist verlieren selbst berühmte Marken ihren Glanz. Am Ende verschwinden sie im Bermuda-Dreieck. Sparsam – aber nicht enthaltsam – gehen konservative Unternehmen mit der Zeitgeistkomponente um. Technologie-Marken wie Bosch, Miele, Schüco oder selbst Freizeitmarken wie Jack Wolfskin und ‚Food Brands' wie Hipp (siehe Abbildung 4) öffnen sich für ökologische Themen, machen aber nicht jede Mode mit. Den Kontrast dazu bilden reinrassige Zeitgeistmarken wie Swatch, Smart, Red Bull und Bionade. Deren Zielgruppen zahlen für einen Mehrwert, um sich im Zeitgeist der Marke zu sonnen. Jede Marke spürt den Wind der Veränderung in der Gesellschaft, in den Märkten, beim Kunden. Mit dem Zeitgeist – ökologisch, emanzipatorisch, multikulturell, retro-orientiert oder gesundheitsbewusst – segeln immer mehr Produkte im Wind. Ein Phänomen, das die Evolution der Marken antreibt.

***Abbildung 4:***   *„Unseren Kindern geben wir nur das Beste. Garantiert."*

Erfolgreiche Konsumgüter-Marken nehmen permanent einzelne Zeitgeistelemente auf. Mode, Medien, Design, Lifestyle, Sport und Kultur bestimmen das Markenbild in der Öffentlichkeit. Von der Luxus-Meile bis in den letzten Dorfwinkel. Klassische Dienstleister wie Banken, Versicherungen, Airlines, Reisegesellschaften oder die Einkaufstempel des Handels werden zu Ikonen der Zeitgeistentwicklung, zu begehbaren Zeitgeist-Marken. Bevor Marketing-Profis ihre Marken mit Zeitgeist aufladen, wollen sie wissen:

- Welche Zeitgeistthemen beschäftigen Kunden und Konsumenten?

- Was verträgt der Markenkern?

- Verschiebt sich die Statik der Markenarchitektur?

- Hält die Positionierung?

- Schwimmen wir nur in einem Trend mit oder schafft die Marke eine klare Differenzierung?

- Blenden wir vielleicht unsere Markensignale aus?

- Wie nachhaltig wirkt unsere Entscheidung auf die Markenwerte?

Erfolgreiche Marken treten mit den spannendsten Zeitgeist-Themen auf. Emotional oder intelligent verpackt, cool und sexy. Sie passen zu den ‚Insights' der Konsumenten. Zeitgeist-Themen bringen neue Inhalte, neue Aktualität. Konsumenten finden sich bestätigt: Meine Marke denkt und fühlt wie Ich!

Coca-Cola ist so aus dem American Way of Life zu einer globalen, für alle Trends offenen Zeitgeist-Marke aufgestiegen. Der aktuelle Slogan „The Coke Side of Life" liest sich wie eine Chiffre für zukunftsorientierte Markenführung. Und die ist schon Realität. Coca-Cola feiert die Generation Tomorrow mit der Erlebnis-Plattform CokeFridge. Die Community erlebt virtuelle Unterhaltung und verführerisches ‚Linking-in'.

1960 appellierte Lenor noch an das Sauberkeits-Gewissen von Millionen Kundinnen, in den 70er Jahren weit vorausschauend an die Umweltverantwortung. In den folgenden zwei Jahrzehnten nimmt die Marke dann die Wellness- und Wohlfühlwelle auf. Ins 21. Jahrhundert geht Lenor als einfühlsame Partnerin ‚Ich-orientierter Frauen'.

Mit der Lenor-Mystery Collection hat die Evolution der Marke in ihrer Kategorie neue Wertmaßstäbe gesetzt. Aus dem umkämpften Schlachtfeld gelang der Aufstieg in die höhere Kategorie ‚Kosmetikmarke'.

## Perfektes Dachmarken-Management

Niemand würde sich wundern, wenn die Beiersdorf AG eines Tages in Nivea AG umbenannt würde. Aus dem Ursprung Nivea als Handcreme-Marke ist längst ein klar gegliedertes, umfangreiches Konzern-Programm für Pflege, Hygiene und Schönheit geworden. Das Top-Management von Beiersdorf hat auf kritische Fragen praktische Antworten gefunden.

Kann mit perfektem Dachmarken-Management die Verwässerung der Marke verhindert werden? Was hält der Markenkern wirklich aus? Ist das Produktfamilien-Wachstum qualitativ beherrschbar? Gehen Konsumenten den Weg der Programmspreizung mit? Über Jahrzehnte hinweg ein Wagnis. Jede einzelne Entscheidung für eine Ausweitung des Angebotes in Geschäftsfelder wie Nivea Bath Care, Hair Care, Vital oder For Men hätte die Dachmarke gefährden können. Zur Absicherung ihrer Markenfamilien-Strategie hat Nivea daher regelmäßig den Blick auf die Erkenntnisse über die Konsumenten gerichtet, auch den geringsten kosmetischen Eingriff ins Markenprofil getestet.[9] Nivea hat bis heute jeden Spagat geschafft. 1912 kamen die ersten Nivea-Dosen in den Handel. Das Unternehmen ist seitdem immer organisch gewachsen, insgesamt kräftig über dem Branchendurchschnitt.

Auch der Handelskonzern REWE hat unter dem Dach seiner Marke aufgeräumt. Filialmarken wie miniMAL, Stüssgen, OTTO MESS, HL Markt wurden aufgegeben. Diese Entscheidung setzte Finanzmittel frei, die nun das Eigenmarkenprogramm stärken. Fokussiert auf die Dachmarkenstrategie geht REWE gestärkt in den sich verschärfenden Wettbewerb um Kunden.

Irritationen durch eigenmächtige, in der Kommunikation schwer zu handelnde Unter-Marken sind eliminiert. Die Dachmarke kann nun Kraft, Dynamik und alle zukunftsrelevanten Trends aus dem Zeitgeist aufnehmen. Kontinuität bekommt eine neue Chance. Dachmarken-Management ist ein Klassiker der Markenführung, Garant für die Evolution einer *Über*-Marke. Das geht nicht ohne Zielkonflikt ab:

- Zu viel Statik in der Markenarchitektur und zu wenig Dynamik unter dem Dach der Marke bedeutet Stagnation.

▨ Zu viel Dynamik unter dem Dach sprengt die Statik der Marke. Der Markenkern droht auseinanderzufliegen. Die Marke gerät außer Kontrolle.

Der größte europäische Schuheinzelhändler Deichmann setzte in seiner Dachmarkenstrategie konsequent auf Qualität. Ein Ausbruch aus dem reinen Discounterumfeld war das Ziel. Deichmann ist mit starken Markensignalen im Niedrigpreissegment groß geworden. Doch Deichmann erkannte frühzeitig die Signale des Marktes und reagierte.

Heute ist Deichmann eine starke Dachmarke mit einer intelligenten Qualitätsstrategie. Dazu öffnete sich die Marke. Mit hochwertigen Trend-Eigenmarken wie Graceland mit seiner Star Collection stieg Deichmann auf ein vor allem modisch begründetes Qualitätsniveau. Als dann noch die Marken Elefant und Gallus unter dem Deichmann-Dach eine Heimat fanden, hatte Deichmann bei Millionen Verbrauchern ein noch hochwertigeres Image. Die Dachmarke hatte ihre tragende Säule einfach ausgetauscht und trat mit neuem Markencharakter ihren Kunden und Kundinnen entgegen.

## Relevante Informationen über den Konsumenten sind unerlässlich

Ein alter, eingefahrener Prozess der Markenführung erlebt seinen Paradigmenwechsel. Erinnern wir uns. Ursprünglich sollte der Kunde zur Marke kommen. Dann machte sich die Marke auf den Weg zum Kunden. Und jetzt will der Kunde mitregieren, interaktiv Einfluss auf die Markenentwicklung nehmen. Aus der Gemengelage ihrer Motive entscheiden Konsumenten zukünftig über das Schicksal wertvoller Marken. Unvorstellbar.

Welches Ziel haben die neuen Konsumenten? Was treibt sie an? Wie kann die Marke ihre Wünsche erfüllen? Es fällt schwer, den multioptionalen Konsumenten bei seinen Wanderungen zwischen Aldi und Armani besser kennen zu lernen. Er nimmt permanent neue Rollen an. Markenführung sucht nun den Erfolg in einem holistischen Ansatz. Dazu muss das Management die entscheidenden Vorlieben der Konsumenten noch genauer kennen lernen. Die Marken-Kommunikation bündelt daher interdisziplinär neue Erkenntnisse aus Marketingforschung, Soziologie, Psychologie und der modernen Hirnforschung. Dabei setzen Neurologen und Kommunikationsforscher die funktionelle Magnet-Resonanz-Tomografie (MRT) ein. Forschungsergebnisse zur Reizverarbeitung im menschlichen Gehirn sind inzwischen zu wertvollen Kenntnissen über den Konsumenten geworden. Vor allem die emotionale Marken-Kommunikation dürfte dadurch mehr Sicherheit gewinnen.

Wie gehen Marken-Manager in der Praxis mit Kenntnissen über den Konsumenten um? Die Nassrasierer-Marke Wilkinson Sword hat sich dafür entschieden, Männer in ihrem Selbstbewusstsein zu stärken oder sie wieder aufzubauen, wenn ihr Ego kränkelt. Anlässe, das Seelenleben von Männern wieder auszupendeln, findet die Markenführung in Marktforschungsergebnissen.

So zum Beispiel eine alte Leidensgeschichte der Männer, dass sie nach der Geburt eines Kindes erst einmal bei ihren Ehefrauen abgeschrieben sind. Wilkinson Sword weiß, wie Männer für ihre Frauen wieder attraktiv werden. Im Grunde spielerisch. Die Marke macht in ihrer Kommunikation daraus das Spiel ‚Fight for Kisses'.

Marken sind in der Tat nur dann langfristig erfolgreich, wenn sie die Macht der Wünsche bei ihren Kunden respektieren. Nur über die wirklich relevanten Informationen finden wir den Schlüssel zum Tresor, in dem Konsumenten ihre Wünsche verbergen.

## Als Impulsgeber wirken nur echte Innovationen

Am Scheideweg stehen plötzlich selbst ewig erfolgreiche Marken, wenn ihnen das Differenzierungspotenzial ausgeht (siehe Abbildung 5). Dann hilft nur der Ausbruch aus der gefährlichen Positionierung in der Mitte des Marktes. Aber ein ‚Change the Battle Field' erfordert Mut:

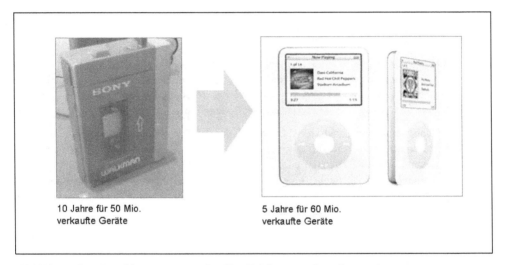

10 Jahre für 50 Mio.
verkaufte Geräte

5 Jahre für 60 Mio.
verkaufte Geräte

***Abbildung 5:*** *Beschleunigung = schneller Erfolg von echten Innovationen*

entweder den Quantensprung ins Premium-Segment wagen oder ins andere Extrem, den totalen Strategiewechsel in Richtung Tiefpreiskategorien, umsetzen. Premium bedeutet: Produktsubstanz muss wieder der entscheidende Wettbewerbsfaktor werden. Und zwar schnell. Bahnbrechende Entwicklungen sind in immer kürzeren Zeitspannen auf Marktreife zu trimmen. Das funktioniert nur, wenn innovative Herstellermarken ihre Kernkompetenz für Produktinnovationen zurückgewinnen. Dann erst kann die Marke ihre substanziellen Vorteile glaubwürdig inszenieren. Besonders anfällig für Profilierungsschwächen sind ‚Fast Moving Consumer Goods' wie die weiße Linie der Milchprodukte.

Der Nahrungsmittelkonzern Danone hat durch Innovation und Inszenierung mit dem Joghurt Actimel seinen Aufstieg ins höhere, renditestärkere Preissegment geschafft. Actimel ist weit mehr als ein simpler Joghurt. Die Marke profiliert sich als probiotisches Produkt, das die Abwehrkräfte im Körper stärkt. Mit der Zeitgeist-Formel „Gesundheit plus Genuss" fand Actimel die bestmögliche Positionierung. „Actimel aktiviert Abwehrkräfte" und öffnet die Angebotspalette für viele Geschmäcker.

Dr. BEST, eine andere Marke mit Verdrängungskraft, gilt als Innovationsführer der Mundhygiene-Branche. Differenzierung durch Innovation ist die Stärke dieser Marke. Ein Profilierungsschub folgt dem anderen. Die Marken-Kommunikation profitiert davon. Sie erreicht Bestmarken in der Effizienz. Ein weiteres Beispiel ist der Vorstoß in die Interdentalpflege. Als echte Innovation verkauft die Marke nun auch einen Zahnseidehalter plus Zahnseide mit Fluorid und Minz-Geschmack. Dr. BEST nutzt bei dieser Kampagne die Vertrauen weckende Kraft gelernter Markensignale. Prominent inszeniert wird das leuchtendrote Testobjekt, die Tomate. Konsumenten erleben so den Fortschritt, die Revolution in der Interdentalpflege und die Kontinuität in der Pflege des Markenwertes.

## Neue Inhalte-Strategien für dynamische Marken

Markenartikel-Unternehmen verfolgen gespannt die Entwicklung neuer Geschäftsmodelle der Kommunikationsbranchen. Dabei interessiert, wie Konsumenten zukünftig durch Inhalt fasziniert und überzeugt werden können. Aber zu welchem Preis und unter welchem Effizienzversprechen können Marken-Manager damit ihre Strategien neu ausrichten?

Alle – Fernsehveranstalter, auch die Unternehmen der Telekommunikation, die Handy-Hersteller und Internetkonzerne – kündigen an, ihre Informationen, fundiertes Wissen und spannende Unterhaltung auf High-Tech- und High-Touch-Niveau zu bringen. Aber wie werden sie ihre brillanten Text-, Daten-, Bild- und Film-Qualitäten vermarkten? Wo kann sich die Marken-Kommunikation einklinken und mitreißen lassen? Wo muss die Marke selbstbewusst mit eigenem Inhalt auf Konsumenten zugehen?

Nie war Inhalt so wertvoll wie heute und so teuer. Problematisch, wenn weltweit attraktive Inhalte wie Goldkörner gesucht werden. Da genügt ein Streik der Hollywood-Autoren, um Aktienkurse abstürzen zu lassen. Wenn schon früher die These „Content is King" richtig war, dann ist Content heute King Kong. Wer fängt ihn ein? Die Welt gerät aus den Fugen.

Zwei Trends verursachen eine Bruchlinie in der Medienlandschaft: Hier die Tradition des Medien-Konsums und dort der revolutionäre Aufbruch im Internet. Wer bestimmt zukünftig die Inhalte? Produzent oder Konsument? – Die Antwort lautet: beide! Mit dieser Prognose könnte die Markenführung gut leben. Sie erlaubt ihr, in bewährter Kontinuität Marken strategisch zu führen und gleichzeitig Konsumenten millionenfach an der Markenentwicklung zu beteiligen. Immer noch dirigieren Marken-Profis riesige Medien-Orchester, aber in Zukunft gibt es publikumsrelevante Einblicke.

Über Jahrzehnte war die Zahl der Rundfunkhörer, TV-Zuschauer, Zeitungs- und Magazinleser, ihr Interesse und waren schließlich die bei ihnen ermittelten Mediennutzungsdaten die Basis für ein prosperierendes Fernsehgeschäft. Dieses Kommunikationssystem wackelt. Jetzt zählt, dass:

- in Amerika schon über 60 Prozent der Teenager eigene Inhalte ins Netz stellen,[10]

- 2006 die ‚Blogsphäre' im Internet 100 Mal größer war als drei Jahre zuvor,

- in New York digitale Lesegeräte wie der Kindle von Amazon die Renner sind, gleichzeitig Brockhaus seine berühmte Enzyklopädie in Printversion vom Markt nimmt,

- mehr als sechs Millionen Mitglieder von Facebook monatlich ihre privaten Dia-Shows über slide.com veröffentlichen,[11]

- 80 Prozent der Nutzer fordern, dass eine Markenwebseite über einen Online-Shop verfügen muss,[12]

- weltweit 875 Millionen Menschen über das Internet einkaufen.[13]

In nur zehn Jahren wurde aus der Suchmaschine Google die wertvollste Marke der Welt. Ihr Geschäft: Inhalt als Umfeld für Werbung. Wie eine Krake hat sich die Marke im Netz breit gemacht (siehe Abbildung 6).

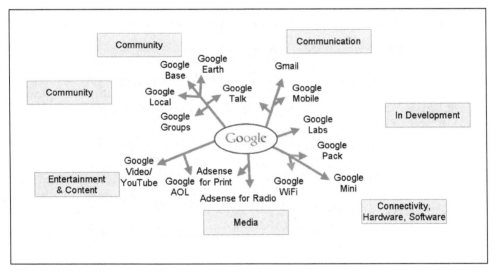

***Abbildung 6:*** *Markenbeschleunigung ist das ultimative Ziel erfolgreicher Firmen*

Inzwischen arbeiten auch klassische Markenartikler mit Internet-basierten Geschäftsmodellen. Das Zeitalter ‚Beyond Broadcasting' ist eingeläutet. Wer erfolgreich Marken-Kommunikation betreiben will, wird seinen Strategieentwurf auf Konsument und Inhalt ausrichten. Marken überspielen damit den gesamten Kommunikations-Mix – einfach multimedial. Das System Marke stellt sich völlig neu auf. Es wird inhaltlich auf die neuen digitalen Kommunikationsmodelle so ausgerichtet, dass der Inhalt abgestimmt auf mehreren Kanälen seine Wirkung entfalten kann.

Beispiele: Auf die Diät-Community zielen Marken wie Weight Watchers, der Joghurt-Hersteller Campina, das Frauen-Magazin Brigitte mit multimedialen Strategien. Inhalt verbreiten diese Marken über das Leitmedium TV in Kombination mit Anzeigen, Mailings, mobil per Handy und Internet-Kommunikation.

Mit sehr viel Mut investieren Markenartikler in ihre Netzwerk-Kampagnen. Von Apple über Coca-Cola, Opel, Procter & Gamble, Nokia und Red Bull bis Toyota reicht das Spektrum. Dass immer aussagestarke Targeting-Kriterien nicht mit Fakten belegt werden können, hindert sie nicht. Marketing-Manager leben deshalb mit dem Zweifel, ob ihr Angebot für die Mehrheit der Community-Mitglieder relevant ist. Sie wissen kaum mehr, als dass die Communities jünger sind als alle Kunden der Marke im Durchschnitt. Erst im Verlauf der Kampagne lernt die Marke über einen Dialog ihre Zielgruppe genauer kennen.

Ab Sommer 2008 könnte Handy-TV die Gewichte im Media-Mix weiter zu Gunsten der konsumentennahen digitalen Kommunikation verschieben. Hier soll emotionaler Inhalt aus Filmen oder Life-Schaltungen mit Interaktion kombiniert werden. Eine strategische Allianz aus Unternehmen der Kommunikationsbranche hält die Lizenz an Mobile-TV im Standard DVB-H. Fast alle großen Fernsehinhalte-Anbieter sind dabei. Pilotsendungen mit speziellen Programmformaten sind angekündigt. Diese Inhalte lassen sich die Macher von Mobile-TV mit einer Gebühr bezahlen. Pro Nutzer sind rund 60 Euro jährlich eingeplant.

Auch Handy-Hersteller Nokia entdeckt rechtzeitig den Inhalt als Geschäftsfeld. Über Partnerschaften mit Hollywood-Studios von Sony, Musikproduzenten wie Universal oder dem Nachrichten-Kanal CNN diversifiziert der Technologie-Konzern in das dynamisch wachsende Segment des Kommunikationsgeschäfts. Mit dem Internetportal Ovi verfügt Nokia bereits über nutzbare Berührungspunkte zum Konsumenten. Hier hofft das Unternehmen, Wachstumsfelder zu erschließen.[14]

Der Einsatz von Inhalt war immer die hohe Kunst der Markenführung. Vom gezeichneten HB-Männchen der 50er Jahre bis zu Dr. BEST im 21. Jahrhundert haben Marken immer eine Geschichte erzählt. Die Kommunikation musste sich tausendfach und sehr spezifisch mit zielgruppenfokussierten Inhalte-Strategien befassen. Aus dem Erfahrungsschatz der strategischen Planung kann die Markenführung jetzt ihre Checkpoints für multimediale Inhalte-Strategien ableiten. Nach dem Strategie-Check will die Markenführung definitiv wissen:

- Was leistet Inhalt für die Evolution der Marke?
- Welche Ziele will die neue Inhalte-Strategie erreichen?
- Wie profitiert der Marken-Wert?
- Hält die Marke ihr Kommunikationsniveau?
- Fließen alle Erkenntnisse über die Konsumenten in die Entscheidung ein?
- Wie dicht ist der Inhalt am Zeitgeist?
- Wächst mit der Marken-Geschichte das Vertrauen der Kunden?
- Wie reagieren Konsumenten auf das Inhalte-Angebot?
- Schafft der Inhalt ein ,Winner Image'?
- Wird die Marken-Persönlichkeit nachhaltig verändert?

- Wird die Affinität von Marke zu Medien gestört?
- Wie innovativ tritt die Marke auf?
- Gibt es gesellschaftliche Tabus, die mit dem Inhalt verletzt werden?
- Was rollt auf das Budget zu, wenn die Marke selbst Inhalte-Produzent wird?

## Fazit: Vielfalt trifft Vielfalt

Erfolgreiche Marken werden in Zukunft interaktiv und multimedial mit Konsumenten und Kunden kommunizieren. ‚Auslaufmodell Fernsehen?' bedeutet daher nicht Marken-Kommunikation ohne Massenmedien.

„Kein neues Medium ersetzt ein altes." Nach bald 100 Jahren wird nun auch im digitalen Zeitalter das sogenannte Riepl'sche Gesetz bestätigt.[15] Dennoch wackelt die alte Medienhierarchie. Um die Plätze im Ranking wird dramatisch gekämpft. Ihre Kampagnen, mit denen Marken die Gunst der Konsumenten erwerben wollen, werden komplexer in der Handhabung, aber spitzer in ihrer Wirkung. Das Zeitalter der Vielfalt erfordert holistische Konzepte der Markenführung. Nur wer sie beherrscht, wird die Effizienzschwellen der Kommunikation überspringen können. Letztlich entscheidet ‚Brand Acceleration' darüber, welche Marke die ‚Winner'-Positionen erobert. Denn die Generation wird ihre Wünsche mit viel Intuition und Kreativität interaktiv durchsetzen und obendrein alle Prozesse der Markenführung ins Extrem beschleunigen.

Josef Beuys war überzeugt: „In jedem Menschen steckt ein Künstler ..." Hat er dabei an Konsumenten gedacht?

## Verweise & Quellen

1   Blümelhuber, Christian: Vortrag Branding, 2006
2   Cherkoff, James: Open Source Marketing Manifesto, Blog collaborationmarketing.com
3   Quelle: Natural Marketing Institute
4   Wengrow, David: in "Current Anthropology", Handelsblatt, Februar 2008
5   Lindstrom, Martin: Life on the Edge with Generation Tomorrow, www.clickz.com
6   Wales, Jimmy: in werben & verkaufen, Januar 2008
7   Breitenbach, Patrick: Buenalog.de/2006/11/29 markenführung-im-web 20-community- management
8   Welch, Jack: Was zählt, Biographie, 2001
9   Clef, Ulrich: Nivea – Marke ohne Grenzen, in Die Ausgezeichneten, die Unternehmenskarrieren der 30 Deutschen Marketing-Preisträger, München 2003
10  Trendwatching.com
11  Internet World Business, 18.02.08

12  dmc digital media center, Studie Januar 2008

13  Nielsen USA, Trendstudie

14  Salm, Christiane zu, Siebenhaar, Hans-Peter: Bildstörung statt Bonanza, Wissenschaft und De-
    batte, Handelsblatt 19.02.2008

15  Riepl, Wolfgang: Das Nachrichtenwesen im Altertum, Diss. 1913

# Teil V

# Von der analogen Verbreitung zu digitalen Distributionsplattformen

# Der Weg zum Triple Play im Breitbandkabel – Erfolgsfaktor für die Zukunft

*Parm Sandhu[1] [Chief Executive Officer, Unitymedia GmbH]*

Kabelfernsehen entwickelte sich nach einer Phase des Aufbaus in den 80er Jahren und einer langen Periode der Stagnation bis Anfang des neuen Jahrtausends mit darauffolgender intensiven Periode der Konsolidierung zu einer Erfolgsgeschichte. Seit 2005 steht die Entwicklung neuer Dienste, besonders Triple Play (→), im Fokus der Geschäftsbestrebungen aller Kabelnetzbetreiber in Deutschland. Die Nutzung des Internets, insbesondere in privaten Haushalten, und somit der Bedarf an skalierbaren Übertragungskapazitäten sowie der umgreifende Wettbewerb in der Festnetztelefonie bescherten den Kabelnetzbetreibern in Deutschland einen nachhaltigen Wechsel der Geschäftsmodelle – die Entwicklungslinie reicht vom reinen Infrastrukturbetreiber in den 90er Jahren zu einem ‚Full-Service-Provider' und Anbieter von Unterhaltungs-Segmenten in den letzten drei Jahren.

Noch auf den Münchener Medientagen 2004 sagte ZDF Intendant Professor Markus Schächter: „Satellit ist die Erfolgsstory, da Kabel unter der Erde liegt, als sei es schon eine Leiche."[2] Das Einzige, was an dieser Feststellung richtig ist, ist, dass das Kabel unter der Erde liegt. Kabel gehört heute für die Fernsehanbieter – und dies nicht nur für die öffentlich-rechtlichen Sender nach Abschaltung der analogen terrestrischen Verbreitung – zum primären Übertragungsweg. Wo sonst werden ARD, ZDF und alle dritten Programme sowie alle zusätzlichen digitalen Programme in hoher Qualität mit hoher Reichweite übertragen? Das gute alte Kupferkabel – in vielen Fällen schon durch Lichtleiter beziehungsweise Glasfasernetze ersetzt – ist und bleibt für die Fernsehveranstalter in Deutschland der wichtigste und bedeutendste Weg zum Zuschauer.

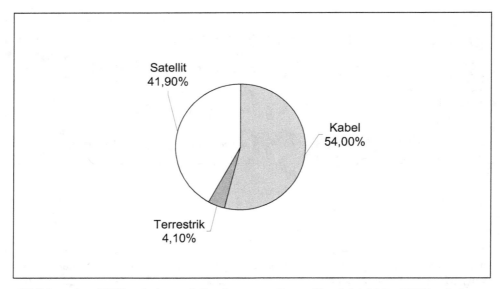

**Abbildung 1:** *TV-Haushalte nach Empfangsweg: Deutschland: 36,5 Mio. TV-Haushalte*
*Quelle: AGF/GfK Fernsehforschung, pc#tv Fernsehpanel D+EU, Stand Januar 2007*

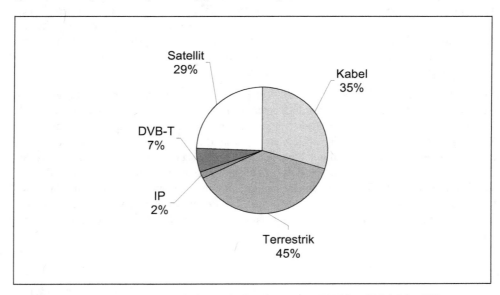

**Abbildung 2:** *EU 27: TV-Haushalte nach Empfangsweg: EU 27: ~199,8 Mio. TV-*
*Haushalte*
*Quelle: Eurobarometer Spezial 274–E-Com-munications Haushaltsumfrage April 2007*
*    (Mehrfachnennung möglich)*

Mit einem Anteil von 54 Prozent an den Gesamt-Empfangshaushalten ist das Breitbandkabel im europäischen Vergleich an der Spitze (siehe Abbildungen 1 und 2). Deutschland ist der größte Kabelmarkt Europas: Nur wenige europäische Volkswirtschaften verfügen neben dem klassischen Telefonnetz über eine zweite so leistungsfähige Infrastruktur, die mehr als zwei Drittel aller Haushalte versorgen kann und im ausgebauten Zustand über Bandbreiten von circa fünf Gigabyte pro Sekunde verfügt. Dies impliziert eine herausragende volkswirtschaftliche Bedeutung der Infrastruktur für eine moderne Wissensgesellschaft, in der mediale Informationen das Kernelement der Informationsdistribution und der Meinungsbildung darstellen.

Die Geschichte des TV-Kabels ist damals wie heute nachhaltig von der TV-Landschaft geprägt und auch eng mit der Entwicklungsgeschichte des privaten Fernsehens verknüpft, galt es doch schon seit Gründung des ZDF in den 60er Jahren, Meinungsvielfalt und auch eine differenzierte politische Darstellungsfläche durch das Gatekeeper-Medium ‚Fernsehen' zu schaffen. Die Diskussion um den privaten Rundfunk konstatiert schon mit dem ersten Fernsehurteil des Bundesverfassungsgerichts vom 28. Februar 1961, dass die öffentlich-rechtlichen Sender in Deutschland durchaus legitim, aber nicht die einzige Organisationsform sind. Dies ließ den politischen Sturmlauf auf die Trutzburg von ARD und ZDF starten. Es waren immer wieder konservative Volksvertreter, wie die CDU Abgeordneten Resner, Martin und Blumenfeld, die im März 1965 allzu gerne privaten Unternehmen (in diesem Fall Verlagen) das ausschließliche Werberecht übertragen wollten. Es begann die Diskussion um das duale Rundfunksystem, das ohne ausreichende Übertragungskapazitäten – ohne eine leistungsfähige Infrastruktur – nicht denkbar gewesen wäre. Bei allem politischen Gezerre wurde das Breitbandkabel zur Schaffung ausreichender Übertragungskapazitäten durch eine politische Entscheidung Ende der 70er Jahre ins Leben gerufen. Medienpolitische Offensive war dabei der CDU Medientag im November 1978 in Bonn, wo der Meilenstein nicht nur für den privaten Rundfunk, sondern auch für den kommunikationstechnischen Entwicklungssprung, nämlich die Verkabelung der Republik mit Koaxialkabel und die Nutzung der Satellitentechnik, postuliert wurde. Aber erst mit dem Regierungswechsel und unter der Federführung von Postminister Christian Schwarz-Schilling (CDU) im Jahr 1982 erfolgte der finale Startschuss. Zwar war es der Bundespostminister, der den flächendeckenden Ausbau forcierte, dennoch gab es schon seit Dezember 1974 erste Kabelversuchsprojekte mit 3.500 angeschlossenen Wohneinheiten in Hamburg und 6.000 Wohneinheiten in Nürnberg. Bereits Ende der 70er Jahre waren insgesamt 0,8 Millionen Wohneinheiten in 11 Großstädten mit Kabel TV versorgt. Aus heutiger Sicht ist die Verbreitung mit 12 Fernseh- und Hörfunkprogrammen nahezu lächerlich. In dieser Startphase des Aufbaus einer neuen Infrastruktur liegen aber auch zwei Geburtsfehler der bundesdeutschen Medienentwicklung begründet:

1. Die Ausdehnung der Übertragungskapazität in den 70er Jahren war nahezu eine Einladung an die öffentlich-rechtlichen Sender, ihr Programmangebot auszudehnen. Dies hat letztlich zu der bekannten Schieflage im dualen Rundfunksystem geführt, die mit mehr als 16 Free-TV-Programmen nicht nur die Entwicklung des privaten Fernsehens behinderten, sondern auch bis heute zu einer Blockade in der Digitalisierung führte: Deutschland ist das Land in Europa mit der größten Anzahl der freiempfangbaren TV-Programme.

Diese präventive Marktverstopfung[3], mit Gebühren finanziert, induziert beim Kunden weder die Notwendigkeit, weitere Programme nachzufragen, noch Pay-TV im größeren Umfang zu abonnieren.

2. Nach Diskussionen mit den Dachverbänden des deutschen Elektrohandwerks entschied die Bundesregierung zu Beginn der 80er Jahre, der Privatwirtschaft, in diesem Fall den Handwerksunternehmen, den Betrieb lokaler Kabelverteilanlagen zu erlauben. Für die Beschleunigung des flächendeckenden Ausbaus war dies sicherlich eine richtige Entscheidung, da die damalige Bundespost sich nunmehr auf die Errichtung der Hauptleitungen und der zentralen Verteilstellen konzentrieren konnte, die Handwerker sich hingegen auf Gemeinden oder einzelne Hausverteilanlagen beschränkten. Letztlich jedoch wurde hier den ‚Kabelnetzbetreibern der Neuzeit' ein Kuckucksei ins Nest gelegt: Diese ‚Handwerkerregelung' führte zur Zersplitterung der Eigentumsverhältnisse und Fragmentierung des Gesamtmarktes im Breitbandkabel, die sogenannte Trennung der Netzebenen (siehe Abbildung 3) in Netzebene 3 und Netzebene 4 war geboren, und es sollte weitere 20 Jahre dauern, um diese annähernd zu überwinden.

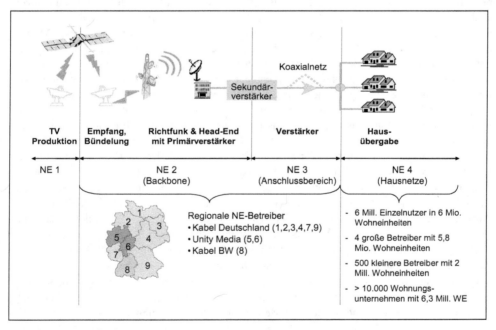

***Abbildung 3:*** *Übersicht Netzebenen (NE) & Regionale NE-Betreiber*
*Quelle: Deutscher Kabelverband*

Bis Ende 1994 waren von den schätzungsweise 36 Millionen Wohneinheiten in Deutschland circa 23 Millionen Kabel-TV-Haushalte anschließbar. Davon waren bis Ende 1994 rund 17,7 Millionen Wohneinheiten tatsächlich an die Netze angeschlossen. Der Rest versorgte sich via Antennen- oder Satellitenempfang.

## Restrukturierung, Konsolidierung, Digitalisierung

Die Einführung des Digital-Video-Broadcasting-Standards (→ DVB) im Jahr 1993 war dann ein weiterer Meilenstein in der Entwicklung des Breitbandkabels, ermöglichte dieser Standard es doch, ein Vielfaches an Sendern zu übertragen. Der Versuch seitens der Europäischen Union, einen weiteren Standard (D2-Mac, zunächst für das Satellitenfernsehen entwickelt) zu etablieren, scheiterte und die Digitalisierung der Produktions- und Verbreitungswege konnte beginnen.

Das Zauberwort ‚Digitalisierung' wird seit Mitte der 90er Jahre auf den Medienforen und Fachsymposien des Landes leidenschaftlich diskutiert. Aber es mussten weitere zehn Jahre vergehen, bis eine flächendeckende Digitalisierung im Breitbandkabel einsetzte. Zwar beschloss die Bundesregierung Ende der 90er Jahre eine vollständige Digitalisierung des Fernsehens bis zum Jahr 2010 – auf allen Verbreitungswegen – dennoch waren es eher regulative Gründe, die die Digitalisierung aufschoben.[4] Diesmal waren es nicht binnenpolitische Kräfte, die die Entwicklung des Breitbandkabels behinderten. Die EU-Kommission in Brüssel forderte neue Rahmenbedingungen und der Eigentümer des Breitbandkabelnetzes, mittlerweile die Deutsche Telekom AG, tat sich wahrlich schwer, diese adäquat umzusetzen. Es war die EU-Kommission, die in ihrer als Kabelrichtlinie bekannten Regulierung 99/64/EG im Juni 1999 die rechtliche Trennung der von marktbeherrschenden Telekommunikationsunternehmen gleichzeitig betriebenen öffentlich-rechtlichen Telefonnetzen und Kabel-TV-Netzen forderte. Hintergrund war, dass sich ohne entsprechenden Wettbewerb auf dem Telekommunikationssektor die Multimedia-Infrastruktur zulasten von Dienste-Anbietern und Verbrauchern entwickelt und am Ende die europäische Entwicklung in Gänze behindert.[5] So gliederte die Deutsche Telekom – einer eventuell national rechtlichen Verpflichtung zuvorkommend – ihr Kabelunternehmen am 3. Dezember 1998 in der Kabel Deutschland GmbH aus, zerschlug organisatorisch das Gesamtgebilde und gründete eigenständige Regionaltochterunternehmen.

Der Verkaufsprozess und der damit verbundene Investitions- und Modernisierungsstau hingegen sollte den deutschen Breitbandmarkt weitere fünf Jahre lähmen und die Multimedia-Entwicklung in Deutschland blockieren. Mit überzogenen Verkaufsvorstellungen und dem organisatorisch defizitären Bürokratieverständnis einer ehemaligen Behörde gelang es dann im Juli 2000, die ersten beiden Regionalgesellschaften Hessen, Nordrhein-Westfalen und später Baden-Württemberg an private Investoren zu veräußern. Diese strauchelten auch zeitnah, da wiederum unter dem Stichwort Digitalisierung ein rein technikgetriebener Restrukturierungsprozess dieser verkauften Regionalgesellschaften begann. Das Rumpfunternehmen Kabel Deutschland wurde dann erst im Jahr 2003 an eine private Investorengruppe veräußert. Die Unternehmen ish und iesy in NRW und Hessen waren in einer ersten Runde veräußert worden.

Investitionen in Millionenhöhe wurden für den Netzaufbau investiert, ohne ein entsprechendes Dienste-Angebot zu konzipieren. Dabei wurden Geschäftsmodelle aus den europäischen Nachbarländern ungefragt übernommen, ohne die nationalen Gegebenheiten, die Rahmenbedingungen des Rundfunksystems, die Einstellung der Verbraucher und Kunden sowie das nationale Wettbewerbsumfeld zu berücksichtigen. War das Breitbandkabel bislang ausschließlich als Übertragungsweg für Fernsehen genutzt worden, sollte es jetzt die multimedialen Kräfte der Republik entfalten und mittels der Digitalisierung ein Vielfaches an TV Programmen – ja sogar Internetzugang und Telefonie via Breitbandkabel – ermöglichen. Ein weiteres Zauberwort aber auch ein neues Geschäftsmodell war geboren: Triple Play.

Dabei gab und gibt es eine parallele sowie auch diametrale Entwicklung: Die Kabelgesellschaften – basierend auf dem Kernportfolio ‚Fernsehen' – entwickelten attraktive Telefon- und Breitbandzugangsprodukte; die Telefongesellschaften schufen basierend auf den Festnetz-Telefon- und DSL-Access-Produkten (→) wiederum TV-Produkte (→ IPTV), nachdem sie sich in ihren Kernmärkten (DSL und Festnetz) einer verstärkten Konkurrenz der Kabelanbieter ausgesetzt sahen. Dennoch scheiterte die erste Phase der Restrukturierung und Konsolidierung der Breitbandkabelnetze in den Jahren 2000 bis 2005 erneut:

- Die Schaffung eines nationalen Kabelkonzerns, das heißt die Rückführung der alten Struktur in privater Hand, scheiterte im Jahr 2002 und im Jahr 2004 am Veto des Bundeskartellamtes. Sowohl Liberty Media (2002) als auch Kabel Deutschland (2004) wurde eine Zusammenführung aller einzelnen regionalen Kabelunternehmen unter einem Dach untersagt. Aber nicht erst seit diesem Zeitpunkt ächzten die Kabelnetzbetreiber in Deutschland unter einem regulativen Netzwerk unter Verwaltung von Kartellamt, Bundesnetzagentur und Landesmedienanstalten, das europaweit seinesgleichen sucht.

- Eine Zusammenführung der getrennten Netzebenen, in den 80er Jahren historisch gewachsen, erfolgte auf Grund der jeweiligen regulativen, aber auch investitionsbedingten Hürden nur schleppend. Ging es doch im Wesentlichen um die Frage der Endkundenbeziehung auf den unterschiedlichen Netzebenen bei unterschiedlichen Eigentümerverhältnissen.

- Auf Grund der immensen Investitionen in Technik, von fehlenden kundenüberzeugenden Dienste-Angeboten und blockierendem Streit um die Endkundenbeziehung, die sich in der Verschlüsselungsdebatte dokumentierte, machte auch die flächendeckende Digitalisierung im Kabel eine Atempause, während sich die Wettbewerber Satellit und DSL für die Zukunft rüsteten.

## Renaissance des Breitbandkabels

Es war erst eine zweite Generation an privaten Investoren, die ab 2005 eine Konsolidierung des Breitbandkabels vorantrieb und damit letztlich zum heutigen Erfolg beitrug. Es waren mehrere Faktoren, die parallel verlaufend das Breitbandkabel nicht nur wettbewerbsfähig, sondern auch für den Kunden hochattraktiv gestalteten. Dabei waren die Meilensteine:

flächendeckender und marktgetriebener Netzausbau, Netzintegration, Ausbau des Programmangebotes, Forcierung der Digitalisierung, Etablierung neuer Serviceangebote wie Telefonie und Internetzugang (Triple Play).

## Flächendeckender Netzausbau – Basis für Triple Play

Ein Netzausbau ist nur sinnvoll, wenn er marktgetrieben erfolgt. Dies bedeutet, dass Investitionen in mehrstelliger Millionenhöhe nur getätigt werden können, wenn ein ‚Return of Invest' durch entsprechende Dienste-Angebote und letztlich Kundenakzeptanz ermöglicht wird. Unitymedia wird dabei mit seinem nachfrageorientierten Modell (Ausbau dort, wo die Kundennachfrage es legitimiert) bis Ende 2008 80 Prozent des Gesamtnetzes aufgerüstet haben. Die Aufrüstung der Kapazität, die Netzmodernisierung (zentraler Glasfaserring, eigenes ‚Playout', eine einzige Kabelkopfstation, Abkoppelung von der Satellitenzuführung) als Teil der Gesamtstrategie dienen nicht dem Selbstzweck. In Kombination mit der Verbreitung eines attraktiven Produktportfolios mit neuen Diensten wird der Nährboden für eine Vermarktungsplattform im Breitbandkabel geschaffen.

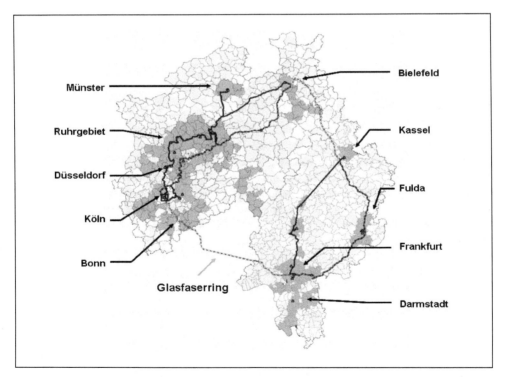

**Abbildung 4:**    *Modernisierte Regionen Hessen und NRW*
*Quelle: Unitymedia 2007, Stand 3/2008*

Dabei gilt es nicht nur direkte Endkunden, sondern auch die tradierten Betreiber der Netzebene 4 von neuen Diensten zu überzeugen. Mit dieser Strategie wird Unitymedia spätestens 2009 das Gesamtnetz ausgebaut haben (vgl. Abbildung 4) und bietet somit mehr als 20 Millionen Einwohnern den Zugang zu multimedialen Diensten – mithin ein gesamtgesellschaftlich bedeutendes Element.

## Zusammenführung der getrennten Netzebenen

Die Überwindung der traditionell gewachsenen Vermarktungshemmnisse durch getrennte Eigentumsstrukturen und Endkundenbeziehungen ist eine weitere Kernvoraussetzung zur Konsolidierung des Marktes und ein weiterer Erfolgsbaustein für die Vermarktung attraktiver Produkte: Ish und iesy, die Kabelunternehmen in NRW und Hessen, wurden unter der Federführung eines international erfahrenen Managementteams zu Unitymedia zusammengeführt. Dabei wurden die Anschlüsse der Telecolumbusgruppe in Hessen und NRW, des führenden Netzebene 4-Betreibers in Deutschland, integriert. Damit ist es Unitymedia innerhalb einer überschaubaren Geschäftsperiode gelungen, seine direkten Endkundenbeziehungen von circa 30 Prozent im Jahr 2004 auf ungefähr 90 Prozent im Jahr 2007 zu steigern.

Aber auch politisch war es notwendig, die Mentalitätsgrenzen zwischen den Marktpartnern zu überwinden. Auch unter den aktiven Bemühungen der Bundesregierung gelang es nicht, den Gordischen Knoten der Marktfragmentierung zu zerschlagen und die Kabelnetzbetreiber in Deutschland zu einer konzertierten Kooperation zu bewegen. Eine breit angelegte Initiative im Jahr 2004 scheiterte. Dabei war es das Reizthema ‚Grundverschlüsselung', das offiziell als Sollbruchstelle herhalten musste. Weigerten sich doch insbesondere die privaten Sender gegen eine derartige Adressierungsmöglichkeit ihrer Zuschauer.

Erst Unitymedia gelang es im Dezember 2005, nicht nur die Grundverschlüsselung als Standard, sondern auch die Einführung von Simulcast (→) mit den beiden privaten Senderunternehmen RTL und ProSiebenSat.1 zu vereinbaren und den Weg für die digitale Zukunft zu ebnen. Jahre der Diskussionen um die digitale Verbreitung und Grundverschlüsselung, Diskussionen um technische Standards, Befürchtungen eines dominanten Electronic Program Guides (→ EPG) in Händen der Netzbetreiber, Diskussionen des diskriminierungsfreien Zugangs wurden quasi über Nacht beendet. Anstatt sich in argumentativen Schützengräben zu verschanzen, schuf Unitymedia ein Geschäftsmodell mit einer ‚Win-Win'-Situation für alle Beteiligten und ermöglichte neben der digitalen Übertragung aller privaten Kanäle auch noch die Entwicklung von attraktiven Pay-TV-Angeboten der beiden größten Sendergruppen.

Ein weiterer wesentlicher Schritt war, dass Unitymedia die Initialzündung gab, im Jahr 2008 die beiden politisch agierenden Interessenvertretungen Deutscher Kabelverband (Netzebene 3) und ANGA (Netzebene 4) zu einem schlagkräftigen Industrieverband zu bündeln. Gemessen an der bisherigen Entwicklungslinie des Breitbandkabels war es Unitymedia nunmehr auch gelungen, neben der wirtschaftlichen Kooperation und Zusammenführung eine politische Einigung zu erzielen. Die deutsche Breitband-Kabelindustrie braucht zukünftig eine starke Stimme und Interessenvertretung, um sich im Geflecht der starken nationalen Regulierung, neuer europäischen Kräfte und des ständig wachsenden Wettbewerbs zu anderen Infrastrukturen zu positionieren. Erkenntnisleitend war hierbei, dass ein Markt nur gemeinsam mit allen Marktpartnern entwickelt werden kann.

„Kooperation statt Konfrontation" ist das Motto, das sich Unitymedia zur Leitlinie seiner Unternehmensstrategie gemacht hat. Das bedeutet eine Kooperation mit allen Marktpartnern wie mit Programmanbietern, Wohnungswirtschaft, Hausverwaltungen und regulierenden Institutionen, ausschließlich zielorientiert, den Kunden fest im Blick.

Ein weiterer Schwerpunkt – Kernvoraussetzung einer wirtschaftlichen Markterschließung – ist die Zusammenarbeit mit Marktpartnern wie Wohnungswirtschaft und professionellen (eigentlich kompetitiven) Netzbetreibern der Netzebene 4. Neben einem positiven Kooperationsklima müssen hier insbesondere Geschäftsmodelle, aber vor allem attraktive Produktangebote erarbeitet werden, um Anreize zu schaffen und Interesse zu wecken. Auch hier ist Unitymedia federführend: Mit dem Multimediaanschluss (MMA), einem Internetzugang mit doppelter ISDN-Geschwindigkeit, dem Digitalen Multimediaanschluss (DMMA), das heißt digitales Fernsehen und Internetzugang, ist es einem Vermieter, einer Wohnungswirtschaft, einem Immobilienunternehmen möglich, für einen geringen Aufpreis seinen Gesamtbestand multimedial aufzurüsten und dem Mieter ein Komplettangebot aus einer Hand zur Verfügung zu stellen. Dies stellt eine bedeutende Wohnwertsteigerung dar, die es ermöglicht, eine Immobilie werthaltig mit entsprechender Kommunikationstechnologie zukunftsfähig auszurüsten. Zufriedene Mieter, zufriede Vermieter und letztlich ein zufriedenes Kabelunternehmen: Dreiklang eines Erfolgmodells.

## Triple Play: Das Produkt der Zukunft

Übergeordnetes strategisches Ziel von Unitymedia ist das Zusammenspiel einzelner Produkte und die Produktevolution vom normalen analogen Kabelanschluss über Digital-TV zu Unitymedia 3Play bei Erhöhung des Average Revenue per User (APRU) zur Refinanzierung der getätigten Investitionen. Diese Mechanik dürfte bei allen Kabelnetzbetreibern in Deutschland als Vorbild dienen und zukünftig synchron verfolgt werden (siehe Abbildung 5).

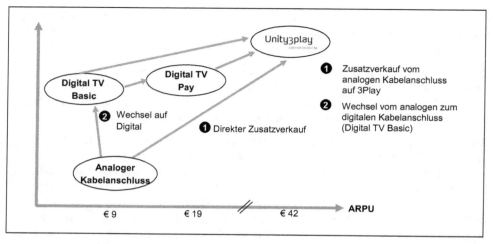

***Abbildung 5:*** *Entwicklungslinie zu Unity3Play*

Neben den marktgestaltenden Rahmenbedingungen steht und fällt das Dienste-Angebot im Wettbewerb zu den Telekommunikationsunternehmen, die verstärkt ebenso mit IPTV in Triple-Play-Produkte investieren, mit der Attraktivität seiner Produkte. Dabei ist Triple Play, das Angebot von Internetzugang, Telefonie und einem TV-Produkt, nur der Startpunkt einer zukünftig sich verstärkenden konvergenten Entwicklung.

Für den Kunden ist ‚sein' analoger Kabelanschluss der Ausgangspunkt für die Markterschließung, gleichzeitig ist es die Renaissance des Breitbandkabels.

# Fernsehen –
## Basisprodukt und Kernelement des modernen Triple-Play

Mit der Digitalisierung des Kabelnetzes und dem damit einhergehenden Kapazitätsausbau wurde der privaten Fernsehindustrie erst der Raum für Neuentwicklungen und attraktive Angebote geschaffen. Der Kabelnetzbetreiber mit seiner hohen Vermarktungskompetenz hat einen wesentlichen Beitrag zur Entwicklung des Privatfernsehens in Deutschland geleistet. Neben der Initialzündung (Start des privaten Rundfunks auch bedingt durch Kabelfernsehen) im Jahr 1984 ist ein weiterer Entwicklungsschub in 2004/2005 zu verzeichnen. Hier steigerte sich die Anzahl der TV-Angebote um 114 Prozent.

Von 17.000 Beschäftigten im Sektor der Rundfunkunternehmen sind allein 8.000 im Bereich Pay-TV angesiedelt. Damit besitzt der Kabelsektor eine wesentliche volkswirtschaftliche Bedeutung. Dies ist eine europaweite Entwicklung und Deutschland vollzieht dies nur mit entsprechendem Zeitverzug. Seit dem Jahr 2000 hat sich die Anzahl der TV Sender in Europa auf 1.600 verdoppelt, wobei das Vereinigte Königreich mit dem Angebot von fast 400 Sendern eine herausgehobene Rolle spielt.[6]

Erst mit attraktiven TV-Angeboten auch im digitalen Bereich konnte Unitymedia die Kunden für einen Umstieg ins digitale Kabel bewegen (siehe Abbildung 6). Hier sind die Einführung von Simulcast im Netz von Unitymedia und die Beteiligung großer TV-Marken im digitalen Bouquet eine Grundvoraussetzung für einen erfolgreichen Digitalisierungsprozess zu nennen.

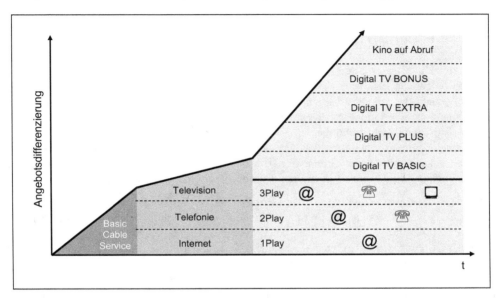

***Abbildung 6:*** *Entwicklung des Angebotsspektrums*

Waren es doch zunächst die beiden großen privaten TV-Veranstalter in Deutschland, RTL und ProSiebenSat.1, die sich lange Jahre gegen eine digitale, verschlüsselte Verbreitung ihrer Programme sträubten. Die Grundverschlüsselung stellt nicht nur aus Gründen des Signalschutzes, sondern auch bezüglich einer Adressierbarkeit die Voraussetzung für ein erfolgreiches Gesamtvermarktungskonzept im digitalen Bereich dar. Kunden können nicht nur zielgerichtet angesprochen werden, sie können auch abgestufte Angebote beziehen, wobei sie nur für das bezahlen, was sie wirklich nutzen.

Dabei genießt der digitale Kunde nicht nur die Vorteile der höheren, störungsfreien Übertragungsqualität, sondern es wird ihm ermöglicht, mehr als 200 Fernsehprogramme im Netz von Unitymedia zu empfangen, davon mehr als 70 Programme als Free-TV, weitere Programme können bei Bedarf als Pay-TV abonniert werden. Das TV-Angebot ist seitens Markenkraft, Attraktivität der Inhalte, Vielfältigkeit und Internationalität nach wie vor maßgebliches Entscheidungskriterium für die Kunden. Gerade auch die Fremdsprachenangebote, als erstes Pay-TV-Segment im Kabel auf besondere Nachfrage der Wohnungswirtschaft bereits 2003 gestartet, bieten mit über 40 Sendern aus mehr als zehn Ländern den in Deutschland lebenden fremdsprachigen Mitbürgern ein Stück Heimat; sie bieten im Kabel aber auch einen Einblick in fremde Kulturen und leisten einen bescheidenen Integrationsbeitrag in einer multikulturellen Gesellschaft. Pay-TV wird immer attraktiver: Das intelligente Produktbündel mit Preisvorteilen für den Kunden ist dabei wesentlicher Erfolgsfaktor für die Vermarktung digitaler Produkte.

## Erfolgsfaktor Pay-TV

Die Entwicklungshistorie des Pay-TV-Marktes – des zukünftig bedeutenden Umsatzanteils für die Breitbandkabelanbieter – ist eine Geschichte der Misserfolge, die letztlich auch durch mikroökonomische Faktoren sehr negativ geprägt wurde. Die Geschichte des Pay-TV in Deutschland ist eine Leidensgeschichte par excellence. In den Händen eines Konzerns, mit monopolistischen Marktstrukturen, in der Vergangenheit marktabschottender Technik und verbunden mit einem hohen Preis, hat sich das Pay-TV in Deutschland nur schleppend entwickelt. So gelang es der Kirch-Gruppe mit DF1 und später Premiere, in zehn Jahren nur circa zwei Millionen Abonnenten zu generieren. Dies endete im Jahr 2002 auch in der Insolvenz.

Auch nach der Restrukturierung und dem Börsengang von Premiere war die wirtschaftliche Entwicklung nicht überzeugend. Erst durch den Start der Programmangebote der Kabelnetzbetreiber wurden der Wettbewerb und die Attraktivität des Marktangebotes im Pay-TV gesteigert. Wiederum war es Unitymedia, die durch Gewinn der Bundesliga-Übertragungsrechte Ende 2005 und den Aufbau des Senders arena, sowie die Satellitenplattform arena-sat, die Marktbedingungen, den Wettbewerb im Pay-TV-Markt, deutlich verbesserte. Ziel war es, die Kundenzahl – insbesondere im Kabel, dem Kerngeschäft von Unitymedia – zu steigern und den digitalen Kabelempfang mit einem Appetizer zu versehen: Dem Kunden wurde das Top Ereignis im deutschen Fernsehen, die Bundesliga-Berichterstattung live und parallel zu einem attraktiven Preis, fernab von den existierenden Preisvorstellungen des bisherigen Inhabers der Übertragungsrechte, angeboten. Bundesliga für 9,90 Euro statt 25,00 Euro war geradezu ein Weihnachtsgeschenk für die Verbraucher Ende 2005 – aber nur folgerichtig, um eine breite Marktakzeptanz zu erzielen.

Neben einem Nutzen für das digitale Kabel und einem analog-digitalen Migrationsanreiz für die Kunden, konnte der Digitalsender arena TV mit seiner Live-Konferenzübertragung nicht nur inhaltliche Zäsuren in der TV-Landschaft in Deutschland setzen. Mit der Kombination des Produktes arena mit der Einführung des digitalen Kabelanschlusses (ein Kunde, der sich dazu entschlossen hat, einen digitalen Kabelanschluss bei Unitymedia zu bestellen, erhält auch das Freitagsspiel der Ersten Bundesliga live und kostenlos) wurden weitere Kundenanreize geboten.

Eine weitere Optimierung des Angebotes, insbesondere durch eine weitreichende Kooperation mit Premiere fand jedoch im Frühjahr 2007 nicht die Zustimmung der Kartellbehörden, sodass Unitymedia beschloss, sich auf sein Kerngeschäft – dem Kabelnetz – zu konzentrieren. Abschließend – neben dem positiven finanziellen Abschluss dieser Transaktion – muss konstatiert werden, dass sowohl arena als auch arena-sat, die Pay-TV-Landschaft in Deutschland nachhaltig verändert haben. Für den Kabelnetzbetreiber Unitymedia bedeutet dies unter anderem, dass mehr als eine halbe Million Abonnenten in einem Jahr allein in NRW und Hessen Fußball live zu einem äußerst attraktiven Preis beziehen konnten und Unitymedia einen weiteren Motivationsschub für die digitale Nutzung ausgelöst hat. Mit dieser Initiative schuf Unitymedia nach Jahren der Monopolstruktur einen fruchtbaren Wettbewerb, der im Übrigen auch das Feld für zukünftige Modelle der DFL zur Vermarktung der Bundesliga ermöglichte. Durch den Verkauf der Premiere-Anteile an Newscorp wird sich ein weiterer Entwicklungsschub für das angeschlagene Unternehmen Premiere zeigen. Auch diese Transaktion endete für Unitymedia mit einem hervorragenden Ergebnis.

Nicht unerwähnt sollte in der Gesamtstrategie des Angebotes auch ein attraktives Video-on-Demand beziehungsweise ‚Near-Video-on-Demand' (→ NVoD) Angebot bleiben, das es bei Unitymedia schon seit dem Jahr 2004 gibt. Hier bekommt der Kunde ein breitgefächertes attraktives Angebot an Blockbuster-Filmen auf Abruf, und es wird ihm ermöglicht, zuhause vor dem Fernseher ein wahres Kinoerlebnis zu haben, frei von Werbeunterbrechungen und ungekürzt. Auch hier stand der Kundennutzen im Vordergrund, denn der Kunde kann bei Unitymedia bequem via SMS über sein Mobiltelefon einen Film ordern. VoD am Point of Sale (→), direkt im heimischen Wohnzimmer.

Mit der skizzierten Entwicklung ist das klassische TV-Angebot in den 70er Jahren noch bestehend aus mehr oder weniger zehn analogen Programmen zum Nutzen des Kunden hochgradig diversifiziert und Deutschland hat Anschluss an die gesamteuropäische Entwicklung gefunden. Mehr Programme heißt aber auch mehr Meinungsvielfalt im Dienste der Pluralität und muss nicht ausschließlich dem Postman'schen Postulat[7] folgen. Insgesamt zeigt sich Anfang 2008 ein vielfältiges Angebot:

- klassisches analoges TV mit über 33 Programmen,

- digitales Free-TV mit bis zu 70 Programmen,

- attraktives Pay-TV in großer Angebotsvielfalt,

- Programmvielfalt auf mehr als 200 Kanälen,

- VoD beziehungsweise NVoD als Kino auf Abruf und

- ein umfangreiches Audioangebot, bestehend aus Radio und reinen sprach- und werbefreien Musikstreams.

Das Ende der Produktevolution ist jedoch noch lange nicht erreicht. Personal Video Recorder (→ PVR) und HDTV (→), zeitversetztes TV-Vergnügen und interaktive Programmformen sind weitere zukunftsorientierte Entwicklungen, die in Kürze auch im Breitbandkabel Einzug halten werden – alles zum Nutzen und Vorteil der Kunden.

## Internet und Telefonie – wesentliche Säulen des Triple Play

Der Zugang zu elektronischen Diensten ist eine wesentliche Voraussetzung in einer modernen Informationsgesellschaft zu Wissen, Kultur, Information, aber auch Unterhaltung. Zugang zu

Internet und Informationsportalen ist gelebte Demokratie. Die Breitbandnutzung hat erhebliche Auswirkungen auf Wachstum, Bildung, Produktivität, Wettbewerbsfähigkeit und Beschäftigung in Deutschland. Mit den Breitbandzugängen der Kabelnetzbetreiber wird nicht nur Wettbewerb gefördert, da in einem Zugangsangebot in den Händen eines einzigen Konzerns eine gewisse strukturelle Gefahr liegt. Dies ist auch übergeordnetes Ziel der Bundesregierung: „Wir wollen die Angebotsvielfalt und zugleich den freien Zugang zu qualitativen Angeboten sichern".[8] Die vielfältigen und wettbewerbsfördernden Produktangebote der Kabelnetzbetreiber in Deutschland sind auch auf dieser Grundlage in einem vollkommen anderen Sachzusammenhang zu sehen und zu bewerten.

Seit dem Jahr 2005 können Kabelkunden auch Zusatzdienste wie Internetzugang und Telefonie via Breitbandkabel von Unitymedia beziehen. Dieses Angebot zeichnet sich durch eine skalierbare Leistung und hochattraktive Preisgestaltung aus.

Die Einführung dieser neuen Services war mithin nicht trivial. Mussten sich doch die Kabelnetzbetreiber mit neuen Technologien, aber auch mit einer neuen Qualitätsoffensive auseinandersetzen, denn der Kunde erwartet von einem Kabelnetzbetreiber die gleiche Zuverlässigkeit und Servicequalität, wie er es von einem Großkonzern wie der Deutschen Telekom mit mehreren 10.000 Beschäftigten seit Jahren gewohnt ist. Die Vorteile des mittelständischen Kabelunternehmens liegen dabei auf der Hand: Geschwindigkeit, Kundennähe, Innovationskraft.

Als Serviceanbieter – auch losgelöst vom Standardprodukt – bewegt sich Unitymedia hier in einem hochkompetitiven Feld und im Wettbewerb zu Telekommunikationsunternehmen wie Arcor, 1&1, T-Com etc., mit denen sowohl im Bereich der Leistungsbereitstellung als auch im Bereich der Preise ein überaus harter Kampf um den Endkunden tobt. Das Breitband bietet heute schon – fast flächendeckend – Kapazitäten, kundenorientiert skalierbar, von null bis 32 Mbit. Damit ist zumindest technisch die Leistungsfähigkeit der konkurrierenden Telefondrahtinfrastruktur überrundet.

Zusammen mit dem TV-Produkt bildet das Triple Play im Kabel eine großartige Wachstumsperspektive. Allein Unitymedia konnte bereits im Jahr 2007 mehr als 300.000 Kunden davon überzeugen, ein Triple-Play-Produkt zu bestellen. Neben den technischen Herausforderungen wie Verfügbarkeit, Stabilität und Service ist die Kernherausforderung jedoch eine eher kommunikations- und marketingorientierte – auf beiden Seiten des Wettbewerbsfeldes geht es um die Gunst des Kunden: War der klassische Kabelkunde es seit mehr als 20 Jahren gewohnt, ausschließlich mit TV-Leistungen versorgt zu werden, muss er jetzt lernen – und dies erfordert intelligente Kommunikationsmaßnahmen, aber auch erhebliche Investitionen – dass aus der Kabel-TV-Dose auch neue Dienste verfügbar sind und dass der Begriff ‚Kabelfernsehen' sich selbst überlebt hat. Des Weiteren muss er lernen, dass Pay-TV nicht unbedingt teuer sein muss. Unitymedia hat hier im Jahr 2007 einen weiteren Meilenstein gesetzt.

## Digitalisierungskampagne „Jetzt Digital"

Als eine erste Initiative in Deutschland, eine flächendeckende Digitalisierungskampagne zu starten, initiierte Unitymedia im Herbst 2007 durch Einführung eines neuen Preismodells (siehe Abbildung 7) und mit Anreizen für eine Kundenmigration von analog zu digital eine Kampagne, die von den Landesmedienanstalten und der Politik breitgefächert unterstützt wurde. Unter dem Stichwort ‚Jetzt Digital' wurde dem Kunden ein hochattraktives Angebot für den Wechsel zu Digital-TV angeboten. Für einen Aufpreis von nur 1,41 Euro pro Monat bekommt der Kunde, bei einer 24-monatigen Vertragslaufzeit, eine digitale Set-Top-Box mit allen Vorteilen des digitalen Fernsehens zur Verfügung gestellt. Digitale Programmvielfalt als Einstiegsprodukt für eine weitere Kundenentwicklung auf dem Weg zum Triple-Play.

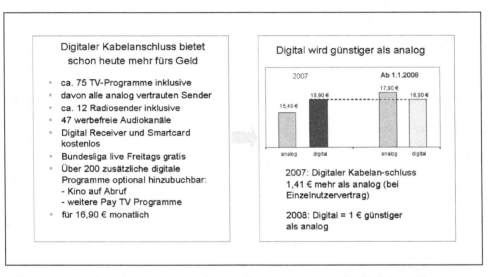

*Abbildung 7:*    *Veränderung Preisstruktur analoger versus Digitaler Kabelanschluss*

Gleichzeitig wurde der ‚veraltete' und nicht zukunftsfähige analoge Kabelanschluss verteuert, sodass erstmalig in Deutschland das digitale Produkt kostengünstiger ist als das analoge. Mit dieser Kampagne wurden mehr als 200.000 Kunden innerhalb von zwei Monaten von dem Mehrwert des digitalen Kabelanschlusses überzeugt – liegt doch der ‚gefühlte' Aufpreis für digitales Fernsehen nach Verbraucherbefragungen bei 20 Euro pro Monat. Sowohl diese falsche Wahrnehmung als auch das historisch in Deutschland gewachsene Angebot von mehr als 33 ‚Free to Air'-Programmen stellen eine wesentliche Einstiegshürde für den Verbraucher dar. Unitymedia ist es in weniger als sechs Monaten gelungen, die digitalen Produkte als Standard im Markt zu etablieren.

## Eindeutige Unternehmenspositionierung

Daneben bildet eine eindeutige und klar erkennbare Markenstrategie einen weiteren Sockel für eine erfolgreiche Vermarktung: die Zusammenführung der beiden getrennten Marken ish und iesy zu der Kernmarke Unitymedia mit einem klaren Markenbild, das auf Grund seiner Silhouette nicht nur dem Kunden einen deutlichen Wiedererkennungswert mit dem Unternehmen, sondern zugleich ein Produkterkennen im Unternehmensnamen auf den ersten Blick bietet. Schon bei der Namensgebung ‚Unitymedia' (vereinigte Medien) wird semantisch die Konvergenz eingebunden und eine Loslösung von der klassischen Infrastrukturbetreiberrolle induziert. Sind doch alte Namensgebungen wie Kabel NRW in der typischen Eindimensionalität verhaftet. Die Ausarbeitung einer klaren und überzeugenden Markenstrategie ist dabei schon der erste Auftritt beim Kunden – und der ist wie so oft entscheidend.

## Wachstum als Motor der Digitalisierung

Unitymedia hat mit seiner dargestellten Gesamtstrategie den Teppich für eine Marktentwicklung ausgerollt, die zu Beginn des neuen Jahrtausends noch nicht abzusehen war. Dabei greifen einzelne Maßnahmen wie Zahnräder zusammen – und kleine Rädchen bewegen gemeinsam ein größeres Rad. Ziel ist es auch, die verlorene Zeit der Loslösung von der Telekom, Phasen des Scheiterns, der Fehlentscheidungen und Phasen der Stagnation aufzuholen. Dies ist Unitymedia bei der Neupositionierung zumindest in wesentlichen Grundzügen gelungen und dokumentiert sich auch in der ökonomischen Potenz des Unternehmens in einer der wirtschaftsstärksten Kernregionen in Europa:

- Unitymedia verfügt über die größte verbundene und modernste Netzinfrastruktur in Europa.
- Das Playoutcenter zählt zu den modernsten in Europa.
- Die Kabelnetzinfrastruktur ist zu 100 Prozent digital.
- Ende 2008 werden 80 Prozent der Netze modernisiert und aufgerüstet sein.
- Unitymedia verfügt über 90 Prozent Endkundenzugang.
- Unitymedia verfügt über das größte Fachwissen und das erfahrenste Management-Team im deutschen Kabelmarkt.

Dies alles drückt sich auch in der wirtschaftlichen Entwicklung des Unternehmens aus:

- Digital-TV wächst seit dem Jahr 2005 jedes Quartal um 24 Prozent. Waren es 2005 noch knapp 80.000 Abonnenten sind es heute fast eine Million digitale Endkunden.
- Internetkunden bilden einen neuen Wachstumsschub mit fast 500.000 Kunden im Jahr 2008.
- Auch die Telefonie entwickelt sich positiv mit circa 200.000 Kunden im Jahr 2008.

■ Mit fast 30 Prozent Umsatzanteil bilden die neuen Dienste eine solide Basis für die Zukunft.

■ Der ARPU der Kunden konnte von 7,74 Euro im Jahr 2005 auf 11,27 Euro im Jahr 2007 gesteigert werden. Die EBITDA-Marge liegt bei 44,8 Prozent (vgl. Abbildung 8).

Dieser Auszug aus der Geschäftsentwicklung dokumentiert: Die Strategie ist richtig, weil sie einfach ist. Unitymedia ist damit zum größten Wettbewerber der Deutschen Telekom geworden, mit der doch die Geschichte des Kabels zu Beginn der 80er Jahre begann. Die Digitalisierung hat Fahrt aufgenommen.

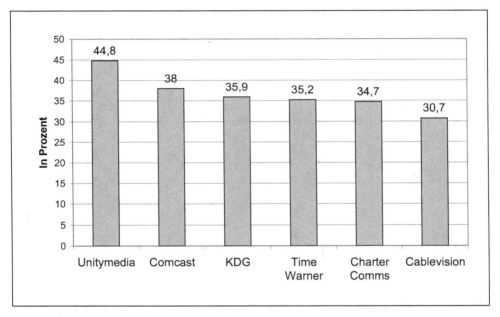

***Abbildung 8:*** *ergleich der EBITDA-Marge Jan. bis Sept. 2007*
*Quelle: Unitymedia, Investor Relations 2008*

Diese Leistungsfähigkeit lässt sich auch im internationalen Vergleich darstellen. So kann sich Unitymedia ohne weiteres mit internationalen Kabelkonzernen messen lassen.

Diese dynamische Unternehmensentwicklung war nur mit einem erfahrenen internationalen Managementteam umzusetzen. Die Schaffung eines positiven Wachstumsklimas und die konsequente Nutzung der Entwicklungsmöglichkeiten erfordern andere als die branchenüblichen Managementqualitäten: Flexibilität, Umdenken, ein breites Spektrum an Fachwissen und perspektivisches Handeln kennzeichnen einen Managementstil, der sich der Unternehmens- und Marktentwicklung angepasst hat. Die Marktentwicklung ist von ständigen Umbrüchen und Innovationen – nicht nur im technischen Sektor – gekennzeichnet.

# Herausforderungen der Zukunft

Wesentliches Element unter den zukünftigen Herausforderungen ist ein Paradigmenwechsel in der Unternehmensphilosophie: Technik ist Mittel zum Zweck, Produkte sind nachfrageorientierte Notwendigkeiten und müssen sich ständig dem Wettbewerb stellen; Flexibilität und Kreativität werden zum Tagesgeschäft, aber im eigentlichen Zentrum des Unternehmensinteresses steht der Kunde mit seinen Bedürfnissen und Anforderungen. Die eigentliche Zukunft der Kabelnetzbetreiber ist der Kunde selbst – eine allzu oft vernachlässigte Größe. Letztendlich ist es dem Verbraucher ziemlich egal – und in der Regel weiß er es auch gar nicht – welche Technologie ihm seine Produkte transportiert, welche Standardisierungen maßgeblich sind, welche Regulierung das Geschäftsfeld dominiert, welche Netzebene ihm ein Produkt zur Verfügung stellt. Technisch ist Unitymedia mit einer Übertragungsrate von mehr als fünf Gigabyte pro Sekunde wohlgerüstet.

Der Kunde möchte ein Produkt, das ihn vom Preis-Leistungsverhältnis überzeugt, möglichst alles aus einer Hand. Zudem möchte er jederzeit bei Problemen einen Ansprechpartner und einen überzeugenden Service. Dies ist auch der Grund dafür, dass Unitymedia sein Unternehmen konsequent auf Kundenbedürfnisse ausrichtet. Alleine im Jahr 2008 werden neben der strukturellen Anpassung mehrere Hundert neue Stellen im Bereich des Kundenservices geschaffen, um adäquat auf Kundenanfragen und -bedürfnisse reagieren zu können. Die Entwicklung des Kundenverhaltens, Kundenbindung, Zufriedenstellung der Kunden, aber auch langfristige Kundenentwicklung sind dabei nur Stichworte, die unsere Tätigkeiten und unser strategisches Handeln für die nächsten Jahre dominieren werden. Unter dem Oberbegriff 'Customer Lifecycle Management' gilt es, sich neuen Herausforderungen zu stellen.

Hier wird Unitymedia zukünftig seinen besonderen Schwerpunkt sehen: Kundenbedürfnisse zu erkennen und Kundenbedürfnisse zu erfüllen, wird ein sehr wichtiger Diversifikationsfaktor für ein Telekommunikationsunternehmen sein, das die Zukunft aktiv gestalten und sich im Wettbewerbsfeld der neuen Dienste positionieren will.

Das Breitbandkabel ist dabei die Kerninfrastruktur zur Entwicklung einer digitalen Gesellschaft. Die Nachfrage an Wissen, Bildung, Information und Unterhaltung, die der gesamtgesellschaftlichen Entwicklung dient und via elektronischen Medien verbreitet wird, wird in den nächsten Jahren exponentiell steigen. Die Konvergenz der Medien ist schon Alltag. Die Kernherausforderungen der Zukunft sind:

- Kundenbedürfnisse verstehen: „Gib dem Kunden, was er fordert."

- Entwicklung des digitalen Haushalts: Bündelung von nachfrageorientierten Angeboten.

- Entwicklung neuer Marketing- und Verkaufsstrategien.

- Proaktive Migration vom analogen zum digitalen Dienstleister.

- Entwicklung neuer Geschäftsmodelle für die digitale Zukunft.

Zusammengefasst hat sich die Rolle des Kabelnetzbetreibers in den letzten Jahren maßgeblich gewandelt: vom Transporteur zum Vermarkter, von analog zu digital, vom Fernseh- zum Multimediaprovider. Dabei ist nach der Technologie-, Geräte- und Produktkonvergenz eine sich in Zukunft herauskristallisierende Anbieterkonvergenz – in einem weiteren Schritt Lifestyle-Konvergenz – eine der größten Herausforderungen. Der Kunde wird sich nur dem besten Service, den besten Produkten und den großen Marken zuwenden, die ihm Zuverlässigkeit und exzellente Qualität bieten. Unitymedia ist für diese Entwicklung bestens gerüstet.

## Verweise & Quellen

1    oautor: Dr. Dirk Ulf Stötzel

2    it. nach Roth, Wolf Dieter: Münchener Medientage 2004; Heiße Hunde und kalte Krieger; in Telepolis vom 21.10.2004

3    Der Begriff stammt von Georg Kofler, ehedem Geschäftsführer von Pro Sieben, der mit Eloquenz gegen die Programmausdehnung von ARD und ZDF argumentierte.

4    Beschluss des Bundeskabinetts vom 17. Dezember 1997 unter Berücksichtigung des Beschlusses der Ministerpräsidenten der Länder vom 24. Oktober 1997

5    Ungerer, Herbert: Netzzugang aus europäischer Sicht, Manuskript Hannover 1997

6    Booz Allen Hamilton: The Future of Cable 2005

7    Postman, Neil: Wir amüsieren uns zu Tode, 1985

8    Bundeskanzlerin Angela Merkel zur Eröffnung des 19. Medienforums NRW

# Klassische Geschäftsmodelle auf der Probe

Dr. Adrian von Hammerstein

*[Vorsitzender der Geschäftsführung, Kabel Deutschland GmbH]*

Über die Arbeit des kanadischen Medientheoretikers Herbert Marshall McLuhan ist heftig gestritten worden. Seine Thesen über die Auswirkungen der Medien auf das menschliche Zusammenleben provozierten Kollegen und Öffentlichkeit zu extrem gegensätzlichen Reaktionen.

Für die einen war der exzentrische Sozialforscher ein abgehobener Phantast, gefangen in einem wirren Gedankengebäude; für die anderen ein wissenschaftlicher Messias, der die Zukunft der Medienwelt voraussagte. Der Titel seines 1967 erschienenen Buches *The Medium is the Message* wurde zum geflügelten Wort einer ganzen Branche und zur umstrittenen These einer ganzen Wissenschaft.

Heute, 28 Jahre nach seinem Tod, lohnt es mehr denn je, sich erneut mit der Gedankenwelt McLuhans auseinanderzusetzen. Auffällige Parallelen zur Gegenwart treten klar hervor, Aussagen über die Entwicklung unserer Medienwelt unter veränderten technischen und gesellschaftlichen Bedingungen lassen sich mit McLuhans medientheoretischem Ansatz untermauern.

Folgt man McLuhan, so sind es technologische Veränderungen, die Medien bestimmen und auf diese Weise unterschiedliche kulturelle, soziale und wirtschaftliche Folgen nach sich ziehen. Die Erfindung des Buchdrucks war sicherlich ein solcher entscheidender technologischer Sprung. Zu McLuhans Zeiten, in den 60er Jahren, galt die fortschreitende elektrische Vernetzung des gesamten Globus als Leitmedium, das Sein und Bewusstsein von Individuen und Gesellschaften bestimmte.

Die Vernetzung der Welt durch den sich mit Lichtgeschwindigkeit ausbreitenden Informationsträger ‚elektrischer Impuls' ließ Raum und Zeit schrumpfen. Die Menschheit konnte zum „Global Village" (McLuhan) zusammenrücken. Nicht der Inhalt der Botschaft, resümierte McLuhan, ist das gesellschaftlich Relevante, sondern die technologischen Bedingungen, unter denen das Medium die Menschen erreicht. Das Medium selbst wird zur Botschaft, die alles bestimmt und vieles verändert.

Die noch kurze Geschichte des Fernsehens in Deutschland und der Welt scheint diese medientheoretische Sicht zu bestätigen.

## Neue Technologien verändern die Welt

Bei uns in Deutschland war es die Verlegung des TV-Breitbandkabels durch die staatseigene Post, die vor gut 20 Jahren das Medium Fernsehen zum ersten Mal technologisch im McLuhan'schen Sinne veränderte. Die daraus resultierende Botschaft beeinflusste Seh- und Lebensgewohnheiten des Fernsehpublikums und letztlich die gesamte Gesellschaft.

Denn mit dem ersten Probelauf über das neue Kabel am 1. Januar 1984 in Ludwigshafen wurden im Vergleich zur Antenne nicht nur brillantere, stabilere Fernsehbilder analog übertragen. Die große Kapazität – 22 Kanäle standen von Anfang an zur Verfügung, heute über 30 – brachte neben den traditionellen öffentlich-rechtlichen zum ersten Mal private, werbefinanzierte Programme auf Sendung. Die Newcomer wie RTL oder Sat.1 haben seither in nur einer Generation nicht nur das Wesen des Mediums Fernsehen, sondern das eines Wirtschaftszweiges und das eines ganzen Landes geprägt.

Aus heutiger Sicht gehört dieses Kapitel Fernsehgeschichte allerdings schon wieder zur alten, übersichtlichen Medienzeit. Denn wieder einmal ist ein Technologieschub dabei, die Medienwelt durchzuschütteln. Die Digitalisierung der Welt, die Fähigkeit, größte Datenmengen im Nu um den Globus zu jagen, wird nicht nur die Medienwelt umkrempeln, sondern das Denken und Verhalten eines jeden Einzelnen beeinflussen.

Noch darf geraten werden, welche Verhaltensmuster sich letztlich bei welchen Medienkonsumenten angesichts einer unübersichtlichen Menge von Video-Inhalten auf verschiedenen Übertragungsplattformen herauskristallisieren werden. Doch eines scheint heute immer mehr absehbar: Die Zeiten, da das Massenmedium Fernsehen Millionen von Menschen zu einer bestimmten Stunde vor dem Fernsehschirm vereinen konnte, könnten mit der Digitalisierung irgendwann zu Ende gehen.

Je mehr sich Video-Inhalte im Internet verbreiten, je umfangreicher das Angebot über die traditionellen Verteilerwege wie Kabel und Satellit wird, je mehr Freiheit der Einzelne gewinnt, sich vom reich gedeckten Videotisch zu bedienen und sein eigenes Menü zu kreieren, desto mehr zerfällt die bisher doch recht homogene Gruppe der Fernsehzuschauer. Und das wird gravierende Auswirkungen für alle haben, die in der Medienbranche tätig sind und dort Geld verdienen wollen.

Digitalisierung schafft Übertragungskapazität, und diese wiederum macht ein höheres Angebot an den Medienkonsumenten möglich. Bei Kabel Deutschland zum Beispiel passen heute auf jeden analogen Kanal des Breitbandkabels bereits 16 digitale Übertragungswege. Datenreduktion macht's möglich. Pro Sekunde werden bei der analogen Übertragung von Fernsehbildern 25 Einzelbilder vollständig transportiert. Ein ungeheurer Aufwand, wenn man bedenkt, dass sich die Bilder im Rhythmus eines Bruchteils einer Sekunde gar nicht oder nur in Teilen minimal verändern. Moderne Digitaltechnik sortiert die Doppler aus. Anstatt jedes

Bild komplett zu übertragen, werden nur die tatsächlichen Veränderungen von Bild zu Bild digitalisiert und gesendet. So genannte A/D-Wandler übersetzen nach der in den 90er entwickelten digitalen Fernsehnorm Digital-Video-Broadcasting (→ DVB) die Schwingungen analoger Bild- und Tonsignale in die binäre Ziffernfolge von 0 und 1 – ganz so wie beim Computer. In dieser Kurzschrift – digital eben – werden die Programme durch das Kabel geschickt. Am Fernseher bedarf es dann lediglich noch eines Receivers, der die digitale Kurzschrift in Schreibschrift übersetzt, die der Fernseher versteht. Auf diese Art und Weise bietet das Breitbandkabel schon heute .über 200 Fernseh- und zahlreiche Radioprogramme in digitaler Qualität – neben Filmen auf Abruf und anderen innovativen Fernsehdiensten. .

## Das nahe Ende der Quote?

Technologisches Können also vervielfältigt das Angebot, mit weitreichenden Konsequenzen für alle Spieler auf dem Markt, und es werden sich unsere Vorstellungen von dem, was Fernsehen ist, zwangsläufig grundlegend ändern. In Zukunft wird nicht mehr nur um Millionen gekämpft, die mit aufwändig produzierten Sendungen in vertrauten Schemata zu bestimmten Zeiten vor den Bildschirm gelockt werden, um sich dort unterhalten zu lassen. Im angebrochenen Zeitalter der Digitalisierung reichen unter Umständen einige Hunderttausend Nutzer, um Gewinn mit einem Sender zu erwirtschaften. Es müssen nur die richtigen Hunderttausend sein, auf die sich zielgenaue Werbung ohne große Streuverluste ausrichten lässt.

Für die Anbieter von Inhalten, für Distribuenten und Werber wird es deshalb von existenzieller Bedeutung sein, möglichst früh zu erkennen, auf welcher Plattform die Fernsehzuschauer der Zukunft, die in nicht geringer Zahl auch aktive Fernsehteilnehmer sein werden, wiederzufinden sind. Eines scheint indes schon sicher: Ohne multimediale Strategie lässt sich in diesen Zeiten des Umbruchs kaum überleben. Denn vor allem für die jüngeren Mediennutzer, die bereits mit dem Internet aufgewachsen sind, lösen sich die Grenzen der Plattformen zunehmend auf. Ihnen ist es egal, so hat der Kommunikationswissenschaftler Claus Kaelber von der Mediadesign Hochschule München herausgefunden, „wo Fernsehen oder Hörfunk stattfindet und auf welchem Wege diese Angebote und Inhalte zu ihnen kommen."

Mit welcher Selbstverständlichkeit inzwischen von der Generation Internet die Grenzen zwischen Medien und den Plattformen, auf denen sie empfangen werden können, überschritten werden, zeigen aktuelle Studien. Befragt, was sie machen, wenn in den üblicherweise geschauten Programmen nichts Interessantes läuft, entschied sich nicht einmal mehr jeder Dritte für das altmodische wahllose ‚Zapping' innerhalb desselben Mediums Fernsehen. Knapp 43 Prozent steigen nach dieser Umfrage des ARD-Forschungsdienstes zur „Nutzung neuer Medien" bereits auf DVDs um und sogar über 70 Prozent wenden sich ihrem PC zu. Und eben diese knapp drei Viertel konnten sich auch schon gut vorstellen, den Fernseher über eine Computertastatur zu bedienen.

## Zeitsouverän und unabhängig

In diesem Fall eilt die Bereitschaft der Konsumenten, Neues aufzunehmen und anzuwenden, sogar den bisher als Massenware angebotenen technischen Möglichkeiten voraus. Die Konvergenz der Geräte und der Nutzung jedenfalls ist in vollem Gange. Der Medienkonsument, so scheint es, ist dabei, die ihm von der technologischen Entwicklung angebotenen Freiräume zu nutzen. Zeitsouverän, unabhängig von den von Programmchefs angebotenen Abläufen will der Kunde der Zukunft sein.

Statt immer nur passiver Konsument zu bleiben, erwartet der in Sachen Internet vorgebildete Fernsehzuschauer auch – das zeigen heute schon die Erfahrungen in den führenden Medienländern wie den USA – seine eigenen, personalisierten Programme zusammenstellen zu können. Elektronische Programmführer werden Konsumenten die persönliche Mediennutzung vereinfachen. Digitalisierte Inhalte können abgerufen werden, wann immer es König Kunde will. Pay-TV und Video-on-Demand, in anderen Ländern wie den USA und Großbritannien mehr Medienalltag als bei uns, wird in Deutschland noch selbstverständlicher werden. Laut einer Studie der Münchener Unternehmensberatung Solon Management Consulting wächst die Zahl der Pay-TV-Abonnenten bis 2012 in Deutschland allein im Kabel von derzeit rund 2,64 auf etwa 4,55 Millionen. Besonders die Kabelnetzbetreiber wie Kabel Deutschland werden deshalb mit ihren eigenen Pay-TV-Angeboten Erfolg haben.

Die dank Digitalisierung freie Bewegung von Video-Bildern auf allen Übertragungswegen hat einen Wettlauf der Marktteilnehmer um die Aufmerksamkeit des Medienkunden in Gang gebracht, wie es ihn auf dem Medienmarkt bisher noch nicht gegeben hat. Mit Milliarden-Investitionen kämpfen Internetriesen, Telekomkonzerne und die großen Handyhersteller für ihre bewegten Bilder. Denn das Gut, um das gerungen wird, ist eng limitiert. Es zeigt sich nämlich, dass der umworbene Kunde nicht imstande oder bereit ist, für den neuen Bildersturm, der aus Handy, Computer und Fernseh-Bildschirm über ihm hereinbricht, mehr ‚Sehzeit' einzusetzen. Das heißt: Jene Minuten, die in Zukunft etwa dem Videoportal YouTube gewidmet werden, gehen einer anderen Plattform möglicherweise verloren.

Es sind Erfolgsgeschichten wie die vom Lonelygirl15, mit denen der Sog dokumentiert wird, den zum Beispiel neue Video-Angebote auf neuen Plattformen ausüben. Der Amerikaner Miles Beckett, von Beruf Arzt, hat das einsame Mädchen Nummer 15, das in kleinen YouTube-Videos fiktive Geschichten aus seinem Alltag erzählt, erfunden. Das Mädel lief derart erfolgreich, dass Beckett Lonelygirl15 eigenständig ins Netz stellte und überdies weitere Menschen über ihren Alltag erzählen ließ. „Jetzt haben wir ein bis 1,5 Millionen Besuche jede Woche. Jedes Video wird etwa 500.000 Mal kommentiert", berichtete Beckett München auf dem Digital Lifestyle Day (DLD) 2007.

Die Auswirkungen solchen Verhaltens sind bereits messbar. Zum ersten Mal nach zwei Jahrzehnten unaufhörlichen Anstiegs ist im vorigen Jahr der tägliche Fernsehkonsum in Deutschland gesunken, und zwar auf 208 Minuten. Wie in kommunizierenden Röhren stieg dafür die Nutzung des Internets auf immerhin schon 54 Minuten pro Tag. Solche Zahlen alarmieren natürlich besonders die Verlierer, die mit neuen Produkten versuchen, ihren abwandernden

Kunden in die weite digitale Welt zu folgen. Ob Zeitungsverleger, Öffentlich-Rechtliche, Private oder der Rundfunk – überall wird versucht, die Verflüchtigung des Kundenstammes mit neuen Angeboten auf neuen Plattformen auszugleichen.

Mit Macht etwa drängen ARD und ZDF mit eigenen Netzangeboten in das neue Medium. Gegen harsche Kritik der werbefinanzierten Privaten, eine solche Ausdehnung entspreche nicht mehr dem öffentlichen Auftrag nach Grundversorgung der durch Gebühren finanzierten Konkurrenz, wehrt sich ZDF-Intendant Markus Schächter mit dem Hinweis: „Wer im Internet nicht dabei ist, hat keine Zukunft."

## Es wächst zusammen, was zusammengehört

So sieht es auch Verleger Hubert Burda. Weil „alle Inhalte und Formate zukünftig im Netz dar- und zustellbar" seien, werde die Dreiteilung Fernsehen, Print und Radio schon bald der Vergangenheit angehören. Im Vorstand seines Unternehmens hat er zum ersten Mal in einem deutschen Verlagshaus eigens eine Position geschaffen, die sich ausschließlich um die Weiterentwicklung von Internet und Handy-TV sowie crossmediale Formate kümmern soll.

Wie wichtig die Präsenz von ursprünglich reinen Print-Verlagen auf den Plattformen der digitalen Neuzeit ist, haben die Geschäftszahlen des Münchener Hauses bereits gezeigt. 2006 ist Burdas Gesamtumsatz um fünf Prozent auf rund 1,6 Milliarden Euro gestiegen – dank der Internetfirmen. Das Burda-Zeitschriftengeschäft dagegen stagnierte und die Druckereien verloren sogar kräftig. Auch der zweite große Printverleger Stefan von Holtzbrinck (Zeit, Handelsblatt, Tagesspiegel), strebt mit Macht ins Netz. Neben den Kontaktbörsen für Studenten (StudiVZ) und Schülern (SchülerVZ) hat er jetzt ein Nachrichtenportal ganz besonderer Art frei geschaltet. Zoomer.de bietet jeweils fünf tagesaktuelle Themen, aufbereitet von gelernten Journalisten und präsentiert von Ex-Tagesthemen-Moderator Ulrich Wickert. Der Clou: Per Klick bestimmen die Nutzer selber über die Rangfolge und damit die Bedeutung der Themen – trendiges, aktives Fernsehen im Netz, mit dem Holtzbrinck die rund 12 Millionen möglichen Nutzer in der Altersgruppe zwischen 20 und 35 Jahren in Deutschland ansprechen will.

Inzwischen sind die international bekanntesten Print- und Fernsehmedien schon sehr viel weiter mit ihren crossmedialen Auftritten. Die Journalisten der New York Times etwa produzieren als ein Redaktionsteam gleichgewichtig Druck- und Online-Ausgabe der bekanntesten Zeitung der Welt. 80 Programmierer formen und lenken den Webauftritt.

Wer sich Videos auf Rupert Murdochs Internetplattform MySpace ansieht, der stößt auf Qualitätsprodukte der berühmten, gebührenfinanzierten Londoner BBC. „The best of British TV" – zu besichtigen auf einem Video-Portal im Netz.

Kein großes Medienhaus kann es sich mehr leisten, sich auf einem Kernmedium auszuruhen – sei es auch noch so hoch angesehen und über Jahrzehnte erfolgreich. Ein Nachrichtenmagazin Spiegel ohne seinen überaus erfolgreichen und inzwischen Gewinn bringenden Ableger

Spiegel-Online – das ist gar nicht mehr vorstellbar. Mehr und mehr werden diese ursprünglich als reine Textlieferungen gestarteten Online-Dienste der Druck- und Fernsehmedien zu Video-Dienstleistern und bieten aktuelles, schnelles Fernsehen im Netz.

## Der Kunde bestimmt das Was, Wo und Wann

Das Fernziel der Großen im Mediengeschäft wird es sein, den Medienkunden rund um die Uhr auf allen möglichen Plattformen zu erreichen. Die Fernsehsender sind dann nicht mehr nur linear auf dem Bildschirm vertreten, sie pflegen ihre Marke mit Teletexten, VoD-Portalen, mit Handy-TV, Online-Diensten und Angeboten für die iPods dieser und künftiger Medienwelten. „Reach them by screen", so lautet das Credo der digitalen Neuzeit, meint der Medienexperte Christian Jakubetz. Und welcher Bildschirm das sein werde, spiele zunehmend eine untergeordnete Rolle.

Wohin die Reise geht, zeigt zum Beispiel der Fernsehanbieter ProSiebenSat.1. Schon seit 2006 ist das Unternehmen am YouTube-Konkurrenten MyVideo beteiligt. Ganze Programmteile des frei empfangbaren Fernsehens – etwa die Castingshow You can dance – werden so dem Internet-Kunden zugänglich gemacht. Außerdem hat sich ProSiebenSat.1 mit der VoD-Plattform maxdome einen Online-Service zugelegt, der die vermuteten Bedürfnisse des Fernsehkunden der Zukunft bedienen kann. Die Inhalte von maxdome sind zu jeder Zeit abrufbar – der Kunde bestimmt das Was und Wann. Sie sind sowohl auf dem PC-Schirm als auch über eine Set-Top-Box über den Fernseher abspielbar – der Kunde bestimmt das Wo. Medienkenner Jakubetz sieht darin das Fernsehen der Zukunft: „Die große digitale Box mit den vielen kleinen Schubladen, die künftig nicht nur zum Ausleihen geöffnet wird, sondern auch zum kaufen."

Alle diese Beispiele zeigen, das sich in der von der „ Revolution Digitalisierung' durcheinandergewirbelten Medienbranche eine Erkenntnis durchzusetzen beginnt: Wer Erfolg im digitalen Zeitalter will, der muss die Medienkunden dort empfangen, wohin sie abwandern. Wie wird der fragmentierte Medienmarkt der Zukunft aussehen? Wie schnell ändert sich das Nutzerverhalten? Wo entsteht welche Nutzung und in welcher Größenordnung? Von der Beantwortung dieser Fragen wird abhängen, welche Geschäftsmodelle sich für die Produktion von Inhalten, für die Programmgestaltung und die Verteilung von Video-Produkten durchsetzen und Erfolg haben können.

## Alte Gewohnheiten trotz neuer Angebote

In mehreren Untersuchungen – unter anderem die Studien „The Digital Video Consumer" sowie „TV 2010" – haben Medienforscher versucht zu ergründen, was Digitalisierung mit dem Nutzer macht und umgekehrt. Sie fanden heraus, dass die Absetzbewegung aus der alten analogen Welt der Massenmedien in die neue digitale Welt der individuellen Mediennutzung in Gang gekommen ist, sich aber deutlich langsamer vollzieht, als es technisch möglich wäre.

Auch in Zeiten explodierender Angebote auf vielen Plattformen verhält sich die überwiegende Mehrheit der Medienkonsumenten noch so, wie es alte Gewohnheiten vorgeben: Ferngesehen wird vor dem Familiengerät zu ganz bestimmten Zeiten.

Selbst die Jungen, die mit Begeisterung neue Optionen wie Video-Tauschbörsen bei YouTube oder andere ‚Lean-Forward'-Angebote ausprobieren, lassen sich dadurch nicht abhalten, weiterhin klassische Fernsehunterhaltung wie TV-Shows und Serien, Spielfilme und Sportereignisse anzusehen. Das Verhalten der Jungen ändert sich schon, aber ebenfalls eher gemächlich, wie die Forscher herausfanden. Es könne durchaus zehn bis 15 Jahre dauern, so das unsichere Resümee, bis die demografischen Faktoren greifen und eine entscheidende Veränderung auf dem Massenmarkt bewirken.

Die Experten schlussfolgern daraus, dass zumindest für einen Zeitraum von fünf Jahren keine eruptiven Veränderungen zu erwarten sind, und nennen dafür einleuchtende Gründe. So werde das klassische Fernsehen als ‚Lean-Back'-Prozess auf absehbare Zeit nicht von der ganz anders gearteten Lean-Forward-Beschäftigung im Internet kannibalisiert. Zwar würden die technischen Möglichkeiten, Video-Inhalte zu konsumieren, in den nächsten fünf Jahren immens zunehmen und dem Konsumenten neue Freiheiten bieten. Bei seiner stabilen Vorliebe für die Lean-Back-Variante aber wird allerdings nach Expertenmeinung auf TV basierendes VoD Vorrang vor den Internet-Angeboten behalten. Schließlich habe wohl keiner der großen Marktteilnehmer entlang der Wertekette der Medienindustrie besonders großes Interesse an allzu abrupten Veränderungen. Von einem weiterhin stetigen und stabilen Wachstum der Branche in der Größenordnung zwischen vier und sechs Prozent wird deshalb ausgegangen.

## Hat Wolfgang Riepl doch recht?

Diese Analyse eines im Tagesgeschäft eher gemächlichen Übertritts der Kundschaft in das digitale Zeitalter bedeutet allerdings nicht, dass sich nun auch die Teilnehmer der Medienindustrie zusammen mit der Mehrheit ihrer Kunden zurücklehnen können. Das Gegenteil ist richtig. Mehr denn je wird im Mediengeschäft der Kunde zum König. Seine neu gewonnene Freiheit, aus einem übervollen digitalen Warenkorb zu wählen, heizt den Wettbewerb in der gesamten Wertschöpfungskette der Medienindustrie an. Zwar ist wohl davon auszugehen, dass auch beim Übergang der Medienwelt ins digitale Zeitalter das Riepl'sche Gesetz Gültigkeit behält. In seiner Dissertation über „Das Nachrichtenwesen des Altertums mit besonderer Rücksicht auf die Römer" hat der Altphilologe und spätere Chefredakteur der Nürnberger Zeitung Wolfgang Riepl postuliert, dass höher entwickelte Medien zwar die alten Kommunikationsgewohnheiten verändern, sie aber niemals vollständig verdrängen.

Beispiele aus jüngerer Zeit legen in der Tat nahe, dass an Riepls Erkenntnissen aus dem alten Rom etwas dran sein könnten. Die Einführung des Hörfunks machte der Tageszeitung nicht den Garaus; das Fernsehen veränderte das Medium Hörfunk, ließ es aber am Leben; auch das Kino überstand den Bildschirm zu Hause. Jüngstes Glied in der Beweiskette soll nun die Digitalisierung werden. Das Netz wird die alten Kommunikationsmittel vielleicht überwuchern, sagen die Riepl-Anhänger, und auch verändern. Aber Bücher, Zeitungen, Radio und klassisches Fernsehen wird es auch in einer vernetzten Welt weiterhin geben.

Vielleicht ist das so. Die Bedingungen des Überlebens allerdings, das zeichnet sich schon jetzt eindeutig ab, werden von der Digitalisierung bestimmt. Der Kuchen wird neu verteilt. Die Neuen auf dem Markt verlangen ihren Anteil – und werden ihn bekommen.

Es sind vor allem die sozialen Netzwerke wie etwa Facebook, die der Werbung goldene Zeiten versprechen. Bei der Vorstellung seines Werbeprogramms Facebook Ads in New York kündete der Vorstandsvorsitzende von Facebook, Mark Zuckerberg, eine neue Ära für die weltweite Werbewirtschaft an. 100 Jahre lang hätten die Massenmedien ungezielt indifferente Werbebotschaften gestreut. Das sei jetzt vorbei, prophezeite Zuckerberg: „In den kommenden 100 Jahren wird Werbung nicht mehr einfach nach draußen gepusht, sondern über die Verbindungen der Menschen untereinander verteilt." Diese Verbindungen, so kalkuliert nicht nur Zuckerberg, liefert zum Beispiel sein Portal Facebook, in dem sich fast 60 Millionen Menschen mit persönlichen Daten eingetragen haben.

Die Werbewirtschaft steht erst ganz am Anfang ihrer Bemühungen, den Datenschatz zu heben, der sich in den sozialen Netzwerken wie Facebook, MySpace oder StudiVZ sammelt. Doch schon gibt es einfallsreiche Modelle, wie die Werbemilliarden – in diesem Jahr werden es weltweit etwa 475 Milliarden Dollar sein – über das Netz gezielter und damit wirkungsvoller eingesetzt werden können. So erreichte Facebooks größter Konkurrent MySpace im vorigen Jahr bereits einen weltweiten Umsatz von einer Milliarde Dollar. ,Hyper-Targeting' nennt MySpace das Werbemodell, mit dem das soziale Netzwerk auch die laut Nielson Online 2,7 Millionen Nutzer in Deutschland erreichen will. In der Frankfurter Allgemeinen Zeitung erklärte Deutschland-Chef Joel Berger die Funktionsweise des Modells. Danach stellt das System mithilfe der zahlreichen persönlichen Informationen, die im Netzwerk hängen bleiben, Profilgruppen der Nutzer zusammen und ordnet dann ganz gezielt die Werbung den Profilen zu. Außerdem bietet MySpace den Werbekunden an, für einzelne, dafür geeignete Marken eigene Communities anzulegen – Fanclubs sozusagen, deren Mitglieder per Mausklick die Werbebotschaft besonders glaubwürdig weiterempfehlen.

## Werbung macht mobil

Noch ein starker Konkurrent für die klassischen Werbeträger beginnt sich zu rühren. Die mobile Werbung auf dem Handy meldet aufsehenerregende Erfolge. Markenkonzerne beginnen, Handykampagnen zu schalten. Jugendliche zwischen 16 und 24, die in Großbritannien die Dienste des finnischen Start-ups Blyk nutzen, erhalten monatlich 217 Textnachrichten und 43 Gesprächsminuten frei – und erklären sich dafür bereit, auf ihren Handys Werbung zu empfangen. Vodafone bietet ausgewählten Kunden kostenlos Videos auf dem Handy an – Werbung inbegriffen. Und erste Partnerschaften zwischen Netz- und Handyriesen deuten an, wohin die Reise geht. Nokia hat mit Google vereinbart, die größte Netz-Suchmaschine auf ihren Telefonen vorzuinstallieren. Über Googles Betriebssystem für Handys namens Android wird auch Werbung zu empfangen sein. Und mit dem Handy-Programm Go und der auf ihm möglichen Werbung erreicht Yahoo inzwischen bis zu 600 Millionen Nutzer. Auf der Mobil-funkmesse Mobile World Mitte Februar 2008 in Barcelona wurden Branchenschätzungen kolportiert, wonach sich die Umsätze mit mobiler Werbung von derzeit 1,5 Milliarden Euro innerhalb von nur drei Jahren auf über zehn Milliarden Euro versiebenfachen werden. Solche Schätzungen mögen allzu optimistisch sein. Sicher ist jedenfalls, dass der Werbekuchen in der Medienbranche neu verteilt wird. Und da die Zunahme der Werbeausgaben mit dem zusätzlichen Angebot an Werbemöglichkeit in der digitalen Welt nicht Schritt hält, wird die Umschichtung vor allem bei den alten Medien neue Geschäftsmodelle erzwingen.

Am deutlichsten spürt das die werbefinanzierte private TV-Branche. Zwei Jahrzehnte brachte der Verkauf von Werbespots Jahr für Jahr steigende Erlöse. Der Bruch kam 2001, als zum ersten Mal die Netto-Werbeeinnahmen zurückgingen. Seither wird über neue Geschäftsmodelle nachgedacht. Die Ausdehnung der Sendermarke auf andere Plattformen ist eine der wichtigsten Optionen.

## Die Renaissance des Kabels

Doch die Medienunternehmen können nur dann dem König Kunden, der in der digitalen Welt die freie Wahl hat, dorthin folgen, wo er seine Medienbedürfnisse zu stillen beliebt, wenn sie über die entsprechenden Distributionswege verfügen. Die Notwendigkeit, auf allen Ebenen – per Telefon, im Internet und im Fernsehen – vertreten zu sein, hat in Deutschland dem TV-Kabel der alten Post zu einer eindrucksvollen Renaissance verholfen. Mit einer technisch herausragenden Infrastruktur, mit 440.000 Kilometern Hochleistungskabel und knapp 29 Millionen anschließbaren Haushalten gehört das deutsche Fernsehkabelnetz zu den besten der Welt. Allein rund 15 Millionen dieser Haushalte erreicht Kabel Deutschland.

Mit der schlichten, wenn auch qualitativ hoch stehenden Übertragung analoger Fernsehsigna-le, wie die Post und später das Nachfolgeunternehmen Deutsche Telekom das Kabelnetz zwei Jahrzehnte lang nutzte, wären die Kabelanbieter im digitalen Zeitalter sehr bald zum Aus-laufmodell geworden. Deshalb begann Kabel Deutschland im Herbst 2005, in den 13 Bun-desländern (alle Bundesländer außer Nordrhein-Westfalen, Hessen und Baden-Württemberg), in denen sie ca. 2 Jahre zuvor die Kabelnetze von der Deutschen Telekom nach einem verzö-gerten Verkaufsprozess endlich hatte übernehmen können), mit hohen Investitionen für die neue Zeit fit zu machen. Zunächst begannen wir in Rheinland-Pfalz und dem Saarland, das Kabelnetz mit einem Rückkanal auszustatten – Voraussetzung für den Informationsfluss in beide Richtungen, was Telefonie, Internet und interaktives Fernsehen erst möglich macht. Bis Ende des Geschäftsjahres 2008/2009 wird Kabel Deutschland voraussichtlich rund 90 Pro-zent der 15 Millionen anschließbaren Haushalte in ihrem Versorgungsgebiet aufgerüstet ha-ben. Das heißt, dass diese Haushalte mit einem störungsarmen und sicheren Breitbandan-schluss technisch auf alles vorbereitet sind, was die digitale Welt noch hervorbringen mag.

## Vorsprung im digitalen Zeitalter

Kabel Deutschland hat mit der technischen Aufrüstung allerdings mehr als das erreicht. Wir sind in der glücklichen Lage, sowohl im angestammten Geschäft der Verbreitung von Fernsehen und Hörfunk als auch mit dem Angebot von Internet- und Telefonieprodukten erfolgreich in der alten und neuen Welt unterwegs zu sein. Mit seinem neuen Geschäftsmodell beteiligt sich das Unternehmen aktiv an der Gestaltung des digitalen Zeitalters. Das abgeschirmte Breitbandkabel ist ein ideales Medium für den Transport von großen Datenmengen jeder Art. Es ist damit ein ideales Medium für das digitale Zeitalter. Und Kabel Deutschland ist entschlossen, dieses Potenzial für seine anspruchsvollen Kunden der Zukunft zu heben.

Neben der Modernisierung des Kabelnetzes für Internet und Telefon investiert Kabel Deutschland erheblich in die Digitalisierung der Übertragung von Fernsehen und Hörfunk und treibt damit die Digitalisierungsquote in Deutschland weiter voran. So haben wir zum Beispiel in eine effizientere Übertragungstechnologie und Modulationstechnik investiert, um mehr Programmvielfalt im Netz zu gewährleisten. Flankierend haben wir unseren Kunden kostenlose Digital Receiver, die zum Empfang von digitalen Fernsehprogrammen benötigt werden, zur Verfügung gestellt. Das digitale Programmpaket Kabel Digital Home ist Plattform und Türöffner für zahlreiche neue Programmanbieter in Deutschland. Darüber hinaus bietet Kabel Deutschland seinen Kunden zwei Pay-Per-View-Angebote ohne Abonnementverpflichtung und einen Digitalen Videorecorder (DVR). Die Kabelkunden können zudem hoch auflösendes Fernsehen (HDTV) von Premiere empfangen. Video-on-Demand ist bereits in Planung und bedeutet einen weiteren Meilenstein zur fortschreitenden Digitalisierung in Deutschland.

Als Ergebnis unserer Anstrengungen hat sich zum 31. März 2008 die Anzahl der digitalen Kabelanschlüsse auf 1,7 Millionen (Vorjahr 1,2 Millionen) erhöht, inklusive der rund 800.000 Pay-TV-Abonnements. Zusammen mit den Kabel-Abonnements von Premiere, die im Verbreitungsgebiet von Kabel Deutschland genutzt werden, ergibt sich eine digitale TV-Penetration von über 20 Prozent.

Die Vielfalt dieser Maßnahmen zeigt: Das TV-Kabel ist ein Vorreiter für innovative neue digitale Produkte und Dienste. Es ist gut gerüstet für den Wettbewerb der Infrastrukturen, weil es sich von seiner ehedem „dienenden" Rolle als bloßer Programmverteiler verabschiedet hat. Es sollte die Aufgabe und das Ziel aller Marktbeteiligten und der Politik sein, möglichst viele Kunden von den Vorteilen der Digitalisierung zu überzeugen.

# Die Rolle des Satelliten im Wettbewerb der Infrastrukturen

*Ferdinand Kayser [Vorstandsvorsitzender, SES Astra S.A.]*

Die Rolle des Satelliten wandelt sich im Zuge weitreichender technologischer Entwicklungen. Das Hauptaugenmerk liegt dabei auf der Übertragung von Fernsehen, nicht auf sonstiger Datenübertragung, obwohl sich auch in diesem Feld eine wichtige und dynamische Rolle des Satelliten erkennen lässt. Unter Wettbewerb der Infrastrukturen ist folglich in erster Linie der Wettbewerb zwischen dem Satelliten, Kabelanschluss und DSL-Anschluss ($\rightarrow$) zu verstehen. Terrestrisches Fernsehen wird nicht in die Überlegungen miteinbezogen, da es in Deutschland nur eine untergeordnete Rolle spielt. Das Einbeziehen von Fernsehen für mobile Endgeräte erfolgt nur am Rande.

## Zusammenwachsen von Telekommunikation und Fernsehen

Zwei technologische Entwicklungen sind Triebkräfte für bahnbrechende Veränderungen zum einen der Fernseh-, und zum anderen der Telekommunikationsindustrie in den letzten zehn bis 15 Jahren.

In der Fernsehindustrie hat die etwa im Jahr 1996 begonnene Umstellung von analoger auf digitale Erzeugung, Bearbeitung und Übertragung der Signale zur Folge, dass eine wesentlich größere Vielfalt von Programmen für den Endkunden zur Verfügung steht als in der analogen Welt. So werden beispielsweise etwa 750 digitale Fernsehkanäle allein von der ASTRA-Position 19,2 Grad Ost abgestrahlt. Daneben bewirkt die Digitalisierung auch erhebliche Qualitätsgewinne bei Bild und Ton und ermöglicht wesentliche Erleichterungen bei der Aufzeichnung und Speicherung von Inhalten, das heißt Filmen, Videos, Bildern oder Musikstücken durch entsprechende Kompressionsverfahren und die Vielfalt der zur Verfügung stehenden Speichermedien.

Parallel zur Digitalisierung des Fernsehens hat das Entstehen des Internets und insbesondere die Formatierung von Daten mittels Internet Protocol ($\rightarrow$ IP) die Welt von Sprach- und Datenübertragung revolutioniert. Schritt für Schritt werden immer mehr Daten, Bild und Ton, per IP verpackt und verbreitet. Diese technologische Entwicklung hat erheblichen Einfluss auf alle Akteure in der Medienindustrie. Heute können Filme aus dem Internet über das Mobilfunknetz auf tragbare Endgeräte geladen werden, Voice-over-IP-Telefonate sind weit verbreitet, Live-Fernsehen wird auf dem Handy verfolgt, und Zuschauer können mithilfe einer entsprechenden Set-Top-Box ihren Fernseher an die DSL-Empfangsdose anschließen, zu der stellenweise auch über Satelliten IP-Signale geliefert werden. Was bedeuten diese Entwicklungen für die Akteure im Markt?

## Veränderte Geschäftsmodelle der Infrastrukturbetreiber

Bei den Betreibern der Kabelnetze wie auch den Telekommunikationsunternehmen (Telcos) lassen sich sehr ähnliche Entwicklungen beobachten. Bereits in den neunziger Jahren begannen die Kabelunternehmen mit der sehr kostenintensiven digitalen Aufrüstung ihrer Kabelnetze und bewegten sich damit weg von einem Geschäftsmodell, bei dem schlichtweg 30 analoge Fernsehkanäle an Haushalte verteilt wurden. Neben der genannten Vervielfachung der Anzahl der übertragbaren Programme war hierbei das Angebot von Telefonie und Internetzugang (→ Triple Play) das erklärte Ziel. Heutige Angebote beinhalten meist eine Flatrate für Telefonie und Internetzugang sowie ein Standardpaket mit digitalen Fernsehkanälen, das um kostenpflichtige Angebote (→ Pay-TV) erweitert werden kann. Der Average Revenue per User (ARPU), das heißt der durchschnittliche Umsatz, der mit einem angeschlossenen Haushalt erzielt wird, ist zur entscheidenden Größe geworden.

Eine vergleichbare Entwicklung hat sich bei den Telcos, allen voran die Deutsche Telekom, abgespielt. Ausgangspunkt war hier die analoge Sprachübertragung, die über den Zwischenschritt ISDN (→) zur Datenübertragung via DSL wurde. Heutige DSL-Anschlüsse weisen Datenraten von in der Regel mindestens fünf Mbit ‚Downstream' pro Sekunde auf, wobei die Kapazitäten kontinuierlich steigen und mit dem geplanten VDSL-Netz (→) 50 Mbit pro Sekunde erreicht werden. Durch Leitungen dieser Art können Inhalte mit großen Anforderungen an Bandbreite geleitet werden, beispielsweise Live-Fernsehen (→ IPTV). Auch bei Angeboten der Telcos sind somit Triple-Play-Angebote üblich, und auch hier wird die Maximierung des ARPU, unter anderem durch Pay-TV, angestrebt.

Beide Gruppen von Infrastrukturbetreibern, also Kabel- und DSL-Anbieter, nutzen demnach ihren Zugang zum Endkunden zur Vermarktung von Produkten, die über den reinen Anschluss an die Infrastruktur hinausgehen. Anders ausgedrückt wird dem Kunden der Kabel- oder DSL-Anschluss durch den Zugang zu interessanten Inhalten schmackhaft gemacht. Die logische Konsequenz aus dieser Entwicklung ist ein steigendes Engagement der genannten Infrastrukturbetreiber beim Erwerb von Inhalten, um Pay-TV-Bouquets für Endkunden attraktiv zu gestalten. Konkrete Beispiele sind der Erwerb der Bundesliga-Fernsehrechte durch arena, ein Tochterunternehmen des zweitgrößten deutschen Kabelnetzbetreibers Unitymedia, sowie der Erwerb derselben Rechte für das Internetfernsehen durch die Deutsche Telekom. Im Fall des Rechteerwerbs durch arena kommt hinzu, dass diese Rechte nicht auf Kabelkunden beschränkt waren, sondern auch Kunden mit Satellitenempfang betrafen. An dieser Stelle sei angemerkt, dass die Endkunden sich erst noch an die Kombination von Fernsehen und Telefonie aus einer Hand gewöhnen müssen und daher zum heutigen Zeitpunkt der Markterfolg der entsprechenden Paketangebote der Telcos (zum Beispiel T-Home der Deutschen Telekom oder Alice Home TV von Hansenet) noch hinter den Erwartungen zurückbleibt. Allerdings ist unter Branchenexperten unumstritten, dass schon allein auf Grund des steigenden Drucks durch wegbrechende Umsätze im analogen Anschlussgeschäft der Telcos sowie der enormen Finanzmittel dieser Konzerne der Druck auf Kabelanbieter und Satellitenbetreiber weiter wachsen wird.

## Konsequenzen für die Satelliten-Infrastruktur

Da die Angebote der Kabelnetzbetreiber wie auch der Telcos auf Grund der vorhandenen oder neu verlegten Leitungen zuerst in Ballungsgebieten verfügbar sind, herrscht zwischen diesen beiden Infrastrukturen besonders starker Wettbewerb, da oftmals um dieselben Haushalte gekämpft wird.

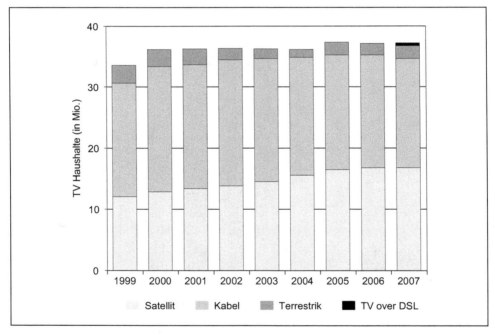

**Abbildung 1:**    *TV-Haushalte in Deutschland, Verlauf 1999-2007 – TV über DSL (IPTV)*
*Quelle: SES ASTRA, Satelliten Monitor, TNS Infratest*

Historisch betrachtet stand der Satellit zunächst im Wettbewerb mit dem Kabel und war dabei sehr erfolgreich. Die Zahl der Haushalte, die sich zum Empfang von Fernsehen für eine Satellitenschüssel und den dazugehörigen Receiver (Set-Top-Box) entschieden, hat in den vergangenen Jahren stetig zugenommen und erreicht in Deutschland heute etwa 17 Millionen (siehe Abbildung 1). Der Erfolg des Satelliten ist durchaus nicht überraschend. Schließlich ist bei einer wesentlich größeren Anzahl verfügbarer Kanäle der Satellitenempfang im Vergleich zu Kabel oder DSL erheblich preisgünstiger. Zudem ist Satellitenempfang allerorts möglich und nicht an das Vorliegen von Kabel- oder DSL-Leitungen gebunden. Hier sei erwähnt, dass wie zum Beispiel mit dem Produkt ASTRA2Connect die Kombination aus Telefonie, Internet und Fernsehen, also Triple-Play-Angebote via Satellit längst Realität sind und beim Ausbau der Breitbandnetze durch DSL-Anbieter und Telcos eine wichtige Rolle spielen. Dass sich die Rolle des Satelliten im Wettbewerb der Infrastrukturen dennoch weiterentwickeln muss, wird bei der Fortsetzung der bereits angestellten Überlegungen deutlich.

Mit einem digitalen Kabelanschluss oder einem DSL-Anschluss kann dem Endkunden zum einen Triple-Play angeboten werden. Zum anderen kann das Fernsehangebot durch die genannten Pay-TV-Inhalte bereichert werden. Das entscheidende Stichwort hier ist die ‚Adressierbarkeit'. Die Kabel- und DSL-Anbieter kennen ihre Kunden, können sie also adressieren, das heißt ihnen individuelle Produkte, beispielsweise Pay-TV-Abonnements, anbieten und diese auch abrechnen. Sie treten damit als Weiterverkäufer oder Durchleiter für Fernsehunternehmen auf, die ihrerseits frei empfangbares und kostenpflichtiges Fernsehen veranstalten.

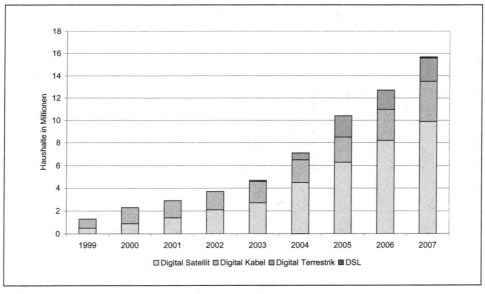

**Abbildung 2:**   *Digitale TV-Haushalte in Deutschland, 1999-2007*
*Quelle: SES ASTRA, Satelliten Monitor 2007, TNS Infratest*

Durch diese Bereicherung werden die Netze dieser Infrastrukturbetreiber aufgewertet und damit wertvoller. Konsequenterweise steigt auch die Zahl der digitalen Kabelhaushalte und der DSL-Anschlüsse, die Fernsehen miteinschließen, in den letzten Jahren deutlich an, wobei gerade bei IPTV über DSL die Entwicklung erst am Anfang steht.

Dies wirft die Frage auf, inwiefern für Satellitenbetreiber Handlungsbedarf besteht. Auch Satellitenkunden können in den Genuss von Pay-TV-Angeboten kommen. Sie benötigen dazu genau wie Kabelkunden einen Receiver, der adressierbar, das heißt beispielsweise mit einer sogenannten Smartcard (→) ausgerüstet ist, die freigeschaltet wird, wenn ein Pay-TV-Abonnement vorliegt. Keine Adressierbarkeit liegt vor, wenn der Kunde über eine sogenannte ‚Zapping Box', das heißt einen Receiver ohne Smartcard, ohne eingebautes Verschlüsselungssystem oder ohne ‚Common Interface' eine technische Schnittstelle zur Nutzung unterschiedlicher Verschlüsselungssysteme fernsieht. Der Vorteil beim Kauf eines Receivers, der nicht nur die sehr beschränkten Möglichkeiten einer Zapping Box hat, liegt auf der Hand: Der Kunde hält sich in jedem Fall die Option offen, auch zu Programmen Zugang zu haben, die nicht frei empfangbar sind, kann dabei jedoch auch alle anderen Programme weiterhin problemlos empfangen.

Was die Digitalisierung als Grundvoraussetzung für Adressierbarkeit angeht, hat der Satellit in Deutschland in den letzten Jahren klar die Führungsrolle übernommen, wie Abbildung 2 belegt. Dennoch besteht für Deutschland weiterer Handlungsbedarf, liegt man doch im europäischen Vergleich beim digitalem im Vergleich zu analogem Satellitenempfang noch deutlich zurück (siehe Abbildung 3).

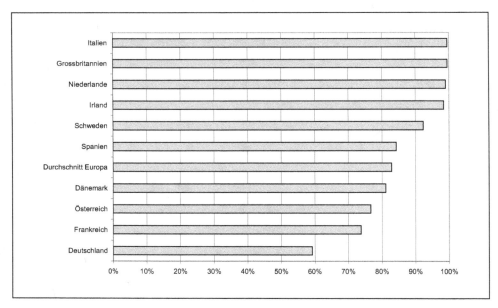

***Abbildung 3:*** *Digitale Satelliten-TV-Haushalte in Prozent aller Satelliten-TV-Haushalte*
*Quelle: SES ASTRA, Satelliten Monitor, TNS Infratest*

Dieser Zustand spiegelt sich in der Zahl der Pay-TV-Satelliten-Haushalte im Vergleich zu allen Satellitenhaushalten wider, wo Deutschland mit einem Anteil von 13 Prozent weit hinter den anderen Ländern liegt. Zum Vergleich: Im Vereinigten Königreich liegt die Quote bei 93

Prozent, in Italien bei 63 Prozent, in Frankreich bei 59 Prozent. Die Hauptursache hierfür ist die in Deutschland historisch vergleichsweise hohe Zahl von analogen Free-TV-Kanälen, typischerweise mehr als 30, während in anderen europäischen Ländern bestenfalls eine Handvoll Programme frei empfangbar sind.

Wie aufgezeigt, ist der Satellit bei der Digitalisierung die treibende Kraft. Hauptgrund für die Führungsrolle des Satelliten bei der Digitalisierung ist die steigende Anzahl der verfügbaren digitalen Programme. Den engen Zusammenhang zwischen der Entwicklung der Anzahl verfügbarer digitaler Kanäle und der Anzahl digitaler Satellitenhaushalte zeigt Abbildung 4 für das Beispiel Vereinigtes Königreich, das generell als der am weitesten entwickelte Fernsehmarkt in Europa gelten kann.

Es steht außer Frage, dass eine Steigerung der Auswahl an verfügbaren digitalen Free- und Pay-TV-Kanälen auch in Deutschland zu einer beschleunigten Digitalisierung führen wird. Der Satellit muss dabei seiner Führungsrolle gerecht werden.

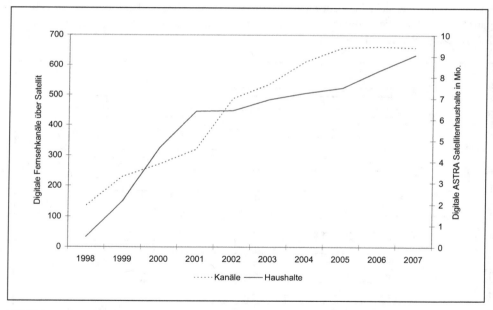

**Abbildung 4:**   *Digitale Satelliten-TV-Kanäle und digitale ASTRA Satelliten-TV-Haushalte im Vereinigten Königreich*
*Quelle: SES ASTRA, Satelliten Monitor, Lyngsat*

## Perspektive der Fernsehsender

Was bedeutet dies aus Perspektive der Fernsehsender? Neben rein auf Werbeerlösen basierenden, frei empfangbaren Programmen haben die Sender durch Zugang zu adressierbaren Haushalten auch mit anderen Angeboten, wie beispielsweise Pay-TV, Zugang zum Kunden. Diesen Vorteil muss der Satellitenanbieter seinen Kunden, den Fernsehsendern, soweit möglich bieten. Gerade kleinere Sender mit geringen Marktanteilen können sich durch Werbeerlöse allein oftmals schwer finanzieren. Dies sind häufig Spartenkanäle, die ein klar umrissenes Publikum ansprechen wollen und deren Zahl mit der Digitalisierung in den letzten Jahren stark angestiegen ist. Rein technisch bietet sich diesen Sendern durch die im Zuge der Digitalisierung gewachsene Kapazität im Kabel, auf dem Satelliten oder in einem DSL-Angebot zumindest die technische Möglichkeit, mit von der Partie zu sein. Nur funktioniert das Geschäftsmodell nicht, wenn nicht neben den Werbeinkünften auch noch andere Einkommensquellen zur Verfügung stehen. Schließlich will die Kapazität im Kabel oder auf dem Satelliten auch bezahlt sein. Auch die großen Sendergruppen setzen neben dem frei empfangbaren Fernsehen auch auf Spartenkanäle im Pay-TV. Beispiele hierfür sind Sat.1 Comedy, kabel eins classics, oder RTL Crime.

Der Erfolg von High Definition TV (→ HDTV) über Satellit unterstreicht diese Überlegungen. Einerseits ist auf Grund der technischen Überlegenheit in puncto Bandbreite der Satellit bereits jetzt die führende Infrastruktur für HDTV (mehr als 30 HDTV-Kanäle werden bereits von ASTRA Satelliten in Europa abgestrahlt). Andererseits tun sich die Sender in Deutschland mit der Einführung von HDTV mangels eines tragfähigen Geschäftsmodells schwer. Die Begründung liegt auf der Hand: Ein ausschließlich werbefinanziertes HDTV-Programmangebot scheitert zumindest anfangs an einer zu geringen Haushaltsreichweite. Auch hier könnte ein Pay-TV-Geschäftsmodell den Sendern den Einstieg ermöglichen.

Neben Pay-TV wächst die Bedeutung weiterer Dienste rund um das Fernsehen, die durch die Digitalisierung möglich werden. Als Beispiel sei hier Interaktivität genannt, denn ,transaktionsbasierte' Erlöse stellen eine weitere Möglichkeit der Erweiterung der Geschäftsmodelle von Fernsehsendern dar. Nicht zu vergessen ist, dass die Programmveranstalter ein Interesse an der Verschlüsselung von Programmen haben, um einen effektiven Gebietsschutz zu erreichen. Hintergrund dafür ist, dass der Preis für erworbene Fernsehrechte von der regionalen Ausdehnung der Ausstrahlung abhängt. Durch verschlüsselte Ausstrahlung ist gewährleistet, dass ein Programm nur von Haushalten empfangen werden kann, die dazu berechtigt sind. Die Situation, dass ein Programmveranstalter Ausstrahlungsrechte für ein bestimmtes Land erworben hat, Bewohner anderer Länder das Satellitsignal jedoch auch ,anzapfen', wird dadurch vermieden.

Als Zwischenfazit bleibt somit festzuhalten, dass Satellitenbetreiber auf Grund der Konvergenz von Telekommunikation und Fernsehen in steigendem Maße im Wettbewerb mit Telcos und Kabelnetzbetreibern stehen. Während allerdings die anderen Infrastrukturbetreiber ihr Heil in der vertikalen Integration durch den Erwerb exklusiver Rechte an Inhalten suchen, liegt die Mission der Satelliteninfrastruktur wie schon bisher darin, den Sendern eine anbieterneutrale technische Dienstleistung zur Verfügung zu stellen.

In diesem Kontext eröffnet die Digitalisierung Möglichkeiten für neue Geschäftsmodelle der Fernsehsender, deren Realisierung jedoch von der Verfügbarkeit einer adressierbaren Population von Receivern beziehungsweise einer entsprechenden technischen Plattform abhängt. Im Folgenden soll eine solche technische Plattform etwas näher beschrieben werden.

## Technische Plattform

Unter einer technischen Plattform sind die Elemente zu verstehen, die zusammengenommen die Infrastruktur für digitales Fernsehen bereitstellen. Aus Kundensicht ist dies der Satellitenreceiver, der entweder ab Werk über ein Verschlüsselungssystem verfügt oder einen Steckplatz für Verschlüsselungstechnologie (Common Interface Modul) aufweist. In beiden Fällen erhält der Kunde entweder im Handel oder per Versand eine sogenannte Smartcard. Diese Karte, welche in den Receiver eingeschoben wird, wird von Herstellern von Verschlüsselungssystemen wie beispielsweise Nagravision oder NDS produziert. Sie kann vom Betreiber eines Verschlüsselungssystems, beispielsweise Premiere, anhand einer einmaligen Kennung individuell identifiziert und für definierte Dienste, beispielsweise ein Pay-TV-Bouquet, frei geschaltet werden.

Premiere hat den Betrieb seiner technischen Plattform an Astra Plattform Services (APS) in München vergeben. Dort werden Verschlüsselung, Freischaltung und andere Dienste, zusammengenommen das Management von Verschlüsselungs- und Zugangssystemen (Conditional Access and Subscriber Management System) durchgeführt.

Ein weiterer Bestandteil beim Betrieb der technischen Plattform für digitales Fernsehen ist die Zertifizierung von Receivern, das heißt das Sicherstellen der Konformität von Geräten mit dem technischen Standard der Plattform. Die Spezifikationen einer solchen Plattform können auch Parameter wie beispielsweise Jugendschutz, elektronische Programmführer oder Interaktivität beinhalten, und damit die Zukunftssicherheit der Geräte sicherstellen. Ein Beispiel für Interaktivität ist die Spezifikation von Receivern zur Nutzbarkeit von Blucom, einem Dienst, der ein Interagieren des Zuschauers über sein Mobiltelefon mit dem Fernsehprogramm ermöglicht. So wird beispielsweise der Zuschauer bei der RTL Live-Sendung Deutschland sucht den Superstar interaktiv in das Programm eingebunden.

## Offenheit und Neutralität von Plattformen

Die Öffnung von Pay-TV-Plattformen ist regelmäßig Gegenstand der Beschäftigung für Regulierungsbehörden. Kernfrage ist grundsätzlich, unter welchen Bedingungen dritte Anbieter ihre Programminhalte auf sogenannten proprietären Plattformen vermarkten können. Hierbei sind aus Sicht des Plattform- beziehungsweise Pay-TV-Betreibers zwei Faktoren hervorzuheben. Zum einen möchte er auf der proprietären Plattform ‚seine' Kunden natürlich gerne für sich allein haben, um selbst den maximalen Ertrag pro Kunde zu erreichen und diesen nicht mit Wettbewerbern zu teilen. Zum anderen ist jedoch der ‚Nachbarschafts-Effekt' zu berücksichtigen, bei welchem das Angebot eines Plattformanbieters durch die Schaffung einer interessanten Nachbarschaft in seinem Pay-TV-Angebot auch für weitere Kundenschichten interessant wird, und er damit seine Reichweite vergrößern kann. Das gilt erst recht, wenn er an den Erlösen, die der Drittanbieter generiert, teilhaben kann. Mit anderen Worten: Durch das Zulassen anderer Inhalte-Anbieter ‚auf' der Smartcard, das heißt eine offene Plattform, kann durchaus ein positiver Effekt für alle Beteiligten geschaffen werden, da ja nicht zuletzt der Kunde von der größeren Vielfalt der ihm zur Verfügung stehenden Inhalte profitiert. Die Vermarktung der jeweiligen Inhalte erfolgt durch den Inhalte-Anbieter, nicht a priori durch den Plattformbetreiber. Der Endkunde erwirbt mit dem Abonnement der Smartcard den technischen Zugang zum gesamten Inhalte-Angebot, aus dem er sich die für ihn interessanten Kanäle oder Bouquets auswählt. Unter Umständen wird für den Endkunden bereits ein Basispaket an Inhalten zusätzlich zum technischen Zugang bereitgestellt.

Ein weiterer Vorteil entsteht für den Endkunden dadurch, dass auf Grund des breiteren Inhalte-Angebots eine Vielzahl von Geräteherstellern die entsprechenden Receiver produzieren und diese Hersteller mit ausreichend großen Produktionsvolumina rechnen können. Voraussetzung dafür ist, dass die technischen Spezifikationen allen Herstellern offen stehen, und die Plattform damit herstellerneutral ist. Damit gilt: Je attraktiver die Plattform, desto größer die Endgerätevielfalt – und wettbewerbsbedingt – das Preisniveau für den Verbraucher.

## Fazit

Die Fernsehlandschaft ist seit dem Beginn der Digitalisierung und der Verwendung des Internet Protocol im Umbruch. Bedingt durch die neuen technologischen Möglichkeiten, treten mit den angestammten Telekommunikationsunternehmen sowie etablierten Kabelnetzbetreibern mächtige Wettbewerber auf den Plan und verbinden unter dem Stichwort Triple-Play den Zugang zur DSL- beziehungsweise Kabel-Infrastruktur mit attraktiven Programminhalten.

Gleichzeitig steigt die Zahl von digitalen Spartenkanälen, zum Teil auch aus dem Hause der Free-TV-Programmveranstalter, die auf über Werbeeinnahmen hinausgehende Erlöse und auf eine entsprechende Verschlüsselungsinfrastruktur (Plattform) angewiesen sind. Der Satellitenbetreiber ist in der Pflicht, den Programmveranstaltern eine solche technische Plattform als Bestandteil der Infrastruktur anzubieten, um wie bereits bei der Digitalisierung der TV-Programme das Feld der Wettbewerber weiterhin anzuführen. Um aus der Perspektive der Programmveranstalter wie auch der Endkunden attraktiv zu sein, muss eine solche Plattform offen für den Zugang von Programmveranstaltern sein sowie über Herstellerspezifikationen verfügen, die transparent und zukunftssicher sind.

# Vision und Realität

## Vermarktungsplattformen für bezahlte Inhalte

## im deutschen Fernsehen und in den neuen Medien

*Wolfram Winter [Geschäftsführer, Premiere Star]*

## Der mühsame Start des Bezahlfernsehens in Deutschland

Nachdem bereits 1995 die ersten digitalen Pilotprojekte in Deutschland gestartet wurden, war es am 25. Juli 1996 soweit: Die Bayerische Landesanstalt für neue Medien (BLM) und das Unternehmen DF1 unterzeichneten einen Vertrag, der die rechtlichen Grundlagen dafür schuf, dass drei Tage später, am 18. Juli 1996, DF1 als erstes digitales Abonnentenfernsehen in Deutschland mit einer Multikanalstruktur an den Start gehen konnte. Hauptgesellschafter des neuen Senders war die KirchGruppe. Ab dem 9. August 1996 wurden neben dem digitalen Programmpaket von DF1 sieben weitere Spartenfernsehkanäle der französischen MultiThématique-Gruppe über die DF1-Plattform verbreitet und vermarktet. Nach etlichen gerichtlichen Auseinandersetzungen zwischen dem, im Februar 1997 gestarteten, Pay-TV-Sender Premiere (→) und DF1 schlossen die KirchGruppe und Bertelsmann, die damaligen Eigner von Premiere, am 23. Juni 1997 eine weit reichende Vereinbarung. Die Digitalaktivitäten von DF1 und Premiere sollten unter dem Dach von Premiere gebündelt werden. Drei Monate später teilten die Bertelsmann-Tochter CLT/UFA und die KirchGruppe mit, dass DF1 1998 aufgelöst würde und unter dem Dach von Premiere fortgeführt werden sollte.

Premiere stellte bei der BLM Lizenzanträge für die bundesweite Verbreitung elf neuer digitaler TV-Programme. Für elf weitere Kanäle wurde bei der Hamburgischen Anstalt für neue Medien (HAM) eine entsprechende Zulassung beantragt. Damit konnten Angebote, die zuvor auf der Basis einer Versuchslizenz von DF1 verbreitet wurden, in das Gesamtpaket überführt werden. Im Herbst 1997 waren in 95 Prozent der bayerischen Kabelnetze digitale Fernsehprogramme verfügbar. Die technische Voraussetzung für den Empfang war die sogenannte ‚d-box'. Im November 1997 unterzeichneten Bertelsmann und die KirchGruppe die abschließenden Verträge zur Gründung der Unternehmensgruppe Premiere und zur Entwicklung des digitalen Fernsehens in Deutschland. Das Vorhaben stand allerdings unter dem Vorbehalt der Zustimmung durch die Europäische Kommission. Am 27. Mai 1998 wurde die Digital-TV-Allianz von KirchGruppe, Bertelsmann sowie der Deutschen Telekom mit der Begründung abgelehnt, dass die Unternehmen durch den Zusammenschluss eine marktbeherrschende

Stellung auf dem digitalen Pay-TV-Markt in Deutschland erlangen würden. Im Jahr 1999 strukturierte sich die KirchGruppe neu: Der Bereich Abonnentenfernsehen und digitale Übertragung wurde in der Holding ‚Kirch Pay-TV' gebündelt, die in der Folge weitere 45 Prozent an Premiere übernahm. Damit hielt sie 95 Prozent an dem Hamburger Abonnentensender und führte ihn schlussendlich mit dem bisherigen Wettbewerber DF1 in München zusammen. Die verbleibenden fünf Prozent waren im Besitz der CLT-UFA. Am 1. Oktober 1999 startete das, aus der Fusion hervorgegangene, neue Programmangebot Premiere World. Die Deutsche Telekom beteiligte sich nur an der Vermarktung des neuen digitalen Pay-TV-Bouquets.

Nachdem 1985 der Startschuss für das bundesweite Kabelfernsehen gefallen war und 1998 die Deutsche Telekom auf Grund einer Entscheidung der EU-Kommission ihre Kabelnetze verkaufen musste, begannen die Kabelnetzbetreiber ab dem Jahr 2003 ihren Umbau von technisch geprägten Infrastrukturbetreibern zu kundenorientierteren Programmvermarktern. Im September 2004 stieg das Unternehmen Kabel Deutschland mit eigenen Programmpaketen in die Vermarktung digitaler TV-Programme ein – mit Kabel Digital Home unter anderem im Bereich Bezahlfernsehen. Im Jahr 2007 gründete Deutschlands führender Pay-TV-Sender Premiere eine Tochterfirma namens Premiere Star, unter deren Dach bestehende, aber auch neue Pay-TV-Sender gebündelt und vermarktet werden. Das Angebot von Premiere Star besteht aus insgesamt 35 Themensendern, die im Rahmen von drei Programmpaketen angeboten werden: Premiere Thema, Premiere Star und Premiere Star XL. Premiere Thema beinhaltet 16 Themensender und sieben digitale Radiosender, die zum großen Teil exklusiv präsentiert werden und vielfältigste Genres umfassen: Dokumentationen, Kinderprogramme, Action, Erotik, Hollywoodklassiker, Daily Soaps, Heimatfilme oder Musik. Premiere Star präsentiert insgesamt 18 Sender mit Inhalten wie internationalen Sportevents live, Comedy, Kinderprogrammen, Spielfilm- und Serienhighlights von Action bis Romantik, Lifestyle und Entertainment. Premiere Star ging am 13. September 2007 an den Start, konnte bisher 170.000 Abonnenten gewinnen und umfasst als Paket Premiere Star XL alle 35 Sender, darunter die Bezahlsender großer Free-TV-Häuser (→) wie RTL (RTL Crime, RTL Living, Passion), ProSiebenSat.1 (Sat.1 Comedy, kabel eins classics), MTV (MTV Music, MTV Entertainment, Nick Premium), Eurosport (Eurosport 2) sowie etablierte Pay-TV-Marken wie Discovery oder auch Kinowelt TV.

## Deutschland – einer der schwierigsten TV-Märkte der Welt

Über zehn Jahre nach dem Start des digitalen Fernsehens ist Deutschland zwar keine Pay-TV-
,Wüste' mehr und der Markt wächst stetig – ausgeschöpft ist dessen Wachstumspotenzial jedoch noch lange nicht. Deutschland ist einer der größten, aber auch einer der schwierigsten TV-Märkte der Welt. Mit einem traditionell sehr umfangreichen gebührenfinanzierten, öffentlich-rechtlichen Fernsehangebot und den Programmen der größten privaten Medienkonzerne in Europa ist das frei empfangbare TV-Angebot europaweit einzigartig. In Deutschland, dem größten europäischen Fernsehmarkt, gibt es insgesamt 37 Millionen Fernsehhaushalte, deren durchschnittliche Anzahl empfangbarer Sender in 2007 bei rund 55 lag.[1] Knapp 17 Millionen

empfangen ihr Fernsehsignal über Satellit, 19 Millionen über Kabel, knapp 2 Millionen terrestrisch und 0,04 Millionen über DSL.[2] Ein großes Potenzial – das mit 5,2 Millionen Pay-TV-Abonnenten noch längst nicht ausgeschöpft ist.[3]

Einer der wichtigsten Gründe für die niedrige Penetration des Pay-TV in Deutschland – die mit 10 Prozent deutlich hinter beispielsweise Frankreich, Großbritannien und Italien liegt[4] – ist die Digitalisierungsquote. Sie fällt in Deutschland mit 34 Prozent im europäischen Vergleich gering aus. In Großbritannien beispielsweise ist sie mit 72 Prozent mehr als doppelt so hoch.[5] Der Satellit ist zweifelsohne Treiber der Digitalisierung, doch auch hier empfingen Ende 2007 nur 59,2 Prozent der Satelliten-Haushalte in Deutschland ihr TV-Signal digital. Schlechter schneidet in Europa nur noch Slowenien mit einem Digitalisierungsgrad von 58,6 Prozent ab.

Trotz oder gerade wegen der vergleichsweise niedrigen Digitalisierungsquote wird das Entwicklungspotenzial in Deutschland hoch eingeschätzt: Prognosen besagen, dass bis Ende 2012 77 Prozent der Fernsehhaushalte im Primärempfang digitalisiert sein werden.[6] Im Satellitenbereich wird von einer Digitalisierungsquote von 94 Prozent bis 2012 ausgegangen. Das digitale Kabel, das bisher erst von 14 Prozent der deutschen Fernsehhaushalte genutzt wird, soll bis dahin einen Digitalisierungsgrad von über 50 Prozent aufweisen. Im Bereich Terrestrik wird vor allem der Sekundärempfang bedeutender: Durch die Einführung von DVB-T (→) wird der terrestrische Empfang bereits innerhalb der nächsten drei Jahre vollständig digitalisiert sein. Neben terrestrischem DVB-T, Kabel und Satellit wird sich zukünftig das IPTV (→), Fernsehen über das Internet, als vierter Übertragungsweg verstärkt etablieren. Zurzeit wird von 0,1 Millionen IPTV-Haushalten in Deutschland ausgegangen. Während das Wachstum bisher noch von den recht hohen Kosten gebremst wird, werden bis zum Jahr 2010 rund 1 Million IPTV-Haushalte prognostiziert.

Dieser Entwicklung voraus ist die quantitative und qualitative Entwicklung von Pay-TV-Sendern. Gegenwärtig entsteht eine Vielzahl neuer Sender, die bereits existierenden verbessern sich stetig. Zu beobachten ist zudem eine Fragmentierung der Zielgruppen, wie sie das Segment der Printmedien bereits erfolgreich vollzogen hat. So umfasst der Zeitschriftenmarkt vom Bastel- über Hochglanz- bis zum Jägermagazin Angebote für jedes Interesse und Hobby – eine Entwicklung, die nun auch den Fernsehmarkt erreicht. Über einhundertzwanzig unterschiedliche Sender bieten ein spezielles Programm zu den unterschiedlichsten Themengebieten und unterscheiden sich damit klar vom Anspruch eines Vollsortimenters der großen Free-TV-Sender. Insbesondere das Pay-TV bietet Angebote, die auf unterschiedlichste Zielgruppen abgestimmt sind: Die große Anzahl an Themensendern führt zu einem Fernsehangebot, das weit über das Free-TV-Portfolio hinausgeht. Zu beinahe jeder Tages- und Nachtzeit kann der Zuschauer genau das Programm finden, das er sehen möchte. Wichtigster Aspekt in Bezug auf die Bedeutsamkeit der Digitalisierung für die Entwicklung des Bezahlfernsehens sind die ungleich größeren Übertragungskapazitäten. Darüber hinaus können sich Pay-TV-Anbieter direkt und damit viel spezifischer an einzelne Kunden richten und ihnen so einfacher Zusatzangebote unterbreiten. Im digitalen Zeitalter können die Zuschauer genau das sehen, was sie wollen – und das, wann und wo immer sie wollen – ob am heimischen Bildschirm oder über ein mobiles Endgerät.

Diese Chancen haben auch die Kabelnetzbetreiber erkannt. Sie setzen verstärkt auf Pay-TV und erhöhen damit die Wettbewerbsintensität, erreichen innerhalb kürzester Zeit hohe Kundenzahlen. Ihr Zauberwort lautet: Triple-Play, also die Möglichkeit, Internet, Telefonie und Fernsehen aus einer Hand anzubieten. Obgleich Zahlen belegen, dass auch dieses Geschäft kein Selbstläufer ist, bleibt dennoch festzustellen, dass das Geschäft mit Internet und Telefonanschlüssen für Kabelnetzbetreiber zum Wachstumsmotor geworden ist.[7] Die Umsätze der deutschen Kabelindustrie werden von 2,9 Milliarden Euro im vergangenen Jahr bis 2012 auf 3,7 Milliarden Euro wachsen.[8] Trotz aller Herausforderungen des deutschen Marktes: Deutschland ist bereits ein Pay-TV-Land – und bietet in diesem Bereich noch auszuschöpfendes Potenzial.

## Große Medienhäuser auf dem Weg ins Bezahlfernsehen

Vergangenes Jahr ist es zu einer Entwicklung im deutschen Fernsehmarkt gekommen, die bis dato unvorstellbar war. Die großen Free-TV-Medienhäuser, wie die RTL Gruppe und ProSiebenSat.1, strebten ins Pay-TV und vollzogen damit eine strategische Kehrtwende. Bisher wurde das Pay-TV ausschließlich als Konkurrenz zum Free-TV betrachtet. Doch die Entwicklung im Free-TV, insbesondere die Stagnation der Werbe- und Gebühreneinnahmen, hat zu einem Umdenken geführt. So beträgt das jährliche Wachstum im Bereich Werbung im Durchschnitt 2,8 Prozent, die Gebühreneinnahmen der öffentlich-rechtlichen Sender nehmen bei einem Wachstum von 1,5 Prozent nur leicht zu. Im Vergleich hierzu steht ein jährliches Wachstum bei Pay-TV-Abonnements von 7,4 Prozent.[9] Als Folge streben Privatsender nach einer Diversifikation ihrer Erlöse, um aus der Abhängigkeit des klassischen Werbefernsehens ‚auszubrechen', und setzen dazu verstärkt auf Pay-TV.[10] Die RTL Gruppe beispielsweise bietet mit Sendern wie RTL Crime, RTL Living und dem UFA Joint Venture, Passion, gleich mehrere Pay-TV-Sender an. Auch ProSiebenSat.1 hat mit Sat.1 Comedy und kabel eins classics Bezahlfernsehsender im Portfolio. Das Besondere hieran ist die konsequente Ausnutzung der Möglichkeiten im Bezahlfernsehen: exklusive Previews erfolgreicher Serien vor der Ausstrahlung im Free-TV, Entwicklung und Etablierung neuer ungewöhnlicher Showformate, die so keinen Platz im Free-TV finden und schnell am Quotendruck scheitern würden. Ein unbestreitbar Wandel, der die Pay-TV-Branche insgesamt beeinflusst: Die Sender werden von Zweitverwertern zu Erstausstrahlungssendern. Der Pay-TV-Sender Discovery Channel des global operierenden Medienkonzerns Discovery Networks produziert zunehmend eigene Shows und Dokumentationen exklusiv für das Pay-TV. Eine ähnliche Strategie verfolgt Viacom mit seinen Erstausstrahlungssendern MTV Entertainment und Nick Premium oder die UFA, die als klassischer Film- und Fernsehproduzent Mitbetreiber des Senders Passion ist.

## Vermeintliche Konkurrenten des Pay-TV stagnieren

Pay-TV – wie der Name schon sagt – kostet! Und wenn es um den Geldbeutel der Konsumenten geht und darum, wie viel Geld sie für Unterhaltung ausgeben, wird als Vergleich zum

Bezahlfernsehen gerne der Kino- und Home-Entertainment-Markt herangezogen. Die einfache Rechnung lautet: Vier Kinobesuche beziehungsweise zwei DVDs kosten ungefähr genauso viel wie ein Monat Pay-TV. Diese Gegenüberstellung greift allerdings zu kurz. Statt Konkurrenz lässt sich vielmehr eine wechselseitige Steigerung innerhalb der Verwertungskette konstatieren. Wird ein Film im Fernsehen ausgestrahlt, steigen auch die DVD-Verkäufe. Gesteigerte Aufmerksamkeit nutzt allen Unterhaltungssegmenten – insbesondere den dem Kino nachgelagerten Auswertungsstufen, denn die Kinobranche verzeichnet rückläufige Einnahmen: Im Jahr 2007 ging der Umsatz von 814 Millionen in 2006 auf 768 Millionen zurück. Der Home-Entertainment-Markt verzeichnet mit einem Gesamtumsatz von 1,6 Milliarden Euro in 2007 immer noch gute Zahlen, insgesamt verkauften sich 103,3 Millionen DVDs in Deutschland. Dennoch ist der DVD-Markt bei stetig fallenden Preisen weitgehend ausgereizt, stagniert auf hohem Niveau. Einzig Fernsehserien auf DVD bieten weit überdurchschnittliche Wachstumszahlen. Derzeit liegt die Hoffnung der Home-Entertainment-Branche im neuen digitalen Speicherformat Blu-ray (→). Nachdem – durch die Entscheidung für die von Sony entwickelte Technologie nach jahrelangem Konkurrenzkampf mit dem Format HD-DVD – endgültig Klarheit im Markt und bei den Konsumenten herrscht, hofft die Branche nun auf einen erneuten Boom.

## Fernsehen auf Abruf – auf dem Vormarsch mit unterschiedlichen Angebotsstrategien

Die Nutzung von Video-on-Demand- und Pay-per-View-Angeboten (PPV) über den Fernseher wird in den nächsten Jahren weiter zunehmen.[11] Während heute in Westeuropa weniger als acht Prozent der Haushalte echte Video-on-Demand-Dienste nutzen, wird 2011 schon jeder fünfte Haushalt dazu in der Lage sein und damit Videofilme individuell und zeitunabhängig über den Fernseher abrufen können. Diesen Wachstumstrend belegen diverse Studien zur Entwicklung der TV-basierten VoD- und PPV-Märkte in Westeuropa. Verglichen mit den Erlösen in 2007 soll dieser Aufschwung in den nächsten fünf Jahren eine Verdopplung der Umsätze nach sich ziehen: Knapp drei Milliarden Euro, so die Prognosen, können 2011 in Westeuropa mit VoD und PPV über den Fernseher generiert werden.[12] In Deutschland wurden 2006 rund 80 Millionen Euro umgesetzt; bis 2011 soll sich diese Zahl auf ungefähr 400 Millionen Euro verfünffachen.

Im deutschsprachigen Raum sind Premiere, maxdome (ProSiebenSat.1), Videoload (Deutsche Telekom), one4movie und Arcor VoD die bekanntesten VoD-Anbieter bei den kostenpflichtigen Angeboten, während RTLnow und die ZDF Mediathek vor allem kostenloses Online-Streaming anbieten. Im Hinblick auf den Umsatz führt Großbritannien derzeit den europäischen VoD-Markt an, was besonders auf ein breites Angebot von BskyB im Bereich der sogenannten Blockbuster-Spielfilme sowie exklusive Sportübertragungen als PPV-Angebot zurückzuführen ist.

Zentraler Motor für das Wachstum des VoD-Marktes sind neue Auswertungsstrategien. So werden die großen Hollywoodstudios bereits in diesem Jahr verstärkt Filme zeitgleich mit dem DVD-Start als VoD anbieten. Der Major Warner Brothers hat hier kürzlich den Anfang gemacht: Ausgewählte Blockbuster des erfolgreichen US-Studios gibt es seit kurzem zum Abruf auf Premiere Direkt und Premiere Direkt+ schon parallel zur DVD-Veröffentlichung. Innerhalb der Filmindustrie spielt das Downloadgeschäft demnach eine zunehmend wichtigere Rolle. Bis zum Jahr 2011 sollen Verkauf und Verleih von Filmdownloads in Westeuropa und in den USA zusammen rund 1,3 Milliarden US-Dollar einbringen, wobei Download-to-Own-Angebote ab dem Jahr 2011 die meisten Erlöse generieren werden. 720 Millionen US-Dollar, so die Prognosen, entfallen davon auf die USA, 572 Millionen US-Dollar werden im Jahr 2011 in Westeuropa erwirtschaftet.[13] Der Filmdownloadmarkt soll 2011 mit rund drei Prozent der Home-Entertainment-Umsätze im Filmbereich noch einen relativ kleinen Anteil erzielen. Analysten, die die aktuellen und künftigen Entwicklungen der Filmdownloadmärkte in den USA und Westeuropa näher untersucht haben, identifizieren drei zentrale Herausforderungen. Zunächst die Technik: die Übertragung beziehungsweise das Abspielen heruntergeladener Inhalte auf dem Fernseher; dann die Preispolitik: das Ringen der Service-Provider um attraktive Inhalte hat die Gewinnspannen der Studios in die Höhe getrieben; schließlich die Unübersichtlichkeit der Angebote: jedes Studio fährt seine eigene Strategie bezüglich Kooperationen mit unterschiedlichen Plattformen, verschiedene Zeitfenster bei der Veröffentlichung und Auswertung, was zu einer Fragmentierung des Marktes geführt hat.[14]

In Bezug auf die Kostenpflichtigkeit herunterladbarer Inhalte prognostizieren Experten folgende Entwicklung. Während der deutlich weiter entwickelte US-Markt seinen Kunden immer mehr kostenlose On-Demand-Dienste im Rahmen von TV-Basis-Paketen anbietet wird, werden auf dem europäischen On-Demand-Markt noch mindestens bis zum Jahr 2011 kostenpflichtige Abrufdienste überwiegen.

Auch hinsichtlich der Frage nach den heruntergeladenen Genres lassen sich bestimmte Entwicklungen feststellen. Zu Beginn der Entwicklung von Abrufdiensten zogen vor allem populäre Kinofilme die Kunden an. Hatten Blockbuster im Jahr 2001 noch einen Umsatzanteil von rund 60 Prozent, war dieser Anteil im Jahr 2006 mit 30 Prozent nur noch halb so groß. Trotz insgesamt sinkender Marktanteile profitieren Kinofilme jedoch auch weiterhin von wachsenden Abonnenten und Abrufzahlen und sollen, so Prognosen, im Jahr 2009 im On-Demand-Bereich immerhin noch einen Umsatz von 700 Millionen Euro generieren. Enorm zugenommen hat die Beliebtheit von Sportsendungen und von Erotik. Der VoD- und PPV-,Lust-Umsatz' beträgt heute rund 250 Millionen und soll sich bis zum Jahr 2011 auf über 500 Millionen Euro steigern.[15] Analysten gehen davon aus, dass sich der Markt in den nächsten fünf Jahren weiter in Richtung Archivmaterial und TV-Sendungen verschieben wird. Ihr Anteil am VoD-Markt soll sich bis zum Jahr 2011 von heute neun auf immerhin 18 Prozent verdoppeln. Den Inhalteanbietern und Rechtegebern bescheren insbesondere die echten Video-on-Demand-Angebote gute Gewinnmargen, denn sie geben ihnen die Möglichkeit, ihre großen Archive auszuwerten und mit längst abgeschriebenen Inhalten noch Umsätze zu erzielen.

# User Generated Content – Videos von allen für alle

Die rasante Entwicklung des Internet konfrontiert die etablierten Film- und Fernsehmacher mit einer weiteren Herausforderung: Immer mehr Zuschauer wollen selbst auf Sendung gehen. Millionen von Individuen, Erwachsene wie Jugendliche, stellen sich einem Massenpublikum im Internet dar – als aktive ‚Macher' und Kritiker.

In den USA hatten User Generated Online Videos ($\rightarrow$ UGC) Ende 2006 bereits einen Anteil von 47 Prozent am gesamten Online-Video-Markt. Videoportale wie YouTube oder My Space erreichten eine überaus große Popularität und Nutzerschaft. Im Jahr 2010 soll dieser Anteil in den USA bereits rund 55 Prozent ausmachen – dies entspricht rund 44 Milliarden Videostreams. Der enorme Marktanteil, so eine britische Studie, schlägt sich bei weitem nicht in den Umsätzen nieder. Nur 15 Prozent der Gesamterträge im Online-Videomarkt werden im Jahr 2010 in den USA durch nutzergenerierte Videos erzielt. Haupteinnahmequelle der Videoportale bildet die Werbung. In den USA sollen die Umsätze von 200 Millionen US-Dollar im Jahr 2006 auf rund 900 Millionen bis zum Jahr 2010 wachsen, was lediglich 15 Prozent aller Online Video-Umsätze entspräche. Die weitere Entwicklung der populären Webportale wird daher im Wesentlichen von den Geschäftsmodellen abhängen. Die angesprochene Studie identifiziert verschiedene Geschäftsmodelle, die diese Portale profitabel machen können: von Werbemodellen über die Lizenzierung von Inhalten und neuen Technologien bis hin zu Abonnementmodellen.

Parallel zur Popularität nutzergenerierter Inhalte mehren sich die Bestrebungen, die Bewegtbild-Entwicklungen im Internet zu professionalisieren. Das Hollywoodstudio Walt Disney hat dazu kürzlich eine Produktionsfirma namens Stage 9 Digital Media gegründet, die ausschließlich neue, experimentelle Formate für Medienplattformen wie YouTube entwickeln soll – wichtiger Bestandteil von Disneys Digitalstrategie.[16] Stage 9 soll für die Zielgruppe der 18- bis 34-Jährigen neue Kurzformate entwickeln, die qualitativ hochwertiger sein sollen als die Clips, die gegenwärtig auf Videoplattformen wie YouTube abgerufen werden können. Des Weiteren ist Anfang 2008 in den USA eine neue Videoplattform namens Hulu.com gestartet, ein Joint Venture von News Corp. und NBC Universal. Hulu.com ist, ähnlich wie YouTube, eine Internetplattform für audiovisuelle Inhalte, mit dem Unterschied, dass nicht wacklige Amateurclips oder unscharfe Ausschnitte aus Fernsehsendungen, sondern Serien und Spielfilme in bester Qualität und voller Länge geboten werden – und dies kostenlos, denn Hulu.com soll sich über Werbung refinanzieren, darunter auch neue interaktive Werbeformen und Sponsoring. Inhaltelieferanten sind unter anderem Warner Bros. TV, MGM und Sony Pictures TV sowie Sportrechteinhaber wie die NBA, NHL und die NCAA. Neben TV-Serien und Sportwettkämpfen zeigt Hulu.com aber auch komplette Kinofilme.[17] Nicht nur in den USA, auch in Deutschland besteht für die etablierten Medienkonzerne die Notwendigkeit, dem Boom des Internet Rechnung zu tragen, die Entwicklungen im Netz nicht unbeteiligt vorüberziehen zu lassen. So will die Deutsche Telekom in Kooperation mit der Videoplattform Sevenload auf dem T-Online-Portal neue Formate entwickeln lassen und diese exklusiv auswerten.[18] Nach dem immensen Boom der letzten Jahre im Bereich nutzergenerierter Inhalte im Internet scheint die Entwicklung hin zu einer Koexistenz dieser Amateuraufnahmen sowie professioneller Angebote im Netz zu führen.

## Internetfernsehen – ernst zu nehmender vierter Übertragungsweg oder ‚Produkt für Freaks'?

IPTV verbindet die Vorzüge der zentralen Medien Fernsehen und Internet und gilt dadurch als das Fernsehen der nächsten Generation und als Alternative zu Kabel, Satellit und DVB-T. Im Vergleich zu anderen EU-Ländern ist Deutschland bei IPTV derzeit im Hintertreffen. In Frankreich geht man aktuell von rund zwei Millionen IPTV-Kunden aus. Auch in Italien und Spanien nutzen inzwischen bereits mehr Haushalte den neuen TV-Verbreitungsweg als in Deutschland. Al Gründe für den Rückstand werden der mangelnde Ausbau der Infrastruktur für IPTV, die bisher nur in Ballungsgebieten zur Verfügung steht, die ungenügende Bekanntheit und wenig attraktive Preisgestaltung angeführt. Dennoch soll sich die Zahl der Nutzer in Deutschland, Prognosen zufolge, bis zum Jahr 2012 um den Faktor 25 steigen[19] – dann würden rund 2,5 Millionen Haushalte Fernsehen über Internetprotokoll nutzen. Damit hätte sich neben Kabel, Satellit und Antenne ein weiterer TV-Übertragungsweg etabliert. Mit Grundgebühren für TV-Pakete, Erlösen aus Pay-TV, VoD und anderen Zusatzdiensten soll IPTV im Jahr 2012 auf einen Umsatz von 420 Millionen Euro kommen, exklusive der Werbeerlöse und Telekommunikationsumsätze aus Triple-Play-Paketen. Gegenwärtig bewegt sich die Akzeptanz von IPTV in Deutschland allerdings auf niedrigem Niveau. Wie die Tageszeitung „Die Welt" Anfang 2008 berichtete, zählt der Branchenprimus, die Deutsche Telekom, derzeit lediglich 180.000 Kunden inklusive Auftragseingänge. HanseNet hat 20.000 und Arcor-Chef Harald Stöber spricht von einer „vierstelligen Kundenzahl im unteren Bereich". Aus Stöbers Sicht ist IPTV heute noch „ein Produkt für Freaks".[20]

Die Probleme der Telekommunikationsanbieter mit IPTV sind vielschichtig. Technisch werden die Vorteile noch nicht ausschöpfend umgesetzt, weil dies Geld kostet. So könnte man etwa, über den beim Internet vorhandenen Rückkanal, interaktive Dienste anbieten und in das Programmangebot einbauen. Darüber hinaus müsste das Angebot besser vermarktet werden – hoch auflösendes Fernsehen wie im VDSL-Netz (→) der Deutschen Telekom, zeitversetztes Fernsehen, Aufnahmemöglichkeit, Abruffernsehen oder Ähnliches sind durchaus Verkaufsargumente. Dass sich die Deutsche Telekom der notwendigen Entwicklung des internetbasierten Fernsehens bewusst ist, zeigt folgende Initiative: Mit Beginn der CeBIT im Frühjahr 2008 lobte sie den *Deutsche Telekom Interactive TV Award* aus, dessen Ziel es ist, die Entwicklung von IPTV voranzutreiben, kreativen IPTV-Köpfen die Chance einzuräumen, ihre Ideen zu realisieren – dem Unternehmen ist dies insgesamt immerhin eine Million Euro Preisgeld wert.[21]

Wie schwierig jedoch gegenwärtig die positive Kommunikation von IPTV ist, verdeutlichen folgende Fakten: Mehr als 50 Prozent der Deutschen können mit dem Begriff ‚Fernsehen über Breitbandinternet (IPTV)' derzeit noch nichts anfangen, und lediglich 12 Prozent sind in der Lage, diesen Begriff korrekt zuzuordnen.[22] Erschwert wird der Markteintritt für IPTV zudem von der starken Position der Kabelnetzbetreiber. Wohnungswirtschaft und Betreiber haben sich bei den TV-Anschlüssen auf langfristige Verträge geeinigt. So haben die meisten Mieter gar keinen Direktvertrag mit dem jeweiligen Kabelnetzbetreiber, den sie kündigen könnten, die Kabelgebühren verschwinden in den Nebenkosten. Als IPTV-Kunden müssten sie doppelt für ihren TV-Anschluss bezahlen. Dies hat die Deutsche Telekom erkannt und versucht zunehmend, auf die Wohnungswirtschaft zuzugehen.

## Mobiles Fernsehen – auf der Suche nach passenden Inhalten und einem funktionierenden Geschäftsmodell

Auf dem Weg zu einer breiten Markteinführung des mobilen Fernsehens sind weltweit noch einige Hürden zu nehmen. Glaubt man aktuellen Studien, ist der Markt für Handy-Fernsehen dennoch ein Zukunftsmarkt mit großem Nutzerinteresse und sukzessivem Umsatzwachstum. Rundfunkbasiertes Mobile-TV (→) soll 2011 in Westeuropa, USA und Asien zusammen rund 140 Millionen Nutzer haben und eine Marktgröße von rund 4,4 Milliarden Euro erreichen. Trotz aller Verzögerungen und Risiken prognostizieren Analysten für Fernsehen auf dem Handy ein beachtliches Umsatzpotenzial: Mobiles Fernsehen könnte in Deutschland im Jahr 2012 einen Umsatz von 655 Millionen Euro erzielen und damit zu einem wichtigen Eckpfeiler der Medienbranche werden. Auch in einem von Free-TV geprägten deutschen Fernsehmarkt werden dem mobilen Fernsehen reelle Chancen durch ein subskriptionsbasiertes Geschäftsmodell zugesprochen. Anders als im Internet oder im klassischen Fernsehen ist der Mobilfunknutzer gewohnt, für Dienste zu zahlen. Ergebnisse der Nutzerforschung in realistischen Testumgebungen belegen eindeutig, dass es für das mobile Fernsehen in Deutschland eine hohe Zahlungsbereitschaft von durchschnittlich 7,50 Euro pro Monat gibt.[23]

Im Herbst 2007 sprach die Direktorenkonferenz der Landesmedienanstalten (DLM) dem Konsortium ‚Mobile 3.0' die Lizenzempfehlung für den DVB-H[24]-Plattformbetrieb (→) aus: Pünktlich zu Beginn der Fußball-EM im Juni 2008 sollte das mobile Fernsehen in Deutschland an den Start gehen – so der Plan im Frühjahr diesen Jahres. Aber auch beim zweiten Versuch kam es zu zeitlichen Verzögerungen. Über mangelndes Interesse seitens der TV-Anbieter an einer DVB-H-Ausstrahlung könne er sich nicht beklagen, so der Mobile 3.0-Präsident Rolf Gröger.[25] Das Basis-Paket für den mobilen TV- und Radioempfang soll zwischen fünf und zehn Euro kosten, den endgültigen Preis für den Kunden lege letztlich der Vertriebspartner fest. Neben den öffentlich-rechtlichen Sendern – das erste Programm der ARD und das Hauptprogramm des ZDF werden auf der neuen DVB-H-Plattform von Mobile 3.0 bundesweit unverschlüsselt und barrierefrei übertragen – werden auch die Sender der Sendergruppen RTL und ProSiebenSat.1 sowie weitere Fernseh- und Radioanbieter (kick.fm, Deutschland24) als Partner für regionale Fernsehangebote bei Handy-TV via DVB-T zunächst mit an Bord sein.[26]

Mobiles Fernsehen, so wird oft vermutet, werde vorrangig unterwegs genutzt, in öffentlichen Verkehrsmitteln oder in Wartesituationen. Tatsächlich scheint es aber so zu sein, dass gerade das mobile Handy-Fernsehen die höchsten Einschaltquoten am Abend parallel zur Prime-Time des klassischen Fernsehens erzielt. Teilweise übernimmt das Handy-TV sogar die Funktion der ‚Bettlektüre'.[27] Zwar sind Arbeitsplatz, Mittagspause und die Bahn charakteristische Umgebungen, in denen mobil ferngesehen wird. Eine noch viel intensivere Nutzung aber findet am Abend statt, vornehmlich sogar zuhause in den eigenen vier Wänden.

Nichtsdestotrotz werden für die zukünftige Entwicklung und Attraktivität des mobilen Fernsehens voraussichtlich speziell für mobiles Nutzerverhalten entwickelte Formate eine entscheidende Rolle spielen. „Die DLM hat – meiner Meinung nach übrigens zu Recht – darauf hingewirkt, dass ein neues Medium wie Mobile-TV nicht nur mit altbekannten Inhalten bestückt werden soll. Es ist ja sehr wahrscheinlich, dass die Menschen unterwegs einfach anders fernsehen als zuhause auf der Couch", so Gröger.[28]

Im Unterschied zu den angesprochenen Studien, die das Handy-Fernsehen mittel- bis langfristig als Zukunftsmarkt mit großem Nutzerinteresse und sukzessivem Umsatzwachstum bewerten, beklagen Vertreter der Branche eine gewisse Stagnation. Hauptgrund hierfür sei das Fehlen eines funktionierenden Geschäftsmodells – selbst im Vorzeigemarkt Südkorea stagniert der Handy-TV-Markt auf eher unrentablem Niveau.[29] Wie sich die Entwicklung in Europa und insbesondere in Deutschland darstellen wird, scheint gegenwärtig nicht eindeutig absehbar. Der verpasste Start von Handy-TV in Deutschland zur Euro 2008 ist ein keineswegs positives Signal für Mobile-TV in Deutschland ...[30]

## Fazit – von der Vision zur Realität

Die Chancen für ein Wachstum von Pay-TV in Deutschland sind wie beschrieben durchaus groß. Zentrales Ziel allerdings muss sein, die Einstiegsbarrieren für potenzielle Interessenten zu verringern. Während bisher insbesondere das Marketing und die Kommunikation im Zusammenhang mit Pay-TV sehr technisch ausgerichtet waren und die verwendeten Begrifflichkeiten weithin nicht verstanden wurden, hat in letzter Zeit ein Wechsel in der Wortwahl stattgefunden – hin zu einer Emotionalisierung der Werbe- und PR-Botschaften. Ein Beispiel hierfür ist der von Premiere Star geprägte Begriff der ‚Lieblingssender', der ‚Themenkanal' als Senderbeschreibung ersetzt und sich damit weg vom Terminus technicus hin zu einer gefühls- und erlebnisorientierten Kommunikation entwickelt hat. Auch Premiere stellt, mit Slogans wie „So wird Fernsehen zum Erlebnis" beziehungsweise „Machen auch Sie Fernsehen zum Erlebnis", Emotionalität sowie Erlebnischarakter in den Vordergrund. Die Kabelnetzbetreiber setzen insbesondere im Rahmen ihrer Triple-Play-Kommunikation auf den einfachen Zugang zu sämtlichen Kommunikationskanälen – zum Teil ebenfalls in Verbindung mit einer direkten Ansprache des Kunden. So wirbt Liwest mit „Ein Kabel – Alle Medien", Primacom mit „Dein Kabelanschluss kann mehr" und Swisscom mit „Wir sind da für Dich". Die Video-on-Demand-Plattform maxdome aus dem Hause ProSiebenSat.1 empfiehlt die Vorzüge des Angebotes mit dem Slogan „Alles zu meiner Zeit". Trotz der beschriebenen Entwicklungen bleibt insbesondere in kommunikativer Hinsicht noch manches zu tun. Weiterhin gebräuchliche Begrifflichkeiten wie ‚Pakete' oder ‚Plattform' implizieren technische Abläufe mit entsprechend schwieriger Handhabung für den Kunden. Auch die Vorteile und Alleinstellungsmerkmale des Bezahlfernsehens sind bisher unzureichend kommuniziert.

Eine Entwicklung, auf die auch das Pay-TV eine Antwort finden muss, stellt zweifellos die zunehmend zu beobachtende Fragmentierung von Zielgruppen dar. Während der Print- beziehungsweise der Home-Entertainment-Markt bereits seit längerem erfolgreich darauf reagiert, ist diese Entwicklung aufseiten der Pay-TV-Anbieter erst am Anfang. Eine wachsende Anzahl an Themensendern widmet sich zwar speziellen Interessen und Vorlieben, jedoch wäre es zusätzlich hilfreich, auf bestimmte Zielgruppen zugeschnittene Angebote noch intensiver zu schnüren, diese entsprechend kommunikativ zu begleiten und den Kunden auf diese Weise die Orientierung zu erleichtern. Beispiele hierfür sind spezielle Kinder- oder Familienangebote wie beispielsweise Premiere Kinder oder Premiere Familie (die neue Bezeichnung des ehemaligen Programm-Bouquets Premiere Thema) – in dessen Namen die angesprochene Zielgruppe integriert wird, anstatt inhaltsbezogen zu kommunizieren. Ziel ist es, die jeweiligen Interessenten noch direkter ‚abzuholen' und neben der klassischen männlichen Zielgruppe weitere Abonnenten für das Pay-TV zu gewinnen.

Ein weiterer zu beobachtender Trend sowie Erfolgsfaktor für das Bezahlfernsehen ist die Zusammenführung von Hardware und Inhalt direkt im Handel mithilfe sogenannter ‚Bundling'-Angebote, die interessierten Kunden den Einstieg ins Pay-TV in Verbindung mit technologischen Entwicklungen erleichtert. Während der Kauf von Flachbildfernsehern, die hochauflösende Inhalte darstellen können, boomt, sind die ausgestrahlten Bilder der meisten Fernsehsender weit davon entfernt, hochauflösend zu sein. Zurück bleiben frustrierte Konsumenten, die zwar über die entsprechenden Geräte verfügen, diese derzeit jedoch kaum adäquat nutzen können, zum Teil sogar mit Bildqualitätseinbußen leben müssen. Das Pay-TV hingegen bietet Sender, die ausschließlich hochauflösende Inhalte zeigen. Eines der wenigen Angebote im Bereich des hochauflösenden Fernsehens in Deutschland ist derzeit der kostenpflichtige HD-Kanal von Premiere, der eine Art Best-of an Kinofilmen und Serien sowie Live-Spiele aus Bundesliga und Champions League im hochauflösendem Format zeigt. Neben Premiere HD bietet Deutschlands führender Abonnementensender auch den Sender Discovery HD an, der Dokumentationen aus den Bereichen Wissenschaft, Technik und Natur in hochauflösender Bildqualität erleben lässt. Um dem interessierten Kunden den Einstieg in die HD-Technologie zu erleichtern und ihm hochauflösende Inhalte tatsächlich auch anbieten zu können, werden zunehmend Handels-Kooperationen realisiert, in deren Rahmen HD-fähige Fernsehgeräte mit entsprechendem Receiver und Pay-TV-Zugang ausgestattet werden – ein ernstzunehmendes Potenzial für das Bezahlfernsehen in Deutschland, nachdem aktuell kein einziges der großen TV-Programme in HD ausgestrahlt wird und ProSiebenSat.1 ihre Free-HDTV-Sender ProSieben HD und Sat.1 HD im Frühjahr 2008 aus Rentabilitätsgründen wieder einstellten.[31]

Ein zusätzliches Kriterium für die Attraktivität und Akzeptanz von Bezahlfernsehen ist das Eingehen auf die zunehmende Zurückhaltung von Konsumenten in Bezug auf langfristige Vertragsbindungen durch Prepaid-Angebote – bekannt aus und bewährt im Mobilfunkmarkt: Angebote wie beispielsweise Premiere Flex von Premiere ermöglichen die Nutzung von Pay-TV ohne Vertragsbindung bei voller Programmauswahl. Auf diese Weise können generell breitere Konsumentengruppen angesprochen werden, erhält der interessierte Kunde die Möglichkeit, ohne längere Vertragsbindung sowie monatlicher Fixkosten ins Bezahlfernsehen ‚hineinzuschnuppern' beziehungsweise seine Programmhighlights, sein Wunschprogramm ganz individuell zusammenzustellen; ein Bedürfnis, das – wie insbesondere aus dem Video-on-Demand-Bereich bekannt – zunehmend zu beobachten und, neben klassischen Abonnementmodellen, entsprechend auch zu berücksichtigen ist.

Angesichts der Vielfalt der Übertragungswege sowie der sich gegenwärtig zum Teil erheblich überschneidenden Bezahlangebote erscheint es für das Bestehen und insbesondere für die Entwicklung unterschiedlicher Plattformen beziehungsweise Angebote als entscheidend, inwieweit es den unterschiedlichen Anbietern gelingt, dem potenziellen Kunden ihr jeweiliges Alleinstellungsmerkmal zu vermitteln, die Vorteile des jeweiligen Übertragungswegs beziehungsweise der jeweiligen Plattform optimal zu nutzen: Von einer Vermarktungsplattform für ein Bouquet von Pay-TV-Themensendern, wie beispielsweise Premiere Star, erwartet ein Konsument zu Recht, dass unterschiedlichste inhaltliche Interessenlagen durch ein hochwertiges, audiovisuelles Produkt abgedeckt werden, ohne Werbeunterbrechung sowie rund um die Uhr auf einem jeweils eigenen Sender – im besten Falle mit eigens für die Pay-TV-Sender produzierten Sendungen oder TV-Premieren. Ein VoD-Portal für Bezahlinhalte muss sich, insbesondere im hochpreisigen Segment, durch ein brandaktuelles Premium-Produkt von nachgelagerten Auswertungsstufen in der Verwertungskette abgrenzen – und dies für den Konsumenten deutlich erkennbar und im Nutzen spürbar machen, unter anderem durch befriedigende Auswahlmöglichkeit je Portal und Abspielmöglichkeit der Inhalte auf dem heimischen Fernseher. Internetfernsehen wiederum muss sich am ‚klassischen' Fernsehen messen lassen und lebt – verglichen mit VoD wohl noch unmittelbarer – von schnellen sowie insbesondere soliden Datenverbindungen. Darüber hinaus geht damit in Zeiten von Laptop und insbesondere zunehmender WLAN-Zonen die Hoffnung auf ortsungebundenen TV-Genuss einher – nicht jedoch um jeden Preis, denn viele deutsche Mieter müssten neben den in den Nebenkosten versteckten Kabelgebühren zusätzlich die VoD-Gebühren bezahlen. Vom Handy-TV erwartet man wohl weniger den abendfüllenden Spielfilm in perfekter Bildqualität als vielmehr kürzere, unter Umständen eigens für mobiles Fernsehen produzierte Formate, die vor allem unterwegs und/oder in Pausensituationen informieren beziehungsweise unterhalten, oder aber Großevents, die man über das Handy gewissermaßen zwischendurch miterleben könnte. Neben der Frage nach dem geeigneten Geschäftsmodell wird die Zukunft des Handy-TV insbesondere in der Umsetzung dieser Funktionalitäten, dieser Vorteile für den Konsumenten liegen.

Jenseits des angesprochenen Bedürfnisses nach individueller Zusammenstellung von Programminhalten – Prinzip sowie Geschäftsgrundlage von on-demand-Diensten – bedient das Modell des Bezahlfernsehens mit Vertragsbindung und monatlichem Festpreis nach wie vor den parallel existierenden Wunsch nach einer breiten Programmpalette, die einem zu Hause nach Vertragsabschluss zur Verfügung steht, ohne dass man sich für einzelne Inhalte speziell entscheiden und darüber hinaus jeweils ‚bemühen' müsste – passives Fernsehen gewissermaßen. Entscheidend für den Erfolg eines solchen eher klassischen Pay-TV-Angebotes ist jedoch, dass es sich um professionell zusammengestellte Programmbouquets handelt, die dem Kunden – vergleichbar mit einer entsprechenden seriösen Tageszeitung – eine umfassende inhaltliche Vielfalt hoher Qualität sowie Einzigartigkeit bieten, ohne ihn zu verwirren. Orientierung – eine heutzutage zentrale Herausforderung angesichts der Vielfalt von audiovisuellen Bezahlangeboten im Fernsehen beziehungsweise in den neuen Medien – ermöglichen klare und dadurch einfach und schnell zu erfassende Angebotsstrukturen sowie insbesondere starke Marken, die dem interessierten Kunden einerseits bekannt sind und die er andererseits mit einem Qualitätsprodukt verbindet.

Gerade vor dem Hintergrund der angesprochenen und im Verlauf des Beitrags beschriebenen ‚Explosion' und damit Unübersichtlichkeit der Angebote, verbunden mit der Vielfalt der Übertragungswege (Kabel, Satellit, Internet, Mobile), hängt die Zukunft der Anbieter von Bezahlinhalten – ob im Fernsehen oder über die neuen Medien – davon ab, inwieweit es ihnen gelingt, dem potenziellen Kunden Orientierung im Angebotsdschungel und Qualitätsversprechen durch einfache, klare Angebotsstrukturen und starke Marken anzubieten, ihm unter anderem durch Namensgebung bestimmter Programmpakete die zielgruppenspezifische Ausrichtung eindeutig zu vermitteln, ihm auf beschriebene Weise den Einstieg in die Welt der Bezahlinhalte zu erleichtern, den Kaufanreiz durch exklusiv für das Pay-TV produzierte Sendungen beziehungsweise durch TV-Premieren von Programmen auf den Pay-TV-Sendern zu verstärken – und, nicht zuletzt, aufseiten des Konsumenten eine Begehrlichkeit für, eine Lust auf das audiovisuelle Produkt zu wecken, anstatt ihn mit technischen Begrifflichkeiten ‚abzuschrecken'.

Von den beschriebenen Faktoren wird abhängen, welche Anbieter beziehungsweise Plattformen sich im Bereich der Bezahlinhalte in Deutschland letztlich durchsetzen und somit ‚überleben' werden. Schon heute kann zweifelsfrei festgestellt werden: Der Medienstandort Deutschland wird zunehmend zum Investitionsfeld für internationale Medienkonzerne. Ende 2007 übernahm der französische Medienkonzern Vivendi die Leipziger Kinowelt-Gruppe, während beinahe zeitgleich der amerikanische Medienmogul australischer Herkunft Rupert Murdoch – erneut – bei Premiere einstieg. Zudem startete die News Corporation hierzulande jüngst ihren Pay-TV-Sender Fox Channel. Auch Turner Broadcasting System International, die TV-Sparte von Time Warner, strebt noch stärker auf den deutschen Pay-TV-Markt: Im April dieses Jahres übernahm sie von Premiere 8,5 Prozent der Anteile an Premiere Star.[32] Der hiesige Markt berge „großes Wachstumspotenzial", so Jeff Kupsky, Präsident von TBS Europe. Die News Corp. hat inzwischen ihre Anteile an Premiere sukzessive auf 25 Prozent erhöht, wodurch sie zum größten Einzelaktionär avancierte und nun über eine Sperrminorität verfügt. Vor diesem Hintergrund gewinnt Murdochs Äußerung bezüglich „enormer Wachstumschancen" für Pay-TV in Deutschland zusätzliches Gewicht. Während die Möglichkeiten des Free-TV in Deutschland nahezu ausgeschöpft sind, birgt Pay-TV hierzulande angesichts der vergleichsweise geringen Marktdurchdringung nach wie vor erhebliches Wachstumspotenzial.

## Verweise & Quellen

1  Vgl. AGF/GFK Fernsehforschung /pc#tv aktuell / Seven One Media Audience Research Munich (BS)
2  Vgl. SES Astra Markdaten, März 2007
3  Vgl. GSDZ/ALM: Digitalisierungsbericht 2007
4  Frankreich (47 %), Großbritannien (42 %) und Italien (23 %)
5  Vgl. Astra YE 2006
6  Vgl. hier und im folgenden Goldmedia, IPTV 2012, September 2007

7    Kabel Deutschland hat im zweiten Quartal des Geschäftsjahres 2007 einen Umsatz von 294,1
     Mio. Euro erzielt und damit um sieben Prozent über dem Wert des Vorjahresquartals gelegen.
     Verdoppelung der RGUs im Geschäft mit Internet- und Telefonanschlüssen von 212.000 auf
     459.000. Anstieg im Bereich Pay-TV von 601.000 auf 731.000.

8    Dies prognostiziert die aktuelle Goldmedia-Studie „Zukunft der TV-Übertragung". Wachs-
     tumsmotor werden hierbei vor allem die Triple-Play-Pakete sein, die TV, Internet und Telefonie
     aus einer Hand ermöglichen. Wie es in der Studie heißt, wird sich der kumulierte Anteil von di-
     gitalem Pay-TV, Internet und Telefonie an den Umsätzen der deutschen Kabelbranche von acht
     Prozent im vergangenen Jahr auf 27 Prozent im Jahr 2012 erhöhen.

9    Vgl. ZAW, GEZ, PricewaterhouseCoopers, Wilkofsky Gruen Associates

10   „Wir wollen uns von der Werbung unabhängiger machen. Die Balance der Einkunftsquellen ist
     entscheidend." So lautet eine der wichtigsten Vorgaben von RTL Group-Chef Gerhard Zeiler für
     seine Sendergruppe.

11   Vgl.    http://www.goldmedia.com/presse/pressemeldungen/info/news/video-on-demand-und-
     pay-per-view-im-fernsehen/303.html, 5.12.2007.

12   VoD- und PPV-Umsatzzahlen schließen neben echten VoD-Services auch Near-Video-on-
     Demand (Einzelabrufe zu vorgegebenen Zeiten), ferner Video-on-Demand-Abonnements sowie
     kostenpflichtige Dienste auf Digitalen Videorecordern (PVR) ein.

13   Vgl.    http://www.goldmedia.com/publikationen/studien/info/news/online-movie-strategies-
     marktpotenziale-der-filmdownloads/328.html, 6.9.2007.

14   Vgl.    http://www.goldmedia.com/publikationen/studien/info/news/online-movie-strategies-
     marktpotenziale-der-filmdownloads/328.html, 6.9.2007.

15   Vgl.    http://www.goldmedia.com/presse/pressemeldungen/info/news/video-on-demand-und-
     pay-per-view-im-fernsehen/303.html, 5.12.2007.

16   Vgl.http://www.mediabiz.de/newsvoll.afp?Nnr=250367&Biz=mediabiz&Premium=J&        Navi=
     00000000, „Disney gründet Studio für You Tube-Filme", Blickpunkt:Film, 3.3.08

17   Vgl.http://www.mediabiz.de/newsvoll.afp?Nnr=250819&Biz=cinebiz&Premium=N&NL=FID&
     uid=m42022&WT.mc_id= fid_20080311, „Blickpunkt:Film", 11.3.08

18   Vgl. http://www.dwdl.de/article/news_14936,00.html, 7.3.2008.

19   Vgl. die Goldmedia-Studie „IPTV 2012. Marktpotenziale für internetbasiertes Fernsehen in
     Deutschland", 09/2007.

20   Vgl. „Arcor-Chef: „IPTV ist Produkt für Freaks", 5.3.2008,
     http://www.digitalfernsehen.de/news/news_269133.html.

21   Vgl.  http://www.digitalfernsehen.de/news/news_268507.html,  „Wettbewerb:  Telekom  sucht
     kreative IPTV-Köpfe", 4.3.2008.

22   Vgl.  die  aktuelle  PricewaterhouseCoopers-Studie  „IPTV  –  Das  neue  Fernsehen?";
     http://www.mediabiz.de/newsvoll.afp?Nnr=251798&Biz=mediabiz&Premium=J&Navi=00000000,
     „Blickpunkt:Film", 31.3.2008.

23   Vgl.  http://www.goldmedia.com/publikationen/studien/info/news/hohes-umsatzpotenzial-fuer-
     mobile-tv-in-deutschland/328.html, „Hohes Umsatzpotenzial für Mobile-TV in Deutschland,
     Handy-Fernsehen als zukünftiger Eckpfeiler der Medien-Industrie", 11.6.07. Basis der Goldme-
     dia-Prognose sind aktuelle Ergebnisse der Markt- und Nutzerforschung sowie Erfahrungen
     kommerzieller Angebote im Ausland. Kommt es im hochkomplexen Verfahren der Frequenz-
     und Kapazitätsvergabe für Mobile-TV in Deutschland jedoch zu weiteren Verzögerungen, wür-
     de auch die Umsatzentwicklung entsprechend gebremst.

24  Jüngst hat die Europäische Kommission die Aufnahme von DVB-H in das offizielle EU-Normenverzeichnis beschlossen. Damit wird DVB-H zum Standard für mobiles Fernsehen in Europa.

25  Vgl. http://www.digitalfernsehen.de/news/news_264893.htm, „Mobile 3.0: Ein ganz neues Medium", 3.3.08.

26  Vgl.http://www.mediabiz.de/newsvoll.afp?Nnr=247575&Biz=mediabiz&Premium=J&Navi=0000 0000, „Startschuss für Handy-TV via DVB-H gefallen", „Blickpunkt:Film" 16.1.08.

27  Vgl.    http://www.goldmedia.com/publikationen/studien/info/news/die-tv-bettlektuere-hohe-quoten-fuer-mobile-tv-am-abend/328.html, „Die TV-Bettlektüre: Hohe Quoten für Mobile-TV am Abend, 16.10.07.

28  Vgl. http://www.digitalfernsehen.de/news/news_264893.html, „Mobile 3.0: Ein ganz neues Medium", 3.3.08.

29  Vgl. den Vortrag zum Thema Handy TV von Ingo Lippert im Rahmen des MBA-Workshops „Digitale Wertschöpfung für Film- und Fernsehproduktion" am 17.4.2008.

30  Vgl. http://www.digitalfernsehen.de/news/news_296974.html, „Start des Handy-TV zur Euro 2008 doch in Gefahr", 25.4.08.

31  In Bezug auf HD TV hinkt Deutschland derzeit im internationalen Vergleich deutlich hinterher. ARD und ZDF wollen den HD-Regelbetrieb erst ab den Olympischen Winterspielen 2010 einführen, während sich RTL zeitlich noch nicht festgelegt hat – für Deutschlands führenden Privatsender steht zunächst die Anpassung der Programme an das Bildformat 16:9 im Vordergrund.

32  Vgl.    http://www.ftd.de/technik/medien_internet/:Deutscher%20Markt%20Turner/314308.html, FTD vom 8.2.2008.

# Unterhaltungs-Portal auf dem Fernseher

*Robert Hoffmann*

*[Vorstand, Consumer-Produkte, 1&1 Internet AG/United Internet AG]*

## Der Wandlungsprozess in der Medienwelt

Der Boom breitbandiger Internetzugänge verändert unser Leben in rasantem Tempo. Ich kenne niemanden, der dieser Aussage nicht zustimmen würde, auch nicht unter denjenigen, die noch keinen Breitbandanschluss haben. Dennoch lohnt es sich, etwas bei dieser Aussage zu verweilen. Im Vergleich zu Mobilfunk oder Internet ist die Entwicklung breitbandiger Internetzugänge nicht nur in einem schnelleren Tempo erfolgt, sondern auch wesentlich unscheinbarer. Heute ist es normal geworden, einen Grundversorgungsanspruch mit Breitband-Internet zu fordern. Ganze Gemeinderäte beschäftigt die Frage, wie sie ihren Bürgern Zugang zu DSL-Anschlüssen (→) verschaffen können. Und wann genau begann der Wert einer Immobilie zu sinken, weil sie keinen Breitbandanschluss hat?

Keine vier Jahre ist es her, da war eine Geschwindigkeit von drei Mbit pro Sekunde das Nonplusultra. Gerade einmal zwei Jahre sind vergangen, seitdem ADSL (→) mit 16 Mbit pro Sekunde auf den Markt kam. Heute sprechen wir schon von VDSL (→) mit 50 Mbit pro Sekunde und bauen an der 100 Mbit Versorgung pro Sekunde. Gleichzeitig sanken die Kosten, und die Telefon-Flat mittels Voice over IP (→) ist heute Standard. Wenn man sich diese rasante Entwicklung vergegenwärtigt, kommt man nicht umhin sich zu fragen, welche Veränderungen die Zukunft für uns noch bereithält.

In vielen Lebensbereichen – von der Meinungsbildung über das Einkaufen bis hin zu neuen Formen von sozialen Bindungen – ist die gestiegene Geschwindigkeit und Verbreitung der DSL-Anschlüsse nur der Katalysator, um bereits Ende der 90er Jahre angelegte Entwicklungen zu beschleunigen. Es gibt aber auch Anwendungen, die erst durch große Bandbreiten ermöglicht wurden: Neben Online-Spielen und dem Austausch von Musik- und Bild-Inhalten ist das insbesondere die Nutzung des Internets als Transportplattform für Videos in unterschiedlichen Formaten. Die Mehrheit der Nutzer erwartet daher nicht nur, dass ihre Breitband-Nutzung weiter massiv zunehmen wird. Sie misst dabei dem Bereich ‚Freizeit und Unterhaltung' die höchste Bedeutung zu.[1]

## Das Wohnzimmer als Unterhaltungs-Zentrum im Haus

Die oben angesprochene rasante Entwicklung verführt leicht zu dem Trugschluss, das Internet sei im Bereich Entertainment heute schon das Maß aller Dinge. Doch dem ist (noch) nicht so. Obwohl immer mehr Haushalte die online verfügbaren Unterhaltungs-Angebote nutzen, verschwinden damit nicht automatisch die Bedürfnisse der bisherigen Offline-Welt. Vielmehr kommt es zu einer Vermischung der beiden Welten, die zu neuen, konvergenten Anforderungen führen.

Der deutsche ‚Durchschnitts-Bürger' verbringt immer noch 208 Minuten pro Tag vor dem Fernseher, hört 185 Minuten pro Tag Radio und ist nur 54 Minuten pro Tag im Internet.[2] Bei 14- bis 19-Jährigen sieht dieses Verhältnis allerdings bereits ganz anders aus, hier steht das Internet bereit zum Sprung, führendes Unterhaltungs-Medium zu werden (105 Minuten Fernseher, 95 Minuten Radio und 102 Minuten Internet pro Tag[3]). Treiber sind hier nach Kommunikations- und Informationsdiensten wie E-Mail, Instant Messaging, Suche und Blogs mittlerweile interaktive Unterhaltungs-Möglichkeiten wie Online-Spiele, Video-Plattformen wie YouTube oder MyVideo und soziale Netzwerke. Bei der breiten Basis der Konsumenten sieht es weiterhin so aus, dass allein zwischen 2006 und 2008 etwa 13,5 Millionen Fernseher der neuesten Generation in Deutschland verkauft werden[4] und dazu noch weitere Millionen von Audio-Systemen, die alle benutzt werden wollen. Bei aller YouTube-Euphorie und neu ausgerichtetem Medienkonsum der Jugend – das Wohnzimmer und die darin vorhandenen Geräte (TV, Hi-Fi-Anlage) wird weiterhin das Zentrum der Freizeit und Unterhaltung bleiben. Neue, innovative und interaktive Unterhaltungsformen werden jedoch verstärkt aus dem Internet kommen. Das Breitband-Internet macht dem Fernsehen den Rang als führendes Unterhaltungsmedium streitig.

## Neue Bedürfnisse entstehen

Wir haben nun festgestellt, dass der Bereich Freizeit und Unterhaltung zwar für die Breitband-Internet-Nutzer die höchste Bedeutung hat, jedoch in den meisten Haushalten eine moderne Geräte-Ausstattung im Wohnzimmer existiert, die eben für diesen Zweck angeschafft wurde und im Normalfall nicht ohne weiteres internetfähig ist. Damit wachsen auch das Bedürfnis und die Bereitschaft zur Vernetzung des Wohnzimmers mit dem Internet.

Bisherige Ansätze – seien es internetfähige Spielkonsolen oder Media-PCs mit komplizierten Verkabelungen – haben eher bei jungen Trendsettern und Innovatoren gegriffen. Eine massentaugliche, familiengeeignete und preiswerte Lösung hat sich bisher nicht etablieren können, obwohl in den letzten Jahren durchaus interessante und kreative Ideen präsentiert wurden.

Dass sich bisher keine Lösung zur Internetanbindung von Fernseher und Stereoanlage durchsetzen konnte, hat eine Reihe von Gründen. Dabei lassen sich aus meiner Sicht die drei wichtigsten Punkte wie folgt benennen.

Der erste Grund ist die Tatsache, dass kein Kunde für internetbasierte Unterhaltung seine existierenden Endgeräte austauschen will. Jede Lösung muss sich also daran messen lassen, wie gut sie die im Wohnzimmer bereits vorhandenen Fernseher und Stereoanlage integriert. Keine leichte Aufgabe, da sich die Hersteller von Unterhaltungselektronik nicht auf Standards zur Integration oder nur Anbindung von Endgeräten einigen konnten, wie jeder von uns an immer neuen Fernbedienungen und Anschlüssen merkt. Man stelle sich vor, jede Software oder jedes Portal im Internet benötigte eine eigene Tastatur.

Der zweite Widerstand entsteht aus dem ersten: Proprietäre Lösungen, auf die Hersteller der Unterhaltungselektronik gesetzt haben, sind mangels Kompatibilität und Erweiterungsfähigkeit zum Scheitern verurteilt. Sie sind Insellösungen geblieben. An der dritten Schwierigkeit sind vor allem Lösungskonzepte aus der PC-Welt gescheitert – der Forderung nach Bedienungsfreundlichkeit. Aus meiner Sicht ist die Einfachheit der Bedienung im Wohnzimmer das zentrale Element, denn niemand möchte seinen Computer einschalten müssen, um fern zu sehen, oder neben seiner Fernbedienung ein weiteres ‚Interface' oder gar eine Tastatur oder Maus im Wohnzimmer bedienen müssen. Dennoch zeigen alle diese, wenn auch unvollkommenen Ansätze, dass es ein eindeutiges Bedürfnis gibt, die neuen Unterhaltungsformen – seien es Internetradio oder Videoportale – in die gewachsene Unterhaltungs-Landschaft zu Hause zu integrieren.

## maxdome – das erste erfolgreiche TV-Unterhaltungs-Portal

Die Vorteile der Online-Welt mit den (Hardware)-Realitäten der Offline-Welt zu verbinden war unsere Motivation, im Jahr 2006 – zusammen mit ProSiebenSat.1 – maxdome zu entwickeln und auf den Markt zu bringen. maxdome ist ein internetbasiertes Video-on-Demand-Portal ($\rightarrow$), über das sich Tausende Spielfilme, Serien und Fernsehproduktionen, aber auch Sportinhalte, Comedy, Kinderprogramme und Erwachsenenunterhaltung auf Wunsch jederzeit abrufen lassen. Üblicherweise ist dies auf jedem PC möglich, denn maxdome ist ein offenes Internet-Portal, unabhängig vom jeweiligen Breitband-Anschluss. Doch wir wollten mehr – von Anfang an war unsere klare Zielsetzung, die Inhalte von maxdome auf den Fernseher zu bringen. Da die Fernseher an sich nicht internetfähig sind, benötigt man dafür eine Set-Top-Box ($\rightarrow$), die Internet-Inhalte empfängt und an den Fernseher weitergibt. Doch wer hatte 2006 schon eine internetfähige Set-Top-Box?

Unser Ansatz war daher, nicht nur den Dienst bereitzustellen, sondern als Teil unserer Strategie auch eine eigene Set-Top-Box mit verständlicher Benutzeroberfläche und einfacher Anbindung an einen existierenden Breitband-Anschluss zu einem günstigen Preis zu entwickeln. Mit unseren DSL-Anschlüssen schnürten wir zudem ein attraktives Paket, um gerade DSL-Neueinsteigern den Start zu erleichtern. Um die Vorteile von maxdome erlebbar zu machen, haben wir außerdem unseren DSL-Kunden einen Teil der Inhalte kostenlos zur Verfügung gestellt. Mit dieser kombinierten Strategie konnten wir zusammen mit ProSieben maxdome in kürzester Zeit mit mehr als 12.000 Titeln und 200.000 aktiven Nutzern zum führenden Video-on-Demand-Portal in Deutschland machen.

Die Vorteile unserer Idee sind offensichtlich. Je nach Bedarf kann maxdome den Kauf von DVDs, die Aufnahme mit dem Videorekorder, den Gang in die Videothek oder Pay-TV ($\rightarrow$) bequem ersetzen. Die Bedienung erfolgt über eine Fernbedienung, ein Computer ist für die Nutzung nicht notwendig und das Internet wird vorzugsweise kabellos über WLAN angebunden ($\rightarrow$) (alternativ auch $\rightarrow$ LAN oder Power-LAN). Damit integriert sich maxdome nicht nur perfekt in jede Wohnzimmerlandschaft, sondern schafft es auch, die klassischen Fernsehinhalte mit den neuen Möglichkeiten des Internets zu verbinden. Nicht umsonst heißt das Motto von maxdome „Alles zu meiner Zeit". Zu den Erfolgs-Garanten von maxdome gehören nicht zuletzt auch die Preismodelle. Je nach persönlicher Präferenz, ist sowohl eine Nutzung im ‚Pay-per-View'-Verfahren als auch die kostengünstige Buchung von Flatrate-Paketen möglich. maxdome war und ist für uns eine wichtige Erfahrungsbasis bezüglich der Anforderungen, die an konvergente Lösungen gestellt werden. Der Erfolg hat uns ermuntert, diese Prinzipien auch auf andere internetbasierte Inhalte auszudehnen – und die Idee des MediaCenter war geboren.

# 1&1 MediaCenter greift den Wandel auf

### Die MediaCenter-Vision

Im Grunde genommen ist die Vision, die hinter 1&1 MediaCenter steht, ganz einfach und lässt sich in diesem Satz zusammenfassen: „Das MediaCenter wird das ‚Amazon' internetbasierter TV-Unterhaltung werden". Gemeint ist damit der strategische Ansatz, die Vorteile des Internets zur Schaffung eines neuen und differenzierenden Geschäftsmodells zu nutzen. So wie Toyota oder General Electric für bestimmte Unternehmensphilosophien stehen, steht amazon.com für einen beispielhaften Entwicklungsprozess. Gestartet als Online-Buchhandlung, hat Amazon im Laufe der Jahre nicht nur sein Sortiment immer mehr erweitert, sondern sich zu einer globalen Shopping-Plattform entwickelt, zu einem so genannten ‚Social-Commerce-Portal'.

Unsere Vision des MediaCenter beschreibt eine ähnliche Entwicklung. Von einem Video-Dienst (maxdome) und einer Set-Top-Box kommend, soll das MediaCenter die Unterhaltungs-Plattform sein, mit der alle internetbasierten Inhalte auf den Fernseher und die Stereoanlage übertragen werden. Ob bezahlte, frei verfügbare oder eigene Inhalte, ob Video, Audio oder Foto – das MediaCenter ermöglicht den Abruf all dieser Inhalte im Wohnzimmer als dem Unterhaltungszentrum im Haus. Für die Konkretisierung dieser Vision haben wir aufgrund unserer Erfahrungen eine Reihe grundsätzlicher Anforderungen an eine massentaugliche Lösung definiert. Sie muss sich erstens nahtlos in die vorhandene Gerätelandschaft einfügen. Einfache Bedienbarkeit per Fernbedienung ist die zweite Grundvoraussetzung. Sie muss drittens ‚wohnzimmerkompatibel' sein – das heißt, auf die Bedürfnisse einer Nutzung in der Familie zugeschnitten sein. Und – last but not least – muss die Preishürde möglichst niedrig sein. Diese Überlegungen haben zur Entwicklung des 1&1 MediaCenter und der 1&1 MediaCenter-Box geführt. Während die MediaCenter-Box die technische Basis für die preiswerte Integration in die vorhandene Wohnzimmer-Landschaft bildet, ist der eigentliche Kern der Lösung das TV-Portal MediaCenter selbst, das nicht an eine bestimmte Hardware gebunden ist.

Das 1&1 MediaCenter versteht sich als Plattform, die internetbasierte Unterhaltungsdienste (Video-on-Demand, Internetradio, Audio- und Video-Podcasts (→), gestreamte Musik) mit bereits beim Nutzer vorhandenen Inhalten aggregiert und an die Wohnzimmer-Endgeräte liefert. Es greift neue, konvergente Bedürfnisse der Nutzer auf und bietet einen offenen, erweiterbaren Aggregationspunkt verschiedenster Unterhaltungsformen und -formate aus dem Internet, unabhängig vom jeweiligen Inhalteproduzenten oder Inhaltebesitzer. Egal ob kommerzieller, nichtkommerzieller oder eigenproduzierter Inhalt, das MediaCenter bietet eine benutzerfreundliche Lösung, die das gesamte Spektrum internetbasierter Unterhaltung auf dem eigenen Fernseher und der Hi-Fi-Anlage unabhängig vom PC ermöglicht.

*Abbildung 1:* Das 1&1 MediaCenter

## Die MediaCenter-Inhalte

Als einen wesentlichen Faktor für die breite Akzeptanz einer wohnzimmertauglichen Unterhaltungs-Plattform betrachten wir die Vielfalt der angebotenen Inhalte. Diese sollen im Folgenden konkreter beschrieben werden.

Als Erstes bietet MediaCenter den mit über 15.000 Titeln größten Video-on-Demand-Dienst in Deutschland – maxdome. Zusätzlich ist die ZDF-Mediathek, das umfangreiche Online-Programm des Zweiten Deutschen Fernsehens, in Form der 7-Tage-Rückschau integriert. Darüber hinaus gibt es weitere selektive TV-Inhalte von ARD, ProSieben, Sat.1, kabel eins, N24 und vielen anderen TV-Sendern. Aus dem Audio-Bereich kommen nicht nur über 4.000 weltweite Internetradio-Stationen, sondern auch das kompletten Jamba! Musik-Angebot mit über 1,7 Millionen Musiktiteln hinzu. Typische Internet-Inhalte wie das Video-Portal MyVideo sowie fast tausend Audio- und Video-Podcasts mit internationalen ,Special Interest' Inhalten ergänzen das Angebot. Schließlich lassen sich in das MediaCenter ganz einfach eigene Bild-, Musik- und Video-Dateien integrieren und unabhängig vom PC abspielen, egal ob diese zu Hause auf dem PC, auf einer am Router oder der Set-Top-Box angeschlossenen externen Festplatte oder in einem Internet-Laufwerk deponiert sind.

Diese Aufzählung zeigt die große Bandbreite an Inhalten, die bereits heute über die Media-Center-Plattform verfügbar ist. Der Umfang wird kontinuierlich wachsen, denn das Media-Center ist getreu unserer Vision eine offene Plattform, bei der jeder Inhalte-Partner willkommen ist und mitmachen kann. Bereits zum Start konnten wir mehr als 200.000 Stunden Inhalte in das MediaCenter integrieren. Damit übertreffen wir bereits bei weitem alles, was heute über die klassische Rundfunk-Distribution oder Download-Dienste angeboten wird.

## Die MediaCenter-Bedienungsoberfläche

Neben attraktiven Inhalten ist deren ansprechende Präsentation elementar für den Erfolg eines TV-Portals. Nichts ist schlimmer als eine großartige Bibliothek, in der man den gewünschten Titel nicht findet oder sich auf Grund der Übermenge der Angebote nicht entscheiden kann. Das Navigationskonzept ist deswegen ein Kernelement einer erfolgreichen Lösung. Das ist wesentlich schwieriger zu realisieren, als es für den Laien am Ende aussieht, gilt es doch, das am PC erlernte Navigieren auf einer Oberfläche per Maus in ein intuitives Konzept mit klassischen Fernbedienungselementen zu überführen. Diese Herausforderung haben wir aber angenommen, da wir davon überzeugt sind, dass die Fernbedienung das Bedienungs-Interface für das Wohnzimmer ist.

Ein weiteres wichtiges Element für die gezielte Ansteuerung von Inhalten ist die Suchfunktion. Ohne Suche wäre eines der wichtigsten Leistungsmerkmale einer solchen Plattform, der so genannte Long Tail-Effekt (→), nur eingeschränkt möglich. Der Long Tail-Effekt – vereinfacht gesagt der Erfolg einer Plattform durch Nischeninhalte, die es im klassischen Rundfunk kaum gibt (analog amazon.com im Vergleich zu einem Buchhändler) – ist eine der faszinierendsten Entwicklungen, die uns das Internet beschert hat. Die einfache Navigierbarkeit dieser Special-Interest-Inhalte durch eine intelligente Suchfunktion ist deswegen sehr wichtig.

Die Bedienungsoberfläche ist so konzipiert worden, dass künftige Erweiterungen der Plattform möglich sind, egal ob es sich um klassische Inhalte oder interaktive Dienste handelt. Insbesondere an der Integration des klassischen, linearen TV in das MediaCenter wird gearbeitet. Damit verbunden sind auch entsprechende internetbasierte Erweiterungen wie ein Elektronischer Programmführer (→ EPG) mit Möglichkeiten zur individuellen Suche bis hin zum Vorschlagswesen.

## Die MediaCenter-Box

Das MediaCenter ist von der Konzeption her eine Hardware-unabhängige Plattform (also im wesentlichen Middleware und Benutzeroberfläche). Dennoch ist es Teil unserer Strategie, Nutzern auch eine Hardware anzubieten – die 1&1 MediaCenter-Box. In Zusammenarbeit mit unserem erfahrenen Partner AVM haben wir eine entsprechende Set-Top-Box entwickelt, die sich kabellos per WLAN mit dem Internet verbindet.

Bei der Entwicklung einer solchen Hardware stellen sich viele Fragen, wie etwa die richtigen Anschlussmöglichkeiten, die benötigte Leistungsfähigkeit, der Speicherbedarf – auf diese Details will ich hier nicht eingehen, wir haben sie alle am Ende gelöst. Eine Frage jedoch halte ich für sehr wichtig, weil sie unser Grundverständnis des MediaCenter betrifft. Und zwar die Frage nach einer Festplatte in der 1&1 MediaCenter-Box.

Wenn Sie sich andere Lösungen anschauen, werden Sie meistens Set-Top-Boxen mit Festplatte finden. Warum haben wir darauf verzichtet? Die Antwort liegt in unserem Grundverständnis des MediaCenter als einer Streaming-Plattform, im Gegensatz zu einer Download-Plattform. Wir sind davon überzeugt, dass ‚Streaming' die Art des Inhaltetransports ist, die sich in der Wohnzimmer-Unterhaltung auf Dauer durchsetzen wird. Dadurch entfällt die bisherige Notwendigkeit, (Bezahl-)Inhalte zu besitzen (ob materiell in Form von DVDs oder immateriell in Form von Dateien). Genauso erübrigt sich die Notwendigkeit, entsprechende Geräte (DVD-Player etc.) zu besitzen, die diese Inhalte abspielen. Vielmehr erwirbt oder hat man das Recht, Inhalte zu nutzen und kann dies überall da tun, wo die Plattform verfügbar ist, egal ob im eigenen Wohnzimmer oder bei Verwandten oder Freunden. Die oben genannten 200.000 Stunden Inhalt würden auf einer Festplatte mehr als 100.000 Gigabyte belegen – wenn es ein solches Speichermedium gäbe. Die laufende Aktualisierung und Erweiterung dieser Inhalte können deshalb nur zentral im Web erfolgen.

Die 1&1 MediaCenter-Box (oder jede andere Hardware, in die das MediaCenter integriert wird) nimmt somit nur die Vermittler-Rolle zwischen Fernseher und Stereoanlage sowie dem MediaCenter-Portal im Internet ein. Theoretisch würde ein internetfähiger Fernseher eine solche Box gar nicht benötigen. Dieses Szenario halten wir jedoch kurzfristig nicht nur für unwahrscheinlich, sondern auch für kontraproduktiv, zumal sich die Navigationskonzepte nicht entsprechen. Zu einer offenen Plattform gehört auch eine mühelose Integration in die jeweils vorhandene Gerätelandschaft. Und der Garant dafür ist die MediaCenter-Box.

## Das persönliche MediaCenter

Wenn wir davon sprechen, die Vorteile des Internet in das Wohnzimmer zu übertragen, spielt die Personalisierung eine große Rolle. Gerade diesbezüglich bietet MediaCenter großes Potenzial für zukünftige Entwicklungen. Eine erste Form der Personalisierung im MediaCenter ist die integrierte Favoriten-Funktionalität. Diese funktioniert ähnlich wie die bekannte Funktion bei Internet-Browsern. Einmal gefundene interessante Inhalte lassen sich zum schnellen und leichten Wiederfinden in individuellen Favoritenlisten ablegen. Mit der Erinnerungsfunktion kann sich der MediaCenter-Nutzer komfortabel benachrichtigen lassen, wenn ein für ihn interessanter und ausgewählter Inhalt nicht on-demand, sondern linear zur Verfügung gestellt wird. Dies kann beispielsweise ein aktuelles Live-Radioprogramm zu einem Thema sein, dass ihn interessiert und dass ihm nach Interessenschwerpunkten redaktionell vorgeschlagen wurde. In der Weiterentwicklung können dies auch eine klassische lineare TV-Sendung oder die Aktualisierung eines Web-Inhaltes sein. Eine weitere Form der Personalisierung, die oft übersehen wird, ist die ebenfalls im Dienst enthaltene Altersverifizierung. Diese ist für eine familienorientierte Wohnzimmerlösung unverzichtbar.

Weitere, aus dem Web 2.0 (→) bekannte Personalisierungsformen wie Empfehlungen anhand von Präferenzen ähnlicher Nutzerstrukturen (auf Basis von ‚Collaborative Filtering' wie zum Beispiel bei Amazon) und Bewertungen sind möglich und bereits geplant. Hier sehen wir eine ganze Reihe von Möglichkeiten für innovative Nutzungsformen, aber auch für innovative Geschäftsmodelle, die bisher auf dem Fernseher nicht möglich waren.

Falls sich der Bedarf nach Individualisierung bestätigt, überlegen wir als strategischen Schritt die Entwicklung einer offenen Inhalte-Schnittstelle, mit der jeder Nutzer seine Inhalte oder Präferenzen der MediaCenter Community zur Verfügung stellen kann. Mit diesen Möglichkeiten der Personalisierung belegen wir eindrucksvoll den Anspruch einer offenen Plattform.

Alternativ: Mit diesen Möglichkeiten der Personalisierung wird die Idee der offenen Plattform in idealer Weise ausgestaltet.

## Der MediaCenter-Mehrwert für den Nutzer

Das MediaCenter eröffnet für den Nutzer auf Grund seiner Interaktivität und Vielfalt völlig neue Perspektiven für die Unterhaltung im Wohnzimmer. Folgende einfache Bespiele illustrieren die neuen Möglichkeiten:

- Sie telefonieren mit einem Freund, der Ihnen von einem tollen Film erzählt, der gestern im Fernsehen gelaufen ist. Sie würden gerne heute Abend diesen Film sehen. Bisher mussten Sie dafür zu einer Videothek fahren und sich den Film ausleihen (falls er überhaupt verfügbar war). Mit dem MediaCenter haben Sie mehr Auswahl als in jeder herkömmlichen Videothek, ohne das Haus zu verlassen.

- Bekannte sind zu Besuch und erzählen von der neuen Musikrichtung, die in Südamerika Furore macht. Sie würden sich das gerne anhören. Internet-Radio ist die Lösung. Bisher mussten Sie dafür ihren Rechner im Arbeitszimmer hochfahren und die Musik auf ihren PC-Lautsprechern anhören. Mit dem MediaCenter erledigen Sie dies bequem im Wohnzimmer und lassen die Musik direkt über Ihrer Stereo-Anlage laufen.

- Sie haben im Fernsehen beim ‚Zappen' eine witzige Comedy-Sendung entdeckt. Leider ist diese nach 20 Minuten schon zu Ende. Mit dem MediaCenter finden Sie bequem weitere Folgen und können diese direkt anschauen.

- Als Mountainbike-Fan bietet Ihnen das klassische Fernsehen keinerlei Informationen zu Ihrem Lieblingssport. Mit dem MediaCenter können Sie sich über entsprechende Video-Podcasts laufend über Neuigkeiten informieren und aufregende Video-Filme auf Wunsch abrufen.

Spontane Befriedigung von Bedarf und Folgebedarf und zeitliche Unabhängigkeit von festen Programmschemata sind nur einige der Vorteile der MediaCenter-Lösung im Vergleich zu den klassischen Wohnzimmer-Lösungen. Die Erweiterung der verfügbaren Inhalte ist ein weiterer Vorteil, insbesondere wenn man bedenkt, dass wesentliche Inhalte kostenlos sind.

Ich bin davon überzeugt, dass durch die Flexibilität und das breite Angebot in Zukunft weitere Nutzungs- und Anwendungsmöglichkeiten entstehen werden, an die wir heute noch gar nicht denken. Darauf bin ich sehr gespannt und freue mich, diese zusammen mit unseren Nutzern zu entdecken.

# Strategische Aspekte des MediaCenter-Konzeptes

In den bisherigen Abschnitten habe ich das MediaCenter als Unterhaltungs-Portal im Wohnzimmer ausführlich aus der Sicht der Nutzer beleuchtet. Als Nächstes möchte ich mich den unternehmerischen und strategischen Aspekten widmen. Als Produktvorstand bewerte ich den Erfolg unserer Produkte neben der Begeisterung unserer Kunden daran, wie groß der wirtschaftliche Erfolg ist und wie stark wir uns damit im Wettbewerbsumfeld differenzieren können. Dazu gehört eine intensive Auseinandersetzung mit dem Markt, mit der Vermarktung und mit dem Geschäftsmodell.

## Die Nutzenlogik aus Anbietersicht

Aus Anbietersicht fasziniert mich am TV-Portal das gewaltige Potenzial der Nutzungssubstitution der Medien – und genau das bietet MediaCenter. Klassisches Programm-Fernsehen, Pay-TV, Radio, DVD- und CD-Kauf sind nur die wichtigsten Medienformen, deren Nutzung durch das MediaCenter substituiert und damit zumindest teilweise überflüssig gemacht werden. Aber nicht nur Medien, sondern auch Dienstleistungen wie DVD-Verleih oder sogar Hardware wie DVD-Player werden mit dem MediaCenter sukzessive ersetzt. Dieses Potenzial ermöglicht uns, in völlig neue Märkte einzudringen. Die Strategie einer offenen, nicht proprietären Plattform schafft eine für alle Inhalte- und Hardware-Anbieter zugängliche Ebene, auf der vielfältige Kooperationen und völlig neue Geschäftsmodelle möglich sind. Die Innovationskraft, die daraus resultieren kann, ist gewaltig und macht mich für die Zukunft sehr zuversichtlich.

Ein wesentlicher Erfolgsfaktor für dritte Anbieter ist natürlich die Erweiterbarkeit. Wenn wir uns unsere Vision vergegenwärtigen („das Amazon der internetbasierten Unterhaltung"), dann ist die Erweiterbarkeit ein wesentlicher strategischer Aspekt, denn das MediaCenter, so wie wir es konzipiert haben, soll ja ständig erweitert und weiterentwickelt werden. Das TV-Portal ist auf Grund seiner Internet-Logik so dynamisch wie jedes andere internetbasierte Portal. Auch die Set-Top-Boxen sind über Updates jederzeit funktional erweiterbar, sodass alle Voraussetzungen für eine kontinuierliche Erweiterung gegeben sind.

## Inhaltedimensionen und Entwicklung

„Content is King" sagt man in der Unterhaltungs-Industrie. Die entscheidende Frage muss aber lauten: Womit kann sich ein Anbieter im Bereich Unterhaltung, und damit Inhalt, differenzieren? In einer Welt, in der ein Großteil der Formate eben nicht differenzierend und exklusiv ist, gewinnt derjenige Anbieter, der das hochwertigste und breiteste Sortiment zu günstigen Preisen in einer ansprechenden und verständlichen Form bietet – wie amazon.com bei Büchern, CDs und Elektronikartikeln. Dazu gehören kostenpflichtige, kostenfreie und eigene Inhalte aller Dimensionen – eben MediaCenter.

Die hohe Attraktivität wird durch zwei weitere Faktoren verstärkt: Wir bündeln Audio- Video- und Foto-Inhalte auf einer Plattform und ermöglichen vielfältige Nutzungsformen. Neben der klassischen Programm-Navigation und dem Abruf on-demand bietet das MediaCenter auch die Möglichkeit, persönliche Playlisten anzulegen. Zusätzlich integrieren wir redaktionelle Empfehlungen vergleichbar einer Fernsehzeitschrift. Damit adressieren wir eine bisher unerreichte Bandbreite sowohl an Inhalt als auch an Nutzungsformen. Alternativ: Das Ergebnis ist eine bisher unerreichte Bandbreite sowohl an Inhalt als auch an Nutzungsformen.

## Vermarktung und Reichweite

Wie bei praktisch jedem Portal haben Vermarktung und Reichweite drei Dimensionen, nämlich die Ansprache der Nutzer, die der Inhalte-Anbieter und die Gewinnung attraktiver Werbekunden. In der Werbevermarktung ist das Erreichen einer ausreichend großen Reichweite die Grundlage für Erfolg, weshalb dies auch von anderen innovativen Internet-Plattformen angestrebt wird. Um mit MediaCenter diese Reichweite zu erlangen, setzen wir auf Offenheit. MediaCenter ist nicht an die Nutzung von 1&1 DSL gebunden, was beim Nutzer Investitionssicherheit schafft. Gleichzeitig setzen wir aber auch auf die inzwischen bewährte Bündelung verschiedener Dienste mit unseren Breitbandanschlüssen. Durch Subventionierung der Hardware können wir dadurch die preisliche Einstiegshürde bewusst sehr niedrig setzen.

Hohe Reichweiten ermöglichen uns im Gegenzug, Skaleneffekte bei den Distributionskosten zu nutzen und damit auch eine attraktive Positionierung gegenüber den Anbietern kommerzieller Inhalte. Eine besondere Rolle spielen hierbei die Nischenanbieter. Für diese ist bei unserer internetbasierten Lösung die Einstiegshürde im Vergleich zu herkömmlichen Distributionskanälen deutlich niedriger. Ein weiterer großer Vorteil des MediaCenter ist die Tatsache, dass für jeden Kunden-Account analog zu maxdome eine gültige Zahlungsverbindung angelegt wird. Auf dieser Grundlage können dann unterschiedliche Geschäftmodelle wie ‚Pay-per-Use' für stark nachgefragte Inhalte, aber auch Abonnement-Modelle oder Flatrates angeboten werden.

Damit sind wir zuversichtlich, dass wir sowohl qualitativ als auch quantitativ die notwendigen Voraussetzungen schaffen können, um nach der Erreichung einer signifikanten Reichweite bei den Nutzern den Schwerpunkt in der Vermarktung Richtung Bezahl-Inhalte setzen können, ohne die sich eine solche Investition nicht amortisieren kann.

## Die nächsten Ausbaustufen des MediaCenter

Wahrscheinlich haben Sie sich beim Lesen dieses Beitrages das eine oder andere Mal gefragt: „und wo bleibt …?". Wir stehen erst am Anfang eines langen Zyklus von Innovationen und Produkt-Weiterentwicklungen. Unsere neuartige Plattform hat natürlich noch nicht die Reife etablierter Geschäftmodelle, bietet dafür aber enormes Wachstumspotenzial. Die Tatsache, dass die eine oder andere Entwicklung noch bevorsteht, heißt aber nicht, dass wir uns noch keine Gedanken darüber gemacht haben, welche weiteren Bereiche wir in Zukunft angehen wollen. Die drei wichtigsten Bereiche möchte ich kurz vorstellen.

## Cross-mediale Empfehlungen und virale Effekte

Einen Kernaspekt bei der weiteren Entwicklung des MediaCenter bildet sicherlich der Ausbau der Personalisierung und der aus dem Internet bekannten Community-Effekte. Ein erster Schritt dazu ist die Integration eines Bewertungssystems, das den Nutzern bei der Entdeckung neuer Inhalte Orientierung bietet. Je mehr Inhalte und Kooperationspartner wir auf der MediaCenter-Plattform integrieren, desto interessanter wird es für unsere Kunden, sich in Interessen-Communities zusammenzuschließen. Durch die Dynamik, die solche Commmunities entwickeln können, schaffen wir völlig neue Anwendungsfälle für die klassische Unterhaltung im Wohnzimmer. Aus Anbieter-, aber auch aus Kundensicht besonders spannend ist die Übertragung der viralen Effekte von Weiterempfehlungen auf unsere Plattform, insbesondere da dies zum ersten Mal wirklich crossmedial vom Internet auf den Fernseher möglich wird.

Weiteres Potenzial liegt im ‚Cross-Selling'. Unsere Plattform bietet hierzu einen einzigartigen Medien- und Inhalte-Mix, um völlig neue Querverbindungen zur Vermarktung von Inhalten zu bilden. Um das Potenzial, das sich hier erschließt, zu verdeutlichen, möchte ich noch einmal auf Amazon zurückgreifen. Denn während Amazon mit seinem sehr erfolgreichen System zwar durchaus crossmediale Verknüpfungen aufweist, zum Beispiel zwischen Filmen und Musik, beschränken sich diese auf Bezahl-Inhalte. Auf der MediaCenter-Plattform wird es aber möglich sein, Querverbindungen zwischen freien Inhalten und Bezahl-Inhalten zu schaffen und somit auch den Nutzern mit einer eher geringen Zahlungsbereitschaft attraktive Angebote zu machen.

### Massiver Ausbau von Interaktivität

Interaktivität wird immer wieder genannt, sobald Medieninhalte per Internet Protocol (IP) transportiert werden. Denn in der Tat ist die Rückkanalfähigkeit von IP-basierten Lösungen eine der größten Errungenschaften im Vergleich zur klassischen Rundfunk-Distribution. Es gibt unzählige Anwendungsfälle für interaktive Dienste: Mitraten bei „Wer wird Millionär", Live-Wetten bei Sportereignissen oder Spontan-Shopping gehören wahrscheinlich zu den bekanntesten.

Grundsätzlich geht es für uns aber um den scheinbaren Konflikt zwischen ‚Lean-Back' ($\rightarrow$) und ‚Lean-Forward' ($\rightarrow$). Wir glauben, dass es beim Ausbau der Interaktivität nicht darum geht, Kunden vom Lean-Back-Konsum in eine Lean-Forward-Teilnahme zu zwingen. Insofern kann es auch nicht darum gehen, vom Nutzer die gleiche Interaktivität zu fordern, wie dies im Internet der Fall ist. Vielmehr sehen wir die Stärke des MediaCenter darin, dem Nutzer die Möglichkeit zu geben, je nach Lust und Laune zwischen den beiden Komsumformen zu wechseln. Im Idealfall bedeutet dies, dass dieselben Inhalte sowohl Lean-Back als auch Lean-Forward konsumiert werden können.

### Zielgerichtete Werbung

Werbung als Möglichkeit, Mediendienste und kostspielige Inhalte zu finanzieren, ist uns allen sowohl aus der Fernsehwelt als auch aus der Internetwelt vertraut. Sicherlich sind alle Möglichkeiten, die bisher in den beiden Welten existieren, auch auf dem MediaCenter praktikabel. Dennoch wäre aus meiner Sicht eine Beschränkung auf die bisherigen Modelle mit einem Rückzug gleichzusetzen. Das MediaCenter bietet nämlich mit Personalisierung und Rückkanalfähigkeit zwei zusätzliche Eigenschaften an, die Werbetreibende schwärmen lässt. „Zielgerichtete Werbung" ist dabei das Zauberwort, das die Marktführer im Internet auszeichnet und das den Wert von Unternehmen wie Google in astronomische Höhen treibt. Aber Internet ist Lean-Forward. Lean-Back-Konsum macht für Otto Normalnutzer immer noch den Löwenanteil seines Medienkonsums aus. Nun – auf der MediaCenter-Plattform kann zielgerichtete Werbung mit Lean-Back-Konsum kombiniert werden und damit das Vielfache an Wirkung entfalten.

Ein weiteres potenzielles Geschäftsfeld ist ‚Werbung-on-Demand'. Es erscheint paradox, solange Werbung als psychologischer Angriff auf das Portemonnaie begriffen wird. Wenn Sie Werbung aber als Informationsmöglichkeit begreifen und gerne mehr über ein interessantes Produkt wissen wollen, als es die 30 Sekunden Werbespot ermöglichen, werden Sie anders darüber denken. Die wenigsten Menschen sitzen mit einem Laptop vor dem Fernseher und sind in der Lage, in Echtzeit Zusatzinformationen zu einem interessanten Produkt abzurufen. Selbst wenn, ist das sehr umständlich. Mit dem MediaCenter werden Sie in der Lage sein, dies zu ändern.

Im vorherigen Abschnitt über Interaktivität wurde der nahtlose Wechsel zwischen Lean-Back und Lean-Forward als Zielsetzung beschrieben. Das gilt natürlich auch für die Werbung und bedeutet mehr als nur Werbung-on-Demand. Das Nutzungskonzept des MediaCenter bietet jegliche Formen von Interaktivität von Bewertung und Empfehlungen bis hin zum Direktkauf. Die Kombination zielgerichteter Werbung mit Interaktivität macht verständlich, warum die Werbe-Möglichkeiten des MediaCenter der heutigen Situation des Werbefernsehens weit überlegen sind.

## Das jetzige MediaCenter ist erst der Anfang

Bei aller unserer Begeisterung für das jetzt vorgestellte MediaCenter: Wir stehen erst am Anfang einer Entwicklung, bei der es darum geht, den oft zitierten Begriff der „Konvergenz von Internet und TV" mit Inhalt und Nutzen für Konsumenten und Anbieter zu füllen.

Wir sind der festen Überzeugung, dass die Aggregation herkömmlicher Standard-Inhalte und innovativer, individueller Angebote und Funktionalitäten weder hardwareabhängig noch produzentenabhängig den Durchbruch schaffen wird. Einzig eine offene, erweiterbare Plattform wie das MediaCenter ist in der Lage, wichtige Internet-Errungenschaften wie den Long Tail-Effekt, die Interaktivität und die vielfältigen Vernetzungsmöglichkeiten in unseren Wohnzimmern verfügbar zu machen und zu etablieren.

Das 1&1 MediaCenter schafft dafür die Voraussetzungen, ist aber erst der Einstieg in eine konvergente Unterhaltungswelt. Viele spannende und wichtige Fragen liegen noch vor uns: Wie verändert die konvergente Unterhaltung unser Verhalten? Welche alten oder völlig neuen Geschäftmodelle werden sich durchsetzen? Welche Rolle wird unsere zunehmende Mobilität bei dieser Entwicklung spielen – ein Aspekt, den ich an dieser Stelle nicht weiter beleuchtet habe, der aber bei unseren Zukunftsszenarien durchaus eine Rolle spielt.

Wir betreten neue Wege, von denen heute noch niemand weiß, wo sie uns genau hinführen werden. Gemeinsam mit Inhalteanbietern und Endgeräteherstellern gestalten wir die Zukunft des Internet-Entertainment – das Unterhaltungsportal auf dem Fernseher.

## Verweise & Quellen

1   Studie Deutschland Online 5

2   ARD/ZDF-Onlinestudie 2007

3   ARD/ZDF-Onlinestudie 2007

4   EITO Autumn Edition 2007

# Den Konsumenten in den Mittelpunkt stellen

*Hans-Joachim Kamp*
*[Sprecher der Geschäftsführung, Philips GmbH]*

Was im Spätsommer 1996 auf der CeBIT Home in Hannover erstmals der Öffentlichkeit präsentiert wurde, war der Beginn einer kleinen Revolution, die in den nächsten Jahren Einzug in die Wohnzimmer halten sollte: Philips zeigte den ersten Fernseher, der ,wie ein Bild an die Wand' gehängt werden kann. Mit 42 Zoll Bilddiagonale, also 107 Zentimetern, war er, der erste Flat-TV, nicht nur flach, sein Bild war gleichzeitig auch deutlich größer, als es von den klassischen Röhrengeräten bekannt war. Als das erste Flat-TV ein gutes Jahr später in den Handel kam, kostete es rund 30.000 Mark – nach heutiger Rechnung also 15.000 Euro – was erklärt, warum diese Fernsehrevolution zunächst nur sehr langsam und erst später dann gewaltig an Fahrt gewann.

Einige Jahre vergingen, bis die Umsätze mit flachen Fernsehern höher waren als die mit Bildröhren-Fernsehern, doch inzwischen ist das Flat-TV die Regel und nach Exoten mit Bildröhre muss lange Ausschau gehalten werden. Beim Flat-TV das Pionier Philips lief im vergangenen Jahre das letzte Röhrengerät vom Band, auch andere große Wettbewerber im Markt haben den Wechsel bereits abgeschlossen oder werden ihn demnächst vollziehen. Und was sich ursprünglich als exklusives Objekt der Begierde darstellte, ist inzwischen ein Massenprodukt, das der gesamten Consumer Electronics Branche eine lang anhaltende (Sonder-) Konjunktur bescherte, wie vor einem Viertel Jahrhundert die Markteinführung der CD.

Doch ,flach' ist nicht das einzige Zauberwort, das die Veränderungen im TV-Markt begleitet. ,Digital' und ,hochauflösend' bezeichnen die beiden anderen Trends, die mit dem Wechsel zu flach einhergingen und -gehen. Denn was bei der Musikwiedergabe seit der Einführung der CD bereits selbstverständlich war, ist bei der Übertragung von Bildern und besonders bei bewegten Bildern erst in den letzten Jahren ein Thema geworden: die Digitalisierung. Erst das Codieren von analogen Informationen in rasend schnell übertragene binäre Informationen schafft die Voraussetzung für modernes Fernsehen mit einem großen Programmangebot in höchster – technischer – Qualität. Die gesteigerten Möglichkeiten, die durch die Digitalisierung geschaffen werden, führen zum letzten Trend beim Fernsehen, nämlich dem hoch auflösenden Fernsehen. HDTV (→) soll dafür sorgen, dass die Möglichkeiten moderner TV-Displays ausgeschöpft werden. Um den Faktor fünf – verglichen mit herkömmlichen Übertragungsstandards – steigt beim HDTV die Anzahl der angesteuerten Bildpunkte auf dem Display an. Was so abstrakt klingt, bedeutet nichts anderes als eine dramatische Erhöhung der für den Zuschauer zu erkennenden Bilddetails. Es ist nicht mehr allein die grüne Rasenfläche beim Fußballspiel zu erkennen. Wer will, kann nun auch die einzelnen Grashalme zählen oder die Schweißtropfen, die der Angstgegner auf der Stirn des Athleten hervorruft.

Die Fernseher des Jahres 2008 sind also flach, zunehmend größer – Diagonalen von 130 Zentimetern sind inzwischen Teil des Standardprogramms der Hersteller – können digitale Signale verarbeiten und kommen mit Displays daher, die entweder Full-HD sind oder doch zumindest HD-ready. Erstere können alle Bildpunkte eines HDTV-Signals komplett darstellen, die Letztgenannten sind immerhin in der Lage, die hochauflösenden Signale auf die Anzahl der vom Display darstellbaren Bildpunkte herunterzurechnen.

Hinter diesem Status quo verbirgt sich gleich eine Reihe von Nachrichten – die guten zuerst: Moderne Fernseher sind High-Tech-Produkte, die eine noch vor kurzem unvorstellbare Bildqualität liefern können. Neben diesen technischen Meisterleistungen kommen sie mit einem Formfaktor, der sie nicht dazu verurteilt, ein Schattendasein im Wohnzimmer zu führen, sondern sie sind regelmäßig ein Designakzent bei der Gestaltung des persönlichen Ambientes. Und für die Industrie – also ‚die Macher' dieser Objekte der Begierde – gibt es eine noch länger anhaltende Perspektive. Noch nicht einmal ein Viertel der Haushalte haben inzwischen auf flach umgerüstet. Es gibt also noch weiterer Austauschbedarf und damit die Aussicht auf weiterhin gute Geschäfte. Und die schlechten Nachrichten? Es ist schon erstaunlich. Da ist bereits heute eine große Zahl von Haushalten theoretisch in der Lage, hoch auflösendes Fernsehen zu schauen – einfach weil sie die dafür geeigneten Geräte haben. Doch mit dem geeigneten ‚Futter' für diese Maschinen sieht es derzeit noch sehr dünn aus – jedenfalls, was TV-Ausstrahlungen in Deutschland betrifft. HDTV-Sendungen werden überall auf der Welt ausgestrahlt. In den USA, Australien, den entwickelten Ländern Asiens, in den europäischen Ländern um Deutschland herum … Nur das Land, in dem das lange Jahre dominierende analoge PAL-Farbfernsehsystem entwickelt wurde, ist zurzeit HDTV-Entwicklungsland. Die High-Tech-Apparate in deutschen Haushalten warten auf passende TV-Sendungen. Um die mögliche Qualität der Displays auszuspielen sind die deutschen TV-Konsumenten derzeit noch auf Pay-TV (→) angewiesen oder behelfen sich mit Signalen aus ihrem Blu-ray Disc Player (→), von ihrer Spielkonsole oder Digitalkamera.

Hier wird dann auch der nächste Trend erkennbar: Längst ist der Fernseher nicht mehr das Gerät, mit dem allein Fernsehen stattfindet. Die ‚Glotze' verändert sich zum zentralen Display im zentralen Lebensbereich, dem Wohnzimmer. Und nicht allein dort. Peripheriegeräte finden (wenn die von ihnen angebotenen Dienste nicht bereits im Fernseher selbst integriert sind) zahlreich Anschluss: DVD-Recorder mit und ohne Festplatte, Blu-ray Player, Spielkonsolen, Set-Top-Boxen für Pay-TV und Free-TV und zukünftig die Boxen, die Programme und Inhalte über das Internet liefern, also Empfänger für IPTV. Darüber hinaus finden sich Buchsen, Slots und Adapter für die weiteren Verbindungen zur digitalen Außenwelt: Speicherkarten aus der Digitalkamera, USB-Sticks oder das Ethernetkabel, das die Verbindung zum Computer herstellt – all das ist willkommen am Display von heute.

Diese Multifunktionalität des Fernsehers gibt damit auch die Antwort auf die Frage, die vor einigen Monaten die Diskussion beherrschte, nämlich die Ungewissheit über die zukünftige Vormacht im Wohnzimmer. „Ist es der PC oder der Fernseher, der den Kampf ums Wohnzimmer gewinnt?", wurden TV- und Computerhersteller landauf und landab gefragt. Je nach eigener Interessenlage war die Antwort klar. Inzwischen zeigt sich, welches Lager richtig lag. Der Fernseher ist der Sieger im Wohnzimmer und hat den zahlreichen Eroberungsversuchen aus dem Silicon Valley und den anderen IT-zentrischen Gegenden dieser Welt getrotzt. Das Rezept für das Fortschreiben der ‚Erfolgsgeschichte TV' war simpel. Der Konsument möchte nicht alles, was technisch möglich ist, sondern nur das, was für ihn sinnvoll ist. Was bedeutet, dass all die vielen unterschiedlichen Computerfunktionen im Wohnzimmer nicht wirklich gebraucht werden. Wenn aber die ganze Welt inzwischen digital fotografiert, liegt es natürlich nahe, digitale Fotos auch am Fernseher zu betrachten. Und das mit einem Bedienkomfort, der von einem Unterhaltungselektronik-Produkt erwartet wird. Einfach und ohne lange Wartezeiten. Zeitgerechte Einführung von Innovationen ist also allemal das bessere Rezept, als zu machen, was machbar ist.

Auch die Unterhaltungselektronik hat diese grundsätzlich einfache Erkenntnis nicht immer beherzigt. Rudy Provoost, der ehemalige Chief Executive Officer von Philips Consumer Electronics, brachte es in einer Rede während der Internationalen Funkausstellung (IFA) in Berlin im September 2007 auf den Punkt: „Consumer Electronics hat zu lange den Fokus auf die Electronics gelegt und zu wenig auf den Consumer." Die Vorbedingungen, dass zukünftig bei der Konsumentenelektronik der Konsument in den Vordergrund rückt, sind hervorragend. Wie bereits beschrieben, sind heutige Fernseher flach, digital und hochauflösend. Revolutionen in der Technologie sind kurz- bis mittelfristig nicht zu erwarten, eher eine evolutionäre Weiterentwicklung bekannter Dinge. Schnellere Signalverarbeitung sorgt für Detailverbesserungen, die aber nur noch die geschulten Augen der Spezialisten wahrnehmen können und nicht die Augen des Massenkunden, der eher Unterschiede bei der Form eines Produktes oder bei seiner Bedienung erkennt.

Folglich erlangen denn auch andere Produkteigenschaften größere Wichtigkeit. Neben der Optik – also dem Design – ist es das Thema Bedienung, das für den Kunden an Bedeutung gewinnt. Geräte, die von ihrem Funktionsumfang und Wiedergabemöglichkeiten immer mächtiger werden, laufen grundsätzlich Gefahr, dass der Nutzer vor ihnen kapituliert, wenn technikverliebte Ingenieure die Sache in die Hand nehmen. Die Herausforderung unserer Zeit heißt also: Wie bringt man zunehmend mehr Funktionen in einem Produkt unter und schafft es gleichzeitig, die sichtbare und erlebte Komplexität zu reduzieren? Zum Glück für die TV-Industrie gibt es auf diese offene Frage nicht nur eine Antwort, die mit dem bekannten kleinen ‚i' beginnt. Zugegeben, iPhone und iPod sind hervorragende Beispiele, wie konsequent Produkte nutzerfreundlich gestaltet werden können. Doch beim und rund um den Fernseher wurde trotz einer wahren ‚Feature-Flut' in der Regel nicht vergessen, für wen die Produkte der Konsumentenelektronik geschaffen wurden: den Konsumenten.

Dieser Konsument ist mit seinen Mit-Konsumenten grundsätzlich einer Meinung, wenn es um den Wunsch nach Nicht-Komplexität des Fernsehers geht. Zunehmend unterschiedlicher Meinung sind sie allerdings darüber, was die Inhalte auf der Mattscheibe angeht und wann sie diese sehen möchten. Individualisierung und Personalisierung beschreiben somit einen weiteren Trend rund um das Fernsehen. Dieser Trend wird unterstützt durch Technologien wie elektronische Programmführer (→ EPG), Festplattenaufnahmen und IPTV. Die zunehmende Flexibilisierung der Gesellschaft in Bezug auf Arbeitszeiten, Ladenöffnungszeiten oder das geänderte Freizeitverhalten führt dazu, dass klassische Programmschemata à la ‚der Spielfilm beginnt um 20:15 Uhr' zukünftig immer weniger den Interessen der Zuschauer entsprechen. „Jeder wird sein eigener Programmdirektor" lautete schon vor ein paar Jahren eine Headline, als die ersten Festplattenrecorder auf den Markt kamen. Doch erst in jüngster Zeit hat sich die Videoaufnahme auf die Festplatte als akzeptierte Alternative zur Video- und DVD-Aufnahme durchgesetzt. Mit immer intelligenter werdenden EPGs haben wir nun tatsächlich die Situation, dass Fernsehen von der Festplatte dem Echtzeit-Fernsehen immer häufiger vorgezogen wird. Zu praktisch ist es, wenn man sich als Zuschauer vom starren Programmschema lösen kann. Wann die Sendung beginnt, wird selbst bestimmt, und die Auswahl der aufgezeichneten Sendungen ist auf Grund der stetig wachsenden Festplattengrößen inzwischen so groß, dass man tagelang ununterbrochen Festplattenkonserven konsumieren könnte.

Die Steigerung dieser Individualisierung wird IPTV bringen. Bisher ist das Fernsehen über das Internet zwar nur ein Minderheitenthema, doch das Internet am PC zeigt schon mal, wo es langgehen könnte. Theoretisch kann hier jeder für jeden und für alle Inhalte produzieren. Damit ist IPTV naturgemäß sehr weit weg vom ursprünglichen Konzept des Rundfunks, bei dem einer für alle produziert hat. Und natürlich wird es nicht dazu kommen, dass wirklich jeder zum Inhalte-Lieferanten wird – weiterhin werden Profis den Markt bestimmen. Und trotzdem wird IPTV dazu beitragen, dass die Fernsehlandschaft heterogener wird. Sowohl in Bezug auf Sendezeiten als auch in Bezug auf die gesendeten Inhalte. Auch der Ort, an dem wir fernsehen, wird sich zunehmend ändern. Zwar ist das Gerät im Wohnzimmer auch morgen noch der ‚Hauptapparat', doch er wird immer mehr Konkurrenz bekommen. Nicht allein in den anderen Räumen des Hauses. Fernsehen wird überall erlebt werden. Im Auto (jedenfalls auf dem Rücksitz), auf dem Handy oder auf anderen mobilen Produkten.

Egal, ob wir diese Entwicklung begrüßen oder ihr eher skeptisch gegenüberstehen – fest steht, dass wir und unsere Mitbürger auch zukünftig einen bedeutenden und wahrscheinlich anwachsenden Teil unserer Zeit vor dem Fernseher verbringen werden.

# Teil VI

# Die digitale Medienwelt
# als Herausforderung für die Regulierung

# Der Rundfunkbegriff im Kontext der neuen Medienordnung

*Dr. Wolfgang Schulz*
*[Geschäftsführer, Hans-Bredow-Institut für Medienforschung]*

## Der Rundfunkbegriff unter Druck

Das Rundfunkrecht in Deutschland ist noch viel stärker, als dies in anderen Ländern – vielleicht mit Ausnahme Frankreichs – der Fall ist, vom Verfassungsrecht und der Rechtsprechung des Verfassungsgerichts geprägt. In seiner dritten Rundfunkentscheidung stellte es fest, dass privater Rundfunk unter dem Grundgesetz zwar trotz der damals wie heute vom Bundesverfassungsgericht für diesen Bereich angenommenen Marktmängel möglich war, dass der Gesetzgeber aber eine positive Rundfunkordnung vorsehen müsse, bevor eine kommerzielle Rundfunkveranstaltung verfassungskonform erfolgen kann. Zudem muss dem Gericht zufolge öffentlich-rechtlicher Rundfunk die Grundversorgung sichern. Diese Weichenstellung hat zu einem spezifischen Rundfunkrecht geführt, das trotz seines begrenzten Regelungsbereichs den Sektor stark geprägt hat.

Dass bestimmte Regelungen etwa zur Werbung, zum Jugendschutz, vor allem aber zur Vielfaltsicherung nur für den Rundfunk gelten, hat zur Folge, dass die Frage, was Rundfunk ist und was nicht, Bedeutung besitzt, auch etwa für Investoren in diesem Bereich. Einige Regalmeter mehr oder minder inspirierter wissenschaftlicher Literatur sind zum Thema ‚Rundfunkbegriff' gefüllt worden.

Derzeit wird aus unterschiedlichen Gründen sehr grundsätzlich über den Begriff und die dahinter stehende besondere Regulierung nachgedacht, nämlich vor allem aus den folgenden:

- Die Ökonomisierung im Medienbereich, die in Form von Finanzinvestoren, etwa als Eigentümer von ProSiebenSat.1, vorangetrieben wird, erhöht den Druck auf die rundfunkrechtlichen Anforderungen, die ökonomischen Interessen zuwiderlaufen können.

- Die Digitalisierung ermöglicht eine Vielzahl neuer Programmangebote. Neue Spartenkanalanbieter lassen zumindest rundfunkrechtliche Argumentationen brüchig werden, die an mangelnde Auswahl etwa im Bereich spezieller Interessen anknüpfen.

▨ Die technische Konvergenz ermöglicht es, auf alternativen Verbreitungswegen Rundfunk-programme zu übertragen, und begünstigt die Entstehung von Veranstaltern im Web, die keinen Bezug zur traditionellen Regulierung haben und die von der Notwendigkeit etwa von Zulassungspflichten schwer zu überzeugen sind.

▨ Konkurrenz von Rundfunk und ‚Nicht-Rundfunk' – etwa im Bereich der Übertragungswe-ge – lässt die Frage danach aufkommen, inwieweit Rundfunk in seiner besonderen Bedeu-tung für die öffentliche Meinungsbildung privilegiert wird beziehungsweise privilegiert sein muss.

Im Folgenden sollen die vor allem verfassungsrechtlichen Rahmenbedingungen für die Rund-funkordnung und ihre Weiterentwicklung vor diesem Hintergrund dargestellt werden.

## Der (verfassungs-)rechtliche Rahmen

Rundfunk fällt in die Gesetzgebungskompetenz der Länder; nur soweit es um die telekom-munikationsrechtlichen Voraussetzungen geht, ist der Bund zuständig. Gesetzgebung, die bundesweit bedeutsame Vorgänge betrifft, findet daher in Form von Staatsverträgen statt, zentral der Staatsvertrag über Rundfunk und Telemedien, in dem alle Regelungen für bun-desweiten Rundfunk und seine Aufsicht konzentriert sind.

Regelungen für (ehemals nur) Fernsehen, jetzt audiovisuelle Mediendienste, enthält eine Richtlinie auf europäischer Ebene, die vor allem Vorgaben im Hinblick auf die Werbung und – im Vergleich zur deutschen Konkretisierung allerdings eher rudimentär – zum Jugendschutz enthält. Die Umsetzung der Ende 2007 verabschiedeten Neufassung der Richtlinie muss auch in der Bundesrepublik binnen zwei Jahren erfolgen. Innerstaatlich ist die entscheidende Leit-planke für den Rundfunkgesetzgeber bei der Gestaltung der Rundfunkordnung Art. 5 Abs. 1 des Grundgesetzes und seine Interpretation durch das Bundesverfassungsgericht.

### Verfassungsrechtlich relevante Besonderheiten des Rundfunks

Das Gericht betont seit seiner ersten Rundfunkentscheidung im Jahre 1961 im Kern unverän-dert eine besondere Rolle des Rundfunks bei der individuellen und öffentlichen Meinungsbil-dung, die die Medienfreiheiten zu schützen trachten. Der freien Meinungs- und Willensbil-dung kommt verfassungsrechtlich eine kaum zu überschätzende Bedeutung zu.

Während das Gericht eine besondere Regulierungsbedürftigkeit des Rundfunks früher damit begründete, es bestehe eine ‚Sondersituation' gegenüber anderen Medien, die darin liege, dass wegen knapper Frequenzen und hoher finanzieller Eintrittshürden publizistischer Wett-bewerb kaum möglich sei, ist die Argumentation heute zweigeteilt, die besondere Bedeut-samkeit für die öffentliche Kommunikation wird mit bestimmten Eigenschaften des Mediums begründet, namentlich seiner besonderen Aktualität, Breitenwirkung und Suggestivkraft. Diesen Dreiklang verwendet daher auch das Rundfunkrecht zur Abgrenzung von Rundfunk, etwa die Landesmedienanstalten, wenn sie im Einzelfall darüber zu entscheiden haben, ob ein Business-TV-Angebot oder ein Web-Channel unter diese Rundfunkregulierung fällt.

Die zweite Säule der Argumentation ruht darauf, dass das Bundesverfassungsgericht gerade beim Rundfunk spezifische Marktdefizite annimmt, die verhindern, dass rein ökonomischer Wettbewerb Vielfalt herstellt und Machtungleichgewichte verhindert. Dazu gehören etwa ein gewisser Trend zur Konzentration in diesem Bereich, der Umstand, dass Qualitätsmerkmale für Nutzer oftmals auch während der Rezeption eines Programms nicht erkennbar sind, etwa, inwieweit journalistischen Qualitätsstandards gefolgt wurde und Ähnliches. Noch Ende 2007 hat das Bundesverfassungsgericht in einer Entscheidung über den öffentlich-rechtlichen Rundfunk deutlich gemacht, dass es an dieser Sichtweise festhält.

**Folgen für den Gesetzgeber**

Die verfassungsrechtlichen Pflichtaufgaben des Gesetzgebers sind vor allen Dingen, die Rundfunkordnung so auszugestalten, dass sie ein hinreichendes Vielfaltsniveau besitzt und, anders herum, dass vorherrschende Meinungsmacht eines Unternehmens wirksam verhindert wird. Darüber hinaus gehören auch Elemente des Jugendschutzes und der Werberegulierung zum verfassungsrechtlichen Pflichtprogramm, allerdings knüpft dies nicht unbedingt an die Einstufung als Rundfunk an. Das Bundesverfassungsgericht sieht zumindest seit der dritten Rundfunkentscheidung eine vorherige Kontrolle in Form eines Verbotes mit Zulassungsvorbehalt vor, vor allen Dingen, da es davon ausgeht, dass einmal eingetretene Konzentrationsprozesse nur schwer oder überhaupt nicht nachträglich korrigiert werden können. Ein Programm, das so meinungsmächtig geworden ist, dass es die Bevölkerung ‚indoktriniert', kann eine Position gewinnen, in der es sich die Politik nicht mehr leisten kann, entsprechend regulatorisch gegenzusteuern. Darüber hinaus hat der Gesetzgeber eine begleitende Aufsicht zu installieren, die staatsfrei sein muss. Denn zu den verfassungsrechtlichen Grundparametern gehört auch, dass der Staat nicht nur nicht selbst in Konkurrenz zu publizistischen Angeboten tritt, sondern auch bei der Regulierung keinen Einfluss auf die programminhaltliche Ausgestaltung gewinnen darf. Daher sind bei den für die Aufsicht privaten Rundfunks zuständigen Landesmedienanstalten nach Grundsätzen der Pluralität oder besonderer Expertise zusammengesetzte Gremien für die zentralen Entscheidungen etabliert.

**Verhinderung vorherrschender Meinungsmacht**

Die derzeitige Gesetzgebung trägt dem dadurch Rechnung, dass es von der Einordnung als Rundfunk abhängt, inwieweit ein Unternehmen neben den Regeln des allgemeinen Kartellrechts auch denjenigen zur Verhinderung vorherrschender Meinungsmacht in § 26 ff. Rundfunkstaatsvertrag unterworfen ist. Danach darf ein bundesweit agierender Fernsehveranstalter nur Zuschaueranteile von maximal 30 Prozent im Jahresdurchschnitt auf sich vereinen; kommen die ihm zurechenbaren Programme auf höhere Werte, greifen Vielfalt sichernde Maßnahmen und weitere Programme des Unternehmens können nicht zugelassen werden. Daneben existieren landesrechtliche Vorschriften für Hörfunk und landesweite Rundfunkprogramme.

Eine derartige Sonderbegrenzung existiert für andere Medienunternehmen nicht, ein elektronisch übertragener Dienst, der nicht als Rundfunk eingestuft wird, fällt also nicht unter diese Beschränkung auch internen Wachstums, Gleiches gilt für die Presse. Zwar können sogenannte medienrelevante verwandte Märkte mitberücksichtigt werden, allerdings nur, wenn das Unternehmen auch bundesweit Rundfunk veranstaltet. Dies bedeutet im Ergebnis, dass derzeit jedenfalls nicht durch Regelungen zur Verhinderung vorherrschender Meinungsmacht ausgeschlossen wird, dass ein Anbieter eine marktbeherrschende Stellung bei Tageszeitungen mit einer solchen bei Suchmaschinen und anderen Internetangeboten kombinieren würde.

Ob diese Konstruktion noch sachgerecht ist, ist angesichts der Bedeutungsverschiebung insbesondere auch im Bereich der Online-Kommunikation zumindest diskussionswürdig, auch wenn gute Argumente dafür sprechen, Rundfunk noch als Leitmedium der Gesellschaft anzusehen.

## Positive Vielfaltsicherung und Publizistik

Der zweite genuine rundfunkrechtliche Regelungsbereich ist der der sogenannten positiven Vielfaltssicherung, also der Versuch, sicherzustellen, dass im Rundfunk die gesellschaftlich relevanten Meinungen, Genres, regionalen Differenzierungen und so weiter tatsächlich abgebildet werden. Im sogenannten ‚Außenpluralen Modell' muss dies primär durch alle Rundfunkveranstalter gesamt, nicht durch jeden einzelnen geschehen. Regulierungsinstrument dazu sind vor allen Dingen die Auswahlentscheidung bei knappen Kapazitäten und – derzeit mit schwindender praktischer Bedeutung – gesetzliche Vielfaltsvorgaben und entsprechende Auflagen in den Zulassungsbescheiden.

Daneben ist es verfassungsrechtlich ein Anliegen sicherzustellen, dass Rundfunk auch in hinreichendem Umfang und gesicherter Qualität publizistische Angebote verfügbar hält. Dies ist auch eine regulatorische Aufgabe, denn typischerweise rechnen sich Informationsangebote nicht, sodass sie von den Veranstaltern ‚quer subventioniert' werden müssen. Daran kann ein Veranstalter ein Eigeninteresse haben, da nur so das Angebot als vollwertiges Rundfunkprogramm erscheint und von den Rezipienten entsprechend wertgeschätzt wird. Dass dies allein ökonomisch zustande kommt, kann allerdings nicht unterstellt werden, sodass dies als regulatorische Aufgabe erscheint. Ebenso wie die oben angesprochene positive Vielfaltssicherung war dies bislang ein Kriterium, das bei der Zuteilung von Ressourcen eine Rolle spielte oder aber im Rahmen von Zulassungsentscheidungen Bedeutung besaß.

Mit der besonderen Bedeutung von Medien für die individuelle und öffentliche Meinungsbildung sind verfassungsrechtlich nicht nur besondere Bindungen verbunden; der Gesetzgeber ist auch – und zwar nicht nur bei der Rundfunkordnung im engeren Sinne – gehalten, der besonderen Bedeutung von Medien für die öffentliche Kommunikation bei der Gesetzgebung Rechnung zu tragen, auch wenn sich dies nur in seltenen Fällen zu verfassungsrechtlich verpflichtenden ‚Privilegien' verdichtet, wie etwa bei einem journalistischen Zeugnisverweigerungsrecht, jedenfalls in bestimmten Grenzen angenommen.

## Duale Rundfunkordnung und privater ‚Public Value'

In der dualen Rundfunkordnung gehört es gerade zum Funktionsauftrag öffentlich-rechtlicher Anstalten, die oben benannten, aus einer verfassungsrechtlichen Perspektive besonders bedeutsamen Qualitätsmerkmalen von Rundfunk zu realisieren. Die aktuelle Debatte um einen

Public Value-Test, der in der öffentlichen Diskussion in Anlehnung an die Bezeichnung bei der Britischen BBC so genannt wird, verweist noch einmal darauf. Dieser Test soll die Neuentwicklung öffentlich-rechtlicher Programme gerade so steuern, dass die Anstalten dort Angebote unterbreiten, wo sie durch ihre besondere Produktionslogik den größten Nutzen für die öffentliche Kommunikation, den größten Public Value erzeugen können. Die klare Beauftragung mit Angeboten, die diese Leistung erbringen, ist Voraussetzung für die beihilfsrechtliche Zulässigkeit, wenn man die Rechtauffassung der EU-Kommission teilt.

Das duale Rundfunksystem ist allerdings im verfassungsrechtlichen Sinne keine ‚Arbeitsteilung', bei der öffentlich-rechtlicher Rundfunk für etwas anderes zuständig wäre als privatkommerzieller. Insofern kann – und muss, wo es regulatorische Bindungen gibt – auch die private Rundfunkveranstaltung zum Public Value beitragen, wobei der Begriff in diesem Kontext nicht glücklich gewählt ist, da er aus der Lehre des ‚Public Management' stammt.

## Entwicklungslinien

Die oben aufgeworfene Frage, welcher Entwicklungspfad für die Regulierung privaten Rundfunks eingeschlagen werden kann, angesichts der Veränderungen, die sich etwa durch die technische Konvergenz ergeben, soll im Folgenden im Hinblick auf die verfassungsrechtlichen Spielräume betrachtet werden.

Das Bundesverfassungsgericht hat die Grundsätze für den Rundfunk aufgestellt, die auch heute noch Bedeutung haben. Allerdings hat das Gericht auch deutlich gemacht, dass der Rundfunkbegriff dynamisch zu verstehen ist und auch dass es sich um einen Funktionsbegriff handelt. Das heißt zum einen, dass der Rundfunkgesetzgeber nicht an einem traditionellen Begriff festhalten darf, wenn sich die tatsächlichen Angebote und Nutzungsformen und die Bedeutung für die öffentliche Kommunikation verändern. Es heißt auch, dass es im Ergebnis auf die Erreichung der oben genannten, verfassungsrechtlich relevanten Ziele ankommt, also vor allem Vielfalt zu sichern und einen vorherrschenden Einfluss auf die öffentliche Meinungsbildung zu verhindern.

Daraus wird man zumindest die Forderung ableiten können, dass der Gesetzgeber kontinuierlich beobachtet, welche Veränderungen im eben dargestellten Sinne sich in der Kommunikationslandschaft ergeben, um Rundfunkregulierung entsprechend darauf einzustellen. Die Fokussierung der Kontrolle vorherrschender Meinungsmacht auf den Rundfunk ist vor diesem Hintergrund zu hinterfragen. Die Verhinderung vorherrschender Meinungsmacht ist bislang deshalb auf den Rundfunk bezogen, weil man unterstellen konnte, dass von ihm besondere Risiken für die Meinungsmacht ausgehen. Nur soweit dies plausibel bleibt, ist auch ein entsprechendes Regelungskonzept verfassungskonform.

Ein Ansatz, der sowohl europarechtlich hilfreich sein kann, weil klar bezeichnet, welche Programme privilegiert werden, als auch den verfassungsrechtlichen Anforderungen gerecht wird, besteht darin, die Ordnung der Medien öffentlicher Kommunikation dahingehend abgestuft zu regulieren, was sie an Potenzial und Risiken für die öffentliche Kommunikation

bieten. ‚Privilegien' wie etwa kostengünstigen Zugang zu attraktiven rundfunkrechtlich ge-
widmeten Frequenzen und ‚Lasten' wie etwa besondere Vielfaltspflichten basieren letztlich
auf demselben Merkmal des Dienstes, besonderes Potenzial für die Meinungsbildung zu
besitzen. Indem Rundfunkveranstalter zunehmend erkennen, dass etwa im Frequenzbereich
Rundfunkregulierung ihnen auch Vorteile bringt, kann Rundfunkregulierung auch stärker auf
diese Anreize setzen, anstatt zu versuchen, diese regulativ zu erzwingen. Dass in der Vergangenheit im Hinblick auf die positiven Vielfaltsvorgaben eher eine Deregulierung zu beobachten ist, hat auch damit zu tun, dass eine Zunahme von Programmangeboten auch zu mehr
Vielfalt im außenpluralen System geführt hat (auch wenn eine Vielzahl von Programmen
nicht unbedingt die relevanten Vielfaltsdimensionen stärken muss). Gerade im Bereich positiver Zielvorgaben, die auch Kreativität der Normunterworfenen fördern sollen, lehrt die
Steuerungstheorie, dass der Einsatz von Anreizen Vorteile verspricht.

Bei einer solchen Anreiz-orientierten Regulierung sind aber Restriktionen zu beobachten.
Zum einen kann eine anreizgerechte Steuerung daran scheitern, dass verfassungsrechtliche
Vorgaben etwa im Bereich des Konzentrationsrechts zwingend an bestimmten Vorgaben des
Dienstes einsetzen müssen, während es vielleicht aus regulatorischer Perspektive sinnvoll
erscheint, die Lasten hier anders zu verteilen. Zum anderen ist das Repertoire an möglichen
Privilegierungen begrenzt. Vor allem die bereits genannten Frequenzen könnten als ‚Incenti-
ve' noch strategischer genutzt werden, da sich etwa bei dem Streit um die Frequenzen für die
Plattformen von mobilem Fernsehen in DVB-H-Standard (→) gezeigt hat, dass hier eine
harte Ressourcenkonkurrenz entsteht.

In der Medienordnung ist mit Selbstregulierung oder der Verbindung von Selbstregulierung
mit staatlichen Regelungen (Co-Regulierung) erfolgreich experimentiert worden. Auch bei
der Einstufung von Programmleistungen könnten entsprechende Kriterien von der Wirtschaft
selbst entwickelt und kontrolliert werden, den Landesmedienanstalten könnte die Rolle der
Überwachung dieses Systems zukommen.

Diskussionen etwa anlässlich der Beteiligung von Finanzinvestoren im Rundfunkbereich
haben die Suche nach neuen Regulierungskonzepten belebt. In den dargestellten Grenzen
besteht hier durchaus verfassungsrechtlicher Spielraum zur Änderung. Regulierung im Medienbereich hat sich wohl auch wegen des verfassungsrechtlichen Rahmens zwar als sehr
pfadabhängig erwiesen, derzeit befinden wir uns aber an einer Pfadverzweigung. Sicher
scheint nur: Fernsehen ist kein Auslaufmodell – daher ist auch die Rundfunkregulierung kein
Auslaufmodell.

# Der Regelungsrahmen für konvergente audiovisuelle Angebote

## Eine Analyse aus Sicht der Praxis

*Dr. Tobias Schmid*

*[Bereichsleiter Medienpolitik RTL Television, Vizepräsident VPRT]*

## Status quo

Ordnungspolitischen Begrifflichkeiten ist im Regelfall nie ein langes und von besonderer definitorischer Klarheit geprägtes Leben vergönnt. Die Schizophrenie des Rundfunkbegriffs – einst von Radiopionier Hans Bredow zu Beginn des 20. Jahrhunderts mit der Schilderung der Möglichkeit eines „Rundfunks an alle" geprägt – entsteht allein schon daraus, dass Hörfunk und Fernsehen gleichermaßen von ihm umfasst sind, eine regulatorische Gleichbehandlung aber nicht stattfindet. Das liegt zunächst an den unterschiedlichen Regulierungsprämissen, denen Hörfunk und TV unterliegen. Sie haben ihren Grund darin, dass der Bildwirkung des TV, seit es von der zunächst belächelten Flimmerkiste zum ernst zu nehmenden Leitmedium aufstieg, eine ungleich größere Suggestivkraft zugeschrieben wurde und wird.

Es kommt hinzu, dass auch innerhalb des Dualen Systems, das das Miteinander von öffentlich-rechtlichem und privatem Rundfunk beschreibt, keine regulatorische Gleichbehandlung herrscht. Allein schon unterschiedliche Methoden der Aufsicht – einmal intern, einmal extern ausgeführt – führen beispielsweise in den Bereichen Jugendschutz und Werbung zu ganz unterschiedlichen Ergebnissen und Konsequenzen. Daran allein ist schon ersichtlich, dass weder der Begriff der *Rundfunk*regulierung – und nebenbei noch weniger der der *Medien*konzentration – in der Lage sind, die tatsächlichen ordnungspolitischen Realitäten der Branche hinreichend zu umfassen.

Wenn man sich aber schon unter kritischer Betrachtung dem Begriff des Rundfunks nähert, ist es nur folgerichtig, sich auch zu fragen, ob alles, was heute unter dem Begriff des Rundfunks im Sinne der TV-Übertragung lizenzpflichtig über die Fernsehschirme flimmert, tatsächlich das ist, was auch zukünftig verfassungsrechtlich höchste Protektion – und damit auch höchste regulatorische Aufmerksamkeit, verbunden mit maximalem Pflichtenkanon – genießen soll und muss.

Dahinter steckt die Frage nach dem gesellschaftlichen Mehrwert des Rundfunks, der zwar in seiner anerkannten Zwitterfunktion als Kultur- und Wirtschaftsgut zumindest für die privaten Anbieter den Kommerz nicht ausschließt, aber den Anspruch erhebt, dem Kulturgutsanspruch eine gleichwertige Tragweite beizumessen. ‚Rundfunk' nach heutiger Gemengelage sind die Spielshows von 9Live ebenso wie die Nachrichtenformate bei n-tv und N24, und der Unterschied von RTLaktuell und Astro TV ist, regulatorisch betrachtet, allenfalls noch in der Kabelbelegungsentscheidung im analogen Kabel zu spüren.

Mit anderen Worten: Augenfällig ist nicht jeder TV-Inhalt und nicht jeder TV-Anbieter bezogen auf seine gesellschaftliche Relevanz gleich zu bewerten. Die herrschende Regulierung bildet diese Unterschiede jedoch nicht ab. All das führt uns zur zentralen Frage, was Rundfunk ist und zukünftig sein soll. Die Frage, was und wie in der digitalen Welt auf welche Weise reguliert werden muss, ist dabei nicht neu: Sie ist mindestens so alt wie der Konvergenzbegriff selbst.

## Der geltende Rundfunkbegriff

Noch definiert der Gesetzgeber Rundfunk „als für die Allgemeinheit bestimmte Veranstaltung und Verbreitung von Darbietungen aller Art in Wort, in Ton und in Bild unter Benutzung elektromagnetischer Schwingungen ohne Verbindungsleitung oder längs oder mittels eines Leiters". Der Rundfunkbegriff ist nach dem Willen des Bundesverfassungsgerichts dynamisch und Entwicklungsoffen zu verstehen und grenzt sich nicht nach der Übertragungstechnologie ab. Dennoch wird es aber immer da schwierig, wo fernsehähnliche Bewegtbild-Inhalte (zum Beispiel Streams) im Internet abgebildet werden. Hier entbrennt regelmäßig zwischen Internetanbietern und über den Rundfunk Aufsicht führenden Landesmedienanstalten Streit um die Frage der Lizenzierungspflicht.

Der europäische Gesetzgeber hat im Hinblick darauf in der Richtlinie für audiovisuelle Mediendienste eine abgestufte Regulierung aller kommerziellen audiovisuellen Bewegtbildangebote auch im Internet beschlossen.

Generell sollen nach Vorschriften der Europäischen Union für alle Formen audiovisueller Bewegtbilder – unabhängig von der genutzten Plattform oder dem verwendeten Netz – einheitliche grundlegende Bestimmungen, beispielsweise bezogen auf allgemeine Programmgrundsätze gelten. Gleichzeitig wird aber in anderen Bereichen – beispielsweise dem der zulässigen Werbemenge und der Einfügevorschriften – weiter zwischen klassischen TV-Angeboten (sogenannten linearen Diensten) und Abrufdiensten (nicht-linearen Diensten) separiert und unterschiedlich reguliert.

Die deutschen Länder, die EU-Recht in nationales Recht überführen und gleichzeitig Forderungen der EU aus dem sogenannten Beihilfekompromiss abbilden müssen, haben kürzlich in Entwürfen zum 12. Rundfunkänderungsstaatsvertrag, der vor allem die Aufgaben des öffentlich-rechtlichen Rundfunks nach dem Beihilfekompromiss mit der EU definieren soll, „Rundfunk als linearen Informations- und Kommunikationsdienst" beschrieben der „die für die

Allgemeinheit und zum zeitgleichen Empfang bestimmte Veranstaltung und Verbreitung von Angeboten aller Art in Bewegtbild oder Ton entlang eines Sendeplans unter Benutzung elektronischer Kommunikationsnetze" umfasst. Mit diesem erstaunlichen Definitionsversuch wird die Diskussion um das Spannungsfeld von Rundfunk und Meinungsbildungsrelevanz neu belebt, denn nach dieser Definition wäre auch Teleshopping oder Video-on-Demand über Plattformen, die zwar ohne Zweifel massenrelevant, aber kaum meinungsbildend sind, in den Bereich des Rundfunks einzuordnen. Spätestens hier lohnt es sich, einmal einen Blick auf den eigentlichen Schutzzweck der Rundfunkregulierung zu werfen:

Die grundgesetzlich verankerte Rundfunkfreiheit erlegt dem Gesetzgeber die Schaffung einer positiven Ordnung für den Rundfunk auf. Regelungsziel ist dabei in erster Linie die Sicherung der Meinungsvielfalt. Ausgangspunkt jeder Überlegung dazu ist die Frage der möglichen Einflussnahme auf die Meinungsbildung der Gesellschaft und vor allem die Gefahr einer vorherrschenden Meinungsmacht. Hier soll das Medienkonzentrationsrecht Gewähr dafür sein, dass sich keine beherrschende Meinungsmacht in den Händen eines Einzelnen, einer Organisation, eines Konzerns aufbaut und den Pluralismus der Meinungsbildung gefährdet. Sie ist Gewähr für die Meinungspluralität innerhalb einer freiheitlich demokratischen Grundordnung, zumindest soweit es die Macht der Medien angeht. Das ist Kern dessen, was Artikel 5 des Grundgesetzes bestimmt. Der sehr deutsche Begriff der ‚Meinungsbildungsrelevanz' beschreibt dabei das Potenzial, das einzelnen Medien in Bezug auf die Meinungsbildung zugeordnet wird. Genau an dieser Stelle weist das geltende System jedoch erhebliche Schwächen auf.

## Systemgerechtigkeit oder Verzweiflungsregulierung?

Die rasende Zunahme der Meinungsbildungsrelevanz anderer Medien – vor allem im Bereich des Internets aber auch neuer Einflussgebilde wie zum Beispiel der Plattformbetreiber – hat die tatsächliche Bedeutung der bisherigen so genannten Rundfunkveranstalter bereits relativiert, ohne dass das Regulierungssystem bisher darauf reagiert hätte.

Auch die fortschreitende Zersplitterung des TV-Marktes durch die Digitalisierung führt zu einem weiteren Bedeutungsverlust einzelner Sender- oder Veranstalter-Gruppen. Dem folgt eine deutliche Änderung des Zuschauerverhaltens. Der Zuschauer nutzt zunehmend spezielle Informations-Angebote – auch das ohne Einfluss auf die geltende Rechtslage.

Das größte Missverhältnis zwischen dem Sinn des Medienkonzentrationsrechts – das ja aus guten Gründen nicht *Rundfunk*konzentrationsrecht heißt – und dem Status quo entsteht allerdings durch die massive Veränderung der Medienlandschaft insgesamt. Dies wird durch das aktuelle Medienrecht nicht erfasst. Deshalb kann die Kommission zur Ermittlung der Konzentration in den Medien (KEK) – außerhalb des klassischen Rundfunks bestenfalls provisorisch und mahnend tätig werden. Diese Logik führt dazu, dass die Entstehung neuer großer Medienkonzerne, beispielsweise aus den Bereichen Internet, Portale und Print, die keinen Rundfunkveranstalter umfassen, vom Medienkonzentrationsrecht gar nicht erst erfasst wird. Alleiniger Adressat des sogenannten *Medien*konzentrationsrechts ist und bleibt der Rundfunk.

Weder die theoretische Medienregulierung noch die Praxis finden derzeit eine Antwort auf die Fragen, wie erstens der Fall der vertikalen Integration zu behandeln ist, bei der Infrastrukturbetreiber gleichzeitig eigene Inhalte auf ihren Plattformen verbreiten und klassische Inhalteanbieter unter Umständen verdrängen, und wie zweitens die zunehmende Macht über die Auffindbarkeit von Inhalten durch elektronische Programmführer, sogenannte Electronic Program Guides (→EPG), der Infrastrukturbetreiber oder Portale zu bewerten sein soll. Auch ist offen, wie die neuen Formen der fraglos meinungsrelevanten Medieninhalte besonders aus der Welt des Internets in die allgemeine Regulierung einzubeziehen sind, sofern der Grundsatz „Gleiche Inhalte gleich regulieren" greifen soll.

## Medienrechtliche Rahmensetzung als Zukunftsfaktor

Aus Sicht eines privaten Rundfunkbetreibers – der, anders als sein öffentlich-rechtliches Pendant nicht den gleichen verfassungsgerichtlichen Garantien und nebenbei auch deren stetig wachsender Finanzierung ausgestaltet ist – ist die Frage der zukünftigen Regulierung auch gleichzeitig die seines zukünftigen Weiterbestands. Immerhin bestimmt auch der regulatorische Rahmen die wesentlichen Eckpfeiler, die über Wohl und Wehe, Weiterbestand und Entwicklungspotenzial privater TV-Angebote entscheiden. Eine wesentliche Grundsatzfrage ist dabei die nach Rolle und Selbstverständnis des privaten Rundfunks im Dualen System: Was kann und soll Rundfunk an sich und in seinen beiden Ausprägungen im Dualen System zukünftig sein und leisten?

Das Bundesverfassungsgericht hatte vor nicht allzu langer Zeit über die Finanzierung des öffentlich-rechtlichen Rundfunks geurteilt und dabei mittelbar eine wichtige Zustandsbeschreibung des Dualen Systems abgegeben: Beschreibende Parameter im Wortlaut des Urteils für Stellung und Leistung privater Rundfunkveranstalter waren ‚Heuschreckenlogik', ‚Marktkonzentration', ‚Kapitaldruck' und ‚Vermarktungskette'. Eine Funktion des privaten Rundfunks in der pluralistischen Meinungsbildung wurde nicht erwähnt und nicht beschrieben.

Das erstaunt insofern, als die unbestreitbaren Leistungen des privaten Rundfunks im Dienste von Information und Vielfaltssicherung der letzten 20 Jahre außerhalb des Bundesverfassungsgerichts (BVerfG) durchaus positive Wertung erfahren. Es erstaunt auch deshalb, weil sich die tatsächlichen Programmfarben von öffentlich-rechtlichen Sendern und privaten Vollprogrammen zumindest in den zuschauerstarken Sendezeiten kaum noch unterscheiden: *Wer wird Millionär* und *Pilawa-Quiz* sind ebenso vergleichbar wie öffentlich-rechtliche und private Castingshows und Boulevard-Magazine. Die Unterschiede sind allenfalls noch – für Zuschauer und Meinungsbildung unerheblich – in den jeweiligen Finanzierungsgrundlagen zu suchen. Und es erstaunt auch im Hinblick darauf, dass RTL mit ‚RTL aktuell' eine der reichweitenstärksten – unter jungen Zuschauern sogar die reichweitenstärkste – Nachrichtensendung des deutschen Fernsehmarktes im Programm hat, deren journalistisch Tätige und letztlich auch die Zuschauer jetzt die verfassungsgerichtliche Einordnung in die Bedeutungslosigkeit verwinden müssen.

Was nicht beantwortet wurde ist die Frage, ob jetzt alle Argumente, die die heutige, im Vergleich mit allen anderen reinen Wirtschaftszweigen exorbitant hohe Regulierung des privaten Rundfunks rechtfertigen, mittelfristig entfallen sollen.

Es wurde auch nicht beantwortet, welche, wo, wie viel und von welcher Qualität der öffentlich-rechtliche Rundfunk Aufgaben im Dienst für die Gesellschaft erbringen muss. Immerhin existiert neben dem Urteil des Bundesverfassungsgerichts auch noch ein Bescheid der EU-Kommission zum sogenannten Beihilfeverfahren, in dem auf Recht und Pflicht des Gesetzgebers zur Definition des öffentlich-rechtlichen Auftrags verwiesen wird.

Weil die EU-Kommission die Selbstbeschränkungsfähigkeit des öffentlich-rechtlichen Rundfunks offensichtlich kritisch sieht und im Interesse aller Marktpartner über die Einhaltung der Binnenmarktregeln wachen muss, hat sie zur genaueren Spezifizierung zumindest neu geplanter Angebote einen sogenannten Drei-Stufen-Test (→) vorgeschlagen, der auch den zu erwartenden Vielfaltszugewinn und die voraussichtlichen Auswirkungen auf die Marktpartner mit ins Kalkül zieht. Das ist für den privaten Rundfunk insofern von entscheidender Bedeutung, als sich daran auch bemisst, wie viel privates Engagement im digitalen Zeitalter möglich und wirtschaftlich darstellbar sein wird.

Die Vorzeichen stehen zugegebenermaßen schlecht. Immerhin wird beispielsweise gerade mit Unterstützung der Länder über Verlegerkooperationen wiederum ein Vielfaltsproblem erst geschaffen, das im Anschluss als Rechtfertigung für weitere öffentlich-rechtliche Engagements herhalten wird.

## Zukünftige Rolle des privaten Rundfunks

In der Diskussion um eine zukünftige Medienordnung und einen trag- und abgrenzungsfähigen Rundfunkbegriff wird sich jedoch auch der private Rundfunk mit seinem Selbstverständnis von gesellschaftlicher Relevanz seiner Inhalte und dem Spannungsfeld von Kultur- und Wirtschaftsgut erneut auseinandersetzen müssen.

Den Rundfunk im engeren Sinne von einem Rundfunk im weiteren Sinne zu unterscheiden, um die tatsächliche gesellschaftliche Relevanz (Meinungsbildungsrelevanz) vor dem Hintergrund fortlaufender Zersplitterung zueinander in Relation zu bringen, war dabei die Grundüberlegung eines privaten ‚Public Value'-Modells, das nicht zuletzt aus Erfahrungen des britischen Marktes gespeist ist. In Großbritannien erweist sich das System des Public Value als flexibles Modell zur Austarierung von Auflagen zur Erfüllung gesellschaftlicher Aufgaben auf der einen Seite und Privilegien auf der anderen.

Praktisch wird dort für die Eigenproduktion und die Bereitstellung von qualitativ hochwertigen Inhalten – wie Nachrichten, Regionalberichterstattung, hochwertigen Kinderprogrammauftragsproduktionen oder ähnlichem, Privilegien in den Bereichen Frequenzzugang und -gebühr sowie Platzierung innerhalb des EPGs – gewährt. Auch den Bereich medienkonzentrationsrechtlicher Regelungen kann die Übernahme von Public Value-Verpflichtungen positiv beeinflussen.

Statt – wie der deutsche Gesetzgeber auf das Prinzip der Negativsanktionierung zu setzen, schafft das britische System durch positive Anreize mehr Ehrlichkeit, Rechtssicherheit, Leistungsbereitschaft und Zukunftsfähigkeit in der Medienlandschaft.

Anbieter eines privaten Vollprogramms haben zwar in Deutschland bereits heute einen umfangreichen Pflichtenkanon zu erfüllen, der mit Privilegien in den Bereichen Medienkonzentration und Frequenzzugang korrespondieren soll, allerdings erweisen sich beide Privilegierungsansätze in der praktischen Anwendung als wenig tragfähig: So hat die EU-Kommission Pläne veröffentlicht, wonach Teile der Rundfunkfrequenzen – eigentlich Gegenwert für die Erbringung gesellschaftlicher Werte – frei handelbar nach Marktpreisen veräußerbar gestaltet werden sollen. Auch das medienkonzentrationsrechtliche Bonussystem hat den Verkauf der ProSiebenSat.1-Aktien an Springer nicht ermöglicht.

Das geltende System ist also weder verständlich noch berechenbar genug, um allen Beteiligten die notwendige Planungs- und Rechtssicherheit zu vermitteln und sie zur Übernahme höherer gesellschaftlicher und inhaltlicher Verpflichtungen anzuhalten. Angewandt auf die deutsche Situation wäre in jedem Fall Grundlage jeglicher Überlegung, das Verhältnis von Rechten und Pflichten in eine ausgewogene und tragfähige Balance zu bringen.

Zukunftsfähig kann nur ein Ansatz sein, der Rechte und Pflichten auch im Rahmen einer möglicherweise radikalen Reform der Medienordnung im Gleichgewicht hält. Solange also dem Rundfunk weiterhin bestimmte Aufgaben im öffentlichen Interesse, wie zum Beispiel Regionalfenster, Drittsendezeiten, Werberegulierung, Quoten, Fernsehpreise und Ähnliches aufgebürdet werden, muss er umgekehrt auch ein Privileg bei Verbreitung und Zugänglichkeit zum Zuschauer haben.

Alternativ dazu ist natürlich auch vorstellbar, den privaten Rundfunk komplett in die Kommerzialität zu entlassen. Was zukünftig in Deutschland allerdings nicht mehr funktionieren wird, ist, dem privaten Rundfunk wahlweise die Rolle des Demokratieträgers mit hohen Auflagen zuzuweisen und ihn gleichzeitig als Schmuddelkind hinzustellen. Markt oder Auflagen – aber nicht aus beiden Systemen nur die Nachteile.

Ein zukunftsfähiges System muss gleiche Inhalte unabhängig von den Übertragungswegen gleich regulieren. Dahinter muss nicht die Idee stehen, Internet- und Plattforminhalte hochzuregulieren – man darf auch die Liberalisierung des geltenden Rundfunk-Regelwerkes zumindest für die Teile der heutigen Anbieter ins Auge fassen, deren Meinungsrelevanz – eigentlicher Schutzzweck des geltenden Systems – eher übersichtlich ausfällt.

# Medienpolitik und Regulierung vor den Herausforderungen der Digitalisierung

*Dr. Hans Hege*
*[Vorsitzender, Gemeinsame Stelle Digitaler Zugang, ALM]*

## Die klassischen Instrumente verlieren ihre Wirkung

Die klassischen Ansätze von Medienpolitik und Medienregulierung haben durch die Digitalisierung, die veränderten Finanzierungsbedingungen für Unternehmen und die Privatisierung der Telekommunikationswege dramatisch an Einfluss verloren. Die klassische Rundfunkregulierung beruhte darauf, an das Vorrecht der Nutzung des Frequenzspektrums programmliche Verpflichtungen zu knüpfen. Beim wichtigsten Medium, dem Fernsehen, funktioniert dieser Hebel nicht mehr. Der öffentliche Einfluss auf die Infrastruktur zur Verbreitung von Rundfunk ist in Deutschland fast ganz aufgegeben worden. Es gibt kein anderes Land, in dem das Pendel so weit ausgeschlagen ist: von der öffentlich subventionierten Infrastruktur, die die Expansion des öffentlich-rechtlichen und die Entwicklung des privaten Fernsehens möglich gemacht hat, zur Übergabe der wichtigsten Infrastruktur, dem Breitbandkabel, an Finanzinvestoren. Die Digitalisierung führt dazu, dass der Markt die Entwicklung viel stärker bestimmt als in der analogen Zeit und die Rolle der Politik reduziert wird. Politik und Regulierung können und müssen aber Bedingungen schaffen, unter denen der Verbraucher Auswahl hat und Unternehmen agieren können, also der Zutritt für neue Unternehmen und neue Angebote offen bleibt.

Das Fernsehen bleibt auf absehbare Zeit das wichtigste Medium für die öffentliche Meinungsbildung. Mit der Zahl der Programme steigt nicht gleichmäßig auch die Zahl der Programme an, die tatsächlich gesehen werden. Sowohl die Finanzmittel der Unternehmen als auch die Interessen der Zuschauer konzentrieren sich auf wenige besonders meinungsstarke Programme. Die Entwicklung zu Senderfamilien, die schon in der analogen Welt begonnen hat, verstärkt sich in der digitalen, mit der Problematik des Zugangs von Veranstaltern, die solchen Verbünden nicht angehören. Die Digitalisierung steigert die Bedeutung internationaler Marken. Diese Unternehmen verfolgen globale Strategien, auch wenn die jeweiligen nationalen Ausgaben den Besonderheiten der Märkte angepasst werden.

Mit dem Einstieg von bisherigen Transporteuren (Kabel, Telekom) in Vermarktungsmodelle entstehen neue mächtige Unternehmen, die Einfluss auf die öffentliche Meinungsbildung gewinnen. Die vertikale Integration von Inhalte-Angeboten und Distributionsmöglichkeiten und die Nutzung besonders attraktiver Ressourcen insbesondere im Bereich der Sport- und Filmrechte zur Bündelung mit anderen Inhalten begründen neue Machtpositionen und Gefährdungspotenziale.

Andererseits schafft die Digitalisierung die Grundlagen für neuen Wettbewerb: Fernsehen kann im Internetstandard verbreitet werden, Telefonnetze und Kabelnetze treten in Konkurrenz, stationäre und mobile Nutzung überschneiden sich. Die digitale Welt wird nicht mehr die abgeschotteten Machtpositionen der analogen ermöglichen. Die digitale Welt ist so komplex, dass an ihr Unternehmensstrategien scheitern, wie die großen Hoffnungen beim Zusammenschluss des damals weltgrößten Medienunternehmens AOL und Time Warner.

## Die Ziele der Medienordnung bleiben aktuell

Die Sicherung der Vielfalt des Programmangebotes und die Verhinderung vorherrschender Meinungsmacht bleiben im digitalen Zeitalter zentrale Aufgaben der Medienordnung. Digitalisierung ist notwendig mit Konzentration verbunden, und sie begründet neue Möglichkeiten, das Nutzerverhalten zu steuern, über Geräte, elektronische Programmführung und die Bündelung von Inhalten. Demgegenüber die Auswahl des Zuschauers und Verbrauchers zu sichern, ist die komplementäre Aufgabe des Medienrechts.

Der öffentlich-rechtliche Rundfunk als Form der Organisation von Inhalten, die der Markt allein nicht bietet, behält seine Bedeutung auch nach der Digitalisierung. Das bedeutet nicht, dass damit alles gerechtfertigt ist, was in der analogen Zeit notwendig und angemessen war. Anspruchsvolle Inhalte können durchaus auch am Markt finanziert werden. Die Organisationsform der öffentlich-rechtlichen Anstalt ist nicht die einzige Möglichkeit, für die Verbreitung von Inhalten zu sorgen, die im öffentlichen Interesse liegen, vom Markt allein aber nicht geliefert werden.

Der universelle (flächendeckende) Zugang von Verbrauchern zu den wichtigsten Medien-Inhalten ist wie in der analogen Zeit zu sichern. Allerdings ändern sich die Mittel: Terrestrische Versorgung ist nicht mehr ein geeignetes und wirtschaftliches Mittel. Eine Konzentration bestimmter Angebotsformen auf Ballungsräume, wie sie sich schon bei Kabel und DVB-T (→) zeigt, entspricht den wirtschaftlichen Rahmenbedingungen und ist hinnehmbar, solange auch in ländlichen Räumen ein attraktives Gesamtangebot gewährleistet ist. Mit der Entwicklung des breitbandigen Internets stellt sich eine neue Herausforderung, eine digitale Spaltung zu verhindern, die den ländlichen Räumen die Vorteile dieser für die Medien immer wichtiger werdenden Übertragungsform vorenthält. Während es für den Fernsehempfang andere Alternativen gibt, haben in ländlichen Räumen, aber auch schon in Randgebieten der Städte viele Haushalte keinen Zugang zu DSL (→) oder zum Kabel. Daher kann und sollte die Nutzung von einem Rundfunkspektrum für breitbandiges Internet erprobt werden. Ein erstes Projekt startet 2008 in Brandenburg. Den Entwicklungschancen lokaler und regionaler Angebote muss die besondere Aufmerksamkeit der Medienregulierung gelten. Wenn die Netze allein an den Interessen überregionaler Angebote ausgerichtet werden, entstehen wirtschaftliche Probleme für Lokal- und Regionalfernsehen.

Kinder- und Jugendschutz sind Anliegen öffentlichen Interesses, allerdings gilt auch hier, dass die Konvergenz und neue Nutzungsformen Ansätze übergreifender Art für Fernsehen und Internet erfordern, wie sie der Jugendmedienschutzstaatsvertrag enthält. Verbraucherschutz insbesondere in Gestalt qualitativer Werbebeschränkung und der Trennung von Werbung und Programm, sowie Urheberrechtsschutz bleiben auch im digitalen Zeitalter unverzichtbare Bestandteile einer positiven Medienordnung.

Die Entwicklung der Medien- und Kommunikationsindustrie als Wachstumsindustrie, die Schaffung von Investitionsanreizen und Arbeitsplätzen sind weiterhin legitime Ziele der Medienpolitik. Die Unterstützung des Analog-Digital-Übergangs und die Entwicklung von Rahmenbedingungen sollten sich an diesen Zielen orientieren. Digitalisierung ist kein Selbstzweck, sondern so zu gestalten, dass die öffentlichen Interessen so gut wie möglich berücksichtigt werden.

## Überwindung herkömmlicher Trennungen

Die Digitalisierung stellt herkömmliche Trennungen infrage, wie die für Deutschland typische Trennung zwischen Rundfunk und Telekommunikation, wie sie dem ersten Fernsehurteil des Bundesverfassungsgerichts aus dem Jahr 1961 zu Grunde liegt.

Traditionell gibt es unterschiedliche Ansätze für Rundfunknetze, sei es bei der Entwicklung des Breitbandkabels, sei es bei der Frequenznutzung über drahtlose Netze und Telefonnetze auf der anderen Seite. Die Konvergenz der Netze führt dazu, dass Fernsehen auch über bisherige Telefonnetze angeboten werden kann. Kabelnetze dienen auch dem Internet-Zugang und dem Telefonieren. Öffentliche Interessen und Regulierung können daher nicht mehr an bestimmten Netzen und herkömmlichen Funktionen ansetzen, sondern müssen öffentliche Interessen unabhängig von der Technik der Übertragungswege berücksichtigen.

Das analoge, duale Rundfunksystem beruht auf der Rechtsprechung des Bundesverfassungsgerichts und den medienpolitischen Entscheidungen der Bundesländer sowie der Telekommunikationspolitik des Bundes mit seiner Verfügung über ein öffentliches Monopol. In den letzten Jahren haben sich die Gewichte immer mehr nach Europa verschoben: Die Privatisierung der Telekommunikation und der einheitliche Rechtsrahmen für ihre Regulierung angesichts der Konvergenz der Netze werden von Europa vorgegeben. Die inzwischen zur Richtlinie für audiovisuelle Dienste weiterentwickelte Fernsehrichtlinie regelt wesentliche Fragen, insbesondere in Bezug auf Werbung.

Ständig gewachsen ist der Einfluss über die Wettbewerbspolitik. Die in Deutschland entwickelten Vorhaben zur Zusammenarbeit von Kirch, Bertelsmann und der Deutschen Telekom bei der Entwicklung des Digitalfernsehens sind zweimal an den Brüsseler Kartellbehörden gescheitert. Neben der Fusionskontrolle hat in der letzten Zeit der Einfluss über die Beihilferegelungen an Bedeutung gewonnen. Die Gebührenfinanzierung des öffentlich-rechtlichen Rundfunks auf der einen, auf der anderen Seite die Infrastrukturförderung durch die Landesmedienanstalten stehen in Brüssel auf dem Prüfstand.

Weil Brüssel keine originäre Zuständigkeit für den Rundfunk und die Medien hat, stehen wirtschaftliche Gesichtspunkte im Vordergrund. Rundfunkbelange sind eher in der Defensive, von der Bewahrung berechtigter Prinzipien bis hin zur Behauptung von Besitzständen, zum Beispiel bei der Nutzung des Frequenzspektrums durch den öffentlich-rechtlichen Rundfunk.

Technologien wie Fernsehen über das Internet oder der Empfang breitbandiger Inhalte auf mobilen Endgeräten lassen sich nicht mehr in einzelnen Märkten finanzieren, hier gibt es über Europa hinausgreifende globale Entwicklungen.

## Öffentlich-rechtlicher Rundfunk – Finanzierungsgrundlage des dualen Systems

Beim öffentlich-rechtlichen Rundfunk hat die Medienpolitik ihre größten Einflussmöglichkeiten. Sie entscheidet über die Organisation und die Finanzierungsstrukturen, im Rahmen der Vorgaben des Bundesverfassungsgerichts und zunehmend der Europäischen Kommission in Brüssel. Je größer das Programmangebot wird, das aus Rundfunkgebühren finanziert wird, desto schwerer ist es, Programme aus Werbung oder aus Entgelten zu finanzieren, die für die einzelne Sendung oder den einzelnen Kanal bezahlt werden müssen. Deutschland hat weltweit das am weitesten ausgebaute öffentlich-rechtliche System.

Die Entwicklungschancen privater Anbieter, aber auch der Programmplattformen von Kabel und Satellit hängen stark davon ab, wie sich die Medienpolitik gegenüber dem öffentlich-rechtlichen Rundfunk verhält. Eine gewisse Nähe der Politik zum öffentlich-rechtlichen Rundfunk gibt es schon deshalb, weil der inhaltliche Einfluss auf die Entwicklung der privaten Veranstalter in den letzten Jahren praktisch verschwunden ist. Diese orientieren sich allein an ihren Finanzierungsbedingungen und nicht an den Wünschen der Politik.

Gerade weil sich in Deutschland Bezahlfernsehen nur unterdurchschnittlich entwickeln konnte, gibt es noch eine Dominanz der Werbefinanzierung und damit einerseits der Orientierung an den für die Werbung relevanten Zielgruppen (also eine Ausklammerung der Interessen älterer Zuschauer), andererseits das Streben nach möglichst hohen Einschaltquoten, in Spannung zur Qualität der Sendungen. Einkaufssender und der Versuch, Einnahmen über Telefonanrufe und SMS der Zuschauer zu bekommen, sind auch deshalb erfolgreich, weil es zu wenige Finanzierungsmöglichkeiten für Inhalte gibt.

Für das Wachstum des Gesamtsystems wird es darauf ankommen, ob die Finanzierungsbasis für neue Fernsehproduktionen und neue Inhalte verbreitert wird. Das geht nur mit adressierbaren Geräten und der Möglichkeit der Verbraucher, für Inhalte zu bezahlen. Die Einführung von Adressierungsmöglichkeiten liegt auch im Interesse des öffentlich-rechtlichen Rundfunks.

Weil digitale Inhalte auf immer mehr Wegen übertragen werden können, aktuell in den Beispielen IPTV (→) und mobiles Fernsehen, und weil Inhalte neu zusammengestellt und in vielfältigeren Formen über das Internet verbreitet werden müssen, bedeutet eine Teilhabe des öffentlichen-rechtlichen Rundfunks an diesen Entwicklungen eine unabsehbare Steigerung der Rundfunkgebühr, und das bei sinkenden Realeinkommen der Bevölkerung, wenn nicht neue Finanzierungsformen gefunden werden. Für solche gibt es durchaus klassische Beispiele: Die Verbreitung öffentlich-rechtlicher Programme über Kabel wird im Wesentlichen von den Teilnehmern finanziert (anders als über Satellit und terrestrische Verbreitung); auch DVDs müssen bezahlt werden (anders als Abrufe über das Internet).

Wie bei jeder technischen Entwicklung sind Chancen auch mit Risiken verbunden, und deshalb sind vertrauensbildende Maßnahmen notwendig, um den Verbraucher gegen Risiken abzusichern. Dazu gehören im öffentlich-rechtlichen Bereich eine klare Abgrenzung durch den Gesetzgeber, was aus der Rundfunkgebühr finanziert wird und was nicht, und Regelungen, die einen fairen Wettbewerb in dem Bereich sichern, in dem der öffentlich-rechtliche Rundfunk aus zusätzlichen Entgelten finanziert wird.

Im privaten Bereich können die Senderfamilien selbst dazu beitragen, durch entsprechende Erklärungen das Zutrauen zu begründen, dass für die wichtigsten Fernsehprogramme keine zusätzlichen Entgelte (auch nicht versteckt) verlangt werden, und dass – insofern vergleichbar dem öffentlich-rechtlichen Rundfunk – davon klar abgegrenzt wird, was zusätzlich bezahlt werden kann und muss. ‚Pay-TV Light' ist kein Modell, das die Verbraucher überzeugt. Hier sollte der private Rundfunk vom Internet lernen. Dort wollten auch viele für Inhalte kassieren, aber die Basisangebote sind frei, die Adressierung gibt die Möglichkeit, zusätzliche Angebote zu machen.

Offene Standards für die Geräte und ein neutralisierendes Verfahren bei ihrer Spezifikation sind weitere Voraussetzungen. Wenn in der digitalen Welt anders als in der analogen die Netzbetreiber und Vermarktungsplattformen darauf Einfluss nehmen, wie die Geräte genutzt werden – mit entsprechenden Auswirkungen auf die Chancen des Zugangs von Inhalte-Anbietern zu den Nutzern –, dann bedarf dies zusätzlicher Vorkehrungen zur Sicherung des offenen Zugangs.

## Organisation des öffentlich-rechtlichen Auftrags

In Deutschland wird bisher kaum diskutiert, ob die herkömmliche Form der öffentlich-rechtlichen Anstalt auch in Zukunft das geeignete und alleinige Mittel ist, Inhalte zu verbreiten, die der Markt nicht hinreichend finanziert.

Die öffentlich-rechtlichen Anstalten erreichen in ihrer bisherigen Organisationsform einen zunehmenden Anteil der Bevölkerung, gerade in den jüngeren Zielgruppen, nicht mehr. Auf der anderen Seite sind private Veranstalter mit ihren Finanzierungsmechanismen nicht in der Lage, bestimmte Inhalte zu finanzieren, die auch für ihre Zuschauer attraktiv und für die gesamte Meinungsbildung wertvoll sind. Es könnte daher sinnvoll sein, auch in Deutschland über neue Formen der Finanzierung von Inhalten nachzudenken. Letztlich geht es hier um Grundlagenarbeit, nämlich die Definition dessen, was ‚Public Service' ist, was die Besonderheit des Rundfunks auch im digitalen Zeitalter ausmacht.

Drei Fragen werden die künftige Diskussion um den öffentlichen Auftrag und seine Finanzierung bestimmen:

1. Schwächt es die Legitimation der allgemeinen Rundfunkgebühr, dass sie zwar von allen bezahlt werden muss, praktisch aber insbesondere den Älteren zugutekommt? Kann die besondere Funktion des öffentlich-rechtlichen Rundfunks noch begründet werden, wenn er jüngere Altersgruppen kaum noch erreicht? Bei den 14- bis 19-Jährigen liegt der Anteil der öffentlichen-rechtlichen Sender bei 15 Prozent. Es ist diese Altersgruppe, in der das Internet in seiner Gesamtnutzung schon das Fernsehen und das Radio erreicht hat. Die öffentlich-rechtlichen Sender reagieren darauf mit ihren Digitalstrategien für das Internet und ihren Mediatheken. Daraus folgt die zweite Frage.

2. Erodiert durch die wachsenden Möglichkeiten, Inhalte öffentlich-rechtlicher Sender aus dem Internet und auch aus Mediatheken abzurufen und zeitunabhängig zu nutzen, die mit der linearen Verbreitung in Programmen verbundene Rechtfertigung, zur Sicherung der Gesamtattraktivität auch Sendungen zu finanzieren, die für sich genommen keinen öffentlichen Auftrag erfüllen und vom Markt ebenso hergestellt werden können? Wer die Oper fördert, muss schließlich nicht auch das Musical finanzieren. Man kann Argumente finden, dass die Oper auch von denen finanziert werden muss, die sie nicht nutzen, aber das lässt sich nicht auf die Volksmusik übertragen. Müssen nicht neue Mittel gefunden werden, die Aufmerksamkeit für Qualitätsinhalte zu fördern? Gibt es nicht künftig mehr Rechtfertigung für die Förderung von Suchmaschinen, die zu Qualitätsinhalten führen, als für Daily Soaps?

3. Dritte und wichtigste Frage: Ist die Form der öffentlich-rechtlichen Anstalt durchgehend die effizienteste Organisation, um solche Inhalte zu finanzieren? Wenn das öffentliche Interesse darin besteht, dem Bürger Qualitätsinhalte zu bieten, die nicht zu Marktbedingungen hergestellt und verbreitet werden können – wegen der besonderen Bedeutung dieser Inhalte für die öffentliche Meinungsbildung und die demokratische Ordnung – gibt es keine zwingende Einschränkung, dass diese Aufgabe allein über die öffentlich-rechtlichen Anstalten erfüllt werden könnte. Gerade wenn ein großer Teil der Bevölkerung diese Programme nicht mehr sieht, sondern private Rundfunkangebote oder das Internet nutzt, gibt es nicht ein Interesse daran, Qualitätsinhalte in diesen Programmen auch dort unterzubringen, wo sie wegen der kommerziellen Vorgaben nicht selbst produziert werden?

## Was ist die Besonderheit des Rundfunks?

Bei der Bestimmung der Aufgaben des privaten Rundfunks stellt sich eine weitere Schlüsselfrage, die nach der Besonderheit des Rundfunks, möglichen Vorrechten und besonderen Verpflichtungen. Neben dem öffentlich-rechtlichen Rundfunk werden die großen privaten Veranstalter auf absehbare Zeit eine besondere Aufgabe und Verantwortung haben, weil sie in unvergleichbarer Weise an der öffentlichen Meinungsbildung mitwirken. Die deutsche Medienordnung kann sie anders als die Europäische Kommission schon deshalb nicht als reines Wirtschaftsunternehmen ansehen, weil ein wachsender Teil der Bevölkerung öffentlich-rechtliches Fernsehen nicht oder kaum benutzt, Zeitungen immer weniger liest und Internetangebote bei Jugendlichen zunehmend andere Medien ersetzen. Den privaten Sendern kommt damit eine größere Verantwortung zu. Die Gewährleistung des öffentlich-rechtlichen Rundfunks allein kann, anders als früher, eine freie, öffentliche Meinungsbildung nicht mehr sichern.

Viele themenorientierte Kanäle und Angebote über digitales Fernsehen und das Internet hingegen haben trotz der Wirkung bewegter Bilder keinen besonderen Einfluss auf die öffentliche Meinungsbildung, der von vornherein eine besondere Behandlung gegenüber anderen Medien rechtfertigen würde. Weder gibt es eine Knappheit der Übertragungsmöglichkeiten, noch Zugangsschwellen durch die finanziellen Aufwendungen (diese sind bei vielen gedruckten Medien wesentlich höher). Dafür gibt es aber neue Positionen, die man etwas unscharf als Plattformen umschreibt, die eine Vielzahl von Angeboten zusammenfassen und vermarkten und dabei auch Auswahlentscheidungen treffen und das Nutzerverhalten beeinflussen. Diese neuen Machtpositionen können mit Netzen verbunden sein, es können aber auch die neuen Plattformen des Web 2.0 (→) sein. Die dritte große Machtposition neben Senderfamilien und Vermarktungsplattformen könnten in der Perspektive Unternehmen besetzen, die Hilfe bei der Orientierung im digitalen Angebot bieten und damit das Nutzungsverhalten beeinflussen.

Wir haben im geltenden Recht einen sehr weiten Rundfunkbegriff. Wir sollten künftig weniger über Begriffe diskutieren als über Funktionen und Aufgaben. Die Differenzierung zwischen Rundfunk und Telemedien sollte durch eine Differenzierung innerhalb des Rundfunks ergänzt werden, die das aufwändige Verfahren der Vorab-Lizenzierung auf diejenigen konzentriert, bei denen es dafür nach wie vor gute Gründe gibt, und diejenigen ausnimmt, bei denen die Feststellung einer klaren Verantwortlichkeit vergleichbar den gedruckten Medien ausreicht. Gerade wenn man die Besonderheit des Rundfunks in seinem Beitrag zur öffentlichen Meinungsbildung sieht, darf er nicht zur ‚kleinen Münze' gemacht werden. So wenig wie man die Menschenwürde durch inflationären Gebrauch abwerten darf, sollte man dies beim Rundfunk tun.

## Offene Strukturen für die digitale Zukunft

Oberstes Ziel der Regulierung muss es bleiben, Strukturen zu schaffen, in denen ein Prozess freier, öffentlicher Meinungsbildung ermöglicht wird und Meinungsvielfalt sichergestellt ist. Innerhalb dieser verfassungsrechtlich vorgegebenen positiven Ordnung hat Regulierung auf Strukturen hinzuwirken, in denen Wettbewerb funktioniert. Diese Strukturen müssen die Auswahl des Verbrauchers sichern. Es geht um die Auswahl unter verschiedenen

- Übertragungswegen,

- Anbietern und Programmpaketen,

▦ Programmführern,

▦ Set-Top-Boxen (→)/Endgeräten.

## Infrastrukturwettbewerb

In der analogen Welt haben sich drei Rundfunkübertragungswege entwickelt: Neben der terrestrischen Versorgung sind dies Kabel und Satellit. In der digitalen Welt kommt die Breitbandübertragung zunächst über Festnetze (IPTV, DSL) hinzu. Jeder dieser Wege hat Stärken und Schwächen. Nicht jeder Verbraucher hat zu jedem tatsächlich Zugang.

Öffentliches Interesse ist es zum einen, dass jeder Haushalt die wichtigsten Medieninhalte empfangen kann (Universalzugang). Früher war dies die Aufgabe der terrestrischen Versorgung, heute kann dieser Auftrag infrastrukturneutral beschrieben werden. Die terrestrische Versorgung behält allerdings ihre Bedeutung unter der Zielsetzung der Auswahl der Übertragungswege. Gerade in Ballungsräumen ist der Satellitenempfang für die meisten Haushalte nicht möglich, außerdem bietet DVB-T eine einfache Möglichkeit, Digitalfernsehen mit Zweit- oder Drittgeräten sowie mit PCs und Laptops zu empfangen. Die Rolle der terrestrischen Fernsehversorgung ist eine der wesentlichen Fragen, für die Vorgaben des Gesetzgebers notwendig werden. Diese gibt es in Deutschland allerdings nur unzureichend. Für die ländlichen Regionen wird sich in absehbarer Zeit die Frage stellen, ob die öffentlichen Interessen mehr beim breitbandigen Internetzugang über Rundfunkfrequenzen liegen oder bei der Versorgung mit klassischem Fernsehen.

## Strukturvorgaben für Veranstalter

Das Medienrecht enthält Konzentrationsgrenzen, die neben den öffentlich-rechtlichen Systemen mindestens zwei große private Senderfamilien sichern. Bisher gibt es keinerlei Vorgaben für Plattformen, die Programme vermarkten. Die amerikanischen Regelungen hingegen sichern durch Grenzen für die Marktanteile dieser Unternehmen den Zugang von Veranstaltern gegenüber der auch bei uns zu erwartenden Entwicklung der vertikalen Integration.

Derzeit muss jedes Digitalprogramm vor der Zulassung durch die Kommission zur Ermittlung der Konzentration im Medienbereich (KEK) geprüft werden. Dies sichert die Transparenz der Beteiligungsverhältnisse, die von der KEK auch vorbildlich dargestellt werden. Praktisch allerdings ist die Bedeutung für die Meinungsvielfalt gering.

## Wettbewerb von Programmplattformen

Brauchen wir Regelungen zu Programmplattformen, entsprechend dem amerikanischen Vorbild, oder reicht die Gesamtheit der Vorkehrungen aus, der Konzentration von Meinungsmacht entgegenzuwirken?

Die Digitalisierung führt auf der einen Seite zu Konzentrationserscheinungen, zum Beispiel in der Kabelindustrie, auf der anderen Seite hat die Konvergenz den Vorteil, dass bisherige Monopole und vorherrschende Stellungen durch neue Konkurrenz relativiert werden. Wenn Internet-TV (→) über DSL verbreitet werden kann, haben Haushalte neben dem Breitbandkabel eine breitere Auswahlmöglichkeit. DVB-T engt die Spielräume von Kabelnetzbetreibern ein, Preise zu erhöhen. Die Digitalisierung stellt bisherige Privilegien infrage, wie die Möglichkeit von Wohnungsbaugesellschaften und Kabelunternehmen, den Kabelanschluss und damit Telekommunikationsdienstleistungen auf die Miete umzulegen. Umgekehrt muss den Kabelunternehmen eine Konzentration durch Zusammenlegung der Netzebenen ermöglicht werden, um mit der Telekom konkurrieren zu können, die fast jeden Haushalt erreicht und keine Netzebenen-Probleme hat.

Die Verfügung über exklusive Rechte hat Auswirkungen auf den Wettbewerb. Wer zum Beispiel die Rechte an der Fußballbundesliga hat und sie mit anderen Inhalten bündeln kann, hat einen natürlichen Vorteil vor anderen Programmplattformen. Deshalb wird der Wettbewerb gestärkt, wenn die europäischen Kartellbehörden eine differenziertere Vergabe von Fußballrechten und anderen exklusiven Rechten fordern.

Die potenzielle Gefährdung durch eine Dominanz von Programmplattformen wird auch reduziert, wenn es einen offenen Gerätemarkt gibt. Die starke Stellung von BSkyB beruht auch darauf, dass Geräte und ihre elektronische Programmführung von BSkyB vorgegeben werden konnten, weil dieses Unternehmen die Boxen mit hohen Beträgen subventioniert hat.

## Elektronische Programmführung und Navigation

Die Ausweitung des Programmangebotes macht Navigation und elektronische Programmführung zu einer Schlüsselfunktion in der digitalen Welt. Ein Veranstalter hat nur dann eine Chance, wenn er in einem sonst fast unübersehbaren Angebot gefunden wird. Die digitale Welt entwickelt ihre eigenen Instrumente, um die Navigation zu erleichtern. Im Internet sind es Browser und Suchmaschinen, im digitalen Fernsehen der Basisnavigator, der die von den Programmveranstaltern übermittelten Programmdaten auswertet und darstellt, und als eigene Anwendungen konzipierte elektronische Programmführer, die zusätzliche Informationen enthalten können, auch Bewertungen, und damit der gedruckten Programmpresse entsprechen.

Die elektronische Programmführung hat eine enge Verbindung zu den Geräten und ist daher in Gefahr, nach bestimmten Interessen vorgegeben zu werden. So hat jedes Gerät eine Standardeinstellung, nach der es die aufgefundenen Sender sortiert. Eine niedrige Nummer auf der Fernbedienung ist ein Vorteil für den betreffenden Veranstalter. Wichtig ist, wie leicht es für den Zuschauer ist, eine Einstellung nach seinen Wünschen herzustellen (Favoriten-Listen).

Senderfamilien haben es leichter, in der elektronischen Programmführung wahrgenommen zu werden und Querverweise zu nutzen. Dies geschieht bereits in den öffentlich-rechtlichen und den privaten Senderfamilien. Neue Programme und solche, die einzeln vermarktet werden, haben ein besonderes Problem, wahrgenommen zu werden. Dies gilt künftig auch für lokale Inhalte und für sogenannte Bürgermedien, die noch von dem Vorteil profitieren, dass sie in der analogen Welt zu einer begrenzten Zahl von Kanälen gehören, die durch ‚Zapping' gefunden wird. Ziel muss es sein, dem Verbraucher eine Auswahl an Navigationsinstrumenten zu geben, neben dem voreingestellten Navigator auch elektronische Programmführer unterschiedlicher Marken, die wie bei der gedruckten Presse um das Vertrauen des Zuschauers werben müssen. Soweit bestimmte Nutzungen voreingestellt sind, muss der Zuschauer wissen, was er kauft und wie er sich davon lösen kann. Von besonderer Bedeutung ist die Leitseite, die beim Einschalten des Geräts erscheint. Wenn zusätzliche Anwendungen geladen werden, macht es einen Unterschied, wie schnell bestimmte Programmführer tatsächlich genutzt werden können.

## Zugang lokaler und regionaler Anbieter

Die digitale Welt ermöglicht neue Chancen: So können zu den niedrigen Kosten der digitalen Verbreitung selbst lokale Programme über Satellit verbreitet werden. Andererseits müssen sie in Multiplexe aufgenommen werden, was zusätzliche Vorkehrungen erfordert. Zu regeln ist hier insbesondere die Verbreitung lokaler und regionaler Programme in Kabelanlagen.

Dies betrifft die regionalen Fenster, die nach dem Rundfunkstaatsvertrag innerhalb der reichweitenstärksten nationalen Programme ‚Must-Carry'-Status haben und die daher von den überregionalen Veranstaltern der Hauptprogramme auch tatsächlich verbreitet werden müssen.

Bei den lokalen Veranstaltern ist es, soweit sie nicht auch über Satellit verbreitet werden, mit besonderem Aufwand verbunden, in die Kabelanlagen eingespeist zu werden. Dies ist deutlich teurer als in der analogen Welt, wo die dezentrale Einspeisung die Regel ist. Hier sind Lösungen notwendig, die die Kosten des Multiplexings lokaler Programme als Gesamtkosten der Kabelverbreitung begreifen und sie nicht allein den lokalen und regionalen Anbietern zuordnen.

## Moderation – regulierte Selbstregulierung

Wichtiger als früher werden Moderation und der Ausgleich unterschiedlicher Interessen. Der Analog-Digital-Übergang beim terrestrischen Fernsehen ist das beste Beispiel dafür, welche Rolle die Landesmedienanstalten haben, wenn sie öffentlich-rechtliche und private Veranstalter zusammenbringen können, um ein Übergangsszenario zu vereinbaren, ohne dass der Gesetzgeber konkrete Daten vorgibt. Diese gesteuerte Selbstregulierung kann auch in Zukunft zum Modell für neue Felder werden.

Sie ersetzt aber nicht die Notwendigkeit klarer Vorgaben durch den Gesetzgeber, wie die Frage der Abschaltung analoger Frequenzen und der künftigen Rolle der terrestrischen Fernsehversorgung sowie zu den grundlegenden Fragen der Nutzung des Frequenzspektrums.

## Konvergenz der Netze – Konvergenz der Regulierung

Wenn Programme und einzelne Inhalte über andere als herkömmliche Rundfunknetze verbreitet werden, müssen, soweit die Bedingungen vergleichbar sind, ähnliche Regeln gelten. Wenn über DSL ein Angebot an Fernsehprogrammen geboten wird, das demjenigen eines Kabelnetzes entspricht, gibt es vergleichbare öffentliche Interessen. Allerdings geht es nicht um eine Kanalbelegung, da jeweils nur das genutzte Programm übertragen wird.

Auch hier stellen sich vergleichbare Fragen: Wie ist der Zugang von lokalen und regionalen Medien und Bürgermedien? Auch DSL-Anbieter werden das Interesse haben, ein möglichst vielfältiges Angebot bereitzuhalten. Bei der elektronischen Programmführung stellen sich vergleichbare Themen wie beim digitalen Angebot über Breitbandkabel. Wenn es für einen relevanten Teil der Haushalte eine Wahlmöglichkeit zwischen Kabel- und DSL-Anschluss für den normalen Fernsehempfang gibt, kann dies auch zu einer Rücknahme der Regulierung im Kabelbereich führen.

Der 10. Rundfunkänderungsstaatsvertrag (Inkrafttreten am 1. September 2008) wird eine Plattformregulierung einführen, die für alle Infrastrukturen gilt. Er erlaubt auch eine Ausgestaltung, die nach der Bedeutung für die öffentliche Meinungsbildung differenziert.

# Der Weg zu einer neuen Medienordnung

*Jürgen Doetz*
*[Präsident, Verband Privater Rundfunk und Telemedien e. V.]*

## Marktumbruch

Die Digitalisierung der Übertragungswege für Fernsehen, Hörfunk und Telemedien leitet eine Neuordnung des deutschen Medienmarktes ein, die zu massiven Umbrüchen sowohl auf der Angebots- wie auch Anbieterseite führen wird. Für die privaten Rundfunkunternehmen in Deutschland geht es vor diesem Hintergrund und bei zum Teil noch immer bestehenden Umsatzrückgängen und Kostensteigerungen vor allem um die Absicherung ihrer Kerngeschäfte. Daneben steht für Unternehmen im Vordergrund, ihre Zukunfts- und Wettbewerbsfähigkeit mit neuen und kreativen Marktmodellen auch im internationalen Wettbewerb zu sichern und deren Entwicklung weiter voranzutreiben. Allerdings dürfen wir eines nicht vergessen: Das Geld wird im Wesentlichen noch in der ‚analogen Welt' verdient.

Quo vadis, privater Rundfunk? Um diese Frage zu beantworten, sind zunächst einige Trends aufzuzeigen, die die Entwicklung der Rundfunklandschaft in Deutschland in den kommenden Jahren maßgeblich beeinflussen werden.

Privates Fernsehen und der private Hörfunk sind eine feste wirtschaftliche Größe im deutschen Medienmarkt: Über 350 private TV- und über 230 private Radioprogramme sind in Deutschland zu empfangen. Sie beschäftigen gemeinsam über 23.000 Mitarbeiter und erzielen gemeinsam Netto-Umsätze von über 8,3 Milliarden Euro. Auch die heute existierende Vielfalt im Medienangebot wäre ohne die Privaten nicht denkbar: In den letzten zehn Jahren hat sich allein die Zahl der privaten TV-Programme mehr als verdoppelt. Neben den großen Vollprogrammen stehen eine Vielzahl privater Nachrichten-, Dokumentations-, Serien-, Sport- und Kinderprogramme und weitere Angebote zu zahlreichen Themen wie Kochen, Tiere, Literatur oder Religion für eine neue Angebotsvielfalt, aus der die Zuschauer sich ihr Programm nach ihren persönlichen Interessen aussuchen können.

In Großbritannien wird der Suchmaschinenbetreiber Google schon bald höhere Werbeumsätze generieren als die dortigen Fernsehsender. Auch in Deutschland schließt Google langsam, aber sicher zu den marktführenden TV-Anbietern auf. Von den 16,6 Milliarden Euro Jahresumsatz von Google 2007 entfällt rund die Hälfte auf die nicht-amerikanischen Märkte, davon auf Deutschland nach Marktschätzungen rund eine Milliarde Euro. ProSiebenSat.1 kam im Vergleich dazu im ersten Halbjahr 2007 auf eine Milliarde Euro Umsatz, die RTL-Gruppe,

Europas größter TV-Konzern, lag im Vergleichszeitraum bei einem Umsatz von rund 2,9 Milliarden Euro in allen Märkten.

Einer Studie von Booz Allen Hamilton zur Folge soll bereits 2011 knapp ein Drittel der deutschen TV-Haushalte neue Bündelangebote aus Fernsehen, Telefonie und Internet nutzen – das sogenannte Triple Play (→). Laut Studie wird mit dem elektronischen Vertrieb von TV- und Videoinhalten in rund sechs Jahren ein Umsatz von 20 Milliarden Euro erzielt.

Laut einer Studie von Multimedia Intelligence werden bereits 2009 mit weltweit über 300 Millionen Stück mehr multimediafähige Handys als Fernseher verkauft werden. Für 2011 geht die Studie davon aus, dass neun von zehn Handys multimediafähig und damit in der Lage sein werden, bewegte Bilder in guter Qualität zu empfangen.

Die Ausweitung der Übertragungskapazitäten bei den klassischen Rundfunkübertragungsinfrastrukturen, aber auch die Erschließung bislang rein für Daten- und Telekommunikation genutzter Verbreitungswege für rundfunkähnliche Medienangebote oder die Entwicklung immer leistungsfähigerer Speicherchips in den Endgeräten werden auf Dauer weitreichende Auswirkungen auf Angebots- wie auch Nutzungsformen haben.

## Neue Übertragungswege erfordern neue Ansätze

Praktisch alles ist im Umbruch – dabei ist die technologische Entwicklung Ausgangspunkt und gleichzeitig Motor dieser Entwicklung. Neue Übertragungswege werden genutzt. Vor allem IP-basierte Infrastrukturen werden sich zu einem relevanten Transportweg auch für Rundfunkinhalte entwickeln. Umgekehrt wird das Breitbandkabel, das bislang der wichtige Verbreitungsweg für Rundfunk war, rückkanalfähig ausgebaut. Die Situation ist mit anderen neuen Kommunikationsdiensten vergleichbar. Auch deren Funktionalität wird künftig nicht mehr nur auf einen Dienst ausgerichtet, sondern multifunktional angelegt sein und dem Endkunden gleichzeitig Zugang zu mehreren Diensten gewähren. Die Grenze zwischen Individualkommunikation und Massenkommunikation verwischt für den Endverbraucher zunehmend.

## Wettbewerbsumfeld und neue Angebote

Man muss nicht hellsehen können um vorauszusagen, dass die Umwälzungen, die dem deutschen Rundfunkmarkt bevorstehen, mindestens mit der Einführung des privaten Rundfunks in den 80er Jahren vergleichbar sind. Der Trend geht hin zu multimediafähigen Endgeräten, die dem Verbraucher eine orts- und zeitunabhängige Mediennutzung erlauben. Nicht zuletzt deshalb wird es dem Zuschauer am Ende gleichgültig sein, über welchen Verbreitungsweg die gewünschten Inhalte zu ihm gelangen – sei es Kabel, Satellit, IPTV (→), DVB-H (→) oder DMB (→).

Für die privaten Fernseh- und Hörfunkanbieter gilt daher: Sie müssen auf allen Verbreitungswegen dabei sein, um zum Endkunden zu gelangen. In diesem Zusammenhang gehört deshalb auch die Frage der Refinanzierung der für die Digitalisierung notwendigen Investitionen und der entstehenden Kosten – zum Beispiel für den Aufbau und die Bereitstellung der technischen Infrastruktur, für den Einkauf von Rechten oder die Produktion neuer Inhalte – zu den zentralen Punkten.

## Adressierbarkeit ist Voraussetzung für neue Geschäftsmodelle

Tragfähige Geschäftsmodelle für Inhalte brauchen – ob Werbe- oder Bezahlmodelle – eine ausreichende Reichweite beim Endverbraucher. Um neue Geschäftsmodelle im Markt zu etablieren, ist es aus unserer Sicht überdies unerlässlich, die Zuschauer individuell ansprechen zu können. Das Wort ‚Verschlüsselung' ist bei vielen mittlerweile ein Unwort und wird leider allzu häufig missbraucht, um vor vermeintlichen Horrorszenarien des beschränkten Zugangs und der totalen Abzocke der Verbraucher zu warnen.

Aber Grundverschlüsselung ist im TV-Bereich eben nicht eine Frage von Free- oder Pay-Angeboten, sondern eine Frage von adressiertem Zugang zum Verbraucher, den man dann für alle Arten von Angeboten einsetzen kann – und den der Zuschauer nutzen kann, um mit dem Medienanbieter zu interagieren. Es ist schon grotesk, wenn sich heute dieselben Vertreter aus Politik und Medien, die in den letzten Jahren gebetsmühlenhaft die multimediale Rückständigkeit Deutschlands und die langsame Digitalisierung unserer Distributionsnetze beklagt haben, nun auf den Standpunkt stellen, dass möglichst alles beim Alten bleiben solle. Um es auf den Punkt zu bringen: Mit ‚Zapping'-Boxen für Satellit, Kabel und Terrestrik gibt es keine Interaktivität, keine neuen Dienste, keine neuen Medienunternehmen, die auf diesem Markt Fuß fassen könnten. Der Anteil dieser Boxen lag nach Schätzungen von Goldmedia auf Basis der AGF/GfU-Zahlen 2006 bei rund 70 Prozent, das heißt, rund 6,5 bis 7 Millionen Boxen von damals insgesamt rund 10,8 Millionen konnten kein Pay-TV empfangen. Der Anteil intelligenter Boxen, die ohne Medienumbruch interaktive Angebote verarbeiten können, ist nach wie vor verschwindend gering. Wer hier an verantwortlicher Stelle so tut, als könnten wir die neuen Angebote des digitalen dritten Jahrtausends mit der Technik des analogen Biedermeiers umsetzen, ist einfach nicht aufrichtig. Auch im Sinne des Verbrauchers braucht es klare Vorgaben an die Endgeräteindustrie, nur noch zukunftsfähige Boxen in den Markt zu bringen.

## Schleppende Digitalisierung – vertane Chancen

Diese Zahlen zeigen das Dilemma der Digitalisierung in Deutschland: Alle technischen Voraussetzungen für eine erfolgreiche Digitalisierung sind geschaffen, trotzdem geht die Digitalisierung in Deutschland nur schleppend voran. Zwar konnten laut Digitalisierungsbericht der Gemeinsamen Stelle Digitaler Zugang der Landesmedienanstalten 2007 rund 14,8 Millionen Haushalte digitales Fernsehen empfangen – das entspricht einem Digitalisierungsgrad von 39,9 Prozent. Das sieht auf den ersten Blick vielversprechend aus, hält aber einer näheren Betrachtung nicht stand. Zum einen auf Grund der dargestellten Situation im Boxenmarkt, zum anderen, wenn man sich die aktuelle Entwicklung anschaut: So lag die Steigerungsrate von 2006 auf 2007 gerade einmal bei fünf Prozent in der Terrestrik, bei einem Prozent im Kabel und bei fünf Prozent beim Satellitenempfang. Insgesamt waren 2007 lediglich 16 Prozent aller Kabelhaushalte digitalisiert, 16 Millionen Kabelhaushalte müssen noch auf digitalen Empfang wechseln, bevor der Umstieg vollständig geschafft ist. Bei einer Steigerung von fünf Prozent im Jahr würde eine vollständige Digitalisierung so noch 30 Jahre dauern.

## Analog-Digital-Umstieg in weiter Ferne

Weder die Marktentwicklungen noch die gesetzlichen Rahmenbedingungen erfüllen die Anforderungen an eine erfolgreiche Digitalisierung. Die politische Vorgabe nach einer vollständigen Digitalisierung der Fernsehübertragungswege bis spätestens 2010 ist unrealistisch – ein Ende der analogen Übertragung ist nicht absehbar. Die verbleibende hohe Zahl rein analoger Haushalte zwingt die auf Reichweite angewiesenen werbefinanzierten Rundfunkanbieter zu einem Simulcast (→), der zu hohen Kostenbelastungen führt. Im Kabel führt die Abschmelzung von analogen Kanälen für die betroffenen Anbieter zu existenziellen Reichweitenverlusten, da keine entsprechenden digitalen Reichweiten entgegengesetzt werden können. Die digitalen Reichweiten – insbesondere für neue, individualisierbare und interaktive Inhalte – wachsen viel zu langsam und blockieren einerseits die Marktentwicklung auf Angebotsseite und anderseits den Anreiz für die Verbraucher, von analog auf digital zu wechseln.

## Neben klassische Werbe- treten Diversifikationserlöse

Auf Grund der dargestellten Schwierigkeiten bei der Digitalisierung bleibt der Werbemarkt für das Gros der Fernseh- und Radioanbieter bis auf weiteres die wichtigste Einnahmequelle, auch wenn er nach wie vor schwierig ist: 2007 konnten Fernsehen und Radio von dem leicht wachsenden Werbemarkt überdurchschnittlich profitieren. Diese leicht positive Entwicklung musste in erster Linie aber dazu dienen, das geringere Wachstum der vergangenen Jahre auszugleichen. Zudem wird künftig eine Vielzahl alter und neuer Anbieter gemeinsam darum ringen, ein Stück von dem vorhandenen Werbekuchen zu bekommen.

Erschwerend kommt hinzu, dass Innovations- und Wachstumspotenziale durch die bis heute gültigen, veralteten Vorschriften zur TV-Werbung schlicht blockiert werden. Nichtsdestotrotz wird die Werbefinanzierung auf lange Sicht auch in der digitalen Welt ein entscheidendes Standbein der privaten Rundfunk- und Mediendiensteanbieter bleiben.

Die privaten Programmanbieter benötigen deshalb dringend eine umfassende Modernisierung der antiquierten Werberegelungen. Es ist an der Zeit, den Auftrag und die Finanzierung des öffentlich-rechtlichen Rundfunks endlich konsequent neu zu ordnen. Fakt ist, dass die öffentlich-rechtlichen Anstalten zusätzlich zu den jährlich rund 7,3 Milliarden Euro Gebühreneinnahmen weitere Erlöse aus Beteiligungen und rund 500 Millionen Euro aus Werbung und Sponsoring generieren. Neben dem Gerangel um Quoten agieren sie auf der Grundlage einer sicheren Finanzierungsquelle hier in direkter Konkurrenz mit den privaten Rundfunkveranstaltern, die die Werbung für die Refinanzierung ihrer Angebote auch in Zukunft dringend benötigen. Deshalb sollte die Finanzierung des öffentlich-rechtlichen Rundfunks in Zukunft ausschließlich aus Gebühren sichergestellt und kommerzielle Zusatzeinkünfte ausgeschlossen werden.

Die privaten Medienunternehmen werden ihre wirtschaftliche Basis neben den Einnahmen aus der klassischen Werbung künftig auf mehreren Säulen aufsetzen. Positiv ist zum Beispiel die Entwicklung im Online-Werbemarkt zu bewerten. In diesem Bereich konnten die Bruttoinvestitionen mit 1,1 Milliarden Euro 2007 zum ersten Mal die Milliardenmarke durchbrechen und wuchsen um über 400 Millionen Euro im Vergleich zu 2006.

Eine Refinanzierung durch Werbung allein ist künftig nicht mehr möglich. Trotzdem ist die klassische Werbung keinesfalls ein Auslaufmodell – im Gegenteil: Mit Blick auf den Werbemarkt gewinnen in Zukunft Aufbau und Pflege der Kundenbeziehungen immer höhere Bedeutung. Allerdings muss dieser Bereich wirtschaftlich sinnvoll durch neue alternative Geschäftsmodelle ergänzt werden. Hier sind die Sender in den vergangenen Jahren ein gutes Stück vorangekommen. Um nicht mehr ausschließlich von schwankenden Werbeeinnahmen abhängig zu sein, haben die privaten Medienunternehmen deshalb bereits in den letzten Jahren zahlreiche neue Programmformate geschaffen und neue Erlösquellen erschlossen, die sich inzwischen immer erfolgreicher am Markt etablieren. Sie diversifizieren und gehen jenseits des Kerngeschäfts ‚Fernsehen' und ‚Radio' schon heute mit den bekannten und beliebten Marken mit vielen neuen Angeboten in den Markt.

Online-Spiele und Spartenkanäle zählen ebenso zu den neuen Angebotsformen wie Webradio, Video-on-Demand (→), Pay- und Mobile-TV (→). Auch Programme, bei denen den Zuschauern die Möglichkeit einer interaktiven Teilnahme etwa über das Telefon geboten wird, zum Beispiel durch Gewinnspiele, Quizsendungen etc., etablieren sich zusätzlich am Markt. Durch interaktive Nutzungen wird sich die Funktionspalette des Fernsehens und des Radios erweitern. Neue Technologien ermöglichen neben den klassischen Informationsdiensten zum Beispiel Programmhinweise, Sportergebnisse oder programmbegleitende Zusatzinformationen, vor allem auch Interaktionsangebote für die Zuschauer, zum Beispiel durch Abstimmungen, Downloads, Chats oder neue Werbeformen. Neben den genannten Bereichen wird auch das Segment crossmedialer Anwendungen künftig weiter an Bedeutung gewinnen. Hier haben Radio und Fernsehen gute Voraussetzungen. Von hier aus kann der Weg bei der Inhalte-Vermarktung erfolgreich in verschiedene andere Medienbereiche führen. Als entscheidend für den Erfolg gelten hier wiederum die Interaktions- beziehungsweise die eigenen Gestaltungsmöglichkeiten für den Nutzer. Als Stichworte seien nur am Rande das sogenannte ‚Community Building' und die Entwicklung von Web 2.0 (→) erwähnt.

## Neuer Wettbewerb durch mehr Vielfalt und individuelle Nutzungsmöglichkeiten

Eines ist sicher: Fernsehen und Radio werden nicht das bleiben, was wir aus der alten analogen Welt kennen. Die bewährte Fernsehroutine, bei der wir uns bislang entspannt auf der Couch zurücklehnen, einschalten, zappen und aus rund 30 Programmen das aussuchen konnten, was uns gefällt, wird in etwa ein bis maximal zwei Jahrzehnten der Vergangenheit angehören. Über IPTV stehen heute bereits rund 150 Sender zur Verfügung, und auch bei der Fernsehübertragung über den Satelliten reden wir schon heute über eine Auswahl von mehr als 800 Programmen. Im Radio lassen sich ähnliche Entwicklungen insbesondere im Internet verfolgen. Dies lässt vermuten, dass wir es künftig bei der Vielfalt der zur Verfügung stehenden Angebote und einer Vielzahl von personalisierten Produkten zugleich mit einer Fragmentierung der Medienlandschaft und der Zielgruppen zu tun haben werden. Rückt damit das Ende des Massenmarkts näher?

Klar ist in jedem Fall: Der Trend geht zur Individualisierung. Die Digitalisierung wird völlig neue Geräte und Nutzungsmöglichkeiten hervorbringen. Nach dem Motto ‚TV à la carte' wird sich der interessierte Nutzer künftig seinen eigenen Mix aus Nachrichten, Information und Unterhaltung zusammenstellen können – zu Hause auf dem Bildschirm oder auch unterwegs. Ob on-demand-Angebote von Filmen, Bewegtbild-Nachrichten auf dem Computer oder Mini-Thriller auf dem Handy: In der multimedialen Welt der Zukunft werden die Verbraucher selbst entscheiden können, was sie wann und wo sehen möchten. Und: Sie profitieren vom Mehrwert dieser Entwicklung.

Das bedeutet allerdings auch, dass das klassische Fernsehen und das klassische Radio immer mehr Konkurrenz bekommen. Das Zusammenwachsen von Rundfunk- und Telekommunikationsmärkten führt dazu, dass völlig neue Anbieter von Programmen und Inhalten auf den Markt drängen. Mit dem Markteintritt von Internet-Diensten wie Google und Yahoo, Telekommunikations- und Kabelunternehmen wird sich der Anbietermarkt stärker als bisher verändern. Zugleich steigen damit in hohem Maße auch Anforderungen an die privaten Rundfunkanbieter. Die Digitalisierung schürt unter anderem im Distributionsbereich für Inhalte einen neuen, sehr viel schärferen Wettbewerb. Das führt einerseits zu einem wachsenden Konkurrenzdruck zwischen Inhalteanbietern und Plattformbetreibern, es eröffnet auf der anderen Seite aber auch neue Geschäftsfelder für die klassischen Medienhäuser.

Eine Herausforderung für die privaten Programmanbieter ist es bereits heute, für sämtliche Plattformen zielgruppengerechte Inhalte zu produzieren. Wir sind zuversichtlich, dass uns das gelingen wird, denn zum einen fehlt es den privaten Medien-Anbietern nicht im Mindesten an Risikobereitschaft, Mut und Kreativität. Zum anderen wird man, wenn man sich die derzeit über die ‚neuen' Plattformen verbreiteten attraktiven Inhalte anschaut, feststellen, dass diese zu einem maßgeblichen Teil von den privaten Programmveranstaltern kommen.

## Anforderungen an eine neue Medienordnung

### Die Spielregeln sind offen

Die Medienlandschaft wie auch die Medienordnung erfahren derzeit einen tiefgreifenden Umbruch. Die mit der Digitalisierung einhergehenden Chancen für Wachstum und Beschäftigung, die Chancen für eine größere Angebotsvielfalt wie auch eine aktivere und selbstbestimmte Nutzung durch die Verbraucher sind nur umzusetzen, wenn im Markt wie auch in der begleitenden Regulierung die notwendigen Rahmenbedingungen geschaffen werden.

Die derzeitigen ordnungspolitischen Rahmenbedingungen passen nicht in die digitale Welt. Die Digitalisierung und die vertikale Integration der Unternehmen bringen weitreichende strukturelle und inhaltliche Veränderungen mit sich, die eine Anpassung der rechtlichen Rahmenbedingungen zwingend erforderlich machen. Noch sind viele Fragen gar nicht oder nicht ausreichend geklärt:

▪ Wie wird der Zugang der Inhalteanbieter zu Netzen und Plattformen gewährleistet?

▓ Wie gestaltet sich der Zugang von inhaltlichen Plattformanbietern zu Netzinfrastrukturen, die in der Hand von vertikal integrierten Infrastrukturanbietern liegen?

▓ Wie werden Plattformbetreiber reguliert, welche Pflichten und welche Rechte werden ihnen auferlegt oder zugestanden?

▓ Wie gestaltet sich die Vielfaltsicherung bei Kapazitätsengpässen, in der vertikalen Integration oder bei proprietären Plattformmodellen?

▓ Wie wird die chancengleiche Auffindbarkeit der Angebote in der digitalen Vielfalt sichergestellt?

▓ Wie werden die neuen Angebote reguliert, und wie kann ein fairer Ausgleich zwischen restriktiver Regulierung und Pflichten des Rundfunks zu besonderen Rechten hergestellt werden?

▓ Welche Anforderungen werden zukünftig an die privaten Rundfunkunternehmen gestellt und welche gesetzlich abgesicherten Rechte sollen sie dafür unter anderem gegenüber Infrastruktur- und Plattformbetreibern oder Inhalteanbietern, die diese Anforderungen nicht erfüllen, erhalten?

Solange diese Fragen nicht beantwortet sind, herrscht Rechts- und Planungsunsicherheit, die alle Marktbeteiligten betrifft und die die vorhandene Investitions- und Innovationsbereitschaft blockiert.

Die vorstehende Marktbetrachtung zeigt: Die Medienregulierung braucht heute Antworten auf neue Herausforderungen, die sich zum Beispiel durch die Etablierung von Plattformen, durch völlig neue Anbieter im Markt und die vertikale Integration ergeben.

Die technische und inhaltliche Konvergenz einer Vielzahl bislang völlig unterschiedlich regulierter Medienangebote stellt die föderale Regulierung und Aufsicht auf den Prüfstand. Der Abstimmungsbedarf mit Telekommunikationsfragen wird immer größer. Eine wachsende Internationalisierung und die europäische Regulierung im Bereich der Medienangebote bringen neue Anforderungen mit sich, die über den regulatorischen Horizont der Ländergrenzen hinausgehen. Auch die gescheiterten Fusionspläne großer Medienunternehmen, wie die durch das Bundeskartellamt untersagte Fusion zwischen dem Axel Springer Verlag und der ProSiebenSat.1 Media AG und die inzwischen zum Teil bereits realisierten Pläne von Telekommunikations- und Kabelunternehmen, über Plattformen auch eigene Inhalte anzubieten, haben die Notwendigkeit für eine grundlegende Reform der Medienordnung inzwischen in den Mittelpunkt der medienpolitischen Diskussion gerückt.

Für die privaten Programmanbieter stehen in diesem Zusammenhang einige Aspekte im Fokus: Dazu zählen auf nationaler Ebene eine grundlegende Neuordnung des öffentlich-rechtlichen Rundfunks, die mit Blick auf den Rundfunk abzustufende Regulierungsdichte, das Thema Plattformregulierung und die vertikale Integration sowie die Zugangs- und Weiterverbreitungsregeln und nicht zuletzt die bereits angesprochene Deregulierung zum Beispiel im Bereich der Werbung.

Vor diesem Hintergrund und mit Blick auf den durch das Verfassungsgericht erneut bekräftigten Gestaltungsauftrag ist eine ausgewogene, klar ordnende und verlässliche Medienpolitik wichtiger denn je. Die Länder müssen sich dazu in der Frage positionieren, welche Rolle sie zukünftig bei der Festlegung der Rahmenbedingungen der Medienordnung im Verhältnis zu den Vorgaben unter anderem des Bundesverfassungsgerichtes, der Europäischen Union, des Wettbewerbs- und des Telekommunikationsrechtes einnehmen wollen. Sie müssen eine Antwort auf die Frage finden, wie die Rechts- und Aufsichtsstrukturen an die veränderten Medien- und Marktrealitäten angepasst werden können.

Bei all den dargestellten Punkten geht es immer wieder um die übergeordnete Frage, wie gewährleistet werden kann, dass die nationale Regulierung (über das Kartellrecht und das Medienrecht) die Entwicklungs- und Wettbewerbsfähigkeit der in Deutschland ansässigen und tätigen Medien- und Rundfunkunternehmen nicht blockiert.

## Netzübergreifendes Gesamtkonzept für einen Analog-Digital-Umstieg

Vor dem beschriebenen Hintergrund ist es unumgänglich, die Rahmenbedingungen der Digitalisierung schnellstmöglich anzupassen und den Digitalisierungsprozess maßgeblich zu beschleunigen. Ziel muss ein verbindliches Gesamtkonzept aller Marktpartner und der Regulierung für einen Analog-Digital-Umstieg sein, das für alle Beteiligten die Vorteile der Digitalisierung zum Tragen bringt. Dabei müssen alle relevanten Übertragungswege gleichermaßen berücksichtigt werden – auch und insbesondere vor dem Hintergrund der gebotenen Technologieneutralität der rechtlichen Vorgaben sowie der komplementären Funktion der Wege mit Blick auf den Zugang der Inhalte zum Verbraucher. Für die Digitalisierung heißt das: Breitbandkabel, Satellit, Terrestrik und DSL (→) müssen – auch unter Berücksichtigung der Besonderheiten der einzelnen Wege – den Grundanforderungen an eine wirtschaftlich tragfähige Digitalisierung gleichermaßen entsprechen.

## Adressierbarkeit über alle Netze und Endgeräte

Neue digitale Inhalte und Angebotsformen sind auf intelligente Netzstrukturen (vom Sender bis zum Empfänger) und die Diversifikation der Refinanzierung angewiesen. Mit der Digitalisierung gehen zudem neue Anforderungen von Rechteinhabern nach territorialer Begrenzung der Signalverbreitung sowie mit Blick auf den Schutz vor Piraterie neue Anforderungen an den Signalschutz einher. Die Adressierbarkeit der Endgeräte ist aus Sicht des Verbands Privater Rundfunk und Telemedien (VPRT) unabdingbare Voraussetzung für eine nachhaltige und wirtschaftlich tragfähige Digitalisierung. Sie ermöglicht den umfassenden Rechte- und Signalschutz ebenso wie personalisierte und interaktive Angebote und eröffnet dem Verbraucher den Zugang zu einer Vielzahl neuer Zielgruppen- und Spartenangebote.

Neue Verbreitungswege für Rundfunk- und Telemedien wie DSL oder Web-IPTV bringen diese Voraussetzungen von Anfang an mit. Die klassischen Übertragungswege Satellit, Kabel und Terrestrik haben hier einen hohen Nachholbedarf, der sich schon sehr bald als entscheidender Wettbewerbsnachteil dieser Übertragungswege gegenüber den alternativen Infrastrukturen erweisen könnte. Für die Inhalteanbieter wiederum bedeutet dieser Nachholbedarf, dass sich die Reichweite adressierbarer Haushalte über die klassischen Verbreitungswege zu langsam entwickelt, um mögliche neue Angebote zu refinanzieren. Nur bei einer insoweit einheitlichen Behandlung der Übertragungswege kann die Entwicklung neuer Geschäftsmodelle diskriminierungsfrei und unabhängig vom Vertriebsweg erfolgen und eine strukturelle Benachteiligung derjenigen vermieden werden, die frühzeitig eine Migration zu adressierbaren Infrastrukturen einleiten.

Die Möglichkeit der Grundverschlüsselung und Adressierbarkeit der Inhalte über alle Netze ist demnach aus Sicht der Inhalteanbieter eine weitere zentrale Voraussetzung für die erfolgreiche Digitalisierung der Übertragungswege.

## Regulierung neuer Plattformen

Der diskriminierungsfreie Zugang zu Netzen und Plattformen und eine chancengleiche Auffindbarkeit der Angebote sind in der digitalen Welt von existenzieller Bedeutung für die Anbieter von Rundfunk und vergleichbaren Telemedien. Wichtig ist es in diesem Zusammenhang, zwischen unterschiedlichen Formen des Plattformbetriebes zu unterscheiden und hierbei auch in der Anforderung an die Regulierung entsprechend zu differenzieren. Plattformbetreiber sind als Unternehmen zu verstehen, die anbieterübergreifend Pakete bündeln und/oder deren Verbreitung und/oder Vermarktung kontrollieren. Unterschieden werden muss zusätzlich zwischen voll integrierten, teilintegrierten sowie unabhängigen Plattformbetreibern.

Es müsste eine differenziertere Definition des Plattformbegriffs vorgenommen werden, um auch eine differenziertere Regulierung zu ermöglichen. Unterschiedliche Arten von Plattformen (zum Beispiel Verbreitung, Technik und Verschlüsselung, Programm und Vermarktung) können je nach Kombination den diskriminierungsfreien und chancengleichen Zugang sowie die Weiterverbreitung behindern. Hier sind insbesondere Plattformen mit eigener technischer Infrastruktur regulatorisch zu erfassen.

In jedem Fall muss eine Vielfalt sowohl im Angebot als auch in der Vermarktung gewährleistet werden. Insbesondere wenn der Netz- und Plattformbetrieb mit dem Angebot oder der Vermarktung von eigenen und fremden Inhalten aus einer Hand angeboten wird, besteht ein erhöhtes Diskriminierungspotenzial gegenüber unabhängigen Inhalteanbietern. Die Erfahrungen in der Praxis haben gezeigt, dass für bestimmte Anwendungsfälle wie der vertikalen Integration von Netz, Inhalten und Vermarktung im Kabel oder für bestimmte Planungen in der mobilen Terrestrik schon unmittelbare Vorkehrungen auf regulatorischer Ebene getroffen werden müssen, um Inhalteanbieter hinsichtlich möglicher Diskriminierungen bei Zugang und Weiterverbreitung abzusichern.

Der Plattformbetrieb ist im Falle einer anbieterübergreifenden Ausrichtung potenziell geeignet, die Rundfunk- und Meinungsfreiheit zu beeinträchtigen und bedarf Regulierungen bezüglich Telekommunikation und Medienrecht. Die Regulierungsdichte sollte sich an der Form des Plattformbetriebes, dem Integrationsgrad des Plattformbetreibers und der Frage der verfügbaren Kapazitäten einerseits sowie an der Wettbewerbsintensität zwischen den Plattformen andererseits bemessen. Ein voll integrierter technischer und inhaltlicher Plattformbetrieb ist abzulehnen.

Der Zugang zu Netzen und Plattformen ist noch keine Gewähr für eine chancengleiche Auffindbarkeit der Programme in der künftigen Vielzahl der Angebote. Um diese sicherzustellen, muss es einen Basisnavigator geben, der die Angebote nach neutralen Kriterien auflistet und diskriminierungsfrei darstellt.

Vielfaltsicherung und Wahrnehmung eines gesellschaftlichen Auftrages auch durch den privaten Rundfunk setzen außerdem voraus, dass dieser bei den Frequenzen und beim Zugang zu Kapazitäten entsprechend privilegiert wird.

## Frequenzvergabe

Die Digitalisierung der terrestrischen Rundfunkfrequenzen bietet erstmals die Chance einer wirtschaftlichen Nutzung, auch wenn diese in der digitalen Welt ein knappes Gut bleiben. Die Programmanbieter haben jetzt zum ersten Mal die Möglichkeit, mehr Rundfunkprogramme durch geringere Sendekosten über diese Kapazitäten zu senden. Deshalb sei im Zusammenhang mit der aktuellen Debatte um die Frequenzvergabe und das DVB-H-Ausschreibungsverfahren an dieser Stelle deutlich betont: Rundfunkfrequenzen gehören dem Rundfunk. Die durch die Digitalumstellung gegebenenfalls zusätzlich frei werdenden Kapazitäten, die sogenannte ,digitale Dividende', müssen vorrangig dem Rundfunk und vergleichbaren Telemedien zur Verfügung stehen.

Die Versteigerung von Rundfunkfrequenzen, wie sie derzeit besonders von europäischer Seite bei der Novellierung des europäischen Frequenzrechts forciert wird, ist für die deutschen Rundfunkanbieter – öffentlich-rechtliche wie private gleichermaßen – nicht akzeptabel. Zum einen, weil die Frequenzvergabe sich an der besonderen Funktion und der gesamtgesellschaftlichen Aufgabe des Rundfunks zu orientieren hat. Zum anderen, weil die bestehende Mediensysteme existenziell gefährdet und den Medienunternehmen die Basis ihrer Existenz in diesem Bereich entzogen würde. Sie sind schlichtweg nicht wirtschaftlich konkurrenzfähig zu den großen Telekommunikationsunternehmen. Bisherige Versteigerungen, zum Beispiel bei UMTS (→), haben außerdem gezeigt, dass diese Vergabemethode nicht notwendigerweise zu mehr Effizienz und Wirtschaftlichkeit führt.

## EU-Fernsehrichtlinie

Mit der 2007 abgeschlossenen EU-Fernsehrichtlinie wollte die EU-Kommission eines der modernsten und flexibelsten Regelwerke für die audiovisuellen Medien schaffen. Sie wollte sowohl den Änderungen in der Medienwelt gerecht werden als auch im Hinblick auf die Lissabon-Strategie ein deutliches Wachstum fördern. Die Regelungen, die von den Mitgliedstaaten in nationales Recht umgesetzt werden müssen, bleiben weit hinter den Bedürfnissen der privaten Programmveranstalter zurück. Es wäre dringend notwendig gewesen, die bestehenden Vorschriften einer grundlegenden Überprüfung zu unterziehen und überholte Regelungen (Quoten, quantitative Werberegelungen und Listenereignisse) abzuschaffen und nicht – wie teils geschehen – auf neue Dienste auszudehnen.

Der von EU-Kommissarin Viviane Reding mit der Überarbeitung angestrebte ‚große Wurf' ist nicht gelungen. Die angekündigte grundlegende Liberalisierung der Werbevorschriften blieb aus. Das Ziel, einen zukunftsfähigen Rechtrahmen zu schaffen, der über den heutigen Status quo hinaus greift, wird verfehlt. In einer Zeit, in der die Konsumenten aus einer riesigen Bandbreite von Anbietern wählen können, ist es größtenteils bei den antiquierten Regelungen zu Werbezeiten geblieben. Herausgekommen sind am Ende nur minimale Veränderungen (zum Beispiel die 30-Minuten-Regel, Produktplatzierung), vor allem aber sind neue Vorschriften und Beschränkungen hinzugekommen (zum Beispiel mögliche Werbebeschränkungen durch Selbstverpflichtungen bei ‚ungesunden' Lebensmitteln). Im Widerspruch zu den derzeitigen Liberalisierungsvorhaben der EU-Kommission, die bei der Überarbeitung des sogenannten TK-Pakets unter anderem die Regulierungsbedürftigkeit des Marktes für Rundfunkübertragungsdienste ausdrücklich zur Diskussion stellt und ferner beabsichtigt, einen freizügigen Frequenzhandel zuzulassen sowie Zugangsregeln abzuschaffen, wird aller Voraussicht nach zum Ende dieses Jahres nun eine neue EU-Fernsehrichtlinie verabschiedet, die insbesondere den Rundfunk wie auch die Telemedien als Kulturgut nach wie vor sehr restriktiv reguliert. Im Ergebnis bedeutet dies eine Schwächung der privaten Rundfunkanbieter in Deutschland sowie der gesamten europäischen audiovisuellen Medienindustrie.

## Neue Wettbewerbsregeln für öffentlich-rechtlichen Rundfunk

Ziel der Medienpolitik muss die Schaffung einer sorgfältig gewichteten und kohärenten neuen Medienordnung sein, innerhalb derer das duale Rundfunksystem neu justiert werden muss. Dazu ist es notwendig, klare Antworten auf zentrale Fragen zu finden:

- Wie soll die Aufgabenteilung in einer dualen Medienordnung konkret definiert werden?

- Welche besondere Leistung für die Gesellschaft legitimiert konkret die Solidarfinanzierung der öffentlich-rechtlichen Angebote aus Gebühren?

- Was soll der öffentlich-rechtliche Rundfunk in welcher Qualität und in welchem Umfang auf welchen Übertragungswegen und Endgeräten anbieten?

- Sind der Bestand und die Entwicklung einer privaten Angebots- und Anbietervielfalt erwünscht? Wenn ja, wie kann beispielsweise durch einen ‚Public Value'-Test sichergestellt werden, dass gebührenfinanzierte Angebote den Wettbewerb der privatwirtschaftlich organisierten Rundfunk- und Medienmärkte nicht verzerren und damit die Entwicklung einer Vielfalt von privaten Angeboten verhindern?

Selbstverständlich besteht der Auftrag des öffentlich-rechtlichen Rundfunks zur Grundversorgung auch in einer digitalen Welt. Allerdings sollten die aus der analogen Welt bereits seit langem bekannten Probleme, die im Wesentlichen zulasten der privaten Säule des dualen Rundfunksystems gehen, nicht einfach in der digitalen Zukunft fortgeschrieben werden.

Für die Neuregelung des Verhältnisses des privaten zum öffentlich-rechtlichen Rundfunk hat die EU-Kommission 2007 wichtige Weichen gestellt. Im April 2007 hat sie ein seit 2003 anhängiges Beschwerdeverfahren des VPRT zur Finanzierung des öffentlich-rechtlichen Rundfunks in Deutschland entschieden und einen Verstoß des bestehenden Finanzierungssystems gegen die Beihilfevorschriften des EG-Vertrages festgestellt. Deutschland muss nun bis zum Frühjahr 2009 bestimmte Maßnahmen ergreifen. Ansonsten drohen weitere rechtliche Schritte durch die Europäische Kommission. So werden die öffentlich-rechtlichen Rundfunkanstalten zu einer getrennten Buchführung bei ‚kommerziellen Tätigkeiten', also Tätigkeiten, für die sie keine Rundfunkgebühren verwenden dürfen, gezwungen. Bisher hatten sich die Anstalten immer auf den Standpunkt gestellt, dass die Gesamtheit ihrer Tätigkeiten, also zum Beispiel auch der Verkauf von Wirtschaftswerbung oder Merchandising, Teil des öffentlichen Auftrags sei.

Ebenfalls hat die EU-Kommission die Länder zu einer Präzisierung der Auftragsdefinition der Rundfunkanstalten gezwungen. Dies gilt sowohl für den Online-Bereich als auch für die Ausrichtung der Digitalkanäle. Neue Dienste müssen ab spätestens April 2009 ein bestimmtes Legitimationsverfahren, den sogenannten Public-Value-Test, durchlaufen, bei dem erstmalig auch marktrelevante Auswirkungen geprüft werden. Zukünftig wird untersucht, ob ein von ARD und ZDF geplanter neuer Dienst nicht einen bestehenden Markt gefährdet. Zu dieser Frage können Dritte, also auch der VPRT, förmlich Stellung beziehen. Die genaue Ausgestaltung ist jedoch noch offen.

Wie wenig die öffentlich-rechtlichen Anstalten sich davon beeindrucken lassen, belegt leider die Diskussion zum Jahreswechsel 2007/2008. Die Frage, wie ein Public-Value-Test denn aussehen solle, wurde von der ARD kreativ beantwortet. So führte der SWR einen ersten Public-Value-Test in Eigenregie durch und genehmigte sich nach Auswertung von öffentlich zugänglichen Pressemitteilungen als vermeintlicher Einbindung der Marktteilnehmer selbst die ARD Mediathek. Das ZDF legte einen weitergehenden Vorschlag vor, schwieg sich aber zu der Bedeutung der Stellungnahmen von Marktteilnehmern weitestgehend aus. Sie sollten zwar angehört werden, aber offensichtlich noch nicht Rechte eines Verfahrensbeteiligten zugesprochen bekommen. Auch ließ der ZDF-Vorschlag offen, wer letztlich die Entscheidung über die neuen Angebote treffen soll. Das kann in einem glaubwürdigen Verfahren sicherlich nicht der interne Rundfunkrat einer Rundfunkanstalt sein, sondern muss Aufgabe der jeweiligen Rechtsaufsicht über die betroffene Anstalt sein.

Das genaue Reglement müssen die Länder in einer Novelle des Rundfunkstaatsvertrags bis zum April 2009 festlegen. Wie ernst ARD und ZDF die Wettbewerbskonformität ihrer Angebote und die EU-Entscheidung nehmen, kann man daraus ersehen, dass Angebote wie die ZDF-Mediathek oder der Ausbau der digitalen ARD-Nachrichtenkanäle trotz der im Raum stehenden Vorgaben konsequent weiterbetrieben werden.

Ebenso wie die privaten Fernsehanbieter sind auch die privaten Hörfunkanbieter von der Expansion der öffentlich-rechtlichen Anstalten massiv betroffen. Während der öffentlich-rechtliche Hörfunk aus Gebühren und Werbung jährlich über drei Milliarden Euro erzielt, verfügen die privaten Radioanbieter nur über ein Fünftel davon aus Werbeeinnahmen. Die öffentlich-rechtlichen Radios verfügen über die rund dreifache Sendeleistung wie die privaten in Deutschland und über eine erheblich höhere Kabel- und Satellitenreichweite. Die von der ARD geforderte pauschale 50-zu-50-Verteilung der digitalen Frequenzen zwischen Privaten und Öffentlich-Rechtlichen ist vor diesem Hintergrund nicht akzeptabel. Sie würde die analoge Schieflage im Radio auch digital fortschreiben. Die Lösung kann hier nur eine klar definierte Begrenzung der öffentlich-rechtlichen Aktivitäten im Digitalen sein.

Die ARD verfügt in der Fläche über erhebliche Frequenzen, die Regionen mehrfach mit gleichen Programmen versorgen. Sie benutzt so einen erheblichen Teil ihrer UKW-Frequenzen als strategische Reserve im Wettbewerb mit dem privaten Hörfunk. Zudem hat die ARD ihre Hörfunkprogramme fortgesetzt und nach dem Vorbild der privaten Anbieter in Format- und Spartenradios umgewandelt. Anstelle von integrierenden Programmen entstehen immer neue Jugendwellen, Nachrichtenprogramme, formatierte Pop- und Servicewellen, Seniorenprogrammen etc. Sinnvoll wäre es daher, die bestehenden UKW-Frequenzen neu zwischen den Marktteilnehmern aufzuteilen – eine Frequenzneuverteilung würde so zu mehr Frequenzgerechtigkeit führen. Auch die Öffentlich-Rechtlichen könnten davon profitieren, ihren gewachsenen Frequenzbestand in der Fläche zu optimieren.

Nur wenn die Länder in diesen Themenfeldern schnell handeln, können die Wettbewerbsverzerrungen durch den öffentlich-rechtlichen Rundfunks zulasten der Privaten abgebaut werden. Dies ist vor dem Hintergrund der eingangs beschriebenen neuen Wettbewerbssituation auf dem Weg in die digitale Zukunft wichtiger denn je.

## Neuordnung des Medienkonzentrationsrechts

Neue Angebots- und Nutzungsstrukturen müssen ihren Niederschlag auch im Medienkonzentrationsrecht finden. Das Medienkonzentrationsrecht muss klare Kriterien enthalten und darf die Entwicklungsmöglichkeiten der nationalen Unternehmen nicht unangemessen einschränken.

Wie bereits dargestellt, werden die Medienkonvergenz und Digitalisierung völlig neue Angebots- und Nutzungsmöglichkeiten hervorbringen. Ob Sportübertragung auf dem HDTV-Großbildschirm, Nachrichten-Webcast auf dem Computer, Mini-Thriller auf dem Handy: In der multimedialen Welt der Zukunft werden die Verbraucher selbst entscheiden können, was sie wann und wo sehen möchten. Zunehmende Angebotsvielfalt, individuelle Adressierung, Zielgruppenansprache, zeitunabhängige Nutzung und wachsende Interaktionsmöglichkeiten führen dazu, dass der Einfluss der Medienunternehmen auf die Meinungsbildung tendenziell abnimmt. Dies hat ein modernes Medienkonzentrationsrecht ebenso zu berücksichtigen wie die Tatsache, dass sich neben Angebots- und Nutzungsstrukturen auch die Anbieterstrukturen verändern und damit unter anderem neben den klassischen Rundfunkanbietern vor allem auch vertikal integrierte Unternehmen, Internetanbieter, Suchmaschinen- oder Plattformbetreiber zunehmend beträchtliche Medien- und Meinungsmacht entwickeln. Innerhalb des Medienmarktes hat sich das Gesamtgefüge verändert. Insofern haben heute auch Medienangebote jenseits des Rundfunks eine große Bedeutung für die öffentliche wie individuelle Meinungsbildung.

Das Medienkonzentrationsrecht, das zur Kontrolle von Meinungsmacht im Wesentlichen auf einem rundfunkzentrierten Modell basiert, ist vor diesem Hintergrund nicht mehr zeitgemäß und führt in der konkreten Umsetzung zu erheblichen Rechtsunsicherheiten bei den Unternehmen. Ein überarbeitetes System des Medienkonzentrationsrechtes muss deshalb zum einen klar definieren, was unter einem meinungsrelevanten Markt zu subsumieren ist, und zum anderen festlegen, wie die jeweiligen Teilnehmer in diesem Markt bezüglich ihrer Medien- und Meinungsbildungsrelevanz tatsächlich zu gewichten sind. In jedem Fall ist dafür zu sorgen, dass die Anbieter durch klare Kriterien die notwendige Rechts- und Planungssicherheit erhalten und deutschen Unternehmen wettbewerbsfähige Wachstumsperspektiven eröffnet werden.

## Reform der Medienaufsicht

Eine Reform der Medienaufsicht ist auf Grund der sich durch die Digitalisierung schnell wandelnden Medienlandschaft dringend angezeigt. Der Ansatz der Medienkommission für eine Koordinierung und Straffung der bestehenden Regulierungszuständigkeiten ist grundsätzlich zu begrüßen. Ziel muss es sein, Bürokratieaufwand und Doppelzuständigkeiten abzubauen. Eine Medienanstalt der Länder für bundesweite Sachverhalte ist allerdings nur dann möglich und sinnvoll, wenn der Rundfunkstaatsvertrag die entsprechenden rechtlichen Grundlagen für ihr Handeln legt.

Was die Medienaufsicht darüber hinaus anbelangt, so besteht im Übrigen seit langem ein starkes Ungleichgewicht zwischen dem öffentlich-rechtlichen und dem privaten Rundfunk – zu Lasten des Letzteren, der sehr viel strenger reglementiert, kontrolliert und vor allem sanktioniert wird. Diese Ungleichbehandlung muss mit Blick auf die öffentlichen-rechtlichen Anstalten im Zuge einer Reform dringend geändert werden, zum Beispiel dadurch, dass öffentlich-rechtliches Fehlverhalten gegenüber den Gremien auch von externer Seite transparent gemacht wird, um von diesen dann auch entsprechend geahndet zu werden. In diesem Zusammenhang möchte der VPRT die Medienpolitik anregen, darüber nachzudenken, wie die Medienaufsicht von privaten Anbietern einerseits und öffentlich-rechtlichen Anstalten andererseits – gegebenenfalls auch unter dem Dach einer Medienanstalt der Länder – in Zukunft gerechter ausgestaltet werden kann.

## Fazit

Dem beschriebenen stetigen Wandel in vielen Bereichen muss eine neue Medienordnung Rechnung tragen. Sie kann nicht darauf ausgerichtet sein, für die nächsten 25 Jahre Gültigkeit zu haben. Die Medienordnung, um die es geht, muss darauf angelegt sein, den Wandel zu organisieren, sie muss sicherstellen, dass die Anbieter von Rundfunk- und Mediendiensten in einer neuen Medienlandschaft zwischen den öffentlich-rechtlichen Angeboten und den Inhalten, mit denen Internet- und Infrastrukturanbieter in den Markt treten, über eine grundsätzliche Bestands-, Entwicklungs- und Wettbewerbsgarantie verfügen, die Planungssicherheit ermöglicht.

Der heute gültige Rechtsrahmen aus der analogen Welt wird den vielfältigen und komplexen Entwicklungen von Digitalisierung, Konvergenz und Globalisierung nicht gerecht. Die privaten Rundfunkanbieter brauchen sowohl auf nationaler wie auch auf europäischer Ebene einen zukunftsfähigen Rechts- und Ordnungsrahmen, der ihnen Rechts- und Planungssicherheit bietet.

Wir brauchen in Deutschland eine neue Medienordnung, die diese Rechts- und Planungssicherheit schafft, Wettbewerbsverzerrungen vermeidet und die Informations- und Meinungsfreiheit ebenso wie die Angebots- und Anbietervielfalt stärkt. Wir benötigen darüber hinaus einen zukunftssicheren Ausbau der technischen Infrastrukturen, damit alle Angebote, die neu in den Markt kommen, auch ihre Verbreitungsmöglichkeit finden.

Die faktische Einführung neuer Technologien und die zunehmende vertikale Integration dürfen nicht dazu führen, dass geltendes Recht ausgehebelt wird und damit gleichzeitig alle wesentlichen Eckpfeiler einer neuen Medienordnung präjudiziert werden. So darf etwa die Digitalisierung der terrestrischen Rundfunkfrequenzen nicht dazu führen, dass der Vorrang des Rundfunks und vergleichbarer Telemedien zu den Rundfunkkapazitäten infrage gestellt wird.

Die Zukunft des Fernsehens und des Radios liegt in ihren attraktiven Inhalten und Marken und in der Konvergenz, die dazu führt, dass die Funktionalitäten von klassischem Rundfunk, Online und Mobile zusammenwachsen. Eine neue Medienordnung muss die Weichen dafür stellen, dass dieser Prozess gelingt. Im Interesse der Medienunternehmen genauso wie der Zuschauer, Zuhörer und Nutzer, die bequem und auf allen Wegen attraktive Inhalte nutzen wollen.

# Auslaufmodell Fernsehen?
# Ein Ausblick auf das Jahr 2028 …

*Schlusswort der Herausgeber*

„I think there is a world market of maybe five computers", diese Prognose aus dem Jahr 1943 wird dem damaligen Vorsitzenden von IBM, Thomas J. Watson, zugeschrieben. Wie offensichtlich falsch er mit dieser Einschätzung lag, haben wir alle in den letzten Jahren und Jahrzehnten erfahren. Zu jener Zeit und aus seiner Perspektive war diese Einschätzung jedoch vollkommen nachvollziehbar.

Ähnlich wie Watson 1943 wollen wir im Folgenden einen Ausblick in die Zukunft wagen. Schon heute ist vieles, was vor Jahren noch undenkbar schien, fester Bestandteil unseres Alltags. Noch vor weniger als 30 Jahren beispielsweise waren Filmdownloads eine Utopie. Heute, im Zeitalter von iPod, Internet-Flatrates oder Video-on-Demand, ist dies eine Selbstverständlichkeit. Ein durchschnittlicher Spielfilm ist rund 1,3 Gigabyte groß. Unter den heutigen Voraussetzungen kann ein solcher Film typischerweise in weniger als 15 Minuten aus dem Internet heruntergeladen werden. Vor mehr als 20 Jahren wäre dieses Ansinnen praktisch undenkbar gewesen, die Download-Zeiten hätten für einen Privatnutzer mehrere Wochen betragen. An diesem Beispiel ist es leicht sich auszumalen, wie auf Grund von inkrementellen Verbesserungen eine solche Nutzung in 20 Jahren aussehen wird. Wir liegen wohl kaum falsch damit zu behaupten, dass der Download oder das Streaming von Inhalten, egal welcher Größe und damit Qualität, in wenigen Sekunden möglich sein wird; auch die Nutzungskosten (etwa die Anschaffungskosten eines Abspielgerätes) werden weiter dramatisch sinken. Weitergehende Prognosen, so zeigt es auch das obige Zitat von Watson, sind mit beliebiger Ungenauigkeit versehen.

Allerdings lassen sich – und dies soll im Folgenden geschehen – grundlegende Entwicklungstrends in den Bereichen technologische Konvergenz, Medienkonsum, Marktteilnehmer, Geschäftsmodelle, Distribution und Regulierung aufzeigen. Hierzu werfen wir zunächst einen Blick um 20 Jahre zurück, um die gewaltigen Veränderungen im Vergleich zu heute plakativ darzustellen. Nach einem kurzen Blick auf die aktuelle Situation (auch in den vorliegenden Autorenbeiträgen hinreichend beleuchtet) wagen wir punktuelle Prognosen und Einschätzungen für das Jahr 2028.

# Umfassende Konvergenz

Im Jahr 1988, also vor 20 Jahren, war die Infrastruktur, die wir heute als Internet kennen, bereits erfunden. In Deutschland gab es damals sechs (!) überwiegend universitär genutzte Domains mit einer ‚.de'-Endung. Die Mannesmann AG befand sich im Wettbewerbsverfahren um die erste private Mobilfunklizenz. Die sieben privaten und öffentlich-rechtlichen Fernsehsender sendeten insgesamt 88 Stunden Programm pro Tag. Weniger als fünf Millionen Haushalte (in Westdeutschland) waren an das Kabelnetz angeschlossen. Die Produktion, Aggregation und Distribution von Inhalten fanden ausschließlich analog statt. Von Konvergenz noch keine Spur.

20 Jahre später hat sich dieses Bild dramatisch gewandelt. Im wiedervereinten Deutschland ist das Internet mit mehr als 12 Millionen ‚.de'-Domains und 40 Millionen Nutzern zu einem Massenmedium geworden. Mobilfunkunternehmen kämpfen um Zweit- und Drittkarten. Der Markt ist mit 100 Millionen Mobilfunkverträgen gesättigt, es herrscht Kostenwettbewerb. Mehrere Hundert Kanäle bieten in Summe täglich Tausende von Stunden Programm – linear und nicht-linear. Fast alle Haushalte können über das Kabelnetz angeschlossen werden und die Digitalisierung hat alle Wertschöpfungsstufen erreicht. Vormals getrennte Märkte gehen ineinander über – die Konvergenz ist umfassend! Telekommunikationsunternehmen kämpfen um die Aufmerksamkeit von Zuschauern, Kabelanbieter offerieren sowohl Fernsehen als auch Telekommunikationsdienste und Internet-Service-Provider bieten Video-on-Demand-Angebote und konkurrieren um die Führung bei den schnellsten Übertragungswegen. Fernsehveranstalter schließlich engagieren sich stark im Internet und beim mobilen Fernsehen und bei Mehrwertdiensten.

In 20 Jahren wird Konvergenz eine Selbstverständlichkeit sein. Konsumenten werden Inhalte zu jedem Zeitpunkt an jedem Ort über jedes gewünschte Endgerät nutzen können. Technische Grenzen und Limitierungen sind unsichtbar. Konvergenz ist einfach da und spielt im Bewusstsein der Konsumenten und Unternehmen keine besondere Rolle mehr. Allerdings wird die Konvergenz weitere Bereiche mit eingeschlossen haben. Medienunternehmen werden Unternehmen sein, die Konsumenten und Nutzern umfassende Dienste rund um Unterhaltung, Information, Kollaboration und Kommunikation bereitstellen. Virtuelle Welten werden bei vielen Konsumenten ein fester Bestandteil des Medienalltags sein. Nicht zuletzt auf Grund ökologischer Restriktionen werden physische Interaktionen lokal begrenzt und durch virtuelle und visuelle Kommunikation ergänzt oder substituiert werden. Inhalte werden in jedweder Form angeboten. Dabei können neben Hören und Sehen auch andere Sinne als gesamtheitliches Medienerlebnis adressiert werden. Konvergenz kann dann in einem anderen Sinne wieder an Bedeutung gewinnen, nämlich im Verschmelzen von realem, lokalem, virtuellem, räumlich getrenntem Erleben.

## Das Individuum – die kleinste mediale Einheit

Vor nicht einmal 20 Jahren war die Dominanz der öffentlich-rechtlichen Fernsehsender erdrückend; Marktanteile einzelner Sendungen von mehr als 40 Prozent waren die Regel. Die privaten Fernsehsender kamen zusammengenommen auf einen Markanteil von nicht einmal acht Prozent. Schon damals – in den Anfängen der Marktliberalisierung – wurde Kritik am Fernsehen geübt, die auch aus einer aktuellen Diskussion stammen könnte. So formulierte Magnus Enzensberger im Jahr 1988: „Das Fernsehen wird primär als eine wohl definierte Methode zur genussreichen Gehirnwäsche eingesetzt; es dient der Selbstmedikation. Wer es abschaffen möchte, sollte die Alternativen ins Auge fassen. Hier ist in erster Linie an den Drogenkonsum zu denken, von der Schlaftablette bis zum Koks, von Alkohol bis zum Betablocker, vom Tranquilizer bis zum Heroin. Fernsehen statt Chemie ist sicher die elegantere Lösung."

Im Zeitschriftenbereich war *Bravo* das stil- und trendbildende Medium der jungen Generation. Für 1,80 DM an jedem Kiosk zu haben, war sie meist ein Dorn in den Augen vieler Eltern. Festes Element der Jugendkultur war auch die Musikvideosendung *Formel Eins*, in der Kai Böcking zwischen 1988 und 1989 als deren letzter Moderator durch die Sendung führte. Der durchschnittliche Fernsehkonsum lag bei rund 130 Minuten pro Tag. Das Internet war 1988 fast ausschließlich in akademischen und militärischen Zirkeln bekannt. Der Computer „Amiga 500" der Firma Commodore war zu seiner Zeit besonders als Spiele-Computer beliebt, da Bild- und Tonqualität dem damals üblichen PC deutlich überlegen waren. Er kämpfte mit dem Atari ST um die Marktführerschaft. Nur wenige Haushalte verfügten über einen PC im heutigen Sinne – oder wie es damals hieß: Heimcomputer. Der Standard-Chip Intel 386 stand kurz vor der Ablösung durch den Intel 486 im Frühjahr 1989. Erst mit dem Intel 486 und Windows 95 begann der Aufschwung der privat genutzten PCs.

Heute hat sich das Bild gewandelt. 2008 ist der Fernsehkonsum nach langjährigen und kontinuierlichen Steigerungen zum ersten Mal gesunken. Der durchschnittliche Deutsche konsumiert knapp über 200 Minuten Fernsehen pro Tag. Das Internet ist zum Massenmedium geworden, das durch alle Altersgruppen hindurch genutzt wird. Die kombinierte Fernseh- und Internetnutzung beträgt mehrere Stunden pro Tag. Die meisten medialen Angebote lassen sich nur noch durch die Nutzung des Internets vollständig erschließen. Die Zeitschrift *Bravo* kostet am Kiosk 1,30 Euro, aber das Leitmedium der Jugendlichen sind längst Internet und Fernsehen – auch im Falle der *Bravo* mit bravo.de und Bravo-TV. Verschiedene Musiksender buhlen um die Aufmerksamkeit der jungen Zuschauer.

Und auch im Internet- und PC-Bereich hat sich Grundlegendes geändert. Drei von vier Haushalten verfügen über einen privat genutzten PC. Die Leistungsfähigkeit eines einzelnen Computers hat sich in den letzten Jahren gemäß den Gesetzmäßigkeiten von Moore's Law vervielfacht. Beim Inhaltebezug haben die Konsumenten die Wahl zwischen Pay-TV-Anbietern, Kabelprovidern, Internetprovidern und Telekommunikationsunternehmen. Neben den klassischen Rollen des passiven, rezipierenden Konsumenten und des aktiven, professionellen Produzenten haben sich aktive Prosumenten etabliert.

Für die nächsten 20 Jahre ist eine weitere Fragmentierung von Angeboten und Nutzergruppen unschwer vorhersehbar. Gleichzeitig werden sich gänzlich neue Nutzungsprofile entwickeln. Das Internet wird von verschiedenen Endgeräten, sei es PC, Fernseher, Handy oder Navigationsgerät, zugänglich sein. Medien-Endgeräte werden noch viel mehr Lifestyle-Produkte sein als heute. Die Gerätezukunft ist kabellos. Breitbandige, drahtlose Technologien werden sich endgültig durchgesetzt haben. Der Konsum ist vollständig individualisiert – jeder einzelne kann relativ frei entscheiden, was er wann konsumieren möchte. Das Individuum ist 2028 endgültig zur kleinsten, medialen Einheit geworden – als Rezipient, Produzent und Werbezielgruppe oder besser Werbezielperson.

Die erste Nutzergeneration, die mit inhaltlicher Selektivität und zeitlicher Souveränität ihres Medienkonsumverhaltens aufgewachsen ist, schafft sich ihre jeweils individuelle Medienrealität. Inhalte werden zur entscheidenden Größe, nicht die Anbieter. Es wird nicht mehr zwischen Fernseh-, Internet- und Mobilkonsum unterschieden werden, sondern lediglich nach der Art der Nutzung in Lean-Back, Lean-Forward und Prosum. Werbetreibende werden, auch auf Grund der viel genaueren Messbarkeit, ihre Budgets einerseits zielgerichteter einsetzen können und andererseits gefordert sein, Bedürfnisse der Konsumenten zu adressieren, da ansonsten Werbung nicht mehr akzeptiert und wahrgenommen wird.

## Wettbewerb im Zeitalter der medialen Leuchttürme

Im Jahre 1984 begann leise die Revolution – heute gerne als medienpolitischer Urknall bezeichnet – mit dem Start der ersten privaten Fernsehsender. Diese wurden vielfach ob ihrer vermeintlichen Qualitätsmängel, der fragwürdigen wirtschaftlichen Tragfähigkeit der zugrunde liegenden Geschäftsmodelle und in Anbetracht der Dominanz der öffentlich-rechtlichen Sender belächelt. Telekommunikationsunternehmen waren noch reine Telefonieunternehmen – neben der Sprachübertragung für Privatanwender und der (proprietären) Datenübertragung für große Unternehmenskunden gab es keine wesentlichen Kerngeschäftsfelder. Mobilfunk fand im B- und C-Netz statt, Mobilfunkgeräte wie das Nokia Mobira Cityman wogen circa 800 Gramm, kosteten fast 10.000,- (!) DM und hatten noch die Ausmaße eines großen Telefonhörers. Vor allem aber war Telekommunikation untrennbar mit der Deutschen Bundespost verbunden (die Deutsche Telekom entstand erst 1990 mit der Postreform I, als Deutsche Bundespost Telekom). Andere Telekommunikationsunternehmen oder gar kommerzielle Internetunternehmen gab es in Deutschland noch nicht, Kabelfernsehen war eine Aktivität der Deutschen Bundespost. Rundfunkunternehmen, Telekommunikationsunternehmen und Kabelunternehmen waren in gänzlich voneinander getrennten Märkten aktiv.

20 Jahre später hat sich diese Situation grundlegend verändert. Eine klare Zuordnung der Unternehmen in ein spezifisches Industriesegment ist nicht mehr möglich, traditionelle Wertschöpfungsketten wurden allesamt aufgebrochen, der Fernsehmarkt ist zersplittert. Zuschauermarktanteile von über 40 Prozent, wie 1988 noch üblich, gehören – außer bei vereinzelten Großsportereignissen – der Vergangenheit an. In allen Medienbereichen drängen neue und von sehr unterschiedlichen Interessen motivierte Teilnehmer in den Markt. So verlängern

traditionelle Verlage ihre Titel in das Internet und reichern die dort angebotenen Inhalte mit audiovisuellen Komponenten an. Fernsehsender sind mit ihren Inhalten auch im Internet aktiv, und die öffentlich-rechtlichen Sender werden Teil der Lieferkette von Zeitungsverlagen, indem sie im Falle des WDR und der WAZ Mediengruppe audiovisuelle Internetinhalte zuliefern. Internet-Service-Provider werden zu Fernsehsendern im Internet. Globale Unternehmen wie die amerikanischen Filmstudios agieren direkt auf dem deutschen Markt mit eigenen Video-on-Demand-Angeboten. Zudem haben sich sowohl Konsumenten als auch Produzenten emanzipiert. Konsumenten stellen in Form von User Generated Content ihre eigenen Inhalte anderen Interessierten bereit. Produzenten stehen vielfältige Absatzwege für ihre Inhalte zur Verfügung. Neue Wettbewerbssituationen entstehen.

All diesen Entwicklungen ist gemein, dass sie den Markt offener und wettbewerbsintensiver machen. Wir gehen davon aus, dass die audiovisuelle Medienlandschaft im Jahr 2028 von einer Vielzahl koexistierender Angebote geprägt ist. Pay-TV gewinnt neben dem Free-TV zunehmend an Bedeutung, Video-on-Demand wird für eine breitere Nutzerschicht alltäglich. Abonnementsdienste sind ebenso bedeutsam wie Pay-per-View-Angebote. Beim Inhalt ist die TV-Landschaft durch eine Vielfalt an Spartenprogrammen gekennzeichnet, von Themenkanälen für spezielle Interessen über Lokalfernsehen bis hin zu Community-Sendern.

Unternehmen, die zukünftig erfolgreich im Markt agieren wollen, tun schon heute gut daran, sich klar zu positionieren. Aus Sicht der Autoren gibt es verschiedene Dimensionen, anhand derer eine solche Positionierung erreicht werden kann. Zu nennen sind hier zuvorderst Qualität, Relevanz, Preis, Exklusivität, Geschwindigkeit und Einfachheit in der Nutzung der angebotenen Produkte. Dabei wird es nicht möglich sein, in jeder dieser Dimensionen führend zu sein. Dennoch gilt es, einzelne der Dimensionen zu identifizieren und zu Leistungsmerkmalen auszubauen. Die errungenen Marktpositionen müssen dann aggressiv verteidigt werden, denn durch die immer niedriger werdenden Eintrittsbarrieren entwickelt sich der Medienmarkt zu einem der wettbewerbsintensivsten Märkte überhaupt. Angesichts der Schnelllebigkeit, Unübersichtlichkeit und Transparenz werden sich die Medienkonsumenten der Zukunft viel stärker als heute an wenigen medialen Leuchttürmen orientieren. Im Ergebnis dürften es drei bis fünf größere Medienunternehmen sein, die als solche Leuchttürme agieren; keineswegs muss es sich dabei um die heutigen dominierenden Marktteilnehmer im Fernsehgeschäft handeln.

## Polarisierung der Geschäftsmodelle

Die Geschäftsmodelle in den späten 80er Jahren sind klar abgegrenzt. Das Inhaltsangebot der Fernsehsender erstreckt sich von Information über Unterhaltung zu Bildung; für die Telekommunikationsanbieter steht die Bereitstellung von Kommunikationslösungen im Vordergrund. Diese Leistungen werden mit maßgeschneiderten Wertschöpfungsketten erbracht, die kaum industrieübergreifende Berührungspunkte haben. Während Telekommunikationsunternehmen bei ihren Ertragsmodellen nutzungsabhängige Entgelte in den Mittelpunkt stellen, befinden sich die Erlösstrukturen der Fernsehsender in einem Veränderungsprozess. So sind

die Reichweiten der privaten Fernsehsender im Jahr 1988 noch im Aufbau, und rein werbefinanzierte Geschäftsmodelle stellen ein Risiko dar. Die öffentlich-rechtlichen Fernsehanstalten
sind vornehmlich gebührenfinanziert und verknappen ihr rares Werbezeitenangebot zur Maximierung der Erlöse. Erst durch den Start des ersten ASTRA-Satelliten Ende 1988 erhalten
die Reichweiten der privaten Fernsehsender einen nachhaltigen Schub; in der Folge etabliert
Werbung sich sukzessive als nachhaltiges Ertragselement. Gleichzeitig startet mit Teleclub
der erste deutsche Pay-TV-Sender. Zwei der späteren drei zentralen Erlösquellen sind damit
verankert: nutzungsunabhängiges Entgelt bei öffentlich-rechtlichen Sendern und Pay-TV
sowie Werbeeinnahmen beim privaten Free-TV.

20 Jahre später ist der deutsche Fernsehwerbemarkt mit mehr als 3,4 Milliarden Euro Erlös-
volumen zu einer bedeutenden Größe angewachsen. Als dritte Erlösquelle neben festem
Nutzerentgelt und Werbeeinnahmen haben sich volumen- bzw. nutzungsabhängige Tarife
etabliert. Diese kommen etwa bei Video-on-Demand oder auch dem zeitweisen Zugriff auf
Pay-TV zum Einsatz.

Was die Entwicklung der Erlösmodelle in der Zukunft angeht, ist nicht von einer signifikanten Veränderung, jedoch von einer Neukombination der Erlöselemente auszugehen. So werden aller Voraussicht nach der Anteil öffentlich-rechtlicher Werbung am Gesamtertrag der
öffentlich-rechtlichen Sender oder die nutzungsabhängigen Erlöse heutiger Free-TV-Sender
zurückgehen. Eine ausschließliche Fokussierung auf Werbeerlöse, Nutzungsentgelte oder
Partnerprovisionen wird eher die Ausnahme sein. Gleichzeitig wird auch im Mediensektor,
getrieben durch den höheren Wettbewerbsdruck, eine Polarisierung des Angebots erfolgen.
Hochwertige, aufwändig produzierte Inhalte werden massenattraktiven Inhalten gegenüberstehen. Attraktive und exklusive Inhalte können dabei gegen Bezahlung angeboten werden,
aber auch werbefinanziert, wenn sie eine qualifizierte und interessante Zielgruppe erreichen.

Unterschiede in den Geschäftsmodellen werden vornehmlich aus unterschiedlichen Nut-
zungsversprechen und der Architektur der Wertschöpfung resultieren. Dabei ist mit guten
Gründen zu vermuten, dass die Zahl der großen privaten Vollprogramm-Sender zurückgehen
wird. Im Zuge der Digitalisierung bewegt sich die Angebotsstruktur hin zu einer Vielzahl von
spezialisierten, individualisierbaren Programmangeboten.

## Distribution: Alles aus jeder Hand

Bei der Distribution von Inhalten war 1988 die Angebotsstruktur noch wenig ausdifferenziert.
Rundfunksignale wurden terrestrisch in analoger Form übertragen; analoge Telefonie war
nahezu perfektioniert und es wurden die Weichen für die ersten digitalen Dienste gestellt. Die
ersten Unternehmen begannen, Satelliten in die Umlaufbahn zu bringen, um Fernseh- und
Rundfunksignale über Satellit in Deutschland zu verbreiten. Verbraucher hatten in vielen
Regionen noch nicht die Wahl, auf Kabelempfang umzuschalten, da die Kabelinfrastruktur
noch nicht flächendeckend zur Verfügung stand. Ein Internetzugang war prinzipiell möglich,
jedoch wurden hierfür Modems benötigt, die eine Übertragungsrate von maximal 2.400 Baud
zur Verfügung stellen konnten. Mobilfunk wurde, mit großen Einschränkungen, nur von der
Deutschen Bundespost bereitgestellt.

Die heutige Situation unterscheidet sich davon grundlegend. Der ,Digital Switchover' ist für das Jahr 2010 geplant; analoge Dienste gehören der Vergangenheit an. Konsumenten haben heute die Wahl, von wem sie sich wie mit Rundfunk-, Telekommunikations- und Datensignalen versorgen lassen möchten. Die dominierenden Marktteilnehmer haben vergleichbare Bündelangebote. Die Satellitenausstrahlung ist längst digital und rückkanalfähig. Der weitere Ausbau des Breitbandinternets schreitet mit großen Schritten voran.

In Zukunft wird jede Art von Daten digital zu jeder Zeit und an jedem Ort zur Verfügung stehen. Damit ist verbunden, dass das heutige Internet in seiner jetzigen Form nicht mehr existieren kann, da seine Architektur nicht für die weiterhin dramatisch ansteigenden Anforderungen an Qualität, Geschwindigkeit, Sicherheit und Verfügbarkeit ausgelegt ist. Weiterhin wird die Kontrolle über die Distributionsinfrastruktur zu einer Angelegenheit des nationalen Interesses, denn ohne Zugang zu den digitalen Diensten und Funktionalitäten werden ganze Wirtschafts- und Gesellschaftszweige zum Erliegen kommen. Man kann also davon ausgehen, dass ein diskriminierungsfreier Zugang zu Übertragungswegen gefordert wird. Wegzölle (Zugangsgebühren) werden aller Voraussicht nach ersetzt durch ,Mautgebühren' (in Form von Steuern oder Flatrates). Der ,Digital Divide', die gesellschaftliche Kluft in der Nutzung der digitalen Medien, stellt eine der großen gesellschaftlichen Herausforderungen dar.

## Konvergenz der Regulierung in der digitalen Medienwelt

Vor 20 Jahren spielte eine übergreifende Regulierung der Bereiche Telekommunikation, Rundfunk, Kabelnetze und Internet noch keine Rolle. Für Rundfunkunternehmen gab es spezifische Handlungsgrundlagen und Reglementierungen, insbesondere in Form des Rundfunkstaatsvertrages. Der Fokus aller regulierenden Aktivitäten lag rein auf Deutschland, internationale Aspekte spielten – nicht zuletzt wegen der Nichtempfangbarkeit der Signale – nur eine untergeordnete Rolle. Im Jahr 1989 wurden die Landesmedienanstalten als Aufsichtsbehörden für private Radio- und Fernsehprogramme und Telemedien eingerichtet; 1997 kam die Kommission zur Ermittlung der Konzentration im Medienbereich (KEK) hinzu. Ihre Aufgabe ist die Einhaltung der Bestimmungen zur Sicherung der Meinungsvielfalt im bundesweiten privaten Fernsehen. Die heutige Bundesnetzagentur wurde 1998 als Regulierungsbehörde für Telekommunikation und Post (RegTP) im Zuge der Liberalisierung des Telekommunikationsmarktes gegründet.

Auch heute noch ist der Rundfunkstaatsvertrag die Grundlage für die Veranstaltung von Rundfunk in Deutschland. Er wird jedoch mittlerweile flankiert durch das Telemediengesetz und andere weitergehende Regelungen. Das Recht der öffentlichen Zugänglichmachung spielt eine immer wichtigere Rolle bei der Ausgestaltung neuer medialer Angebote. Audiovisuelle Angebote entfernen sich immer mehr vom klassischen Rundfunkbegriff. Institutionen wie die KEK, Landesmedienanstalten und Europäische Kommission haben weitgehende Kompetenzen und Einflussmöglichkeiten erhalten. Nach der Privatisierung der Deutschen Bundespost wurden die Aktivitäten der Deutschen Telekom unter anderem durch nationale (Bundesnetzagentur, Kartellamt) und internationale Institutionen reglementiert. Mittlerweile sind neben den traditionellen Marktteilnehmern mit ihren klassischen Angeboten neue Geschäftsmodelle und Entwicklungen zu beobachten, die bisher keiner Regulierung unterliegen. Hierzu gehören beispielsweise User Generated Content, Open Source oder auch das kontrovers diskutierte Patentrecht für Software und die zugrunde liegenden Lizenzbedingungen (zum Beispiel Creative Commons). Die Medienregulierung kann mit den dynamischen Veränderungen kaum Schritt halten.

Vor dem Hintergrund dieser Entwicklungen dürfte sich in der Zukunft aus der Konvergenz der Medien eine Konvergenz der Regulierung entwickeln, die die verschiedenen Dimensionen des konvergenten Marktes und der Machtverhältnisse dort berücksichtigt. Wie heute wird auch in 20 Jahren die Medien- und Telekommunikationsregulierung zwei Prinzipien folgen: dem Erhalt der Meinungsvielfalt einerseits und dem Schutz des Konsumenten andererseits. Für ihre inhaltliche Gestaltung dürfte maßgeblich sein, dass in einer konvergenten Medienwelt nicht mehr nach Sprache, Daten oder Inhalt, Festnetz oder Mobil und nach lokalen, regionalen oder internationalen Diensten differenziert werden wird, sondern diese Dienste in den einzelnen Stufen eines Schichtenmodells aus Inhaltegenerierung, Inhalteverarbeitung, Dienste- und Netzangebot sowie Inhaltepräsentation aufgehen. Als Konsequenz daraus werden sich auch die Organisation und die Kompetenzverteilung der Medien- und Telekommunikationsregulierung in 20 Jahren verändert haben.

## Das Fernsehen ist tot – es lebe das Fernsehen!

Die klassische Fernsehwelt ist in einem fundamentalen Wandel begriffen. Marktstrukturen, Anbieter und Geschäftsmodelle ändern sich. Fernsehen, wie wir es heute kennen, ist ein Auslaufmodell. Zielgruppen werden sich weiter ausdifferenzieren; Rundfunk wird zukünftig als Bereitstellung eines Signals an „Alle" zur individuellen (zeitlich souveränen und inhaltlich selektiven) Nutzung verstanden werden. Das Individuum als kleinste mediale Einheit wird Wirklichkeit. Erfolgreich können nur jene Anbieter sein, die es verstehen, sich unter den neuen Rahmenbedingungen mit kreativen, konvergenten Geschäftsmodellen zu positionieren. Fernsehen ist damit nicht tot – es wird in Zukunft anders sein. Sich darauf einzustellen, ist Aufgabe für Konsumenten und Herausforderung für Anbieter.

# Die digitale Medienwelt in Zahlen

*Zahlen, Fakten und Wissenswertes*[*]

## Fernsehen

Anzahl der zugelassenen, privaten TV-Programme: 198

Durchschnittlich empfangbare Sender je Fernsehhaushalt: 63

Durchschnittlicher Zuschauermarktanteil der privaten Fernsehveranstalter, in Prozent: 55

Erträge aus Rundfunkgebühren (2008), in Euro: 7.000.000.000

Kosten für den Gebühreneinzug, in Euro: 160.000.000

Monatliche Rundfunkgebühr, in Euro: 16,45

Durchschnittlicher Fernsehkonsum pro Tag, in Minuten: 208

Anzahl der Lindenstraßen-Folgen (bis Mai 2008): 1.170

Anzahl der Tatort-Folgen (bis Mai 2008): 700

Anzahl der GZSZ-Folgen (bis Mai 2008): 4.000

Anzahl konzernweiter Mitarbeiter bei ProSiebenSat.1 Media AG (31.12.): 4.852

Anzahl der Planstellen bei ARD und ZDF: rund 23.000

Durchschnittsalter der Fernsehzuschauer beim ZDF, in Jahren: 61

Anteil der Deutschen, der öffentlich-rechtliche Sender für unverzichtbar hält, in Prozent: 63

Anteil der Deutschen, die die Rundfunkgebühren für angemessen halten, in Prozent: 40

Differenz der Sehdauer nach Bundesland, in Minuten: 90

Höchste Sehdauer nach Bundesland (Sachsen-Anhalt), in Minuten: 270

Höchste Fernsehzuschaueranzahl (Finale der Handball-WM), in Millionen: 16,16

---

[*] Alle Zahlen und statistischen Daten beziehen sich in den meisten Fällen auf das Gesamtjahr 2007 und auf den deutschen Markt. Sie stammen aus frei verfügbaren Quellen im Internet.

Anzahl Filmpremieren im Free-TV: 672

Nettofernsehwerbeumsätze von ARD und ZDF, in Euro: 154.000.000

Durchschnittlicher Anteil von Werbung im Free-TV, in Prozent: 21

Anzahl der Sender bei Premiere: 50

Absatz von Flachbildfernsehern, in Millionen: 4

Aus der Rundfunkgebühr finanzierte TV-Programme: 21

Durchschnittspreis für ein Fernsehgerät, in Euro: 784

Anzahl der Haushalte mit drei oder mehr Fernsehgeräten, in Millionen: 5,1

Anzahl der Haushalte ohne Fernsehgeräte, in Millionen: 4,7

Rückgang der Kinobesuche seit 2002, in Millionen: 38,5

Rückgang der Kinobesuche seit 2002, in Prozent: 25

Anzahl von Full-HD-TV-Geräten in deutschen Haushalten: 480.000

Anteil der ab 14-Jährigen mit persönlichem Interesse an einem EPG, in Prozent: 27

Anteil, für die Horst Schimanski der beliebteste Tatort-Kommissar ist, in Prozent: 37

## Internet

Internetnutzer in Deutschland, in Millionen: 40

Marktvolumen von IPTV in Deutschland, in Millionen Euro: 60

Anzahl der Online-Shopper, in Millionen: 35,18

Anteil der Internet-Nutzer in der Gruppe 60Plus, in Prozent: 24,6

Gesamtumsatz mit Spielekonsolen, in Millionen Euro: 2.140

Anteil der Internet-Nutzer, die Online-Kontaktbörsen nutzen, in Prozent: 19,9

Marktvolumen Online-Werbung, in Millionen Euro: 2.700

Anteil der Online-Werbung am gesamten Werbemarkt, in Prozent: 8,7

Anteil der Online-Nutzung im Medienmix, in Prozent: 14,6

Reichweite des Top-Online-Werbeträgers, in Millionen Nutzer: 15,14

Reichweite des Top-Online-Vermarkters, in Prozent: 49

Anzahl der Domains mit der Endung „.de', in Millionen (März 2008): 12

Anzahl der Deutschen, die 2007 Waren über Ebay verkauften, in Millionen: 13

Anzahl nachrichtlich orientierter, privater Online-Angebote: 4.000

Meistgenutzter Internet-Browser (MS Internet Explorer), in Prozent: 78

Marktanteil der meistgenutzten Suchmaschine (Google), in Prozent: 90

Marktanteil der am zweithäufigsten genutzten Suchmaschine (Yahoo), in Prozent: 3

Durchschnittlicher Klickpreis für Keywords (Versicherungsbranche – 2007), in Euro: 4

Durchschnittlicher Klickpreis für Keywords (Versicherungsbranche – 2005), in Euro: 2,5

Anzahl Nutzer von Videoportalen, in Millionen: 8,3

Anzahl der Internetnutzer, die bereits ein Video hochgeladen haben, in Prozent: 8

Anzahl kommerzieller Video-on-Demand-Angebote: 28

Umsatz mit legalen Downloads, in Millionen Euro: 168

Anzahl der kommerziellen Video-Downloads, pro Monat: 200.000

Umsatz mit Online-Inhalten gesamt, in Millionen Euro: 1.564

Umsatz mit VHS-Videorekordern, in Millionen Euro: 20

Umsatz mit digitalen Videorekordern, in Millionen Euro: 525

Anzahl digitaler Kameras in deutschen Haushalten, in Millionen: 5

Anzahl aktiver deutscher Blogs: 210.000

Anzahl deutschsprachiger Social Network-Angebote: 150

Anzahl der Nutzer von Social Networks, in Millionen: 9

Durchschnittliche, monatliche Verweildauer auf SchülerVZ, in Minuten: 111

Durchschnittliche, monatliche Verweildauer auf Xing, in Minuten: 40

## Telekommunikation & Kabel

Anzahl Mobilfunkverträge (SIM-Karten), in Millionen (Mai 2008): 100

Anzahl der Haushalte mit TV-Empfang über analoges Kabel, in Millionen: 14

Anzahl DSL-Anschlüsse, in Millionen: 17,9

Anteil Breitband-Anschlüsse pro 100 Haushalte, in Prozent: 54

Marktvolumen Festnetzmarkt, in Millionen Euro: 37.000

Marktvolumen Mobilfunkmarkt, in Millionen Euro: 26.400

Anzahl der Mitarbeiter der Deutsche Telekom (31.12.2007): 241.000

Anzahl der Mitarbeiter der Wettbewerber der Deutschen Telekom (31.12.2007): 51.000

Verbindungsminuten im deutschen Festnetzmarkt, in Millionen: 682

Verbindungsminuten im deutschen Mobilfunkmarkt, in Millionen: 202

Durchschnittlicher monatlicher Umsatz pro privatem Mobilfunkkunden, in Euro: 33

Durchschnittlicher monatlicher Umsatz pro iPhone-Kunden, in Euro: 49

Durchschnittlicher monatlicher Daten-Umsatz über alle Kunden hinweg, in Euro: 0,8

Anteil der Umsätze aus mobilen Datenverbindungen, in Prozent: 8,9

Anteil der aktiven Mobilfunkkunden, die mobile Datendienste nutzen, in Prozent: 20

Umsätze mit Mobile Gaming, in Millionen Euro: 58

Anzahl der versendeten SMS, in Milliarden: 22,4

Durchschnittliche Lebensdauer eines Handys, in Jahren: 2

Durchschnittliche (beworbene) Bandbreite eines DSL-Anschlusses: 10 Mbit/s

Durchschnittlicher Umsatz pro Kunde und DSL-Anschluss, in Euro: 21

Monatliche Kosten für eine 1,5 Mbit-DSL-Flatrate in Deutschland, in Euro: 30

Monatliche Kosten für eine 1,5 Mbit-DSL-Flatrate in Kasachstan, in Euro: 2.500

Durchschnittliche Kosten für eine Mobilfunk-Gesprächsminute, in Euro: 0,14

Entwicklung des Index für Mobilfunkpreise seit 2005: -11,5

Rang von Telekommunikationsschulden bei Verbraucherinsolvenzen: 2

Marktvolumen des deutschen Kabelmarkts, in Milliarden Euro: 3

Anzahl der Haushalte, die Fernsehen über Kabel beziehen, in Millionen: 19,5

Anzahl der Haushalte, die Breitbandinternet über Kabel beziehen, in Millionen: 0,9

Marktanteil von DVB-T als primäre Empfangsquelle für Fernsehen, in Prozent: 4

Anzahl der Haushalte ohne Festnetz-Anschluss, nur mit Handy-Vertrag, in Prozent: 10

Umsätze der Kabelnetzbetreiber mit Kommunikationsdiensten, in Millionen Euro: 160

Haushalte mit einer monatlichen Telefonrechnung (Festnetz) von über 50 €, in Prozent: 13

Anteil der Deutschen, die auf einen Festnetzanschluss verzichten könnten, in Prozent: 25

# Die Herausgeber

**Dr. Ralf Kaumanns, Senior Manager, Accenture,** Jahrgang 1972, studierte Medienwissenschaft und Germanistik an der Heinrich-Heine-Universität Düsseldorf. Nach seiner Promotion begann er seine berufliche Laufbahn bei einem führenden Healthcare-Konzern. Dort verantwortete er den Aufbau der Aktivitäten im Bereich der Neuen Medien und des E-Business. Nach dem Wechsel zu einer Strategieberatung beschäftigte er sich schwerpunktmäßig mit Themen der Medien- und Telekommunikationswirtschaft, insbesondere strategische und operative Fragestellungen rund um Fernsehen, Internet, Mobilfunk und Digital Media. Derzeit berät er als Senior Manager bei Accenture Unternehmen aus der Medienwirtschaft. Sein besonderes Interesse gilt den Veränderungen in der Mediennutzung im Kontext der Digitalisierung und deren Implikationen auf die Strategien und Geschäftsmodelle der Medienwirtschaft.

**Veit Siegenheim, Geschäftsführer Media & Entertainment, Accenture,** Jahrgang 1966, studierte Informatik an der Technischen Universität Fridericiana Karlsruhe. Nach seinem Diplom im Jahre 1992 begann er seine berufliche Laufbahn bei einem großen amerikanischen Softwarehersteller, wo er das Beratungs- und Lösungsgeschäft für Telekommunikationsunternehmen verantwortete. Im Rahmen seiner Beratungstätigkeit für Medien- und Telekommunikationsunternehmen führten seine weiteren beruflichen Stationen über die IBM Unternehmensberatung, IBM Global Business Services und Booz Allen Hamilton. Derzeit verantwortet Veit Siegenheim als Geschäftsführer und Executive Partner der Accenture Deutschland GmbH die Aktivitäten im Bereich Media & Entertainment in Deutschland, Österreich und der Schweiz. Seine Arbeit fokussiert sich auf die Positionierung und die daraus resultierende Transformation von Medien- und Telekommunikationsunternehmen, die durch die zunehmende digitale Konvergenz notwendig wird.

**Professor Dr. Insa Sjurts, Professorin für Betriebswirtschaftslehre, insbes. Medienmanagement an der Universität Hamburg und akademische Direktorin der Hamburg Media School,** Jahrgang 1963, arbeitete nach dem Studium zunächst im Vorstandsstab Betriebswirtschaft bei der Gruner + Jahr AG & Co. in Hamburg. 1989 wechselte sie als wissenschaftliche Mitarbeiterin/Assistentin an die Universität der Bundeswehr Hamburg, wo sie 1994 zum Dr. rer. pol. promovierte und sich fünf Jahre später habilitierte. Im Jahr 2000 nahm sie einen Ruf auf die Professur für Allgemeine Betriebswirtschaftslehre, insbes. Medienmanagement, an der Universität Flensburg an, im Jahr 2006 folgte der Ruf an die Universität Hamburg. Seit 2003 ist sie zugleich wissenschaftliche Leiterin der Studiengänge zum Medienmanagement der Hamburg Media School und seit 2002 Mitglied der Kommission zur Ermittlung der Konzentration im Medienbereich (KEK). 2007 wurde sie zur Vorsitzenden des Gremiums gewählt.

# Die Autoren

**Marc Alexander Adam, Executive Director MSN, Microsoft Deutschland GmbH**, absolvierte sein Doppelstudium in International Business (Dipl.-Betriebswirt) und Business Psychology in Heidelberg, Paris und Madrid. Er begann seine berufliche Laufbahn 1997 bei der Deutschen Telekom AG in Bonn, die er nach dreieinhalb Jahren als Vorstandsassistent von Herrn Josef Brauner verließ. Anschließend war er Executive Director bei der VIVA Plus Fernsehen GmbH, einem Joint Venture zwischen AOL Time Warner und der VIVA Media AG, zu deren Gründungsmitgliedern er gehörte. Danach war er für viereinhalb Jahre als Geschäftsführer der Premiere Interactive GmbH für die Bereiche Internet-, Mobil- und iTV des Abo-TV-Senders verantwortlich. Seit dem 2. April 2007 ist Marc Alexander Adam bei Microsoft Deutschland Hauptverantwortlicher für MSN.de. Das Internetportal vereint international über 45 Millionen Unique User und ist in Deutschland mit T-Online und Web.de unter den Top-Internet-Adressen vertreten.

**Wolf Bauer, ist Vorsitzender der Geschäftsführung der UFA Film & TV Produktion GmbH** und Mitglied im Board der FremantleMedia. 1950 in Stuttgart geboren, studierte Wolf Bauer Publizistik und Kunstgeschichte in München und Berlin. Er arbeitete ab 1976 zunächst als Autor von politischen Magazin-Beiträgen für die ZDF-Sendung „Kennzeichen D". 1980 kam Wolf Bauer als Redakteur und Producer zur UFA Film- und Fernsehproduktion und ist seit 1991 Produzent und Vorsitzender der Geschäftsführung der UFA Film & TV Produktion. Von 2000 bis 2003 verantwortete Wolf Bauer zusätzlich die Leitung der kontinental-europäischen Produktionsaktivitäten der FremantleMedia. Seit 2008 gehört Wolf Bauer dem Kuratorium der Bertelsmann Stiftung an

**Stefan Barchfeld, Commercial Director, NBC Universal,** begann seine berufliche Karriere bei MediaCom in Düsseldorf, von wo aus er zu MGM wechselte. Dort stieg er zum National Sales Director Agenturverkauf auf und verantwortete in dieser Position die Sender Pro7 und Kabel 1. Danach arbeitete er unter anderem als Sales Director für Neun Live und MTV Central Europe. Des Weiteren war er als Geschäftsführer bei ARBOmedia Deutschland GmbH, Europas größtem unabhängigen Werbezeitenvermarkter, tätig. Hier war er neben der erfolgreichen Weiterführung des Werbeplatzverkaufs auch für die Sondierung neuer Geschäftsfelder in den klassischen Medien verantwortlich, mit dem Ziel, das Mandantenportfolio des Unternehmens auszubauen. Seit Mitte Juli 2005 hat er den Posten des Commercial Director von NBC Universal Global Networks Deutschland GmbH inne. In dieser Funktion verantwortet er den Bereich Vermarktung der gesamten Senderfamilie.

**Dr. Carsten Baumgarth, Baumgarth Brandconsulting GmbH,** Jahrgang 1968, studierte, promovierte und habilitierte an der Universität Siegen. Er war als Gast- und Vertretungsprofessor unter anderem den Hochschulen Stockholm, Weimar, Paderborn, Wien, St. Gallen, Hamburg, Köln und Frankfurt sowie in einer Vielzahl von Beratungsprojekten und Seminaren in der Praxis tätig. Ferner ist er Gründer und Vorsitzender des Beirats von Baumgarth & Baumgarth – Brandconsulting, einer auf die Führung von B-to-B-Marken spezialisierten Beratung. Als Privatdozent und Forscher an der Marmara-Universität Istanbul (Türkei) hat er bislang über 100 nationale und internationale Publikationen mit den Schwerpunkten Markenpolitik und Empirische Forschung publiziert. Er ist Vizepräsident der Deutschen Werbewissenschaftlichen Gesellschaft (DWG) und Chefredakteur der Zeitschrift transfer – Werbeforschung & Praxis.

**Michael Börnicke, Vorstandsvorsitzender, Premiere AG,** Jahrgang 1960, begann nach dem Studium der Betriebswirtschaftslehre an den Universitäten Bayreuth und Paris seine Karriere bei der HypoVereinsbank in München. 1992 wechselte er zur damaligen ProSieben Television GmbH als Leiter Finanzen und Controlling. 1995 wurde er kaufmännischer Direktor und entwickelte gemeinsam mit Dr. Georg Kofler ProSieben zum profitabelsten Fernsehunternehmen Deutschlands. 1998 wechselte er als kaufmännischer Leiter in die Geschäftsführung der Premiere Medien GmbH & Co. KG. Nach Übernahme des Vorsitzes der Geschäftsführung von Premiere durch Georg Kofler im Jahr 2002 übernahm Börnicke zusätzlich die Aufgabenbereiche IT, Personal und Recht. 2006 wurde er zum stellvertretenden Vorstandsvorsitzenden berufen und übernahm weitere Aufgabenbereiche. 2007 übernahm er den Vorstandsvorsitz der Premiere AG. Die Bereiche Marketing, Vertrieb, Strategie & Produkte, Kundenmanagement sowie das Hotel- und Gastronomiegeschäft sind ihm direkt unterstellt.

**Hagen Bossert, Content Services & Consulting,** Jahrgang 1962, begann nach dem Studium der Betriebswirtschaft an der Fachhochschule für Wirtschaft Pforzheim seine Karriere im Vertrieb der Digital Equipment Company. Nach einem Wechsel in die Content-Industrie war er als Vertriebsleiter International bei der Euroarts International GmbH tätig. Des Weiteren arbeitete er im internationalen Lizenzvertrieb bei RTV Family Entertainment und wurde schließlich Geschäftsführer der Telcast International. Nach einem Wechsel zur Kabel BW als Leiter des Programm-Managements und Mitglied der Geschäftsleitung war er für die Gesamt-Content-Strategie bei Kabel BW sowie die technische, rechtliche und inhaltliche Umsetzung des digitalen Fernsehens mit über 600 Sendern und der Zusammenstellung des Pay-TV-Angebotes aus Kabel Digital Home, tividi, Arena und Premiere verantwortlich. Seit März 2007 leitet Hagen Bossert sein eigenes Beratungsunternehmen und engagiert sich schwerpunktmäßig in der Beschaffung von Inhalten für Netzbetreiber sowie im Bereich Video-on-Demand.

**Peter Boudgoust, Intendant, Südwestrundfunk (SWR),** Jahrgang 1954, studierte Rechtswissenschaften in Heidelberg und Mannheim. Nach einer Laufbahn in der öffentlichen Verwaltung (zuletzt im Staatsministerium Baden-Württemberg als Leiter der Abteilung Personal, Haushalt, Finanzen, Medien, Informations- und Kommunikationssysteme), war er von 1995 bis 1998 Justiziar und Finanzdirektor des Süddeutschen Rundfunks und ab 1998 Verwaltungsdirektor des Südwestrundfunks. 2007 wurde er Intendant des zweitgrößten Senders der

ARD. Er ist Mitglied der Strategiegruppe der ARD, die zentrale strategische Empfehlungen für die Intendantenkonferenzen unter anderem zur Positionierung der Rundfunkanstalten in der digitalen Welt erarbeitet, und außerdem als federführender Intendant der ARD für den Bereich Online und für die Zusammenarbeit mit der Europäischen Rundfunkunion (European Broadcasting Union) tätig.

**Borris Brandt, General Manager, Endemol Deutschland GmbH,** Jahrgang 1961, startete seine Medien-Karriere im Jahr 1985 als Filialleiter bei Govi Tonträger und Vertriebe GmbH in Hamburg, wechselte 1987 als Werbeleiter zur Teldec Schallplatten GmbH und verantwortete dort den Bereich Werbung, Promotion und Cover-Design. Nach seiner Anstellung bei AMPTown als Werbe- und Marketingleiter ging er als Etatdirektor zur Economia Werbeagentur. Von 1995 bis 1996 war Borris Brandt Marketingdirektor bei 20th Century Fox und schrieb als freier Autor von 1996 bis 1998 – parallel zu seinem Beruf als Unternehmens- und Marketingberater – Fernsehfilme wie *Das Finale*. Von 1998 bis 2000 war er erst Leiter der Eigenproduktion und dann Programmdirektor von Pro7, wechselte als Vorstand Musik & Neue Medien zur Senator Film AG und ist seit 2001 General Manager des Fernsehproduktionsunternehmens Endemol Deutschland GmbH.

**Jürgen Doetz, Präsident, Verband Privater Rundfunk und Telemedien e. V. (VPRT),** Jahrgang 1944, war er nach dem Studium der Politik, Geschichte und Soziologie von 1971 bis 1982 in der rheinland-pfälzischen Landespolitik zunächst als Pressesprecher und später als stellvertretender Regierungssprecher tätig. 1982 wurde er Geschäftsführer der PKS Programmgesellschaft für Kabel- und Satellitenrundfunk mbH, aus der 1985 der Fernsehsender Sat.1 hervorging, dessen Geschäftsführer Jürgen Doetz bis 2004 war. Von 2000 bis 2004 hatte er zudem den Vorstandsposten Medienpolitik und Regulierung bei der ProSiebenSat.1 Media AG inne. Seit 1985 vertritt Jürgen Doetz die Interessen des privaten Rundfunks in der Medienpolitik. Er war fünf Jahre Präsident des Bundesverbandes Kabel und Satellit (BKS) und ist seit 1996 Präsident des Verbandes Privater Rundfunk und Telemedien (VPRT).

**Professor Harald Eichsteller, Studiendekan, Masterstudiengang Elektronische Medien an der Hochschule der Medien (HdM), Stuttgart,** Jahrgang 1961, war nach seinem Studium der Betriebswirtschaft an der WHU Koblenz, der Northwestern University und der ESC Lyon in Medienunternehmen, Agenturen und der Industrie tätig. Nachdem er zunächst von 1996 bis 1998 das Ressort Strategische Planung bei RTL Television in Köln geleitet hatte, war er in den Internetpionierzeiten für internationale Medienhäuser und Konzerne als selbständiger Berater tätig. Von 2000 bis zu seinem Wechsel an die Hochschule im Jahr 2003 war er Geschäftsführer der Aral Online GmbH. Dort war er für die Online-Aktivitäten des Mineralölkonzerns verantwortlich und gehörte dem Management-Team der Aral AG an. Er ist Autor zahlreicher Fachartikel und Bücher und hält durch Diplom- und Forschungsprojekte, gutachterliche Tätigkeiten und Beiratsmandate einen engen Kontakt zur Praxis. Seit 2007 ist er außerdem als Jurymitglied bei nationalen Awards vertreten.

**Dr. Bernhard Engel, Medienforschung, Zweites Deutsches Fernsehen (ZDF),** Jahrgang 1953, Diplomsoziologe und promovierter Volkswirt mit dem Schwerpunkt Statistik, studierte an den Universitäten Mainz und Frankfurt am Main. Er arbeitete zunächst als wissenschaftlicher Mitarbeiter in einem Sonderforschungsbereich der Deutschen Forschungsgemeinschaft und am Deutschen Institut für Wirtschaftsforschung (Berlin), bevor er 1984 zum ZDF ging. Dort betreute er zunächst in der IT den Bereich Führungsinformation und wechselte 1998 in die Medienforschung. Er vertritt das ZDF in der technischen Kommission der Arbeitsgemeinschaft Fernsehforschung und ist dort in leitenden Positionen tätig. In der ZDF Medienforschung ist er verantwortlich für Forschung im Bereich der zukünftigen Entwicklung des Fernsehens, die Anwendung innovativer Forschungsmethoden für die Medienforschung sowie Grundlagenforschungsprojekte wie beispielsweise die Langzeitstudie Massenkommunikation. Er ist Mitglied von ESOMAR sowie der American Statistical Association und hat im Rahmen seiner Arbeitsschwerpunkte zahlreiche Publikationen veröffentlicht.

**Dr. Marcus Englert, Vorstand, New Media und Diversifikation der ProSiebenSat.1 Media AG,** studierte Physik an der Ludwig-Maximilians-Universität in München und promovierte am Europäischen Kernforschungsinstitut CERN in Genf. Von 1994 bis 1998 war er Berater bei der Boston Consulting Group in München. 1996 machte Englert seinen Abschluss als MBA am Europäischen Wirtschaftsinstitut INSEAD in Fontainebleau bei Paris. 1998 übernahm er die Geschäftsführung von ProSieben Digital Media in München. Von 2000 bis 2001 war er Vorstand der Kirch New Media AG. Seit 2001 ist Marcus Englert Geschäftsführer von SevenOne Intermedia, dem Multimedia-Unternehmen der ProSiebenSat.1 Group. 2004 wurde er darüber hinaus zum Direktor Diversifikation der Senderfamilie ernannt. Seit August 2006 ist Marcus Englert Vorstand für den Bereich New Media und Diversifikation.

**Dr. Ulrich Flatten, CEO, QVC Deutschland Inc. & Co. KG,** begann nach einem wirtschaftswissenschaftlichen Studium und Promotion seine berufliche Laufbahn in Unternehmen wie Kaufhof, Vobis Microcomputer und Nedlloyd Districenters. Dort sammelte er mehr als 15 Jahre Handelserfahrung, bis er als Chief Operating Officer beim deutschen Teleshopping-Marktführer QVC tätig wurde. Im August 2004 wurde er zum CEO berufen. In dieser Funktion ist er für die Direktionsbereiche Call Center/Customer Focus, Logistics, Finance, Human Resources und Network Development verantwortlich. Seinen Erfolgsweg bei QVC markieren Meilensteine wie der Neubau und die Inbetriebnahme des Distributionszentrums von QVC in Hückelhoven, die Eröffnung des QVC-eigenen Kommunikationszentrums in Bochum sowie der Neubau des QVC-Call Centers in Kassel.

**Dr. Adrian von Hammerstein, Vorsitzender der Geschäftsführung, Kabel Deutschland,** Jahrgang 1953, begann nach seiner volkswirtschaftlichen Promotion seine berufliche Karriere als Controller bei Digital Equipment, als kaufmännischer Leiter des Servergeschäfts bei Siemens Nixdorf und als Bereichsvorstand des Siemens-Bereichs Information and Communication Products. Anschließend führte er fünf Jahre die Geschäfte von Fujitsu Siemens Computers, erst als Finanzvorstand und zuletzt als Vorstandsvorsitzender. Unter seiner Leitung entwickelte sich Fujitsu Siemens zu einem profitablen und anerkannten Anbieter von IT-Hardware und -Infrastrukturen. Des Weiteren war er Vorsitzender des Bereichsvorstands beim IT-Dienstleister Siemens Business Services, bis er im Mai 2007 Vorsitzender der Geschäftsführung bei Kabel Deutschland wurde.

**Dr. Hans Hege, Direktor, Medienanstalt Berlin-Brandenburg (mabb), Vorsitzender der Gemeinsamen Stelle Digitaler Zugang der Landesmedienanstalten,** bereitete nach einem juristischen Studium und Funktionen im Berliner Abgeordnetenhaus und in der Senatsverwaltung für Justiz 1983 eines der ersten deutschen Gesetze zur Einführung von privatem Fernsehen und Radio vor. 1985 wurde er erster Direktor der Anstalt für Kabelkommunikation. Nach der deutschen Einigung wurde 1992 die Medienanstalt Berlin-Brandenburg gegründet, als erste und bisher einzige gemeinsame Einrichtung zweier Länder. Seit 1995 widmet sich Dr. Hege der Entwicklung des digitalen Fernsehens, als Vorsitzender einer dafür neugebildeten Arbeitsgruppe, seit 2000 ist er Vorsitzender der Gemeinsamen Stelle Digitaler Zugang. In diesen Funktionen hat er die Rahmenbedingungen für die Einführung des digitalen Fernsehens mitgestaltet. Der Entwicklung der Kabelindustrie galt seine besondere Aufmerksamkeit. Aktuelle Themen sind die Entwicklungen digitaler Plattformen für Mobile-TV und IPTV über DSL.

**Dr. Stefan Heng, Senior Economist, Deutsche Bank Research,** Jahrgang 1969, promovierte an der Universität Mannheim mit einer verkehrsökonomischen Arbeit und arbeitete an einem Schwerpunktprojekt der Deutschen Forschungsgemeinschaft, bis er schließlich im Jahr 2000 in wechselnder und wachsender Verantwortung als Senior Economist bei Deutsche Bank Research tätig wurde. Sein Aufgabenschwerpunkt liegt heute in der volkswirtschaftlichen Analyse des durch innovative Informations- und Kommunikationstechnologien getriebenen strukturellen Wandels. Die Bereiche E-Commerce, Telekommunikation, neue Medien, innovative Bezahlsysteme und RFID liegen ihm dabei besonders am Herzen. Dr. Heng ist unter anderem regelmäßiges Mitglied im Organisationskomitee der International Telecommunications Society (ITS), im Zukunftspreis-Komitee der VO.IP Germany und ‚Young Leader' der Atlantik Brücke e. V.

**Professor Dr. Thomas Hess, Institut für Wirtschaftsinformatik und Neue Medien, LMU München,** Jahrgang 1967, studierte Wirtschaftsinformatik an der TU Darmstadt, promovierte an der Universität St. Gallen und habilitierte an der Universität Göttingen. Er ist seit Oktober 2001 Professor an der Fakultät für Betriebswirtschaft der Ludwig-Maximilians-Universität München und Direktor des dortigen Instituts für Wirtschaftsinformatik und Neue Medien sowie Koordinator des Zentrums für Internetforschung und Medienintegration (ZIM-LMU). Professor Hess ist darüber hinaus als Unternehmensberater und Aufsichtsratsmitglied tätig. Seine Forschungsinteressen umfassen Digitalisierungsstrategien, insbesondere in der Medienbranche und im Controlling. Weitere Arbeitsschwerpunkte sind das Medienmanagement und die Grundlagen der Wirtschaftsinformatik.

**Dr. Konrad Hilbers, CFO, Primondo Versandhandelsgruppe,** Jahrgang 1963, studierte Wirtschaftswissenschaften zunächst an der Universitäten Münster und später in St. Gallen, wo er anschließend promovierte. Nach seinem Einstieg im Corporate Development der Bertelsmann AG durchlief er mehrere Leitungspositionen in der Medienbranche. So war er unter anderem als CFO bei Bantam Doubleday Dell Publishing, als COO und CFO bei AOL Europe, als CAO der Bertelsmann Music Group und als CEO bei Napster tätig. Anschließend war er fünf Jahre als CEO der Home Shopping Europe GmbH & Co. KG beschäftigt. Heute ist er als CFO der Primondo Versandhandelsgruppe für die Restrukturierungsaktivitäten verantwortlich.

**Robert Hoffmann, Vorstand Consumer-Produkte, 1&1 Internet AG,** Jahrgang 1969, studierte an der Universität Köln Betriebswirtschaftslehre und schloss 1994 mit Diplom ab. Während seines Studiums gründete er 1993 die Hoffmann Distributions-Technik GmbH. Nach dem Verkauf dieses Unternehmens wechselte er 1998 zur Arcor AG & Co. KG, wo er in verschiedenen Führungspositionen zunächst die Sprach-Mehrwertdienste für Geschäftskunden aufbaute und dann als Bereichsleiter Produktmanagement unter anderem für die Markenkonsolidierung (o.tel.o, ISIS, nexgo) und erfolgreiche Positionierung der Komplettpakete verantwortlich war. Seit Juni 2006 ist Robert Hoffmann als Vorstand für das Consumer-Geschäft der 1&1 Internet AG zuständig, das neben Breitband-Entertainment (maxdome, MediaCenter) die Bereiche DSL, Telefonie und Mobilfunk umfasst. Unter seiner Führung hat 1&1 erfolgreich das DSL-Geschäftsmodell auf Komplettangebote umgestellt, ist in den Mobilfunk eingestiegen und hat – zusammen mit der ProSiebenSat.1 Media AG – maxdome zum europäischen Marktführer im Bereich Video-on-Demand aufgebaut.

**Dr. Klaus Holtmann, Leiter Digitale Spartenprogramme, RTL Television und Geschäftsführer Passion GmbH,** Jahrgang 1970, studierte nach einer kaufmännischen Ausbildung Betriebswirtschaftslehre an der Universität zu Köln sowie der Pennsylvania State University und promovierte 1998 zum Thema „Programmplanung im werbefinanzierten Fernsehen". Seine berufliche Laufbahn begann er bei der Splendid Medien AG in Köln im Bereich Filmrechtehandel und Internationale Koproduktion und beteiligte sich außerdem maßgeblich an der IPO-Strategie des Unternehmens. Er war Project Manager für ein Beratungsunternehmen in den Bereichen Strategie und Mergers & Acquisitions in der Film-, Fernseh- und Multimediabranche, bis er sich im Jahr 2003 als Projektleiter in der Unternehmensentwicklung mit der Digitalstrategie der deutschen RTL-Senderfamilie befasste. Heute leitet er die Pay-TV-Kanäle RTL Crime und RTL Living von RTL Television und ist gleichzeitig Geschäftsführer der Passion GmbH, einem Joint Venture von UFA und RTL, das den Pay-TV-Kanal Passion veranstaltet.

**Hans-Joachim Kamp, CEO, Philips Deutschland, Österreich, Schweiz, Sprecher der Geschäftsführung der Philips GmbH,** Jahrgang 1948, studierte Betriebswirtschaftslehre an der Universität Hamburg. Er begann seine berufliche Laufbahn 1975 in der Philips Marktforschung und arbeitete anschließend in verschiedenen Funktionen in Vertrieb, Marketing und Werbung, unter anderem auch zwei Jahre als Area Manager in der damaligen Philips Zentrale in Eindhoven. 1990 wurde er Leiter des umsatzstärksten Geschäftsfeldes Fernsehen und Mitglied der Geschäftsleitung von Philips Consumer Electronics Deutschland. 1992 folgte die Ernennung zum stellvertretenden Leiter des Unternehmensbereichs. 1994 übernahm Kamp die Verantwortung für den Vertrieb. Von Januar 1998 bis Januar 2005 war er Leiter des Unternehmensbereichs Consumer Electronics und seit 1999 zugleich Mitglied der Geschäftsführung der Philips GmbH in Deutschland. Seit dem 1. Februar 2005 ist er Chief Executive Officer Philips Deutschland, Österreich, Schweiz und Sprecher der Geschäftsführung der Philips GmbH.

**Ferdinand Kayser, President & CEO von SES ASTRA,** Jahrgang 1958, studierte an der Universität Paris I, Panthéon-Sorbonne. Seine berufliche Laufbahn begann er 1985 bei CLT Multi Media in Luxemburg, wo er ab 1988 für alle deutschen RTL TV- und Radio-Aktivitäten verantwortlich war. Als Gründungsgeschäftsführer realisierte er den Launch von RTL II und war als Executive Vice President ab 1993 verantwortlich für alle TV-Aktivitäten von RTL. Er setzte den Launch von Super RTL um und startete RTL-Kanäle in Osteuropa. 1997 wechselte Ferdinand Kayser als Geschäftsführer zu Premiere, wo er bis 2002 tätig war. Seit 2002 ist er President und CEO von SES ASTRA, dem führenden Satellitenbetreiber in Europa, sowie Mitglied des Vorstands der SES Gruppe.

**Dr. Christoph Kuhlmann, Institut für Medien- und Kommunikationswissenschaft, TU Ilmenau,** Jahrgang 1965, studierte Kommunikationswissenschaft, Politikwissenschaft und Philosophie in München und war bis zu seiner Promotion über „Die öffentliche Begründung politischen Handelns" im Jahr 1999 als wissenschaftlicher Mitarbeiter an den Universitäten München und Leipzig tätig. Seit 1999 ist er Lehrkraft für besondere Aufgaben am Institut für Medien- und Kommunikationswissenschaft der Technischen Universität Ilmenau. Seine Forschungsschwerpunkte sind Nutzungs- und Rezeptionsforschung, Kommunikationstheorie, politische Kommunikation und empirische Forschungsmethoden.

**Dr. Andrea Malgara, Geschäftsführer Marketing, SevenOne Media,** Jahrgang 1965, promovierte in Business und Economics an der Universitá Cattolica del Sacro Cuore. Von 1990 bis 1994 war er Marketingmanager – ab 1994 Marketingverantwortlicher bei Publitalia `80, dem Werbezeitenvermarkter von Mediaset. 1995 wechselte Dr. Andrea Malgara als Leiter Sales & Services zur MGM MediaGruppe München, heute SevenOne Media. Nach Stationen als Geschäftsbereichsleiter und Director Marketing & Research verantwortet er seit Februar 2002 als Geschäftsführer der SevenOne Media GmbH die Bereiche Marketing und Research.

**Guillaume de Posch, Vorstandsvorsitzender, ProSiebenSat.1 Media AG (bis 31.12.2008),** studierte Betriebswirtschaft an der Ecole de Commerce Solvay in Brüssel. Er begann seine berufliche Laufbahn 1984 beim internationalen Energie- und Dienstleistungskonzern Tractebel S. A., für dessen Engineering Division er zuletzt als Vice President Far East in Hongkong arbeitete. 1990 wechselte er zu McKinsey & Company in Belgien, ehe er 1993 zum Rundfunkunternehmen Compagnie Luxembourgeoise Telediffusion (CLT) – jetzt RTL Group – nach Luxemburg kam. Er arbeitete zunächst als Assistent der Geschäftsführung und übernahm dann die Verantwortung für die TV-Aktivitäten der CLT in den französischsprachigen Ländern. Seit 1997 war er stellvertretender Geschäftsführer und Programmverantwortlicher des Pay-TV-Unternehmens TPS in Frankreich. Seit Juni 2004 ist Guillaume de Posch Vorstandsvorsitzender der ProSiebenSat.1 Media AG, von September 2003 bis April 2004 war de Posch Chief Operating Officer der Gruppe.

**Parm Sandhu, CEO, Unitymedia,** begann nach seinem Abschluss an der Cambridge University und einen BA Honours Degree in Mathematik seine berufliche Karriere als Wirtschaftsprüfer und Marketingexperte bei PricewaterhouseCoopers in London. Nachdem er bei Liberty Media International, dem weltweit größten internationalen Kabelunternehmen, als Finance Director Europe zahlreiche strategische Übernahmen vorangetrieben hatte, wechselte er 2003 zum hessischen Kabelnetzbetreiber iesy. Parm Sandhu trieb die Konsolidierung von iesy, ish und zuletzt Tele Columbus voran. Mit der Integration zu einem vereinten Unternehmen mit über fünf Millionen Kunden entstand Deutschlands größtes zusammenhängendes Kabelnetz. Nach Abschluss der strukturellen Veränderungen konzentrierte sich Parm Sandhu auf die aggressivere Einführung und ein verstärktes Marketing von Triple-Play-Angeboten: Digital TV, Telefon und Internet.

**Professor Markus Schächter, Intendant, Zweites Deutsches Fernsehen (ZDF),** Jahrgang 1949, studierte Geschichte, Politikwissenschaft, Publizistik und Religionswissenschaften an den Universitäten München, Lyon, Paris und Mainz. Nach seinem Staatsexamen 1974 begann er seine journalistische Tätigkeit als Freier Mitarbeiter für die Deutsche Presse-Agentur, den Südwestfunk und das ZDF. Von 1977 bis 1981 leitete Markus Schächter die Abteilung Öffentlichkeitsarbeit im Kultusministerium von Rheinland-Pfalz. Seit 1981 ist er beim ZDF in unterschiedlichen Funktionen tätig. 1993 übernahm er die Leitung der Hauptabteilung Programmplanung und wurde 1998 ZDF-Programmdirektor. Seit März 2002 ist Markus Schächter Intendant des ZDF und lehrt seit 2004 als Professor an der Hochschule für Musik und Theater in Hamburg.

**Dr. Tobias Schmid, Leiter Medienpolitik, RTL Deutschland,** absolvierte nach einem juristischen Studium und Promotion in Heidelberg und Freiburg sein Referendariat in Berlin. Von 1999 bis Ende 2004 war Tobias Schmid für die Home Shopping Europe AG tätig. Hier verantwortete er als General Counsel die Bereiche Recht und Medienpolitik, Personal, interne Revision und Öffentlichkeitsarbeit. Seit Januar 2005 ist er Bereichsleiter Medienpolitik bei RTL Television. Darüber hinaus ist er seit Oktober 2005 Vorsitzender des Fachbereichs Fernsehen und Vizepräsident des Verbandes Privater Rundfunk und Telekommunikation (VPRT).

**Professor Dr. Norbert Schneider, Direktor, Landesanstalt für Medien Nordrhein-Westfalen, Leiter Programm, Werbung, Medienkompetenz der Direktorenkonferenz der Landesmedienanstalten,** Jahrgang 1940, war nach dem Studium der evangelischen Theologie und Publizistik unter anderem als Direktor für Hörfunk und Fernsehen beim Sender Freies Berlin (SFB) sowie als Geschäftsführer der Allianz-Film GmbH Berlin tätig. Seit 1993 ist er Direktor der Landesanstalt für Medien Nordrhein-Westfalen (LfM) in Düsseldorf. Von 1999 bis 2003 war Schneider Vorsitzender der Direktorenkonferenz der Landesmedienanstalten (DLM); seit 2003 leitet er die Gemeinsame Stelle Programm, Werbung, Medienkompetenz der DLM. Er ist Mitglied unter anderem in der Mahrenholz-Kommission und dem Verwaltungsrat des GEP in Frankfurt am Main. Zurzeit ist er Vorsitzender des Vergabeausschusses der Filmstiftung NRW sowie Mitglied im Bildungszentrum BürgerMedien und dem Beirat der Mainzer Tage der Fernsehkritik und dem Kuratorium des Projektes „Ein Netz für Kinder". Die Landesregierung NRW verlieh ihm im Jahr 2004 den Professorentitel.

**Dr. Susanne Stürmer ist Geschäftsführerin der UFA Film & TV Produktion GmbH.** In dieser Funktion leitet sie unter anderem die Abteilungen Business Development, Legal & Business Affairs, Medienpolitik, Marketing & Kommunikation sowie die Marktforschung. Susanne Stürmer studierte Volkswirtschaftslehre und promovierte 1996. Im Anschluss leitete sie den Bereich Regulierungsökonomie eines Telekommunikationsunternehmen und war davor Assistant Manager bei Price Waterhouse Corporate Finance GmbH. Susanne Stürmer beschäftigt sich intensiv mit Inhalteangeboten für neue Plattformen und organisiert die Voraussetzungen für die UFA, sich von einem Fernsehproduzent zu einem Bewegtbild-Anbieter für alle Plattformen zu entwickeln.

**Dr. Wolfgang Schulz, Geschäftsführer, Hans-Bredow-Institut für Medienforschung,** Jahrgang 1963, studierte in Hamburg Rechtswissenschaft und Journalistik. Nach einem Jahr als wissenschaftlicher Mitarbeiter in der Aufbauqualifikation Fachreferent/in für Öffentlichkeitsarbeit (DIPR) begann 1993 seine Tätigkeit am Hans-Bredow-Institut. Er ist Lehrbeauftragter im Wahlschwerpunkt Information und Kommunikation des Fachbereichs Rechtswissenschaft der Universität Hamburg. Seit 2001 ist er Direktor des Hans-Bredow-Instituts. Die Schwerpunkte seiner Arbeit liegen bei Problemen der rechtlichen Regulierung in Bezug auf Medieninhalte, Fragen des Rechts neuer Kommunikationsmedien und der Rechtsgrundlagen journalistischer Arbeit. Dazu kommen Arbeiten zu Handlungsformen des Staates, etwa im Rahmen von Konzepten ‚regulierter Selbstregulierung‘.

**Professor Dr. Helmut Thoma,** Jahrgang 1939, war nach seiner Promotion zum Dr. jur. im Jahr 1962 als Rechtsanwalt tätig. 1968 bis 1973 war er Justitiar des Österreichischen Fernsehens (0RF), anschließend Chef der Deutschen Vermarktungsgesellschaft von RTL (IPA) in Frankfurt am Main und Direktor von Radio Luxemburg. 1984 bis 1999 war er Gründer und Geschäftsführer von RTL Television. Unter seiner Regie wurde RTL plus zum erfolgreichsten europäischen TV-Veranstalter. Als erster deutschsprachiger Fernsehmacher erhielt Thoma 1994 den Emmy-Award, den amerikanischen Fernseh-Oscar. Der Professorentitel wurde ihm 1995 vom österreichischen Bundespräsidenten verliehen. Thoma arbeitet heute als freiberuflicher Medienberater und ist in mehreren Aufsichtsräten von Kabel-, Fernseh- und Internet-Anbietern vertreten.

**Uli Veigel, CEO, Grey Group Germany,** und deren Business Line Advertising & Marketing Service Agencies, begann seine berufliche Entwicklung nach der Ausbildung zum Werbekaufmann und einem Studium zum Werbebetriebswirt 1978 als Senior Kundenberater bei der Werbeagentur Ogilvy & Mather. 1983 wechselte Uli Veigel auf die Kundenseite und war als Senior Product bei Reemtsma tätig. 1987 wechselte er zurück in die Werbeagentur und fing als Management Supervisor bei Bates Deutschland an. Dort wurde er schon 1993 CEO von Bates und 1995 CEO Bates Group Germany. 1998 übernahm Uli Veigel als European Board Member erweiterte Zuständigkeiten und wurde 2000 in das Worldwide Board Bates Group berufen. Während der ganzen Zeit betreute er namhafte nationale und internationale Kunden. Seit 2004 ist Uli Veigel bei der Grey Group Germany tätig, seit 2005 deren CEO. Er ist verantwortlich für alle Werbe- und Marketing Service-Agenturen der Gruppe. Weltweit gehört die Grey Group zum WPP Agenturnetwork, dem größten der Welt. Die Grey Group ist die zweitgrößte Werbeagentur in Deutschland. Uli Veigel ist außerdem Mitglied des weltweiten Grey Global Group Management Boards und Vorstandsmitglied der GWA und Präsidialmitglied der ZWA.

**Professor Dr. Norbert Walter, Chefvolkswirt der Deutsche Bank,** war nach dem Studium der Volkswirtschaftslehre an der Johann-Wolfgang-Goethe-Universität zunächst von 1968 bis 1971 Mitarbeiter am Institut für Kapitalmarktforschung in Frankfurt am Main und dann am

Kieler Institut für Weltwirtschaft tätig, an dem er unter anderem die Abteilungen Konjunktur sowie Ressourcenökonomik leitete. 1987 wechselte er zur Deutsche Bank Gruppe, wo er seit 1990 als Chefvolkswirt der Deutsche Bank Gruppe und Geschäftsführer von Deutsche Bank Research tätig ist.

**Philipp Welte, Chief Marketing Officer und Verlagsgeschäftsführer Axel Springer Media Impact,** Jahrgang 1962, volontierte ab 1981 bei der Südwestpresse, studierte später an der Universität Tübingen Politik und Kulturwissenschaften und war danach einige Jahre als Journalist freiberuflich tätig. 1992 ging er zum Mitteldeutschen Rundfunk nach Leipzig, von dort wechselte er 1994 zu Hubert Burda Media, wo er unter anderem als Direktor Kommunikation Burda Holding tätig war. 1998 wurde Philipp Welte Geschäftsführer der Burda People Group. Seit 2007 ist Philipp Welte bei der Axel Springer AG, wo er als Vorstandsvorsitzender der BILD.T-Online AG und CO.KG einen umfassenden Restrukturierungs- und Innovationsprozess verantwortete, der unter anderem den Relaunch von BILD.de umfasste. Seit Januar 2008 baut er als Verlagsgeschäftsführer und Chief Marketing Officer Axel Springer Media Impact auf, eine konvergente Vermarktungseinheit für die Zeitungen der BILD-Gruppe, die Zeitschriften und die dazugehörigen digitalen Angebote.

**Wolfram Winter, Geschäftsführer Premiere Star GmbH,** studiert sowohl Politologie, Psychologie und Sozial- und Wirtschaftsgeschichte an der Ludwig-Maximilians-Universität als auch Medienmarketing an der Bayerischen Akademie der Werbung in München. 1992 begann er seine berufliche Laufbahn als Leiter Kommunikation bei Antenne Bayern und wird, nachdem er Leiter Presse bei der MGM MediaGruppe München war, Bereichsleiter Kommunikation und Unternehmenssprecher für das DSF Deutsches Sportfernsehen. Er wechselte anschließend als Programmchef zum DF1, einem der ersten digitalen TV-Sender Deutschlands. Von 1998 an war Winter Geschäftsführer der Universal Studios Networks, die seit Juli 2005 unter NBC Universal Global Networks Deutschland firmieren. Im März 2007 wurde er Geschäftsführer der Premiere Star GmbH und launchte im selben Herbst die gleichnamige Vermarktungsplattform, die derzeit 35 Sender im Portfolio hat. Für Powerchild e. V., ein Verein unter der Schirmherrschaft von Veronica Ferres, der sich gegen den sexuellen Missbrauch von Kindern einsetzt, agiert er als ehrenamtliches Vorstandsmitglied.

**Dr. Thomas Wilde, Assistent des CEO, Primondo GmbH,** Jahrgang 1980, studierte Betriebswirtschaftslehre an der Ludwig-Maximilians-Universität München, wo er anschließend bis Anfang 2008 am Institut für Wirtschaftsinformatik und Neue Medien promovierte. Seit April 2008 bearbeitet er strategische Fragestellungen für den Vorstand der Primondo Versandhandelsgruppe, zu der seit 2007 die Home Shopping Europe GmbH gehört.

**Andre Zalbertus, Zalbertus New Media,** Jahrgang 1960, war nach seinem Studium der Geschichte und Germanistik in Düsseldorf und Berlin und an der Deutschen Journalistenschule München als Auslandskorrespondent für RTL in der ehemaligen Sowjetunion tätig. 1995 gründete er die AZ Media und wurde Dozent und Mitglied des Vorstandes der Deutschen Journalistenschule. 2004 gründete er das center.tv Heimatfernsehen; 2008 die Beratungsfirma Zalbertus New Media.

# Glossar[*]

**ADSL** – Abk. für Asymmetric Digital Subscriber Line, bei Privatkunden in Deutschland am weitesten verbreitete Breitbandzugangstechnologie zum Internet. Ihr Spezifikum ist die asymmetrische Verteilung der Datenübertragungsraten. So stehen für den Datenempfang (downstream) meistens 768 kBit/s zur Verfügung, während das Senden von Daten (upstream) auf eine Übertragungsrate von 128 kBit/s begrenzt ist.

**Blog** – kurz für Weblog, Kunstwort aus *Web* und *Log*buch. Es bezeichnet eine Webpräsenz, die chronologisch neue Einträge enthält. Verfasst werden die Einträge von Internet-Autoren (Blogger). Sie teilen auf diesen Seiten ihre Überlegungen und Gedanken mit. Die Einträge können von Besuchern der Website kommentiert werden. Dadurch bieten Weblogs Diskussionsforen für Autor und Leser. Weblogs können einem spezifischen Thema gewidmet sein, Kommentare des Autors zu von ihm besuchten Websites enthalten oder wie ein persönliches Tagebuch abgefasst sein.

**Bluetooth** – Technologie für die drahtlose Nahbereichs-Kommunikation elektronischer Geräte wie Mobiltelefone, Organizer und PCs. Zum Datenaustausch via Bluetooth ist, anders als bei Infrarot-Übertragungen, keine Sichtverbindung der Geräte erforderlich. Für einen Datenaustausch zwischen bluetoothfähigen Endgeräten müssen diese sich in einer Entfernung von maximal 10 Metern befinden und sich sodann nach erfolgreicher gegenseitiger Authentisierung zu einem Piconetz verbinden.

**Blu-ray-Technologie** – ein digitales optisches Speichermedium. Durch den Einsatz eines blau-violetten Lasers und dessen kurzer Wellenlänge (405 Nanometer) lassen sich höhere Datendichten erreichen als bei einer DVD. Pro Datenschicht lassen sich 25 GByte Daten auf einer Blu-ray-Disc speichern, so dass sich bei zweischichtigen Medien eine Kapazität von bis zu 50 GByte ergibt.

**Breitbandübertragung** – Übertragung mit Datenraten größer als 2 MBit/s; alle kleineren Datenraten werden als Schmalbandübertragung bezeichnet.

**Corporate TV** – auch Business TV; Fernsehprogramm, das im Rahmen der Unternehmenskommunikation produziert und ausgestrahlt wird. Neben der Schulung und Weiterbildung findet Business TV immer mehr als reines Unternehmensfernsehen Verbreitung. Die Möglichkeit, bewegte Bilder zunehmend über das Internet (IPTV) zu verbreiten, gibt dem Unternehmensfernsehen Auftrieb. So haben Audi, Mercedes-Benz oder Land Rover bereits eigene Sender im Internet etabliert.

---

[*] Die Erläuterungen stammen größtenteils aus dem Gabler Kompakt-Lexikon Medien (von Insa Sjurts).

**DMB** – Abk. für Digital Media Broadcasting, Übertragungsstandaard für die digitale Fernsehübertragung auf mobile Endgeräte wie Mobiltelefone Personal Digital Assistants. DMB baut auf dem digitalen Radiostandard DAB (Digital Audio Broadcasting) auf.

**Drei-Stufen-Test** – Prüfverfahren für neue digitale Formate der öffentlich-rechtlichen Rundfunkanstalten bei dem geprüft wird, ob ein neues Angebot Teil des Auftrags der öffentlich-rechtlichen Rundfunkanstalten ist, welchen qualitativen Beitrag zum publizistischen Wettbewerb es leistet und wie hoch der finanzielle Aufwand ist.

**DSL** – Abk. für Digital Subscriber Line, Zugangstechnologie zum Internet, die durch ein digitales Übertragungsverfahren hohe Bandbreiten zur Datenübertragung über Telekommunikationsnetze zur Verfügung stellt. Varianten werden unter dem Begriff xDSL zusammengefasst. Die verschiedenen DSL-Techniken unterscheiden sich durch die Anzahl der verwendeten Kupferadern, das Modulationsverfahren, die verfügbare Bandbreite und durch das typische Einsatzgebiet. Wichtigste Varianten sind ADSL, SDSL, HDSL und VDSL.

**DVB-(x)** – Abk. für Digital Video Broadcasting, europäisch standardisiertes Übertragungssystem für digitales Fernsehen. Neben Fernsehprogrammen ist auch die Übertragung von Hörfunk sowie von zusätzlichen Diensten möglich. Je nach Übertragungsmedium werden unterschieden DVB über Satellit (DVB-S), DVB über Kabelnetze (DVB-C), DVB für mobile Endgeräte (DVB-H) und DVB über terrestrische Sender (DVB-T). Für den Empfang werden jeweils unterschiedliche Empfangsgeräte benötigt.

**Early Adopter** – Person, der die neuesten technischen Errungenschaften oder die neuesten Varianten eines Produkts erwirbt, obwohl diese teuer und oftmals unausgereift sind.

**EPG** – Abk. für Electronic Program Guide, elektronischer Programmführer, Software, die den Fernsehzuschauer am TV-Bildschirm durch das Fernsehprogrammangebot führt. Der EPG stellt somit eine Variante der gedruckten Programmzeitschrift dar. Zu den einzelnen Sendungen werden Anfangszeit, Dauer und kurze Inhaltsbeschreibungen angezeigt. Diese Programmdaten können für die Programmierung von Speichergeräten wie DVD- oder Festplatten-Rekorder verwendet werden.

**First Mover** – Unternehmen, das als erstes ein neues Produkt anbietet oder einen neuen Markt erschließt.

**Free-TV** – seit der ersten Hälfte der 80er Jahre in Deutschland neben dem öffentlich-rechtlichen Fernsehen als zweite Angebotsform zugelassenes Fernsehangebot. Die privaten Fernsehsender bieten entweder ein Voll-, Sparten- oder Lokalprogramm. Ihr Formalziel ist die Erwirtschaftung von Gewinn. Entsprechend liegt das inhaltliche Interesse (Sachziel) auf der bestmöglichen Gestaltung der Programme im Hinblick auf deren kommerzielle Verwertbarkeit am Markt. Erlöse können dabei entweder im Rezipientenmarkt oder im Werbemarkt generiert werden.

**FTA Box** – einfachste Form einer Set-top-Box. Als Set-Top-Box wird in der Unterhaltungselektronik ein Gerät bezeichnet, das an ein anderes – meist einen Fernseher – angeschlossen wird und damit dem Benutzer zusätzliche Nutzungsmöglichkeiten bietet. FTA Boxen (Free-to-air) können keine verschlüsselten Sender empfangen. Sie dienen lediglich zum Umschalten in frei empfangbaren Programmen und besitzen rudimentäre Zusatzfunktionen.

**GPRS** – Abk. für General Packet Radio Service, im Jahr 2001 in Deutschland eingeführter Standard der paketvermittelten Datenübertragung im Mobilfunk. Die Daten werden dabei in Pakete fester oder variabler Länge zerlegt und versendet. Die Funkkanäle werden nur dann belegt, wenn tatsächlich Daten übertragen werden. Gerade nicht benötigte Zeitschlitze eines Kanals können von anderen Anwendern genutzt werden. Beim Empfänger werden die Datenpakete wieder zusammengesetzt.

**GPS** – Abk. für Global Positioning System, vom Verteidigungsministerium der USA betriebenes Satelliten-gestütztes System zur präzisen Orts- und Zeitbestimmung. Im zivilen Bereich sind Positionsbestimmungen (Breite, Länge, Höhe) weltweit mit einer Genauigkeit von ca. 20 bis 30 m möglich.

**Handy-TV** – digitale Fernsehübertragung auf mobile Endgeräte wie Mobiltelefone oder PDAs. Als Übertragungsstandards konkurrieren derzeit DMB (Digital Media Broadcasting) und DVB-H (Digital Video Broadcasting-Handheld).

**HDTV** – Abk. für High Definition Television, Oberbegriff für verschiedene analoge und digitale Standards für hochauflösendes Fernsehen. Gegenüber dem herkömmlichen Fernsehen im PAL-Standard mit 576 Zeilen und insgesamt rd. 414.000 Bildpunkten (Pixeln) zeichnet sich das HDTV-Bild durch 1080 Zeilen und bis zu 2 Millionen Bildpunkte aus. Hinzu kommt ein verändertes Bild-Seitenverhältnis von 16:9 (Bildbreite : Bildhöhe) statt, wie ansonsten üblich, 4:3.

**HSDPA** – Abk. für High Speed Downlink Packet Access, Übertragungsverfahren des Mobilfunkstandards UMTS. HSDPA soll Downstream-Datenraten von maximal 14,6 Mbit pro Sekunde, also die schnelle Übertragung großer Datenmengen (Spiele, Filme etc.) zwischen Basisstation und Mobilfunkgerät ermöglichen.

**Instore-TV** – Fernsehprogramme, die im stationären Einzelhandel ausgestrahlt werden. Instore-TV-Angebote finden sich insbesondere in Drogerien, Tankstellen und in Filialen von Bekleidungsketten. Das Programm umfasst Unterhaltung, Verbraucherinformationen und Werbespots.

**Internet-TV** – Angebot von digitalem Fernsehen und Filmen im Internet unter Nutzung des Internet-Protokolls. Für die Übertragung ist eine breitbandige Netzverbindung erforderlich. Der Empfang setzt darüber hinaus das Vorhandensein einer Set-Top-Box zur Umwandlung der digitalen in analoge Signale, die sodann vom Fernsehgerät dargestellt werden können, voraus.

**IP** – Abk. für Internet Protocol, Protokollfamilie, die den Datenaustausch zwischen Computern regelt und grundlegend ist für die Kommunikation über das Internet. Die zu übertragenden Informationen werden dabei in Datenpakete aufgeteilt, die unabhängig voneinander den besten Weg durch das Netz nehmen.

**IPTV** – Abk. für Internet Protocol Television, Angebot von digitalem Fernsehen und Filmen im Internet unter Nutzung des Internet-Protokolls. Für die Übertragung ist eine breitbandige Netzverbindung erforderlich. Der Empfang setzt darüber hinaus das Vorhandensein einer Set-Top-Box zur Umwandlung der digitalen in analoge Signale, die sodann vom Fernsehgerät dargestellt werden können, voraus.

**ISDN** – Abk. für Integrated Services Digital Network, digitales Fernmeldenetz, das eine schnelle und sichere Übertragung von großen Datenmengen (Texte, Sprache, Bilder) ermöglichen soll. Ferner stehen zusätzliche Dienste wie Rufnummernanzeige, Anklopfen oder Rückruf zur Verfügung. ISDN stellt eine Weiterentwicklung des digitalen Fernsprechnetzes mit analoger Teilnehmeranschlussleitung dar; bei ISDN wird die Digitaltechnik bis zum Netzanschluss der einzelnen Teilnehmer weitergeführt.

**ISP** – Abk. für Internet-Service-Provider, Telekommunikationsdienstleister, der Endkunden den Zugang zum Internet anbietet. Darüber hinaus bieten ISP regelmäßig weitere Dienste an, wie aktuellen Content (z. B. Nachrichten), Electronic Mail-Accounts, Dienstleistungen für eine Webpräsenz oder Softwarekomponenten.

**iTV** – Abk. für interactive television, Fernsehangebot, das dem Zuschauer die Möglichkeit gibt, während einer Sendung in Interaktion mit dem TV-Sender zu treten. Dienste wie Video-on-Demand, Teleshopping oder auch Pay-per-View sind Beispiele interaktiven Fernsehens. Technische Voraussetzung ist das Vorhandensein eines Rückkanals über den Daten vom Empfangsgerät zum Sender übertragen werden können.

**IVR** – Interactive Voice Response (IVR) ist eine einfache Sprachnavigation bei Telefonanlagen. Beispiel: „Um einen Flug zu buchen, sagen Sie jetzt bitte: ‚Flug'. Um ein Hotel zu buchen, sagen Sie jetzt bitte: ‚Hotel'."

**LAN** – Abk. Local Area Network ist ein Rechnernetz, welches in der Regel ein überschaubares Gebiet abdeckt. LANs werden häufig im Bereich des Mobilfunks als Wireless LAN oder WLAN verwendet.

**LCD** – Flüssigkristallbildschirm oder Flüssigkristallanzeige, dessen Funktion darauf beruht, dass Flüssigkristalle die Polarisationsrichtung von Licht beeinflussen, wenn ein bestimmtes Maß an elektrischer Spannung angelegt wird. LCD-Bildschirme stellen wie Plasma-Bildschirme eine technologische Grundlage von Flachbildfernsehern dar.

**Lean-Back/Lean-Forward** – körperliche Haltungen und stehen dabei synonym für die Nutzungsart beim Medienkonsum. Lean-Back steht dabei für die tendenziell passive Nutzung eines Mediums, z. B. entspannt auf der Couch eine Fernsehsendung schauen. Lean-Forward beschreibt eine tendenziell aktive Haltung bei der Nutzung eines Mediums, z. B. konzentriert vor dem PC sitzen und Informationen im Internet recherchieren.

**Livestream** – eine aus dem Internet empfangene und gleichzeitig wiedergegebene Audio- und Videodatei. Den Vorgang der Übertragung selbst nennt man Streaming und gestreamte Programme werden als Livestream oder Videostream bezeichnet.

**Lokal-TV** – speziell für einen lokalen Raum (z. B. Stadt oder Kreis) zugeschnittenes Rundfunkprogramm. Hierbei kann es sich um lokale Programminhalte in überregionalen Sendern handeln (so die Regionalfensterprogramme in den beiden bundesweit verbreiteten reichweitenstärksten Fernsehvollprogrammen Sat.1 und RTL) oder um eigenständige lokale Sender (z. B. Radio Charivari in München oder der Fernsehsender Hamburg 1).

**Long Tail** – englisch für ‚langer Schwanz', Theorie, nach der ein Anbieter im Internet durch eine große Anzahl an Nischenprodukten, die vergleichsweise selten gekauft werden, Gewinne machen kann.

**Mediacenter-PC** – ein auf PC-Komponenten basierendes Gerät, das klassische Hi-Fi-Geräte ersetzen soll und durch seinen modularen Aufbau besonders flexibel ist.

**Mediathek** – meist im Zusammenhang mit Internetangeboten öffentlich-rechtlicher Rundfunkanstalten in Deutschland verwendet. Der Begriff beschreibt dabei ein kostenloses Angebot von audiosvisuellen Inhalten von ARD und ZDF, die programmbegleitend per Internet zur Verfügung gestellt werden. Das ZDF stellt in seine Mediathek auch online-first-Veröffentlichungen ein, die zuerst im Internet zu nutzen sind und dann im regulären Programm ausgestrahlt werden.

**MHP** – Abk. für Multimedia Home Platform, Hardware-unabhängige Schnittstellenbeschreibung, die die einheitliche Programmierung und Darstellung interaktiver Anwendungen für das digitale Fernsehen ermöglicht. MHP erlaubt den Anschluss unterschiedlicher End- und Peripherie-Geräte wie Set-Top-Boxen oder Multimedia-PCs und macht Dienste wie elektronische Programmführer oder den Zugang zum Internet möglich.

**MMS** – Abk. für Multimedia Messaging Service, Mitteilungsdienst im Mobilfunk. MMS ist Nachfolger des Short Message Service (SMS) und ermöglicht es, umfangreiche Nachrichten mit multimedialen Inhalten (z. B. Töne, Bilder, kurze Videosequenzen, Stadtpläne) an ein anderes mobiles Endgerät oder eine E-Mail-Adresse zu versenden.

**Mobile TV** – oder mobiles Fernsehen, Nutzung rundfunkmäßig ausgestrahlter Fernsehprogramme auf Mobiltelefonen. Einige Anbieter verwenden die Bezeichnung Mobiles Fernsehen im Abgrenzungsversuch zum Begriff Handy-TV, der für die per UMTS verbreiteten Mobile-Video-Angebote etabliert worden war.

**MP3** – kurz für MPEG Audio Layer-3, Standard zur Kompression von Audiosignalen. Durch MP3 können Musikstücke ohne Qualitätsverlust auf 1/12 der ursprünglichen Dateigröße komprimiert werden. Aufgrund dieser Fähigkeit hat sich MP3 insbesondere bei der Online-Übertragung von Musikstücken durchgesetzt und die Popularität von Musiktauschbörsen wie Napster und Gnutella befördert.

**Narrowcasting** – Zuschnitt eines Programmangebots in Rundfunk oder Internet auf eine eng definierte Nutzergruppe. Beispiele für Narrowcasting bilden Instore-TV oder Instore-Radio, aber auch Business TV.

**Near-Video-on-Demand** – Abrufdienst für Spielfilme, der Zuschauer wählt per Telefon oder über eine rückkanalfähige Set-Top-Box aus dem Spielfilmangebot des Anbieters und bestimmt den Ausstrahlungszeitpunkt aus einem vorgegebenen Intervall. Eine Zeitpunkt-individuelle Ausstrahlung ist nicht möglich. Dies erlaubt nur Video-on-Demand.

**Pay-TV** – Bezahlfernsehen, verschlüsselt übertragenes Fernsehprogramm, für das der Zuschauer entweder monatlich (transaktionsunabhängig, Pay-per-Channel) oder für den jeweils gewählten Inhalt separat (transaktionsabhängig, Pay-per-View) bezahlt. Zum Empfang von Pay-TV ist ein Decoder erforderlich.

**PDA** – Abk. für Personal Digital Assistant, kleiner, mobiler Computer, der insbesondere zur Verwaltung von Adressen und Terminen sowie zum Teil auch zum Empfangen und Versenden von E-Mail eingesetzt wird. Die Eingabe der Daten erfolgt über eine Tastatur oder durch Schreiben mit einem speziellen Stift auf einem berührungsempfindlichen Display.

**Podcasting** – Kunstwort aus dem Namen des MP3-Players *iPod* von Apple und Broad-*casting*. Podcasting bezeichnet das Produzieren und Veröffentlichen von Audiodateien im Internet. Die Dateien werden dabei für das Herunterladen durch die Nutzer von einem Podcaster zur Verfügung gestellt.

**Public Viewing** – ein Scheinanglizismus, der das gemeinschaftliche Mitverfolgen vieler Zuschauer von live übertragenen, medialen Großereignissen wie z. B. Sportveranstaltungen auf Großbildwänden an öffentlichen Standorten (Stadtplätzen, Straßenzügen, Flughäfen, Einkaufszentren, Gaststätten etc.) bezeichnet.

**PVR** – Abk. für Personal Video Recorder, Gerät zur Aufzeichnung und Wiedergabe von Fernsehbildern. Zusatzfunktionen erlauben es, Werbung ausblenden, zeitversetzt fernzusehen und das Programm nach Belieben zu unterbrechen. Der digitale Rekorder ist darüber hinaus in der Lage, die Nutzungsgewohnheiten des Zuschauers zu identifizieren, abzuspeichern und den Präferenzen entsprechend selbstständig Aufzeichnungen vorzunehmen. Das aufgenommene Material kann zudem in gängige Abspielformate umgewandelt, auf CD oder DVD gebrannt und damit beispielsweise im Internet distribuiert werden.

**Relevant Set** – stammt aus dem Marketing und bezeichnet die selektive Markenauswahl. Man geht hier von allen verfügbaren Marken einer bestimmten Produktgruppe zu einem bestimmten Zeitpunkt an einem bestimmten Ort aus. Angewendet auf das Fernsehen, beschreibt der Relevant Set diejenigen Sender, die ein Zuschauer trotz einer großen Vielfalt am häufigsten und regelmäßigsten konsumiert.

**Set-Top-Box** – Gerät, das an den Fernseher angeschlossen wird und die Dekodierung von DVB-T-Signalen, den Empfang von Digital-TV-Programmen via Kabel oder Satellit, die Entschlüsselung von Pay-TV oder den Zugriff auf interaktive TV-Dienste (z.B. Video-on-Demand) ermöglicht. Die Bezeichnung Set-Top-Box wird auch für Geräte verwendet, die mit Hilfe des Fernsehgerätes den Zugang zum Internet ermöglichen.

**SIM-Karte** – Identifikationskarte, die für die Nutzung eines Mobiltelefons notwendig ist. Sie ist zugleich Voraussetzung für die kundengenaue Abrechnung der Verbindungsentgelte durch den Netzanbieter. Jede SIM-Karte trägt eine individuelle Kennung, über die der Teilnehmer in jedem Mobilfunknetz eindeutig identifizierbar ist. Darüber hinaus sind auf der SIM-Karte die Telefonnummer, die Geheimzahl für die Nutzung von Karte und Mobiltelefon sowie vielfach auch das Telefonbuch des Nutzers gespeichert.

**Simulcast** – gleichzeitige analoge und digitale Ausstrahlung eines Rundfunkprogramms. Simulcast wird im Übergangszeitraum der Umstellung von der analogen auf die digitale Übertragung eingesetzt.

**Smartcard** – Plastikkarte mit Mikroprozessor und Speicherbaustein, der zur Speicherung von Daten dient und dadurch die Identifikation von Personen ermöglicht. Das Einsatzspektrum von Smartcards reicht von Telefon- und Krankenversicherungskarten bis hin zur Geldkarte. Bei Pay-TV-Programmen wird mit Hilfe einer Smartcard die Berechtigung zur Programmentschlüsselung nachgewiesen, bei Mobilfunksystemen dient sie der Teilnehmeridentifikation (SIM-Karte).

**Smartphone** – intelligentes Mobiltelefon, das Applikationen wie E-Mail, Internetzugang oder Fax bietet.

**Timeshift** – englische Bezeichnung für zeitversetztes Fernsehen. Es beschreibt eine Funktion in digitalen Videorekordern, PCs mit TV-Karte und digitalen Receivern mit Festplatte, bei der eine Sendung gleichzeitig aufgenommen und wiedergegeben werden kann. Dadurch kann noch während der Aufnahme einer Sendung damit begonnen werden, sie anzusehen.

**TiVo** – Abk. für Television Input/Video Output, besonders in den USA verbreitete Festplatten-Set-Top-Box. Mit dem TiVo ist es möglich, Fernsehsendungen auf einer Festplatte zu speichern und bei Bedarf wieder anzusehen. Zusätzlich verfügt TiVo über einen umfangreichen elektronischen Programmführer (EPG). Der Hersteller der Set-Top-Box ist die gleichnamige Firma TiVo Inc.

**TKP** – Abk. für Tausendkontaktpreis, Kennzahl für die Werbekosten pro 1.000 Kontakte eines Werbeträgers.

**Triple-Play** – dreiteiliges Leistungsangebot, bestehend aus Internetzugang, IPTV, also Fernsehen über das Internet, und IP-Telefonie, d. h. Telefonie über das Internet. Anbieter von Triple-Play sind zumeist Kabelnetzbetreiber und Telefongesellschaften. Die Möglichkeit des Triple-Play resultiert aus den rasant angewachsenen Bandbreiten bei der Datenübertragung.

**UGC** – Abk. für User Generated Content, es handelt sich dabei um Inhalte, die nicht vom Anbieter eines Webangebots, sondern von den Nutzern des Angebots erstellt werden. Beispiele sind Kommentarfunktionen in Weblogs, Video in Videoportalen oder Ähnliches. Obwohl es nutzergenerierte Inhalte im Internet schon lange vor dem World Wide Web gegeben hat, ist der Begriff UGC erst im Zusammenhang mit dem Begriff Web 2.0 entstanden.

**UMTS** – Abk. für Universal Mobile Telecommunication System, Mobilfunkstandard der dritten Generation (3G). In Deutschland ist UMTS seit 2004 verfügbar. Der Mobilfunk-Standard steht heute für schnelle Datenübertragung und komplexe Multimedia-Anwendungen, wie mobiler Internetzugang, E-Commerce und Video-Übertragungen.

**VDSL** – Abk. für Very High Bitrate Digital Subsciber Line, Zugangstechnologie zum Internet mit der maximalen Datenübertragungsrate von bis zu 52 MBit/s downstream und 2,3 MBit/s upstream. VDSL setzt ein Hybridnetz aus Glasfasernetz und Kupferkabel voraus; die Entfernung zur Vermittlungsstelle darf 1,3 km nicht überschreiten.

**Video Ads** – auch Online Video Ad oder Mobile Video Ad, steht für Videowerbung im Internet. Anders als die herkömmliche Bannerwerbung verfügen Video Ads über Komponenten aus Bewegtbildinhalten.

**Video-on-Demand** – Abrufdienst, bei dem auf Wunsch des Zuschauers aus einem Archiv zu einem von ihm bestimmten Zeitpunkt gegen Entgelt ein Film nur an ihn übertragen wird. Die Filmauswahl kann per Telefon oder über eine rückkanalfähige Set-Top-Box erfolgen.

**VOIP** – Abk. für Voice over IP, auch: IP-Telefonie, Internet-Telefonie, Telefonieren über ein Computernetzwerk auf Grundlage des Internet-Protokolls. Die Verbindung zu herkömmlichen Festnetzanschlüssen erfolgt über Vermittlungsrechner, die sowohl mit dem Computernetzwerk als auch mit dem normalen Telefonnetz verbunden sind. Die Sprache wird bei VOIP analog mit einem Mikrofon aufgenommen, sodann in digitale Audioformate umgewandelt und dabei komprimiert. Die Übertragung erfolgt in Sprachpaketen. Beim Gesprächspartner werden die digitalen Daten wieder in analoge Sprache umgewandelt.

**Web 2.0** – Begriff für eine Reihe interaktiver und kollaborativer Elemente des Internets. Er bezieht sich weniger auf spezifische Technologien oder Innovationen, sondern primär auf eine veränderte Nutzung und Wahrnehmung des Internets. Hauptaspekt: Benutzer erstellen und bearbeiten Inhalte in quantitativ und qualitativ entscheidendem Maße selbst. Maßgebliche Inhalte werden nicht mehr nur zentralisiert von großen Medienunternehmen erstellt und über das Internet verbreitet, sondern auch von einer Vielzahl von Individuen, die sich mit Hilfe verschiedener Internetplattformen zusätzlich untereinander vernetzen.

**WLAN** – Abk. für Wireless Local Area Network, drahtloses lokales Mobilfunknetz. Ein WLAN besteht aus Netzknoten (Rechnern), die mit einer Funk-Netzwerkkarte ausgerüstet sind und jeweils für sich eine Funkzelle bilden. Voraussetzung für die Kommunikation zwischen den einzelnen Netzwerkknoten ist eine Überschneidung der Funkzellen. Zusätzlich kann die Reichweite durch einen so genannten Access Point (Hot Spot) erhöht werden. Dieser bildet eine eigene Funkzelle und ermöglicht es, die Abstände der einzelnen Rechner zu vergrößern.

GPSR Compliance
The European Union's (EU) General Product Safety Regulation (GPSR) is a set
of rules that requires consumer products to be safe and our obligations to
ensure this.

If you have any concerns about our products, you can contact us on

ProductSafety@springernature.com

In case Publisher is established outside the EU, the EU authorized
representative is:

Springer Nature Customer Service Center GmbH
Europaplatz 3
69115 Heidelberg, Germany

www.ingramcontent.com/pod-product-compliance
Lightning Source LLC
LaVergne TN
LVHW050150060326
832904LV00003B/105

9 783834 912152